Abstand und Nähe

Sächsische Akademie der Wissenschaften zu Leipzig

Abstand und Nähe

Vorträge im Rückblick

Im Auftrag des Präsidiums
herausgegeben von Helga Bergmann

THEORIA CUM PRAXI

Akademie Verlag

Gedruckt mit Unterstützung des Freistaates Sachsen
(Sächsisches Staatsministerium für Wissenschaft und Kunst)

Die Deutsche Bibliothek – CIP-Einheitsaufnahme

Abstand und Nähe : Vorträge im Rückblick ; [von 1846–1996] / Sächsische Akademie der Wissenschaften zu Leipzig. Im Auftr. des Präsidiums hrsg. von Helga Bergmann. – Berlin : Akad.-Verl., 1996
ISBN 3-05-003034-8

NE: Bergmann, Helga [Hrsg.]; Sächsische Akademie der Wissenschaften ⟨Leipzig⟩

Manuskriptgestaltung: Gudrun Hohl
Satz: DW & ID Repro- und Satzzentrum GmbH
Druck: Messedruck GmbH, Leipzig
Binden: Kunst- und Verlagsbuchbinderei, Leipzig
Printed in Germany

Inhalt

Vorwort

1996 besteht die Sächsische Akademie der Wissenschaften zu Leipzig hundertfünfzig Jahre – eine junge Akademie im Vergleich zu anderen europäischen wie der Royal Society, der Académie française oder der Leopoldina, um drei ihrer bedeutendsten Schwestern zu nennen, oder der Accademia della Crusca, um die älteste zu erwähnen.

Ein Zeitraum von anderthalb Jahrhunderten soll mit ungekürzten Originalbeiträgen dokumentiert werden, die gegenüber einer Darstellung aus zweiter Hand Authentizität und Unmittelbarkeit für sich beanspruchen dürfen, vor allem, da es sich hier nicht um Akademie*schriften*, sondern, von einer Ausnahme abgesehen (Lamprecht), um *Vorträge* handelt, die sich nicht an einen engen Kreis von Fachkollegen wenden, sondern entweder an eine der beiden Klassen der Akademie oder an ihr Plenum, seltener auch an ein Publikum, das der Einladung zu einer öffentlichen Sitzung gefolgt ist. Nicht alle Vorträge, die seit 1846 gehalten worden sind, liegen publiziert vor; ein Großteil von ihnen aber ist, meist überarbeitet und mehr oder minder erweitert, in den *Sitzungsberichten* erschienen. Dieser reiche Fundus, der bis heute auf 125 Bände für die Mathematisch-naturwissenschaftliche Klasse und 134 Bände für die Philologisch-historische Klasse angewachsen ist, gibt, hier unter bestimmten Aspekten gesichtet, den Blick frei auf verschüttetes Wissen, das lange nur von Spezialisten beachtet wurde, aber, in neue Zusammenhänge gestellt, für einen größeren Leserkreis von Interesse ist. Andererseits wird im Jubiläumsjahr darauf aufmerksam gemacht, daß bestimmte Texte, die ihrer Bedeutung wegen mehrmals von den verschiedensten Verlagen nachgedruckt oder in Werkausgaben aufgenommen wurden, auf Vorträge zurückgehen, die vor der Sächsischen Akademie gehalten worden sind. Genannt seien hier: Heisenberg, Alt, Litt, Gadamer, Frings.

Aus den Sitzungsberichten also wurde für diesen Band geschöpft, ergänzt durch wenige andere Quellen (s. Quellenverzeichnis). An einer ersten Sichtung des Materials waren Dr. Ilse Sauer, Dr. habil. Karl-Heinz Schlote und Hartmut Wittkowski beteiligt.

Wer sich aber auskennt und weiß, welche prominenten Gelehrten zu den Mitgliedern der Akademie zählten, wird verwundert oder verärgert sein, diesen oder jenen nicht unter den Autoren des Jubiläumsbandes zu finden. Manch einer mag die Nobelpreisträger Theodor Mommsen oder Gustav Hertz vermissen, manch anderer einen großen Namen aus seinem Fachgebiet, das vielleicht gar nicht berücksichtigt worden ist, obwohl eine gewisse Ausgewogenheit unter den Wissenschaften angestrebt wurde. Solche Defizite sind darauf zurückzuführen, daß sich nicht alle Mitglieder gleichermaßen in die Sächsische Akademie eingebracht haben, daß nicht alle die Möglichkeit, vor der Akademie zu sprechen und Gesprochenes zu publizieren, wahrnahmen, daß Vorträge gehalten worden sind, die Einzelproblemen galten und sich nicht in das Gefüge dieses Bandes eingliedern ließen, das von zwei Leitgedanken zusammengehalten wird, die Karlheinz Blaschke in seinen Bemerkungen zu Karl Lamprecht anspricht: »Akademievorträge und –schriften waren in der europäischen Wissenschaftstradition oft der Ort, wo *grundlegend neue Erkenntnisse und Methoden* an die Öffentlichkeit der Fachwelt gelangten.« Methodisch wegweisende Texte wurden bei der Sichtung des Materials bevorzugt ausgesucht. Von den »grundlegend neuen Erkenntnissen« aber, die in den Vorträgen aufbewahrt sind, wurden nur solche berücksichtigt, die fachübergreifend sind, die Anregungen für andere Wissenschaftszweige bereithalten, die über- oder interdisziplinär sind. So korrespondieren die Grundmotive der Auswahl mit dem Sinn einer Akademie, einer Begegnungsstätte zwischen Vertretern unterschiedlicher Disziplinen und methodischer Richtungen, zwischen Wissenschaftlern, die das Gespräch suchen, die Erfahrungen austauschen und Impulse geben, die von Zeit zu Zeit innehalten, um Entwicklungen zu überblicken und einzuschätzen, die Prognosen wagen, vor Fehlentwicklungen warnen, Projekte auf den Weg bringen und leiten.

Eine gewisse zeitliche Ausgewogenheit flankiert die Auswahlprinzipien, doch werden hundertfünfzig Jahre Akademiegeschichte durch die fünfzehn Vorträge nicht in einem Gleichmaß dokumentiert; die Dichte der Zeugnisse nimmt mit den uns näherliegenden Epochen zu. Aus der Gründungszeit der Akademie stammt der erste Vortrag; der letzte wurde vor der Wende gesprochen und nach der Wende gedruckt.

Inwiefern aber ist es berechtigt, in der Vergangenheit erarbeitete Erkenntnisse und Methoden wieder in Erinnerung zu rufen? In dem Beitrag von Hans-Georg Gadamer steckt eine Antwort auf diese Frage; Werner Heisenberg berührt sie, wenn er sich zur Geschichte der physikalischen Naturerklärung äußert; weitere Stellungnahmen zu ihr finden sich in den die Vorträge begleitenden Texten, von denen einige gerade dadurch ihren Sinn gewinnen.

Während aus den Vorträgen des 19. Jahrhunderts (Fechner, Ostwald) noch die ungebrochene Entdeckerfreude, gepaart mit ungetrübtem Fortschrittsglauben, spricht, problematisiert Heisenberg 1933 naturwissenschaftliche Erkenntnis am Beispiel der Physik. Er zerstört die Illusion vom kontinuierlichen Erkenntniszuwachs, der zu einem wirklichen *Verständnis* der Welt führe.

An dem Umstand, daß beide, Natur- und Geisteswissenschaften, im 20. Jahrhundert grundsätzlich angefochten worden sind, wenn auch aus unterschiedlichen Gründen, will und kann diese Publikation nicht vorbeisehen. Der Vorwurf, ihren Sinn womöglich zu verfehlen, hat von den Naturwissenschaften die Physik, die Chemie und die Biologie getroffen, aber auch die Medizin.

In diesem Zusammenhang schiebt sich ein Aspekt mit zunehmender Intensität in den Vordergrund: die Verantwortung des Forschers angesichts des Mißbrauchs, der mit wissenschaftlichen Erkenntnissen getrieben werden kann. Der Schock der Atombombe löst ethische Reflexionen weit über die Physik hinaus aus. 1966 spricht Kurt Mothes noch nicht aus der Erfahrung der Biologie, sondern der Atomphysik, wenn er davor warnt, daß auch in der Molekularbiologie zum Fluch werden kann, was zum Segen der Menschheit erdacht worden ist, und wenn er die sittliche Verantwortung des Wissenschaftlers einklagt.

Angesichts der globalen Umweltproblematik wird die Mahnung zu verantwortungsbewußtem Handeln eindringlicher und umfassender. »Die Zukunft unserer Welt wird nur dann positiv sein, wenn alle Menschen ihre Ethik darauf ausrichten, durch Rücksichtnahme und Beschränkung ihrer Ansprüche das Leben für alle Menschen erträglich zu machen«, sind Worte Kurt Schwabes am Ende seines Vortrages von 1973, Worte, die aus dem Rahmen fallen, wenn man die Vernachlässigung und Tabuisierung des Umweltschutzes in der DDR bedenkt.

Mit Appellen an das Gewissen, bei Mothes an das Gewissen des Forschers, bei Schwabe allgemeiner gefaßt, ist es jedoch in den neunziger Jahren, da die Überlebenschance der Menschheit zur Debatte steht, nicht mehr getan. Eine Neufassung der Aufgabe der Wissenschaft steht an. Klaus Richter schlußfolgert für die Biologie: »Sie hat künftig die Wege zu finden und die Verhaltensweisen einzufordern, die die Existenz des Lebens einschließlich der des Menschen überhaupt zu erhalten ermöglichen.«

Der Wert der Geisteswissenschaften, der so oft in Abrede gestellt wurde und so schwierig zu fassen ist, wie beispielsweise aus der Publikation »Geisteswissenschaften heute: eine Denkschrift« (Suhrkamp, Frankfurt 1991) hervorgeht, soll hier durch ein Lektüreerlebnis sinnfällig werden: Wenn Albrecht Alt in seinem Vortrag den Zusammenhang zwischen religiösen Anschauungen, ethischen Vorstellungen und Rechtsnormen der israelitischen Stämme aus alttestamentlichen Quellen rekonstruiert, so erschließen sich dem heutigen Leser spontan die Wurzeln seines eigenen Denkens und Fühlens. Zum methodischen Herangehen Alts stellt Joachim Oelsner provozierend fest, daß dieser zu einer Zeit, als interdisziplinäres Denken noch nicht »in aller Munde war«, stets darauf bedacht war, »sämtliche für eine Problematik relevante Fakten benachbarter Disziplinen in seine Arbeiten einzubeziehen«. Analogien zur Betrachtungsweise von Morenz fallen ins Auge. Zeugnisse interdisziplinären Denkens, das für die von Alt oder von Morenz vertretenen Fächer selbstverständlich war und ist, das andererseits der Wissenschaft neue Felder erschloß wie die Biomathematik (s. Fechner/Scharf) oder die Molekularbiologie (s. Mothes/Richter), Veränderungen traditioneller Sichtweisen im Gefolge hat (s. Frings/Lerchner)und neue Begriffe prägt wie »Kulturlandschaft« (s. Neef/Haase), sind für diese Vortragssammlung aufgesucht worden.

In der Debatte um den Sinn der Geisteswissenschaften heute erlebt auch der Methodenstreit eine neue Dimension. Für die ehemalige DDR kommt noch hinzu, daß der Marxismus mit seinem Anspruch auf alleinige Gültigkeit vierzig Jahre lang methodischer Kreativität und Vielfalt im Weg stand. Daher ist es legitim, Anregungen aus der Vergangenheit wieder ans Licht zu holen und sie vom gegenwärtigen Erkenntnisstand aus auf ihre Tragfähigkeit zu untersuchen, wie dies Kurt Rudolph für Litts Erkenntnistheorie der Geisteswissenschaften unternommen hat, Kurt Nowak für Gadamers Hermeneutik, Karlheinz Blaschke für Lamprechts Theorie einer Universalgeschichte und Anita Steube für Wartburgs Sprachbetrachtung, die 1931 schon Synchronie und Diachronie umschloß.

In einer Akademie, in der Geistes- und Naturwissenschaftler aufeinander zugehen wollen, muß das Verhältnis zwischen Natur- und Geisteswissenschaften zur Debatte stehen. Ihr unausweichliches Auseinanderdriften und schwieriges Zueinanderfinden, ihr Angewiesensein aufeinander und ihre Zusammengehörigkeit bei allen Differenzen – all dies wird in mehreren Beiträgen mit unterschiedlichem Akzent deutlich: bei Ostwald in dem zu gewaltsamen, so nicht aufrechtzuerhaltenden Brückenschlag von der Chemie zur Psychologie und Philosophie; bei Heisenberg in der Verwobenheit physikalischer und philosophischer Fragestellungen; bei Litt in der erkenntnistheoretischen Abgrenzung der Geistes- von den Naturwissenschaften; bei Geiler in den denkbaren Betrachtungsweisen des Todes; bei Mothes in der Einsicht: »Im Grunde sind solche revolutionären Perioden einer Wissenschaft zugleich philosophische«; bei Buchheim schließlich in dem verblüffenden Fazit aus dem Farbenlehrestreit Goethes mit Newton: »Hier zeigt sich, daß Farbenlehre eigentlich auch heute noch sich gar nicht wissenschaftlich, sondern nur *philosophisch* behandeln läßt.«

Um am Aufbau des Bandes bereits deutlich werden zu lassen, daß die Sächsische Akademie mehr sein will als ein Hort der Tradition, nämlich ein Ort der lebendigen Auseinandersetzung, sind den Vorträgen die Reflexionen von Mitgliedern oder auch von Mitarbeitern der Akademie nachgestellt. Dieses Verfahren gewährt dem Leser Einblicke nicht nur in die Vergangenheit einer wissenschaftlichen Einrichtung, sondern auch in ihre Gegenwart; es vermittelt einen lebendigeren und differenzierteren Eindruck von der geistigen Situation der Sächsischen Akademie in den neunziger Jahren, als das ein oder zwei Vorträge hätten leisten können, denn wenn Wissenschaftler Mitte der neunziger Jahre auf Texte aus der Vergangenheit zurückschauen, so ist ihr Blickwinkel sehr unterschiedlich. Er hängt von ihrer Persönlichkeit und Biographie ab, von Interessenlagen, Erfahrungen und dem Fachgebiet. Abstand und Nähe zum Gegenstand der Auseinandersetzung variieren von Fall zu Fall. Je größer die zeitliche Distanz, desto freier ist für gewöhnlich der Blick. Wir Heutigen können nicht mit innerer Gelassenheit wissenschaftliche Entwicklungen betrachten, die in den dreißiger Jahren einsetzten, denn wir wissen um unselige Verquickungen mit dem Zeitgeist, kennen, zum Teil aus eigenem Erleben, die Konflikte, denen Wissenschaftler in Diktaturen ausgesetzt waren, und uns beschäftigt, wie der einzelne mit ihnen umgegangen ist. Die meisten Kommentatoren haben sich Zurückhaltung auferlegt in der Beurteilung von Haltungen; sie analysieren den jeweiligen Vortrag, ordnen ihn in größere Zusammenhänge ein, arbeiten seine Bedeutung heraus und führen Gedankengänge weiter, und nur in Einzelfällen wird die Unbeugsamkeit einer Persönlichkeit gewürdigt.

Es soll nicht der Eindruck vermittelt werden, die Sächsische Akademie stünde untadelig vor der Nachwelt da. Die Rede kommt auch auf Kompromißbereitschaft, auf Zugeständnisse an einen diktatorischen Staat, auf Taktieren in schwieriger Zeit, obwohl in diesem Jubiläumsband das Gewicht auf dem anderen liegt, auf den Persönlichkeiten und deren wissenschaftlichen Leistungen, die einer Gelehrtengesellschaft zur Ehre gereichen.

Leipzig, im August 1995 Helga Bergmann

Zur Textgestaltung

Als Textgrundlage wurde prinzipiell der Erstdruck des entsprechenden Beitrags verwendet (mit Ausnahme des Textes von Hans-Georg Gadamer, auf dessen ausdrücklichen Wunsch eine spätere Fassung zugrunde gelegt wurde). In den Fällen, in denen der Autor in späteren Ausgaben wichtige Veränderungen oder Ergänzungen vorgenommen hat, wurden diese in Fußnoten vermerkt, die mit Sternchen gekennzeichnet sind, oder aber, falls es sich um Eingriffe in die Anmerkungen handelt, in eckigen Klammmern wiedergegeben. Druckfehler sowie offensichtliche orthographische oder grammatische Irrtümer wurden stillschweigend korrigiert. Bei den Vorträgen aus dem 19. Jahrhundert wurde grundsätzlich die ursprüngliche Schreibung und Zeichensetzung beibehalten.

Einige Textvorlagen enthielten Fußnoten der Autoren, andere Anmerkungen. Um eine gewisse Einheitlichkeit des Bandes zu erzielen, wurden diese Fußnoten ebenfalls als Anmerkungen am Schluß des jeweiligen Beitrages gedruckt.

Gustav Theodor Fechner

Die mathematische Behandlung organischer Gestalten und Processe

1849

Manche Philosophen sind geneigt, der exacten Behandlung organischer Verhältnisse den Spielraum oder die Berechtigung durch die Behauptung zu verkümmern, dass die organischen Verhältnisse einer mathematischen Behandlung an sich nicht oder doch weniger unterliegen, als die unorganischen. Erstere unterwerfen sich, letztere überheben sich einer solchen Behandlung.

Und es mag, wenn man beide Gebiete oberflächlich gegen einanderhält, – wenn man die Leistungen der Mathematik eben so oberflächlich auffasst, wohl scheinen, als ob diese heut zu Tage noch ziemlich verbreitete Ansicht im Rechte sei. Aber im Interesse einer exacten Naturforschung liegt, dass sie es nicht sei. Und so ist meine Absicht, im Folgenden durch einige Erörterungen zu zeigen, wie sie in der That auf nicht hinreichender Kenntniss des Geistes und der Befähigung mathematischer Methoden beruht. Ausserdem mag sie mit an einer nicht allzu triftigen Weise, das organische und unorganische Gebiet sich gegenüberzustellen, hängen. Aber dies bleibe hier dahingestellt. Halten wir uns vielmehr hier nur an einige Puncte, die überhaupt von keiner philosophischen Ansicht über das Verhältniss zwischen Organischem und Unorganischem Mass annehmen können, sondern eher selbst mit massgebend dafür sein müssen.

Der beschränkende Einwurf, gegen den wir uns zu wenden haben, lässt sich meines Erachtens auf folgende zwei Hauptgesichtspuncte zurückführen: erstens, dass die Freiheit, mit welcher der Geist oder ein, wie immer zu fassendes, ideelles Princip in Gestaltung und Bewegung des Organischen walte, einer mathematischen Bestimmbarkeit desselben widerstrebe. Die Mathematik finde ihren Angriff nur in einem Reiche des Seins und Geschehens, das Gesetzen unterliege, welche den Charakter der Nothwendigkeit tragen, und der Geist oder das ideelle Princip durchbreche solche stets durch sein freies Wirken. Indem aber die Freiheit des Ideellen Einfluss auf das Materielle gewinne, nehme dieses selbst den Charakter des Freien und also Unbestimmbaren an.

Zweitens: dass die organischen Formen, Entwickelungen, Bewegungen, z. B. die Physiognomie eines Gesichts, der Entwickelungshergang in einem Ei, die Verwickelung der Bewegungen in unserm Körper, sich ihrer eigenthümlichen Natur nach incommensurabel zur mathematischen Bestimmbarkeit verhalten. So wenig ein strenges Verhältniss zwischen Durchmesser und Peripherie eines Kreises angebbar, so wenig könne durch eine mathematische Formel eine organische Form oder ein organisches Verhältniss genau repräsentiert werden; das Organische werde stets ein Zuviel oder Zuwenig, kurz etwas nicht Zutreffendes gegen das, was sich mathematisch davon aussagen lasse, behalten. Es mag sein, dass der zweite Gesichtspunct sich mit dem ersten in Beziehung setzen oder von ihm abhängig machen lässt, indess wollen wir hier beide einer besondern Betrachtung unterwerfen, da doch nicht Jeder die Unbestimmbarkeit des Organischen durch Mathematik von Freiheitsgründen ableiten möchte.

Was nun den ersten Gesichtspunct anlangt, so müsste der daher entnommene Einwand allerdings gewichtig erscheinen, wenn man zu glauben hätte, dass der Geist, die Seele, das ideelle Princip, was ich hier aus allgemeinstem Gesichtspunct nicht scheide, selbst ein rein gesetzloses Wesen sei, und dergleichen Treiben vollführe, was ganz regellos in die Processe des Körpers hineinstöre. Wenn man dagegen zugiebt, – und im Allgemeinen wird dies überall nur unter verschiedener Fassung zugegeben – dass das organische Bilden und Thun selbst nur sei es der Erfolg oder der äussere Ausdruck eines im Ganzen ordnungsmässigen ideellen Wirkens ist, so wird von einem ordnungslosen Hineinstören des Geistes in den Körper überhaupt nicht die Rede sein können, sondern die ideelle Ordnung wird selbst auch zum Erfolg oder Ausdruck eine Ordnung im Materiellen oder Leiblichen haben müssen. Nun aber erklärt man eine solche Ordnung selbst für eine freie, das ihr inwohnende Gesetz für ein so zu sagen flüssiges, eine Indetermination noch einschliessendes, was zwar dem Gange des Geschehens allgemeine Normen setzen, einen allgemeinen Charakter aufdrücken, aber innerhalb dieser Normen, dieses Charakters das ihm Unterliegende nicht hindern könne, sich noch im Besondern unbestimmbar frei zu gestalten, zu entwickeln, zu äussern, von den Gesetzen eines nothwendigen Causalablaufs zu emancipieren. Und hierdurch komme eine Unbestimmtheit in das Organische, wodurch der Mathematik der feste Boden und sichre Angriff geraubt werde.

Zur Entgegnung will ich hier nicht auf die spinöse Streitfrage über den Vorzug des Determinismus oder Indeterminismus eingehen. Begreiflich, wenn der erste Recht hätte, fiele dieser ganze Einwand von selbst weg. Und es giebt vielleicht eine Fassungsweise des Determinismus, gegen welche die gewöhnlichen Einwände, die ihm gemacht werden, nicht Stich halten. Aber es ist nicht nöthig, auf solcher Ansicht zu fussen, unsere Freiheit irgendwie zu beschränken, um der Mathematik ein freieres Spiel zu sichern. Sondern lassen wir die Voraussetzung des Indeterminismus, um hiermit kurz jede den Determinismus abweisende Ansicht zu bezeichnen, gelten. Es möge wirklich aus Freiheitsgründen eine Unbestimmtheit in das organische Geschehen kommen, die sich vom Geistigen auf das Körperliche reflectiert. Nur dass nicht Alles unbestimmt im Organischen durch Freiheit werde. Und dies behauptet denn doch, wie wir schon erinnert, Niemand. Wie könnte sonst auch von Gesetzen der Logik, Psychologie, Physiologie und einem Charakter des Menschen, der durch alle seine Handlungen durchgeht, die Rede sein. Giebt es aber eine Gesetzmässigkeit im Geistigen, die sich durch allen unbestimmten und unbestimmbaren Fluss und Wechsel der geistigen Phänomene forterhält und im Fluss und Wechsel der leiblichen Phänomene wiederspiegelt, so weit sich Geistiges überhaupt im Leiblichen spiegelt, so verliert die mathematische Behandlung keineswegs ihren sichern Angriff. Vielmehr sind wir in Betreff der Anwendung der Mathematik auf das Organische dann um gar nichts schlimmer gestellt, als in der Anwendung auf das Unorganische in allen den unzähligen Fällen, wo die Bedingungen des Geschehens uns nur theilweise bekannt sind. Auch hier tritt eine Unbestimmtheit ein; aber diese Unbestimmtheit, anstatt die bestimmte Anwendung der Mathematik aufzuheben, giebt ihr bloss eine besondere Form, welche das Mass und die Art der Unbestimmtheit selbst in bestimmter Weise einschliesst.

In der That vermag die Mathematik das nur theilweis oder von gewisser Seite Bestimmte so gut, ja, man kann sagen, so scharf zu fassen, als das Vollbestimmte, indem sie für die Unbestimmtheit selbst auch ihre Ausdrücke (in unbestimmten Funktionen, Gliedern, Coefficienten, Exponenten) hat, die in Combination mit dem Bestimmten jedwede Unbestimmtheit oder Freiheit der Regel oder Regel der Freiheit repräsentieren können. Die Formeln, die so entstehen, entbehren so wenig aller Bestimmtheit, als der Charakter eines freien Menschen. Sie lassen in der Anwendung eine unbestimmbare Menge Möglichkeiten zu, zwischen denen sie nicht entscheiden, aber sie lassen nicht alle Möglichkeiten zu, vielmehr nur solche, welche sich innerhalb des allgemeinen Charakters halten, der durch das, was in und an der Formel bestimmt ist, repräsentiert wird. Ob aber dann das Unbestimmte wirklich von Freiheit oder ob es von unserer Unkenntniss der Bedingungen abhängt, kann der Mathematik gleich sein; sie weiss und hat darüber nicht zu entscheiden: aber ebendeshalb kann ihr auch aus irgend welcher Entscheidung darüber keine Beschränkung erwachsen.

Um durch ein möglichst einfaches Beispiel zu erläutern, dass solche Behandlungsweisen bei aller Unbestimmtheit, die sie in der Lösung der Probleme lassen, doch von gewisser Seite wieder ganz bestimmte und schätzbare Resultate liefern können, so betrachte man die Bewegung einer in Schwingung versetzten tönenden Saite. Es würde nicht möglich sein, die Art, wie sie angeschlagen, gezerrt, gestrichen wird, um sie ins Tönen zu versetzen, welche theils sehr wechselnd, theils sehr unregelmässig sein kann, und wonach sich auch die Bewegung der Saite selbst ändert, überall in Rechnung zu nehmen, auch würde dies für jeden Fall eine neue Bestimmung erfordern. Für diese Unbestimmtheit der Ursachen und mithin auch Folgen wird nun ein unbestimmter Coefficient in die Formel eingeführt, durch welche man die Bewegung der Saite darstellt, und es bleibt mithin in gewisser Beziehung durch die Formel ganz unbestimmt, wie sich die Saite bewegt, es bleibt ihr so zu sagen freigestellt, wie sie sich bewegen will, oder wie wir sie bewegen wollen. Aber doch nicht nach jeder Beziehung frei, denn wie sie sich auch bewegen will, sie muss, so lange sie dieselbe und in derselben Weise gespannte Saite bleibt, dieselbe Schwingungszahl und mithin dieselbe Tonhöhe beibehalten; sie kann insofern bei aller Freiheit nicht aus ihrem Charakter fallen, wobei übrigens nichts hindert, dass diese Tonhöhe diesen oder jenen Klang (*timbre*) abhängig von feineren Modificationen in Beschaffenheit der Saite mitführe; was wieder Sache des von uns bis jetzt Nichtbestimmbaren ist.

Ein anderes Beispiel: Wenn man einen Wimpel an einem Schiffsmaste im Winde flattern sieht, so erstaunt man über die mannichfaltigen Bewegungen und Formen, welcher derselbe fähig ist. Es findet eine nicht berechnenbare Freiheit oder eine Unbestimmtheit derselben statt, welche die Physiognomie der Freiheit hat; ein Thier, ein Mensch macht bei weitem nicht so mannichfaltige, so wenig vorauszusehende Bewegungen. Doch sind diese Bewegungen, Formen nicht absolut unbestimmt. Die Dimensionen, das Gefüge, die Befestigung des Wimpels setzen den Bewegungen so gut gewisse Schranken, als Menschen und Thieren durch die festen Bedingungen ihrer Organisation geistig und leiblich zugleich gesetzt sind. Es liegt aber ganz im Geiste der Mathematik, Formeln angeben zu können, welche die ganze unbestimmte Möglichkeit jener Bewegungen zugleich mit jenen Schranken derselben, wodurch sie in gewisse Grenzen eingeschlossen werden, repräsentieren. Hat man auch dergleichen Formeln nicht in Bezug auf Schiffswimpel, so hat man sie doch für äquivalente Fälle.

Vielleicht am einfachsten ist es, daran zu erinnern, wie die allgemeine Gleichung z. B. einer Ellipse es noch gänzlich frei lässt, welche von den unendlich verschiedenen möglichen Arten der Ellipse man verzeichnen wolle; aber der allgemeine Charakter der Ellipse ist dadurch fest bestimmt. Will man grössere Freiheit, so nehme man die allgemeine Gleichung der Kegelschnitte; so wird es nicht nur freigestellt sein, welche Art Ellipse, sondern auch welche Art Parabel, Hyperbel man zeichnen will, nur aus dem Charakter des Kegelschnittes kann man nicht fallen. Will man noch grössere Freiheit, so nehme man die allgemeine Gleichung einer Curve höherer Ordnung, so wird die Wahl zwischen den verschiedenen Formen nicht nur dieser Ordnung (die Mannichfaltigkeit wächst aber mit der Höhe der Ordnung), sondern auch aller niederen Ordnungen frei stehen, sofern jede allgemeine Gleichung höherer Ordnung die Gleichungen aller niederen als besondere Fälle mit einschliesst; aber Curven noch höherer Ordnung (über der gegebenen) werden so gut ausser dem Gebiete dieser Freiheit liegen, wie der Mensch bei aller Freiheit sich zu keinem höhern Wesen, als eben einem Menschen machen kann. Aber auch die Freiheit, in Niederes überzugehen, kann beliebig beschränkt, ja ganz abgeschnitten vorgestellt werden und nur eine Freiheit der Variation in irgend welcher höhern Ordnung bleiben, wenn man das Bestimmte demgemäss einrichtet (den Coefficienten der höheren Glieder nicht gestattet, null zu werden).[1]

Kommen wir auf den zweiten Einwand, welcher der ist, dass die organischen Formen, Entwickelungsvorgänge, Bewegungen ihrer Natur nach incommensurabel zu einer mathematischen Fassung seien. Die Physiognomie eines Gesichts soll sich, selbst abgesehen von den Veränderungen, welche die Freiheit in den Zügen hervorbringen kann, nicht eben so genau durch eine Formel repräsentieren lassen, als die Gestalt des Erdkörpers oder eines Krystalls; der Entwickelungshergang eines Hühnchens im Ei oder die Verwickelung der Blutbewegungen in unserem Leibe nicht ebenso mathematisch darstellen lassen, als der Lauf eines Planeten um die Sonne u. s. w.

Für den ersten Anblick, wenn man das Organische in seinen verwickeltsten Formen dem Unorganischen in seinen einfachsten Formen gegenüberstellt, scheint diese Behauptung etwas für sich zu haben. Ja, man kann wirklich und ganz allgemein zugestehen, dass, welche selbst der einfacheren organischen Formen oder Bewegungen man überhaupt in Betracht ziehen mag, sich für keine einzige eine endlich abgeschlossene mathematische Formel finden wird, durch welche sie genau ausgedrückt werden kann; und man kann dies, wenn man will, wirklich eine Incommensurabilität des Organischen zur mathematischen Bestimmbarkeit nennen.

Nun aber zeigt sich näher besehen, dass diese Incommensurabilität den unorganischen Naturformen und Bewegungen ganz eben so zukommt. Sie kommt den Naturformen und Bewegungen überhaupt und nach demselben Princip zu. Das rein Mathematische liegt überall bloss in unserer Vorstellung. Nicht einmal im Dreieck, was auf den Erläuterungstafeln unserer mathematischen Lehrbücher verzeichnet ist, ist es zu finden. Liegt also hier eine Beschränkung für die Mathematik, so bildet sie wenigstens keinen Unterschied zwischen Organischem und Unorganischem. Andererseits hat die Mathematik Mittel, diese Beschränkung ins Unbestimmte zu vermindern, und dies verhält sich wieder gleich in beiden Gebieten.

Die Erde z. B. pflegt mathematisch als eine Kugel oder als ein Sphäroid dargestellt zu werden, welches beides unter endliche Formeln rein fassbare Gestalten sind; aber man vernachlässigt, abgesehen von grösseren Ungleichförmigkeiten, zu deren Erkenntniss die neuern Gradmessungen geführt haben, Berge und Thäler dabei; die Krystalle werden als durch ebene Flächen regelmässig begrenzte Solida betrachtet, aber man vernachlässigt kleine Unregelmässigkeiten dabei, die verhältnissmässig mindestens so gross sind, als die Berge im Verhältniss zur Erde. Also selbst bei diesen scheinbar so einfachen Naturgestalten nur Approximationen. Nun mag aber andererseits die Gestalt, welche vorliegt, noch so complicíert und unregelmässig, ja willkührlich verwirrt sein, so steht es stets in der Macht der Mathematik, Formeln aufzustellen, welche die Approximation immer weiter treiben. Es bedarf dazu nur immer complicierterer und mühsamer zu berechnender Formeln, ja, über gewisse Grenzen wird die Arbeit zu beschwerlich, ohne dass das Princip weiterer Annäherung an sich eine Beschränkung erleidet.

So hat man die gröbste Approximation für die Gestalt der Erde, wenn man sie geradezu als Kugel fasst, und dem entspricht die einfachste Formel; eine grössere Approximation gewährt es schon, sie als elliptisches Sphäroid zu fassen; diess fordert schon eine compliciertere Formel; es hindert nichts, Formeln aufzustellen, ja, das Princip dazu ist bekannt, welche jede Bergeshöhe und Thalvertiefung mit einschliessen würden, aber die Formel würde unsäglich weitläufig und die Sammlung der Beobachtungen wie die Arbeit, sie zu berechnen, menschlich unausführbar werden, und immer noch würden die einzelnen Felszacken und Thalgruben nicht in die Formel aufgenommen sein; auch diese könnte man aufzunehmen versuchen, aber jede Felszacke hat wieder kleine Rauhigkeiten u. s. f. So kommt man nie zu Ende.

Ganz eben so im Organischen. Unmöglichkeit völlig genauer Bestimmung, aber Möglichkeit fortgesetzter Annäherung bis zu jedem beliebigen Grade. So ist, um zuerst einfachere Fälle zu betrachten, die gröbste Annäherung der Eiform ein elliptisches Sphäroid; man kann von jedem Ei wirklich das elliptische Sphäroid angeben, welchem es am ähnlichsten ist. Allem Anschein nach genau wird die Curve des Eies dargestellt durch eine mit der Ellipse verwandte Curve vierten Grades, welche Steiner bestimmt hat, und deren allgemeine Formel alle verschiedensten Formen der Vogeleier, welche vorkommen können, unter sich befassen mag.[2] Aber doch immer nur genau insofern, als man die kleinen Unebenheiten des Eies dabei vernachlässigt, wie man die Berge auf der Erde vernachlässigt. Auch für manche Schneckenhäuser hat Prof. Naumann schon die Formeln angegeben, durch welche der Zug ihrer Gestalt, abgesehen von den kleinen Unebenheiten derselben, die überhaupt nicht in das Mass fallen, genau dargestellt wird.[3]

Man sagt vielleicht, dies sei wohl bei solchen Anfängen der Organisation möglich, ja die man selbst noch halb zum Unorganischen rechnen möchte (Eischale, Schneckenschale), obgleich sie doch durch organische Lebenskräfte gebildet sind. Aber es ist selbst beim menschlichen Gesichte nicht anders. In der That hindert gar nichts, wenn man die Mühe nicht scheuen will, für jedes menschliche Gesicht eine Approximationsformel aufzustellen, nach welcher sich das Gesicht mit einem solchen Grade der Genauigkeit würde verzeichnen lassen, dass es jeder vollkommen getroffen nennen würde; und durch Verwandlung gegebener Grössen aus dem gegebenen Gesichte eben so jedes andere zu machen, als man durch Verwandlung gegebener Grössen in der Formel einer bestimmten Ellipse aus dieser jede andere Ellipse machen kann. Jeder, der mit der analytischen Geometrie und den Methoden, Beobachtungen zu Formeln zu combinieren, etwas vertraut ist, wird wissen, dass die Methoden hierzu nicht fehlen. Es würde sich nur darum handeln, eine hinreichende Menge Messungen an dem Gesichte vorzunehmen und diese durch irgend eine Interpolationsformel zu combinieren.

Immer nur eine Annäherung, aber die zu jeder Grenze weiter getrieben werden könnte.

So würde eine Sammlung Portraits berühmter Männer in vollem Ernste durch eine Reihe Formeln, aus *a, b, c ... x, y, z* vertreten werden können, wonach Jeder, der die Sache versteht, im Stande wäre, die Portraits ganz treffend wieder herzustellen. Nur dass die unsägliche Arbeit, diese Formeln zu entwerfen, und der Umstand, dass sie ja doch erst in Zeichnung übersetzt werden müssten, um etwas Anschauliches zu gewähren, dies immer unpraktisch erscheinen lassen wird. Inzwischen würde für reine Profilzeichnungen die Arbeit wohl ausführbar sein, und es wäre möglich, dass man durch Vergleichung der Formeln für Gesichter oder Schädel verschiedener Racen und Charaktere interessante Beziehungen gewönne, was ich hier nur gelegentlich andeute. Nach dem Geiste der analytischen Geometrie ist z. B. gewiss, dass in dem Masse, als sich das Profil des Gesichts der griechischen Idealform nähert, und in dem Masse, als es sich der thierischen Form nähert, eine andere Veränderung in den Constanten seiner Gleichung eintritt. Es wäre denkbar, dass bei dem vollen griechischen Profil irgend ein Maximum- oder Minimumwerth eintrete, sei es für diesen oder jenen Coefficienten oder dieses oder jenes Verhältniss der Coefficienten unter einander. Hätte man nun auch nur gefunden, welchen Werthen die Natur bei ihren Annäherungen an die Idealform annäherungsweise zustrebt, so würde man dann eine Formel *a priori* mit den vollen Idealwerthen bilden und hienach die genaue Idealform verzeichnen können. Ich führe dies natürlich nicht als einen Vortheil für die Aesthetik an, aber als ein erläuterndes Beispiel, was für die Mathematik in diesem Felde erreichbar ist.

Man könnte den Einwand machen, nur der grobe materielle Zug der Form lasse sich auf solche Weise fassen, aber nie der feinere geistige Ausdruck. Allein richtig wäre nur, zu sagen: nie der feinste. Es fällt dies eben damit zusammen, dass auch von der Physiognomie des Erdkörpers u. s. w. sich nie das Feinste mathematisch fassen lässt. Dagegen würde sich z. B. der verschiedene Ausdruck eines Gesichts in

Schmerz, Freude, Zorn, Liebe u. s. w., sofern er ja auf deutlich angebbaren Unterschieden in der Gestaltung der Gesichtszüge beruht, recht wohl mathematisch fassen, und das noch Feinere, Individuellere des Ausdrucks in unbestimmbarer Annäherung verfolgen lassen. Denn dass der feinste geistige Ausdruck ein Gesicht doch seiner materiellen Form nach nicht an sich unverändert lässt, wird ja Jeder zugeben; nur die Messung und Verfolgung des Feinsten wird zu schwierig und erschöpfend unmöglich.

Bei Charakterisirung der Menschenracen nach der Schädelform pflegt man nur einzelne Linear-Dimensionen in Betracht zu ziehen; etwas viel Charakteristischeres würde man auch ohne genaueste Bestimmung der Schädelform erhalten, wenn man untersuchte, welche Curven zweiter Ordnung, oder, wenn man weiter gehen will, welche Curven höherer Ordnung gegebenen Durchschnitten des Schädels am nächsten kommen. Denn obwohl kein Schädeldurchschnitt und kein Theil eines Schädeldurchschnittes etwa eine wahre Ellipse oder Eiform darstellt, so ist doch gewiss, dass jeder Schädel bei gegebenem Durchschnitt einer gewissen Ellipse, einer gewissen Eikurve näher als jeder andern kommt; und so würden sich auch für die mittleren Schädelformen jeder Race charakteristische Durchschnittscurven finden lassen.

Sollte wirklich eine wissenschaftliche Physiognomik und Cranioskopie möglich sein, so möchte in der Vergleichung der physiognomischen und cranioskopischen Gleichungen verschiedener Menschen der Keim dazu liegen, weil alle Verhältnisse der Gesichts- und Schädelform in allen ihren Abänderungen und im vollständigsten Zusammenhange auf bestimmteste Weise verfolgbar und bezeichnenbar werden, wie es durch blosse Auffassung mittelst der Anschauung und Bezeichnung mittelst der gewöhnlichen Terminologie nie möglich ist. Fände man aber auf solchem Wege nichts von constanten und brauchbaren Resultaten in Betreff jener Lehren, so würde jeder andere Versuch, dieselben wissenschaftlich zu begründen, von vorn herein als noch vergeblicher anzusehen sein, ohne dass inzwischen hiemit die Nutzbarkeit solcher Behandlungsweise für andere Fälle und Zwecke ausgeschlossen wäre. Ueberhaupt ist das Feld der organischen Morphologie eines der Gebiete, auf dem man sich von der Mathematik künftig noch einmal grosse Leistungen zu versprechen haben dürfte, da es freilich jetzt zu bebauen erst angefangen worden.

Um nach so Manchem, was in dieser Beziehung erst zu erwarten, noch einiger wirklichen Erfolge zu gedenken, erinnere ich u. a. an die Bestimmung der Krümmungen der durchsichtigen Theile des Auges sowie der Netzhautkrümmung, die man theils sphärischer, theils ellipsoidischer, theils paraboloidischer Form gefunden hat; welche Bestimmung für jede feinere Theorie des Sehens wesentlich ist; ferner an die Untersuchungen über die Spiral- oder Quincunxstellung der Blätter, wodurch eine genauere Einsicht in die Gesetzlichkeit der morphologischen Verhältnisse der Pflanzen gewonnen ist.

Bei allen vorigen Betrachtungen haben wir die organischen Gestalten als feste genommen; aber sie sind veränderlich, entwickelungsfähig. Kann nun die Mathematik auch diesen Veränderungen folgen? Ein Jeder, der mit mathematischen Methoden vertraut ist, wird wohl wissen, dass, wenn man die Formeln für die Gestalt eines organischen Wesens als Funktion der Zeit aufstellt, der Entwickelungsgang jeder organischen Gestalt für die Zeit, durch die man ihn verfolgen will, in der That ganz ebenso mathematisch dargestellt werden kann, als die Beschaffenheit der Gestalt für irgend einen bestimmten Zeitpunct, zwar wieder nie völlig genau, aber mit beliebig wachsender Annäherung. Es gilt wieder nur, die Beobachtungen hinreichend zu vervielfältigen und zur Formel zu combinieren. So könnte der Entwickelungsgang der Gestalt eines Hühnchens im Ei durch eine besondere Formel dargestellt werden, und durch Aenderung von Constanten in der Formel der Entwickelungsgang jedes andern Hühnchens, ja jedes andern Vogels. Nur die praktische Ausführung ist zu schwierig.

Um an etwas wirklich Ausgeführtes zu erinnern, was hieher gehört, erwähne ich der Untersuchungen von Bravais über das Wachsthum der Kiefern in die Dicke (in den *Mém. de l'Acad. de Bruxelles. T. XV*) und von Harting über das Wachsthum des Hopfens in die Länge (in *Tydschrift voor natuurlyke geschiedeniss en Physiologie. T. IX*).[4] In beiden Fällen ist bloss eine Dimension des Wachsthums in Betracht gezogen; aber nach gleichem Princip kann man auch beliebig viele Dimensionen des Wachsthums ins Mass nehmen, und es ist immer möglich, die so gefundenen Bestimmungen zu einer allgemeinen Formel zu combinieren, welche das Gesetz des Wachsthums nach allen Dimensionen zugleich, und somit (bis zu beliebiger Annäherung) für die ganze Pflanze umfasst.

Dasselbe, was für organische Gestalten und Entwickelungen gilt, lässt sich auch ganz ebenso auf jede Art organischer Bewegungen übertragen, und auch in diesem Bezuge fehlt es nicht an schon wirklich fruchtbaren Anwendungen der Mathematik, z. B. in der Lehre von den Bewegungen der Gliedmassen, der Blutbewegung u. s. w.

So ist also die mathematische Bestimmbarkeit im Gebiete des Organischen ganz eben so gut vorhanden, als in dem des Unorganischen, und in letzterem eben solchen oder äquivalenten Beschränkungen unterworfen, als in ersterem, und nur, sofern die unorganischen Formen und das unorganische Geschehen sich einer einfachern Gesetzlichkeit mehr nähern, als die organischen, kann die Approximation im unorganischen Gebiete leichter und weiter getrieben werden, als im organischen. Dies wäre der ganze, sonach rein relative, Unterschied. Inzwischen lässt sich nicht einmal behaupten, dass dieser Unterschied immer dieselbe Richtung zwischen beiden habe, denn wie es im Hauptzuge sehr einfache Grundformen und Grundverhältnisse im Organischen giebt, so giebt es andererseits auch sehr verwickelte Formen und Verhältnisse im Unorganischen. Ein Felsstück hat oft eine viel weniger regelmässige Physiognomie als ein menschliches Gesicht, gewiss weniger als ein Ei, und die Gesammtheit der meteorologischen Processe auf unserer Erde möchte wohl grössere Verwickelungen darbieten, als die der organischen Processe in den einfachsten Thieren und Pflanzen, obwohl es auch bei jenen an Approximationsformeln im Einzelnen nicht fehlt. Denn alle einzelnen Witterungsverhältnisse sind nach ihrem allgemeinen Zuge schon unter solche gebracht.

Allgemein kann man sagen, dass jede denkbare Form und jeder denkbare Gang von Bewegungsprocessen mit völliger Genauigkeit mathematisch repräsentierbar ist durch eine convergierende unendliche Reihe, ja durch verschiedene Formen unendlicher Reihen; nur dass die Kunst des Mathematikers dahin gehen muss, solche Reihenformen aufzufinden, welche schon mit der geringsten Zahl Glieder die grösste Approximation gewähren, d. h. den Hauptzug der Gestalt oder Bewegung genau treffen. So lässt sich die Gestalt der Erde genau durch eine unendliche Reihe ausdrückbar halten. Bleibt man bei den ersten Gliedern stehen, so wird man die Gleichung eines reinen Ellipsoides haben u. s. f.

Aus allgemeinstem Gesichtspuncte ist zu erinnern, dass Alles, was materielle Grössen-, Distanz-, Lagen-, mithin auch Form-, ferner Gewichts-, Bewegungs-Verhältnisse betrifft, sowie der zeitliche Uebergang jedes solchen Verhältnisses in ein anderes, wie auch alle Gesetze, die sich hierauf beziehen, an sich mathematisch, d. h. nach Grössenverhältnissen und mittelst Grössenverknüpfungen bestimmbar sind; und man sieht durchaus nicht ein, was das unorganische Gebiet in dieser Beziehung vor dem organischen voraus hätte.

Nachdem sich dies nun so verhält, kann es für die Anwendbarkeit der Mathematik als völlig gleichgültig erachtet werden, ob die Regeln, nach denen das Organische sich gestaltet, entwickelt, geschieht, mit denen übereinstimmen, die für das Unorganische gelten. Gesetzt, es ist nicht der Fall, so wird man diese Regeln für das Organische besonders aufzusuchen haben. Es wird eine besondere Morphologie, Mechanik des Organischen entstehen, auch wenn man will, der nun einmal für die unorganische Gleichgewichts- und Bewegungslehre übliche Ausdruck Mechanik nicht mehr anwendbar bleiben; man wird dann natürlich auch nur die in dieser neuen Lehre gültigen Gesetze anwenden dürfen; aber die Mathematik wird darum, dass neue Gesetze des materiellen Geschehens eintreten, noch nicht im Mindesten ihren Angriff darauf einbüssen, sofern nur überhaupt von der Freiheit nicht völlig verschlungene Gesetze irgend wie bleiben, welche auf materielle Verhältnisse Bezug nehmen.

Mit Fleiss und Bedacht habe ich bei dieser ganzen Darlegung vermieden, über das Sächliche der Freiheitsfrage und der Frage nach dem Verhältniss zwischen Organischem und Unorganischem eine Entscheidung geben zu wollen, ja in die Erörterung dieser Streitfragen überhaupt einzugehen, da es vielmehr darum zu thun war, zu zeigen, wie die Möglichkeit, das Organische einer mathematischen Behandlung zu unterwerfen, von der Stellung und Entscheidung jener Fragen ganz unabhängig ist. In der nicht allwärts stattfindenden Klarheit über diesen Punct scheint mir in der That einiger formeller Gewinn zu liegen, indem sich der exacte Forscher hienach in Betreff der Anwendbarkeit des grössten Hülfsmittels, das er zur genauen Darstellung und Verknüpfung der Erscheinungen kennt, ganz unbeirrt und unabhängig von allen philosophischen Streitigkeiten über jene Fragen finden kann. Mag es eine Freiheit in indeterministischem Sinne geben oder nicht, mag das Organische ganz andern oder denselben Gesetzen unterliegen, als das Unorganische; nur die Form der Anwendung, nicht die Anwendbarkeit der Mathematik selbst kann dabei betheiligt sein. Aber auch die Form der Anwendung wird sich nicht nach philosophischen Discussionen, sondern nach der Sachlage und den Kenntnissen von der Sachlage der organischen Verhältnisse in derselben Weise richten können, als es von jeher bei exacter Behandlung der Verhältnisse des Unorganischen der Fall gewesen. Hierüber würde sich noch Manches sagen lassen, worauf ich indessen hier nicht weiter eingehe, nachdem die Hauptabsicht dieses Vortrags mit Vorigem erledigt ist.

Anmerkungen

1 Den leitenden Gesichtspunct obiger Ansicht über die Anwendbarkeit des mathematisch Unbestimmten zur Repräsentation des Freien schöpfte ich zuerst aus einem Gespräche mit meinem verehrten Freunde Prof. Wilh. Weber; da mir der Gedanke an die vielfachen Lösungen, welche Gleichungen höhern Grades gestatten, Anfangs näher lag. Unstreitig aber verdient die obige Auffassung den Vorzug.

2 Da vielleicht Jemand hiervon Veranlassung nimmt, die Eier ausführlicheren Untersuchungen in dieser Beziehung zu unterwerfen, so theile ich die von Steiner aufgefundene Formel (nach seinen mir mündlich gegebenen Notizen) gelegentlich mit. Seien u und v die Radii vectores einer Ellipse, c eine constante Grösse, so ist die Gleichung der Ellipse bekanntlich $u + v = c$; die der Eicurve aber ist $u + mv = c$, wo m auch eine Constante ist. Die Eicurve unterscheidet sich also bloss darin von der Ellipse, dass statt der Summe der beiden Radii *vectores* die Summe des einen und eines bestimmten Verhältnisstheils vom andern eine constante Grösse ist. Jenachdem m und c und der Abstand der Brennpunkte verschieden gewählt werden, entstehen verschiedene Eicurven, und nach diesen verschiedenen constanten Werthen würden sich dann möglicherweise die Vogeleier unter verschiedene Klassen stellen. Steiner sagte mir, dass er (durch Tâtonnement) die Coincidenz eines Eies (wenn ich nicht irre, Truthahneies) mit einer unter diese Formel gehörigen Curve (wie ich mich zu erinnern glaube, für den Werth $m = 2$) bewährt habe. Umfassendere und methodisch angestellte Versuche würden aber sehr erwünscht sein. Transformiert man die obige Gleichung für rechtwinklige Coordinaten, so stellt sich der vierte Grad der Gleichung leicht heraus.

3 Es dürfte von Interesse sein, folgende Stelle aus dem Eingange einer Abhandlung dieses gründlichen Naturforschers (Ueber die Spiralen der Conchylien, in den Abhandl. der Jablonowsk. Gesellsch. S. 153) hier mitgetheilt zu finden: »Denn es offenbart sich in den meisten dieser Schalgehäuse eine so bewundernswerthe Regelmässigkeit der Gestaltung und in den Gehäusen einer und derselben Species eine so vollständige, bis in das kleinste Detail zu verfolgende Wiederholung desselben Gestaltungs-Typus, dass diese organischen Gebilde, in Bezug auf Gleichmässigkeit und Uebereinstimmung ihrer specifischen Configuration, die Krystalle der anorganischen Natur bei weitem übertreffen. Ganz vorzüglich aber und in höchst überraschender Weise giebt sich uns diese Geometrie der organischen Natur in den nach gewissen Spiralen oder Spiralschraubenlinien aufgewundenen Conchylien vieler Gasteropoden und Cephalopoden zu erkennen; und wer sich nur einigermassen mit der Betrachtung solcher Formen beschäftigt hat, ja wer nur einmal den centralen Durchschnitt eines Nautilus zu bewundern Gelegenheit hatte, dem wird sich unwillkürlich die Ueberzeugung aufgedrängt haben, dass in diesen Conchylien eine strenge mathematische Gesetzmässigkeit walten müsse, welche sie eben so wohl als einen Gegenstand der Messung und Rechnung erscheinen lässt, wie die Krystallformen des Mineralreiches.«

4 Ein Auszug aus obigen beiden Untersuchungen findet sich in Wiegmann's Archiv f. 1844. II. S. 38 und 40. Die Formel für das Wachsthum der Kiefer (*Pinus sylvestris*) in die Dicke ist folgende: $r = \frac{an}{1 - bn}$, wo r den mittleren Durchmesser der Bäume, n die Zahl der Jahre des Wachsthums bedeutet; a ist ungefähr dem mittleren Halbmesser der Holzschicht des ersten Jahres gleich, b ist nach den Bodenverhältnissen verschieden.

Joachim-Hermann Scharf

Die anonymen Privatheilande und die junge Biomathematik

1. Fechners Vortrag im historischen Context

Der Mediziner, Naturwissenschaftler und Philosoph Gustav Theodor Fechner (* 19.04.1801 in Großsärchen, † 18.11.1887 in Leipzig) hielt diesen öffentlichen Vortrag anläßlich des Geburtstages des sächsischen Königs Friedrich August II. (* 18.05.1797 in Dresden, † [verunglückt] 09.08.1854 in Brennbüchel/Tirol, seit 1836 König). Warum geschah dies?

Erinnern wir uns: Am 28.03.1849 hatte die Nationalversammlung in der Frankfurter Paulskirche den preußischen König Friedrich Wilhelm IV. zum Kaiser der Deutschen gewählt. Eine Abordnung des Frankfurter Parlamentes unter Eduard Simson wurde am 03.04.1849 indes von ihm zunächst mit der Forderung hingehalten, er könne die ihm angetragene Würde nur mit Zustimmung aller deutschen Regierungen – d.h. der Fürsten – annehmen. Obwohl 28 der 35 souveränen Bundesstaaten inzwischen zugestimmt hatten, aber Österreich, Bayern, Württemberg, Hannover und Sachsen sich noch widersetzten, lehnte Friedrich Wilhelm IV. am 28.04.1849 die Annahme der Kaiserwürde endgültig ab. Am 30.04.1849 löste die sächsische Regierung den murrenden Landtag auf, was zum offenen Aufruhr der Republikaner in Dresden führte. Friedrich August II. mußte Dresden zeitweilig verlassen und sich auf den Königstein zurückziehen. Die zu Hilfe gerufenen preußischen Truppen schlugen den Aufstand nieder, der am 09.05.1849 endgültig zusammenbrach. Neun Tage später feierte die Königlich Sächsische Gesellschaft der Wissenschaften den Geburtstag ihres Königs, dem man freilich zugute halten kann, daß er zu den liberalsten unter den deutschen Fürsten gehörte. Trotzdem war die devote Geste der besten Wissenschaftler des Königreichs kein Ruhmesblatt in der Geschichte unserer Akademie, und zum Glück wird die Scharte durch das Niveau des Festvortrages einigermaßen ausgewetzt.

2. Das erkenntnistheoretische Problem

Es gibt keinen Grund, die einleitende Aussage Fechners in Frage zu stellen, »manche Philosophen« bezweifelten die Möglichkeit, »organische Verhältnisse« mit den Methoden der Mathematik zu behandeln. Leider nennt er keine Namen, so daß wir Nachgeborenen uns nicht mit diesen Philosophen und den Gründen für ihre Skepsis *beschäftigen können. Kantianer können es wohl nicht gewesen sein, denn* Kant *(1786) hatte den Satz geprägt: »Ich behaupte aber, daß in jeder besonderen Naturlehre nur so viel eigentliche Wissenschaft angetroffen werden könne, als darin Mathematik anzutreffen ist.« Daß er sich mit diesem Postulat nicht nur auf Physik und Astronomie beschränken wollte, darf man der folgenden Stelle (*Kant *1787) entnehmen: »Die Vernunft muß mit ihren Prinzipien, nach denen allein übereinstimmende Erscheinungen für Gesetze gelten können, in einer Hand und mit dem Experiment, das sie nach jenen ausdachte, in der anderen an die Natur gehen...« So ging um die Mitte des 19. Jahrhunderts und geht noch heute jeder Biologe seine Probleme an, wenn er ernst genommen werden will. Ja,* Kant *(1790), der selbst Mathematik studiert hatte, stellte ausdrücklich die Biologie zu den Wissenschaften, die Naturgesetze betrachten: »Ein Baum zeugt erstlich einen andern Baum nach einem bekannten Naturgesetze.« Sogar auf die Medizin weist* Kant *(1798) hin: »Der Arzt ist ein Künstler, der doch, weil seine Kunst von der Natur unmittelbar entlehnt und um deswillen von einer Wissenschaft der Natur abgeleitet werden muß ...«*

So ist es schon verwunderlich, daß Fechner *»manche Philosophen« 45 Jahre nach des großen Königsbergers Tode rügen muß, weil diese offenbar dessen Werke schon nicht mehr lesen oder sie bereits vergessen haben. Oder waren es Philosophen, die sich von* Kant *gedemütigt fühlten, weil der ihnen (*Kant *1763) ins Stammbuch geschrieben hatte: »Was die Metaphysik anlangt, so hat diese Wissenschaft, anstatt sich einige von den Begriffen oder Lehren der Mathematik zunutze zu machen, vielmehr sich öfters wider sie bewaffnet, und wo sie vielleicht sichere Grundlagen hätte entlehnen können, um ihre Betrachtungen darauf zu gründen, sieht man sie bemüht, aus den Begriffen des Mathematikers nichts als feine Erdichtungen zu machen, die außer seinem Felde wenig Wahres an sich haben.«* Fechners *Zeitgenosse* Schopenhauer *hätte kaum »manche Philosophen« kritisiert, denn der konterte das »Verdrängtwerden der Kantischen Philosophie durch die Windbeuteleien der drei ausposaunten Sophisten ...* Fichte *...* Schelling *...* Hegel*«.*

Kant *hatte jedenfalls die Arbeiten der wichtigsten Naturforscher einschließlich seiner Zeitgenossen studiert und versucht, sie in seine Philosophie einzubeziehen, so daß sein Postulat einer mathematischen Fundierung und Durchdringung auch von Biologie und Medizin nicht aus der Luft gegriffen war. So kannte er* Borelli *(1608–1679), den ersten Bewegungsmechaniker der Neuzeit, der auch als erster die Muskelkraft des Herzens berechnete, vor allem aber waren* Kant *die Arbeiten* Eulers *bekannt, zumindest dessen »Lettres à une princesse d'Allemagne«, die zu* Kants *Lebzeiten in französischen (bis 1766 erschienen 12 Auflagen), deutschen (bis 1753 in 6 Auflagen), russischen, dänischen, niederländischen, englischen, schwedischen und spanischen Ausgaben europaweit verbreitet waren.* Euler *hatte nicht nur über die Physik des Auges, sondern vor allem über den Blutkreislauf gearbeitet. Seine Freundschaft mit* Daniel Bernoulli *ergab wechselseitige Anregungen, und* Eulers *– schon in seiner Berliner Schaffenszeit gefundene – Kontinuitätsgleichung und die Bewegungsgleichung einer idealen Flüssigkeit waren bis zu deren Vereinfachung durch die Brüder* Wilhelm *und* Ernst Heinrich Weber *(auch der dritte Bruder,* Eduard Friedrich Weber*, war mitbeteiligt) – alle drei Mitglieder unserer Akademie und mit* Fechner *eng verbunden[1] – einsame Spitzenleistung in der Mathematisie-*

rung biologischer Prozesse. Heute wissen wir, daß allein der Blutkreislauf einer abstrakt-mathematischen Beschreibung viel größere Schwierigkeiten entgegensetzt, als man im 18. und 19. Jahrhundert ahnen konnte. Auch mit den Beiträgen von ARRHENIUS und EINSTEIN ist die Forschung noch nicht am Ziel angekommen (Literatur bei BEIER 1975, RÖDENBECK 1980, KUNZE 1981).

KANT (1781, 1783) hatte bereits gezeigt, daß immer dann, wenn wirkliche Naturgesetze betrachtet werden, die Zeitabhängigkeit des durch diese beschriebenen Geschehens den zugrunde liegenden Kausalnexus schon mit dem gesunden Menschenverstand erkennen läßt. Dabei weist er nachdrücklich auf die einfache kausale Verknüpfbarkeit von Abhängigkeiten in der Mathematik hin. Damit war auch in der reinen Philosophie mit aller Deutlichkeit das gesagt, was die Naturwissenschaftler prinzipiell schon seit NEWTON, spätestens aber seit EULER sicher wußten: Eine Differentialgleichung (DGl) beschreibt quantitativ ein Naturgesetz, und wenn schon die DGl durch das Auftreten von Ableitungen nach der Zeit (sogenannte dynamische oder autonome DGl) und vielleicht explizit der Zeit (t) selbst (nichtautonome DGl) die Zeitabhängigkeit des durch ihr Integral dargestellten Prozesses zu erkennen gibt, ist das durch die DGl beschriebene Naturgesetz auch ein Kausalgesetz. Da nach KANT auch Biologie und Medizin Naturgesetze betrachten oder von ihnen profitieren, gab es also 1849 keinen Grund, an der prinzipiellen Mathematisierbarkeit der Biologie zu zweifeln.

Daß FECHNER sich über die Borniertheit »mancher Philosophen« geärgert hat, ist verständlich, und seine moderate Rüge zeigt, daß er einen kühlen Kopf behielt. Aus heutiger Sicht wünschte man sich freilich, er hätte die Privatheilande (wie SCHOPENHAUER [1851] solche Kollegen im »philosophischen Schaafstall« verulkte) beim Namen genannt.

3. Freiheit des gestaltenden Prinzips und Mathematisierbarkeit biologischer Probleme

FECHNER wendet sich dagegen, daß »manche Philosophen« zwei Argumente gegen die mathematische Behandlung »des Organischen« vorbringen:

(1) Die Freiheit des Geistes oder ideellen Prinzips in Bewegung und Gestaltung des Organischen (d. h. der Organismen) widerstrebe einer mathematischen Bestimmtheit. Die Mathematik könne nur dann eingesetzt werden, wenn der zu untersuchende Naturprozeß Gesetzen unterliege, er also determiniert sei: Der obwaltende Geist oder das ideelle Prinzip durchbreche die Determiniertheit durch sein freies Wirken, wodurch die Freiheit des Ideellen auf das Materielle wirke, so daß endlich das Materielle den Charakter des Freien und Unbestimmbaren annehme.

(2) Organismische Formen (etwa die Physiognomie eines Gesichtes), Entwicklungen (etwa in einem Ei), Bewegungen (etwa die Motorik des menschlichen Körpers) verhalten sich inkommensurabel zur mathematischen Bestimmbarkeit.

Wenn schon das Verhältnis zwischen Durchmesser und Umfang eines Kreises nicht streng angebbar sei, um so weniger sei durch eine mathematische Formel eine organische Form oder ein organisches Verhältnis repräsentiert. Es werde immer ein Zuviel oder ein Zuwenig, kurz etwas nicht Zutreffendes bleiben, das sich von der mathematischen Aussage nicht erfassen läßt.

FECHNER mühte sich redlich, diesen Unsinn zu widerlegen. Zu Punkt (1) hätte er es sich mit ein paar KANT-Zitaten leichter machen können. Der sarkastische Hinweis, daß derartige Metaphysik fließend in Parapsychologie übergeht, liegt nahe. SCHOPENHAUER nannte trotz seiner persönlichen Haßliebe zur Mathematik solches Philosophieren »Geträtsche geistloser Philosophaster« und »Tollhäuslergeschwätz«. Zu (2) hätte es genügt, auf die um die Mitte des vorigen Jahrhunderts durchaus schon hinreichend bekannte Wahrscheinlichkeitsrechnung hinzuweisen. FECHNER waren die wichtigsten Ergebnisse der Arbeiten von MOIVRE, LAPLACE und GAUSS wohlbekannt, wie man seinen Arbeiten entnehmen kann, aber er befürchtete wahrscheinlich zu Recht, bei »manchen Philosophen« auf Unkenntnis und Unverständnis zu stoßen. So wählte er den umständlichen Weg, mit Argumenten Betonköpfe überzeugen zu wollen, die nicht zu überzeugen waren. Wir Nachgeborenen müssen dies so hinnehmen.

Nur beim Zweifel »mancher Philosophen« an der Möglichkeit, ein »strenges Verhältnis zwischen Durchmesser und Peripherie eines Kreises« anzugeben, hätte Fechner härtere Worte gebrauchen sollen, denn bei der Durchsicht alter Schullehrbücher der Mathematik für humanistische Gymnasien läßt sich leicht feststellen, daß die Gleichungen für den Flächeninhalt des Kreises

$$A = \pi r^2$$

und den Kreisumfang

$$U = 2\pi r$$

absolut richtig erklärt wurden, nämlich durch den Hinweis, daß für den Kreis mit $r = 1$ *die Fläche* $A = \pi$ *und die Peripherie* $U = 2\pi$ *sind. Dies ist etwas ganz anderes, als die Quadratur des Kreises nur mit Lineal und Zirkel bewerkstelligen zu wollen, was wegen der seit JOHANN HEINRICH LAMBERT (1728–1777) bekannten Irrationalität der »Ludolfschen Zahl«* π *bereits als unmöglich bekannt war. In einem alten Schulbuch findet sich sogar der Hinweis, Ludolf (LUDOLF VAN CEULEN, 1540–1610) habe* π *auf 35 Stellen nach dem Komma genau berechnet. Da KANT und LAMBERT Briefpartner waren, hätten sich »manche Philosophen« etwas mehr um so selbstverständliche Dinge kümmern sollen, als dummes Zeug zu behaupten. Es sei noch angemerkt, daß 33 Jahre nach FECHNERS Vortrag LINDEMANN (1882) die Transzendenz von* π *bewies, womit die Quadratur des Kreises endgültig kein Problem zum Polemisieren mehr war.*

Wenn FECHNER in Übereinstimmung mit seinem Freunde WILHELM WEBER bei der mathematischen Beschreibung außermathematischer Sachverhalte die unbestimmten *Koeffizienten als Repräsentation des Freien im philosophischen Sinne betrachtet, ist dem nicht zu widersprechen. Es ist aber zu bedenken, daß die Mathematik viel größere Freiheiten bietet.*

Fechner standen 1849 viel reichere mathematische Mittel zur Verfügung, als er zu bedenken gibt. Die Theorie der Differentialgleichungen (DGl) war um die Mitte des 19. Jahrhunderts hinreichend ausgebaut, um vielfältige Probleme zu formulieren. Die Lösungsfunktion ergibt sich durch die Lösung (Integration) der erzeugenden DGl, die willkürlichen Konstanten werden zu den Anfangs- und/oder Randbedingungen – gelegentlich auch Zwischenbedingungen – zum Schluß passend gewählt. Seit Lagrange und Laplace war die Potentialtheorie bekannt, die eng mit der Theorie der partiellen DGl zusammenhängt, und sie wurde in Mathematik und Physik eifrig angewandt, wie auch die von Euler, Lagrange und Weierstrass anwendungsbereit gemachte Variationsrechnung. Vielleicht traute aber Fechner »manchen Philosophen« nicht zu, ihn zu verstehen, wenn er sie mit diesen Dingen konfrontiert hätte. Er selbst dürfte indes noch Cantors (1883) Satz kennengelernt haben, der ihn und seine Bestrebungen bestätigte: »Das Wesen der Mathematik liegt in ihrer Freiheit.«

4. Anmerkungen zu Fechners Beispielen

4.1. Schwingende Saite: *Fechner wählte das Beispiel der (beidendig eingespannten) in Schwingung versetzten Saite mit Bedacht. Auf das Glatteis, die menschlichen Stimmbänder in die Betrachtung einzubeziehen, konnte der biologisch versierte Physiker nicht geraten. Zwar funktionieren die Stimmbänder prinzipiell wie zwei schwingende Saiten, aber in einer so komplizierten Weise innerhalb von msec an ständig wechselnde Anforderungen angepaßt, wie sie keine Saite eines Musikinstruments auch unter den Händen eines Meisters leisten kann.*

Anatomisch und physiologisch sind die Funktionsprinzipien der menschlichen Glottis vielfältig untersucht worden und somit auch der operativen Behandlung zugängig. Trotzdem ist es bis heute nicht gelungen, einen elektronisch gesteuerten Stimmapparat zu bauen, dessen Stimmbänder auch nur einen einzigen Satz korrekt artikulieren können. Die heutige Forschung zur angestrebten elektronischen Spracherzeugung, etwa in Benutzer-Computer-Dialogen, verfolgt deshalb ihr Ziel unter Verzicht auf mechanische Schwinger und wendet nur elektronische Schallerzeuger an.

Wie wenig die menschliche Glottis wirklich verstanden ist, demonstrierte kürzlich das Spiegel*-Interview mit dem Altus Jochen Kowalski (1994). Man muß also nicht erst nach Tibet oder in die Mongolei reisen, um »Wunderstimmen« in lamaistischen Klöstern zu hören, deren Funktionsweise noch nicht interpretierbar ist.*

Den Betrachtungen Fechners wäre aus heutiger Sicht hinzuzufügen, daß die sogenannten Ausgleichsvorgänge – d.h. die nicht stationären Vorgänge beim Einsetzen und Sich-Aufbauen der stationären Schwingung und dann wieder beim Abklingen – auch nach der Entwicklung der Theorie der Integralgleichungen durch Fredholm und Erhard Schmidt, die Fechner nicht mehr kennenlernen konnte, selbst bei großem Rechenaufwand mathematisch noch nicht völlig beherrschbar und daher ihre Imitationen durch elektronische Schwinger unbefriedigend sind.

4.2. Flatternder Schiffswimpel: *Dieses Beispiel hat – oberflächlich betrachtet – kaum Bezug zur Biologie. Beim genauen Durchdenken steht es aber prinzipiell als Flatterschwingung in der Nähe der Flügelbewegungen derjenigen Insekten und Vögel sowie aller Fledermäuse, die man als Flatterflieger zusammenfaßt.*

Da beim Flatterfliegen aerodynamische, eigenelastische und Trägheitskräfte in komplizierter Weise zusammenwirken, die wegen der ungünstigen Energiebilanz nur geringe Flughöhen zulassen und wegen der niederfrequenten Flügelbewegungen (Schmetterlinge!) leicht störbar sind, enden Schmetterlinge beim Flug über eine Wasserfläche meist im Wasser, wenn eine Windbö aufkommt. In der Flugzeugtechnik fürchten die Konstrukteure auch noch heute Flatterschwingungen an Tragflügeln und Rudern, weil sie bei kritischen Fluggeschwindigkeiten – Start, Steigflug, Landeanflug – leicht angefacht werden können und wegen ihrer Selbsterregung schnell zur Resonanzkatastrophe (Bruch!) führen. Daß auch das computergestützte Manövrieren nicht alle Fehler ausgleichen kann, zeigt die Analyse einiger schwerer Unfälle im internationalen Luftverkehr der letzten Monate.

4.3. Bewegungen: *Die großen Freiheiten, die etwa die Bewegungen der menschlichen Hand zeigen, halten sich stets innerhalb der anatomisch vorgegebenen Formen der Gelenke, der Ursprünge und Ansätze der Muskeln und der diese innervierenden Nerven. Die Bewegungsmechanik, die ihre Ursprünge in den Untersuchungen BORELLIS hat, durch A. FICK (1854) sowie R. FICK (1901–1911) und die moderne Aachener Schule (PAUWELS und Schüler) weiterentwickelt wurde, ist durchaus in der Lage, alle Möglichkeiten geometrisch und/oder analytisch darzustellen. So ist es durchaus möglich, aus therapeutischen Gründen – etwa nach Trauma – Einzelbewegungen oder Bewegungsketten elektrophysiologisch nach Programm auszulösen und damit systematisch die funktionelle Rehabilitation vorzubereiten. Dies war freilich 1849 nicht vorauszusehen, so daß FECHNERS Vergleich mit elementaren Bewegungen der Materie – er kannte das mit bloßem Auge sichtbare Tanzen der sogenannten Sonnenstäubchen und die lichtmikroskopisch beobachtbare BROWNsche Molekularbewegung (1827 entdeckt) – damals nicht unsinnig war. Nach der Entwicklung der statistischen Physik seit BOLTZMANN (er war 1849 gerade 5 Jahre alt) hätte FECHNER freilich den Vergleich gescheut, denn statistisch ungeordnete Spontanbewegungen beim Menschen sind hochgradig pathologisch; sie werden z. B. bei der Chorea beobachtet. Die völlige Interpretation der BROWNschen Molekularbewegung durch EINSTEIN und SMOLUCHOWSKI (1900) hat FECHNER allerdings nicht mehr erlebt.*

Die statistische Physik hat mit der statistischen Biologie die Betrachtungsweise gemeinsam, wonach das Verhalten eines einzelnen Objektes unwesentlich ist, weil man nur aus dem makroskopisch-phänomenologischen Verhalten einer sehr großen Anzahl von Objekten mit den Methoden der Statistik auf das Verhalten der beteiligten Objekte im Mittel schließen kann. Es wäre ebenso vergeblich, die Bewegungen eines einzelnen Herings im Schwarm analysieren zu wollen wie die eines einzelnen Gasmoleküls im betrachteten Volumen. Trotzdem kann über das Schwarmverhalten – etwa bei Gefahr – viel Sinnvolles ausgesagt werden.

4.4. Die analytische Darstellung der Gestalt des Vogeleies: *Hier beruft sich* FECHNER *auf mündliche Mitteilungen* STEINERS, *ohne dazu nähere Personalangaben zu machen. Es dürfte sich um den Mathematiker* JAKOB STEINER *(* 18.03.1796 in Utzenstorf bei Solothurn, † 01.04.1863 in Bern) handeln, der als der führende Geometer seiner Zeit und Begründer der synthetischen Geometrie seit 1834 Professor an der Berliner Universität war. Es gibt keinen Grund, an* FECHNERS *Aussage zu zweifeln,* STEINER *habe die mit* m *bezeichnete Konstante für das Putenei (*m = 2*) durch Tâtonnement (Probieren) gefunden. Die Regressionsrechnung war zwar seit* GAUSS *(1809; 1821–1826) bekannt und hatte sich insbesondere in der Astronomie bewährt, war aber beim damaligen Stande der Rechentechnik wegen des enormen Rechenaufwandes gefürchtet. Sicherlich war es* STEINER, *der lebenslang algebraische und analytische Methoden als Hilfsmittel geometrischer Konstruktionen ablehnte, nicht darauf angekommen, einen analytischen Ausdruck zu finden, dessen graphische Darstellung ein Vogelei mit seinen charakteristischen Abweichungen von einer Ellipse (und auch vom* CASSINIschen *Oval) deutlich zeigt, sondern vor allem, zu demonstrieren, daß man die Eikurve – das echte Oval – prinzipiell mit Zirkel und Lineal ohne Ausgleichsrechnung konstruieren kann.*

Bei Anwendung der Regressionsrechnung zur Bestimmung der Konstanten a *in der Eikurvengleichung*

$$y^4 + 2x^2y^2 + x^4 - a x^3 = 0$$

aus Meßwerten einer möglichst großen Anzahl von Puteneiern wird vermutlich a *nicht ganzzahlig sein. Trotzdem ist* FECHNERS *Vorschlag interessant, systematisch zu überprüfen, ob mittels der Eikurvenanpassung eine Artensystematik der Vogeleier möglich ist. In der Ornithologie werden die Eier bis heute durch ihre Färbung und evtl. Fleckung sowie durch ihre »Länge« (der Polachse) und »Dicke« (d.h. den senkrecht zur Polachse maximalen Durchmesser) systematisiert. Ein Artparameter wäre sicherlich als zusätzliches Kriterium nützlich. Bei Zuchtgeflügeleiern wäre* a *aber wahrscheinlich zuchtrassenspezifisch. Man kann schließlich ein »schlankes« Leghorn-Ei schon ohne Biometrie von einem »plumpen« Rhodeländer-Ei unterscheiden. Wenn* FECHNER *noch meinte, wegen der individuellen Unebenheiten, die jede Eischale erkennen lasse, sei der Parameter aber nur für eine Annäherung von der Art geeignet, wie ein Globus ohne Berge und Täler die Erde darstelle, trifft das zwar zu, geht aber an Maß- und Parameterangaben* im Mittel *vorbei.*

4.5. Spiralstrukturen: FECHNER *erwähnt als Zeitzeugen für mögliche Mathematisierungen in der Biologie einen Prof.* NAUMANN, *der sich erfolgreich mit »Schneckenhäusern« befaßt habe. Da die Identität dieses – wahrscheinlichen – Zoologen noch nicht aufgeklärt werden konnte, sei hier nur auf einige Autoren verwiesen, die sich im 20. Jahrhundert intensiv um Spiralstrukturen (Gastropoden- und Tetrabran-*

chier-Schalen, einige Foraminifera) im Tierreich bemüht haben und die Spiralen mathematisch analysierten (Ludwig 1932, Thompson 1973, Grassl und Grassl 1967–1971, Grassl et al. 1978–1981). Wie insbesondere Grassl et al. nachwiesen, sind in der Natur vorkommende Spiralen schon im Altertum geometrisch und analytisch exakt als Vorbilder für Zierformen in der bildenden Kunst nachgestaltet worden. Die Künstler kannten mit Sicherheit das Bildungsgesetz der Archimedesschen Spirale.

4.6. Menschliche Gesichter: *Ausführlich und mehrmals in seinem Vortrag denkt Fechner darüber nach, mit welchem Aufwand man ein menschliches Gesicht formelmäßig so genau darstellen könne, daß sich aus der Formel wiederum das Antlitz graphisch herstellen lasse. Ihm war sicherlich die Fouriersche Methode bekannt, denn er meinte, für eine Profilzeichnung sei dies wohl möglich. Er hielt ein solches mathematisches Verfahren auch für morphologisch-anthropologische Vergleiche wünschbar.*

Hier ist die Wissenschaftsentwicklung ganz andere Wege gegangen. Anstelle der Profildarstellung durch Fouriersche Polynome entwickelte Welcker (1862, 1867, 1887, 1896) das rein optisch-geometrische Verfahren der Orthogonalprojektion, das nicht nur eine absolut genaue Profildarstellung Lebender ohne jegliche künstlerische Freiheit mit wenig Aufwand garantiert, sondern – ergänzt durch die statistisch (also im Mittel) festgestellte individuelle Weichteilbedeckung – es auch erlaubt, aus Skeletschädeln das Lebendprofil mit höchster Genauigkeit zu rekonstruieren. Das Verfahren wurde in der Folgezeit durch verzerrungsfreie Photogrammetrie modernisiert und ist in computerverwendbarer Standardisierung heute weltweit in Forschung (Anthropologie) und angewandter Kriminalistik in Gebrauch (Helwin 1969, 1971; Helwin und Simon 1970; Helmer 1984; Fikentscher 1990). Die moderne Computertechnik erlaubt es auch, digitalisierte Photos in höchster Qualität zu speichern und jederzeit wieder auf dem Bildschirm oder auf Papier zu reproduzieren. Daß die Algorithmen für solche Prozeduren nicht ohne mathematischen Aufwand entwickelt werden konnten und können, ist selbstverständlich, aber sie sind so allgemein, daß sie in beliebig vielen Anwendungsfällen nicht geändert werden müssen. Eine neue Formel für ein weiteres Gesicht braucht niemand mehr zu entwickeln, und der Programmierer verwendet kaum explizite Formeln, sondern es reicht dazu die Logik einer geeigneten Programmiersprache. Daß diese heute auch für den Laiengebrauch bequeme Technik nicht vom Himmel gefallen ist, weiß jeder, der in der Pionierzeit der Computertechnik Software in Maschinen-Codes – damals ironisch Bit-Bastelei genannt – geschrieben hat.

Geirrt hat Fechner, als er für die Cranioskopie zur formelmäßigen Näherung zunächst Kurven 2. Ordnung und dann, »wenn man weitergehen will«, Kurven höherer Ordnung empfahl. Rationale Polynome anzuwenden war nur eine verspätete Kinderkrankheit der Biomathematik, denn schon ganz zu Anfang (Euler 1775) waren sie wegen ihrer Unbrauchbarkeit gar nicht erst in Betracht gezogen worden. Trotzdem spuken sie als »Modelle« noch heute in den Lehrbüchern herum, weil es viele unkritische »Kochbuchstatistiker« von der Medizin bis in die Wirtschaftswissenschaften gibt.

4.7. Wachstum: *Als Beispiele für zeitgenössische Mathematisierungen des organismischen Wachstums nennt* FECHNER *je eine Arbeit von* HARTING *(1842) über das Längenwachstum des Hopfens und von* BRAVAIS *und* MARTINS *(1843) über das Dikkenwachstum der Kiefer. Die von* BRAVAIS ad hoc *hingeschriebene Formel ist sicherlich eine Näherung, aber diese Arbeit hätte nicht den Weltruhm des großen Kristallphysikers begründen können.*[2] *Da* FECHNER *sich sonst als literaturkundig erweist, ist es aus heutiger Sicht unverständlich, daß er nicht die beiden Klassiker der Wachstumsforschung zitiert, deren Ansätze sich bis heute bewährt haben:*

4.7.1. GOMPERTZ *(1825) gab die Wachstumsgleichung*

$$y(t) = A \exp(-\exp(b - ct)) \tag{1}$$

an, die Hauptlösung der Differentialgleichung (DGl)

$$\dot{y}/y - \ddot{y}/\dot{y} = \text{const} \tag{2}$$

ist. Hier ist die erzeugende DGl quadratisch und von 2. Ordnung; sie gilt dann und nur dann, wenn die Differenz aus relativer Wachstumsgeschwindigkeit ($\dot{y}/y$) minus relativer Wachstumsbeschleunigung ($\ddot{y}/\dot{y}$) konstant ist. In der Praxis bildet man aus den Meßwerten die Differenzenquotienten als Ersatz für die Differentialquotienten ($\dot{y} \sim \Delta y/\Delta t$; $\ddot{y} \sim \Delta^2 y/\Delta t^2$ und setzt diese versuchsweise in die DGl (2) ein. Sind die Differenzen über die Zeitspanne der Messungen annähernd konstant, wird die Anpassung der Meßwerte an das Integral (1) durch Regressionsrechnung – nichtlinear, Iteration nach GAUSS-NEWTON *– zu einem brauchbaren Ergebnis führen.*

4.7.2. VERHULST *(1838) hat mit einer Wachstumsfunktion gearbeitet, die man heute oft auch als* logistische Wachstumsfunktion *bezeichnet:*

$$y(t) = \frac{1}{q/k + C \exp(-kt)}. \tag{3}$$

Diese Funktion ist Integral der leicht lösbaren BERNOULLI*schen DGl mit den Konstanten* k *und* q

$$\dot{y} = ky - qy^2 \tag{4}$$

die man in der Biomathematik als einen der Spezialfälle der v. BERTALANFFY*schen DGl*

$$\dot{y} = ay^\alpha - by^\beta \tag{5}$$

für $\alpha = 1$, $\beta = 2$ auffaßt. In (5) steht das Glied ay^α für den Anabolismus des wachsenden Individuums, also den Aufbau, die Stoffeinlagerung, by^β dagegen für den

Energieverbrauch beim Wachstum, der durch Stoffabbau (Katabolismus) abgedeckt wird. Die Wachstumsgeschwindigkeit $\dot{y}$ ergibt sich aus der Differenz zwischen Anabolismus und Katabolismus, was unmittelbar einzusehen ist. (4) hat daher ein breites Anwendungsgebiet.

Da man schon bei groben Ertragsabschätzungen in der Forstwirtschaft nicht mit der von BRAVAIS angegebenen Formel brauchbare Ergebnisse erhalten kann, sind zahlreiche Ansätze versucht worden. Über den heutigen Stand der Forschung im allgemeinen, aber mit besonderem Augenmerk auf die in der Forstwirtschaft bewährten mathematischen Verfahren informiert z. B. die von WENK und SCHARF (1979) edierte Tagung. Die Mathematisierung der Biologie ist ein mühsamer Prozeß, wie schon FECHNER feststellte, und so ist ein Symposion nach 25 Jahren noch nicht völlig überholt.

Die entscheidenden Impulse für die Wachstumsforschung in der 2. Hälfte des 20. Jahrhunderts gab ohne Zweifel v. BERTALANFFY (1942, 1957, 1960, 1968). Trotz seiner auf profunder mathematisch-physikalischer Kenntnis basierenden kritischen Einstellung versuchten andere, ganz andere heuristisch-formalistische Wege zu gehen, was von vornherein zum Scheitern verurteilt war. Heute verfügt die Biomathematik über ein recht leistungsfähiges Repertoire an biophysikalisch sinnvollen und mathematisch ausgereiften Methoden auf dem Gebiete der Wachstumsforschung (s. SCHARF 1980), und es stellte sich heraus, daß z. B. das Wachstum einer Zelle anderen Gesetzmäßigkeiten folgt als das eines ganzen Embryos.

Gerade auf diesem Gebiet hat sich gezeigt, wie richtig SCHRÖDINGER (1946) die Entwicklung voraussah, als er damit rechnete, daß man in der Biophysik physikalischen Gesetzen völlig neuen Typs begegnen werde. So ließ sich die »Wachstumskraft« (P) durch den Ausdruck

$$P = \ddot{M}L + 2\dot{M}\dot{L} + M\ddot{L} \tag{6}$$

darstellen, worin die variable Masse (M) und die variable Länge (L) und ihre Ableitungen nach der Zeit – von links nach rechts – in einem spezifisch biologischen, einem CIOLKOVSKIJ-mechanischen und einem NEWTONschen Term stehen. Integriert man (6) einmal, erhält man den Wachstumsimpuls

$$I(t) = \dot{M}L + M\dot{L},$$

und eine weitere Integration ergibt den Wachstumsstatus

$$S(t) = M(t) \cdot L(t).$$

Mit diesen Beziehungen konnte eine stets dimensionsrichtige vollständige Wachstumsmechanik konstruiert werden, die diesem von ROUX geprägten Begriff einen mathematisch-biophysikalischen Inhalt gibt.

5. FECHNER, selbst ein Klassiker der Biomathematik

Als der Meister 1849 den hier kommentierten Vortrag hielt, in dem er sich mit dem Werkzeug des Philosophen über die Möglichkeiten des Aufbaues eines neuen Forschungsgebietes innerhalb der Biologie, der Biomathematik oder theoretischen Biophysik, auseinandersetzte, ahnte er wohl noch nicht, daß er zusammen mit seinen Freunden und Akademie-Kollegen, den Gebrüdern ERNST HEINRICH (Anatom und Physiologe) und WILHELM EDUARD WEBER (Physiker), eines der Grundgesetze der Sinnesphysiologie oder Psychophysik, das WEBER-FECHNERsche Gesetz, finden werde. FECHNER selbst hat als erster Forscher überhaupt versucht, nicht nur den Reiz (das hatten schon andere getan), sondern auch den durch den Reiz ausgelösten Sinneseindruck zu messen. Da ihm dies gelang, gilt er als Vater der Experimentalpsychologie.

Das WEBER-FECHNERsche Gesetz steht weltweit in jedem Lehrbuch der Fächer Physiologie, Biophysik, Psychologie, Neurologie und Physik sowie in den Konversationslexika. Mit jeder Verbesserung der Meßtechnik werden neue Standards veröffentlicht (z. B. KERR 1955). Wollte man die mit der Sächsischen Akademie der Wissenschaften so eng verbundene Entdeckungsgeschichte des Gesetzes schreiben, wäre das eine eigene und weit ausholende Untersuchung, obwohl sie kaum mehr als drei Jahrzehnte überspannt.

Allein die Existenz des WEBER-FECHNERschen Gesetzes weist »manche Philosophen« – so FECHNERS dezente Bezeichnung – als das aus, was SCHOPENHAUER hart »Parasiten der Philosophie« genannt hat.

Anmerkungen

1 *Siehe Fechners Anmerkung S. 24.*

2 *Zur Ehrenrettung Fechners, vor allem aber Bravais' muß hier angemerkt werden, daß sich Fechner offenbar auf das insuffiziente Referat von Link (1844) verlassen und die Originalarbeit von Bravais und Martins (1843) nicht eingesehen hat. Die Originalarbeit bietet durchaus niveauvolle Ansätze, die Gompertz (1825) ebenbürtig sind. Offenbar überschritten diese aber den mathematischen Horizont Links. Leider macht es Fechners Zitiertechnik schwer, seine Quellen zu finden.*

Literatur

Beier, W.: Biophysik. Eine Einführung in die physikalische Analyse biologischer Systeme. 4. Aufl., Kapitel 4. 3. 1.: Biophysik des Blutkreislaufes. S. 239–287. Leipzig: Georg Thieme 1975.

v. Bertalanffy, L.: Theoretische Biologie. Bd. 2: Stoffwechsel, Wachstum. Berlin: Borntraeger 1942.
– Wachstum. In: Kükenthals Handbuch der Zoologie. Bd. 8, 4 (6). Berlin: de Gruyter 1957.
– Principles and theory of growth. In: W. W. Nowinski (Ed.), Fundamental Aspects of Normal and Malignant Growth, S. 137–259. Amsterdam: Elsevier 1960.
– General System Theory. Foundations, Development, Applications. New York: Braziller 1968.
Bravais, A., et Martins, Ch.: Recherches sur la croissance du pin sylvestre dans le nord de l'Europe. Mém. couron. Acad. Roy. Sc. Bruxelles 15/II (1843) N°. 6, S. 1–65.
Cantor, G.: Grundlagen einer allgemeinen Mannichfaltigkeitslehre. Leipzig: Teubner 1883.
Euler, L.: Lettres à une princesse d'Allemagne (1759–1761). In: Opera omnia sub auspiciis Societatis Scientiarum Naturalium Helveticae etc. Ser. III. Lipsiae et Berolini: B. G. Teubner 1911/1980.
Euler, L.: Principia pro motu sanguinis per arterias determinando (1775). In: Opera postuma mathematica et physica anno 1844 detecta edd. P. H. Fuss et N. Fuss. T. I et II. Petropoli: Eggers & Soc. 1862.
Fechner, G. Th.: Über ein psychophysisches Grundgesetz und dessen Beziehung zur Schätzung der Sterngrössen. Abh. Math.-phys. Cl. kgl. Sächs. Ges. Wiss. 4 (1859), S. 455–532.
– Nachtrag zu der Abhandlung: Ueber ein psychophysisches Grundgesetz und dessen Beziehung zur Schätzung der Sterngrössen. Ber. Verh. Kgl. Sächs. Ges. Wiss., Math.-phys. Cl. 11 (1859), S. 58–86.
– Ueber die Frage des Weber'schen Gesetzes und Periodizitätsgesetzes im Gebiete des Zeitsinnes. Abh. Math.-phys. Cl. Kgl. Sächs. Ges. Wiss. 13 (1887), S. 1–108.
Fick, A.: Die Gelenke mit sattelförmigen Flächen. Z. rat. Med. NF 4, S. 314–321 (1854).
Fick, R.: Über die Bewegungen in den Handgelenken. Abh. Math.-phys. Klasse, Königl. Sächs. Ges. Wiss. 26, Nr. 6 (1901).
– Handbuch der Anatomie und Mechanik der Gelenke unter Berücksichtigung der bewegenden Muskeln. Bd. 1: Anatomie der Gelenke. Jena: Fischer 1904.
– Bd. 2: Allgemeine Gelenk- und Muskelmechanik. Jena: Fischer 1910.
– Bd. 3: Spezielle Gelenk- und Muskelmechanik. Jena: Fischer 1911.
Fikentscher, H.: Der heutige Stand der Forschung über Friedrich Schillers sterbliche Reste. Hamburg: Buchdienst Neue Anthropologie 1990.
Gauss, C. F.: Theoria motus corporum coelestium in sectionibus conicis solem ambientium. Hamburgi: Perthes & Besser 1809. Nachdruck in: Werke, Bd. 7. Gotha: Perthes 1871.
– Anzeige. Gött. gelehrte Anz. 1809, Jun. 17. Revid. Nachdruck in: Werke Bd. 6, S. 53–60. Göttingen: Königliche Gesellschaft der Wissenschaften 1874.
– Theoria combinationis observationum erroribus minimis obnoxiae. Pars prior. (1821) – Pars posterior. (1823) – Supplementum. (1826). Nachdruck in: Werke, Bd. 4, S. 1–93. Göttingen: Königliche Gesellschaft der Wissenschaften 1880.
Gompertz, B.: On the nature of the function expressive of the law of human mortality, and on a new mode of determining the value of life contingencies. Phil. Trans. Roy. Soc. 1825/2, S. 513–585 (1825).
Grassl, E., und Grassl, H.: Morphologisch gesetzmäßige Konstanten des menschlichen Gehirns. Morph. Jb. 110 (1967), S. 476–500.
– Die morphologische und harmonikale Bedeutung der Naturkonstanten 0,618. Morph. Jb. 116 (1971), S. 283–292.
– Naturkonstanten im Kanon eines altgriechischen Bildwerkes. Morph. Jb. 116 (1971), S. 482–490.
Grassl, E., Fisch, K. H., Anton, H., und Grassl, H.: Das »geistige Band« der Natur; die mathe-

matisch-musikalische Akustik als strukturanalytisches Verfahren. Morph. Jb. 124 (1978), S. 789–841; 125 (1979), S. 100–155, S. 238–256, S. 265–297, S. 443–465; 126 (1980), S. 1–39, S. 422–446, S. 500–542, S. 657–675; 127 (1981), S. 52–81.

Harting, P.: Waarnemingen over den groei der planten en de omstandigheden, die daarop invloed hebben. Tijdschr. nat. gesch. physiol. (Leiden) 9 (1842), S. 296–348.

Helmer, R.: Schädelidentifizierung durch elektronische Bildmischung. Zugleich ein Beitrag zur Konstitutionsbiometrie und Dickenmessung der Gesichtsweichteile. Heidelberg: Kriminalistik Verlag 1984.

Helwin, H.: Die Profilanalyse, eine Möglichkeit der Identifizierung unbekannter Schädel. Morph. Jb. 113 (1969), S. 465–499.

– Problematik der Weichteilrekonstruktion auf dem menschlichen Schädel. Morph. Jb. 116 (1971), S. 503–513.

Helwin, H., und Simon, A.: Ergänzende Untersuchungen zum sog. Fotodeckungsverfahren unter Berücksichtigung der Gesichtsweichteile in der Profillinie. Biol. Rdsch. 8, S. 114–118 (1970).

Kant, I.: Versuch, den Begriff der negativen Größen in die Weltweisheit einzuführen. (1763). In: Kants Gesammelte Schriften. Hrsg. v. d. Preuß. Akad. Wiss., 1910ff., Bd. 2.

– Kritik der reinen Vernunft. (1. Aufl., Beilagen). Riga: Fr. Hartknoch 1781. (Akad.-Ausgabe Bd. 4, S. 95ff.).

– Prolegomena zu einer jeden künftigen Metaphysik, die als Wissenschaft wird auftreten können (1783). In: Kants Gesammelte Schriften. Hrsg. v. der Kgl. Preuß. Akad. Wiss. Bd. 4, S. 365–371. Berlin: G. Reimer 1903.

– Metaphysische Anfangsgründe der Naturwissenschaften (1786). In: Kants gesammelte Schriften. Hrsg. v. der Kgl. Preuß. Akad. Wiss. Bd. 4, S. 465–565. Berlin: G. Reimer 1903.

– Kritik der reinen Vernunft. 2. Aufl. (1787). Akad.-Ausg., Bd. 3, S. 10.

– Kritik der Urteilskraft (1790). § 64, Akad.-Ausg., Bd. 5, S. 371.

– Der Streit der Facultäten in drei Abschnitten. (1798) Akad.-Ausg., Bd. 7, S. 26.

Kerr, W. J.: The Weber-Fechner law. In: Glasser, O. (Ed.): Medical Physics. 4th reprint. S. 1475f. Chicago: Year Book Publ. 1955.

Kowalski, J.: Kribbeln im Zwerchfell. Gesangsstar Jochen Kowalski über Kastraten, Sex bei Wagner und DDR-Schikanen (Spiegel-Interview). Spiegel 1994/52, S. 143–146.

Kunze, G.: Die Anfänge einer biomathematisch-biophysikalischen Denkweise in der Physiologie im Spiegel einiger Arbeiten Leonhard Eulers (1707–1783). Med. Diss. Univ. Mainz 1981.

Link, H. F.: Jahresberichte über die Arbeiten für physiologische Botanik in den Jahren 1842 und 1843. Arch. Naturgesch. 10/2 (1844), S. 1–132.

Ludwig, W.: Das Rechts-Links-Problem im Tierreich und beim Menschen. Berlin: Springer 1932. Reprint 1970.

Rödenbeck, M.: Biomechanik des Blutkreislaufes. In: Beier, W., und Rosen, R. (Eds.), Biophysikalische Grundlagen der Medizin. Beiträge zur Theorienbildung. S. 244–290. Stuttgart-New York: Gustav Fischer 1980.

Scharf, J. H.: Wachstum. In: Beier, W., und Rosen, R. (Eds.), Biophysikalische Grundlagen der Medizin, S. 62–131. Stuttgart-New York: G. Fischer 1980.

Schopenhauer, A.: Ueber die Universitäts-Philosophie. In: Parerga und Paralipomena (1851). Bd. 1. Hrsg. von H. Hirt. Halle: Hendel 1891/92.

Schrödinger, E.: Was ist Leben? Bern: A. Francke 1946.

Steiner, J.: Systematische Entwicklung der Abhängigkeit geometrischer Gestalten voneinander. Berlin: G. Fincke 1832.

– Geometrische Konstruktionen, ausgeführt mittels der geraden Linie und eines festen Kreises. Leipzig: Engelmann 1833.

– *Gesammelte Werke. 2 Bde. Hrsg. v. K. Weierstrass auf Veranlassung der Kgl. Preuß. Akad. Wiss. Berlin: Reimer 1881/82.*

Thompson, D'A. W.: Über Wachstum und Form. Basel-Stuttgart: Birkhäuser 1973.

Verhulst, P. F.: Notice sur la loi que la population suit dans son accroissement. Corr. Math. et Physique 10 (1838) S. 113–121.

Weber, E. F.: Über ein Verfahren, den Kreislauf des Blutes und die Function des Herzens willkührlich zu unterbrechen. Ber. Verh. Kgl. Sächs. Ges. Wiss., Math.-phys. Cl. 2 (1850), S. 29–48.

Weber, E. H.: Nur die Tastorgane sind fähig, uns die Empfindungen von Wärme, Kälte und Druck zu verschaffen. Ber. Verh. Kgl. Sächs. Ges. Wiss. 1 (1848), S. 358–365.

– *Über die Umstände, durch welche man geleitet wird, manche Empfindungen auf äussere Objecte zu beziehen. Ber. Verh. Kgl. Sächs. Ges. Wiss. II (1848), S. 226–237.*

– *Ueber die Anwendung der Wellenlehre auf die Lehre vom Kreislaufe des Blutes und insbesondere auf die Pulslehre. Ber. Verh. Kgl. Sächs. Ges. Wiss., Math.-phys. Cl. 2 (1850) S. 164–204.*

–, *und Weber, E. F.: Untersuchung der Wirkungen, welche die magneto-elektrische Reizung der Blutgefässe bei lebenden Thieren hervorbringt. Ber. Verh. Kgl. Sächs. Ges. Wiss. I (1848), S. 91–96.*

–, *und Weber, W.: Wellenlehre, auf Experimente gegründet, oder über die Wellen tropfbarer Flüssigkeiten mit Anwendung auf die Schall- und Lichtwellen. Leipzig: Fleischer 1825.*

Welcker, H.: Untersuchungen über Wachsthum und Bau des menschlichen Schädels. Leipzig: Engelmann 1862.

– *Der Schädel Dante's. Jber. Dante Ges. 1 (1867), S. 35–56.*

– *Zur Kritik des Schillerschädels. Ein Beitrag zur kraniologischen Diagnostik. Arch. Anthropol. 17 (1887), S. 19–60.*

– *Das Profil des menschlichen Schädels mit Röntgenstrahlen am Lebenden dargestellt. Corr. Bl. Dtsch. Ges. Anthropol. 27 (1896), S. 38–39.*

Wenk, G., und Scharf, J. H.: Mathematische Behandlung von Wachstumsprozessen. (Wiss. Tagung der Sektion Forstwirtschaft aus Anlaß der 150-Jahr-Feier der TU Dresden). Morph. Jb. 125 (1979), S. 585–686.

Wilhelm Ostwald

Chemische Theorie der Willensfreiheit

1894

Die beiden Hauptsätze der Energetik geben für alle natürlichen Vorgänge den Anfang, den Verlauf und das Ende insofern an, als durch sie (und das ergänzende Gesetz des ausgezeichneten Falles) bestimmt wird, welches die Bedingungen für den Eintritt eines Vorganges sind, welchen von den möglichen Wegen der Vorgang geht, und zu welchem Gleichgewichts- oder Dauerzustand er führt. Ueber die Zeit, in welcher die einzelnen Phasen des ganzen Verlaufes erreicht werden, besteht in einem bestimmten Falle kein Zweifel. Ist nämlich bei dem Vorgange Bewegungsenergie oder lebendige Kraft betheiligt, so ist auch der zeitliche Verlauf vollständig durch die Constanten des betrachteten Gebildes gegeben. Ein gutes Beispiel hierfür sind die kosmischen Bewegungen: aus den Massen der betheiligten Körper, und der Angabe ihrer Lagen und Geschwindigkeiten in einem bestimmten Augenblicke lässt sich für alle Zeiten vor und nach diesem Augenblicke der Zustand des Gebildes ohne jede Zweideutigkeit ableiten, und eine Aenderung kann nur auf die eine Weise möglich gemacht werden, dass Energie in irgend welcher Form, welche sich in Bewegungsenergie umwandeln kann, zugeführt wird. Es ist dabei besonders zu betonen, dass Energieen, welche der letzten Bedingung nicht entsprechen, *keinen* Einfluss auf den Verlauf der Bewegung haben; ob z. B. die Erde ihre Wärme behält oder in den Raum ausstrahlt, ist für ihre Bewegung um die Sonne ohne jede Bedeutung.

Der zeitlichen Bestimmtheit dieser Erscheinungen steht die zeitliche Unbestimmtheit anderer gegenüber. Ein Gas, welches in einem widerstandsfähigen Gefäss zusammengepresst sich befindet, stellt gleichfalls ein Gebilde dar, in welchem mehrere Energieen sich bethätigen; hier ist aber der Zustand völlig unabhängig von der Zeit. Aehnliche zeitfreie Energiegebilde lassen sich mit allen anderen Energieformen ersinnen; die einzige Energieform, welche keine Zeitfreiheit gestattet, ist die Bewegungsenergie.

Diese Thatsache drückt sich am unmittelbarsten in den Bestimmungsstücken der Bewegungsenergie aus. Sie enthält die Masse, eine zeitfreie Grösse, und daneben die Geschwindigkeit, welche in ihrer Definition Zeit und Raum enthält. Untersucht man von diesem Gesichtspunkte aus die anderen Energiearten, so findet man bei keiner weiteren, dass sie die Zeit oder eine Function dieser enthält. Alle anderen Energiearten haben demnach die Eigenschaft, dass sie zwar die Reihenfolge der Geschehnisse, bei denen sie ohne Auftreten der Bewegungsenergie betheiligt sind, unzweideutig bestimmen, dagegen nichts über die Zeit aussagen, welche zum Ablauf dieser in allen Zeitpunkten bestimmten Geschehnisse erforderlich ist.

Da nun andererseits als Postulat der Satz aufgestellt werden muss, dass alle natürlichen Geschehnisse zureichend bestimmt sind, so muss geschlossen werden, dass ausser den bekannten Gesetzen der Energetik und dem Gesetze des ausgezeichneten Falles noch ein weiteres Gesetz oder mehrere vorhanden sind, durch welche der zeitliche Verlauf der Vorgänge auch in solchen Fällen eindeutig bestimmt wird, in welchen die Energieverhältnisse keine Zeitbeziehung enthalten. Solche Gesetze sind bisher kaum gesucht, und noch weniger gefunden worden; doch muss ausgesprochen werden, dass ohne die Kenntniss solcher Gesetze die vollständige Beurtheilung der natürlichen Vorgänge unmöglich ist, und dass demnach der Fortschritt der Wissenschaft mit Nothwendigkeit auf die Entdeckung dieser Gesetze führen muss.

Einen unmittelbaren Erfolg hat die Erkenntniss dieser Verhältnisse dahin, dass sie gewisse Hypothesen beseitigt, welche trotz ihrer thatsächlichen Unfruchtbarkeit in nahezu absoluter Weise die wissenschaftlichen Anschauungen in diesem Jahrhundert beherrscht haben. Es ist dies vor allem die Hypothese, dass alle natürlichen Vorgänge im letzten Grunde *mechanische* seien. Schon der folgende wohlbekannte Umstand hätte diese Hypothese als unzulässig erkennen lassen müssen. Die rein mechanischen Erscheinungen sind bekanntlich nicht nur zeitlich vollkommen bestimmt, sondern in den Gleichungen, welche diese Erscheinungen beschreiben, kann die Zeit beliebig positiv oder negativ geändert werden. Für die Zeit im mechanischen Sinne giebt es somit keinen Unterschied zwischen vorwärts und rückwärts; jeder mechanische Vorgang kann ebenso gut in dem einen Sinne, wie in dem entgegengesetzten verlaufen. Vergleichen wir diese Verhältnisse mit den thatsächlichen Erscheinungen, so nehmen wir alsbald wahr, dass letztere sich keineswegs so indifferent gegen die Zeit verhalten; vielmehr giebt es für jeden solchen Vorgang einen Sinn oder eine Richtung, in dem er vor sich gehen kann und einen entgegengesetzten Sinn, in dem er unmöglich ist. Bei den organischen Erscheinungen tritt dieser Umstand besonders deutlich auf; die Entwicklung eines Thieres, einer Pflanze findet nur in dem Sinne des Wachsens, der folgeweisen Bildung von Blättern, Blüthen, Früchten statt, und niemals umgekehrt. Aber dies Gesetz ist keineswegs auf die Organismen beschränkt; auch alle nicht organischen Vorgänge ohne jede Ausnahme folgen demselben, und nur bei den astronomischen Erscheinungen tritt es in den Hintergrund, ohne ganz zu verschwinden. Denn wir wissen, dass auch die Umdrehungsgeschwindigkeit der Erde infolge der Fluthreibung abnehmen muss, und ebenso erscheint die Wirkung eines widerstehenden Mittels im Weltraume, durch das die Bewegungen der Himmelskörper einseitig beeinflusst werden, den Astronomen als eine erwägungswerthe Wahrscheinlichkeit, wenn auch sich die am ENCKE'schen Kometen beobachteten Thatsachen dieser Annahme noch nicht frei fügen.

Bei den irdischen Erscheinungen ist dagegen die Nichtumkehrbarkeit nicht nur die Regel, sondern sie ist in jedem einzelnen Falle so deutlich vorhanden, dass ihr Nachweis keinerlei Schwierigkeiten macht, und umgekehrt besondere Vorsicht beobachtet werden muss, wenn es sich um die Herstellung nahezu umkehrbarer Erscheinungen handelt.

Solchen Thatsachen gegenüber versagt die mechanistische Hypothese gänzlich. Gerade die charakteristische Eigenthümlichkeit der thatsächlichen Geschehnisse, die Nichtumkehrbarkeit, findet in den rein mechanischen Vorgängen keinen Ausdruck, und daraus lässt sich mit Sicherheit schliessen, dass die natürlichen Vorgänge durchaus keine mechanischen sein können.

Hiermit trifft die oben erwähnte Thatsache zusammen, dass zwar die mechanischen, genauer gesagt, die mit Bewegungsenergie verknüpften Vorgänge zeitlich bestimmt sind, wenn die Constanten des Gebildes gegeben sind, dass aber die natürlichen Vorgänge es alsdann noch nicht sind. Auch dies muss als ein Beweis gegen die mechanistische Hypothese aufgefasst werden, wenigstens insofern eine solche Hypothese einen Theil der als mechanisch angesehenen Energie kinetisch auffasst, wie das ja gegenwärtig allgemein üblich ist.

Diese Verhältnisse konnten so lange unbeachtet bleiben, als man gewohnt war, bei der Bestimmung der Dimensionen der physikalischen Grössen von den Einheiten Zeit, Raum und Masse auszugehen. Indem man dann die Dimension der Energie aus der der Bewegungsenergie bestimmte, brachte man den in dieser enthaltenen Zeitfactor in alle anderen Energieformen zu Unrecht hinein, und es enthielt scheinbar jede Energie die Zeit als mitbestimmende Grösse. Nachdem einmal[1] die Erkenntniss gewonnen war, dass dies Verfahren irrthümlich war, und die Darstellung der anderen Energieformen durch jene Begriffe nicht ausführbar ist, indem jede andere Energieform einen irreduciblen Factor enthält, welcher in jedem dieser Gebiete selbständig und willkürlich bestimmt werden darf, so ergab sich von selbst, dass in der That die Zeit nur in der Bewegungsenergie vorkommt, und alle anderen Formen zeitfrei sein müssen. Wie schon erwähnt, stimmt dieser Schluss vollkommen mit der Erfahrung überein.

Aus dieser Erkenntniss geht nun ein Schluss hervor, welcher für ein bisher ganz räthselhaft gebliebenes Gebiet der chemischen Erscheinungen den Weg zeigt, auf welchem die »Beschreibung« in KIRCHHOFF's Sinne, d. h. die wissenschaftliche Zusammenfassung und Verknüpfung mit anderen Thatsachengebieten ermöglicht werden kann. Ich meine die *katalytischen* Erscheinungen. Was katalytische Erscheinungen sind, ist jedem Chemiker aus einzelnen Beispielen zwar bekannt, sucht man aber nach einer zutreffenden Definition dieser Vorgänge, so vermisst man eine solche durchaus. Auch ist bekannt, dass die Einführung dieses Begriffes durch BERZELIUS zu heftigen Widersprüchen von Seiten LIEBIG's Anlass gab; LIEBIG fürchtete, dass auf diesem Wege eine neue qualitas occulta, der eben überwundenen »Lebenskraft« vergleichbar, in die Wissenschaft eingeführt werden sollte, und die schädlichen Wirkungen solcher Scheinerklärungen hatte er aus seiner eben durchgemachten naturphilosophischen Kinderkrankheit noch in lebhaftester Erinnerung. In der That verschwand auch bald die Beschäftigung mit diesen Erscheinungen aus der chemischen Litteratur, obwohl gerade in den von LIEBIG gepflegten Gebieten der physiologischen Chemie katalytische Vorgänge jedem auf Schritt und Tritt entgegentreten.

Wenn man zu einer genauen Begriffsbestimmung dieses Erscheinungsgebietes gelangen will, so muss man zunächst davon eine andere Reihe von Vorgängen

1 Diese Berichte 1894, S. 271.

aussondern, die häufig mit diesen zusammengeworfen werden, weil sie wie diese sich im Wesentlichen auf den Zeitverlauf chemischer Vorgänge beziehen. Es sind dies die *Auslösungsorscheinungen*. Die Explosion eines Knallgasgemisches durch den elektrischen Funken soll nicht als eine katalytische Erscheinung aufgefasst werden, wohl aber die langsame Verbindung des Knallgases durch die Wirkung des feinzertheilten Platins. Es ist wichtig, diese beiden Arten von Erscheinungen sorgfältig auseinander zu halten, denn sie kommen häufig neben einander und mit einander verknüpft vor, und man ist leicht geneigt, die Eigenschaften, die der einen zukommen, der anderen zuzuschreiben.

Als katalytische Erscheinung definire ich den Vorgang, dass eine für sich in einer bestimmten Zeit verlaufende chemische Reaction durch die Gegenwart eines fremden Stoffes, der am Ende der Reaction in demselben Zustand ist, wie am Anfange, eine Aenderung seines zeitlichen Verlaufes erfährt.

Es ist vor allen Dingen wichtig, zu beachten, dass es sich bei katalytischen Vorgängen nur und ausschliesslich um die Aenderung des zeitlichen Maassstabes der Vorgänge handelt. Ein Gemenge chemisch verwandter Stoffe ist ein Gebilde, welches für sich nicht im Gleichgewicht sein kann. Wenn wir fragen, warum ein Stück Schwefel, welches an der Luft in Berührung mit dem Sauerstoff liegt, sich nicht mit diesem verbindet, so ist darauf zu antworten, dass er sich allerdings verbindet, nur mit einer so geringen Geschwindigkeit, dass für die gewöhnliche kurze Beobachtungszeit die Menge des verbundenen Stoffes nicht messbar ist. Schwefelblumen, deren Oberfläche viel grösser ist, und an denen die der Oberfläche proportionale Geschwindigkeit der Verbindung daher leichter sichtbar wird, zeigen die bekannte Erscheinung, dass sie immer nach einiger Zeit sauer werden; an ihnen lässt sich das Vorhandensein der Reaction somit bereits sichtbar machen.

Was an diesem einen Beispiel dargelegt worden ist, muss als eine vollkommen allgemeine Thatsache angesehen werden. Alle chemischen Systeme, welche fähig sind, freiwillig unter irgend welchen Umständen einen chemischen Process zu erfahren, d.h., welche sich so ändern können, dass ihre freie Energie abnimmt, erfahren thatsächlich, wenn nur die räumliche Bedingung der Berührung gegeben ist, diesen Process, nur häufig so langsam, dass der Nachweis des Vorganges unmöglich wird. Es ist dieser Satz allerdings zunächst eine noch nicht überall erwiesene Verallgemeinerung aus beobachteten Thatsachen einerseits, andererseits aber eine Schlussfolgerung aus den allgemeinen Gesetzen der Energetik. Nach diesen kann ein Gebilde nur in Ruhe sein, wenn überall die Intensitäten der vorhandenen Energie entweder gleich sind, oder sich gegenseitig compensiren. Bei chemischer Energie ist eine Compensation nur ausnahmsweise unter besonderen Bedingungen möglich (wie z.B. durch elektrische Energie in galvanischen Anordnungen), doch lassen sich durch passende Einrichtungen, die fast immer gegeben sind, solche Compensationsmöglichkeiten ausschliessen, und dann ist nichts anderes möglich, als der thatsächliche Ablauf der möglichen Reaction.

Die *Auslösungserscheinungen* beruhen darauf, dass durch die örtlich oder zeitlich beliebig beschränkte Einleitung einer schnellen Reaction ein Zustand geschaffen wird, durch welchen die Bedingungen einer Reactionsbeschleunigung für die angrenzenden Gebiete gegeben werden. Hierdurch verläuft auch der – räumlich oder zeitlich – angrenzende Theil des Vorganges schneller, und dieser wirkt wieder in gleichem Sinne auf den folgenden Antheil und so fort. Die Explosion des Knallgases durch den elektrischen Funken gehört zu diesen Fällen. Die Beschleunigung ist hier durch die Erhöhung der Temperatur bedingt, welche zunächst nur die von dem Funken durchsetzten Gastheilchen betrifft. Durch die hierbei entstehende Wärme wird auch in den benachbarten Theilen des Gases der Zustand schneller Reaction hervorgebracht, und so pflanzt sich die Explosion mit grosser (aber keineswegs unendlicher) Geschwindigkeit durch die ganze Gasmasse fort. Damit eine Auslösungserscheinung zu Stande kommt, ist also erforderlich, dass durch die Reaction selbst eine Beschleunigung hervorgerufen wird. Dies ist in den meisten Fällen eine Erhöhung der Temperatur, in manchen Fällen aber auch ein materielles Product der Reaction. So wirkt mässig verdünnte Salpetersäure, wenn sie ganz rein ist, nur wenig auf Kupfer ein; die Wirkung steigert sich aber langsam und wird dann schnell fast explosiv. Es rührt dies daher, dass die niederen Oxyde des Stickstoffs in hohem Maasse die oxydirende Wirkung der Salpetersäure beschleunigen. So lange sie anfangs nur in sehr geringer Menge vorhanden sind, macht sich die Beschleunigung nicht merklich geltend. Durch die Wirkung selbst aber vermehrt sich die Concentration des Beschleunigers, und der Vorgang wird schneller und schneller, bis er mit zunehmender Geschwindigkeit sein Maximum erreicht. Durch die Erreichung des schliesslichen Gleichgewichtszustandes setzt er sich dann schliesslich selbst eine Grenze, nachdem er wegen der Abnahme der wirkenden Stoffe sich wieder verlangsamt hatte. Die vorher erwähnte Steigerung der Temperatur wirkt zwar mit, doch ist sie in diesem Falle keineswegs die alleinige Ursache der Beschleunigung.

Was nun die Gesetze der katalytischen Erscheinungen anlangt, so ist darüber nur wenig bekannt. Im allgemeinen wird man wohl sagen dürfen, dass in erster Annäherung die Beschleunigung der Concentration des Katalysators proportional ist. Dieser Satz ist in ziemlich vielen Fällen, insbesondere bei der Inversion des Rohrzukkers durch die Gegenwart von Wasserstoff-Ionen nachgewiesen worden, und da ein unbedingt widersprechendes Beispiel nicht bekannt ist, so darf er wohl als eine genügende Annäherung an die Wahrheit angesehen werden. Die katalytische Eigenschaft kommt sehr verschiedenen Stoffen zu, und zwar giebt es hier verschiedene Klassen. Einige wenige Katalysatoren scheinen überhaupt durch ihre Gegenwart all und jeden Vorgang zu beschleunigen. Es ist dies insbesondere der Wasserstoff im Ionenzustande. Für einzelne Fälle, insbesondere die Inversion des Rohrzuckers, ist dies schon lange bekannt; doch hat mich eine auf diesen Punkt seit längerer Zeit gerichtete Aufmerksamkeit gelehrt, dass bisher kein in messbarer Zeit verlaufender Vorgang gefunden werden konnte, welcher nicht durch die Gegenwart von Wasserstoff-Ionen beschleunigt worden wäre. Hierbei ist natürlich vorausgesetzt, dass die Wasserstoff-Ionen nicht andere chemische Reactionen verursachen, in die sie materiell eingehen. Dem Wasserstoff-Ion schliesst sich möglicher Weise das Hydroxyl-Ion an, welchem gleichfalls ziemlich allgemeine katalytische Wirkungen eigen zu sein scheinen; doch sind über diese Frage in dem allgemeinen Sinne noch so wenig Erfahrungen gesammelt worden, dass sich hier nur erst Vermuthungen aussprechen lassen.

Neben diesen ganz allgemeinen Katalysatoren giebt es speciellere, welche nur auf gewisse Klassen von chemischen Vorgängen wirken, und endlich ganz specielle, deren Wirkung auf einen bestimmten Stoff oder Stoffcomplex beschränkt ist. Zu den Gruppenkatalysatoren gehören insbesondere die Beschleuniger für Oxydations- und Reductionsvorgänge, wie Ferrosalze (d. h. das Ferro-Ion), Chromsäure, die niederen Oxyde des Stickstoffs u. s. w. Diese wirken auf viele, vielleicht alle Reductions- und Oxydationsvorgänge beschleunigend. Ob in allen Fällen in proportionaler Weise, so dass die Beschleunigung aus zwei Factoren besteht, von denen der eine von der Natur des Vorganges, der andere von der des Katalysators abhängt, ist noch unbekannt, wenn auch ein solches Gesetz vermuthet werden kann.

Schliesslich sind die speciellen Katalysatoren zu erwähnen, deren Wirkung unter Umständen an ausserordentlich eingeschränkte Bedingungen gebunden ist. Hierher sind insbesondere die *Fermente* zu rechnen, deren Wirkungen sich allerdings in den meisten Fällen unter so verwickelten Bedingungen geltend machen, dass der Nachweis der hier obwaltenden Gesetzmässigkeiten noch lange Zeit und viele Arbeit erfordern wird. Den Schlüssel zu diesen verwickelteren Erscheinungen werden aber unzweifelhaft die einfacheren oben erwähnten liefern.

Der chemischen Natur nach scheinen die katalytisch wirksamen Stoffe keiner Klasse ausschliesslich anzugehören, wenn auch eine Bevorzugung der Ionen in dieser Eigenschaft aus den wenigen bisher bekannten Thatsachen hervorzugehen scheint. Im übrigen ist die Vertheilung dieser Fähigkeit unter nahe verwandten Stoffen auffällig capriciös. So ist Eisen ein sehr kräftiger Katalysator für Oxydationen; die nahe verwandten Elemente Kobalt, Nickel, Zink wirken dagegen nur sehr schwach oder gar nicht; beim Mangan lässt sich noch einige Wirkung wahrnehmen. Molybdänsäure katalysirt stark unter gleichen Umständen, während Wolframsäure unwirksam ist. Hier ist noch experimentelles Material in weitem Umfange beizubringen, ehe an die Skizzirung von Gesetzen gegangen werden kann.

Was nun die Anwendung dieser Ueberlegungen auf das in der Ueberschrift genannte Problem der Willensfreiheit anlangt, so handelt es sich in erster Linie um den Widerspruch, welcher zwischen der Empfindung der Wahlfreiheit, die jedem Menschen eigen ist, und der Folgerung aus der mechanistischen Weltanschauung besteht, nach welcher der ganze Verlauf der Welt, nachdem die Anfangsbedingungen gegeben sind, unabänderlich in einer dadurch endgültig bestimmten Weise stattfinden muss. Der Umstand, dass in Bezug auf das Zeitmaass der Vorgänge keineswegs überall eine Bestimmtheit infolge der bisher bekannten Gesetze gegeben ist, gewährt die Möglichkeit, sich ein naturgesetzlich bestimmtes Gebilde zu denken, in welchem auch bei gleichen Anfangszuständen ein verschiedener Verlauf stattfindet, indem Einflüsse wirksam sind, welche keinen endlichen Energie- und Arbeitsaufwand bedingen, um sie zu bethätigen. Sämmtliche geistigen Vorgänge dürfen wir als unlösbar mit materiellen, insbesondere chemischen verbunden betrachten, und der Verlauf der ersteren wird durch dieselben Ursachen beeinflusst werden, welche auf die letzteren wirken. Verfügt daher der Mensch über ein Mittel, katalytische Wirkungen bei dem Ablauf der mit den geistigen Vorgängen verbundenen chemischen zur Geltung zu bringen, so hat er dadurch die Möglichkeit, diese geistigen Vorgänge nach Umständen zu beschleunigen oder zu verlangsamen. Verlaufen mehrere solche Processe gleichzeitig, so wird das schliessliche Ergebniss der geistigen Operation ganz verschieden ausfallen können, je nachdem der eine oder der andere derselben beschleunigt oder verzögert wird; denn der beschleunigte wird den verzögerten gegenüber die Oberhand behalten, und wenn der Vorgang zu einer Handlung führt, so wird diejenige Handlung eintreten, welche dem am intensivsten verlaufenden psychophysischen Vorgange entspricht.

In dieser Möglichkeit, das Zeitmaass der psychischen Vorgänge zu regeln, wenn auch das Eintreten derselben naturgesetzlich, d. h. energetisch bestimmt ist, sehe ich nun die Quelle unserer Empfindung der Willensfreiheit. Wir sind nicht frei darin, dass wir z. B. beim Anblick eines erwünschten Dinges es nicht begehrten, wohl aber sind wir frei darin, dass wir die neben dem Begehren auftretenden Gedankenreihen, welche etwa uns die Besitzergreifung als ein Unrecht erscheinen lassen, schneller oder langsamer, und demgemäss wirksamer oder weniger wirksam stattfinden lassen. Ja, es erscheint auch ganz wohl möglich, dass es für gewisse derartige unmittelbare Wirkungen einen Schwellenwerth giebt, unter welchem sie nicht mehr in das Bewusstsein gelangen, so dass durch sachgemässe Uebung die widerstehenden Gedankenreihen so sehr ausgebildet werden können, dass jene erste nicht mehr als vorhanden empfunden wird. Doch ist die eingehende Erörterung solcher Fragen von einer sichereren Kenntniss der Psychologie abhängig, als die ist, über welche ich zur Zeit verfüge. Denen, welche die erforderlichen Kenntnisse besitzen, wird es zu überlassen sein, in einer Anzahl von einzelnen Fällen zu prüfen, ob und wie sich die gegebene Theorie bei der Anwendung bewährt. Insofern die bezüglichen theoretischen Versuche bisher wohl ausnahmslos, soweit sie auf naturwissenschaftlichem Boden angestellt wurden, von der Grundlage der mechanistischen Weltanschauung ausgegangen sind, deren Unzulänglichkeit gegenwärtig bereits im Gebiete der reinen Physik eingesehen wird, erschien es sachgemäss, auf die breiteren Grundlagen hinzuweisen, welche die neuere Energetik für die Beantwortung jener alten Fragen gewährt.

LEBRECHT WEICHSEL

Wilhelm Ostwalds Brückenschlag von der Katalyse zur Psychologie

Im Zeitalter der sich immer differenzierter spezialisierenden Wissenschaften wurden Persönlichkeiten immer seltener, die herausragende Leistungen auf ihrem Fachgebiet mit theoretischem und praktischem Wirken nicht nur in benachbarten Bereichen verbanden, sondern durch ihre universellen Aktivitäten dem Ideal des »studium generale« nahekamen. Zu ihnen darf WILHELM OSTWALD (2. 9. 1853 in Riga, † 4. 4. 1932 in Leipzig) gezählt werden.*

OSTWALDS Forschungen richteten sich zunächst auf spezielle Probleme der physikalischen Chemie, wobei das nach ihm benannte Verdünnungsgesetz und die 1909 mit dem Chemie-Nobelpreis ausgezeichneten Erkenntnisse auf dem Gebiet der Katalyse die bekanntesten Ergebnisse sind. Das Physikalisch-Chemische Institut der Universität Leipzig unter OSTWALDS Leitung war um die Jahrhundertwende das berühmteste seiner Art, und viele später sehr bedeutende Fachwissenschaftler aus aller Welt hielten sich hier zeitweilig zu postgradualen Studien auf. Darüber hinaus beschäftigte sich OSTWALD in zahlreichen Publikationen mit weltanschaulichen, politischen und pädagogischen Problemen, Fragen der Arbeitsorganisation, Erörterungen über Kunstsprachen wie Esperanto. Er begründete später in seinem privaten Forschungslaboratorium in Großbothen bei Leipzig eine eigene Farbenlehre, die bis heute insbesondere für die Farbmessung von Bedeutung ist; dabei besaß und entwickelte er die künstlerische Fähigkeit, in zahlreichen Aquarellen, deren Qualität übliches dilettantisches Maß übersteigt, Anwendungsbeispiele für seine Farbentheorie vorzuführen.

Interessant, aber auch umstritten sind die Ergebnisse von OSTWALDS sehr intensiver Beschäftigung mit philosophischen Fragen, wovon der hier wiedergegebene Vortrag ein frühes Zeugnis darstellt. Der provokante Eindruck, den der Titel durch seine Verknüpfung eines Begriffes aus der exakten Naturwissenschaft mit einer philosophischen Kategorie verursacht, ist sicher beabsichtigt und erklärt sich aus der Umbruchssituation, in der sich das naturwissenschaftliche Weltbild vor der Jahrhundertwende befand.

Bereits im Altertum gab es von verschiedenen philosophischen Schulen noch recht allgemein ausgesprochene Anschauungen, nach denen die aus verschiedenen Stoffen bestehenden Körper der Welt durch das Wirken von Kräften in fortwährender Bewegung und Veränderung gehalten werden. Diese Anschauungen konnten nach dem enormen Aufschwung der Naturwissenschaften während des 17. und 18. Jahrhunderts, insbesondere nach der mathematischen Erfassung der – heute klassisch genannten – Mechanik durch ISAAK NEWTON (1643–1727) präziser gefaßt werden. Ausgehend von den Gravitationsgesetzen und der mit ihrer Hilfe entwickelten Himmelsmechanik sowie von der theoretischen Bewältigung zahlreicher anderer mechanischer Erscheinungen, entstand die Vorstellung von der Welt als eines immensen Systems von Massenpunkten, zwischen denen berechenbare Gravitationskräfte herrschen, so daß sich im Prinzip das gesamte Weltgeschehen auf die Differentialgleichungen der Mechanik zurückführen lassen könnte. Dieses rein mechanische Weltbild gipfelt in dem von EMIL DU BOIS-REYMOND (1818–1896) formulierten Postulat, daß ein fiktiver, hochintelligenter Weltgeist (nach dem Begründer der Himmelsmechanik »LAPLACEscher Dämon« genannt), der für einen bestimmten Zeitpunkt die Orte und vektoriellen Momentangeschwindigkeiten sämtlicher Massenpunkte sowie das immense System der zugehörigen Differentialgleichungen kenne, in der Lage wäre, alles Geschehen der Welt in Vergangenheit und Zukunft nach- bzw. vorauszuberechnen. Vorausgesetzt wird hierbei selbstverständlich die Unveränderlichkeit der Massenpunkte, also das Gesetz von der Erhaltung der Masse. Zu diesem trat in der ersten Hälfte des 19. Jahrhunderts noch das Energieerhaltungsgesetz, aus dem sich feste quantitative Beziehungen zwischen mechanischer, elektrischer, kalorischer und chemischer Energie ergaben. Die Einbeziehung der Chemie, die wiederum die Grundlage zur Erklärung der Lebensvorgänge bildet, festigte den Glauben an die Allgemeingültigkeit streng determinierten Geschehens, was in letzter Konsequenz zu einem Weltbild führte, in dem für Willensfreiheit kein Raum mehr blieb.

Es ist wohl klar, daß ein solches Weltbild bei aller dem zeitgenössischen Wissensstand entsprechenden Plausibilität Unbehagen auslöste, und so gab es von Anfang an Widerlegungsversuche, zu deren ersten die Arbeiten FRIEDRICH HEGELS (1770–1831) gehörten. Unter den zahlreichen weiteren Gelehrten, die während des 19. Jahrhunderts den Umbruch des naturwissenschaftlichen Weltbildes mit vorbereiteten, übte der Physiker ERNST MACH (1838–1916) auf die philosophischen Ansichten WILHELM OSTWALDS besonderen Einfluß aus. MACH war der bedeutendste Vertreter der als Empiriokritizismus bezeichneten Richtung des Positivismus, wonach die Sinneseindrücke, die Empfindungen nicht Abbilder oder Symbole einer vom Bewußtsein unabhängigen metaphysischen Realität seien, vielmehr seien die Empfindungen (von Temperaturen, Drücken, Räumen, Tönen, Farben usw.) die eigentlichen (weil einzig erfahrbaren) Elemente der Welt, und die »Dinge« seien Gedankensymbole für bestimmte Empfindungskomplexe.

OSTWALD griff diese Vorstellungen auf. Da die Empfindungen nur durch Energieunterschiede zwischen unseren Sinnesorganen und der Außenwelt hervorgerufen werden, seien Energieverhältnisse alles, was der Mensch von der Außenwelt wahrnähme, d. h., die Energie sei das einzige auf uns Wirkende und damit das einzig »Wirkliche«. In seinen im Jahre 1901 an der Leipziger Universität gehaltenen und als Buch erschienenen »Vorlesungen über Naturphilosophie« entwickelte OSTWALD zum ersten Mal umfassend seine »Energetik«.

Sieben Jahre vorher hielt OSTWALD den Vortrag »Chemische Theorie der Willensfreiheit«. Ausgangspunkt der Betrachtungen ist auch hier die Energie, wobei das Wort »Energetik« aber noch im allgemeinen Sinne gebraucht wird und meist die Thermodynamik meint. OSTWALD weist darauf hin, daß der zeitliche Verlauf von

Vorgängen mathematisch nur dann erfaßt werden kann, wenn in die Bestimmungsgleichungen Zustandsfunktionen eingehen, die die Zeitdimension enthalten. Die einzige Energieform, für die das zutrifft, ist die Bewegungsenergie. Dagegen liefern z. B. die Zustandsgleichungen der Thermodynamik, in denen die Energie als Wärme, chemische oder elektrische Energie, aber nicht als Bewegungsenergie vorkommt, ausgehend von einem bestimmten Anfangszustand eines Systems zwar die Daten für den zu erreichenden Endzustand (Gleichgewichtszustand), sagen aber nichts über den zeitlichen Verlauf aus. Hierin sieht OSTWALD *ein Argument gegen die Hypothese von der Auffassung aller Naturvorgänge als rein mechanischer Prozesse. Dieses Argument wird noch unterstützt durch die Tatsache, daß es gemäß dem 2. Hauptsatz der Thermodynamik keine wirklich reversiblen Vorgänge gibt, d.h., daß bei Rückführung eines Systems in den Ausgangszustand mindestens in der Umgebung Veränderungen gegenüber der ursprünglichen Ausgangssituation zu verzeichnen sind; diese Tatsache kommt jedoch durch eine mechanische Funktion, in der ja auch die Zeitänderung beliebig positiv oder negativ eingesetzt werden kann, nicht zum Ausdruck.*

Nachdem durch diese Überlegungen das Regime eines rein mechanischen Determinismus erst einmal prinzipiell in Frage gestellt worden ist, greift nun OSTWALD *das oben erwähnte Unbehagen auf und versucht eine chemische Erklärung der Willensfreiheit mit Hilfe der Katalyse.*

Es folgt zunächst eine ausführlichere Darstellung über den Stand der Kenntnisse und die eigenen frühen Gedanken die Katalyse betreffend, später eines seiner bedeutendsten Arbeitsgebiete. Beachtenswert ist vor allem, daß OSTWALD *hier für den von* JOHANN JAKOB BERZELIUS *(1779–1848) eingeführten, aber seitdem wenig beachteten und nur unscharf umrissenen Begriff der Katalyse erstmals eine klare und gültige Definition gibt (S. 42). Die Kennzeichen eines katalytischen Vorgangs sind hiernach erstens die Identität des Anfangs- und des Endzustands des Katalysators sowie zweitens dessen Einfluß einzig auf den* zeitlichen *Verlauf des Prozesses. Mit anderen Worten: Der Katalysator greift in den kinetischen Ablauf der Zustandsänderung ein, ohne daß sich an dem thermodynamisch bestimmten Gleichgewichtszustand etwas ändert, dem das System (mit oder ohne Katalysator) zustrebt.*

OSTWALD *postuliert eine strenge Unterscheidung zwischen Auslösungserscheinungen und Katalyse. Auslösung einer Explosion durch Funkenzündung kann tatsächlich nicht als katalytischer Vorgang betrachtet werden, da ja hier keine Fremdsubstanz, sondern eine lokale Temperaturerhöhung den Prozeß lawinenartig in Gang setzt, dessen Natur als Reaktionskette (mit Startreaktion, verzweigter Kettenreaktion und Abbruchsreaktion) erst später vollständig aufgeklärt werden konnte. Heute weiß man, daß die Startreaktion für eine solche Reaktionskette sehr wohl auch durch einen Katalysator auf die zur Auslösung nötige Geschwindigkeit gebracht werden kann.*

In seinem Vortrag stellt OSTWALD *mit aller gebotenen Vorsicht erstmalig Vermutungen an über Gesetzmäßigkeiten der Katalyse (z. B. Abhängigkeit der Wirksamkeit eines Katalysators von seiner Konzentration und seiner Oberflächenbeschaffenheit) sowie über eine Einteilung der Katalysatoren in Gruppen;* OSTWALD *unterscheidet zwischen allgemein wirksamen Katalysatoren wie Wasserstoff- und*

Hydroxyl-Ionen, solchen, die nur auf bestimmte Reaktionsarten, z. B. auf Redox-Reaktionen wirken, und schließlich ganz spezifische Einzelvorgänge steuernden Katalysatoren, zu denen vor allem die Fermente gehören. In diesem Zusammenhang weist er auch auf die mögliche, noch gar nicht abzusehende Bedeutung der katalytischen Erscheinungen auf vielen Gebieten hin, dies alles unter dem ausdrücklichen Vorbehalt späterer praktischer Erfahrungen, zu denen er ja dann selbst sehr Wesentliches beigetragen hat.

Dem eigentlichen, relativ kurz abgehandelten Thema des Vortrags nähert sich Ostwald durch die Vorstellung, daß ebenso wie die biologischen Abläufe durch katalytisch kontrollierte chemische Reaktionen erklärt werden können, auch die psychischen Vorgänge durch ähnliche Reaktionen im Gehirn bestimmt werden. Die komplizierten biochemischen Systeme lassen ja gleichzeitig eine Mehrzahl unterschiedlicher Reaktionen thermodynamisch zu. Indem nun durch psychische Rückkoppelungseffekte ohne endlichen Energieaufwand bestimmte Biokatalysatoren (Fermente) zeitlich begrenzt freigesetzt werden und jeweils nur einen der möglichen Vorgänge so stark beschleunigen, daß dieser den Reaktionsablauf allein bestimmt, so sind je nach Art des gerade wirksamen Katalysators unterschiedliche chemische Anstöße für entsprechend unterschiedliche Willensäußerungen möglich.

In seinen »Vorlesungen über Naturphilosophie« geht Ostwald noch einen Schritt weiter, indem er eine chemische Theorie des Gedächtnisses für denkbar erklärt, die ebenfalls auf der Katalyse basiert (a. a. O., 2. Auflage, Leipzig 1902, S. 367–371).

Im Zusammenhang mit dem Vortrag Ostwalds ist es interessant, daß der bedeutendste Katalyse-Forscher der nächsten Generation, Alwin Mittasch (1869–1953), ein Buch veröffentlicht hat mit dem Titel »Katalyse und Determinismus« (Berlin 1938), in dem er im letzten Teil ebenfalls auf das Problem der Willensfreiheit eingeht. Nach dem erfolgten Umbruch des physikalischen Weltbildes kann Mittasch selbstverständlich von ganz anderen Voraussetzungen ausgehen als Ostwald. In einer Anmerkung (a. a. O., S. 176) äußert sich Mittasch kritisch zu der Gedächtnis-Hypothese Ostwalds und meint, daß Beziehungen der Katalyse zu Vorgängen psychophysischer Art nur den Wert eines äußeren Vergleichs haben. Tatsächlich scheint eine exakte Übertragung naturwissenschaftlicher Gesetze auf Vorgänge aus anderen Disziplinen, etwa auf historische, soziologische oder psychologische Probleme, nicht möglich zu sein (vgl. die Fragwürdigkeit eines dogmatischen »historischen Materialismus«). Selbstverständlich ist aber die Anwendung naturwissenschaftlicher Denkmodelle zur Aufklärung bestimmter Probleme und Gesetzmäßigkeiten außerhalb der Naturwissenschaften legitim und mitunter erfolgreich. Man sollte sich aber davor hüten, verallgemeinernd eine zu große Parallelität der Erscheinungen vorauszusetzen.

Obwohl Ostwalds Vortrag von einer Kritik des mechanisch-deterministischen Weltbildes ausgeht, ist in der nachfolgenden hypothetischen katalytischen Theorie der Willensfreiheit eine Stellungnahme zu den kontrovers erscheinenden Begriffen Freiheit und Kausalität nicht zu erkennen. Die Auffassung Ostwalds hierzu findet man klar formuliert in seinen »Vorlesungen zur Naturphilosophie« (2. Aufl., S. 430–432).

Es ist bemerkenswert, daß MAX PLANCK (1858–1947), ansonsten einer der entschiedensten Gegner von OSTWALDS Energetik, in seiner hervorragenden Rede »Kausalgesetz und Willensfreiheit«, die er 1923 in der Preußischen Akademie der Wissenschaften gehalten hat (wiedergegeben in: Max Planck, Wege zur physikalischen Erkenntnis, Leipzig 1944, S. 112–141), im Abschnitt V zu diesem Problem eine ganz ähnliche Auffassung äußert. Sowohl für OSTWALD als auch für PLANCK verschwindet der Gegensatz zwischen Freiheit und Kausalität innerhalb des Individuums. Bei OSTWALD heißt es: »Die Elemente, welche zu einem Entschlusse beitragen, liegen nicht alle in unserer Gewalt, die Art aber, in welcher wir diese Elemente zu dem schließlichen Willensvorgange zusammenwirken lassen, ist eine Folge unseres eigenen Wesens.« Mit dem eigenen Wesen zusammenhängende Willensentscheidungen bezeichnet OSTWALD demnach als frei. PLANCK erklärt die Willensfreiheit mit der prinzipiellen, logisch begründeten Unmöglichkeit, das eigene gegenwärtige Ich dem Kausalgesetz zu unterstellen (Analogie: Auch der gewandteste Läufer kann seinen Schatten nicht überholen). »Soweit wir ... selbst als erkennendes Subjekt auftreten, müssen wir auf eine rein kausale Beurteilung unseres gegenwärtigen Ich Verzicht leisten. Hier ist also die Stelle, wo die Willensfreiheit einsetzt und ihren Platz behauptet.«

MITTASCH andererseits kommt am Ende seiner Betrachtungen über »Katalyse und Determinismus« hinsichtlich der Willensfreiheit zu einem »dialektischen« Schluß: »Im ganzen kann der Eindruck bestehen, daß wie in der gesamten Rangordnung der Kausalismen so auch im seelischen Leben Freiheit und Gebundenheit gekoppelt und ›komplementär‹ auftreten und ein höchstes, komplementäres oder fiktives Begriffspaar darstellen, daß also Determinismus und Indeterminismus letzthin zwei Aspekte der gleichen Erscheinung bedeuten ... Freiheit und Kausalität schließen sich demgemäß nicht aus, sondern müssen als ›komplementär‹ miteinander verbunden gedacht werden.«

WILHELM OSTWALDS philosophische Ansichten, insbesondere seine »Energetik«, begegneten schon von Anfang an heftigem Widerspruch. Unter den Kritikern ist neben MAX PLANCK vor allem LUDWIG BOLTZMANN (1844–1916) zu nennen. Aber wenn auch OSTWALD mit ungezählten Persönlichkeiten der Wissenschaftsgeschichte das Schicksal teilte, daß seine philosophischen Folgerungen aus einem reichen Schatz naturwissenschaftlicher Kenntnisse und Leistungen den späteren Fortschritten der Erkenntnisse nicht mehr entsprachen, so haben doch auch seine weltanschaulichen Beiträge zu den kontroversen Diskussionen angeregt, ohne die eine Weiterentwicklung der Wissenschaften nicht denkbar ist.

Karl Lamprecht

Zur universalgeschichtlichen Methodenbildung

1908

Universalgeschichte ist bisher vornehmlich in zwei Formen getrieben worden. Entweder man ging von einer obersten gedanklichen Durchdringung des gesamten Stoffes aus. Da dies bei der ungenügenden Kenntnis des Materiales wie bei der verhältnismäßig geringen Zeit, die die einzelnen Denker ihrer Aufgabe zuwendeten, nur in einem vorwiegend deduktiven Verfahren möglich war, so ergab sich eine nicht nur im Grunde, sondern auch im Aufbau stark metaphysische Betrachtung: und das Ergebnis war Geschichtsphilosophie. Oder aber man trat an die Lösung der Aufgabe von unten aus heran, grundsätzlich vornehmlich induktiv, durch Aufarbeitung des Details. In diesem Falle war zweierlei möglich: Die Aufgabe suchte ein Gelehrter allein oder es suchte sie ein Konsortium zu lösen. Daß im letzteren Falle von einer Beherrschung des Stoffes als einer Gesamtheit von Objekten nicht die Rede sein konnte und kann, sollte eigentlich nicht mehr der Betonung bedürfen. Gleichwohl wiegt sich die historische Wissenschaft heute noch vielfach in dieser Illusion; und es ergeht dabei, wie so häufig auf dem Gebiete der Geisteswissenschaften dann, wenn es sich um scheinbar unlösbare Probleme handelt: Die Sicherheit und Unermüdlichkeit der Behauptung muß, namentlich wenn sie aus einem sogenannt autoritativen Munde erfolgt, den Beweis ersetzen. Aber auch der seltnere Fall, daß ein einzelner sich von unten her, induktiv, und somit soviel als möglich nur geschichtswissenschaftlich an die Aufgabe einer Universalgeschichte im ganzen oder wenigstens in größeren Teilabschnitten gemacht hat, hat nicht gefördert. Denn in diesem Falle ist die Absicht wohl stets gewesen, im heutigen Sinne des Wortes »kritisch« zu verfahren, d. h. die seit Wolff und Niebuhr feststehenden Grundsätze der niederen historischen Methode in Quellenkritik und Konstituierung der einfachen geschichtlichen Tatsachen auf den Gesamtstoff anzuwenden. Natürlich stand dann die Intensität der im einzelnen erforderten Arbeit zu der Größe der Gesamtabsicht in einem solchen Mißverhältnis, daß von harmonischen oder auch nur fördernden Ergebnissen wenig die Rede sein konnte. Das Resultat war also, daß, vom Standpunkte der heutigen Praxis der geschichtlichen Forschung aus, die Inangriffnahme solcher Arbeiten als unwissenschaftlich erschien, und daß man das nun doch einmal vorhandene, ja sich stetig steigernde universalgeschichtliche Bedürfnis durch Kollektivarbeiten zu decken suchte. Und damit trat dann das soeben schon behandelte Verfahren ein, wissenschaftlich keineswegs haltbar, aber als Postulat für wissenschaftlich erklärt und angenommen.

Der auf diese Weise geschaffene Zustand wird natürlich um so unhaltbarer, je greifbarer das Bild der allgemeinen Menschheitsgeschichte aus den sich dafür stetig mehrenden Materialien hervortritt, und je mehr das öffentliche wie auch schon private Leben einer Zeit der Weltpolitik universalgeschichtliche Kenntnisse und Gedanken zur wenn auch einstweilen nur notdürftigsten Beherrschung der menschheitlichen Gegenwart erfordert. Was ist da zu tun? Es muß nach einer spezifischen universalgeschichtlichen Methode gesucht werden.

Dabei sollte selbstverständlich sein, daß eine solche Methode alle bisher historisch-methodologisch gemachten Erfahrungen in sich schließen muß, mithin auch ein Recht haben muß, die auf dem Wege dieser Erfahrungen zutage geförderte Erkenntnis sich einzuverleiben. Denn der methodologische Aufbau der historischen Wissenschaft ist jetzt schon, innerhalb der allgemeinen Bedingungen eines subjektivistischen Seelenlebens, wie es für die europäischen Kulturvölker und deren koloniale Derivate gilt, ein Werk von sechs bis acht Generationen, und es wäre vermessen, wenn man sich außerhalb der Denkarbeit einer so langen Zeit, wie sie auf gemeinsamer sozialpsychischer Grundlage verlaufen ist, zu stellen versuchte. Und nicht minder sollte selbstverständlich sein, daß die Ausbildung einer universalgeschichtlichen Methode auf dem Boden der Kulturgeschichte verlaufen muß. Denn das, was den universalgeschichtlichen Verlauf recht eigentlich bildet, sind die Vorgänge der Renaissancen und Rezeptionen: und diese sind, mögen sie auch durch politische Ereignisse oder andere mehr mechanische Vorgänge ausgelöst sein, doch ihrem Kerne nach kulturgeschichtliche Erscheinungen.

Dies vorausgeschickt, ergibt sich bei dem Versuche, in universalgeschichtliche Arbeit praktisch einzutreten, sehr rasch, daß, da weder die möglichst rein geschichtsphilosophische noch die möglichst rein induktiv historisch-kritische Methode fördert, nach der heutigen Lage der Dinge unter Aufwendung von ganz anderen, weit längeren Zeiten für die Forschung – und das heißt unter ganz wesentlich verstärkter Intensität der Bearbeitung – vielmehr ein zwischen diesen beiden Methoden liegender mittlerer Weg einzuschlagen ist. An die Stelle der geschichtsphilosophischen Deduktion hat eine empirische Umschau über die Höhen der von der Geschichtswissenschaft gewonnenen kritischen Ergebnisse menschheitlicher Entwicklung zu treten: und aus dieser Umschau heraus sind Hypothesen über den Gesamtverlauf dieser Entwicklung zu bilden. Mit diesen Hypothesen, die alsbald eine Fülle neuer Problemstellungen ergeben werden, ist dann an die Geschichte des Einzelverlaufes heranzutreten; dabei werden sich alsbald einzelne Teile dieses Verlaufes als von universalgeschichtlichem Standpunkte besonders wichtig und anders als bisher auffaßbar ergeben: und diese Teile sind dann mit allen hergebrachten und allen dafür etwa neu zu entwickelnden Methoden der kritischen Geschichtswissenschaft eingehend zu bearbeiten: und zwar natürlich aus ihren eigenen Voraussetzungen heraus, und nicht etwa in dem Sinne, daß mit den Mitteln der kritischen Geschichtswissenschaft ein unbedingter Beweis für die hypothetische Auffassung gesucht werde, mit der man an den zu bearbeitenden Komplex von Tatsachen herangetreten ist.

Sollte einmal auf dem Wege dieses einstweilen nur sehr verkürzt geschilderten Verfahrens eine bestimmte Auffassung des gesamten weltgeschichtlichen Verlaufes gewonnen sein, so wäre dann der Moment für die Darstellung dieses Verlaufes gegeben: und hierzu würde natürlich eine beträchtliche Anzahl neuer Methoden auch der Darstellung, also der höheren und höchsten historischen Arbeit, zu entwickeln sein.

Doch diese Möglichkeit liegt noch im weiten Felde. Dagegen ist die Durchbildung der universalgeschichtlichen Forschungsmethode dringlich. Von ihr soll nun hier im einzelnen die Rede sein.

Das Schwierigste ist bei ihr, wie bei jeder Wissenschaft, die richtige Hypothesenbildung. Denn ohne diese bleibt jede kritische Betätigung ein opus operatum, ein Klapperwerk des Verstandes, im besten Falle ein intellektualistischer Sport für den einzelnen Forscher von vielleicht einigem persönlichen, sicherlich aber kaum merkbarem gemeinen Nutzen.

Die Hypothesenbildung ist aber in unserem Falle besonders erschwert. Denn das Material, auf das sie sich bezieht, ist ungeheuerlich; und es ist auch nicht im entferntesten daran zu denken, daß es ein einziger menschlicher Verstand jemals im einzelnen auch nur einigermaßen beherrsche. Will man vorwärts kommen, so bedarf es also der Isolierung: und damit einer Manipulation, die allerdings absolut sicher und zulässig, weil jedem, auch dem begrenztesten wissenschaftlichen Verfahren eigen ist. Zudem ergeben sich für diese Isolierung aus der bisherigen Forschung wie aus der Natur der Dinge völlig sichere Gesichtspunkte. Deutlich verläuft die Weltgeschichte im Bereiche nacheinander abgegrenzter menschlicher Gemeinschaften, insbesondere nationaler und staatlicher Bildungen; und deutlich lassen sich in dem Verlaufe des Lebens jeder menschlichen Gemeinschaft wieder gewisse Seiten dieses Verlaufes, die wirtschaftliche, gesellschaftliche, staatliche, phantasievolle, kritisch forschende, schöpferisch denkend aufbauende usw. unterscheiden: und längst schon hat die Verschiedenheit dieser einzelnen Seiten des Verlaufes als Voraussetzung für die wissenschaftliche Arbeitsteilung der historischen Disziplinen gedient.

Wir haben also ein doppeltes Isolierungsprinzip vor uns, mit dessen Hilfe die universalgeschichtliche Hypothesenbildung vorwärtskommen kann: die isolierende Betrachtung des nationalen Verlaufes und die isolierende Betrachtung des Verlaufes der einzelnen Kulturzweige innerhalb eines gegebenen nationalen Ganzen.

Dabei versteht sich, daß mit der isolierenden Betrachtung des Verlaufes der einzelnen Kulturzweige begonnen werden muß, denn sie ist der höheren Betrachtung des gesamten nationalen Kulturverlaufes untergeordnet.

Auf diesem Gebiete hat nun die bisherige historische Forschung gewaltig vorgearbeitet: Längst sind für den Verlauf der Verfassung, später auch des Rechtes, der Literatur, später auch der Sprache, der bildenden Kunst, später auch des Stils, der Wirtschaft, später auch der Wirtschaftsstufen, der Gesellschaft, später auch der sozialen Normen, der Sitte, später auch der ethischen Normen, der Musik, später auch der musikalischen Formen innerhalb bestimmter nationaler Entwicklungen entscheidende Momente, Zäsuren, Perioden gesucht worden. Und hierüber ist man sogar schon hinausgegangen, indem man auch längst eine Anzahl dieser partiellen Entwicklungen und grundsätzlich wohl auch alle auf eine von ihnen als die fundamentale bezogen hat, nach der sich mithin die anderen im inneren wie im äußeren (chronologischen) Verlaufe zu richten hätten oder vielmehr richteten. Dabei ist am frühesten das Verfassungsleben als fundamentale Entwicklung angesehen worden:

sehr begreiflich, denn seine Betrachtung ergab sich am unmittelbarsten aus der politischen Geschichte, die aller Historie Anfang ist. So haben schon die Alten kulturgeschichtliche Daten verschiedenster Art auf die Verfassungsentwicklung bezogen; als Meister dieser Methode kann Aristoteles gelten. Und noch jetzt gibt es unter den Universalhistorikern Gelehrte, die die verschiedensten Seiten des historischen Verlaufes dem Verlaufe der staatlichen Entwicklungsperioden unterordnen. In verwandter Weise sind dann aber auch andere Entwicklungszweige als fundamental betrachtet worden; so vom Mittelalter ab bis tief in das 18. Jahrhundert hinein der kirchlich-religiöse Verlauf; so neuerdings namentlich seitens des sogenannten historischen Materialismus das Wirtschaftsleben.

Nun liegt aber auf der Hand, daß alle solche Betrachtungsweisen einseitig sind: Statt eine Anzahl verschiedener, in Isolierung eingehend untersuchter Entwicklungsreihen auf das ihnen zugrunde liegende Gemeinsame zu betrachten und damit das isolierende Verfahren durch sein unbedingt notwendiges Korrelat, die allseitige Vergleichung, zu ergänzen, konzentrieren sie die Vergleichsmaterien einseitig auf dem Verlauf einer dieser Materien, die somit bevorzugt und demgemäß in einer etwaigen historischen Darstellung monströs entwickelt erscheint. Berechtigt würde ein solches Verfahren nur dann sein, wenn durch die Psychologie und die an sie anknüpfenden psychogenetischen Wissenschaften schon unbedingt und allgemein anerkannt der Beweis geliefert worden wäre, daß innerhalb der seelischen Aktualität nur eine der vorhandenen sogenannten Kräfte, der Wille oder der Verstand oder das Gemüt (Phantasie) als original und die anderen evolutionistisch einschließend zu betrachten seien.

Da dieser Nachweis keineswegs geliefert ist und wohl auch auf lange noch ausstehen wird, wenn er überhaupt möglich ist, so bleibt auf dem Boden der historischen Methode nichts anderes übrig, als die einzelnen Kulturzweige eines großen menschlichen Gemeinwesens zunächst ganz allseitig, ohne Bevorzugung eines einzelnen, unter sich zu vergleichen, das Gemeinsame und Abweichende ihrer Entwicklung festzustellen und das Gemeinsame als fundamental für jede Periode zusammenfassend so darzustellen, daß ein deutlicher Eindruck seines Charakters entsteht. Geht man nach dieser Methode vor, so ergeben sich, chronologisch aufeinanderfolgend, für die behandelte menschliche Gemeinschaft eine Reihe von Diapasons: von abweichenden Kulturbildern und, in ihrer Aufeinanderfolge geordnet, von Kulturzeitaltern, wie ich sie in meiner Deutschen Geschichte dargestellt habe. Und fragt man nach deren Charakter, so wird er, da es sich durchweg um psychische Vorgänge und Erscheinungen handelt, deren typisches Vorkommen erwiesen ist, als ein sozialpsychischer anerkannt werden. Ob man dabei für die psychischen Vorgänge und Erscheinungen in einer hypothetischen Volksseele ein Substrat sucht, wie man es für die individualpsychischen Vorgänge und Erscheinungen in der Einzelseele anzunehmen gewohnt ist, ist eine Frage nur zweiten Ranges, ja eine wissenschaftlich fast gleichgültige Frage; da die Wissenschaft allein nicht in der Lage ist, bis zur Anschauung eines Totalen vorzudringen, und auch hier wie sonst mit ihren Methoden nur die »Teile in der Hand« erreicht.

Mit dem geschilderten Verfahren ist aber die Anwendbarkeit der vergleichenden Methode auf die einzelnen, durch Isolierung gewonnenen Entwicklungsreihen noch nicht abgeschlossen. Diese Reihen können nicht bloß innerhalb des Entwicklungsbereiches ein und derselben menschlichen Gemeinschaft in ihrem Verlaufe verglichen werden, sondern auch innerhalb des Bereiches verschiedener Gemeinschaften. Und dies kann auf die allerverschiedenste Weise geschehen: z. B. durch Vergleich aller gegebenen Wirtschaftsentwicklungen oder anderer Entwicklungszweige mit Rücksicht auf ihren Inhalt, aber auch durch Herausheben des in mehreren Entwicklungszweigen in bezug auf den Inhalt vielleicht Identischen, in bezug auf den synchronistischen Verlauf aber vielleicht Abweichenden usw. usw. Man sieht leicht, daß hier nach den Gesetzen der mathematischen Kombination und Permutation beinahe unzählige Aufgaben winken. Und nur darauf kommt es an, die fruchtbaren auszulesen und eingehender Lösung zuzuführen. Dazu gehört z. B. eben die Nachprüfung, welche bestimmten Entwicklungszweige in verschiedenen menschlichen Gemeinschaften etwa mit bestimmten psychischen Gehalten unbedingt gleichzeitig verlaufen und bei welchen und inwieweit vielmehr eine zeitliche Latitüde hervortritt: eine Untersuchung also der sozialpsychischen Weite oder der sozialpsychischen Kompatibilität menschlicher Gemeinschaftsentwicklung, die tiefe Einsichten in den Menschen als geschichtliches Wesen überhaupt gestatten würde.

Indes, alle diese Untersuchungen, wie sie sich über mehrere menschliche Gemeinschaften hin erstrecken, gehören doch schon zu den schwierigen, die zuerst zu beginnen vermessen sein würde. Vom Standpunkte einer besonnenen Forschung empfiehlt sich vielmehr zunächst die vergleichende Untersuchung der verschiedenen Kulturzweige – und zwar aller ohne Ausnahme! – in der Entwicklung ein und derselben menschlichen Gemeinschaft. Und auch diese Aufgabe ist noch schwer genug zu lösen. Denn es ist dabei nicht mit einigen vereinzelten, mehr oder minder zufälligen Beobachtungen getan; vielmehr liegt eben in der Allseitigkeit der Kern der Forderung, da erst diese die richtige gegenseitige Begrenzung der Einzelbeobachtungen ermöglicht. Eine solche Allseitigkeit kann aber mit Sicherheit nur durch eine Darstellung gewährleistet werden, die ständig alle fraglichen Entwicklungen beobachtet, und führt daher mit Notwendigkeit auf nichts Geringeres als die durch einen einzigen Forscher zu leistende eingehende und allumfassende Darstellung irgendeiner nationalen Geschichte.

Dieser Forderung, die sich mithin als die noch geringste für eine rationelle Hypothesenbildung auf universalgeschichtlichem Gebiete darstellt, habe ich in meiner Deutschen Geschichte nachzukommen gesucht. In dem Augenblicke, da ich diese Worte niederschreibe, Juli 1908, habe ich schon weit über zwei Jahrzehnte angestrengt und beinah ausschließlich an dieser Aufgabe gearbeitet, und noch glaube ich fast eines Jahres zu bedürfen, ehe ich das Deo gratias unter die letzten Worte meiner Darstellung werde schreiben können.

Dabei ist die Aufgabe an sich gewiß die reizvollste von der Welt, indes dornenreich unter den heute bestehenden Verhältnissen der deutschen Geschichtswissenschaft. Im Bereiche dieser Wissenschaft waren, als ich begann, Untersuchungen wie die beabsichtigte so gut wie gänzlich unbekannt, wie sie auch heute noch selten sind; und so wurde ihre Durchführbarkeit von jedermann und eben von den Sachverständigen und unter ihnen wiederum am offensten von meinen Lehrern und Freunden durchaus bezweifelt. Und trafen diese Zweifel nicht in der Tat zu, wenn für den ganzen Inhalt der Arbeit die Forderung unbedingten Zurückgehens auf die ersten Quellen gestellt wurde? Diese Forderung galt aber damals und gilt auch vielfach der heutigen Geschichtsforschung auf deutschem Gebiete noch als jeglichen Falles unerläßlich, wenn auch für jeden unvoreingenommenen Zuschauenden und maßvoll Überschlagenden klar ist, daß keine irgendwie umfassende Darstellung auch nur eines kleinen Zeitraumes der deutschen Geschichte heute, bei der Massenhaftigkeit selbst auch nur des schon bekannten Materiales, auch nur entfernt noch einzig aus ersten Quellen geschöpft sein kann.

Es galt also, auch schon für die ersten Bände der deutschen Geschichte, sich über eine Forderung hinwegzusetzen, die gegenüber einem von ungewohnten Gesichtspunkten ausgehenden Unternehmen mit doppeltem Rigorismus erhoben wurde. Und das war nicht das einzige. Auch das ist jedem nachdenkenden Eingeweihten klar, daß bei dem beabsichtigten Unternehmen nicht diejenige Akribie eingehalten werden konnte, deren Bewahrung für die Lösung kleinerer Aufgaben der Darstellung und insbesondere für jede Forschung unerläßlich ist. Denn Intensität der Bearbeitung und Höhe der Akribie – diese nicht als Eigenschaft, sondern als konkretes Verfahren im bestimmten Falle betrachtet – stehen in unbedingter Wechselwirkung; extensiv erfaßte Aufgaben bedürfen einer ganz andersgearteten Akribie als intensiv angelegte. Man könnte daher von diesem Gesichtspunkte aus geradezu sagen, daß steigende Intensität an sich schon auch wachsende Akribie gewährleiste; und würde sich dann häufig genug zu bedenken haben, so absprechende Urteile über ältere, nach bekannten Entwicklungsnormen notwendigerweise weniger intensiv tätig gewesene Forscher zu fällen, wie man sie nicht selten von in diesem Falle unhistorischen Historikern zu hören bekommt.

Meiner Deutschen Geschichte ist es nicht erspart geblieben, aus den soeben erörterten Zusammenhängen heraus ebenso des Plagiats wie der willkürlichen Behandlung des Details geziehen zu werden. Es geschah freilich nur beim Erscheinen der ersten Bände, dann verstummte, wenn ich einige damals auf mich gemünzte Worte anwenden darf, die »Lärmtrompete«. Sie wird jedoch, nach einem ziemlich strikten Gesetze der Wissenschaftsgeschichte, noch einmal erschallen, nämlich nach dem Abschlusse meines Buches; und dann, wiederum nach einer ziemlich regelmäßigen Erfahrung in der Geschichte der Wissenschaften, nicht mehr so sehr von den Gegnern meiner Anschauung überhaupt geblasen als von denjenigen Mitbewerbern und Anhängern, denen ich meine Sache nicht gut genug ... oder, für ihre *eigenen* Betrebungen, zu gut gemacht habe.

Nun, dem sei, wie ihm wolle; ich glaube schon jetzt das Recht zu haben, für die Klärung der hier behandelten Fragen einige Folgerungen aus dem Verlaufe meiner Darstellung zu ziehen, wenn diese auch noch nicht ganz abgeschlossen vorliegt.

Da ist eines zunächst evident. Während in den früheren Zeitaltern dieser Darstellung das herausgearbeitete Bild vielfach Ergebnis von Vorstellungen ist, die von der herkömmlichen Vulgata so beträchtlich abweichen, daß ihre Fundamentierung nur einer eingehenden Durchforschung der primären Quellen verdankt werden konnte, ja für die Auffassung der wirtschaftlichen, sozialen und Verfassungsentwicklung wie der Kunstgeschichte in vorhergehenden einheitlichen Untersuchungen festzustellen war – nähert sich diese Darstellung schon für das 16. bis 18. Jahrhundert mehr dem andererseits durch die Forschung Festgestellten und fällt mit diesem für die Zeit von der Mitte des 18. Jahrhunderts bis zur Gegenwart so weit zusammen, daß in mehr als einer gegnerischen Kritik gelegentlich geäußert werden konnte: Wolle man auch meine Gesamtauffassung als solche nicht anerkennen, so sei doch außer Zweifel, daß sich die neuere Entwicklung dieser unbedingt einordne. Ich brauche nicht erst zu sagen, wie wertvoll mir solche Urteile sind und waren. Sie ergeben, daß meine Gesamtauffassung aus dem inneren Kern dessen erfließt, was in unserem historischen Milieu, in dem Europa um 1900, eine historische Auffassung sein kann; und mehr als die Anerkennung dieser Tatsache kann nur jemand, der unhistorisch denkt, verlangen. Und ich schließe aus diesen, von meinen Gegnern keineswegs bewußt hergestellten und vorgebrachten Zusammenhängen, daß der Darstellung meiner Deutschen Geschichte in der Tat jene generelle Hypothesenbildung für eine universalgeschichtliche Betrachtung zugrunde liegt, die von der Gegenwart verlangt werden darf, weil sie ihr konform ist.

Ist damit für das erste Erfordernis einer universalgeschichtlichen Hypothesenbildung, so, wie sie heute möglich ist, eine Lösung erreicht, die ich für genügend halte, um von ihr aus weitere methodische Manipulationen vorzunehmen, so darf doch nicht verkannt werden, daß die in ihr zutage tretenden Momente sehr verschiedenartiger Behandlung bedürfen.

Bekanntlich liegt, für die volle Sicherung aller folgenden Arbeit, bei jeder wissenschaftlichen Hypothesenbildung die Schwierigkeit, zu deren Bewältigung es besonderer Vorsicht bedarf, nicht so sehr in der Aufstellung des materiellen Gehaltes der Hypothese als solcher wie in ihrer richtigen Begrenzung; in der peinlichsten Abwertung der Einzelvorstellungen der Hypothese nach ihrem Wahrscheinlichkeitsgehalt und dementsprechend in ihrer Durchbildung zu nur einigen Kernvorstellungen, unter Offenlassung der genaueren Werte zahlreicher Nebenvorstellungen für eine künftige anderweite Fassung und Umbildung.

Im vorliegenden Falle halte ich durch meine eingehende Darstellung der deutschen Geschichte zunächst für deren Verlauf die Auffassung für unbedingt gesichert, daß sich in der menschlichen Gemeinschaft der Deutschen ein Prozeß steigender psychischer Intensität verfolgen läßt. Ich halte es ferner für gesichert, daß sich die Perioden dieser psychischen Intensitätssteigerung – und daß hier eine Periodenbildung möglich ist, ergibt der Begriff der Steigerung an sich – in den Zeitaltern ausdrücken lassen, die ich als symbolisch, typisch, konventionell, individuell und subjektiv geschildert habe. Dabei ist es ziemlich gleichgültig, ob die Bezeichnungen, die ich für diese Zeitalter gewählt habe, gänzlich zutreffen; ich werde niemand wehren, sie durch bessere zu ersetzen, und werde diese annehmen, wenn ich sie für besser befinde.

Doch führt die Berührung dieses Punktes alsbald weiter in die genauere Diskussion der uns hier beschäftigenden Frage. Sind die »Definitionen« der soeben aufgezählten Zeitalter in meiner Geschichte geschlossen und »klar« genug? Ich habe mich im allgemeinen mehr mit der anschaulichen Schilderung und allenfalls der zusammenfassenden Charakteristik der einzelnen Zeitalter begnügt, als sie zu »definieren« gesucht. Gewiß wäre es möglich gewesen, sie aus dem Material der deutschen Geschichte heraus noch genauer zu beschreiben, ja vielleicht geradezu zu definieren; und daran hätte sich die Entwicklung einer sehr eingehenden Terminologie anschließen können. Allein ich habe mich vor einer solchen, von manchem verlangten, auf den ersten Anschein ganz besonders wissenschaftlichen Behandlung vielmehr ganz besonders gehütet, bis zu dem Grade, daß ich vorgezogen habe, manche wohlumrissene Erscheinung zu verschiedenen Zeiten und bei wechselnder Gelegenheit mit einem verschiedenen Namen zu bezeichnen. Würde ich des anderen, scheinbar ertragreicheren und gewiß schulmäßigeren Weges gegangen sein, so würde ich mir aus der deutschen Geschichte allein einen Schnürleib entwicklungsgeschichtlicher Perioden bis auf jede Naht und jedes Fischbein konstruiert haben, der für den deutschen Verlauf meinetwegen sogar passend hätte ausfallen können, in den aber die Entwicklung anderer Völker hineinzuzwängen später nur zu nahe gelegen hätte. Es war also vielmehr so zu verfahren, daß alle Einzelvorstellungen über die einzelnen Zeitalter, abgesehen von einer Kernvorstellung (Symbolismus, Typismus, Konventionalismus, Individualismus, Subjektivismus) noch offen blieben, um erst aus den Erfahrungen an dem geschichtlichen Verlaufe anderer menschlicher Gemeinschaften Skelett und sichrere Körperlichkeit zu erlangen – auf die Gefahr hin, daß in der isolierten Darstellung dieser Erscheinungen in der deutschen Geschichte gewisse kleinere Unklarheiten nicht – nämlich noch nicht – zu beseitigen waren und dem Verfasser wohl gar den Vorwurf des Mangels an definitorischem Mute eintragen konnten.

Nur da, wo es sich nicht um die Definition der Qualitäten der einzelnen Zeitalter, sondern um die formalpsychischen Vorgänge, um den seelischen Mechanismus handelte, in dem das eine Zeitalter in das andere unter Auflösung der Eigenschaften des älteren und Auftauchen der Eigenschaften des jüngeren übergeht, schien eine Ausnahme von diesem zurückhaltenden Verfahren gemacht werden zu können. Denn hier stand einmal nicht bloß eine Entwicklung zur Darstellung. Vielmehr wiederholt sich dieser Prozeß in der quellen- und denkmalsmäßig überlieferten deutschen Geschichte mutatis mutandis mindestens viermal, und zwar mit steigender Deutlichkeit; es tritt also hier, bei allem isolierenden Verfahren für das Ganze der deutschen Geschichte, schon ausreichend die Möglichkeit des Vergleichens auf. Und weiter handelt es sich hier um einen Formalvorgang geschichtlichen Werdens: Verblassen von Vorstellungen, Reaktion gegen diese, Wirkungsformen neuer Reize, Formen der allmählichen Beherrschung dieser und ihrer Komplexe u. a. m.: Dinge, die durchaus einer psychologisch-mechanischen Betrachtungsweise unter einstweiligem Ignorieren des Zeitmomentes und damit auch der besonderen Zeitfärbung fähig sind, durch die sie einem bestimmten Zeitalter eingeschrieben erscheinen. Und so habe ich denn, als ich bis zur Untersuchung der Entwicklung des Subjektivismus und damit dem vierten und letzten Falle des Überganges von einem Zeitalter zu einem anderen in der deutschen Geschichte vorgedrungen war, kein Bedenken getragen, eine volle Theorie des Übergangsmechanismus eines sozialpsychischen Zeitalters in ein anderes zu entwickeln, dafür eine Terminologie aufzustellen und die Untersuchung des Überganges zum Subjektivismus schon nach Anleitung der auf diesem Wege erhaltenen Spezialhypothesen zu unternehmen. Und nicht minder würde ich mich, hätte ich sonst irgendwo in irgendeiner Kultur den Übergang eines Kulturzeitalters zu einem anderen zu untersuchen, dabei für die Problemstellung schon dieser Spezialhypothesen bedienen; wenn auch gewiß mit dem Ergebnis, daß sie selber dadurch noch reicher und präziser gestaltet werden würden.

Für die Haupthypothese der Aufeinanderfolge der einzelnen Kulturzeitalter aber wird eine genauere Durchbildung im jetzigen Stadium der Forschung schon durch einen Umstand verboten, den wir bereits kennen. Wir haben gesehen, wie noch unterhalb des Bereiches der Gesamtuntersuchung einer nationalen Kultur eine isolierende Untersuchung der einzelnen Entwicklungszweige (Wirtschaft, Gesellschaft usw.; Kunst, Wissenschaft usw.) möglich ist; wie daraufhin deren vergleichende Untersuchung bei verschiedenen Nationen einsetzen kann; und wie hierbei erfahrungsgemäß ein allgemeines Zusammen- und Auseinanderfallen der einzelnen Entwicklungsstufen dieser Kulturzweige zutage tritt, das man generell als die Erscheinung sozialpsychischer Latitüde oder Kompatibilität bezeichnen kann. Nun ist klar, daß diese Erscheinung, die sich in gewissen Grenzen hält, dem Nachweise dieser bestimmten Aufeinanderfolge bestimmter Kulturzeitalter in einer bestimmten – in unserem Falle der deutschen – menschlichen Gemeinschaft zwar nicht entgegentritt, im Gegenteil sie vielmehr bestätigt. Aber nicht minder klar ist doch auch, daß es unter diesen Umständen unverantwortlich kühn wäre, aus dem Verlaufe der psychischen Entwicklung einer einzigen Nation oder sonstigen menschlichen Gemeinschaft schon die Gesetze dieser Entwicklung auch in ihren Einzelerscheinungen ableiten zu wollen. Vielmehr bedarf es hier, um zu sicheren Detaildefinitionen zu gelangen, der Heranziehung des Kulturverlaufes mindestens mehrerer und grundsätzlich aller bekannten Nationen; und die isolierende Erst- und Vorarbeit muß sich mit der sicheren Klarlegung nur der Kernerscheinung jeden Zeitalters begnügen.

Es kann darnach scheinen, daß die universalgeschichtlichen Ergebnisse meiner Deutschen Geschichte, nach einer zwanzigjährigen Arbeit, sehr gering seien. Darauf wäre zunächst zu erwidern, daß diese Arbeit außer der universalgeschichtlichen Hypothesenbildung auch noch andere, weit mehr in ihr selber liegende Ziele verfolgt und verfolgt hat. Noch mehr aber wäre zu betonen, daß die universalgeschichtlichen Ergebnisse zwar gering an Zahl, aber fundamental und elementar sind und daß sie in dieser ersten, heute notwendigen universalgeschichtlichen Zielsetzung schlechterdings auf keinem andern als dem begangenen Wege zu erreichen waren; und hinzugefügt werden könnte, daß der Übergang zu weiteren universalgeschichtlichen Studien schon zeigen werde, was und auch *wieviel* damit gewonnen sei.

Gehen wir jetzt zu diesen weiteren universalgeschichtlichen Studien über, wie sie über die Ziele einer isolierenden Bewältigung zunächst einer nationalen Geschichte hinaus liegen, so ergibt sich alsbald, daß, im Aufstieg zu der letzten, größesten singulären Entwicklung aller menschlichen Geschichte, der Universalgeschichte selbst, zwei große Phasen vergleichender Geschichte passiert werden müssen: die Phase des Vergleiches einzelner Entwicklungszweige bei verschiedenen, schließlich allen Nationen, und die Phase des Vergleiches ganzer nationaler Gesamtentwicklungen untereinander. Dabei mögen diese beiden Phasen in der Forschung wohl gelegentlich ineinander verfließen und manchem synchronistisch erscheinen: Methodologisch ist klar, daß die zweite Phase erst nach eingehenderem Durchlaufen der ersten sicheren und umfassenden Gewinn bringen kann.

Es ist also mit der ersten Phase zu beginnen.

Wenn aber hier die verschiedensten Entwicklungszweige der Bearbeitung offen stehen, so ist alsbald zu fragen, mit welchem denn am ersten zu beginnen wäre. Die grundsätzliche Antwort ist da sehr einfach: mit dem elementarsten. Welcher ist dieser aber?

Werden wir mit dieser Frage nicht auf das schon besprochene Problem nach den grundlegenden psychischen Kräften des geschichtlichen Verlaufes und damit auf die praktische, aus ihm wesentlich in doppelter Richtung entwickelte Alternative, ob Wirtschaftsleben, ob Staat zurückgedrängt?

Der jetzige Augenblick der Problemstellung erlaubt, ja erfordert einen ganz anderen Gedankengang. Nicht darum handelt es sich jetzt, welche Entwicklungszweige überhaupt die grundlegenden seien, sondern welche dieser Zweige innerhalb des universalgeschichtlichen Verlaufes als die grundlegenden, elementaren erscheinen. Und hier ist nun eine einwandfreie Lösung sehr wohl möglich. Alle großen Entwicklungszweige kann man in solche unterscheiden, die mehr bodenständig innerhalb des Bereiches der menschlichen Gemeinschaft, der sie angehören, wirken, und in solche, deren Wirkung stark über diesen engeren Kreis hinausgreift. Zur ersteren Gruppe gehört das Wirtschaftsleben, die soziale Entwicklung, auch das Recht noch und die Verfassung. Sie sind in nur geringem Grade von dem Körper der Gemeinschaft, der sie angehören, lösbar, am meisten noch Recht und Verfassung, insoweit sie zu Theorien umgebildet werden, und das heißt eine Verbindung mit ihnen nicht unmittelbar angehörenden Elementen der Wissenschaftsentwicklung und Weltanschauung eingehen. Die eigentlich universalgeschichtlichen Entwicklungszweige werden sie aber selbst auf diesem Wege nicht; ihre Anwendung bleibt auf gewisse Kulturkreise und Kulturzeitalter begrenzt. Ganz anders die mehr geistigen Entwicklungszweige: die Zweige des Empfindens, des Denkens, der Phantasietätigkeit. Für sie werden schon früh Träger des eigentlichen Gehaltes entwickelt, die diesen freizügig und flügge machen wie die Federbekleidung gewisse Früchte: Gebrauchsgegenstände leicht übertragbarer Art, namentlich Schmuck und Kleider, die Produkte der bildenden Kunst verbreiten; Instrumente, die technische oder auch musikalische Erfindungen transportieren; endlich und vor allem Schriften und Druckwerke, die den Erzeugnissen des Dichters und Denkers Allgegenwart und Unsterblichkeit verleihen. Und so sind es denn die spezifisch geistigen Entwicklungszweige, die vor allem den weltgeschichtlichen Zusammenhang vertreten: deren genauere Untersuchung also auch zur Durchbildung einer universalgeschichtlichen Methode an erster Stelle in Betracht kommt.

Indes, auch der Bereich dieser Zweige ist noch so weit, daß, soll die Forschung intensiv sein, anfangs eine weitere Begrenzung geboten erscheint. Und da ergibt sich denn wiederum das Feld der Phantasietätigkeit als vor allem lohnend. Es besteht zunächst kein Zweifel darüber, daß starke Phantasietätigkeit ein Charakteristikum primitiver Kulturen ist, ja sie häufig, im Vergleich zur intellektuellen Tätigkeit, fast beherrscht: Nun aber muß alle universalgeschichtliche Forschung, soll sie für die höheren Kulturzeitalter fest begründet sein, mit der Untersuchung der niedrigen beginnen: also sich an erster Stelle auf die Erhellung der Phantasietätigkeit einlassen. Und weiter ist klar, daß, wenn die Phantasietätigkeit die niederen Kulturen besonders kennzeichnet, sie derjenige kulturelle Entwicklungszweig ist, der allein besonders stark und in besonders vielen Entwicklungsexemplaren vorkommt; denn viele menschliche Gemeinschaften haben die Phasen niedriger Kultur überhaupt nicht überschritten. Endlich ist die Phantasietätigkeit derjenige Entwicklungszweig der Kultur, der, trotz seiner starken Entfaltung in primitiven Zuständen, doch auch den höheren Kulturzeitaltern niemals fehlt, ja auch sie zunächst, und namentlich jedesmal in den besonders wichtigen Anfängen jedes neuen Zeitalters, hervorragend charakterisiert: so daß sie auch vom Standpunkte hoher Kulturen allein in starkem Maße das Vorrecht verdient, zuerst eingehend untersucht zu werden.

Es sind dies Zusammenhänge, die auch von den Meistern der Geschichtsschreibung instinktiv fast durchweg gefühlt worden sind, so in hohem Grade z. B. von Ranke und Thukydides, und die dazu beigetragen haben, daß deren Darstellungsweise und – wenigstens für Ranke – auch Konzeption von einer exklusiv wirtschafts- oder staatengeschichtlichen Geschichtsschreibung den Vorwurf ästhetisierender Betrachtung erhalten konnte.

Indes, auch innerhalb des Gebietes der Phantasietätigkeit wird es noch einmal zu scheiden gelten, denn auch dies Gebiet ist noch viel zu weit, um universalgeschichtlich alsbald als Ganzes in Angriff genommen zu werden. Dabei wird die Wahl, die hier zu treffen ist, nicht mehr, wie alle einzelnen Phasen des bisher vorgenommenen Isolierungsverfahrens, von allgemeinen Erwägungen über den Inhalt und Charakter des universalgeschichtlichen Gesamtverlaufes abhängen, wie sie uns zu dem Teilbegriff der Phantasietätigkeit geführt haben: denn dieser Teilbegriff ist ein letzter, da er der untersten, von uns methodisch herangezogenen Begriffswelt, der der Entwicklungszweige, angehört. Vielmehr müssen nunmehr, innerhalb dieses universalgeschichtlich betrachtet schon elementaren Bereiches praktische Erwägungen Platz greifen.

Diese Erwägungen aber führen zunächst in jedem Betracht zu ein und demselben Ergebnis: zur Bevorzugung der bildenden Kunst, insbesondere der Bildnerei und der zeichnenden Künste. Durchaus maßgebend ist hier schon der eine Umstand, daß nur für diese Gruppen das Quellenmaterial universalgeschichtlich vollständig vorliegt: Von zahlreichen menschlichen Gemeinschaften, die wir sonst kaum oder gar nicht kennen, besitzen wir auf den prähistorischen Denkmälern und in den völkerkundlichen Sammlungen das Material wenigstens eben dieser ihrer Phantasietätigkeit, und fast kein Volk, das wir sonst irgendwie kennen, läßt eben dieses Material vermissen. Zur bei weitem größesten Vollständigkeit der Überlieferung kommt aber noch ein weiterer Vorzug grade dieses Gebietes. Seine Denkmäler sind auch bei weitem am leichtesten interpretationsfähig. Sie haben einmal den Vorzug des Unmittelbaren der Tradition, der jede Kunstüberlieferung auszeichnet: Es besteht nicht eine Überlieferung über sie, sondern sie selber sind überliefert, reden also zu uns mit ihren Zungen. Des weiteren ist aber auch die Sprache, die sie sprechen, eine ganz unmittelbare; während die dichtende Phantasietätigkeit nur durch das Mittel der Sprache – und wie viel Sprachen wären hier zu lernen, ehe die

Schwierigkeiten dieses Mittels überwältigt würden! – zum Ausdrucke gelangt, und während die musische Phantasietätigkeit außer an die Sprache auch noch an das Musikinstrument – und wie schwer sind die Instrumente der Vergangenheit zu reproduzieren! – gebunden ist, reden die Formen der bildenden Kunst ohne solche Vermittlung zu uns; und soweit sie von der natürlichen Formensprache bestimmter Breiten und Klimate, Blätter-, Blüten-, Pflanzenformen, Tier-, Kopf-, Gliederformen usw. abhängig sind, sind uns diese Formen heute im allgemeinen noch ebenso zugänglich, wie sie es dem Künstler vor Tausenden von Jahren waren, da er nach ihrem Eindrucke schuf. Schließlich aber zeigt das Gebiet der bildenden Kunst noch einen Vorteil, der, gegenüber mannigfachen Verirrungen auch noch der jüngsten Forschung, vielleicht in diesem Augenblicke besonders hoch zu veranschlagen ist. Die Formenwelten, die in ihm vor uns auftauchen, bedürfen entwicklungs- und das heißt universalgeschichtlich keiner besonderen inhaltlichen Interpretation: einer Interpretation, die sich z. B. etwa fragt, ob ein zu gewissen Zeiten der Ornamententwicklung auftretendes Gebilde eine Schlange sei und ob mit der Wiedergabe der Schlange sich noch besondere kultische oder religiöse Vorstellungen verbänden: Fragen, von denen man wohl sagen darf, daß sie nur in Ausnahmefällen mit einem bestimmten Ja oder Nein zu beantworten sein werden. Diese Formen werden vielmehr nur auf ihre Form hin, d. h. auf die innere Formalabwandlung der in ihnen vorliegenden Gebilde hin untersucht, und eine solche Untersuchung trägt in sich einen absolut bindenden, nüchternen Charakter und gewährt damit zugleich eine nicht zu unterschätzende Garantie für die Ausbildung einer rein wissenschaftlichen Methode.

Ja von dem damit erreichten Standpunkte unserer Erörterung aus läßt sich noch ein Weiteres, Höchstes für den Beginn universalgeschichtlicher Forschungen mit der Untersuchung der bildenden Phantasietätigkeit sagen. Kulturgeschichtliche Erkenntnisse sind letzten Endes überhaupt nicht so sehr inhaltreicher, bildhafter wie formaler, evolutionistischer Natur. In der Literargeschichte interessiert den Kulturhistoriker das Bild der Dichtung einer bestimmten Zeit nicht an sich, sondern mit Rücksicht darauf, nach welchen Formalprinzipien es aus einer früheren Periode hervorgegangen ist und sich in das Bild einer späteren Periode abwandeln wird: Er will die Kräfte sehen, die hinter den Erscheinungen walten und dem Geheimnis ihrer inneren Bewegung auf die Spur kommen. Und so nicht minder in der Geschichte der Entwicklung des Rechtes, des Staates, der Kunst, der Dichtung usw. Nun versteht es sich aber nach dem Gesagten von selbst, daß keinerlei Forschungen ihn rascher an diese äußersten Ziele heranführen können als diejenigen über die Entwicklung der bildenden Phantasietätigkeit: eben weil sie zum Eingehen auf die Formalentwicklung zwingen; schon die frühe Bildung des Begriffes Stil auf diesem Gebiete ist dafür Beweis genug.

Und so wird denn eine dem Detail nahetretende universalgeschichtliche Forschung vor allem der Entwicklung der bildenden Kunst, innerhalb dieser Entwicklung aber, wie das die letzten Anführungen eingehend gezeigt haben, zunächst wiederum deren urzeitlichen Perioden nahezutreten haben.

Man mag eine solche Begrenzung eine allzuweit gehende Isolierung nennen. Dagegen würde zu sagen sein, daß nach dem für alle Vergangenheiten wie für die

Gegenwart geltenden Gesetze der psychischen Relationen mit der Erforschung auch nur eines Teiles des kulturgeschichtlich-universalgeschichtlichen Verlaufs auch schon die Grundmotive des Gesamtverlaufs gegeben sein werden. Denn auch auf psychischem Gebiete gilt das Cuviersche Gesetz: Wie ich Skelett und Struktur eines Lebewesens auch urzeitlicher Herkunft dem Hauptzuge nach zu erkennen vermag, habe ich nur einen signifikanten Teil seines Organismus in Händen, so wird es einer erweiterten und vertieften universalhistorischen Wissenschaft leicht sein, aus der psychischen Struktur gewisser Reliquien der bildenden Kunst den Gesamtcharakter der menschlichen Gemeinschaft zu erschließen, der die Entstehung dieser Reliquien verdankt werden. Unter diesen Umständen wird daher auch der Übergang aus isoliert betriebenen kulturgeschichtlichen Forschungen über die Entwicklung der bildenden Phantasietätigkeit zur Untersuchung anderer Entwicklungszweige weit weniger Schwierigkeiten bieten, als von vornherein vielleicht vermutet werden könnte.

Diese Forschungen selbst aber, das nächste Ziel aller Tätigkeit: wie sind sie, und genereller die Forschungen über alle einzelnen Entwicklungszweige: wie sind sie vorzunehmen?

Hier ist die Stelle, wo nun alle Erfahrungen, die an der isolierten Verarbeitung der deutschen Geschichte gemacht worden sind – und natürlich nicht nur der in dem Buche selbst niedergelegte Erfahrungsinhalt, sondern mein persönlicher, der Erfahrungsinhalt des Forschers –, lebendig werden und Kraft gewinnen. Und unter dieser Wirkung regelt sich das einzuschlagende Verfahren sozusagen von selbst. Man führt sich, nach dem bisher bekannten Material und nach den bisher bekannten Bearbeitungen, die Entwicklung zunächst der primitiven Kunst irgendeiner menschlichen Gemeinschaft vor – und erörtert das Material nach Kräften. Man fragt sich weiter, inwiefern die bisherige Auffassung des Materials mit derjenigen übereinstimme, die durch die Erfahrungen auf dem Gebiete der deutschen Geschichte nahegelegt wird. Findet man Unterschiede, so bilden diese, positiv formuliert, Probleme künftiger Arbeit. Dabei können sich diese Probleme auf das Ganze der Auffassung beziehen oder nur auf Teile, einzelne Entwicklungsrichtungen, einzelne Perioden u. dergl. Je nachdem dies der Fall ist, wird die Problemstellung das ganze Material oder nur einzelne Seiten desselben umfassen.

Ist dieses erste, besonders vorsichtig durchzuführende Geschäft beendet, so stehen die einzelnen Aufgaben fest formuliert da, sondern sich völlig von dem allgemeinen Boden der Hypothesenbildung, von dem ausgegangen wurde, ab und erfordern für ihre Lösung die Durchbildung eigener Methoden. Werden diese dann, richtig und vorsichtig entwickelt, auf den Stoff angewendet, so kann sich entweder die Bestätigung jenes Teiles der Hypothesenwelt ergeben, von der man ausgegangen war, oder ihre Widerlegung oder ihre Limitation: In jedem Falle erhält man wichtige, selbständige, rein empirisch gewonnene, konsequenter Induktion verdankte Ergebnisse. Und sehr bald ersieht man mit Freuden, wie diese Art der Arbeit eine fruchtbare Erweiterung zahlreicher in der niederen historischen Kritik üblichen Methoden nach sich zieht, vor allem aber den Ausbau neuer kulturhistorischer Methoden veranlaßt.

So wird denn Einzelarbeit – und damit die Konstituierung der Kulturgeschichte zu einer besonderen Disziplin – zur Forderung: aber nicht eine wahllose Einzelarbeit an einem ungeheuren Stoffe, den planlos anzugreifen Vermessenheit und Unglück sein würde, sondern eine wohlüberlegte, an ganz bestimmten Punkten Stollen eintreibende Tätigkeit, der es gelingen muß, schließlich das Urgebirge der Überlieferung wie die auf ihm lagernden Sedimente bis zur Gegenwart hin soweit zu durchdringen, daß die sicheren Linien einer kultur- und universalgeschichtlich wohlfundamentierten Geschichtsschreibung sich von ihm abheben.

Möglich, daß der Leser, der bis an diese Stelle unserer Erörterung gelangt ist, sich sagen wird: »Gut, aber was hilft alles Reden? Es ist eine alte Erfahrung, daß die die schlechteste Methode haben, die am meisten über sie schreiben.« Ein solches Wort würde unstreitig viel Wahrheit enthalten. Wer Betrachtungen wie die eben gemachten anstellt, hat zu zeigen, daß er nicht bei Betrachtungen stehenbleibt.

Mit dem nahenden Abschlusse meiner Deutschen Geschichte ist es mir Bedürfnis geworden, eine universalgeschichtliche Arbeit so, wie es bisher geschildert worden ist, vorzubereiten; und es ist beinah selbstverständlich, daß schon die bisher vorgetragene Meinung nicht allein theoretisch gebildet worden, sondern zu gutem Teile bereits einer werdenden Praxis entwachsen ist. Ist damit an sich, in dieser Phase meiner Entwicklung, ein genügender, ja notwendiger Anlaß zu methodologischer Aussprache gegeben, wie sie am Ende nur durch schriftliche Fixierung wirklich klar erfolgen kann, so bestand für mich noch ein anderer Anlaß, über diese Dinge zu reden und sie den Fachgenossen zur Kritik vorzutragen. Das Vertrauen der sächsischen Regierung wie von nicht wenigen Privaten, Freunden meiner historischen Anschauung, hat mich in diesen Jahren mit dem Kultur- und universalgeschichtlichen Seminar an der Universität Leipzig beschenkt: einem Institut, dessen sachliche Ausstattung mir in mehr als einer Hinsicht die Entwicklung und Durchführung meiner Methoden gestattet. Lag darin nicht auch eine Aufforderung, sich an besonders signifikanter Stelle, in diesem Jubelband der Sächsischen Gesellschaft der Wissenschaften, über den zu behandelnden Gegenstand zu äußern? Nicht als ob in dem neuen Seminar nur in der vorgetragenen Richtung und zum Zwecke der hier in Aussicht stehenden Methodenbildung gearbeitet werden sollte: das sei ferne. Im Gegenteil sollen in ihm nicht minder alle herkömmlichen Methoden gepflegt und gelehrt werden, wie denn selbstverständlich auch das Ausgehen von jeder anderen geschichtlichen Weltanschauung als der des Direktors willkommen ist. Allein neben all den andern möchten doch auch diese neuen Studien gepflegt werden, zumal schon experimentell festgestellt ist, daß sie keineswegs über die Fassungskraft und den Studienhorizont selbst des Durchschnittsstudenten hinaus gehen, vielmehr von diesem und erst recht von den Begabteren und Erfahreneren mit besonderem Eifer erfaßt werden.

Dem Bereiche dieser Experimente mag denn auch entnommen werden, was jetzt noch zur Illustration des generell Vorgetragenen aus dem Verlaufe der bisherigen historischen Praxis hinzuzufügen ist.

Bei dem Versuche, zunächst den urzeitlichen Verlauf in der Entwicklungsreihe der bildenden Phantasietätigkeit aufzuklären, kam es natürlich darauf an, als grundlegend das beste Material aufzusuchen, das irgendein Kulturvolk, für das die spätere Fortsetzung der Entwicklung vorliegt und bei dem daher die einschlagenden Studien später in höhere Perioden fortgesetzt werden können, für den fraglichen Verlauf hinterlassen hat.

Dieses Material wurde in der chinesischen Tradition gefunden; sie umfaßt für die Zeiten vom Symbolismus bis zum Individualismus zur Geschichte des Ornamentes, des hier nach bekannten Erfahrungen in der Geschichte aller Völker vornehmlich einschlagenden Substrates, mehr als 3000 Denkmäler, zumeist Bronzen, die nach der chinesischen Chronologie etwa das 17. Jahrhundert v. Chr. bis 2. Jahrhundert n. Chr. decken, und deren geordnete Publikation die chinesische Wissenschaft schon im 12. Jahrhundert n. Chr. besorgt hat.[1]

Bei den an diesem Materiale vorgenommenen Arbeiten wurde nun zunächst die chinesische wissenschaftliche Bearbeitung ganz beiseite gelassen. Vielmehr wurden auf das Material zu dessen Ordnung und Interpretation strikte die Prinzipien angewendet, die sich ganz allgemein aus der kulturgeschichtlichen Bearbeitung der deutschen Geschichte und aus den hierbei gewonnenen Entwicklungshypothesen ergaben. Demgemäß wurde die ornamentale Tradition in ihre einzelnen Elemente: lineare Motive, Motive der Tierornamentik wie Drachen, Löwen, Paradiesvögel usw., pflanzliche Motive usw. zerlegt und das Material für jedes einzelne dieser Motive in einer vertikalen Reihe so angeordnet, daß zuunterst diejenige Durchbildung des Motivs gestellt wurde, die den gemeinten Gegenstand am realistischsten wiedergab, während nach oben zu, je höher je mehr, diejenigen Wiedergaben des gemeinten Objekts gestellt wurden, die der realen Erscheinung dieses Objekts immer weniger gerecht wurden. Auf diese Weise ergab sich eine beträchtliche Anzahl von Reihen von Einzelornamenten, die, von oben nach unten betrachtet, nach dem Prinzip des zunehmenden Deutlicherwerdens des gemeinten Bildes geordnet waren: und damit dem in der deutschen Geschichte aufgefundenen generellen Entwicklungsprinzip der zunehmenden Intensivierung der Eindrücke und speziell auch den allgemeinen Erfahrungen in der Entwicklung der deutschen urzeitlichen Ornamentik entsprachen.

Diese vertikalen Reihen wurden dann horizontal so gegeneinander geordnet:

–	–	–
–	–	
	–	
~~	~~~	~~~
–	–	–
◡	◡	◡
–	–	–
–	–	–,

1 Für dies Detail wie überhaupt die folgenden Ausführungen vgl. die Dissertation von W. von Hörschelmann, Die Entwicklung der alt-chinesischen Ornamentik. Leipzig 1907.

daß die horizontalen Reihen die gleichen Stilelemente, in der bildlichen Verdeutlichung mit ∿∿ und ⌣ bezeichnet, aufwiesen. Offenbar kam auf diese Weise in die vertikalen Reihen durch die horizontale Ordnung ein synchronistisches Element.

Dies Element ließ sich nun schon an dem Material selbst auf seine Richtigkeit prüfen. War die Anordnung richtig getroffen, so mußten die Elemente der horizontalen Reihen auf ein und demselben Denkmälerkomplex vorkommen. Die Nachprüfung in dieser Richtung ergab, daß die Einordnung, abgesehen von kleineren Fehlern, die bei dieser Gelegenheit aufgedeckt wurden, stimmte.

Wie aber konnte man, nach Herstellung eines bewiesenen Maßes von richtigem Synchronismus, zur Prüfung der vertikalen Reihen auf die volle Richtigkeit ihrer Anordnung gelangen? Glücklicherweise ergab sich eine Anzahl der benutzten Denkmäler als mit Dynastiezeichen versehen und insofern datiert. Die Reihen, von einem des Chinesischen völlig unkundigen älteren Studenten entworfen, wurden daher nunmehr der sinologischen Prüfung durch Professor Conrady unterworfen: und es ergab sich, daß die Abfolge der Dynastien in den Vertikalreihen der Ornamente mit der Abfolge der Dynastien in der chinesischen Überlieferung übereinstimmte.

Es war ein Ergebnis von beträchtlicher allgemeiner Tragweite. Es war der erste objektive Beweis für die Richtigkeit der chinesischen Dynastieüberlieferung und damit die Auffindung eines ersten sicheren Ausgangspunktes für die Bearbeitung der ältesten politischen Geschichte Chinas. Es war, in unserem besonderen Zusammenhang, die Garantie, daß sich auf Grund der aufgestellten Vertikal- und Horizontalreihen die Geschichte der chinesischen Ornamentik vom 17. Jahrhundert vor Chr. (nach chinesischer absoluter Chronologie) bis etwa zum Beginne der christlichen Ära und noch darüber hinaus mit Erfolg bearbeiten ließ. Dabei mochte die absolute Chronologie an sich ungewiß bleiben, wenngleich gegen sie an sich nichts einzuwenden scheint; die relative stand fest; und das ist archäologisch und das heißt kulturgeschichtlich zunächst genügend. Es war endlich und vor allem der strikte und experimentell festgelegte Nachweis von der Richtigkeit der ganzen angewandten Methode und damit implicite von der Richtigkeit des dieser zugrundeliegenden kulturgeschichtlichen Entwicklungsprinzips.

Das Ergebnis der Bearbeitung des Materials nach den oben geschilderten Grundsätzen liegt in der schon zitierten Dissertation von W. von Hörschelmann über chinesische Ornamentik vor. Es ergab sich dabei, daß die erste Dynastie der chinesischen Überlieferung schon durch eine ausgesprochene Tierornamentik charakterisiert ist, die zu ihrer Entwicklung Jahrtausende gebraucht haben kann; daß nach absoluter chinesischer Chronologie mit dem 11. Jahrhundert vor Chr. der Eintritt in die Pflanzenornamentik leise stattfindet und ein Zeitalter des Konventionalismus eröffnet wird, daß endlich im 2. Jahrhundert vor Chr. der volle Naturalismus des Ornamentes und somit der Eintritt in das individualistische Zeitalter erreicht zu werden scheint. Die entsprechenden Daten der deutschen Entwicklung sind etwa 5. Jahrhundert vor Chr., 9. Jahrhundert und 15. Jahrhundert nach Chr.

Auf die Folgerungen, die diese Parallelisierung für die Universalgeschichte gestattet, wie auf an sich höchst wichtige und lehrreiche Einzelheiten, die sich sonst noch aus der Arbeit von Hörschelmanns ergeben, soll hier nicht eingegangen werden.

Obgleich die quellenkritische Grundlage der soeben mitgeteilten Darlegungen, zunächst durch Hypothesen aus der Deutschen Geschichte aufgesucht, durch die Koinzidenz der Daten mit der Abfolge der chinesischen Dynastiereihe sichergestellt ist, wurde doch, zur nochmaligen Sicherung der für alle weitere Arbeit so wichtigen bis dahin erlangten Einblicke, noch nach einem zweiten Beweis für ihre unbedingte Zuverlässigkeit gesucht. Dieser ergab sich aus der Betrachtung der Denkmäler, die die Ornamente tragen. Diese Denkmäler sind zumeist Bronzevasen, daneben auch einige Sachen aus Nephrit. Die Vasen haben nun verschiedene Formen. Da war denn klar, daß, wenn die Vasen nach den Ornamenten in wirklich richtige chronologische Reihen gebracht worden waren, in diesen Reihen zugleich die Entwicklungsgeschichte der Formen dieser Vasen vorliegen mußte. Demgemäß wurden nach den chronologischen Indizien der Ornamente Reihen der einzelnen Vasenformen gebildet: und es ergab sich in der Tat, daß jede Reihe einer einzelnen Form an sich eine deutliche und meist auch lückenlose Illustration der kontinuierlichen Entwicklung dieser Form darbot.

Nach alledem kann der Verlauf der primitiven bildenden Phantasietätigkeit der Chinesen, soweit er in seinen weitaus wichtigsten Denkmälern, den ornamentierten Vasen, zutage tritt, als durch die eben ihrer Methode nach beschriebenen Forschungen als unbedingt gesichert gelten.

Ist das aber der Fall, so folgt daraus, daß die in diesem Falle angewandte Methode auch überall sonst ohne Mißtrauen gebraucht werden kann; und es wird Sache des Unterrichts in dem kultur- und universalhistorischen Seminar der Universität Leipzig sein, diese Konsequenzen allenthalben zu ziehen. Dabei ist klar, daß die Methode nicht bloß auf die geschichtlich später höher entwickelten Völker, sondern ebenso auch auf die Völker niedriger Kultur Anwendung finden kann. Doch ergeben sich hierbei Probleme, über die erst weiter unten zu sprechen sein wird.

Das nächste Ergebnis der chinesischen Forschungen war jedenfalls, daß, bei der heute schon bestehenden Bekanntschaft mit der Entwicklung der germanischen Ornamentik, nun wenigstens an zwei, und zwar voneinander zeitlich und örtlich derart geschiedenen Stellen der Welt, daß von einer gegenseitigen Beeinflussung kaum die Rede sein kann, Entwicklungen primitiver bildender Phantasietätigkeit bekannt waren und daß damit alsbald die Forderung ihrer gegenseitigen Vergleichung auftrat. Diese Vergleichung kann nun in sehr verschiedenem Sinne vorgenommen werden: Sie kann sich auf die Abfolge der einzelnen Perioden und den inneren Charakter der Abfolgeordnung beziehen; sie kann die ästhetischen Prinzipien festzustellen suchen, nach denen in dem einen und in dem anderen Falle die Durchbildung der Ornamente und deren Einordnung in einen gegebenen Raum erfolgt ist; sie kann Zahl und Charakter der ornamentalen Substrate aus Tier- und Pflanzenwelt ins Auge fassen; sie kann den Mechanismus der künstlerischen Fortbewegung untersuchen: und noch tausend andere Probleme stehen ihr offen. Und dabei handelt es sich in den meisten Fällen um Dinge, die alsbald ganz tief in elementare Fragen des Völkerwerdens einführen.

Untersuchungen auf diesem Gebiete haben in diesem Augenblicke (Juli 1908) eben erst begonnen. Und schon haben sie ein, wie es scheint, unbestreitbares Ergebnis gesichert. Eine vergleichende Durchprüfung der ästhetischen Prinzipien der

Raumbehandlung und der ornamentalen Umbildungsprinzipien gegebener Objekte bei Chinesen und Germanen hat herausgestellt, daß diese Prinzipien bei beiden Völkern auf gleicher entwicklungsgeschichtlicher Grundlage nach Motiven verschieden sind, deren Differenz sich aus der Verschiedenheit des noch heute bestehenden Rassencharakters erklärt. Sie hat mithin den Beweis geliefert, daß der heutige Rassencharakter der Chinesen und Germanen mindestens in einigen wesentlichen Zügen schon vor vier bzw. zwei Jahrtausenden bestand, und damit einen wichtigen konkreten Beitrag zu der viel erörterten Frage von der Konstanz bzw. Bildung der Rassen dargeboten, bei deren Lösung es vor allem auf Beibringung von Tatsachen und Vermeidung von Räsonnements ankommt.

Im übrigen versteht sich, daß diese Forschungen, steht einmal erst die ornamentale Entwicklung weiterer Kulturvölker, z. B. etwa der Träger der altamerikanischen Kulturen fest, schon nach den auf sie anwendbaren Gesetzen der Kombinationen und Permutationen einen außerordentlichen Umfang und eine noch nicht zu übersehende Tiefe anzunehmen geeignet sind.

Wird aber, noch von jeder Vergleichung abgesehen, das intensivistische Prinzip der Reihenbildung auf die Völker niedriger Kulturen angewendet, wie sie vornehmlich der Forschung der Völkerkunde unterstehen, so ist klar, daß damit für deren Denkmäler überhaupt zum ersten Male ein allgemeines Prinzip chronologischer Anordnung des Quellenmaterials in Erscheinung tritt. Und dies Prinzip wird um so durchgreifender wirken, als die meisten wichtigen Denkmäler dieser Völker in irgendeiner Weise mit Ornamenten bedeckt oder fast aus ihnen gebildet sind. Bei dieser Lage bedeutet daher die Anwendung des intensivistischen Prinzips geradezu einen aussichtsreichen Versuch, die Entwicklung dieser Völker überhaupt wenigstens einer relativen Chronologie zu unterwerfen und damit einer schon spezifisch geschichtlichen Betrachtung zugänglich zu machen.

Aber freilich treten auf diesem Wege noch eine Menge besonderer Schwierigkeiten zutage, auf deren unvorgreifliche Erörterung hier wenigstens mit zwei Worten eingegangen werden mag.

In den Urzeiten der Völker später hoher Kultur handelt es sich wohl ausnahmslos schon um Erscheinungen einer relativ fortgeschrittenen Entwicklung; über ein Zeitalter verhältnismäßig schon recht durchgebildeter Tierornamentik scheint die geregelte Überlieferung keines dieser Völker zurückzureichen. Darin ist es denn auch begründet, daß für die Sicherung der chronologischen Anordnung des Quellenmateriales solcher Völker noch wenigstens gelegentlich außerhalb dieses Quellenmaterials liegende Stützen herangezogen werden können: so daß sich, eins ins andere betrachtet, eine typische Reihenfolge nacheinander auftretender Kunstformen feststellen läßt, deren Skala, wie es scheint, überall mit Erfolg angewendet werden kann.

Bei den urzeitlichen Völkern dagegen bestehen nicht so günstige Verhältnisse der Überlieferung. Sie reichen nämlich entwicklungsgeschichtlich mit ihrem Materiale häufig in Stufen hinab, deren Tradition man bei den hochgeschichtlichen Völkern im allgemeinen vergebens sucht. Und sie stellen für die Reihenfolge dieser Stufen kein genügendes Kontrollmaterial zur Verfügung. Insofern steht also die

Forschung hier zunächst vor der Schwierigkeit, eine Anordnung ganz allein nach dem intensivistischen Prinzip, und das heißt nach einer Hypothese, vornehmen zu müssen, ohne für deren Anwendbarkeit genügende spezifische Sicherheiten zu besitzen.

In dieser Lage hilft nun, bis zu einem gewissen Grade, die Untersuchung der Kinderzeichnungen. Aber freilich nur auf einem indirekten Wege von einer solchen Langwierigkeit, daß er schwerlich alsbald aufgenommen werden würde, ergäbe sich nicht in seinem Verlaufe zugleich auch eine große Summe sonst überaus wichtiger Tatsachen.

Zum Verständnis der hier einzuschlagenden Methode ist von der Tatsache auszugehen, daß die primitive Ornamentik keineswegs einen direkten, naturalistischen Abklatsch der gemeinten Objekte nach den jeweils entwickelten zeichnerischen Fähigkeiten urzeitlicher Zeitalter gibt, sondern vielmehr deren idealisierte Umbildung: In so hohem Grade ist jede Kunst von Anbeginn idealistisch. Man kann sich von dieser Tatsache sehr leicht überzeugen, wenn man naturalistische Zeichnungen irgendeines primitiven Stammes neben seine Ornamentik hält.

Nun gehören die Kinderzeichnungen, wenn auch mit Ausnahmen, dem mehr naturalistischen Zweige der Entwicklung der Wiedergabe der Erfahrungswelt an. Sie können mithin, freilich nur unter all der Vorsicht, welche die Unvollkommenheit der heutigen Durchbildung des ontophylogenetischen Gesetzes auferlegt, mit den naturalistischen Zeichnungen primitiver Völker verglichen werden. Und in der Tat zeigt sich dabei eine starke Analogie zwischen dem Entwicklungsverlaufe der Kinderzeichnungen und dem der Angehörigen niederer Kulturen, so daß es möglich erscheint, nach den Entwicklungsprinzipien der Kinderzeichnungen Zeichnungen solcher Primitiven in Perioden einer relativen Chronologie zu ordnen. Dabei führen dann die Entwicklungsstufen der Kinderzeichnungen, wie bekannt, nun tatsächlich bis in die ursprünglichsten Stufen hinab, wie es scheint, bis zur einfachen linearen Wiedergabe des spezifischen individuellen körperlichen Rhythmus.

Ist dem so, so könnte es auf diesem Wege allerdings gelingen, zunächst die naturalistischen Denkmäler der bildenden Phantasietätigkeit primitiver Völker nach Analogie der Kinderzeichnungen in relative Entwicklungsperioden zu ordnen. Und diese Ordnung könnte auf einem einfachen Wege wohl auch auf primitive Plastiken ausgedehnt werden. Es bedürfte dazu nur einer genügenden Sammlung von Zeichnungen und Plastiken jeweils derselben Angehörigen primitiver Kulturen: In ihr ließen sich an der Hand der Zeichnungen dann auch die Plastiken ordnen, und man würde vielleicht vermögen, an der Hand einer solchen zunächst von außen an die Plastiken herangebrachten Ordnung zu den Entwicklungsgesetzen primitiver Bildnerei vorzudringen. Das Leipziger Seminar besitzt bereits eine kleine Sammlung von Zeichnungen und Plastiken der charakterisierten Art aus Ostafrika; doch ist zu deren Bearbeitung noch nicht geschritten worden. Erhielte man auf diese Weise relative Entwicklungsperioden primitiver Plastik, so würde der Gewinn groß sein: Es könnte dann die Mehrzahl der prähistorischen Denkmäler einer relativen Chronologie unterworfen werden: womit, abgesehen von der Bedeutung dieses Vorgangs an sich, zugleich, halb ricochettierend, eine wertvolle Kontrolle für den Versuch einer relativ-chronologischen Anordnung prähistorischer und primitiver Zeichnungen nach dem intensivistischen Prinzip der Ornamentik gewonnen wäre.

Allein kehren wir zu unseren, durch die Kinderzeichnungen nunmehr einer relativen Chronologie unterworfenen naturalistischen Zeichnungen Primitiver zurück! Haben wir deren chronologische Anordnung ganz in der Hand, so ergibt sich leicht, daß damit auch ein relatives Datierungsmittel für die Ornamentik der primitiven Stufen gewonnen ist. Denn das Ornament ist ja nur der idealistische Revers der naturalistischen Zeichnung: muß also in seiner Abwandlung die Entwicklungsmotive und Entwicklungsperioden dieser reflektieren.

Das wäre dann also ein Weg, auch zu relativen Perioden der primitivsten Ornamentik und damit der höchsten bildenden Phantasietätigkeit urzeitlichster Völker zu gelangen. Und auf diesem Wege müßte es auch glücken, nunmehr selbst jene allerfrühesten Entwicklungsperioden hochzivilisierter Völker aufzuklären, deren Tradition gegenüber jeder andere Forschungsbehelf zu versagen scheint.

Ich verhehle mir natürlich nicht, daß der geschilderte Weg umständlich und voll von Gefahren ist. Allein da ein unbedingtes Hindernis für ihn nicht vorzuliegen scheint, so möchte er wohl versucht werden können. Und das Risiko, das er mit sich zu bringen scheint, schrumpft fast völlig zusammen, wenn man erwägt, was auf ihm, abgesehen von der hier behandelten Frage, von unendlichem psychogenetischem Gewinne sonst aus der Untersuchung der Kinderzeichnungen verschiedener Nationen und Rassen zu gewinnen ist. Darauf einzugehen ist aber hier nicht der Ort; wie sich denn schon aus dem bisherigen Zusammenhange ergibt, daß die einschlägigen Forschungen besser von erfahrenen Pädagogen, also etwa von studierenden Historikern, unternommen werden. Solche Forscher aber sind an den etwa 140 000 Kinderzeichnungen, die das Leipziger Seminar besitzt, jetzt schon längst an der Arbeit.

Blicken wir in diesem Augenblicke zurück, so erkennt man wohl, welche außerordentliche geschichtliche Arbeit und welche reiche Fülle neuer Methoden die Hypothesenbildung auszulösen imstande ist, von der im ersten und zweiten Teile dieser Studie die Rede war. Und doch handelte es sich bei allem, was bisher besprochen wurde, nur um ein im Verhältnis zum Ganzen der kulturgeschichtlichen Forschung doch recht kleines Gebiet, nur um die Probleme primitiver Entwicklung der bildenden Phantasietätigkeit. Wieviel andere Entwicklungszweige mit teilweis gewiß verwickelteren und reicheren Problemen wären da nicht noch neben diesem soeben behandelten anzuführen: auf geistigem Gebiete hinauf bis zur Entwicklung der Religionen, auf mehr materiellem vom Wirtschaftsleben empor bis zur Genesis und Durchbildung des Staates! Man sieht: Der neu erschlossene Bereich kulturgeschichtlicher Forschung und Methodenbildung ist fast unendlich, falls sich die grundlegenden Prinzipien bewähren; es ist nicht zuviel gesagt, wenn veranschlagt wird, daß er Generationen beschäftigen kann; und es war nicht zuviel verlangt, wenn für ihn die Verbürgung einer seminaristischen Behandlung wenigstens an einer der deutschen Universitäten erbeten wurde.

Wer aber wird der hier ergriffenen Initiative ihren Wert absprechen wollen? Zu deutlich ergaben schon die ersten oben besprochenen Schritte auf dem Boden der chinesischen Geschichte, daß ihr nicht bloß ein starker heuristischer Wert innewohnt, sondern daß auf Grund ihrer heuristischen Prinzipien auch Ergebnisse zutage zu treten vermögen, die weite Perspektiven für eine geschlossene universalgeschichtliche Anschauung und Tätigkeit eröffnen und mit keinerlei anderen Methoden als den für sie neu entwickelten zu erreichen waren.

Karlheinz Blaschke

Karl Lamprecht – schöpferische Unruhe in der Geschichtswissenschaft

Was wäre die Geschichtswissenschaft ohne den Geist der Kritik und ohne die belebende Unruhe, von der sie immer wieder einmal aus alteingefahrenen Gleisen geworfen wird! Nur wer aneckt, setzt etwas in Bewegung. Der geistige Fortschritt und überhaupt die Entwicklung der Kultur leben von den Nonkonformisten, deren schöpferische Gedanken aus erstarrten Denkmustern ausbrechen und die zu kämpferischem Einsatz für ihre neuen Erkenntnisse bereit sind. Wenn sie unbeirrbar und folgerichtig ihren Weg auf ein erstrebtes Ziel hin beschreiten, wenn sie in gutem Sinne »anstößig« wirken, bringen sie die Wissenschaft in dem uralten Widerstreit von »sic et non« in Richtung auf die allezeit anzustrebende Findung der Wahrheit voran, auch wenn sich ihre Theorien nicht durchsetzen können und ihre Deutungen sich als »falsch« erweisen sollten. Was ist Wahrheit? Was ist in der Geschichtswissenschaft »richtig«?

Karl Lamprecht gehört zu den großen Unruhegeistern in der deutschen Geschichtswissenschaft. Der 1856 in Jessen bei Wittenberg geborene Sohn eines evangelischen Pfarrhauses entfaltete nach dem Studium in Göttingen, Leipzig und München seit 1880 in Bonn eine fruchtbare wissenschaftsorganisatorische Tätigkeit und gelangte nach einer kurzen Zwischenstation in Marburg 1891 nach Leipzig, wo er bis zu seinem Tode 1915 blieb. In bewußter Abkehr von der traditionellen deutschen Geschichtswissenschaft, wie sie im 19. Jahrhundert namentlich von Ranke, Droysen und Treitschke vertreten wurde, wandte er sich von der einseitigen Ausrichtung auf die Haupt- und Staatsaktionen der politischen Geschichte ab, weil er die grundlegenden Vorgänge des geschichtlichen Lebens in den Bereichen von Wirtschaft und Sozialordnung, später auch in jenen der Sozialpsychologie zu erkennen meinte. Hieraus entwickelte er seine Methode einer Kultur- und Universalgeschichte mit dem Anspruch, auf diese Weise das Ganze der Geschichte zu erfassen. Daran entzündete sich um die letzte Jahrhundertwende der berühmt gewordene Methodenstreit[1]: Die Vertreter der herkömmlichen Auffassung beschuldigten ihn des historischen Materialismus und der Nachbarschaft zu Karl Marx, auch lehnten sie seine Vorstellungen von Gesetzmäßigkeiten in der Geschichte ab.

Gegen alle diese Widerstände, die gerade auch von seinen Leipziger Kollegen kamen, und trotz weitgehender Vereinzelung in der deutschen Historikerzunft konnte Lamprecht seine bahnbrechenden Auffassungen weiter verbreiten. 1896 rief er die Königlich-Sächsische Kommission für Geschichte ins Leben, 1909 gründete er an der Universität Leipzig das Institut für Kultur- und Universalgeschichte und regte die Errichtung weiterer sächsischer Forschungsinstitute nach dem Muster der Kaiser-Wilhelm-Gesellschaft an.[2] Auf seiner Amerika-Reise 1904 zeigte sich der weltweite Horizont seiner Gedanken, die in Westeuropa als anregend aufgenommen und hoch geschätzt wurden. Die »New History« in den USA, die Geschichtswissenschaft in England, Frankreich und Polen beachteten das Werk LAMPRECHTS, HENRI PIRENNE rühmte sich seiner engen Beziehungen zu ihm. So ging er als eine kraftgeladene Persönlichkeit durch seine Zeit, die er als ein keineswegs nur rückwärts gewandter Historiker auch durch eigene politische Stellungnahme mit zu gestalten versuchte: als Wissenschaftsorganisator, als Kulturpolitiker, als kritischer Alldeutscher, als Publizist und schließlich als Pazifist.

Der hier wiederabgedruckte Akademieaufsatz stammt aus einer Zeit, in der LAMPRECHT als reifer Gelehrter mit hohem internationalem Ansehen sein geschichtswissenschaftliches Konzept voll ausgebildet und sich gegen alle kritischen Anwürfe gewehrt hatte. Gegen den Widerstand seiner Historikerkollegen in der Leipziger Fakultät war die Gründung des Instituts für Kultur- und Universalgeschichte mit Hilfe der sächsischen Staatsregierung so weit gediehen, daß er es im Juli 1908 bereits als bestehend bezeichnen konnte. So lag es nahe, in dieser ihn zweifellos beflügelnden Stimmungslage für einen Sammelband der Akademie, der dem 500. Jubiläum der Universität Leipzig gewidmet war, einen Beitrag zu verfassen, in dem er sich über seine Methode ausließ.

LAMPRECHT ist bereits am 21. Dezember 1892, also ein Jahr nach seiner Berufung an die Universität Leipzig, zum Akademiemitglied gewählt worden, er war damals 36 Jahre alt. Nach Auskunft der veröffentlichten Akademieschriften war der Aufsatz von 1908 die einzige Akademiepublikation in seiner 23jährigen Zugehörigkeit zu der Gelehrtengesellschaft. Er hat außerdem nur zwei Nachrufe und einen Beitrag über die Kommission für Geschichte in den Berichten der Akademie veröffentlicht.[3] Akademievorträge und -schriften waren in der europäischen Wissenschaftstradition oft der Ort, wo grundlegend neue Erkenntnisse und Methoden an die Öffentlichkeit der Fachwelt gelangten. Im Jahre 1908 war LAMPRECHTS kultur- und universalgeschichtliche Methode bereits bekannt, aber sie wurde hier in ihren Grundgedanken zusammenfassend vorgetragen, so daß sich durchaus von einem bemerkenswerten Ereignis in der Geschichte der Geschichtswissenschaft sprechen läßt. Mit der Veröffentlichung dieser Arbeit in den Abhandlungen der Leipziger Akademie zeigte er, daß er sie als ein Forum für die Bekanntgabe seiner neuen Methode betrachtete und er sich bewußt zu seiner Mitgliedschaft bekannte. Die Akademie hat somit guten Grund, die herausragende Leistung ihres Mitgliedes KARL LAMPRECHT zu würdigen.

Der Aufsatz geht von einer Kritik dessen aus, was damals unter Universalgeschichte verstanden wurde. Sie gehe, so meinte LAMPRECHT, entweder der deduktiven Methode folgend, in Geschichtsphilosophie über oder werde mit herkömmlichen quellenkritischen Methoden induktiv betrieben, wobei ein einzelner völlig überfordert sei und bei einer Gemeinschaftsarbeit die Gesamtsicht verlorenginge. Das Wissen, in eine umfassende Weltpolitik einbezogen zu sein, erfordere universale Kenntnisse und Gedanken, die bei ihm allerdings durchaus noch in einer europazentrischen Sicht angestrebt wurden.

Da alle »Renaissancen und Rezeptionen« als weiterführende Ereignisse der Weltgeschichte ihrem Kern nach kulturgeschichtliche Ereignisse seien, müsse auf dem Boden der Kulturgeschichte eine Methode gesucht werden, die einen mittleren Weg zwischen Geschichtsphilosophie und induktiven historisch-kritischen Methoden einzuhalten habe. Die Umschau über die Höhen der Menschheitsentwicklung gestatte die Bildung von Hypothesen, die neue Probleme stellen und für die Erkenntnis des kritisch zu untersuchenden Einzelverlaufs von Bedeutung sind.

Um die »richtigen Hypothesen« zu finden, ordnete LAMPRECHT die Universalgeschichte in ein Koordinatensystem mit nationalen und thematischen Dimensionen ein. Die isolierende Betrachtung der in »Entwicklungsreihen« sich entfaltenden »Kulturzweige« ist der höheren Betrachtung des nationalen Kulturverlaufs unterzuordnen. Dabei lassen sich »Kulturzeitalter« feststellen, die nach sozialpsychologischen Gesichtspunkten zu unterscheiden sind, denn die Steigerung der »psychischen Intensität« ermöglicht eine Periodenbildung mit zunehmender Bewußtheit. Letztes Ziel ist der Vergleich der nationalen Entwicklungen und ihre Vereinigung zu einer universalen Gesamtschau.

Das daran angeschlossene Beispiel, in dem Motive chinesischer und germanischer Ornamentik verglichen werden, entstammt einer von LAMPRECHT angeregten Arbeit, wirkt aber wegen der Fremdheit des Gegenstandes wenig überzeugend.

Daß um die Wende zum 20. Jahrhundert ein neuer Ansatz in der Geschichtswissenschaft notwendig war, ergibt sich schon aus der Herausforderung durch den historischen Materialismus, auf den auch MAX WEBER eine Antwort zu geben versuchte. Sowenig die beiden Männer aufeinander zuzugehen bereit waren, so haben sie doch beide das geschichtliche Denken bis zum heutigen Tage wesentlich mitgeprägt. Der universal ausgerichtete Blick und der Begriff der Kulturgeschichte als umfassender, tragender Gedanke waren beiden gemeinsam, von WEBERS Idealtypus läßt sich eine methodische Beziehung zu LAMPRECHTS Suche nach der »richtigen Hypothesenbildung« und den Kulturzeitaltern herstellen. Neben der beinahe weltweiten MAX-WEBER-Renaissance in der Zeit nach dem Zweiten Weltkrieg zeigt sich seit den sechziger Jahren ein erneutes Interesse an KARL LAMPRECHT, das in zwei gewichtigen Gesamtdarstellungen seiner Person und seines Lebenswerkes von LOUISE SCHORN-SCHÜTTE 1984 und von ROGER CHICKERING 1993 seinen Niederschlag fand[4]. Auch die marxistische Geschichtswissenschaft in der ehemaligen DDR entwikkelte ein positives Verhältnis zu ihm.[5]

Wenn sich auch manche Gedanken LAMPRECHTS nicht durchgesetzt haben, wie es etwa für die sozialpsychologisch begründete Epochenbildung gilt, ist doch das Anliegen einer ganzheitlichen Erfassung des geschichtlichen Lebens aufgenommen worden. Im Begriff der Gesellschaftsgeschichte, wie ihn KARL BOSL und HANS-ULRICH WEHLER je auf ihre Weise verstanden und ausgefüllt haben, wird das universale Prinzip weitergeführt.

Es spricht für die Weite des Horizonts, in dem sich LAMPRECHTS Geschichtsauffassung bewegte, daß er neben den ganz großen Zusammenhängen gerade auch auf die Grundlegung der Geschichte in den kleinen Räumen Wert legte. So gehört er zu denen, die der um die Jahrhundertwende aufblühenden Landesgeschichte zu wissenschaftlichen Methoden und zur Anerkennung als eines akademischen Lehrfa-

ches verholfen haben. Er hat seinem jüngeren Zeitgenossen und Kollegen Rudolf Kötzschke mit der Gründung des Instituts für Landesgeschichte und Siedlungskunde an der Universität Leipzig 1906[6]*, des ersten seiner Art in Deutschland, den Weg für eine außerordentlich fruchtbare Tätigkeit geebnet, in der wesentliche Grundgedanken des Älteren voll zum Tragen kamen. Als letzter Schüler Kötzschkes empfinde ich in der wissenschaftlichen Enkelgeneration die immer noch lebendige Wirkung, die von Karl Lamprecht ausgegangen ist.*

Anmerkungen

1 *Ernst Engelberg, Zum Methodenstreit um Karl Lamprecht. In: Joachim Streisand (Hrsg.), Die bürgerliche Geschichtsschreibung von der Reichseinigung von oben bis zur Befreiung Deutschlands vom Faschismus, Berlin 1965, S. 136–152.*
2 *Gerald Wiemers, Karl Lamprecht und die staatlichen Forschungsinstitute. In: Neues Archiv für Sächsische Geschichte, 64. Band (1993), S. 141–150.*
3 *Vgl. hierzu: Sächsische Akademie der Wissenschaften zu Leipzig, Verfasser- und Sachregister 1896–1948 der Abhandlungen und Berichte, phil.-hist. Klasse, Berlin 1957, S. 14.*
4 *Louise Schorn-Schütte, Karl Lamprecht. Kulturgeschichtsschreibung zwischen Wissenschaft und Politik (Schriftenreihe der Historischen Kommission bei der Bayerischen Akademie der Wissenschaften, Bd. 22), Göttingen 1984; Roger Chickering, Karl Lamprecht. A German Academic Life (1856–1915), New Jersey 1993.*
5 *Vgl. hierzu die unter Anm. 1 und 6 aufgeführten Arbeiten.*
6 *Karl Czock, Der Methodenstreit und die Gründung des Seminars für Landesgeschichte und Siedlungskunde 1906 an der Universität Leipzig. In: Jahrbuch für Regionalgeschichte, Bd. 2 (1967), S. 11–26.*

Walther von Wartburg

Das Ineinandergreifen von deskriptiver und historischer Sprachwissenschaft

1931

In herzlicher Verehrung
Frank Olivier
zugeeignet

Das problem der deskriptiven und historischen sprachwissenschaft in seiner ganzen schärfe formuliert und klar herausgestellt zu haben ist das bleibende verdienst von Ferdinand de Saussure. Von ihm wird jede erörterung dieses grundlegenden problems der linguistik ihren ausgangspunkt nehmen müssen. An ihn knüpfen auch die folgenden auseinandersetzungen an. Die anregung hierzu verdanke ich der beschäftigung mit seinen ideen sowie mit der von Gilliéron in die sprachwissenschaft neu hineingetragenen problematik. Es scheint mir daher notwendig, ganz kurz die situation zu schildern, die Saussure antraf, als er begann, sich mit dem ganzen fragenkomplex auseinanderzusetzen.

Bei den Griechen und Römern war das ziel der grammatik – die feststellung des richtigen sprachgebrauchs. Man suchte darüber klarheit zu schaffen, wie man sich auszudrücken habe, um allgemeinverständlich zu sein. Man wollte die beziehungen zwischen den verschiedenen teilen einer sprache feststellen. Man suchte die gesamtheit der sprachlichen erscheinungen in ein allein- und allgemeingültiges system zu bringen. Diese zielrichtung übernahm vorerst auch die neuzeit. Alle grammatikalischen studien, die seit der renaissance z. b. auf dem gebiete des französischen in so reicher fülle uns entgegentreten, lehnen sich innerlich wie äußerlich an das vorbild der lateinischen grammatik an. Auch ihr ziel ist, zu einer regelung des sprachgebrauchs zu gelangen. Von Meigret über Vaugelas bis zur Grammaire de Port-Royal von 1660 gilt das ringen von mehreren generationen dem gewinnen einer norm für die eigene sprache. Man sucht die struktur der gesamten sprachlichen ausdrucksmittel in ein system zu bringen, die beziehungen der verschiedenen teile zueinander und aufs ganze klarzulegen. Man streitet sich um die frage, welche soziale schicht als maßgebend angesehen werden müsse, der hof oder Paris, die gebildeten oder die lastträger der markthalle, die preziösen damen oder der gerichtshof. Doch wandte man seinen blick nicht rückwärts, man rief nicht etwa das altfranzösische an, um die moderne sprache zu verstehen. So sind diese werke stets eine mehr oder weniger gut gelungene deskriptive erfassung der momentanen sprachlichen zustände. Einen ausfluß dieser art, die sprache zu erfassen, haben wir bis heute notwendigerweise in den grammatiken erhalten, die dem erlernen einer fremden sprache oder auch dem bessern erfassen der muttersprache zugrunde gelegt werden. Das wesentliche hieran ist die ahistorische tendenz. Der faktor zeit ist da völlig ausgeschaltet.

Zu beginn des 19. jahrhunderts trat nun etwas völlig neues in die sprachwissenschaft ein. Der wendepunkt wird bezeichnet im jahre 1816 durch das buch von Franz Bopp über das system der konjugation des sanskrit. Es ist nicht notwendig, hier die einzelnen etappen zu verfolgen, über welche die sprachvergleichung schließlich zur sprachgeschichte wurde. Nur darauf möchte ich hinweisen, daß bei dieser entwicklung der romanischen sprachwissenschaft eine ganz besondere bedeutung zukommt. Die 1836 erschienene romanische grammatik von Diez konnte dank der festen grundlage des lateins zeigen, durch welche historischen vorgänge die sprachverwandtschaft sich erklärt. Die resultate, welche man auf diesem wege erhielt, überraschten durch ihre tragweite, und man staunte, daß so viele jahrhunderte achtlos an diesen tatsachen vorübergegangen waren. Vor allem, und das ist sehr wichtig, hatte diese entwicklung der dinge ihre folgen für die deskriptive sprachbetrachtung. Als wissenschaft, die in ihrem bereich eine gesetzmäßigkeit entdeckt hatte, fühlte sich die historische sprachwissenschaft weit erhaben über die bloß konstatierende ältere schwester. Man ging so weit, dieser das prädikat einer wissenschaft abzuerkennen. Um die jahre 1880–1900 herum verstand man unter sprachwissenschaft kurzweg nur noch ihren historischen, vergleichenden teil.

Diese entwicklungsstufe der sprachwissenschaft theoretisch dargestellt und zu ihrem abschluß gebracht zu haben ist das unvergängliche verdienst von FERDINAND DE SAUSSURE. Der Cours de Linguistique générale, den er in den jahren 1906–1911 gehalten hat, stellt den gegensatz zwischen deskriptiver und historischer sprachwissenschaft ins zentrum seiner betrachtungen. Nie vor ihm sind die beiden einander mit dieser schärfe und klarheit gegenübergestellt worden. Er definiert und veranschaulicht die beiden betrachtungsweisen durch ein axensystem:

A–B axe der gleichzeitigkeit

C–D axe der aufeinanderfolge in der zeit

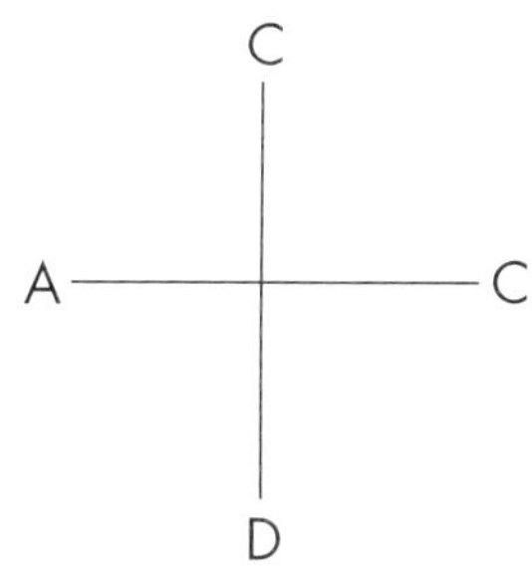

Nun geht aber Saussure über das hinaus, was eine prinzipienlehre gewöhnlich bietet: Er konstatiert nicht nur den augenblicklichen methodischen stand der forschung, sondern er weist auch neue wege. Indem Saussure gleichzeitigkeit und zeitliche aufeinanderfolge in der sprache einander gegenüberstellte, definierte er den punkt, auf dem die sprachwissenschaft angelangt war. Das neue, was er nun hineinstellte, das war das postulat, deskriptive sprachbetrachtung sei ebensowohl wissenschaftlicher behandlung fähig wie die historische. Nach ihm besteht keinerlei primat des längsschnittes C–D gegenüber dem querschnitt A–B. Und wie um den beweis für diese neuen anschauungen zu erbringen, hat fast zu gleicher zeit Saussures schüler Charles Bally seinen Précis und seinen Traité de stylistique geschrieben. In diesen büchern wird das französische untersucht nach den in ihm waltenden beziehungen und verhältnissen als ein in sich geschlossenes system von ausdrucksmitteln.[1] So gelangt Saussure dazu, die sprachwissenschaft zu zerlegen in zwei teile, einen dynamischen und einen statischen oder, wie er sie gewöhnlich nennt, linguistique diachronique und linguistique synchronique. So resümiert das Saussuresche buch nicht nur die quintessenz des bisher geleisteten, gesehen durch sein ganz persönliches prisma; er wirft auch den grundriß hin zu einer neu zu begründenden und auf ihm beruhenden wissenschaft. Er hat die bahn frei gemacht für eine ganz neue art, die sprachlichen dinge zu betrachten. Von Saussure an gab es zwei sprachwissenschaften, eine historische und eine deskriptive.

So klärend Saussures buch nun auf die anschauungen gewirkt hat, so scheint es mir doch in einer andern hinsicht eine wichtige frage offenzulassen. Saussure scheint zu verlangen, daß die beiden, linguistique synchronique und linguistique diachronique, vollständig voneinander getrennt werden: *Il nous est interdit absolument d'étudier simultanément les rapports dans le temps et les rapports dans le système.* So urteilt derjenige, welcher eindringlichst gezeigt hat, daß die betrachtung der sprache als eines einmaligen systems genau ebensoviel berechtigung hat wie diejenige der sprache in ihrer entwicklung.

Uns obliegt es nun, zu untersuchen, ob wirklich zwei gesonderte studienobjekte vor uns liegen, wie Saussures formulierung vorauszusetzen scheint, zwei studienobjekte also, deren jedes seine erklärung in sich selber birgt. Ich habe schon vorhin angedeutet, daß ich glaube, hier müsse die sprachwissenschaft die Saussureschen ansichten weiterbilden, deren starre beibehaltung einen wichtigen teil des sprachlichen geschehens verschleiern müßte. Meines erachtens liegt die verschiedenheit nicht im gegenstande selber, sondern im standpunkt des betrachters.

Ich möchte dabei von Saussures eigenen beispielen ausgehen. Als schlagenden beleg der beziehungslosigkeit zwischen der horizontalen und der vertikalen linie führt er die umlautende pluralbildung im deutschen und englischen an. Im englischen lautete ursprünglich die mehrzahl zu *fōt* »fuß« *fōti.* Nun trat umlaut ein. Diese rein lautliche angelegenheit hat mit pluralbildung an und für sich nichts zu tun. Sie verändert eine deutsche verbalform wie *tragit* zu *trägt*, wie sie das *a* des plurals *gasti* zu *ä* (*gäste*) werden läßt. So wird auch im englischen *o* in *foti* zu *e* umgelautet, daher neuenglisch feet. Dieser lautwandel hat nun also ein system der pluralbildung durch ein ganz anderes ersetzt. Der vorgang ist kein morphologischer; man hat dabei keine morphologische änderung vorgenommen. Saussure versinnbildlicht dies durch folgendes schema:

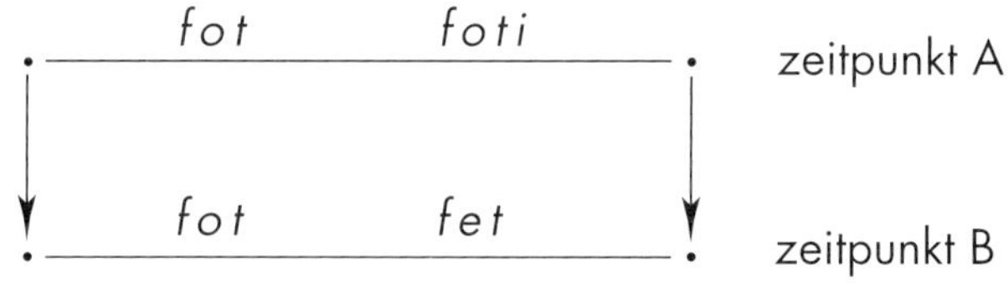

Die *synchronistische* sprachwissenschaft stellte also fest, daß im zeitpunkt A die pluralbildung *fot* : *foti* bestanden hat, im zeitpunkt B das system *foot* : *feet* (umlaut). Die diachronistische betrachtungsweise aber stellt fest, daß *ó* vor *i* zu *e* (später *ee*) umgelautet worden ist. Auf den ersten moment wirkt die ansicht Saussures überzeugend. Denn in der tat ist im zustand A nichts vorhanden, was den nun vor sich gehenden umlaut der tonvokale von *i* fordert oder vorausbestimmt. Es scheint also tatsächlich keine unmittelbare beziehung zu bestehen zwischen unserer horizontalen und der vertikalen. Saussure sagt:

Les altérations ne se faisant jamais sur le bloc du système, mais sur l'un ou l'autre de ses éléments, ne peuvent être étudiées qu'en dehors de celui-ci. Sans doute chaque altération a son contre-coup sur le système; mais le fait initial a porté sur un point seulement; il n'a aucune relation interne avec les conséquences qui peuvent en découler pour l'ensemble. Cette différence de nature entre termes successifs et termes coexistants, entre faits partiels et faits touchant le système, interdit de faire des uns et des autres la matière d'une seule science.

Was Saussure veranlaßt, diese strenge scheidung vorzunehmen, das ist also die tatsache, daß der nexus zwischen umlaut und pluralbildung ein äußerer ist, daß in der tat der umlaut ein phonetisches phänomen ist, die pluralbildung ein morphologisches. Es dürfte aber meines erachtens nicht unmöglich sein, Saussures anschauungen dort zu diskutieren, wo veränderungen in ihren auswirkungen innerhalb der gleichen grammatikalischen kategorie bleiben.[2] Ich möchte mich dabei an längst bekannte dinge halten. So sind, wie jeder weiß, im späteren latein konjunktiv imperfekt, konjunktiv perfekt und futurum exaktum infolge der lautlichen entwicklung zusammengefallen. Wir haben also:

zeitpunkt A:	*cantarem, -et*	*cantaverim, -it*	*cantavero, -it*
	|	|	|
B:	*cantare, -et*	*cantare, -et*	*cantaro, -et*

Die fast völlige identität der drei zeiten ist zweifellos eine morphologische tatsache. Und diese identität nun macht ein weiterbestehen der drei zeiten unmöglich. Eine form, die bedeutet »ich sänge«, »daß ich gesungen habe«, »ich werde gesungen haben«, ist nicht mehr brauchbar. Die im zeitpunkt B zu konstatierende identität der drei zeiten gehört in das gebiet der synchronistischen sprachwissenschaft. Aus ihr ergibt sich nun jenes unbehagen, welches nach den verdeutlichenden umschreibungen ruft, so daß *cantarem* durch *cantassem* ersetzt wird, *cantarim* durch *que j'aie chanté* usw. Dieser ersatz vollzieht sich in der zeit, er ist also diachronistisch, gleichgültig, ob der kampf lange oder kurze zeit gedauert hat.[3] Und das resultat dieser verschiebungen liegt in den einzelnen romanischen sprachen vor:

zeitpunkt A:	*cantarem, -et*	*cantaverim, -it*	*cantavero, -it*
B:	*cantare, -et*	*cantare, -et*	*cantaro, -et*
C:	*cantasse(m)*	(zusammengesetzte zeiten).	

Die feststellung dieses resultats gehört also wiederum der **synchronistischen** betrachtung an. Wir sehen also vor unsern augen einen unhaltbaren morphologischen zustand sich lösen; das ganze system gerät aus innern gründen aus seiner **statik** heraus, gleitet in die **bewegung** hinüber und verhärtet sodann wieder zu einem **festen zustand**.

Oder ein anderes beispiel aus der gleichen periode, das uns zeigen wird, wie die eine ins gleiten gekommene form eine andere und diese eine dritte mitreißt usw. Ich denke an die pronomina:

dem.	1. *hic.*	2. *iste*	3. *ille*
det.		*is (qui)*	
ident.		*ipse*	

Dieses wohlausgeglichene system von pronomina, das allen sprachlichen bedürfnissen zu genügen schien, muß schon zur zeit des klassischen latein ins schwanken gekommen sein, und zwar wohl durch die semantische und lautliche verschleifung und schwäche von *is*. So schreibt schon Cicero *quam quisque norit artem, in hac se exerceat. Hic* wird also zu hilfe gerufen als ersatz für *is*. Diese zweite stufe der entwicklung führt zu einer raschen entwertung von *hic*, das in der tat nur als nachfolger von *is* sich gehalten hat (nfrz. *ce que* = *id quod*). An seine stelle hinüber gleitet nun langsam *iste*, das bei Horaz und häufiger bei Lukan für *hic* eintritt. Diese dritte stufe läßt nun zwei lösungen zu: Die sprache kann versuchen, die unterscheidung zwischen den demonstrativen pronomina der 1. und 2. person aufrechtzuerhalten, indem sie wiederum einen ersatz anderswoher holt, oder aber sie kann die beruhigung erkaufen um den preis des verzichtes auf jene differenzierung. Es scheint, daß sie den ersten weg versucht hat, daß sie aber nicht mehr die kraft besessen hat, ihn

Verschiebungen:

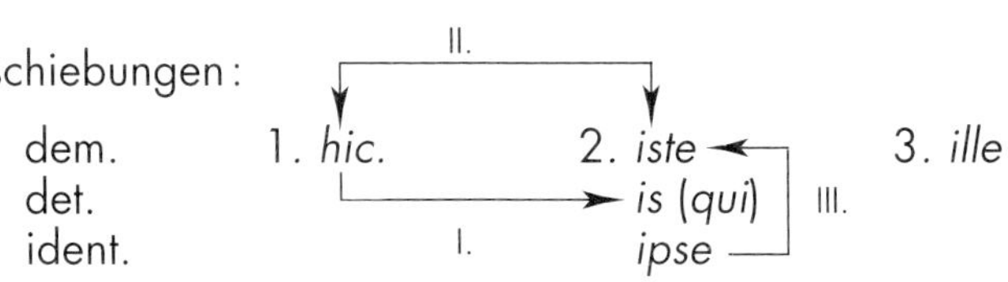

Endresultat:

dem.	1. *iste*	2. (*ipse*)	3. *ille*
det.		*hic*	
ident.	(*metipse, metipsimus, ipse iste*)		

bis zu ende zu schreiten. Denn in der tat sehen wir seit dem 1. jahrhundert n. Chr. gelegentlich *ipse* für *iste* eintreten, und die iberoromanischen sprachen halten diesen zustand bis heute fest.[4] Anderswo aber gab man diese unterscheidung auf. So gelangt die sprache auf einer vierten stufe wieder zu einem neuen gleichgewicht.

Hier halten wir zweifellos eine der wichtigsten ursachen der sprachveränderungen. Sie liegt in gewissen unzulänglichkeiten eines bestimmten sprachlichen systems. Diese unzulänglichkeiten sind selbstverständlich **synchronischen** charakters. Ihre behebung aber, welcher die sprachliche gemeinschaft mehr oder weniger bewußt zustrebt, vollzieht sich in der **diachronie** und führt nun hinüber in einen neuen zustand. Dieser kann, wie wir gesehen haben, wiederum seine schwächen haben, und so kommt nochmals bewegung in die masse hinein usf.

Aus solchen beispielen heraus ersehen wir, wie irreführend es wäre, wenn man aus Saussure folgern wollte, die diachronische sprachwissenschaft könne ohne studium der synchronie auskommen. Und doch könnten gewisse sätze Saussures leicht dazu veranlassen, so wenn er sagt: *Le déplacement d'une pièce est un fait absolument distinct de l'équilibre précédent et de l'équilibre subséquent.* – Was dermaßen durch das gesetz von ursache und folge miteinander verknüpft ist, das kann nicht getrennt voneinander betrachtet werden.[5]

Wir halten hier einen der wichtigsten gründe, welche die sprache aus ihrer statik in die dynamik, aus der ruhe in die bewegung hinüberbringen. Wir sehen unmittelbar das ineinandergreifen der beiden von Saussure so säuberlich geschiedenen aspekte. Der drohende oder ganz vollzogene zusammenfall zweier formen mit ganz verschiedener funktion schafft eine unerträgliche unklarheit, ein mißbehagen, das dazu treibt, nach einer andern form zu greifen. Diese ist vielleicht vorläufig noch nicht ganz sinnentsprechend, aber man zieht das kleinere übel dem größeren vor, und durch den häufigen gebrauch schleift sich schließlich die semantik der neuen form zurecht.

Dieses ineinandergreifen von **statik** und **dynamik** ist schon längstens auf einem andern gebiete der sprachwissenschaft mit hinreißendem schwung und unübertrefflicher schärfe dargetan worden. Ich denke an JULES GILLIÉRON. Gilliéron gilt stets als der große schöpfer der modernen sprachgeographie. Davon ist er ja auch tatsächlich ausgegangen. Das erscheinen seines atlas bedeutet eine epoche in der gesamten sprachwissenschaft. Aber seine studien anhand der wortkarten eröffneten ihm bald tiefe einblicke in das warum der sprachlichen verschiebungen. Und eines der ersten ergebnisse, das ihm entgegensprang, war die erkenntnis vom wirken der homonymie. Seit seiner studie über *scier* hat er in zahllosen arbeiten ihre bedeutung dargetan, und wenn auch manche seiner gedankengänge anfechtbar sind, so schmälert das doch in keiner weise den prinzipiellen gewinn, den die sprachwissen-

A	*mulgere*		*molere*
↓			
B	**moudre*	⟷	*moudre*
↓			
C	*traire*		*moudre*

schaft aus seiner lebensarbeit zu ziehen hat. Ich kann hier nur an einiges weniges erinnern aus der großen zahl seiner studien. Etwa an den untergang von lat. *mulgere* »melken« im französischen. Gilliéron hat unwiderleglich nachgewiesen, daß dieser untergang herbeigeführt worden ist durch den lautlichen zusammenfall von *mulgere* mit *molere* »mahlen«.

Ein *moudre*, das »mahlen« und »melken« zugleich bedeutete, war, besonders in ländlichem milieu, unmöglich. Diese homonymie bringt das lexikon an dieser stelle in fluß: Man ersetzt **moudre* »melken« durch *traire* oder durch *tirer*. Und nach durchführung dieser verschiebung tritt an diesem punkte wieder ruhe ein. Ich sage ausdrücklich »an dieser stelle«, weil stets irgendwo in der sprache bewegung besteht, weil ein wirklicher ruhezustand undenkbar ist. Ähnlich zeigt Gilliéron, warum in der Gascogne der hahn nicht mit dem lateinischen wort *gallus* heißt, sondern als *fasan* oder als *vikar* bezeichnet wird. Der grund dazu liegt wiederum im lautlichen zusammentreffen zweier wörter: Die katze heißt in ganz Südfrankreich *gat*. In der Gascogne, wo *-ll* > *-t* wird, mußte nun aber auch lat. *gallus* zu *gat* werden. Daß hahn und katze den gleichen namen führen, das ist wohl auf einem bauernhof undenkbar, und so mußte das eine weichen. Anstelle eines unmöglichen **gat* »hahn« traten nun *azã*, eigentlich »der fasan«, und *bigey* »der vikar«.

A ↓	*gallus*		*cattus*
B ↓	**gat*	←——→	*gat*
C	*bigey* (= *vicaire*)		*gat*

Gilliéron ist nie von der theorie ausgegangen; sein blick war mit unerhörter schärfe auf das sprachliche material gerichtet. Er hat sich auch wenig um die allgemeine sprachwissenschaft gekümmert. Darum konnte er auch gar nicht klar erkennen, daß er hier den finger auf den wichtigsten punkt gelegt hatte, auf den punkt nämlich, wo **sein** und **werden**, **statik** und **dynamik** ineinander übergehen. Aber er fühlte es mit ganzer macht, daß dort, wo er anbohrte, das unmittelbare sprachleben ihm entgegensprudelte. Darum richtete er sich auch mit so unerhörter wucht gegen alle diejenigen, welche ihm nicht glauben schenken wollten.

In folgendem möchte ich zusammenfassend die stellung und bedeutung von Saussure und Gilliéron für die allgemeine sprachwissenschaft umschreiben: Die linguistik war dazu gelangt, synchronische und diachronische betrachtungsweise voneinander zu trennen. In dieser für die entwicklung der wissenschaft notwendigen und wohltätigen trennung hatte sich die diachronische sprachwissenschaft zu jenen bewunderungswürdigen resultaten durchgerungen, sie hatte gegeben, was sie von sich aus geben konnte, und war virtuell[6] so ziemlich am rande ihrer möglichkeiten angekommen. Saussure nun hat die synchronische sprachbetrachtung aus ihrem marasmus herausgehoben und zu einer gleichberechtigten wissenschaft erhoben; damit hat er allerdings die faktisch schon bestehende trennung kodifiziert und dadurch die gefahr heraufbeschworen, den augenblicklichen methodischen stand der forschung in eine bleibende scheidewand zwischen synchronie und diachronie, zwischen statik und dynamik zu verhärten. Gilliéron steht am selben punkte[7] wie Saussure; aber in seiner unbeirrbaren und – man darf fast sagen – blinden genialität, ohne zu wissen, was er tut, durchbricht er die trennende mauer zwischen den beiden betrachtungsweisen. Er fühlt, daß er hier auf den quell sprachlichen geschehens und werdens gestoßen ist; daraus erwächst ihm auch seine ungeheure selbstgewißheit.

Wir sind nun aber noch nicht am ende unserer betrachtungen angelangt. Gilliéron hat uns gezeigt, wie die diachronischen erscheinungen aus denen der synchronie hervorgehen. Aber er gibt uns nicht das gegenstück dazu, er läßt uns auf halbem wege stehen. Kehren wir zur benennung des hahns im gascognischen zurück. Wir haben sie durch drei zeitstufen hindurch verfolgt:

A ↓	*gallus*	*cattus*
B ↓	**gat* ←——→	*gat*
C	*bigey*	*gat*

Wir haben gesehen, daß das, was in der zwischenzeit B–C vor sich geht, seine erklärung findet im zustand B. Es ist uns evident geworden, daß der lexikologische **vorgang** B–C durch den lexikologischen **zustand** B verursacht wird und daß hier eine unmittelbare kausale verknüpfung vorliegt. Dabei aber haben wir eine frage unbeachtet gelassen: auf welchem wege nämlich die mittel für die lösung des konflikts bereitgestellt worden sind. Gilliérons auffassung ist offenbar, die sprache oder die sprechenden hätten unter dem druck der homonymie nach einem ersatzwort gesucht und seien dann auf dieses *bigey* verfallen. Diese seine ansicht kommt in allen seinen studien zum durchbruch. Er sieht die sprache stets unter einem zwange, aus der spannung einer bestimmten situation heraus arbeiten. Er erfaßt sie in einem bestimmten moment, wo sich an irgendeiner stelle, meist durch das blinde auswirken der lautveränderungstendenzen eine unhaltbare situation herausgebildet hat. Und dann spürt er den mitteln nach, mit welchen die sprache diesen konflikt wieder gelöst hat. Die frage nach dem schöpfungsakt, der zu dem ausdruck *bigey* »hahn« geführt hat, die berührt er kaum; sie scheint ihn nicht zu interessieren. Wohl deutet er an, daß diese benennung einem witz entsprungen ist. Im vorliegenden fall drückt er sich folgendermaßen aus: *Il fallut bien chercher au coq de la basse-cour un nom qui ne lui suscitât pas d'adversaire trop immédiat et trop dangereux. Il dut y avoir quelque hésitation pour le choix de ce nom et une certaine diversité; l'on en arriva enfin à faire du coq ambitieusement un »faisan« ou plaisamment un »vicaire«, ce qui valait mieux encore que de le laisser aux prises avec le chat. Il est possible d'ailleurs que les parleurs aient trouvé quelque agrément à ces dénominations anormales et aient mis quelque complaisance à les propager.*[8]

Gilliéron scheint also die ansicht zu hegen, daß unter dem druck der verhältnisse erst die leute die witzige bezeichnung *vicaire* geschaffen hätten. Das frohe, derbe lachen, das aus der benennung *vicaire* heraustönt, wäre nach ihm ein erzwungenes, unter dem zwang einer unmittelbaren notlage entstandenes. Hier verkennt Gilliéron seinerseits eine grundtatsache des sprachlebens, die jedem unbefangenen entgegentritt: das freie walten der schöpferischen phantasie. Sein blick ist mit der nur ihm eigenen intensität auf den übergang des zustandes B in die bewegung B–C gerichtet. Hier herrscht auch tatsächlich das gesetz der kausalität, hier war die sprache vor die notwendigkeit gestellt, einen ausweg zu finden. Doch Gilliéron verkennt die wirklichen verhältnisse, wenn er meint, daß die phantasie der sprechenden erst im zeitpunkt B aus ihrem schlaf aufgeweckt worden sei und nun einen ersatz gesucht habe. Die sprache schafft beständig in großer zahl neue bildliche ausdrücke, als metaphern, als wortwitze, als manifestation der welt der gefühle und wertungen, der gedanken und persönlichen anschauungen. Hier kann die sprache unbehindert ihre blüten treiben, denn hier ragt sie in das gebiet des freien geistigen lebens hinein. Und aus diesem großen reservoir des freien schaffens schöpft wiederum die sprache, wenn sie einmal in eine zwangslage gerät. Hier wählt sie einen der zur verfügung stehenden bildlichen ausdrücke aus.[9] Wenn heute z. b. aus irgendeinem grunde im schriftfranzösischen das wort *jambe* unmöglich würde, so stünden sofort eine große zahl von wörtern als ersatz zur verfügung, die jetzt bereits im pariser volksfranzösisch kurs haben; so etwa *gigue*, *guibole*, *flûte*, *patte*, *flubard*, *fuseau*, *gambille*. Oder unter den burlesken benennungen des bauern hat es eine ganze reihe, die rasch bereit wären, ein etwa mißliebig gewordenes *paysan* zu verdrängen; ich erinnere nur an *cul-terreux*, *pagan*, *betterave*, *bouseux*, *vaseux*, *pedzouille*. Welche blütenlese von synonymen hat sich doch um *peur* geschart: *chiasse*, *frousse*, *les grelots*, *trouille*, *avoir le taf*, *le trac* usw. Oder aber auf eine schwäche des verbums *travailler* lauern anwärter wie *turbiner*, *trimer*, *piocher*, *bûcher*, *boulonner*, *bosser*; diese verben bringen meist das unangenehme der arbeit zum ausdruck, sie bedeuten »schwer arbeiten«, wie etwa im deutschen *krüppeln* (siehe frz. *bosser*), *schuften*, *schanzen* (siehe frz. *piocher*), *ochsen*, *schinden*; sie würden aber rasch zum normalverbum aufsteigen, wenn die sprachliche situation ein solches verlangen würde. Wer sich mit einem einzelnen idiom, insbesondere mit einer lebenden mundart, eingehend beschäftigt, der staunt immer wieder über die mannigfaltigkeit und farbenfroheit des ausdruckes.[10] So ist nun auch das eintreten von *bigey* für das unmöglich gewordene *gallus* zu beurteilen. Den hahn mit dem *vikar* zu vergleichen, der die betfrohen und kirchenseligen weiber des dorfes betreut, das war ein *bon mot*, eine *galéjade*, die dem übersprudelnden witz des Midi wohl anstanden, und ganz besonders der übermütigen Gascogne, der heimat Heinrichs IV. und der cadets de Gascogne. Unter einem solch fröhlichen volk hatte wahrlich die metapher *vikar* »hahn« nicht nötig, die zwangslage des zusammenfalls von *gallus* und *cattus* abzuwarten.

Und nun erkennen wir aus dem gesagten, daß wir die situation B vorhin gar nicht richtig dargestellt haben. Die heutige lage der sprache in bezug auf die benennung des beines wäre nicht richtig charakterisiert, wenn ich sie so darstellen wollte: zeitpunkt B: *jambe*. Ich müßte schreiben: zeitpunkt B: *jambe* (*gigue*, *guibole* etc.), wobei die klammer diejenigen wörter einschließt, die nicht offiziell, normal sind. Ähnlich müssen wir oben einsetzen:

B *gat* »katze« **gat* »hahn« (*bigey*, *hasan*).[11]

Das heißt mit anderen worten, daß ein wort wie *bigey* im momente der kollision bereits als okkasionelle, scherzhafte bezeichnung des hahns im gebrauche war. Und das bedeutet wiederum, daß seine schöpfung nicht aus der situation B heraus zu verstehen ist. Nicht die entstehung von *bigey* »hahn« geht also auf die spannung innerhalb des zeitpunktes B zurück, wohl aber sein durchdringen als offizielles wort, sein sieg über das durch die homonymie zum tode verurteilte **gat*. Die entstehung von *bigey* »Hahn« entstammt also der frei schaffenden phantasie des volkes oder einzelner glieder des volkes. Sie ist vor B, also in die diachronie A–B zu setzen.

Diese feststellung steht im engsten zusammenhang mit dem uns hier beschäftigenden problem der beziehungen und des ineinandergreifens von synchronie und diachronie. Wir sind ja bei allen unsern beispielen von drei querschnitten im sinne Saussures (A, B, C) ausgegangen. Sodann haben wir dank Gilliérons eindringlicher forschung erkannt, wie die spannungen eines querschnitts einen vorgang in der diachronie vorbereiten. Er hat uns die augen geöffnet für den übergang von der synchronie zur diachronie. Was uns aber immer noch fehlte, das war der übergang von der diachronie zur synchronie. Denn in unserer diskussion mit Saussure dürfen wir ja nicht geltend machen, daß der in der diachronie sich vollziehende lautliche zusammenfall der ursprung jener spannung in der synchronie geworden ist. Weil der eine vorgang lautlicher art ist, der andere dem lexikon angehört, bleibt nach ihm der zusammenhang ein rein äußerlicher. Mit unseren feststellungen über den ursprung von *bigey* »hahn« in der diachronie A–B bleiben wir aber innerhalb des wortschatzes; hier besteht ein unmittelbarer, unleugbarer zusammenhang. Die diachronie A–B hat das mittel bereitgelegt, mit dem die in der synchronie B vorhandene Spannung gelöst werden kann. So müssen wir das schema folgendermaßen ergänzen:

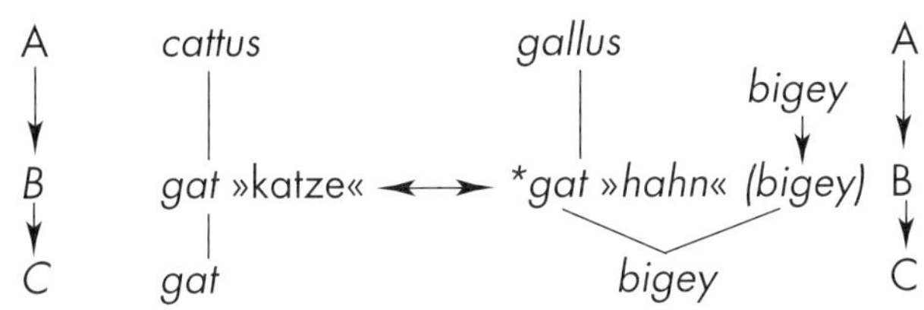

Die unlösbare verflechtung von diachronie und synchronie, das hineinfließen und herausströmen und wiederum hineinerstarren haben wir anhand dieser lexikalischen beispiele wohl genügend klargelegt. Es bleibt uns nun noch zu prüfen, ob unsere morphologischen beispiele eine ähnliche erklärung fordern, z. b. die geschichte der drei sich konkurrenz machenden zeiten. Wir erinnern uns, daß wir auch dort drei diachronische zeitstufen zum ausgangspunkt unserer erörtungen genommen haben. Auch dort haben wir die in der synchronie B bestehende spannung sich entladen sehen innerhalb der diachronie B–C. Aber auch dort war der vorgang in der diachronie A–B lautlicher art, dem morphologischen wesensfremd. Es erhebt sich also die frage, ob auch hier in den morphologisch-syntaktischen verhältnissen vor der zeitstufe B schon der ersatz des konjunktivs imperfekt durch den konjunktiv plusquamperfekt irgendwie vorbereitet war. Eine solche vorbereitung lag doch wohl darin, daß das klassische latein in bedingungssätzen u. ä. den konjunktiv imperfekt zu einer verwendung herangezogen hatte, die seiner zeitlichen funktion eigentlich widersprach. Im Gegensatz zum archaischen latein führt das klassische latein eine semantische differenzierung solcher satzgebilde ein. Es unterscheidet zwischen potentialität und irrealität. Während es die erstere mit dem präsens ausdrückt, greift es für die irrealität zum konjunktiv imperfekt. *Si haberem, darem* hatte bei Plautus bedeutet, »wenn ich (gestern) gehabt hätte, hätte ich gegeben«. Bei den schriftstellern des augusteischen zeitalters aber »wenn ich (jetzt) hätte, würde ich geben«. Es ist klar, daß ein solcher satz zuerst eine stark affektische färbung hatte, daß der gebrauch des imperfekts den eindruck der irrealität, der vom konjunktiv ausgeht, noch verstärkte. An seine stelle rückt der plusquamperfekt konjunktiv ein, um die irrealität in der vergangenheit zur darstellung zu bringen. *Si habuissem, dedissem.* In sätzen solchen inhalts ist also der konjunktiv plusquamperfekt bereits für den semantisch zum präsens gewordenen konjunktiv imperfekt eingerückt. Und als nun der konjunktiv imperfekt in jene kollision mit andern zeiten hineingeriet, da war sein ersatz durch das plusquamperfekt schon derart vorbereitet, daß er sich von selber vollziehen mußte. So finden wir auch hier denselben übergang. Innerhalb der diachronie A–B erwirbt die form *habuissem* durch den affektwert des paares *haberem–habuissem*, durch die angedeutete fast hyperbolische verwendung – womit *bigey* »hahn« zu vergleichen ist – eine bedeutung, welche sie in eine ideelle konkurrenz mit *haberem* bringt. Und wie nun *haberem* in der synchronie B in die geschilderte kollision hineinkommt, da ist *habuissem* vorbereitet, als ersatz einzuspringen.

Oder aber fassen wir die verhältnisse ins auge, wie sie sich innerhalb der pronomina herausgebildet hatten, als *ipse* zum ersatz für *iste* herangezogen wurde. Nachfolger von *ipse* in der bedeutung »selbst« wurden *metipse, metipsemus, iste ipse.* Alle drei wörter bestanden damals schon längst, finden sich zum teil schon bei Cicero. Sie waren aber im klassischen latein und bis tief in die kaiserzeit affektbetonte formen, ausgestattet mit großer ausdruckskraft. Je mehr nun *ipse* in die neue bedeutung hinüberglitt, um so mehr bediente man sich dieser affektischen nebenformen, die nun ihrerseits ihre kraft einbüßten und semantisch verblaßten. Auch hier ist also nicht die entstehung von *metipse* usw. auf rechnung der notlage von *ipse* zu setzen, wohl aber ihr durchdringen zu normalwörtern für »selbst«.[12] So greifen auch in diesem teil des sprachlebens sein und werden, werden und sein ineinander hinüber.[13]

Und welches sind nun die folgerungen, die wir für die weitere arbeit der historischen sprachwissenschaft aus dieser erkenntnis ziehen dürfen? Sie bestehen wohl vor allem in der forderung, daß wir nicht nur den vertikalen strich allein verfolgen dürfen. Wer sich das studium der gesamtheit einer sprache zur aufgabe gemacht hat, der muß bei jeder veränderung sich fragen, welches ihre auswirkung auf das sprachganze gewesen sein mag. Er muß stets die neu sich ergebenden gesamtsituationen ins auge fassen und aus diesen wieder den antrieb zu neuem wandel herauslesen.

So stellt Saussure das verhältnis der deskriptiven und historischen sprachwissenschaft als klar erfaßtes problem vor uns hin; Gilliéron hat uns den weg gewiesen, auf dem wir, seine forschungen organisch ausbauend und weiterführend, der lösung des problems uns zu nähern hoffen.[14] Wir müssen aber auch in zukunft zu erkennen streben, wie im ablauf der einzelnen perioden schon die mittel bereitgelegt werden, mit denen spannungen innerhalb der synchronie behoben werden.

Selbstverständlich will das nicht bedeuten, daß in zukunft eine rein diachronische fragestellung und untersuchung nicht mehr möglich sei. Wie bei jeder wissenschaft, so wird auch in der linguistik ein teilproblem isoliert und in sich studiert werden können. Nur die innere einheit der gesamten, durch Saussure um die synchronische betrachtung bereicherten sprachwissenschaft soll damit betont werden, dazu die tatsache, daß gerade an der schnittfläche von synchronie und diachronie die weittragendsten und für die zukunft fruchtbarsten probleme entstehen.

Anmerkungen

1 Schuchardt macht diesen büchern zum vorwurf, sie seien eher lehrbücher für den schulunterricht. Es ist in der tat nicht zu leugnen, daß ihnen etwas derartiges anhaftet. Das erklärt sich wohl daraus, daß sie zum teil aus vorlesungen und übungen von Bally entstanden sind. Meines erachtens ist es aber nicht sehr schwer, durch die zum teil lehrhafte form hindurch das wesentliche und wissenschaftlich absolut neue an Ballys büchern zu erkennen.

2 Ich bin überzeugt, daß auch oft die verhältnisse einer kategorie in die andere hinüberwirken, möchte aber der einfachheit halber diesen weg hier nicht auch verfolgen.

3 Es ist hier auch völlig irrelevant, ob der kampf um die zu ersetzenden formen etwa kurze zeit vor dem zusammenfall angehoben hat oder erst bei erreichter völliger identität. Auch die tatsache, daß wohl andere umstände auch noch gewirkt haben mögen, spricht nicht gegen die verwendung des beispiels im erwähnten sinne.

4 Die untersuchung könnte noch weiter ausgedehnt werden auf die nächstliegende frage, inwieweit diese bedeutungsverschiebung von *ipse* mitgewirkt habe bei der ersetzung von *ipse* durch *metipse*, *metipsimus*, *iste ipse*. Siehe darüber weiter unten.

5 Einige kurze bemerkungen von A. Meillet im Bulletin de la Société de Linguistique de Paris 30, 3 scheinen sich auch in dieser richtung zu bewegen.

6 Ich meine damit: in der durchfeilung ihrer methode, natürlich aber nicht in der stofflichen verarbeitung aller idiome!

7 Es ist nicht uninteressant, festzustellen, daß Saussure und Gilliéron gleichzeitig am werke waren: Gilliérons erste studie erschien 1905, Saussure begann seine seit langer hand vorbereiteten vorlesungen 1906.

8 Man wende nicht etwa ein, daß hier eine einmalige äußerung Gilliérons unberechtigterweise typisiert und damit die darin ausgedrückte ansicht in ihrer tragweite übertrieben werde. Wer sein werk kennt, der weiß, daß derartige gedankengänge bei ihm stets vorherrschen. Er faßt sie ja gelegentlich in allgemeingültigen grundsätzen zusammen. So sagt er z. b. seite 79 seiner schrift »La Faillite de l'Etymologie phonétique«: *Il nous fau-*

drait démontrer qu'une source intarissable permît de satisfaire, non seulement à des besoins, mais à de simples lubies de la langue, et cela n'est pas le cas: tout nous dit, au contraire, que la langue a une peine infinie à faire face à besoins immédiats et n'y parvient même qu'imparfaitement.

9 Siehe hierzu die vorrede zum ersten band meines wörterbuchs.

10 Der grund, warum Gilliéron an diesen dingen vorübergegangen ist, liegt in der gewollten beschränkung auf das atlasmaterial. Dieses kann, der ganzen anlage der aufnahmen nach, kein bild geben von dem nebeneinanderwohnen der ausdrücke der normalsprache und der ausdrücke familiären, burlesken, affektischen wesens.

11 Dabei bleibt es gleichgültig, ob es die sprache zu einer vollständigen homonymie hat kommen lassen oder ob sie schon vorher die ersatzwörter mehr und mehr hat einrücken lassen, im selben maße nämlich, wie die der stufe **gat* vorangehende form **gatš* sich durch den wandel (*-ll* > *-l* > *-tš* > *-t*) der form *gat* annäherte. Der zeitpunkt B ist dann einfach etwas früher anzusetzen.

12 Die oben kurz skizzierte geschichte der pronomina mahnt uns zugleich, nicht alles nach dem gleichen maß zu beurteilen. Das aufkommen von *metipse* usw. hängt sicherlich mit dessen affektischem wert zusammen. Die vorausgehenden verschiebungen zwischen den einzelnen pronomina aber sind anderer natur. Wenn *iste* an die stelle von *hic* tritt, so greift die sprache einfach zu einem wort, das, ohne affekthaft geladen zu sein, in der semantischen umgebung liegt. Es wäre also ein schwerer irrtum, nun in den affektgeladenen wörtern die einzige quelle für ersatz sehen zu wollen.
Bei den lexikalischen wörtern haben wir einen ähnlichen gegensatz zwischen der geschichte der beiden *gat* und dem konflikt der beiden *moudre*. Im ersten fall hat der affektbetonte teil der sprache den mangel ausgeglichen. Die ersatzwörter für *mulgere* »melken« entstammen aber einer ganz anderen sphäre. Auch hier hat meines erachtens Gilliéron die dinge nur richtig gesehen für den übergang aus der synchronie B in die diachronie B–C, nicht aber beim übergang von der diachronie A–B in die synchronie B. Die frage, warum die sprache gerade diese verben heranziehe, glaubt er folgendermaßen beantworten zu müssen: »*qu'est-ce que traire, tirer? Des mots secondaires et de l'espèce sémantique la plus médiocre, pauvre ressource d'une langue aux abois qui a perdu le terme correspondant à une opération parfaitement déterminée, singulière, incomparable; de véritables pis-aller lexicologiques. Peut-être ajuster, bléchir* [zwei lokale ersatzwörter, von denen das zweite unterdessen durch Jud als keltisch nachgewiesen worden ist, vgl. FEW **bligicare*] *sont-ils plus défendables: leur introduction dans le langage est l'œuvre d'un procédé lexicologique imminent, désigner une action par le commencement de cette action, par les préparatifs*«. Gilliéron hält also diese beiden letzten wörter für ganz allgemeine ausdrücke für »herrichten«. Nun besteht aber, was Gilliéron vielleicht nicht wußte, das melken aus zwei getrennten tätigkeiten: Zuerst werden das euter und die zitzen der kuh durch bestreichen mit der hand und durch reinigen zum melken bereitgemacht; häufig besorgt das sogar ein hirtenknabe, während das viel übung erfordernde melken älteren, erfahrenen arbeitskräften zufällt. Jene erste tätigkeit nun wird mit einem besondern verbum bezeichnet, das ursprünglich entweder ein allgemeingültiges verbum für »herrichten« war (wie *ajuster*) oder aber die tätigkeit selber beschreibt. In meiner eigenen mundart z. b. wird sie mit *anziehen* ausgedrückt, weil sie dazu bestimmt ist, die milch aus dem euter an die zitzen heranzuziehen, ohne sie aber schon herauszudrücken. In Bessans findet Duraffour sogar eine zerlegung der melkarbeit in drei tätigkeiten, die als *maneyé*, *aryá* und *blatyé* terminologisch unterschieden werden. Ich halte es daher für äußerst wahrscheinlich, daß schon lange vor der kollision *mulgere–molere trahere* in der begriffssphäre von *mulgere* drinnenstand als bezeichnung dieser vorbereitenden tätigkeit

des »anziehens«. Wenn also *traire* auch nicht zu den affektbetonten wörtern gehörte, so lag es doch, und das ist das wesentliche, schon in der allernächsten umwelt von *mulgere* bereit.

Es stehen also *metipse* und *vicaire* auf der einen seite, *iste* und *traire* auf der andern. Die beiden paare sind repräsentanten ganz verschiedener wortgruppen. Beide gruppen lagen in der nähe der wörter, die sie mit der zeit ersetzen sollten; aber ihr verhältnis zu ihnen ist nicht der gleichen art. *Metipse* und *vicaire* »hahn« sind vorerst affektgeladene oder burleske synonyme von *ipse* und *gallus*; die wörter dieser art (ich möchte sie »trabantenwörter« nennen) umgeben unmittelbar ihre normalsprachigen synonyma, sie kreisen um sie herum, und manchmal läßt ein glücklicher zufall eines von ihnen ins zentrum einrücken. *Iste* und *traire* aber sind selber normalwörter, doch durch ihre semantik dem kranken wort benachbart. An sie appelliert wohl die in bedrängnis geratene sprache besonders dann, wenn keine »trabantenwörter« zur verfügung stehen, was bei vielen begriffen der fall ist. Graphisch ließe sich das etwa folgendermaßen darstellen:

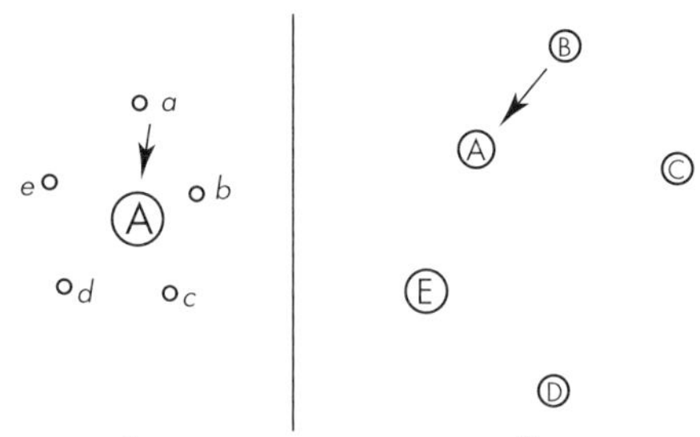

1. 2.

Bild 1 illustriert die geschichte von *gallus–vicaire*, von *ipse-* (*metipse*, *ipse iste*, *ipsimus*). Auf bild 2 sehen wir verschiedene, semantisch benachbarte normalwörter, von denen die sprache eines als ersatz auswählt. Es schildert den ersatz von *mulgere* durch *traire*, von *hic* durch *iste*.

13 Von diesem gesichtspunkt aus kann auch das problem *parole–langue*, das der Saussureschen wissenschaftstheorie neben der hier kritisch beleuchteten idee zugrundeliegt, eine neue gestalt gewinnen.

14 In einem spätern aufsatz möchte ich darauf hinweisen, daß diese neugestaltung unserer forschung bereits weitgehend wirklichkeit geworden ist, besonders in der durchforschung und darstellung des wortschatzes. Es wird sich dabei erweisen, daß hier die praxis der theorie vorauseilt. Anderseits aber glaube ich, daß die hier dargelegte theoretische auffassung neue wege für die forschung auf manchem gebiet zu erschließen berufen ist. Ich hoffe bald gelegenheit zu haben, auf einige sich daraus ergebende gesichtspunkte hinzuweisen.

Anita Steube

Sprachsystem und Sprachwandel seit Walther von Wartburg

Walther von Wartburg ist ganz Romanist. Aus seiner Sprachgruppe heraus hat er jedoch in verschiedener Hinsicht die theoretische Linguistik befruchtet.

Wartburg studierte in Bern, Zürich, Florenz und Paris. Unter seinen Lehrern hob er besonders Jacob Jud aus Zürich hervor, mit dem zusammen Pläne für die Ausarbeitung des Französischen Etymologischen Wörterbuchs (FEW) geschmiedet wurden – Jud war ein führender Vertreter der sprachgeographisch gestützten Etymologie – , und Jules Gilliéron aus Paris, den Herausgeber des Französischen Sprachatlasses. Wartburgs Romanistengeneration war die Generation nach Wilhelm Meyer-Lübke, von dem her ein Romanist die ganze Romania zu überblicken hatte und historisch orientiert war. Aber Wartburg wurde nach seiner Studienzeit ebenso stark beeinflußt vom »Cours de linguistique générale« Ferdinand de Saussures und von Charles Bally, die das Werden und das synchrone Sein der Sprache als ihre zwei Seiten in die Sprachwissenschaft einführten bzw. in ihrem Werk darstellten.

In seinem Lebenswerk, dem FEW, hat Wartburg diese Einflüsse zu einer einzigartigen Synthese vereinigt: Es ist eine Wortgeschichte aller in galloromanischen und provenzalischen Sprachregionen seit der römischen Zeit auffindbaren Wörter entstanden, ganz gleich, ob sie lateinischen, keltischen, germanischen oder anderen Ursprungs sind. Wartburg hat damit das Französische zur lexikologisch bestbeschriebenen Sprache gemacht. Er hat – vorbildlich für seine Zeit – das Neufranzösische einbezogen und damit aus einer Herkunftsetymologie die »historische Etymologie« entwickelt, die, Wort- und Begriffsgeschichte zugleich, allen Formen- und Bedeutungswandel im historisch-kulturellen Kontext verfolgt, um letztlich herauszufinden, wie sich der Mensch der Welt geistig bemächtigt. Wartburg hatte also teil an mehreren sprachwissenschaftlichen Richtungen seiner Zeit, die sich von ihrem jeweiligen Standpunkt aus gegen die junggrammatische Beschränkung auf die innersprachliche Entwicklung von Formelementen der Sprache außerhalb eines Systems wandten: Mundartforschung, Kulturmorphologie (Wartburg besaß in seiner Leipziger Zeit und auch später gute kollegiale Kontakte zu Theodor Frings), deskriptive Linguistik. In diese Auseinandersetzung mit den Junggrammatikern hat sich Wartburg nicht mehr eingeschaltet, sie muß für ihn bereits entschieden gewesen sein. Er hat vielmehr schon zur Weiterentwicklung der angegebenen neuen Richtungen beigetragen, z. B. der Mundartforschung.

Wenn Gilliéron nach Atlasmanier nur das in der Region unmarkierte oder Standardwort notieren ließ, Wartburg aber zeitgleich die Fülle der konnotierten »Tra-

bantenwörter« zur Verfügung hatte, konnte er seinem Lehrer leicht deterministische Begrenztheit in der Erklärung des Sprachwandels vorwerfen: GILLIÉRON muß spekulieren, warum ein Wort von einem bestimmten anderen abgelöst wird; WARTBURG sieht, daß eine Auswahl aus den »Trabantenwörtern« erfolgt. Durch SAUSSURE hat WARTBURG gemerkt, was dies mit Diachronie und Synchronie zu tun hat.

Die durch die »schöpferische Kraft der Sprache« hervorgebrachten »Normalwörter« mit ihren »Trabantenwörtern« würden wir heute als sprachliche Varianz bezeichnen: Das Sprachsystem soll das syntaktische, morphologische, lexikalische, phonologische Teilsystem umfassen. Gleichzeitig existiert das Sprachsystem aber in regionalen, funktionalen, sozialen Varianten, an denen ein Sprecher je nach Gruppenbindung individuell teilhat. Nehmen wir vereinfachend an, seine Sprachkenntnis hätte die unmarkierte Standardvariante in allen Teilsystemen ausgebildet, die markierten Varianten aus Ökonomiegründen aber nur in den vom Standard abweichenden Elementen und Regeln des jeweiligen Teilsystems gespeichert, dann geschieht nach WALTHER VON WARTBURG Sprachwandel so, daß Standardelemente und Regeln ausfallen und dafür markierte Elemente und Regeln in nun demarkierter Form eintreten. Dabei können die Teilsysteme, die die grammatischen Funktionen ausdrücken, auch wechseln. Dies ist Gegenstand der neueren Richtungen der Grammatikalisierungsforschung. Was sicher nicht so breit generalisiert werden kann, ist, daß WARTBURG in den aufgezeichneten Beispielen Markiertheit immer auch mit emotionaler und affektiver Aufladung verbindet. In Anmerkung 12 des hier abgedruckten Textes macht er selbst darauf aufmerksam.

WARTBURGS Schüler KURT BALDINGER berichtet mehrfach, daß WARTBURG den Akademievortrag von 1931 für seinen wichtigsten Beitrag zur theoretischen Linguistik hielt. Er hat das Thema des Ineinandergreifens von deskriptiver und historischer Sprachwissenschaft außerdem noch zweimal bearbeitet, und zwar in »Entwicklung und Struktur der französischen Sprache«, Halle/Leipzig 1934 (Das Buch ist aus seinen Leipziger Vorlesungen entstanden. Vier Kapitel über je eine Darstellung eines synchronen Sprachzustandes – Vulgärlatein, Altfranzösisch, das Französische des 16. Jahrhunderts, Neufranzösisch – wechseln sich mit drei Kapiteln über den Wandel von einem Systemzustand in den nächsten ab – vom Vulgärlatein zum Altfranzösischen, die Veränderungen hin zum Französischen des 16. und 17. Jahrhunderts, die Veränderungen im 19. und 20. Jahrhundert.), und in »Einführung in Problematik und Methodik der Sprachwissenschaft«, Halle 1943, der Anlage nach ein Einführungsbuch für Studierende. Um den Akademievortrag zunächst vor dem linguistischen Hintergrund der Entstehungszeit zu betrachten, schieben wir die Periodisierung der Sprachwissenschaft ein, die im ersten Teil diesem Einführungsbuch WARTBURGS entnommen ist, und heben folgende Etappen hervor:

- *Die Grammatiken der Inder, Griechen, Römer und ihrer Nachahmer waren bis in die frühe Neuzeit ahistorisch mit der Sprachrichtigkeit befaßt.*
- *FRIEDRICH AUGUST WOLF, den WARTBURG als den ersten Philologen bezeichnet, hat sich ab 1777 in kritisch-vergleichender Weise mit den alten Texten befaßt.*
- *Zu Beginn des 19. Jahrhunderts folgte dem kritischen Text- der kritische historische Sprachvergleich der indogermanischen Sprachen.*

- *Aus der Sprachvergleichung haben die Junggrammatiker die Regeln für die Aufeinanderfolge der historischen lautlichen Sprachzustände entwickelt. (Das gab insbesondere den Romanisten das Werkzeug in die Hand, die romanische Sprachgeschichte zu konzipieren.) Alle Sprachwissenschaft hatte von nun an historisch zu sein. Dieses Postulat von* HERMANN PAUL *wurde 1920 im Vorwort der fünften Auflage seiner »Prinzipien der Sprachgeschichte«, die* WARTBURG *benutzte, weiter beibehalten.*
- SAUSSURES *»Cours de linguistique générale« stellt in direkter Opposition dazu die Sprache zu einer Zeit als ebenso legitimes, ja sogar prädominantes Forschungsobjekt dar, und zwar verstanden als System von Werten, die sich gegenseitig definieren.*
- *Die Kritik* WARTBURGS *an* SAUSSURE *schließt an dessen Behauptung an, daß deskriptive und historische Methoden angeblich nicht gleichzeitig auf das gleiche Studienobjekt angewendet werden dürfen. Als* WARTBURG *diese Kritik in den dreißiger Jahren auch in einem Vortrag in Paris äußerte, stieß seine These vom Ineinandergreifen von deskriptiver und historischer Sprachwissenschaft bei den Saussureanhängern auch prompt auf Ablehnung.* WARTBURG *befand sich also bei Erscheinen des Akademievortrages zwischen den Fronten von Junggrammatikern auf der einen und strengen Saussurianern auf der anderen Seite.*
- *Die Legitimierung der synchronen Sprachwissenschaft wurde später durch den Prager Funktionalismus und durch die übrigen Schulen des Strukturalismus gestützt.* WARTBURG *hat jedoch nur noch das Entstehen der Prager Phonologie aus der Ferne beobachtet und* STEPHEN ULLMANN *beauftragt, der zweiten, erweiterten Auflage der »Einführung in Problematik und Methodik der Sprachwissenschaft« entsprechende Kapitel hinzuzufügen. Er hatte jede Minute seines Schaffens dem FEW zu widmen. Was die wenigen Äußerungen zur Syntax angeht, gibt es auch keine Antizipation der Systemuntersuchungen der fünfziger und sechziger Jahre, wie z. B. aus der »Einführung in Problematik und Methodik der Sprachwissenschaft« und dem »Précis de syntaxe du français contemporain«, Bern 1947, hervorgeht. Die »Syntax« ist ein praktisches Handbuch. Es beinhaltet eine rein deskriptive Darstellung, die allerdings die Stufe der traditionellen wortartgebundenen Darstellungen überwunden hat und syntaktische Funktionen, Relationen und Fügungspotentiale beschreibt. Auch in diesem Buch wird der Variation des Systems Rechnung getragen, indem auf stilistische und funktionale Varianten aufmerksam gemacht wird. Allerdings konnte sich* WARTBURG *damals schwerlich so wie wir heute – dank der strukturalistischen und generativen Grammatikrichtungen – unter einem System ein endliches Inventar von Elementen und Verknüpfungsregeln vorstellen.*

Die damals möglichen Systemvorstellungen vorausgesetzt, wird in »Entwicklung und Struktur der französischen Sprache« Sprachwandel durchaus als Systemwandel verstanden. Der Systemgedanke wird also als Verpflichtung in die historische Sprachwissenschaft übernommen. Das ist für die frühen dreißiger Jahre und bis heute ein großes Verdienst. Daß die Sprache einer Zeit aber als Inventar von Elementen und Verknüpfungsregeln kein monolithisches System ist, sondern markierte Varianten hat, ist in diese Systemvorstellungen hineingenommene soziolinguisti-

sche Erkenntnis erst der späten sechziger Jahre. In einem Sprecher kann sich das Ineinandergreifen von deskriptiver und historischer Sprachwissenschaft demnach so abspielen, daß er z. B. eine markierte regionale Systemvariante in den relevanten Teilsystemen nur noch insoweit interiorisiert hat, als er sich durch markierte Reste einem Mundartgebiet zugehörig oder als Sympathisant mit Mundartsprechern zu erkennen geben will. Das System von Systemen kann also für die unterschiedlichen Sprecher zu einer Zeit ganz unterschiedlich ausgeprägt sein.

Wie wir uns heute eine Systemdeskription vorstellen können, ist sie theoriegebunden, erfaßt nur eine, meist die unmarkierte Standardvariante einer Zeit und abstrahiert weiter von den auch im Standard noch vorhandenen Ideolektvariationen. Hier ist kein »Ineinandergreifen« denkbar. Die Deskriptionen aller Ideolekte einer Zeit mit ihren markierten Varianten dagegen würden zeigen, daß es gleichzeitig historisch progressivere und weniger progressive Sprecher gibt, daß in dieser additiven Gesamtheit manche Sprecher über ein System verfügen, das der Mehrheit vorauseilt bzw. nachhinkt. Insofern greifen Deskriptives und Historisches ineinander. Diese Sichtweise war u. E. mit der WALTHER VON WARTBURGS identisch. Das FEW hat ihm die Materialbasis dazu geliefert. Die Arbeiten am FEW haben ihn auch dazu befähigt, über das Lexikon hinaus zu Verallgemeinerungen über den Sprachwandel des Systems mit u. U. ungleicher Beteiligung der Teilsysteme zu kommen.

Es gibt noch eine andere Möglichkeit, sich das Ineinandergreifen von deskriptiver und historischer Sprachwissenschaft vorzustellen. Diese Sichtweise war WARTBURG allerdings noch nicht zugänglich: Man findet unterschiedliche neuere Deutungen für das, was WARTBURG als »die schöpferische Kraft der Sprecher« begreift und unerklärt läßt. Gemeint sind die innergrammatischen Triebkräfte zum Systemwandel. Wir wollen nur zwei Theorien aufführen, die sich explizit dazu äußern oder das Thema zu ihrem Untersuchungsgegenstand machen: die Natürlichkeitstheorie (vgl. STAMPE, MAYERTHALER, WURZEL u. a.) und die Prinzipien- und Parametertheorie (vgl. CHOMSKY, BIERWISCH u. a.). Die natürliche Phonologie stützt sich auf die für alle Menschen gleichen Artikulations- und Perzeptionsorgane mit den entsprechenden Hirnzentren und Nerven sowie auf die Tatsache, daß bestimmte phonologische Merkmale in bestimmten Merkmalskontexten diese für alle Menschen gleiche Sprachkapazität graduell unterschiedlich belasten. Sie macht die Beobachtung, daß der Sprachwandel in Richtung auf natürliche, d. h. weniger belastende Kombinationen geht. Er minimiert artikulatorische Schwierigkeiten und maximiert die perzeptiven Charakteristika der Sprache. Das Natürlichkeitskonzept ist auf die anderen Ebenen des Sprachsystems ausgedehnt und universellen Natürlichkeitsprinzipien unterworfen worden. Auf diese Weise wird die systematische Asymmetrie in der Verwendung von grammatischen Mitteln erklärt, die als Sprachwandel beobachtbar ist. Gemäß der Natürlichkeitstheorie ist die Triebkraft grammatisch initiierten Wandels die Beseitigung der markierten, d. h. weniger natürlichen, belastenderen Fragmente des Sprachsystems. Geht eine Entlastung auf einer Ebene mit einer Erschwernis für die andere grammatische Ebene einher, läßt sich die Priorität zwischen konkurrierenden Veränderungen vorhersagen. Das Ineinandergreifen zwischen deskriptiver und historischer Sprachwissenschaft ist gemäß der Natürlichkeitstheorie in den Prinzipien der universellen Grammatik und den einzelsprachlichen Systemen zu finden, die die Veränderungsmöglichkeiten bedingen und sie zugleich auf verschiedene Weise einengen. Die Interaktion der einzelnen Prinzipien ist weiter zu erforschen.

Die Prinzipien- und Parametertheorie geht aus von der Universalgrammatik als dem Menschen angeborener Fähigkeit zur Erlernung jeglicher natürlichen Sprache. Die Struktur der Universalgrammatik besteht aus allgemeinen Operationsschemata und einem System parametrisierter Prinzipien. Aus der zu erlernenden Sprache gewinnt das Kind in den angemessenen Reifestadien die Erfahrung, wie die Parameter zu belegen sind. Mit jeder Wahl der Parameterbelegung wird die Struktur einer natürlichen Sprache determiniert. Es wird angenommen, daß dieses System von Prinzipien und Parametern nicht nur die Klasse natürlicher Sprachen festlegt, den Ablauf des Spracherwerbs determiniert, sondern auch die Grenzen und Bahnen möglichen grammatischen Wandels vorgibt. Das bedeutet, daß auch nach der Prinzipien- und Parametertheorie deskriptive und historische Sprachwissenschaft »ineinandergreifen« – und zwar hier in dem Sinne, daß sie die gleiche Erklärungsgrundlage haben. Je nachdem, ob für die Sprachkenntnis ein eigenständiges Modul angenommen oder Sprachkenntnis als nicht allein an sprachspezifische Repräsentationsprinzipien gebunden betrachtet wird, sieht die Prinzipien- und Parametertheorie grammatischen Wandel an mehr oder weniger spezifische mentale Organisationsprinzipien des Menschen gebunden.

Walther von Wartburgs These des Ineinandergreifens von deskriptiver und historischer Sprachwissenschaft wird also durch jüngere Erkenntnisse zum Sprachwandel bestätigt. Sie läßt sich auch durch die Weiterentwicklung der Sprachwissenschaft in neue Erklärungszusammenhänge stellen. So gewinnt sie eine neue Dimension, die aber in dem Akademievortrag durchaus angelegt ist.

Werner Heisenberg

Zur Geschichte der physikalischen Naturerklärung

1932

Meine Damen und Herren!

Die exakte Naturwissenschaft der letzten dreißig Jahre erhält dadurch ihr besonderes Gepräge, daß ihre verschiedenen Zweige: Astronomie, Physik und Chemie, in der Atomphysik bis auf ihre gemeinsame Wurzel zurückverfolgt werden können und daß in gewisser Weise viele von den Wünschen in Erfüllung gehen, mit denen schon Leukipp und Demokrit an eine Erforschung der Natur herangetreten sind. Deshalb ist es für ein tieferes Verständnis der modernen Naturwissenschaft wichtig, nachzusehen, inwieweit eigentlich die heutige Forschung als konsequente Fortsetzung der jahrtausendealten Bemühungen der Menschen um ein Verständnis der Natur betrachtet werden kann, und sorgfältig die Erfolge und Mißerfolge in diesem Streben zu vergleichen. Da es üblich geworden ist, den Werdegang der Naturwissenschaft als eine Kette glänzender und überraschender Entdeckungen zu sehen, deren innerer Zusammenhang vom menschlichen Geist durch das Instrument der Mathematik erschlossen werden kann, scheint es mir wichtig, einmal einen anderen, weniger in die Augen fallenden Zug in der Entwicklung der Naturwissenschaften hervorzuheben, der einem sorgfältigen Beobachter ihres Werdeganges nicht entgehen kann und der sozusagen für das innere Gleichgewicht unserer Wissenschaft sorgt: Fast jeder Fortschritt der Naturwissenschaft ist mit einem Verzicht erkauft worden, fast für jede neue Erkenntnis müssen früher wichtige Fragestellungen und Begriffsbildungen aufgeopfert werden. Mit der Mehrung der Kenntnisse und Erkenntnisse werden so in gewisser Weise die Ansprüche der Naturforscher auf ein »Verständnis« der Welt immer geringer. Die Beobachtung der Natur durch die Menschen weist hier eine enge Analogie auf zum einzelnen Akt der Wahrnehmung, den man, wie etwa Fichte es tut, auffassen kann als eine »Selbstbeschränkung des Ich«: Bei jedem Wahrnehmungsakt wählen wir aus einer unendlichen Fülle von Möglichkeiten eine bestimmte aus und beschränken dadurch auch die Fülle der Möglichkeiten für die Zukunft.

Das Studium dieser »Selbstbeschränkung«, die mit jeder neuen physikalischen Erkenntnis zwangsläufig verbunden ist, vermittelt ein Gefühl für den Grad von Notwendigkeit, mit dem der Weg der Naturwissenschaft im Laufe der Geschichte vorgeschrieben war, und schützt übrigens die moderne Naturwissenschaft vor dem Vorwurf der Einseitigkeit und Überheblichkeit.

Das erste physikalische Phänomen, das die Aufmerksamkeit des systematischen Denkens der Griechen auf sich zog, war das der »Substanz«, des »Bleibenden« in dem Wandel der Erscheinungen. Aus der von Thales ausgesprochenen These, das Wasser sei der Grundstoff, aus dem die Welt bestehe, geht hervor, daß sich bei Thales die Bildung des Begriffs »Materie« anbahnt, daß aber beim Beginn der Forschung – selbstverständlich – keines der in dem genannten Satz vorkommenden Wörter einen präzisen Sinn haben konnte. Weder das Wort »Grundstoff«, noch »Wasser«, noch »bestehen« hatte einen scharf umgrenzten Anwendungsbereich oder eine klare Bedeutung; und eben dieser Umstand gab der zukünftigen Forschung die volle Freiheit, es war noch nirgends Verzicht geleistet auf ein einheitliches Verständnis der Welt im allgemeinsten Sinne. Von der Forschung der Folgezeit wurde dieser Begriff des »Grundstoffs« schärfer umrissen: Zunächst erhielt er das Merkmal der Einheitlichkeit und Unzerstörbarkeit. Diese Präzisierung hatte die Komplikation zur Folge, daß man, um den Wechsel der Erscheinungen in der Welt verständlich zu machen, entweder mehrere Grundstoffe annehmen mußte, durch deren Mischung und Trennung das vielgestaltige Geschehen in unserer Erfahrung erklärt wird, oder den Begriff des »Bleibenden« ganz abtrennen mußte von der Erfahrung, wie es Parmenides durch die Idee des »Seins« versuchte. Empedokles betrachtete Erde, Feuer, Luft und Wasser als die vier »Stammwurzeln« aller Dinge (ῥιζώματα), die er als »ungeworden und unzerstörbar, in sich gleichartig und unveränderlich, dabei aber teilbar« annahm. Auf demselben Wege weiterschreitend, postulierte Anaxagoras eine unendliche Anzahl von Elementen, deren Zusammentreten und Auseinandertreten das Entstehen und Vergehen der einzelnen Dinge ausmacht. Dadurch war bereits dem Gedanken vorgearbeitet, die qualitative Vielfältigkeit der Außenwelt auf Quantitätsvariationen, Änderungen der Mischungsverhältnisse, zurückzuführen. Konsequent durchgeführt wurde dieser Gedanke schließlich in der Atomtheorie Leukipps und Demokrits. Dort gelten als »seiend« nur die kleinsten unteilbaren Bestandteile der Materie, die Atome, deren einzige Qualität die der Raumerfüllung ist. Die qualitativen Unterschiede des Wahrgenommenen sollen erklärt werden durch die verschiedenartige Gestalt, Bewegung und Lagerung der Atome im leeren Raum.

Zweifellos bedeutet diese Entwicklung des Begriffs Materie von Thales bis Demokrit einen ungeheuren Fortschritt für die Erklärung der fundamentalen Eigenschaften der Substanz. Die Möglichkeit der verschiedenen Aggregatzustände wird unmittelbar anschaulich gemacht, die mit der Mischung etwa von Flüssigkeiten verknüpften Phänomene können vernünftig interpretiert werden, und – wie wir heute wissen – auch der damals noch unbekannte Begriff der chemischen Verbindung erhält eine anschaulich geometrische Deutung. Sosehr wir also Grund haben, diese Fortschritte als Erfolge einer konsequenten Entwicklung naturwissenschaftlichen Denkens zu bewundern, sowenig dürfen wir vergessen, daß mit diesen Erfolgen ein für die ganze Folgezeit schwerwiegender Verzicht notwendig verbunden war: der Verzicht auf das »unmittelbare« Verständnis der Qualitäten. In unserer Erfahrung sind Qualitäten wie Farbe, Geruch, Geschmack ebenso unmittelbare Gegebenheiten wie Gestalt und Bewegung. Beraubt man die Atome dieser Qualitäten – in dieser Abstraktion liegt eben die Stärke der Atomhypothese –, so verzichtet man von vornherein darauf, die Qualitäten der Dinge durch Benützung der Atomvorstellung im eigentlichen Sinne des Wortes zu »verstehen«. An Stelle dessen, das soeben als

»unmittelbares Verständnis« bezeichnet wurde, tritt in der Atomtheorie eine Art »analytisches« Begreifen: Die Qualitäten »rot«, »sauer« usw. erweisen sich als abbildbar auf gewisse geometrische oder dynamische Konfigurationen der Atome; in der Erfahrung gegebene Beziehungen zwischen den Qualitäten entsprechen etwa anschaulich evidenten geometrischen Beziehungen der Atombilder. Die qualitative Vielfältigkeit der Welt wird »erklärt« durch die Reduktion auf die Mannigfaltigkeit geometrischer Konfigurationen. In diesem Sinne kann man, in genauer Umkehrung eines vorhin ausgesprochenen Satzes, auch sagen, daß die Atomtheorie Demokrits zwar eine Erklärung der genannten Qualitäten gebe, daß sie dagegen die geometrischen Eigenschaften der Welt unerklärt, d.h. unreduziert lasse. Es muß also unterschieden werden zwischen »analytischem« und »unmittelbarem« Begreifen. Der in der Atomvorstellung erfüllte Wunsch, die sinnlichen Qualitäten der Dinge, wie Farbe, Härte usw., durch Analyse auf geometrische Konfigurationen (im weitesten Sinne) abzubilden, erzwingt den Verzicht darauf, das Wesen dieser Qualitäten durch Naturwissenschaft zu vermitteln. Daher ist es wohl verständlich, daß z.B. den Dichtern die Atomvorstellung stets ein Greuel gewesen ist.

Hand in Hand mit der Entwicklung des Begriffs »Materie« ging der Versuch, dem Worte »Raum« einen präziseren Sinn zu geben. Während für die naive Auffassung die Welt aus vielen einzelnen Dingen besteht, die durch den »leeren Raum« voneinander getrennt sind, gab in der Philosophie der Griechen zunächst der Begriff des »leeren Raumes« zu großen erkenntnistheoretischen Schwierigkeiten Anlaß. Parmenides, der den Begriff des »Seins« an die Spitze seiner Philosophie gestellt hatte, gab diesem Sein von vornherein das Merkmal der Körperlichkeit. Sein und Raumerfüllen werden von ihm identifiziert, und da es nur das »Sein« gibt, das Nichtsein aber nicht geben kann, so kann also auch der leere Raum (i. e. das »Nichtsein«) nicht existieren. Aus der Lehre des Parmenides, die ja letzten Endes dazu geführt hat, die ganze Sinnenwelt für »Schein« zu erklären, empfindet man deutlich, wie unangenehm der Begriff des leeren Raumes zunächst für das philosophische Nachdenken gewesen sein muß. Eine scharfe Trennung des Raumes und seiner geometrischen Eigenschaften vom Materiebegriff ist deshalb lange nicht erreicht worden. In Platons ›Timaios‹ zum Beispiel werden die physikalischen Eigenschaften der Elemente auf Geometrie, also auf Eigenschaften des Raumes zurückgeführt, die einzelnen Elemente der Materie werden aus den Fundamentalkörpern der Stereometrie, diese wieder aus einfachen Dreiecken aufgebaut. Noch bei Aristoteles, der ja viel mehr als seine Vorgänger von einer deduktiven, von abstrakten Prinzipien ausgehenden Naturwissenschaft zu einer beschreibenden, nur registrierenden übergegangen ist, findet sich folgender Beweis für die Unmöglichkeit des leeren Raumes: Die Körper fallen im Wasser langsamer als in der Luft. Dies liegt offenbar an dem verschiedenen Widerstand, den Luft und Wasser der Fallbewegung entgegensetzen. Je dünner das umgebende Medium ist, desto schneller fallen alle Körper. Im leeren Raum würden die Körper daher unendlich schnell fallen, was doch absurd ist. Also gibt es keinen leeren Raum. Hier gilt der Raum stets als »das von Materie Erfüllte«; die Philosophen wagten nicht, dem absolut »Leeren« Eigenschaften zuzuschreiben. – Auch in diesem Problem setzt sich der Materialismus Demokrits kühn über die Schwierigkeiten hinweg. Für ihn besteht die Materie aus Atomen, die durch den leeren Raum voneinander getrennt sind; die Geometrie ist eine Eigenschaft des leeren Raumes; auch andere Qualitäten wie die Existenz von »oben« und »unten« werden dem Raum zugeschrieben. Die kritiklose Hinnahme der naiven Einteilung in Materie und Raum ist für die durch den Materialismus erzielten Fortschritte grundlegend. Die bekannte atomistische Erklärung der Aggregatzustände zum Beispiel basiert eben auf der Unabhängigkeit von Raumstruktur und Materie. Also auch hier müssen wir daran erinnern, daß die Erfolge der Lehre Demokrits erkauft worden sind durch den Verzicht auf ein Verständnis des Wesens jener Beziehung von Raum und Materie. Sie wissen, daß erst in allerneuester Zeit durch die Allgemeine Relativitätstheorie in dieser Frage nach dem Verhältnis »Raum – Materie« ein wesentlicher Fortschritt erzielt worden ist. Für die ganze Entwicklung der Naturwissenschaft von Demokrit bis Newton und Maxwell hat die Diskussion jenes Problemes keine Rolle gespielt. Der Raum wurde »erklärt«, indem man seine geometrischen Eigenschaften analysierte, wobei man die geometrischen Erfahrungen des täglichen Lebens ohne Bedenken auf die Welt der Atome oder der Sterne übertrug. Auf ein tieferes Verständnis der Beziehung Raum–Materie hatte man verzichtet.

In diesen beiden Diskussionen über die Begriffe Materie und Raum tritt uns bereits das ganz allgemeine Problem entgegen, was denn eigentlich mit einem »Verständnis« der Natur gemeint sei. Hatte die Atomtheorie Demokrits zu einem Verständnis der Qualitäten der Materie geführt, oder hatte sie auf ihr Verständnis verzichtet? In welchem Sinne wurde das geometrische Verhalten der Körper durch die Theorie »erklärt«? Konnte man die Untersuchungen der Schüler des Pythagoras über die Schwingungen der Saiten und die Harmonien, konnte man die Vorstellungen Demokrits als Natur«wissenschaft« bezeichnen? Solche Fragen haben schon früh das philosophische Denken der Griechen beschäftigt:

Sie erinnern sich an das berühmte Gleichnis in Platos ›Staat‹, in dem der Philosoph die Welt mit einer dunklen Höhle vergleicht und die Menschen mit Gefangenen, die dort, vom Licht abgewandt, angekettet sitzen und nur die Schatten der Dinge sehen und deren Bewegung verfolgen. Plato schildert, wie diese Gefangenen nur die Schatten als wirklich betrachten und die Gesetzmäßigkeiten ihrer Bewegungen zu erforschen suchen. Dann wird einer der Gefangenen einmal freigelassen, und es wird ihm gestattet, das Licht zu sehen und die Dinge, so wie sie wirklich sind; und Plato beschreibt, wie dieser Erkennende nur noch mit Mitleid und Verachtung an das frühere Gefangensein und an das Studium der Schattenbilder denkt. Im Anschluß an dieses Gleichnis spricht der Philosoph über die verschiedenen Wissenschaften: die Lehre von den Zahlen, die Meßkunst, die Sternkunde. Er unterscheidet vier Stufen der Erkenntnis: Die oberste Stufe wird *ἐπιστήμη* genannt und entspricht dem Wissen von den wirklichen Dingen, der Erkenntnis des Wesens, wie sie im Gleichnis geschildert war. Die zweite Stufe heißt Einsicht (*διάνοια*) und kann durch das Studium der Wissenschaften erreicht werden. Die beiden letzten Stufen verhalten sich zu den ersten beiden wie das Meinen zum Erkennen, sie heißen Glaube (*πίστις*) und Vermutung (*εἰχασία*). Für das Problem, das uns hier gestellt ist: die Möglichkeit einer physikalischen Naturerklärung, kommt es hauptsächlich auf die Unterscheidung der beiden ersten Stufen der Erkenntnis an. Ich möchte Ihnen zunächst durch ein etwas banaleres Beispiel erläutern, was mit den beiden ersten Stufen ungefähr gemeint sein kann. Denken Sie, daß ein Mensch, den wir gut zu kennen glauben, auf einmal ein Unrecht begeht, das uns zunächst ganz unverständlich scheint. Wir können uns dann von denen, die die Einzelheiten kennen, erklären lassen, weshalb dieser Mensch so gehandelt hat, können alle Argumente nach der Reihe durchgehen und werden schließlich bei genauer Prüfung aller dieser Argumente das getane Unrecht begreifen – dieses Begreifen entspricht der *διάνοια*. Oder es kann uns auf einmal klar vor Augen stehen: Dieser Mensch mußte so handeln. Diese Art von Erkenntnis etwa kann dem entsprechen, was Plato *ἐπιστήμη* nennt.

Kehren wir nun zur Naturwissenschaft zurück: Plato selbst erklärt sehr ausführlich, wie die zweite, niedere Stufe der Erkenntnis aussieht und wie wir im Studium der Natur zu diesem Grad des Begreifens vordringen können. Bedeutend scheinen ihm in erster Linie die mathematischen Naturgesetze, die hinter den Erscheinungen stehen, nicht der bunte Wechsel der Erscheinungen selbst. Keine andere Aufgabe der Naturwissenschaft scheint ihm wertvoll als diese: die bleibenden Gesetze im Wechsel der Erscheinungen zu suchen. Es ist wichtig und charakteristisch, daß Plato gerade diese – wie wir heute manchmal sagen – »formale« Seite der Naturerklärung so stark betont. Zum Beispiel spricht Plato einmal über die Pythagoräer und ihre Untersuchungen über die Schwingungen der Saiten und die Harmonien; an diesen Experimenten ist dem Philosophen nur der Gedanke an die Zahlenverhältnisse wichtig, die hinter den Harmonien stehen, die Erscheinungen selbst bleiben für ihn ein unwichtiges Beiwerk. Aber die Erkenntnis der Natur, die sich so durch das Studium ihrer mathematischen Struktur erreichen läßt, ist nach Ansicht des Philosophen immer erst das »Vorspiel zu der Melodie, die eigentlich erlernt werden soll«, nämlich zu dem Wissen vom »Wesen« der Dinge, zu der ersten Stufe der Erkenntnis. Wer dies vergißt, gleicht im Bilde Platons jenen Gefangenen, die die Bewegungen der Schatten für die ganze Wirklichkeit halten und die das Licht nie sehen werden. Wie wichtig dem Philosophen die Hervorhebung dieses »wahren« Verständnisses gegenüber den Methoden der gewöhnlichen Naturwissenschaft war, geht aus der Stellung hervor, die er dem Erkennenden über die Gefangenen im Gleichnis einräumt. Er schreibt dort: »Und wie, wenn er nun seiner ersten Wohnung gedenkt und der damaligen Mitgefangenen, meinst du nicht, er werde sich selbst glücklich preisen über die Veränderung, jene aber beklagen? Und wenn sie dort unter sich Ehre, Lob und Belohnungen für den bestimmt hatten, der das Vorüberziehende am schärfsten sah und sich am besten behielt, was zuerst zu kommen pflegte und was zuletzt und was zugleich, und daher also am besten vorhersagen konnte, was nun erscheinen werde, glaubst du, es werde ihn danach noch groß verlangen und er werde die bei jenen Geehrten und Machthabenden beneiden?«

Wie steht es nun historisch in den Naturwissenschaften mit diesen beiden Arten von Erkenntnis? Wir wissen aus der Geschichte, daß auf dem ganzen Wege von Thales bis in die heutige Zeit stets die Einsicht in die Natur, die »*διάνοια*«, vermehrt wurde; aber die Betrachtung der Entwicklung ruft den Eindruck hervor, als ob die beiden Arten von Erkenntnis: *ἐπιστήμη* und *διάνοια*, obwohl sie sich in gewisser Weise gegenseitig bedingen, doch in einem ausschließenden Verhältnis zueinander stünden. Denn je weiter das Gebiet reicht, das Physik, Chemie und Astronomie uns erschließen, desto mehr pflegen wir das Wort »Naturerklärung« zu ersetzen durch das bescheidenere Wort »Naturbeschreibung«, um so klarer wird es, daß es sich bei diesen Fortschritten nicht um unmittelbares Wissen, sondern um analytisches Begreifen handelt. Mit jeder großen Entdeckung – und das kann man besonders in der modernen Physik verfolgen – werden die Ansprüche der Naturforscher auf ein Verständnis der Welt im ursprünglichen Sinne geringer. Ich glaube, daß dieser Vorgang tief im Wesen der Sache oder im Wesen des menschlichen Denkens begründet liegt. Freilich hinterläßt der Versuch, durch erkenntnistheoretische Analyse des Wortes »Verstehen« die Zwangsläufigkeit dieser Entwicklung darzutun, ein Gefühl des Ungenügens. Aber es ist hier nicht der Ort, über den Wert und die Notwendigkeit dieser Entwicklung zu argumentieren. Es scheint mir richtiger, Ihnen an der Geschichte der Physik auch in neuerer Zeit zu zeigen, wie geradlinig und konsequent die Naturwissenschaft hier im Laufe der Jahrtausende fortgeschritten ist, und Ihnen dadurch ein Gefühl zu vermitteln für den merkwürdigen, ganz unpersönlichen Zwang, der in dieser Entwicklung zu liegen scheint.

Der Ausgangspunkt der Physik Galileis ist abstrakt und liegt ganz in der Linie, die schon Plato für die Naturwissenschaft vorgezeichnet hatte: Aristoteles hatte noch die wirklichen Bewegungen der Körper in der Natur beschrieben und daher zum Beispiel festgestellt, daß die leichten Körper im allgemeinen langsamer fallen als die schweren; Galilei dagegen stellt die Frage: Wie würden die Körper fallen, wenn es keinen Luftwiderstand gäbe; wie fallen die Körper im »leeren Raum«? Es gelingt ihm, die Gesetze dieser theoretischen Bewegung, die sich experimentell stets nur annähernd realisieren läßt, mathematisch zu formulieren. An die Stelle des unmittelbaren Eingehens auf die Vorgänge der Natur, die uns umgibt, tritt die mathematische Formulierung eines Grenzgesetzes, das nur unter extremen Bedingungen nachgeprüft werden kann. Die Möglichkeit, aus den Naturvorgängen auf einfache, präzis formulierbare Gesetze zu schließen, wird erkauft durch den Verzicht darauf, diese Gesetze unmittelbar auf das Geschehen in der Natur anzuwenden.

Auch die berühmte Entdeckung des Kopernikus geht in derselben Richtung: Um die Bewegungen der Sonne und der Planeten einfacher und einheitlicher formulieren zu können, wird auf einen uns unmittelbar gegebenen Tatbestand, die zentrale Stellung der Erde, verzichtet.

Dieser Teil der Entwicklung wird schließlich konsequent zu Ende geführt durch das Genie Newtons, das zwei völlig getrennte Erfahrungsgebiete: die Bewegungen der Sterne am Himmel und die Schwere der Körper auf der Erde, in einer Gesetzmäßigkeit formal zusammenfaßt. Wir können uns heute kaum mehr vorstellen, welch ein außerordentliches Erlebnis es für die Forscher der damaligen Zeit gewesen sein muß, zu erkennen, daß die Bewegungen der Sterne und die Bewegungen der Körper auf der Erde auf ein und dasselbe einfache System von Gesetzen zurückgeführt werden können; wer nicht selbst ein wenig von der Bedeutung dieses Wunders verspürt hat, kann nie hoffen, etwas vom Geist der modernen Naturwissenschaft zu verstehen. Trotzdem muß wieder die Frage gestellt werden: Inwieweit ist durch Newtons Entdeckung die Bewegung der Sterne »erklärt« worden, verstehen wir sie wirklich besser als früher? Zur Erläuterung dieser Frage mag es nützlich sein, die Beschreibung der Planetenbewegung in der griechischen Wissenschaft zu vergleichen mit einer entsprechenden Beschreibung in einem modernen Lehrbuch der Astronomie. Bei Plato (›Timaios‹) heißt es in der Kosmogonie: »Nachdem also alle die Sterne, die zur Erzeugung der Zeit mitwirken sollten, in den einem jeden zukommenden Umschwung gebracht und durch beseelte Bänder, die ihre Körper zusammenhielten, zu lebendigen Wesen erhoben und des ihnen Aufgetragenen innegeworden waren, so gingen sie ... herum, indem sie teils eine größere, teils eine kleinere Kreisbahn umschrieben, und zwar die, welche eine kleinere beschrieben, schneller, und die, welche eine größere, langsamer.« Die entsprechende Stelle im Lehrbuch der Astronomie von Newcomb-Engelmann heißt so: »Die Planeten bewegen sich um die Sonne und müssen demnach einer gegen die Sonne gerichteten Kraft gehorchen. Diese Kraft kann nichts anderes sein als die Gravitation, die Anziehung der Sonne selbst.« »Eine einfache Rechnung nach Keplers drittem Gesetz zeigt, daß die Kraft, mit der die Planeten gegen die Sonne gravitieren, sich umgekehrt wie die Quadrate ihrer mittleren Entfernungen verhält.« »Es fragt sich jetzt nur noch, welche Art von Bahn ein Planet beschreiben wird, wenn eine Kraft von der erwähnten Beschaffenheit ihn um die Sonne führt. Newton wies nach, daß die Bahn allgemein ein Kegelschnitt sein müsse, mit der Sonne in einem der Brennpunkte. So verschwand alles Geheimnisvolle aus den himmlischen Bewegungen, und die Planeten erwiesen sich einfach als schwere Körper, die sich nach denselben Gesetzen bewegen, die wir um uns wirksam sehen.« Die moderne Beschreibung unterscheidet sich von der alten durch drei charakteristische Züge: dadurch, daß sie an Stelle der qualitativen Aussagen quantitative setzt, daß sie verschiedenartige Phänomene auf den gleichen Ursprung zurückführt und dadurch, daß sie auf die Frage nach dem »Warum« verzichtet. Es ist im Hinblick auf diesen eben genannten Verzicht charakteristisch, daß zum Beispiel die Naturforscher der Romantik mit Newtons Theorie nicht zufrieden waren und daß ein bedeutender Gelehrter wie Lorenz Oken diese Theorie durch eine »lebendigere« zu ersetzen suchte. Oken schreibt einmal: »Nicht durch Stoßen und Schlagen schafft ihr die Welt, sondern durch Beleben. Wäre der Planet tot, so könnte er von der Sonne nicht angezogen werden.«

Gehen wir nun über von der Mechanik zur Optik. Newton zerlegt zunächst das für unsere Empfindung einheitliche weiße Licht in das Spektrum der verschiedenen Farben, Huygens ersetzt das Licht durch die Wellenbewegung eines hypothetischen Mediums, das Äther genannt wird, Maxwell schließlich deutet diese Wellenbewegung als Schwingung der elektrischen und magnetischen Feldstärke im leeren Raum. Auch hier sehen wir deutlich, daß die Naturwissenschaft immer mehr auf ein Lebendigmachen des sinnlich unmittelbar gegebenen Phänomens verzichtet und nur den mathematisch-formalen Kern des Vorgangs herausschält. Es ist zweifellos eine Entdeckung allerersten Ranges, daß die elektrischen, magnetischen und optischen Erscheinungen zusammengehörige Phänomene sind und sich auf das gleiche einfache System der Maxwellschen Gleichungen zurückführen lassen. Andererseits müssen wir zugeben, daß zwar ein von Natur Blinder die ganze Optik lernen und verstehen kann, daß er aber durch dieses Studium doch nie die geringste Kenntnis davon erwirbt, was Licht sei. Dieser Verzicht auf Lebendigkeit und Unmittelbarkeit, der die Voraussetzung war für die Fortschritte der Naturwissenschaft seit Newton, bildet auch den eigentlichen Grund für den erbitterten Kampf, den Goethe gegen die physikalische Optik Newtons in seiner Farbenlehre geführt hat. Es wäre oberflächlich, diesen Kampf als unwichtig zu vergessen; es hat seinen guten Sinn, daß einer der bedeutendsten Menschen alle Kraft daran setzte, die Fortschritte der Newtonschen Optik zu bekämpfen. Wenn man hier Goethe etwas vorwerfen kann, dann nur einen Mangel an letzter Konsequenz; er hätte nicht die Ansichten Newtons bekämpfen sollen, sondern sagen müssen, daß die ganze Physik Newtons: Optik, Mechanik und Gravitationsgesetz, vom Teufel stammt. Umgekehrt ist es ein deutliches Zeichen für die Kraft und innere Konsequenz der abstrakten Naturwissenschaft, daß sie sich trotz aller dieser Einwände stets in der gleichen Richtung fortentwickelt; zum Teil entspringt diese Kraft allerdings, das darf hier nicht vergessen werden, aus der Möglichkeit, mit Hilfe der abstrakten Naturwissenschaft die Welt technisch zu beherrschen.

Der Abschluß der Mechanik durch Newton, der Elektrizitätslehre und Optik durch Maxwell und die große Entwicklung der Chemie im Anfang des letzten Jahrhunderts wiesen die Forschung wieder auf das Problem der Materie hin und legten es nahe, dieses Problem, zu dessen Lösung die Griechen den Anfang gemacht hatten, mit den neuerworbenen Hilfsmitteln von neuem anzugreifen. Die Atomtheorie Demokrits lebte wieder auf; schon Gassendi hatte im 17. Jahrhundert sein Leben durch öffentliches Lehren der Atomistik in Gefahr gebracht. Seine Nachfolger erklärten die verschiedenen Aggregatzustände der Materie, indem sie annahmen, daß im festen Zustand die Atome in Reih und Glied stünden, im flüssigen dicht aufeinandergepackt, doch ungeordnet herumliefen, im gasförmigen, einem Mückenschwarm vergleichbar, mit großem gegenseitigen Abstand im Raum umherschwirrten. Damit waren die Qualitäten Dichte, Form und Beweglichkeit auf geometrische Konfigurationen der Atome zurückgeführt. Im vergangenen Jahrhundert kam zu diesen Qualitäten noch die Temperatur; die Wärme, die bis dahin von vielen als eigener Stoff angesehen wurde, bestehend aus den Feueratomen Demokrits, wurde nun aufgefaßt als Bewegungsenergie der materiellen Atome; in einem heißen Körper bewegen sich dessen Atome schneller als in einem kalten, eine starke Bewegung der Atome ruft in uns die Empfindung »warm« hervor. Wie Sie wissen, können durch diese Auffassung alle mit der Erwärmung und Abkühlung der Körper verbundenen Phänomene quantitativ behandelt werden. Die Theorie der chemischen Reaktionen läßt sich in das so geschaffene Schema zwanglos einordnen. Die qualitativen Änderungen der Stoffe in chemischen Prozessen scheinen auf die Änderungen der geometrischen Konfigurationen der Atome zurückführbar. Die Vorgänge bei der Elektrolyse lehren dann weiter, daß es Atome der Elektrizität, positive und negative Elektronen* gibt, und das Studium der Radioaktivität zeigt, daß diese Atome der Elektrizität als Grundbausteine aller übrigen Atome betrachtet werden müssen; das heißt, nur die Elektronen gelten als Atome, als unteilbare Bestandteile im letzten Sinne, die übrigen sogenannten Atome sind aus diesen zusammengesetzt. Wie

* In dem Sammelband »Wandlungen in den Grundlagen der Naturwissenschaft« (Leipzig, Hirzel, 1935) sowie in allen späteren Auflagen korrigiert: »daß es Atome der Elektrizität, Protonen und Elektronen, gibt« [d. H.].

Sie wissen, umfaßt die Atomphysik, die sich aus diesen Vorstellungen heraus unter der Führung Bohrs in den letzten zwanzig Jahren entwickelt hat und die ja noch nicht ganz abgeschlossen ist, bereits jetzt ein außerordentlich weites Gebiet von Erfahrungen. Sie enthält zum Beispiel die mathematisch-formale Quintessenz aller chemischen Gesetzmäßigkeiten, im Prinzip lassen sich, um nur ein Ergebnis zu nennen, die Farben aller einfachen Stoffe aus ihr berechnen. – Das Programm Demokrits ist hier offenbar zu einem großen Teil verwirklicht, die sichtbaren Qualitäten der Materie sind zurückgeführt auf Konfigurationseigenschaften der Atome.

Aber in einem Punkte geht die moderne Atomphysik noch wesentlich über die der Griechen hinaus, und dieser Punkt ist für das Verständnis der ganzen Entwicklung wesentlich. Bei Demokrit hatten die Atome die Qualitäten wie Farbe, Geschmack usw. verloren, es war ihnen nur die der Raumerfüllung geblieben; geometrische Aussagen über die Atome galten als zulässig und bedurften keiner weiteren Analyse. In der modernen Physik verlieren die Atome auch noch diese letzte Eigenschaft, sie besitzen die geometrischen Qualitäten nicht in höherem Maße wie* die anderen: Farbe, Geschmack usw. Das Atom der modernen Physik kann zunächst nur symbolisiert werden durch eine partielle Differentialgleichung in einem abstrakten vieldimensionalen Raum; erst das Experiment, das der Beobachter an ihm vornimmt, erzwingt von dem Atom die Angabe eines Ortes, einer Farbe, einer Wärmemenge. Für das Atom der modernen Physik sind alle Qualitäten abgeleitet, unmittelbar kommen ihm überhaupt keine materiellen Eigenschaften zu; das heißt, jede Art von Bild, das unsere Vorstellung vom Atom entwerfen möchte, ist eo ipso fehlerhaft. Ein Verständnis »erster Art« ist für die Welt der Atome – beinahe möchte ich sagen: per definitionem – unmöglich. Diese Entwicklung scheint uns in jeder Hinsicht konsequent; zunächst stellt sie das Gleichgewicht wieder her zwischen den verschiedenen Eigenschaften der Materie, das in der früheren Atomlehre verlorengegangen war: Die geometrischen Eigenschaften sind vor den anderen nicht mehr bevorzugt. Wie Bohr hervorgehoben hat, ist es nicht mehr richtig, zu behaupten: die Qualitäten der Körper seien auf die Geometrie der Atome reduziert. Im Gegenteil: Die Kenntnis der Farbe eines Körpers wird erst ermöglicht durch den Verzicht auf die Kenntnis der Atom- und Elektronenbewegungen in diesem Körper, die Kenntnis der Elektronenbewegung umgekehrt erzwingt den Verzicht auf die Kenntnis der Farbe, der Energie, der Temperatur; beide sind nur reduzierbar, wenn man so will, auf die Mathematik des Atoms. In der modernen Atomtheorie wird keine sinnlich gegebene Eigenschaft der Körper unanalysiert hingenommen und auf die kleinsten Teile der Materie übertragen; vielmehr wird jede Eigenschaft zum Zwecke der *διάνοια* analysiert, woraus dann als natürliche Konsequenz folgt, daß die Atome keine dieser Eigenschaften im gewöhnlichen Sinne besitzen können.

Sie werden schon bei der Diskussion der Newtonschen Mechanik und der Optik empfunden haben, daß die Kraft dieser abstrakten Entwicklung der Naturwissenschaft in erster Linie in der Möglichkeit liegt, große Erfahrungsgebiete einfach zu

* In der 9. Auflage des Sammelbandes »Wandlungen in den Grundlagen der Naturwissenschaft« (Stuttgart, Hirzel, 1959) sowie in allen späteren Auflagen korrigiert: »als die anderen« [d. H].

umspannen und das Bild, das die Wissenschaft von der Natur entwirft, stets weiter zu vereinfachen und zu vereinheitlichen. Daß in dieser Beziehung die Atomphysik zu den glänzendsten Erfolgen geführt hat, haben uns die Fortschritte der letzten Jahre deutlicher denn je gezeigt. Wir können nicht ohne Bewunderung an der Tatsache vorbeigehen, daß die unendlich mannigfaltigen Erscheinungen in der Natur auf der Erde und auf den Sternen nach einem so einfachen Schema von Gesetzen geordnet werden können. Andererseits dürfen wir dabei nicht vergessen, daß für diese Vereinheitlichung des naturwissenschaftlichen Weltbildes ein hoher Preis gezahlt werden mußte: Der Fortschritt der Naturwissenschaft wurde erkauft durch den Verzicht darauf, die Phänomene in der Natur unserem Denken durch Naturwissenschaft unmittelbar lebendig zu machen.

Damit komme ich zurück zu der am Anfang gestellten Frage, ob die Naturwissenschaft den Anspruch erheben darf, zu einem Verständnis der Natur zu führen. Ich habe versucht, Ihnen auseinanderzusetzen, wie Physik und Chemie – wir wissen kaum, durch welche Macht getrieben – sich stets weiterentwickelt haben in Richtung einer mathematischen Analyse der Natur unter dem Gesichtspunkt der Einheitlichkeit. Die Ansprüche unserer Wissenschaft auf Erkenntnis der Natur im ursprünglichen Sinne des Wortes sind dabei immer geringer geworden. Der Versuch, die Unmöglichkeit dieser letzten Art von Naturverständnis erkenntnistheoretisch zu beweisen und zu zeigen, daß die mathematische Analyse der einzig gangbare Weg war, scheint mir ebenso bedenklich wie die entgegengesetzte Behauptung, es sei ein Verständnis der Natur auf philosophischem Wege ohne Kenntnis ihrer formalen Gesetze möglich. Ob eine bestimmte Art des Naturverständnisses als befriedigend und hinreichend angesehen wird, muß schließlich dem Gewissen des einzelnen oder einer Zeit überlassen bleiben. Einen Anspruch allerdings darf die heutige Naturwissenschaft sicher mit Recht erheben: daß sie auf dem Wege ihres Fortschritts dem menschlichen Geist neue Formen des Denkens, neue Freiheiten schafft, die keine andere Wissenschaft schaffen könnte und die als wichtige Hilfsmittel künftig in jedem Arbeitsfeld des Geistes zu brauchen sind; daß sie hierdurch ein auch für die anderen Wissenschaften wichtiges Beispiel dafür gibt, wie eine außerordentliche Erweiterung der letzten abstrakten Grundlagen unseres Denkens möglich ist, ohne daß man dafür die geringste Unklarheit oder Unschärfe in Kauf nehmen müßte.

Ernst Schmutzer

Naturerklärung und Naturverständnis

Der erkenntnistheoretisch tiefschürfende Vortrag unseres Akademiemitglieds Werner Heisenberg (1901 bis 1976) »Zur Geschichte der physikalischen Naturerklärung« (1932) kreist um die Frage, »ob die Naturwissenschaft den Anspruch erheben darf, zu einem Verständnis der Natur zu führen«. Heisenberg stellt bei der Analyse dieser Thematik die Philosophie und Naturwissenschaft der Antike in den Vordergrund und greift Kernfragen aus jener Zeit auf, die sich über zwei Jahrtausende durch die Geschichte der physikalischen Naturerklärung ziehen und bis heute kaum ihre Aktualität eingebüßt haben.

Es ist hinlänglich bekannt, daß Heisenberg eine besondere Vorliebe für das philosophische Gedankengut der Antike besaß und sich gerade im letzten Teil seines Lebens im Zusammenhang mit seiner Theorie der Elementarteilchen (Urmaterie-Theorie 1956/57) immer wieder von dem Phänomen der Symmetrien in der Natur (Platonische Körper, Pythagoreische Lehre von der Harmonie des Kosmos, Keplers Harmonielehre von den Gesetzmäßigkeiten der Welt) faszinieren ließ. Daraus erklärt es sich wohl auch, daß die mit Galilei einsetzende wissenschaftlich fundierte Physik, deren Grundlagen insbesondere durch Newton und Maxwell – diese Namen stehen eigentlich symbolisch für ganze Epochen – in den vorigen Jahrhunderten und durch die großen Forscher unseres Jahrhunderts geschaffen wurden, in dem vor etwa 60 Jahren gehaltenen Vortrag mehr in den Hintergrund gerückt ist.

Viele der von Heisenberg aufgeworfenen Grundsatzfragen bedürften eigentlich einer gründlichen Detailbehandlung, insbesondere anhand des heutigen Erkenntnisstandes der Physik. Mein kurzer Beitrag erlaubt mir aber nur, im folgenden einige Teilaspekte aufzugreifen:

1. Ist der über Jahrhunderte zu verfolgende Fortschritt der Naturwissenschaft fast immer mit einem Verzicht verbunden, so daß die Ansprüche der Naturforscher auf ein »Verständnis« der Welt immer geringer werden?

Heisenberg behandelt diese Frage anhand der Atomlehre von Demokrit und Leukipp, wonach nur die Atome als »seiend« gelten, deren einzige Eigenschaft die Raumerfüllung ist, wobei sich die qualitativen Unterschiede des Wahrgenommenen durch verschiedenartige Anordnung und Bewegung der Atome im leeren Raum ergeben sollen.

Die damit heraufbeschworene erkenntnistheoretische Frage nach dem Begriff des »leeren Raumes« wird von Parmenides aus Elea wesentlich früher insofern schon beantwortet, als er den von ihm an die Spitze gestellten Begriff des »Seins« mit dem Merkmal der Körperlichkeit ausstattet und »Sein« und »Raumerfüllen« identifiziert werden.

HEISENBERG weist darauf hin, daß die Überwindung des Auseinanderfallens von Materie (Atome) und Raum erst durch die Allgemeine Relativitätstheorie entscheidend vorangebracht wurde. Es bleibt des weiteren zu ergänzen, daß durch den neuen Begriff des quantentheoretischen Vakuums ein »leerer Raum« (im Sinne der älteren Physik) in der modernen Physik überhaupt keine Erkenntnisbasis mehr besitzt.

Wie verhält es sich nun mit dem angesprochenen Verzicht auf das Verständnis der Welt? Der riesige Fortschritt der Physik (und als Folge davon auch derjenige in der Chemie, den anderen Naturwissenschaften sowie der Technik) war nur durch die Mathematisierung der Naturgesetze möglich, wodurch nach meiner Meinung ein immer tieferes Verständnis der Natur erzielt werden konnte (Newtonsche Mechanik → Relativitätstheorie → Quantenmechanik → Quantenfeldtheorie). Ich kann deshalb in dieser Wissenschaftsentwicklung keinen damit einhergehenden Verzicht auf das »Schöne im Leben« (Farbe, Geruch, Geschmack usw.) als »unmittelbares Verständnis« in Gegenüberstellung zum »analytischen Verständnis« der Natur sehen. Im Gegenteil: Über die Quantentheorie haben wir die chemische Bindung, die Prozesse in Festkörpern etc. mit allen modernen Implikationen auf dem Weg zu einer höheren Lebensqualität kennengelernt. Aber auch rein wissenschaftlich gesehen, ist erst auf diesem Weg für viele physiologische und biomedizinische Prozesse ein tieferes Verständnis für das obenerwähnte »Schöne im Leben« erreicht worden. Ich möchte deshalb die oft zu hörende (nicht von HEISENBERG erfundene) These ablehnen, daß die Mathematisierung der Wissenschaft Verarmung des menschlichen Lebens bedeutet.

2. In HEISENBERGS Vortrag wird, wiederum ausgehend von der griechischen Philosophie, der »Substanz«, der »Materie«, dem »Grundstoff«, dem »Bleibenden« mit dem Merkmal der Einheitlichkeit und Unzerstörbarkeit im Wandel der Erscheinungen eine große Aufmerksamkeit geschenkt. Schon bei PLATON erstreckt sich diese Frage des Bleibenden in der Welt sogar auf die (mathematischen) Naturgesetze, die hinter den wechselnden Erscheinungen stehen. Hinsichtlich der Untersuchungen der Pythagoreer über Schwingungen von Saiten sind für PLATON in erster Linie die Zahlenverhältnisse der Schwingungen als Ausgangspunkt für die Harmonien interessant und wichtig, weil auf diese Weise zum Wesen der Dinge und damit – von seinen vier Stufen der Erkenntnis – zur ersten Stufe der Erkenntnis (Wesen der wirklichen Dinge) vorgedrungen werden kann, die er der zweiten Stufe der Erkenntnis (Einsicht, durch Studium der Wissenschaften erreichbar) voranstellt.

In der heutigen Physik ist diese Platonische Sicht auf die Naturgesetze mit ihren Symmetrien sehr fundamental, denn die Symmetrien drücken im Sinne der Noetherschen Theorie Erhaltungssätze der Materie aus, aus denen man die Erhaltungsgrößen als das Bleibende, Unzerstörbare finden kann (nach bisheriger Erkenntnis: elektrische Ladung, baryonische Ladung und anderes mehr; aber mit großer Einschränkung Energie.)

3. Durch HEISENBERGS Vortrag zieht sich der Gedanke der Einsicht in die Einheitlichkeit der Natur im Spiegel von mehr als zwei Jahrtausenden. Die Thematik »Einheit der Natur« ist bekanntlich auch eine philosophische Option seines Schülers C. F. VON WEIZSÄCKER.

Physikalisches Grundanliegen der heutigen Theoretischen Physik zur Vertiefung des Verständnisses des Wesens der Einheit der Natur ist die Schaffung einer einheitlichen Feldtheorie der Physik mit der Erwartung, auf diese Weise eine Elementarteilchentheorie zu implizieren. Wie oben bereits angemerkt, hat HEISENBERG diese Aufgabenstellung im Rahmen seiner Urmaterie-Theorie in der Mitte der fünfziger Jahre entscheidend aktiviert.

Die heute als möglicherweise erfolgversprechend anerkannten Zugänge zu dieser Herausforderung sind:

- *Geometrisierung der Physik im Sinne von EINSTEINS Programm einer einheitlichen Feldtheorie,*
- *Auffindung neuartiger Symmetriestrukturen in der Natur mittels Gruppentheorie oder geeigneter Algebren.*

Stark beeinflußt durch PLATONS Philosophie, beschritt HEISENBERG den zweiten Weg, der – wie Experten meinen – zwar nicht zur beabsichtigten Lösung des Elementarteilchenproblems führt, deren Grundidee der Nichtlinearität aber ein ernst zu nehmender Wegweiser ist.

4. In den vorangehenden drei Abschnitten habe ich einige von HEISENBERG aufgeworfene Probleme der »physikalischen Naturerklärung« kurz behandelt und Bezüge zur aktuellen physikalischen Forschung hergestellt. HEISENBERGS Anliegen befaßt sich aber – wenn auch nicht immer explizit ausgesprochen – ebenso stark mit dem Problem der »philosophischen Naturerklärung«.

Fragestellungen folgender Art kommen mir beim Meditieren über HEISENBERGS Vortrag unmittelbar in den Sinn:

Welche Kritierien bestimmen die Definition von Beschreibung, Erklärung und Verständnis der Natur? Können philosophische Konzepte für den Fortschritt der Naturwissenschaften befruchtend sein? Unterliegt unsere Denkstruktur einem durch die anwachsende Empirie induzierten Wandel? Wie können eingefahrene alte Denkweisen und Begriffssysteme überwunden werden? Lockert der zunehmende Abstraktionsgrad der fortschreitenden wissenschaftlichen Erkenntnis die Verbindung zur phänomenologischen Konkretheit der Welt?

Diese aufgeworfenen Fragen sind so gewichtig, daß eine seriöse Behandlung eine gründliche und umfassende Auslotung zur Voraussetzung hat. Ein solches Vorhaben überschreitet aber die Intention meines Kurzbeitrages, so daß ich auf weitere Ausführungen verzichten muß.

Meine Anmerkungen zu dem philosophisch sehr anregenden Heisenbergschen Vortrag abschließend, frage ich mich nachdenklich, warum HEISENBERG – bei aller Wertschätzung seines Interesses für die Philosophie der Antike – relativ wenig auf die ersten drei Jahrzehnte unseres Jahrhunderts, in denen die Relativitätstheorie und Quantentheorie die Naturerklärung durch völlig neuartige Einsichten bereicherten, eingeht. Selbst die von ihm 1927 begründete Unschärferelation mit ihrem bahnbrechenden philosophischen Impuls wird nicht erwähnt.

Albrecht Alt

Die Ursprünge des israelitischen Rechts

1933

Über die Ursprünge des israelitischen Rechts gibt uns die kanonische Überlieferung des Alten Testaments, die einzige, die wir haben[1], eine scheinbar ganz einheitliche und eindeutige Auskunft. Alle Rechtsordnungen, die in Israel gelten, entstammen nach ihr dem göttlichen Willen Jahwes und sind von ihm bei jenem durch Mose vermittelten Bundesschluß kundgegeben worden, der die Stämme im letzten Menschenalter vor ihrem Übertritt aus der Wüste in das Kulturland Palästinas zu einer Volksgemeinde unter Jahwes Führung zusammenschloß. Alle Rechtsaufzeichnungen, die das Alte Testament überhaupt enthält, sind daher dem Zusammenhang der Erzählungen über jene Frühzeit in den mittleren Büchern des Hexateuchs eingeordnet und zum großen Teil auch in ihrer Form als Reden Jahwes oder Moses an das Volk der vorausgesetzten Situation angepaßt. Was nicht von dort her die Späteren ansprach, hätte offenbar keine unbedingt verpflichtende Kraft für sie gehabt; Rechtsbestimmungen von ersichtlich anderer oder jüngerer Herkunft wären des Anspruchs auf gleiche Geltung nicht für würdig befunden worden.[2]

Dieser kanonischen Theorie eines einmaligen Aktes göttlicher Rechtssetzung in Israels Frühzeit entspricht jedoch der literarische Befund der Rechtsaufzeichnungen im Hexateuch längst nicht so, wie man erwarten möchte. Denn was uns da vorliegt, ist nicht etwa ein in sich geschlossenes Rechtscorpus, in dem alle in Betracht kommenden Materien wohlgeordnet und gleichartig nacheinander abgehandelt würden, sondern eine ganze Reihe kleinerer Corpora bis herab zu kleinsten Sonderaufzeichnungen, die durch erzählende Abschnitte wechselnden Umfangs voneinander getrennt sind. Der Widerspruch dieser literarischen Zersplitterung zu der von der Theorie geforderten Einheitlichkeit hält sich in erträglichen Grenzen, ja wird dem Leser vielleicht überhaupt nicht spürbar, wo die Sonderstellung eines der kleineren Corpora oder der ganz isolierten Einzelaufzeichnungen durch ihren Zusammenhang mit einer bestimmten Situation im Ablauf der Ereignisse begründet ist; so vor allem bei dem letzten der Corpora, dem Deuteronomium, das als Abschieds- und Vermächtnisrede Moses vor seinem Tode natürlich abseits von jenen anderen stehen muß, die in der Form von Kundgebungen Jahwes selbst mit dem Bundesschluß in der Wüste unmittelbar verknüpft sind. Nur um so mehr fällt dann aber bei diesen letzteren der völlige Mangel an literarischer Einheitlichkeit auf; das sogenannte Bundesbuch z. B. (Ex. 20, 22–23, 33) und das Heiligkeitsgesetz (Lev. 17–26) – um nur diese für uns hier wichtigsten Corpora zu nennen – sind äußerlich sehr viel weiter voneinander getrennt, als durch ihren Inhalt begründet erscheint. Gibt es doch zwischen ihnen und auch den anderen Corpora so manche sachliche Berührung und Überschneidung, die so nicht hätte bestehen bleiben können, wenn das ganze Recht literarisch einheitlich gestaltet worden wäre. Und gerade an den Überschneidungspunkten werden nicht selten auch sachliche Unterschiede und Widersprüche sichtbar, die bei Zusammenfassung in einem einzigen Werk doch wohl getilgt worden wären; sie trennen die Corpora vollends voneinander und heben die von der Theorie geforderte Einheitlichkeit der Ursprünge alles israelitischen Rechts zum mindesten im literarischen Sinne auf.

Erst mit der Ausbildung einer konsequenten Literarkritik am Hexateuch seit der zweiten Hälfte des 18. Jahrhunderts ergab sich die Möglichkeit einer Erklärung für das unausgeglichene Nebeneinander der Rechtsaufzeichnungen. Denn nicht nur diese, sondern auch der erzählende Grundstock der Bücher, in die sie eingebettet sind, wurde jetzt als literarisch nicht einheitlich erkannt; und da es nach erfolglosen Versuchen mit anderen Hypothesen schließlich gelang, die Erzählung des Hexateuchs auf eine Anzahl durchlaufender Schichten verschiedener Art und Herkunft zu verteilen, so folgte für die Rechtscorpora wie von selbst die literarische Verknüpfung mit dem einen oder anderen jener Erzählungswerke und damit die Zuweisung an verschiedene Zeitalter. Nur das deuteronomische Rechtsbuch entzog sich solcher Verknüpfung und mußte als ganz für sich stehende Größe anerkannt werden, deren literarische Nachwirkungen man dann in anderen Büchern des Alten Testaments weit über den Hexateuch hinaus verfolgen konnte; nicht dem Autor eines einzelnen Erzählungswerkes, sondern einem Redaktor des werdenden Hexateuchs war die Einverleibung des Deuteronomiums in das größere Ganze zuzuschreiben. Bei den übrigen Rechtscorpora, insbesondere dem Bundesbuch und dem Heiligkeitsgesetz, hatte man einen verwickelteren Hergang anzunehmen: Auch sie heben sich zwar von ihrer Umgebung so deutlich ab, daß sie als je für sich entstandene literarische Gebilde betrachtet werden müssen; aber sie sind dann offenbar zuerst in je eines der Erzählungswerke aufgenommen und später mit diesen zusammen in den Wachstumsprozeß des Hexateuchs hineingezogen worden. Von den Einzelheiten dieser nachträglichen Schicksale der Rechtscorpora ist hier nicht weiter zu reden; daß sie nicht durchweg mit der gleichen Sicherheit aufgehellt werden konnten, liegt in der Natur der Sache. Aber unberührt von dem noch nicht beendeten Streit um solche Nebenfragen blieb das Hauptergebnis der literarkritischen Arbeit am Hexateuch bestehen: Aus dem Nebeneinander der Rechtscorpora auf der gemeinsamen Grundfläche ihres Ursprungs in der mosaischen Frühzeit, wie ihn die kanonische Theorie voraussetzte, war nunmehr ein Nacheinander im Ablauf der inneren Geschichte Israels geworden und damit die Möglichkeit gegeben, wenn nicht alle, so doch einzelne Stadien und Tendenzen der israelitischen Rechtsentwicklung von ihnen abzulesen.

Unter diesem neuen Aspekt stellte sich die Frage nach den Ursprüngen des israelitischen Rechts naturgemäß anders, und zwar schwieriger dar als zuvor. Denn die Dokumente, die nach der kanonischen Theorie den Ursprungszeiten unmittelbar entstammen sollten, waren jetzt mehr oder weniger weit davon abgerückt und in Perioden versetzt, die man rechtsgeschichtlich keinesfalls für schöpferisch halten durfte: das Deuteronomium in das 7., die Rechtsaufzeichnungen in der sogenannten Priesterschrift mit oder ohne Einschluß des Heiligkeitsgesetzes sogar in das 6.

und 5. Jahrhundert v. Chr. Und selbst das Bundesbuch, das im ganzen einen viel altertümlicheren Eindruck machte, aber eben deswegen auch viel schwerer zu datieren war, wagte man kaum als einen unmittelbaren literarischen Niederschlag ursprünglicher Rechtssetzung anzusprechen. Nur den Dekalog, der ja deutlich abseits der anderen Corpora steht und ein von Hause aus selbständiges Gebilde ist[3], wollte ein Teil der Forscher noch dem mosaischen Zeitalter zuweisen und seinem Inhalt nach für ursprünglich im vollen Sinn des Wortes erklären, ohne doch einen zwingenden Beweis für diese Auffassung führen zu können. Auf das Ganze gesehen, blieb jedenfalls zur Aufhellung der Ursprünge des israelitischen Rechts nur der Weg des Rückschlusses von den jüngeren Ausformungen her gangbar, und es ist verständlich, daß man an diese Aufgabe nur zögernd herantrat, solange die literarkritische Arbeit an der Abgrenzung, Eingliederung und Datierung der vorgefundenen Corpora als vordringliche Pflicht erschien.

Auf die Dauer konnte man jedoch bei dieser Zurückhaltung nicht stehenbleiben; die rein literarische Betrachtung selbst drängte darüber hinaus und auf die Ermittlung von Vorstufen hin. Sobald man sich nämlich der genaueren Analyse des überlieferten Bestands der einzelnen Rechtscorpora zuwandte, mußte man erkennen, daß nicht ein einziges von ihnen literarisch aus einem Guß war, also jedes für sich wieder durch besondere Schicksale zu seiner vorliegenden Gestalt gekommen sein muß. Jüngere und jüngste Zutaten ließen sich verhältnismäßig leicht ausscheiden; aber auch was dann übrig blieb und als das Werk des eigentlichen Autors betrachtet sein wollte, trug noch immer nicht das Gepräge einer streng einheitlichen schriftstellerischen Schöpfung, sondern verriet durch mehr oder weniger starke Ungleichmäßigkeiten in der Form und im Inhalt, daß der Autor nach älteren Vorlagen gearbeitet und deren Eigentümlichkeiten zwar vielleicht verwischt, aber kaum jemals ganz beseitigt hatte. In dem ältesten Corpus, dem Bundesbuch, ist dieser Sachverhalt besonders deutlich zu beobachten; die Bestandteile verschiedener Herkunft stehen da noch fast ohne jede Verknüpfung hart auf hart nebeneinander.[4] Aber auch in dem jüngeren Heiligkeitsgesetz macht sich die vereinheitlichende Überarbeitung der benützten Vorlagen so wenig fühlbar, daß neuerdings sogar, wenn auch ohne zwingende Gründe, der Zweifel geäußert werden konnte, ob es überhaupt ein in sich abgeschlossenes Werk sei.[5] Mit dem Deuteronomium verhält es sich freilich etwas anders; sein Verfasser hat schon dadurch, daß er alles in die für Rechtsaufzeichnungen durchaus ungewöhnliche Form einer Abschiedsrede Moses brachte, aber auch durch seine Umrahmung und Durchsetzung der Rechtsvorschriften mit predigtmäßigen Mahnungen weit tiefer eingegriffen. Doch schimmern auch bei ihm die Vorlagen, nach denen er arbeitete, noch erkennbar durch, am deutlichsten natürlich da, wo er ihre Überprägung mit seinem eigenen Stil nur oberflächlich durchführte oder ganz unterließ.[6] Zu einem Abschluß ist die Herausschälung der älteren Fassungen aus denen, die wir in den Corpora des Hexateuchs vor uns haben, bis heute noch nicht gekommen, und es erscheint, wie die Dinge überlieferungsgeschichtlich nun einmal liegen, auch keineswegs als sicher, ob sie jemals in allen Teilen mit der gleichen Sicherheit wird durchgeführt werden können. Das ändert jedoch nichts an der gewonnenen grundsätzlichen Erkenntnis, daß alle jene Corpora, wenn auch nicht alle in derselben Art und in demselben Maß, Werke von

Epigonen sind und daß infolgedessen die Ursprünge des israelitischen Rechts jenseits von ihnen gesucht werden müssen.

Der sekundäre Charakter der Rechtsaufzeichnungen im Hexateuch kann gerade bei den jüngeren unter ihnen um so weniger überraschen, da er durchaus dem inneren Charakter der Zeiten entspricht, in denen und für die sie verfaßt wurden. Schon das Deuteronomium als ein Werk vermutlich des 7. Jahrhunderts v. Chr.[7] gehört einer ausgesprochenen Restaurationsperiode an, einer Zeit energischer Selbstbesinnung und Willensrichtung auf die angestammte Eigenart bei all den Völkern, denen die Aufrichtung der assyrischen Weltherrschaft über sie das altgewohnte Sonderleben entweder ganz vernichtet oder doch aufs äußerste gefährdet hatte. Aus dieser allgemeinen geistigen Bewegung jenes Zeitalters ist der Versuch des Deuteronomiums, die alte Volks- und Rechtsordnung Israels mit eindringlicher Werbekraft in abgewandelter Form neu darzustellen, und ist weiterhin der Versuch des Königs Josia von Juda, sie in der neuen Form bei seiner Emanzipation von der zerfallenden Herrschaft der Assyrer zur gesetzlichen Grundlage alles Lebens in seinem Staat zu machen, ebenso zu erklären wie das bewußte Zurückgreifen auf alte und älteste Vorbilder in der Kunst und im Schrifttum der etwa gleichzeitigen sogenannten Renaissance Ägyptens unter den Psammetichen.[8] Die folgenden Jahrhunderte aber, die Zeiten der babylonischen und dann der persischen Herrschaft, waren von dem Geist der Restauration erst recht beseelt; und wenn dieser Geist und Wille unter dem Druck der Babylonier, die den Staat des Josias schon nach einem Menschenalter zerstörten, nur im verborgenen weiterleben und sich nur theoretisch, vor allem durch literarische Aufzeichnung und Ausformung der Grundlagen für eine erhoffte Wiederherstellung des Alten in der Zukunft, auswirken konnte[9], so verhalf ihm die Politik der Perser allmählich auch zu praktischer Durchsetzung. Denn in entschiedenem Gegensatz zu den Assyrern und Babyloniern, die den Bestand ihrer Herrschaft nur durch brutale Zerschlagung der Nationalitäten sicherstellen zu können glaubten, gingen die Perser offensichtlich mit vollem Bewußtsein darauf aus, die unterworfenen Völker mit dem Verlust ihrer politischen Selbständigkeit gerade dadurch auszusöhnen, daß sie ihnen in der Pflege ihrer angestammten Eigenart außerhalb der politischen Sphäre, also besonders auf dem Gebiet des Kultus und des Rechts, eine weitgehende Freiheit und sogar staatliche Unterstützung gewährten. Hat Dareios I. nach dem Zeugnis eines demotischen Schriftstücks das alte ägyptische Recht in den Jahren 519–503 durch die einheimischen Sachverständigen kodifizieren lassen, um es wieder in Kraft zu setzen[10], so war es nur eine Anwendung des gleichen Regierungsgrundsatzes auf einen anderen Fall, wenn ein paar Jahrzehnte später Artaxerxes I. den in seinen Diensten stehenden jüdischen Schreiber Esra bevollmächtigte, das Gesetz des Himmelsgottes, d. h. Jahwes in Jerusalem und Juda zu proklamieren und so das noch sehr wenig gefestigte jüdische Gemeinwesen auf eine sichere Rechtsgrundlage zu stellen[11]. Auch da muß es sich dem Inhalt nach um das altangestammte Recht Judas und Israels gehandelt haben, wenn schon vermutlich in neuer Fassung; sonst wäre der Eingriff des Großkönigs nicht nur seinen eigenen Absichten, sondern auch der unter den Juden selbst herrschenden Willensrichtung zuwidergelaufen und hätte kaum Erfolg haben können. Neuerungen mochten sich bei dieser Gelegenheit gewiß mit einschleichen – jede Restaurationszeit mischt bewußt oder unbewußt jüngere Züge in das Idealbild des Alten, nach dem sie leben will –; aber sie durften den Eindruck nicht stören, daß es wirklich die alte Volksordnung war, die ihren Geltungsanspruch nach allen Fehlentwicklungen der jüngeren Vergangenheit hier neu zum Ausdruck brachte. Dieser Entstehung der meisten Rechtscorpora im Hexateuch aus den besonderen Bedürfnissen von Restaurationsbewegungen entspricht der literarische Befund mit seiner oben bezeichneten Spannung zwischen weit überwiegender Abhängigkeit von älteren Fassungen und oft sehr geringer Selbständigkeit der eigenen Ausformungen durchaus; die Geschichte erklärt und bestätigt also die Ergebnisse, zu denen die literarkritische Arbeit geführt hat.[12]

Wenn aber nach alledem der Rückgang von den uns erhaltenen Rechtscorpora auf ihre Vorlagen berechtigt und notwendig ist, so bleibt noch immer die Frage, wie nahe wir damit an die letzten Ursprünge des israelitischen Rechts herankommen. Das rein literarkritische Verfahren reicht keinesfalls aus, um uns die eigentlichen Anfänge unmittelbar zu erschließen. Denn mit ihm gewinnen wir doch nur literarische Einsichten; aber auch die ältesten schriftlichen Fassungen, die wir mit einem größeren oder geringeren Grad von Wahrscheinlichkeit ermitteln können, sind aller Voraussicht nach im Verhältnis zu dem Vorgang der Rechtswerdung immer noch sekundär. Rechtswerdung ist ja grundsätzlich ein Vorgang nicht des literarischen Schaffens, sondern des gelebten Lebens, und gerade bei einem Volk wie Israel, das wir im Alten Testament erst ganz allmählich in die literarische Ausprägung seiner geistigen Gehalte hineinwachsen sehen, werden wir sehr mit der Möglichkeit zu rechnen haben, daß selbst die ältesten schriftlichen Fassungen noch durch eine längere Periode mündlicher Gestaltung und Überlieferung von den eigentlichen Ursprüngen des Rechts getrennt sind. Darum kommt jetzt, nachdem die Arbeit rein literarischer Herausschälung der alten Elemente aus dem sekundär redigierten israelitischen Recht im wesentlichen erledigt zu sein scheint, für den weiteren Gang der Forschung offenbar alles darauf an, daß Methoden gefunden werden, die einen sicheren Weg zu den vorliterarischen Stufen zurück und damit noch näher an die Ursprünge heran eröffnen. Sonst bleibt der letzte Schritt, auf den die bisherige Entwicklung der wissenschaftlichen Erkenntnis mit logischer Notwendigkeit hindrängt, ungetan und der Aufbau einer Geschichte des israelitischen Rechts von seinen Grundlagen aus unmöglich.

Als das geeignete Verfahren zur Erschließung vorliterarischer Ursprünge aus literarischen Fassungen hat sich im letzten Menschenalter zunächst auf anderen Gebieten des alttestamentlichen Schrifttums, insbesondere der lyrischen Dichtung und der epischen Erzählung, die sogenannte gattungs- oder formgeschichtliche Forschung herausgebildet und durchgesetzt. Sie beruht auf der Einsicht, daß in jeder einzelnen Literaturgattung, solange sie ihr eigenes Leben führt, bestimmte Inhalte mit bestimmten Ausdrucksformen fest verbunden und daß diese charakteristischen Verbindungen nicht etwa erst von Schriftstellern nachträglich und willkürlich den Stoffen aufgeprägt sind, sondern von jeher, also auch schon in der Frühzeit volksmäßiger mündlicher Gestaltung und Überlieferung vor aller Literatur, wesenhaft zusammengehörten, da sie den besonderen, regelmäßig wiederkehrenden Ereignissen und Bedürfnissen des Lebens entsprachen, aus denen die Gattungen je für sich erwuchsen. Die Anwendung dieses Form und Inhalt zugleich untersuchenden und zu den Wurzeln im Leben vordringenden Verfahrens auf die verschiedenen Formulierungen des israelitischen Rechts hat bereits begonnen, ist aber, soviel ich sehe, noch kaum mit der nötigen Konsequenz durchgeführt worden und hat daher auch noch nicht einen vollen Ertrag für die Auffassung des geschichtlichen Herganges gebracht.[13] Es scheint mir an der Zeit, die vorhandenen Ansätze einmal zusammenzufassen und so weit vorzutreiben, daß aus dem Nebeneinander der Gattungen das Spannungsverhältnis der im israelitischen Recht von seinen Ursprüngen her wirksamen Kräfte erkennbar wird. Daß ich mich bei diesem Versuch vor allem auf die ältesten und reinsten Ausprägungen nach Form und Inhalt, also in erster Linie auf das Bundesbuch zu stützen habe, versteht sich nach dem Gesagten von selbst; jüngere Fassungen ziehe ich ohne Anspruch auf Vollständigkeit nur da heran, wo es mir zur Abrundung des Bildes nötig erscheint. Die für sich stehende Gattung der levitischen Thora, d. h. der Rechtsbelehrung des Laien durch den Priester, deren literarischer Niederschlag im Hexateuch einen sehr breiten Raum einnimmt, lasse ich hier ganz beiseite.[14]

Das kasuistisch formulierte Recht

Besonders deutlich hebt sich von den übrigen Formulierungen der Rechtssätze im Hexateuch diejenige ab, die man kurz als die kasuistische bezeichnen kann. Sie nimmt im Bundesbuch die runde Hälfte des ganzen Corpus ein, und zwar in einem ununterbrochenen Textzusammenhang, der bis auf ein paar unbedeutende Verstellungen in guter sachlicher Ordnung und, abgesehen von einigen später zu besprechenden Eintragungen anderer Art, auch in völliger stilistischer Einheitlichkeit verläuft[15]. Daß dieser Teil des Bundesbuches von Hause aus ein selbständiges literarisches Gebilde war, ist heute wohl ebenso allgemein anerkannt wie das andere, daß er ein Torso ist, vollständig erhalten zwar an seinem Anfang – hier ist ihm sogar eine besondere Überschrift vorangestellt, die ihn von der Umgebung abgrenzt[16] –, aber nicht am Ende, wo er eine mehr oder weniger schwere Verstümmelung erlitten haben muß. Kasuistisch formulierte Rechtssätze finden sich aber auch außerhalb des Bundesbuches in jüngeren Aufzeichnungen, vor allem im Deuteronomium, teils solche, denen man bei aller Veränderung in Form und Inhalt die direkte Abkunft von den entsprechenden Sätzen des Bundesbuches oder seiner Vorlage noch deutlich anmerkt[17], daneben aber auch andere, zu denen Parallelen im Bundesbuch fehlen. Ein besonders merkwürdiger Fall dieser letzteren Art liegt in einer Reihe eherechtlicher Bestimmungen des Deuteronomiums vor, unter denen sich in abgewandelter Form auch die eine findet, mit der der kasuistische Teil des Bundesbuches gerade abbricht; allem Anschein nach ist hier im Deuteronomium noch etwas von dem erhalten, was schon in dem zu vermutenden ursprünglichen Corpus der kasuistisch formulierten Rechtssätze am Ende stand und darum auch im Bundesbuch nicht fast völlig fehlen sollte[18]. Doch braucht hier auf den Versuch einer Rekonstruktion des einstmaligen Umfanges jenes Corpus unter Heranziehung aller einschlägigen Stellen aus den jüngeren Rechtsbüchern nicht weiter eingegangen zu werden; der erhebliche Bestand kasuistisch formulierter und von sekundären Umbildungen noch kaum betroffener Rechtsbestimmungen im Bundesbuch genügt durchaus, um das Wesen und den Ursprung dieser Gattung sicher zu ermitteln.

Ihre Eigenart ist zunächst formal bestimmt durch die absolute Herrschaft des objektiven Wenn-Stils. Ganz ruhig in lauter dritten Personen wird da von allen geredet, die an den gemeinten Handlungen beteiligt sind: von dem eigentlichen Täter und von seiner Gegenpartei, aber auch von den Richtern und von der Gottheit; wo immer das subjektive »Ich« des Gesetzgebers oder das »Du« seiner Anrede an die einzelne Rechtsperson auftritt, liegt eine sekundäre Störung, ein Eindringen von Stilelementen anderer Gattungen vor.[19] Die syntaktische Konstruktion der Rechtsbestimmungen aber baut sich unweigerlich auf der Abfolge konditionaler Vorder- und Nachsätze – in dieser Ordnung – auf, wobei die Verwendung zweier verschiedener Konjunktionen für die Vordersätze, des stärkeren כִּי »gesetzt, daß« und des schwächeren אִם »wenn«, auch noch die Differenzierung der Haupt- von den Unterfällen ermöglicht. Ein Beispiel mag hier genügen: »Gesetzt, Männer streiten, und der eine schlägt den anderen mit einem Stein oder mit einem ...[20], [der Geschlagene] stirbt aber nicht, sondern wird nur bettlägerig – wenn er dann wieder aufstehen und sich, auf seinen Stab gestützt, in der Gasse bewegen kann, so soll der, der ihn schlug, straflos sein; nur sein Sitzen soll er vergüten und für die Heilung aufkommen«[21]. Da haben wir den objektiven Wenn-Stil in ausgeprägtester Form: nicht weniger als sechs Vordersätze, davon vier für den Haupt-, zwei für den Unterfall, und dann drei Nachsätze, alles in dritter Person. Der Israelit, dem die Gleichordnung der Sätze sonst das Natürliche ist, muß sich Gewalt antun, um ein so langatmiges Satzgefüge mit so weitgehender Unter- und Überordnung zu bilden. Aber man versteht ohne weiteres das Anliegen, das hier zu diesem Zwang geführt hat: Erst muß in den Vordersätzen der gemeinte Rechtsfall genau beschrieben und gegen ähnliche Fälle abgegrenzt sein, bevor in den Nachsätzen die Rechtsfolge negativ und positiv entwickelt werden kann. Es darf sich – um bei dem gewählten Beispiel zu bleiben – nicht um einen von langer Hand vorbereiteten Angriff des einen auf den anderen handeln, sondern nur um einen solchen, der fast ohne überlegten Willen aus der augenblicklichen Erregung des Streites hervorging – nicht um einen Angriff mit einer etwa gar zu diesem Zweck mitgebrachten Waffe, sondern um einen solchen mit einem Gegenstand, der dem Täter im entscheidenden Augenblick zufällig gerade in Sicht- und Reichweite lag – nicht um eine Tätlichkeit mit Todesfolge, sondern nur um eine solche, die den Betroffenen zunächst einmal auf das Lager wirft. Mit alledem ist aber erst der Hauptfall abgegrenzt; darum müssen nun in zwei weiteren Vordersätzen noch die Bedingungen des Unterfalls angegeben werden, für den die in den Nachsätzen bestimmte Rechtsfolge allein gilt: Der Betroffene darf einerseits nicht dauernd bettlägerig bleiben, braucht andererseits aber auch nicht seine frühere Leistungsfähigkeit für die Arbeit, besonders die auf dem Feld, wiederzuerlangen, sondern muß nur soweit wiederhergestellt sein, daß er an dem öffentlichen Leben seiner Ortschaft auf der Gasse (und im Tor) vollen Anteil nehmen kann. Erst damit ist der Fall so zugespitzt, wie ihn der Gesetzgeber haben will; Fälle, die an einem früheren oder späteren Punkt der aufgezeigten Linie von ihm abwichen, unterlägen offenbar einer anderen rechtlichen Beurteilung und Behandlung.[22] Darum können nunmehr in den Nachsätzen die notwendigen Bestimmungen über die Rechtsfolgen des einen beschriebenen Falles getroffen werden, und auch das wieder geschieht mit dem größten Bedacht: erst negativ, indem die Anwendung des Blutrechts ausdrücklich ausgeschlossen wird, dann positiv, indem der Täter zu einer Entschädigung seines Opfers – und zwar zu einer doppelten: erstens für den entgangenen Anteil am öffentlichen Leben und zweitens für die Heilungskosten – verpflichtet wird. Es ergibt sich also, daß jeder der neun Sätze seine unentbehrliche Funktion im Aufbau des Ganzen hat und daß nicht in einem von ihnen auch nur ein Wort zuviel ist. Die Umständlichkeit der Diktion ist demnach nur scheinbar und die Beschwerlichkeit der Unter- und Überordnung der Glieder unvermeidlich; sie folgt zwangsläufig aus der verwickelten Natur der Dinge selbst, die hier geregelt werden sollen, und vor allem aus dem Bedürfnis scharfer Distinktionen von den Grundanschauungen her, die zwar nicht prinzipiell ausgesprochen, aber deswegen nicht weniger ernsthaft auf den behandelten Fall angewandt werden. Viele andere kasuistische Rechtssätze des Hexateuchs zeigen eine einfachere Gestaltung, aber nur weil die in ihnen behandelten Fälle selbst weniger verwickelt sind; das grundsätzliche Anliegen der kasuistischen Formulierung bleibt überall das gleiche.

Mit diesen Feststellungen ist nun aber eigentlich auch schon die Frage entschieden, wo im israelitischen Volksleben die Gattung der kasuistisch formulierten Rechtssätze ihren Sitz hatte: Das kann offenbar nur im Betätigungsbereich der normalen Gerichtsbarkeit gewesen sein; ihr geben die Beschreibungen und Abgrenzungen der Rechtsfälle in den Vordersätzen die Richtlinien für die Untersuchung, die Bestimmungen der Rechtsfolgen in den Nachsätzen die Maßstäbe für die Urteilsfindung an die Hand, wenn immer sie mit ganz oder annähernd entsprechenden Klagen befaßt wird. In der Tat ist denn auch unter den echt kasuistisch formulierten Rechtssätzen innerhalb und außerhalb des Bundesbuches, soviel ich sehe, kein einziger, den man sich nicht ohne weiteres im Rahmen der normalen Judikatur angewandt, also auch für ihre unmittelbaren praktischen Bedürfnisse geschaffen denken könnte, und der Umfang der im kasuistischen Recht behandelten Gebiete entspricht aufs beste dem Charakter der normalen israelitischen Gerichtsbarkeit. Diese lag, wie eine Fülle von Zeugnissen im Alten Testament lehrt, von Hause aus und bis in späte Zeiten in den Händen der freien Männer der einzelnen selbständigen Ortschaften mit den Ältesten, d.h. den Vertretern der führenden Geschlechter, an der Spitze und war somit Laiengerichtsbarkeit in dem doppelten Sinne, daß erstens ein beamtetes Richtertum fehlte und zweitens auch die Priesterschaft der Heiligtümer nur dann und nur insoweit zur Mitwirkung bei der Rechtspflege zugezogen wurde, wenn und soweit ein Rechtsfall der Gottheit zur Entscheidung überwiesen werden mußte.[23] In den Horizont dieser normalen örtlichen Laiengerichtsbarkeit fügen sich die Bestimmungen der kasuistisch formulierten Rechtssätze ohne Ausnahme ein. Sie wissen nichts von beamteten Richtern[24], erwähnen die Priesterschaft überhaupt nicht und berühren das sakrale Gebiet nur bei Bestimmungen über Rechtsakte, die vor der Gottheit vollzogen werden müssen, wie die Überführung eines Schuldsklaven in die dauernde Hörigkeit seines Herrn oder der Reinigungseid[25]. Das eigentliche Sakralrecht, das insbesondere die Kultushandlungen im Verkehr mit der Gottheit zu regeln hätte, bleibt in den kasuistischen Bestimmungen völlig außer Betracht, und behandelt werden in ihnen nur die Rechtsgebiete, von denen wir ohnehin annehmen müßten, daß sie der Kompetenz der örtlichen Laiengerichtsbarkeit unterstanden: Sklavenrecht, Blutrecht, Ahndung von Körperverletzungen, von Vieh- und Feldschaden, von Veruntreuung deponierten Gutes, Eherecht. So verstehen wir jetzt den Ausdruck, mit dem die Überschrift Ex. 21,1 die kasuistisch formulierten Rechtssätze zusammenfassend bezeichnet: מִשְׁפָּטִים, d. h. Sätze für die Rechtsprechung der örtlichen Laiengerichtsbarkeit; der im Tor versammelten Rechtsgemeinde werden sie vorgetragen worden sein, sooft über Fälle der betreffenden Art Untersuchung zu führen und Urteil zu finden war.

Wenn aber nach alledem über den Sitz des kasuistisch formulierten Rechts im israelitischen Volksleben kaum ein Zweifel sein kann, so ist damit doch die Frage nach den letzten Ursprüngen dieses Rechts noch nicht ohne weiteres beantwortet. Man hat sich seine Entstehung früher gern in der Weise gedacht, daß die einzelnen Sätze je aus Anlaß akuter Rechtsfälle da und dort in Israel mündlich geprägt und dann allmählich zu einem allgemein anerkannten, zunächst noch immer mündlich überlieferten Gewohnheitsrecht zusammengewachsen wären, das schließlich nur noch literarisch fixiert und zu einem einheitlichen Corpus ausgestaltet zu werden brauchte; der ganze Hergang wäre demnach rein innerisraelitisch gewesen.[26] Nachdem jedoch im letzten Menschenalter die Rechtsbücher dreier anderer Völker des alten Orients, der Babylonier, Assyrer und Hettiter, bekannt geworden sind, die sämtlich früheren Zeiten entstammen als die israelitischen Rechtsaufzeichnungen, stellt sich uns heute das Ursprungsproblem verwickelter dar; und sowenig der Übereifer zu billigen ist, mit dem man seinerzeit nach der Auffindung des babylonischen Codex Hammurapi in der ersten Freude des Entdeckens und Vergleichens die Abhängigkeit des israelitischen Rechts von jenem behauptete, so ernst ist doch jetzt auf Grund der inzwischen eingetretenen Vermehrung des außerisraelitischen Vergleichsmaterials und vor allem auch der allmählich gewonnenen Verfeinerung der Vergleichsmethoden die Frage ins Auge zu fassen, ob da nicht doch Zusammenhänge bestehen, Zusammenhänge nicht so sehr der Rechtsbücher der verschiedenen Völker als vielmehr einer allen gemeinsamen Rechtskultur, an der jedes Volk in seiner besonderen Weise teilnahm. Bei keiner anderen Gattung israelitischer Rechtsformulierungen drängt sich diese Frage so sehr auf wie eben bei der kasuistischen; denn nicht nur herrscht gerade diese Formulierung in den außerisraelitischen Rechtsbüchern des alten Orients so gut wie ausnahmslos, sondern auch im Inhalt werden da über die bloße Gleichheit der behandelten Rechtsgebiete hinaus zahlreichere und nähere Berührungen in den Einzelheiten sichtbar als irgendwo sonst.[27]

Die Frage wäre leicht zu entscheiden, wenn sich das kasuistisch formulierte Recht innerhalb und außerhalb des Bundesbuches als in demselben oder wenigstens in ähnlichem Maße von spezifisch israelitischem Geist durchtränkt erweisen ließe wie die anderen Gattungen, von denen noch die Rede sein wird. Aber dieser Nachweis wird schwerlich gelingen; vielmehr liegt offen zutage, daß das kasuistisch formulierte Recht im Hexateuch, wo immer ihm seine ursprüngliche Gestalt erhalten geblieben ist, der uns hinreichend bekannten Eigenart israelitischen Denkens und Wollens gegenüber eine völlig neutrale Stellung einnimmt. Nirgends in ihm wirkt sich das sonst, wie wir noch sehen werden, gerade auch im Recht stark hervortretende israelitische Volksbewußtsein aus; überall wird in ihm, wie zumeist auch in den anderen altorientalischen Rechtsbüchern außerhalb Israels[28], nur das Verhältnis von Mensch zu Mensch ohne Rücksicht auf nationale Zusammengehörigkeit oder Geschiedenheit ins Auge gefaßt und rechtlich geregelt. Man hat freilich das Gegenteil aus den Worten folgern wollen, mit denen sogleich der erste kasuistisch formulierte Satz des Bundesbuches über das Recht der Schuldsklaven beginnt und die ursprünglich gelautet haben werden: כִּי יִמָּכֵר אִישׁ עִבְרִי »Gesetzt, daß ein hebräischer Mann sich verkauft«[29]. Denn man glaubte das Wort »hebräisch« als Nationalitätsbezeichnung des Israeliten verstehen zu dürfen, und wenn diese Auffassung zuträfe, so wäre ja allerdings die Einwirkung des israelitischen Volksbewußtseins auf das kasuistisch formulierte Recht zum mindesten für diesen einen Punkt bewiesen.[30] Aber schon ein Blick auf die sonstige Verwendung des Wortes עִבְרִי »Hebräer«, »hebräisch« im Alten Testament hätte vor einer so weitgehenden, durch Geist und Inhalt des kasuistischen Rechts im übrigen nicht bestätigten Schlußfolgerung warnen sollen. Denn eine echte und volltönende Nationalitätsbezeichnung für den Israeliten ist das Wort wahrscheinlich nicht einmal an den zwei sehr späten Stellen, die man noch am ersten dafür geltend machen könnte[31]; kein Geschichtsschreiber, kein Dichter, kein Prophet gebraucht es jemals in diesem Sinne, und in der Rechtssprache tritt es durchaus nur als Bezeichnung dessen auf, der sich in die Schuldsklaverei verkauft[32]. Das spricht doch wohl dafür, daß es in diesem speziellen Gebiet beheimatet ist und von Hause aus eben die rechtliche und gesellschaftliche Stellung charakterisiert, in die normalerweise die Menschen geraten sein müssen, die sich zur Selbstversklavung entschließen – ein Gegenstück also zu dem ganz ähnlich gebildeten Wort חָפְשִׁי »frei«, das im kasuistischen Recht die Stellung bezeichnet, in die der Schuldsklave nach Ableistung seiner Dienstjahre übertritt, und das auch sonst von Menschen gebraucht wird, die aller besonderen Verpflichtungen anderen gegenüber enthoben sind[33]. עִבְרִי »Hebräer« hat demnach in völkischer Hinsicht genauso wenig und in rechtlicher genauso viel zu besagen wie das Wort *ḫabiru* in Keilschrifturkunden des 3. und 2. Jahrtausends v. Chr. aus Babylonien, Mesopotamien, Kleinasien und Palästina, das mit עִבְרִי nicht nur der Bedeutung nach übereinstimmt, sondern gewiß auch sprachlich zusammenhängen wird, obwohl eine einwandfreie Ableitung für beide bisher nicht gelungen ist.[34] Damit entfällt dann aber die Möglichkeit, in die Bestimmungen des kasuistisch formulierten Rechts im Bundesbuch über die Schuldsklaverei um dieses einen Wortes willen einen spezifisch israelitischen Sinn zu legen; der Schuldsklave aus dem eigenen Volk wird hier nicht besser gestellt als der aus einem anderen, und der Wortlaut der Bestimmungen zeigt überdies, daß sie den Schuldsklaven gar nicht unbedingt zur Rückkehr in die Freiheit nach Erledigung seiner Dienstpflicht zwingen wollen, sondern ihm daneben die Möglichkeit freiwilligen dauernden Verbleibens bei seinem Herrn auf Grund eines neuen Rechtsaktes ausdrücklich offen halten[35]. Und gerade so entsprechen diese Bestimmungen dem durchgängigen Charakter des kasuistisch formulierten Rechts: Nur auf einen billigen Ausgleich der Ansprüche im Verhältnis von Mensch zu Mensch ist es abgesehen; übergreifende Forderungen einer höheren, sei es völkischen oder staatlichen Gemeinschaft im Interesse ihrer Erhaltung selbst gegen berechtigte Wünsche der einzelnen Mitglieder wirken nicht ein. Ich wüßte keine Bestimmung des kasuistischen Rechts zu nennen, bei der es anders wäre.

Dieses an sich schon eindeutige Ergebnis findet seine volle Bestätigung in dem Verhalten des kasuistisch formulierten Rechts zu einem anderen Grundzug der Eigenart Israels, der mit dem völkischen Gemeinschaftsbewußtsein unmittelbar zusammenhängt, ja seine eigentliche Wurzel ist: zu der Gebundenheit der ganzen Volksordnung, keineswegs nur der sakralen, sondern gerade auch der rechtlichen, an Jahwe. Von solcher Gebundenheit verrät das kasuistische Recht, soweit es uns ungestört vorliegt, weder in noch zwischen seinen Zeilen auch nur eine Spur, sondern bleibt auch da wieder schlechthin neutral. Das folgt noch nicht zwingend aus der Tatsache, daß nirgends in ihm das gebietende »Ich« Jahwes als des Urhebers alles Rechts hervortritt – wo es doch der Fall zu sein scheint, liegen Eintragungen aus anderen Gattungen vor, die sich gerade durch dieses »Ich« als solche zu erkennen geben –; wir werden noch sehen, daß es dem echt israelitischen Recht nicht an Formulierungen fehlt, die von Jahwe in der dritten Person reden[36]. Aber sie reden dann von Jahwe auch wirklich mit diesem seinem Eigennamen und nicht mit der allgemeinen Bezeichnung הָאֱלֹהִים »der Gott«, »die Gottheit«, wie es im kasuistischen Recht an den wenigen in Betracht kommenden Stellen regelmäßig geschieht[37]. Daß diese Ausdrucksweise erst im Verlauf der Überlieferungsgeschichte durch Verdrängung des Namens Jahwe in den Text gekommen, also das Ergebnis einer sekundären elohistischen Redaktion sein sollte, wie wir sie von einem Teil des Psalters kennen, ist ganz unwahrscheinlich[38]. Man wird sie vielmehr zu den ursprünglichen Merkmalen des kasuistisch formulierten Rechts zu zählen haben, und das um so unbedenklicher, da sie in dem ja ebenfalls kasuistischen Codex Hammurapi ihre genaue Entsprechung findet. Diese Parallelität macht es dann aber sehr fraglich, ob die vage Gottesbezeichnung im kasuistischen Recht Israels von Hause aus monotheistisch im Sinne der Jahwereligion gemeint war, wie sie später gewiß verstanden worden ist; für ihre doch wohl beabsichtigte Unbestimmtheit ergäbe sich ohne Zweifel eine bessere Erklärung, wenn sie wie im Codex Hammurapi auf die Situation des Polytheismus bezogen werden dürfte, der auch bei der Regelung rechtlicher Dinge von Fall zu Fall und von Ort zu Ort bald mit diesem, bald mit jenem einzelnen Gott zu rechnen hat und darum keinen bestimmten Namen nennen kann, wenn das Recht in einem weiteren Kreis anwendbar sein soll. So weist selbst das schwache religiöse Element im kasuistischen Recht Israels darauf hin, daß seine Ursprünge außerhalb Israels gesucht werden müssen, und seine profane Grundhaltung läßt vermuten, daß da, wo es entstand, Religion und Recht schon sehr viel weiter auseinandergetreten waren als in Israel, für dessen Überzeugung von dem unmittelbaren Zusammenhang beider wir erst später bei Betrachtung anderer Rechtsgattungen im Hexateuch die sprechendsten Belege kennenlernen werden.[39]

Wenn aber demnach der Schritt über Israels Grenzen hinaus doch wohl getan werden muß, so ist es ein Gebot wissenschaftlicher Vorsicht, ihn so kurz wie möglich zu nehmen und die Heimat des von Israel angeeigneten kasuistischen Rechts nicht irgendwo in weiter Ferne zu suchen, etwa bei einem der Völker des mesopotamischen Ostens oder des kleinasiatischen Nordens, deren Rechtsbücher aus älterer Zeit uns neuerdings durch glückliche Zufälle bekannt geworden sind, aber bei aller Ähnlichkeit in der Form und teilweise auch im Inhalt doch zu viele Abweichungen zeigen, als daß man in einem von ihnen die unmittelbare Vorlage für das kasuistische Recht Israels sehen dürfte. Ein solcher Ableitungsversuch wäre angesichts dessen, was wir heute über die historische Situation in der hier in Frage kommenden Zeit wissen, von vornherein sehr wenig wahrscheinlich. Israel hatte im Stadium seiner Volkwerdung sehr viel nähere Nachbarn, von denen es in Sachen des Rechts lernen konnte und wohl auch mußte, nämlich die Vorbewohner des Kulturlandes von Palästina, die wir hier der Kürze halber ohne Unterscheidung der einzelnen Bevölkerungselemente als Kanaanäer bezeichnen wollen. Als die israelitischen Stämme im Lauf der zweiten Hälfte des 2. Jahrtausends v. Chr. in deren Kreis eintraten, bedeutete das für sie wie für jede Gruppe, die vor oder nach ihnen den gleichen Weg ging, die Notwendigkeit einer allmählichen Umstellung von den halbnomadischen Verhältnissen der Wüste auf die längst entwickelte seßhafte Kultur ihrer neuen Heimat, und es wäre seltsam, wenn sich diese Aneignung des in Palästina Vorgefundenen etwa auf die materiellen Güter des Wirtschafts- und Siedlungswesens beschränkt und nicht auch etwas von den geistigen Ordnungen in sich begriffen hätte, die im Zusammenhang mit jenen Gütern längst zu festem Bestand gekommen waren. Der Gedanke an eine Übernahme auch der kanaanäischen Rechtsordnungen durch die Israeliten liegt daher gewiß nicht fern und läßt sich gerade auf das kasuistische Recht, von dem wir hier reden, besonders gut anwenden. Denn erstens darf gewiß seine Stilform, die es von den nachher zu besprechenden israelitischen Rechtsformulierungen charakteristisch unterscheidet, hingegen mit den Rechtsbüchern anderer Völker des alten Orients zusammenschließt, als ein Gemeingut schon der vorisraelitischen Rechtskultur betrachtet werden, die den älteren Bewohnern Palästinas kaum fremd gewesen sein kann. Zweitens kommt hier, was den Inhalt betrifft, sehr wesentlich in Betracht, daß das kasuistische Recht Israels durchaus die kulturellen Verhältnisse voraussetzt, in die Israel mit seiner Landnahme in Palästina erst hineinwuchs.[40] Drittens erklären sich die eigentümlichen Züge im kasuistischen Recht, die uns als die schwersten Hindernisse der Annahme seiner genuin israelitischen Entstehung erschienen: sein Mangel an volksmäßiger und an religiöser Gebundenheit, seine ausgesprochen profane, eher mit polytheistischem als mit monotheistischem Denken vereinbarte Haltung, bei einer Ableitung von den Kanaanäern ohne weiteres; denn daß es diesen an nationalem Zusammenschluß ebenso fehlte wie an religiösem, leidet nach allen Zeugnissen, die wir haben, keinen Zweifel. Und sollten wir nicht schließlich auch eine Rechtsinstitution wie die Schuldsklaverei oder einen Rechtsterminus wie עִבְרִי nach dem oben Gesagten als Elemente der allgemeinen Rechtskultur des alten Orients ansehen müssen, die Israel erst nach seinem Eintritt in das Kulturland kennenlernte und übernahm?[41]

Wir haben bis heute keine Originalquellen für das kanaanäische Recht zur Verfügung, mit deren Hilfe wir diese Linie noch weiter ausziehen könnten, und müssen daher seine Vorgeschichte im Dunkel liegen lassen. Aber auch der Hergang seiner Aneignung durch die Israeliten bleibt uns verborgen, da ihre eigenen Überlieferungen darüber schweigen. Sollen wir annehmen, daß sie es als den Sonderbesitz einer bestimmten Gruppe der älteren Bevölkerung, etwa einer einzelnen von ihnen eroberten oder mit ihnen befreundeten Stadt Palästinas kennenlernten, oder war es ein Gemeingut, das ihnen überall im Lande, wenn auch vielleicht mit lokalen oder regionalen Abwandlungen, entgegentrat? Die Ansichten derer, die seine Herkunft von der Vorbevölkerung Palästinas anerkannten, gingen zumeist in die erstere Richtung[42]. Ich würde es mir eher als einen Gemeinbesitz der Landesbewohner vorstellen, auf den die einwandernden israelitischen Stämme überall stießen, wohin sie kamen, und der sie gerade dadurch erst recht in seinen Bann ziehen konnte. Für die Entstehung einer solchen Rechtsgemeinschaft in der vorisraelitischen Bevölkerung Palästinas wären freilich die letzten Jahrhunderte vor der Landnahme der Israeliten kaum die geeignete Zeit gewesen, da sie nach dem Zeugnis der hier ausschlaggebenden ägyptischen Denkmäler durch völlige Zersplitterung des Landes in eine unübersehbare Menge kleinster staatlicher Gebilde charakterisiert waren.[43] Aber diese Zersplitterung war ihrerseits allem Anschein nach das Zerfallsprodukt einer Zusammenfassung nicht nur Palästinas, sondern auch seiner Nachbarländer in der ersten Hälfte des zweiten Jahrtausends v. Chr. unter der Herrschaft jener Großkönige, die wir in Ermangelung eines einheimischen Namens mit den Ägyptern als Hyksos bezeichnen.[44] Solange sie über die Länder geboten – und die archäologische Forschung ergibt immer deutlicher, daß dies gerade für Palästina eine Zeit besonderen Aufblühens der Kultur war[45] –, bestand die Möglichkeit zur Bildung einer mehr oder weniger weitgehenden Rechtseinheit über die Unterschiede des Herkommens der einzelnen Bevölkerungselemente hinweg durchaus, und besonders auch die auffallenden Ähnlichkeiten des kasuistischen Rechts in seiner von Israel übernommenen kanaanäischen Gestalt mit den Rechten des Nordens und Ostens würden sich von da aus leicht erklären, da die Großreichsbildung der Hyksos offenbar von Mesopotamien ausging und eine starke Welle nördlicher und östlicher, nicht zum wenigsten auch babylonischer Kultureinflüsse nach Syrien und Palästina trug.[46] Dann wäre es also schon ein altes, um nicht zu sagen überaltertes Recht gewesen, als es von den Israeliten in Palästina vorgefunden und angeeignet wurde, und diesen Eindruck macht es denn auch mit seiner durchgebildeten juristischen Technik und mit seinem abgeklärten profanen Geist in der Tat. Seine erste Aufzeichnung im kanaanäischen Bereich hätte man sich wohl noch in babylonischer Schrift und Sprache zu denken; doch ist die Möglichkeit nicht ausgeschlossen, daß es auch schon in die eine oder andere der in der zweiten Hälfte jenes Jahrtausends neu aufkommenden einheimischen Schriftarten und Sprachen übertragen wurde, bevor es die Israeliten kennenlernten.

Auch der Hergang seiner Übernahme durch die letzteren bleibt uns leider verborgen. Vor allem vermögen wir nicht zu sagen, ob sie es sich aneigneten, wie es war, oder ob es bei der Übernahme verkürzt oder sonst verändert wurde, sei es, weil die Israeliten in der Zeit ihres Hineinwachsens in die palästinische Kultur noch nicht für alles Bedarf und Verständnis hatten, was in ihm geregelt war, oder weil sie anderes wegen der darin wirksamen Rechtsanschauungen rundweg ablehnten. Daß in dem auf uns gekommenen Bestand des kasuistischen Rechts Israels vieles fehlt, was die Rechtsbücher anderer Völker des alten Orients mehr oder weniger eingehend behandeln, ist ja leicht zu sehen; solange wir jedoch weder seine vorisraelitisch-kanaanäische Gestalt kennen, noch auch nur imstande sind, seinen ursprünglichen Umfang und Wortlaut in der israelitischen Überlieferung vollständig zu rekonstruieren, hat hier die bloße Vermutung einen viel zu großen Spielraum. Kürzungen kämen vor allem da in Betracht, wo etwa noch das kanaanäische Recht einzelnen Ständen oder Berufen, zumal solchen städtischen Charakters, eine Sonderstellung einräumte, von der die israelitischen Stämme mit ihrer so viel einfacheren Struktur nichts wissen wollten; Gebiete wie die des Handels und Gewerbes konnten ganz ausscheiden. Was aber Veränderungen betrifft, so haben die deutlichst erkennbaren speziell im Bundesbuch die Form von Verstümmelungen des kasuistischen Wortlauts zugunsten von Einfügungen aus anderen, und zwar spezifisch israelitischen Gattungen, so daß an ihrem israelitischen Ursprung nicht zu zweifeln ist und nur die Frage bleibt, ob sie sogleich bei der Übernahme des kanaanäischen Rechts oder erst später im Zuge der innerisraelitischen Weiterentwicklung vorgenommen wurden.

Daß das übernommene kasuistische Recht in Israel zu allgemeiner Geltung kam, darf man aus seiner Einverleibung in das Bundesbuch und aus seinem allerdings nur fragmentarischen Fortleben in jüngeren israelitischen Werken, besonders im Deuteronomium, gewiß folgern; mit unserer Annahme seiner allgemeinen Geltung in der vorisraelitischen Bevölkerung Palästinas steht das im besten Einklang. Aber damit ist die Frage noch nicht gelöst, ob auch schon seine Übernahme selbst ein einheitlicher Akt mit Beteiligung aller israelitischen Stämme war oder ob sie zuerst im engeren Kreis etwa eines einzelnen Stammes oder mehrerer unabhängig voneinander, vielleicht im Anschluß an einzelne kanaanäische Städte, vor sich ging und dann früher oder später auch die übrigen Stämme erfaßte. Die Frage wäre leicht im ersteren Sinn zu entscheiden, wenn wir Grund zu der Vermutung hätten, daß die Übernahme des kanaanäischen Rechts erst im Zeitalter der israelitischen Staatenbildung um die Wende vom 2. zum 1. Jahrtausend v. Chr. oder noch später erfolgte und geradezu ein staatlicher Akt war. Dafür spricht jedoch keine Wahrscheinlichkeit; vielmehr zeigen sich die israelitischen Staaten als solche bis weit in die Königszeit hinein so wenig mit der Rechtspflege in ihrem Bereich befaßt, daß man ihnen auch kaum einen wesentlichen Anteil an der Gestaltung des Rechts wird zuschreiben dürfen, das in der schon früher aufgekommenen und noch immer weiterbestehenden Normalform israelitischer Gerichtsbarkeit innerhalb der örtlichen Rechtsgemeinden Geltung hatte.[47] Der Zeitpunkt der Übernahme des kanaanäischen Rechts wird eher in den Generationen zwischen der Landnahme und der Staatenbildung Israels auf dem Boden Palästinas und damit der ersten näheren Berührung zwischen Israeliten und Kanaanäern liegen. Daß damals bei dem ausgesprochenen Sonderleben der Stämme die Möglichkeit zu lokal oder regional beschränkter Aneignung kanaanäischen Gutes bestand, ist nicht zu bezweifeln.[48] Aber wenn schon die ersten Anfänge der Rechtsübernahme so verlaufen sein sollten, so bleibt doch wahrscheinlich, daß auch die Anerkennung des übernommenen Rechts in Israels Gesamtbereich noch während der vorstaatlichen Zeit zustande kam. Denn an Austausch zwischen den Stämmen fehlte es trotz ihres Sonderlebens schon damals doch nicht, und besonders ihr Zusammenschluß in der Verehrung Jahwes, von dessen Formen nachher noch mehr zu sagen ist, konnte ihnen Anlaß und Gelegenheit zur Vereinheitlichung auch ihres Rechtes geben.[49]

Vielleicht haben wir übrigens im Alten Testament, freilich abseits seiner Rechtsbücher, noch Erinnerungen an eine Institution aus Israels vorstaatlicher Zeit, die, wenn nicht mit der Übernahme, so doch mit der Überlieferung und Wahrung des übernommenen kanaanäischen Rechts zusammenhing. Ich denke vor allem an die spröde statistische Aufzeichnung über die sogenannten kleinen Richter, von der uns im Richterbuch 10, 1–5 und 12, 7–15 zwei Bruchstücke erhalten sind und mit der man bisher nichts Rechtes anzufangen wußte. Es handelt sich da offenbar um wesentlich andere Gestalten aus jener Frühzeit als bei den sogenannten großen Richtern, von deren Heldentaten das gleiche Buch ausführlich erzählt. Waren diese charismatische Führer in den Abwehrkämpfen einzelner israelitischer Stämme oder Stammesgruppen gegen feindliche Nachbarn, überraschend hervortretend und ebensoschnell wieder verschwindend, ohne jeden sachlichen oder zeitlichen Zusammenhang untereinander, so fehlt bei den kleinen Richtern jeder Hinweis auf militärische Funktionen und Leistungen ähnlicher Art. Das einzige vielmehr, was von einem jeden unter ihnen außer Angaben über seine Heimat und Grabstätte, über seine Amtsdauer und allenfalls noch über seine Familie mitgeteilt wird, ist der stereotype Satz: »Er richtete Israel«; und nimmt man die ganze Reihe zusammen, so erhält man das Bild einer ununterbrochenen Sukzession von Angehörigen vornehmer Geschlechter aus verschiedenen Stämmen in einem Amt, das ganz Israel betraf und der Rechtspflege diente. Zu dieser eigentümlichen Überlieferung, die uns, wenn sie vollständig erhalten wäre, vielleicht über die Chronologie der ganzen sogenannten Richterzeit Israels aufklären könnte[50], wüßte ich keine nähere Parallele anzuführen als die älteste auf uns gekommene Darstellung der isländischen Geschichte in Aris Islendingabok aus dem 12. Jahrhundert n. Chr., deren chronologische Grundlinie ebenfalls durch eine ununterbrochene Reihe von Inhabern eines der Rechtspflege gewidmeten Amtes gebildet wird.[51] Dort handelt es sich um die Sukzession im Amt des sogenannten Gesetzsprechers (lögsögumadr), dessen eigentliche Aufgabe es war, alljährlich im Sommer beim Allthing der versammelten Volksgemeinde einen Teil des im Jahre 930 von Norwegen her übernommenen, allmählich umgebildeten Landrechts mündlich vorzutragen, und der außerdem je nach Bedarf in streitigen Rechtsfällen zur Auskunftserteilung herangezogen werden konnte.[52] Es mag bedenklich erscheinen, eine Parallele aus so großem zeitlichen und räumlichen Abstand, der jeden Zusammenhang ausschließt, zur Interpretation einer in sich selbst schwer verständlichen israelitischen Überlieferung zu verwenden; dennoch halte ich es für angängig, da sich die Parallelität der Fälle eben nicht nur auf Einzelheiten, sondern auf das Ganze der beiderseitigen Überlieferungen erstreckt und ihren Grund allem Anschein nach in der Gleichheit der Einrichtung hat, auf der die Überlieferungen beruhen.[53] Dort wie hier handelt es sich um ein Volk, dem es an einer durchgebildeten staatlichen Organisation noch fehlt, das aber trotzdem nach einer einheitlichen Rechtsordnung leben will – dort wie hier darum ferner um ein von außen übernommenes Recht, das den Volksgenossen nicht in allen Einzelheiten geläufig ist und deshalb in nicht zu lang bemessenen regelmäßigen Zeitabständen mündlich zu Gehör gebracht werden muß, da für seine schriftliche Verbreitung die Voraussetzungen noch nicht gegeben sind – dort wie hier endlich um die Einrichtung eines Amtes zur Wahrung und immer neuen Verkündung dieses Rechts, darum in ununterbrochener Folge, doch ohne erbliche Bindung an ein bestimmtes Geschlecht. Und selbst darin wird man Übereinstimmung feststellen dürfen, daß der Gesetzsprecher dort wie hier nicht gleichzeitig oberster Richter ist, da die Gerichtsbarkeit den schon länger vorhandenen kleineren Rechtsgemeinden überlassen bleibt. Doch mag es bei dieser Vermutung, für deren Richtigkeit ein zwingender Beweis naturgemäß nicht geführt werden kann, hier sein Bewenden haben; daß sie das gewonnene Bild der Übernahme des kanaanäischen Rechts durch die Israeliten bald nach ihrer Einwanderung in Palästina gut abrunden würde, scheint mir nicht zweifelhaft.[54]

Das apodiktisch formulierte Recht

Wenn sich aber die Übernahme des kanaanäischen Rechts durch die Israeliten historisch als die Füllung eines Vakuums darstellt und erklärt, das diesen bei ihrem Übertritt aus den Lebensverhältnissen der Wüste in die des Kulturlandes empfindlich spürbar werden mußte, so geht doch der wirkliche Verlauf der Dinge begreiflicherweise in dieser glatten Formel nicht ganz auf. Denn ohne jede Rechtsordnung waren die israelitischen Stämme natürlich schon in der Wüste nicht gewesen, also auch nicht in der Zeit ihrer Landnahme; und da das kanaanäische Recht ja nicht nur Dinge behandelte, die den Israeliten bis dahin völlig fremd gewesen waren, sondern auch solche, für die sie wie jede menschliche Gemeinschaft auch in der Wüste schon ihre festen Regelungen hatten haben müssen, so war, wenn in diesen Punkten die beiderseitigen Rechtsordnungen nicht etwa von vornherein übereinstimmten, ein Zusammenstoß zwischen ihnen nicht zu vermeiden. Wir dürften uns angesichts des sekundären Charakters der auf uns gekommenen israelitischen Rechtsbücher nicht wundern, wenn in ihnen von diesem Zusammenstoß zwischen dem übernommenen und dem angestammten Recht keine Spur mehr zu erkennen wäre und beide nach Ausmerzung aller ursprünglichen Überschneidungen entweder einfach unverbunden nebeneinander stünden oder sogar so völlig miteinander verschmolzen wären, daß wir überhaupt keine Grenze mehr ziehen könnten. Aber zum Glück für uns ist es anders und enthält gerade das Bundesbuch ein paar Stellen, an denen der gewaltsame Einbruch eines nach Form und Inhalt anderen Rechts, also doch wohl des israelitischen, in das kasuistische noch im heutigen Text offen zutage liegt. An ihnen ist mir seinerzeit das Problem der Ursprünge des israelitischen Rechts zuerst brennend geworden; sie werden uns auch hier am besten zur Erkenntnis der Eigenart des spezifisch israelitischen Rechts und seiner gattungsmäßigen Ausprägungen hinüberleiten.[55]

Eine dieser Stellen findet sich in dem umfangreichen Abschnitt über die Rechtsfolgen von Körperverletzungen. Da ist im Anschluß an die oben als Beispiel für echt kasuistischen Stil angeführte Bestimmung über die Folgen einer Körperverletzung, die einen Mann im Streit mit anderen trifft, aber nur vorübergehend bettlägerig macht, zunächst von dem Fall die Rede, daß bei einem solchen Streit eine schwangere Frau von einem Schlag der Männer getroffen wird und infolgedessen eine Fehlgeburt hat, sonst aber keinen ernsteren Schaden nimmt; und dann kommt der gegenteilige Fall zur Besprechung: »Wenn aber ein Schaden entsteht, so sollst du geben Person um Person, Auge um Auge, Zahn um Zahn, Hand um Hand, Fuß um Fuß, Brandmal um Brandmal, Riß um Riß, Strieme um Strieme«[56]. Nur der Vordersatz bleibt hier noch dem kasuistischen Stil der vorausgegangenen Bestimmung treu, mit der ihn ja auch das selbst in der sprachlichen Formulierung klar ausgedrückte antithetische Verhältnis der behandelten Fälle aufs engste zusammenschließt[57]; an seiner Zugehörigkeit zu dem alten kasuistischen Corpus ist daher kein Zweifel möglich. Aber sogleich mit dem Beginn des Nachsatzes vollzieht sich ein höchst überraschender Wechsel der Formen: Das dem kasuistischen Recht ganz fremde »Du« der Anrede tritt auf, und was dann folgt, ist offenbar eine Formel von durchaus selbständiger Bildung, dem kasuistischen Recht zwar insofern verwandt, als auch sie in ihrer Art jeweils Rechtsfall und Rechtsfolge nennt, aber doch ganz anders, da sie auf die Ausgestaltung beider zu Vorder- und Nachsätzen verzichtet und eine Vielzahl von Fällen und Folgen in ein einziges Gefüge zusammenspannt. Sie bedürfte des Anschlusses an ihren hiesigen Vordersatz gar nicht, um verständlich zu sein; oft genug wird sie ja auch bis zum heutigen Tag ganz für sich zitiert[58]. Also ist zu schließen, daß sie ihren eigenen Ursprung und ihre besondere Überlieferungsgeschichte hatte, bevor sie unter Verdrängung des Nachsatzes der kasuistischen Rechtsbestimmung an dieser Stelle eingefügt wurde. Dem entspricht ja auch ihr inneres Verhältnis zu dem Zusammenhang der Rechtsfälle, dem sie hier dienen soll. Denn das Prinzip der Vergeltung jeder Körperverletzung durch eine genau entsprechende Körperverletzung des Täters, das sie in einer langen, die Grenzen des Ausführbaren am Schluß fast schon überschreitenden Reihe von Beispielen zum Ausdruck bringt, ist doch gewiß von Hause aus als allgemeingültig gedacht und nicht ausschließlich auf den Sonderfall bezogen gewesen, zu dem es jetzt gestellt ist.[59] Nicht nur in der Form, sondern auch im Inhalt klaffen also der Vorder- und der Nachsatz der Bestimmung auseinander, und auf die Diskrepanz des Inhalts fällt für den, der die Talionsformel hier einsetzte, offenbar das Hauptgewicht: Durch den Grundsatz streng gleicher Vergeltung aller Körperverletzungen will er zusammen mit dem Wortlaut der ursprünglichen kasuistischen Bestimmung, den er unterdrückt, vor allem die Rechtsanschauung verdrängen, die dieser zugrunde lag. Es sind demnach wirklich zwei bis in die Wurzeln hinab verschiedene Rechte, die hier aufeinanderprallen; und wenn wir das eine von ihnen, das kasuistische, im Sinne der obigen Ausführungen seiner Herkunft nach als kanaanäisch zu betrachten haben, so werden wir das andere, das mit der Talionsformel störend einbricht, bis zum Beweis des Gegenteils für spezifisch israelitisch halten dürfen. Daß dabei, literarisch betrachtet, das kanaanäische Recht den alten Text, das israelitische den jüngeren Einsatz bildet, ist mit unserer Vorstellung von der Übernahme – und nun also auch Umbildung – des kanaanäischen Rechts durch die Israeliten im besten Einklang. Und wenn die kanaanäische Bestimmung in diesem Falle den Israeliten um ihrer Grundanschauung willen als korrekturbedürftig erschien, so können wir wohl auch vermuten, nach welcher Seite hin sie von dem unbedingten Talionsprinzip des israelitischen Rechts abwich: Sie wird milder gewesen sein und sich gerade hier, wo es sich um die unbeabsichtigten Folgen einer in der Erregung begangenen Tat handelt, mit der Forderung einer wertmäßigen Ersatzleistung für den angerichteten

Schaden begnügt haben, was zu der allgemeinen Tendenz der kasuistischen Rechtssätze über Körperverletzungen gut stimmt.[60] Von solcher Berücksichtigung des subjektiven Verschuldensmoments bei der rechtlichen Beurteilung der Handlungen weiß die israelitische Talionsformel nichts; sie fragt nur nach dem äußeren Ergebnis der Taten und bestimmt danach das Maß der äußeren Vergeltung.[61] Die tieferen Gründe für diese Haltung werden wir sogleich bei Betrachtung der Rechtssätze über Mord und Totschlag kennenlernen. Stilistisch steht die Talionsformel so isoliert, daß wir sie gattungsgeschichtlich nicht weiter verwerten können.[62]

Aufschlußreicher ist für uns der noch verwickeltere Befund der Rechtssätze über Mord und Totschlag. Auch da sind von den kasuistischen Bestimmungen nur die Vordersätze erhalten: »Gesetzt, ein Mann frevelt an einem anderen, indem er ihn arglistig tötet«, »Wenn er aber nicht aufgelauert, sondern die Gottheit es für seine Hand so gefügt hat«[63]. Die Berücksichtigung des subjektiven Verschuldensmoments, die wir soeben als charakteristisch für das kasuistische Recht kennengelernt haben, tritt hier also in den Vordergrund und scheidet zwischen Mord und Totschlag mit aller Schärfe. Dieser Unterscheidung entsprechend müssen dann natürlich auch die Bestimmungen über die Rechtsfolgen in den verlorenen Nachsätzen gestaltet gewesen sein: Mindestens bei Totschlag kommt dann wieder nur die Forderung einer wertmäßigen Ersatzleistung für das vernichtete Menschenleben in Betracht, und die Frage kann nur sein, ob im Mordfall wiederum eine solche, dann freilich höhere Ersatzleistung oder in Anbetracht der überlegten Absicht des Täters eine ganz andere, ihn in seiner Existenz treffende Art der Bestrafung, etwa Hinrichtung, vorgesehen war. Auf jeden Fall aber scheint hier das primitive Recht der Blutrache, nach dem die Schadlosmachung der Sippe des Getöteten, gleichgültig, ob Mord oder Totschlag vorliegt, dieser selbst zu überlassen wäre, grundsätzlich überwunden zu sein; es ist wie überall im kasuistischen Recht die Rechtsgemeinde, die auf Klage hin den Fall untersucht und je nach dem Ergebnis das Urteil findet.[64]

Mit den Nachsätzen wechselt auch diesmal sofort die Form und der Inhalt. Im Fall des Totschlags: »So bestimme ich dir eine Stätte, wohin er fliehen kann«, im Fall des Mordes: »So darfst du ihn selbst von meinem Altar nehmen, um ihn hinzurichten«. Zu dem unvorbereiteten »Du« der Anrede, das uns schon von der Talionsformel her bekannt ist, gesellt sich hier noch überraschender das »Ich« dessen, der über seinen Altar und über den dorthin Geflohenen frei verfügt, und niemand wird bezweifeln, daß dieses »Ich« Jahwe ist. Die Abweichung von dem Stil des kasuistischen Rechts und die Verpflanzung der Dinge auf israelitischen Boden prägt sich hier also selbst in der Form noch stärker aus als in der Talionsformel. Und zugleich ist ja in den Nachsätzen auch die Rechtsanschauung, die wir für die kasuistischen Vordersätze und ihre verlorene Fortsetzung anzunehmen hatten, nahezu vollständig verlassen: Nicht die menschliche Rechtsgemeinde, sondern Jahwe bestimmt zunächst über das Schicksal dessen, der einen anderen um das Leben gebracht hat, indem er ihm den Schutz seines Heiligtums zur Verfügung stellt; die Rechtsgemeinde kann erst dann wieder in Aktion treten, wenn Jahwe seinen Schützling ihrem Zugriff freigibt. Man sieht: Auch da stoßen zwei grundverschiedene Rechte aufeinander, die von Hause aus keineswegs zur Verschmelzung drängten; gerade bei dem Asylrecht, das auf der Vorstellung von der schlechthinnigen Unverletzlichkeit des heiligen Ortes beruhte, lag es ja in der Natur der Sache, daß es ursprünglich absolut wirken und den, der einmal in den ortsgebundenen Schutz der Gottheit aufgenommen war, ohne Rücksicht auf die rechtliche Beurteilung seiner Tat für immer dem Arm der profanen Gerichtsbarkeit entziehen wollte.[65] Wenn die beiden Rechte nun trotz ihrer inneren Diskrepanz vereinigt werden sollten, so war das nur auf dem Wege der Kompromißbildung möglich, wie sie hier vorliegt; jedem von ihnen mußte ein Teil seiner ursprünglichen Gültigkeit genommen werden, damit für das andere ein wenn auch beschränkter Platz blieb. Wie zur Erleichterung dieses Ausgleichs sind denn auch die Asylbestimmungen hier gar nicht als eigentliche Rechtssätze, sondern als Zusagen Jahwes an den Flüchtling und an die Rechtsgemeinde gestaltet, abgegrenzt durch die Unterscheidung zwischen Totschläger und Mörder, die erst vom kasuistischen Recht her in den Anschauungskreis der sakralen Institution der Asyle gelangte.[66] Literarisch ist demnach die Situation insofern die gleiche wie bei der Talionsformel, als auch diesmal das nur sehr verstümmelt erhaltene kasuistisch-kanaanäische Recht die Textgrundlage und das ganz anders formulierte israelitische Element den sekundären Einsatz bildet; ein großer Unterschied besteht aber darin, daß der Einsatz hier nicht wie dort ein in sich selbständiges und für sich selbst entstandenes Gebilde von eigener Vergangenheit, sondern offenbar, wenn auch ohne jede Rücksicht auf den Stil der kasuistischen Textgrundlage, lediglich ad hoc geschaffen ist. Als Repräsentant einer Gattung spezifisch israelitischer Rechtsformulierung kann deshalb auch er nicht ohne weiteres gelten.[67]

Aber den ganzen Bestand der Sätze des Bundesbuches über Mord und Totschlag haben wir mit dem bisher besprochenen Komplex noch immer nicht erfaßt. Hinzuzunehmen ist vielmehr noch ein Satz, der den behandelten unmittelbar vorhergeht und damit den Anfang des ganzen Abschnittes bildet, also offenbar von dem, der ihm diese bevorzugte Stellung gab, recht eigentlich als der beherrschende Grundsatz für den Gesamtbereich der Materie betrachtet worden sein muß: »Wer einen Menschen so schlägt, daß er stirbt, der muß vom Leben zum Tode gebracht werden«[68]. Diese Übersetzung verwischt jedoch notgedrungen die im Deutschen nicht nachzuahmende formale Eigenart des hebräischen Wortlauts vollständig und erweckt den ganz irreführenden Eindruck, als habe man es da wieder mit der geläufigen kasuistischen Formulierung zu tun, nur mit dem nebensächlichen Unterschied, daß der den Rechtsfall bezeichnende Vordersatz diesmal nicht konditional, sondern als Relativsatz gestaltet wäre. Das hebräische Original מַכֵּה אִישׁ וָמֵת מוֹת יוּמָת hat eine völlig andere Struktur und will als ein einziger Satz verstanden sein, in den nun alles, der Rechtsfall und die Rechtsfolge, auf engsten Raum zusammengedrängt ist. Voran das Subjekt, die Bezeichnung des Täters und damit des Rechtsfalles, partizipial gestaltet, so daß es sogleich ein Objekt und ferner nach hebräischer Syntax sogar auch noch ein die Handlung weiterführendes abhängiges Sätzchen zu sich nehmen kann, welch letzteres jedoch kaum als Größe für sich empfunden wird und keinesfalls das geschlossene Gefüge des Hauptsatzes stört; dann, die Rechtsfolge ausdrückend, das verbale Prädikat, nun in die weniger begünstigte Endstellung geraten, darum zur Wahrung des inneren Gleichgewichts durch Beifügung des absoluten Infinitivs besonders verstärkt. Man muß die fünf kurzen Wörter sehr langsam und nachdrücklich sprechen, mit einer Zäsur zwischen Subjekt und Prädikat, also hinter dem dritten Wort wie im Versmaß des hebräischen Fünfers, damit dem Hörer kein notwendiges Glied des gedrungenen Aufbaus verlorengeht. Solche Wucht des Ausdrucks ist dem kasuistischen Stil, von dem wir herkommen, völlig fremd; bei seinen ruhig dahinfließenden Sätzen wäre die gleiche Langsamkeit und Nachdrücklichkeit des Vortrags fehl am Ort, um nicht zu sagen unmöglich. Es ergibt sich uns also schon aus diesen formalen Beobachtungen die Notwendigkeit, den neuen Stil, der uns hier zum ersten Male entgegentritt, mit einer besonderen Bezeichnung zu versehen, die seine Geschiedenheit von der kasuistischen Formulierung deutlich zum Ausdruck bringt. Wir wollen ihn den apodiktischen Stil nennen.

Aber auch durch seinen Inhalt ist ja dieser apodiktische Satz von den ihm folgenden kasuistischen und sonstigen Bestimmungen so gründlich geschieden, daß man sich fragen muß, wie jemand auf den Gedanken kommen konnte, ihn so einfach und ohne jeden Ausgleichsversuch als beherrschenden Grundsatz vor die anderen zu stellen, die sich von ihm gar nicht beherrschen lassen. Er redet von Tötung – aber ohne die Unterscheidung zwischen Mord und Totschlag, ja mit Ausdrücken, die fast so klingen, als wären sie geflissentlich gewählt, um jeden Zweifel daran auszuschließen, daß wirklich beides einbegriffen sein soll –, und er erklärt jede Tötung für ein todeswürdiges Verbrechen – aber ohne die Einschränkung eines Hinweises auf die Möglichkeit der Bereinigung durch Zahlung eines Wergelds oder durch Aufnahme des Täters in den Schutz eines Asyls. Wie in der Form, so ist es also auch im Inhalt seine Unbedingtheit, die ihn von allem Folgenden isoliert, und wir haben uns zu fragen, woher diese Unbedingtheit kommt. Die Antwort kann nach den durchgängigen Anschauungen des Alten Testaments nicht zweifelhaft sein: Es ist Jahwe, der für jedes vergossene Blut strenge Sühne verlangt. Zu ihm schreit das Blut des Erschlagenen von der Erde[69], und ihm müssen nach einer Bestimmung des Deuteronomiums, die gewiß auf älterer Tradition beruht, die Ältesten der nächstangrenzenden Ortschaft als Vertreter des Gesamtvolks selbst dann eine Sühnehandlung vollziehen, wenn im Ödland außerhalb der Ortsfluren ein Erschlagener gefunden wird, ohne daß der Täter, sei er Mörder oder Totschläger, ermittelt werden kann[70]. Aber der Normalfall ist ja natürlich, daß man den Täter kennt, und dann fordert Jahwe sein Leben, unabhängig von den Ersatzansprüchen der geschädigten Sippe, ohne Zulassung einer Ablösung durch Wergeld, ohne Rücksicht auf den Unterschied zwischen Mord und Totschlag, ja selbst ohne Berücksichtigung der Schutzrechte seiner eigenen Heiligtümer.[71] Jahwes Land wäre entweiht und die Existenz seines Volkes bedroht, wenn dieser seiner Forderung nicht Genüge geschähe. So können wir von diesem Satz mit noch größerer Sicherheit als von der Talionsformel sagen, daß er eine spezifisch israelitische Anschauung zur Grundlage hat; die Rechtsgemeinschaft, die sich unter seinen Geltungsanspruch gestellt weiß, ist die Volksgemeinschaft Israels. Und zugleich sind uns an ihm auch schon die charakteristischen Merkmale echt israelitischen Rechts im Gegensatz zum kanaanäischen sichtbar geworden: im Inhalt die unmittelbare Bezogenheit auf den strengen Willen des Volksgottes gegenüber einer so gut wie vollendeten Ablösung des Rechts von der Religion und dementsprechend in der Form die Unbedingtheit eines Satzes, der in fünf Wörtern alles sagen will, gegenüber der Umständlichkeit eines in langer

Erfahrung gereiften Denkens mit seinem Wenn und Aber. Daß die beiden Rechte hier so hart nebeneinander je in ihrer Weise über das gleiche Gebiet reden, macht den inneren Abstand zwischen ihnen nur um so deutlicher.

Aus dem einen Satz von Ex. 21,12 auf eine ganze Gattung israelitischer Rechtsformulierung zu schließen ginge jedoch kaum an, wenn sich zu ihm nicht innerhalb und außerhalb des Bundesbuches eine Anzahl genau entsprechender Gegenstücke fände. Eine Gruppe von solchen steht sogleich in nächster Nähe des Verses, von dem wir herkommen: »Wer Vater oder Mutter schlägt, der muß vom Leben zum Tode gebracht werden. Wer einen Menschen stiehlt und verkauft, der muß vom Leben zum Tode gebracht werden. Wer Vater oder Mutter verflucht, der muß vom Leben zum Tode gebracht werden«[72]. Die Übereinstimmung des Stils dieser Sätze mit dem des soeben besprochenen ist vollkommen: Wieder stehen die Subjekte in partizipialer Form mit den zugehörigen Objekten, einmal auch wieder mit einem weiterführenden abhängigen Sätzchen, betont am Anfang, und das dann folgende verbale Prädikat nebst seiner Verstärkung durch den absoluten Infinitiv ist sogar wörtlich dasselbe. Ja selbst in der Zahl der Wörter herrscht überall Gleichheit: Jeder der Sätze will als Fünfer gesprochen werden. So kann an ihrem Zusammenhang untereinander und mit dem Satz von Ex. 21, 12 kein Zweifel sein, und aus diesem letzteren Zusammenhang allein erklärt es sich, daß sie alle hier Aufnahme gefunden haben; denn in dem gut logischen Aufbau des alten kasuistischen Corpus, in das sie sekundär eingesetzt sind und das gerade an dieser Stelle im Begriff ist, von den Bestimmungen über Mord und Totschlag zu denen über Körperverletzungen mit oder ohne Todesfolge überzugehen, ist für Sätze über Menschendiebstahl, über Mißhandlung oder Verfluchung der Eltern wenn überhaupt, so doch sicher nicht hier ein geeigneter Platz. Der literarische Hergang bei ihrer Aufnahme in das kasuistische Corpus kann daher kaum anders gedacht werden, als daß sie durch den einzigen wirklich in den logischen Aufbau des Abschnitts passenden Satz über die Todeswürdigkeit jeder Menschentötung mitgerissen wurden; mit ihm müssen sie dann aber auch schon vorher in festem Verband gestanden haben. Das gibt uns eine wichtige neue Einsicht in die Lebensgesetze des israelitischen apodiktischen Rechtsstils: Seine einzelnen knappen Sätze wollen nicht wie etwa die Talionsformel je für sich überliefert und zu Gehör gebracht werden, sondern bilden Reihen und gewinnen durch den Vortrag in dieser Form noch über die Wucht hinaus, die jedem einzelnen von ihnen innewohnt, eine besonders gesteigerte Wirkung, indem dann die monotone Wiederholung des einen Satzteils, in unserem Falle des Prädikats, von Satz zu Satz das Ganze noch enger zusammenschließt und dem Hörer das eine Urteil, dem alles unterstellt sein soll, förmlich einhämmert. Dann wird die Distanz vom kasuistischen Recht noch wesentlich größer; denn so gewiß auch diesem die Tendenz zur Verknüpfung seiner einzelnen Bestimmungen innewohnt, wie vor allem das Corpus im Bundesbuch zeigt, sowenig arbeitet es doch mit derart sinnenfälligen Verknüpfungsmitteln, sondern vertraut allein auf die zwingende Wirkung seiner juristischen Systematik.

Wenn aber demnach die Sätze von Ex. 21, 12. 15–17 als Glieder ein und derselben Reihe, nämlich einer Aufzählung der todeswürdigen Verbrechen betrachtet sein wollen, so erhebt sich die Frage, ob damit auch schon der volle ursprüngliche

Umfang der Reihe gewonnen ist. Das wäre von vornherein wenig wahrscheinlich und wird positiv dadurch widerlegt, daß sich in anderen Rechtsaufzeichnungen des Hexateuchs, nur freilich in der Regel weit zerstreut und in stilfremde Zusammenhänge eingeschaltet, noch eine ganze Anzahl gleichgestalteter Sätze findet. Zwei stehen sogleich noch im Bundesbuch, aber außerhalb des alten kasuistischen Corpus: »Wer einem Tier beiwohnt, der muß vom Leben zum Tode gebracht werden«[73] und »Wer anderen Göttern opfert, der muß vom Leben zum Tode gebracht werden«[74]. Auch hier ist die metrische Form des Fünfers deutlich gegeben. Außerhalb des Bundesbuches kommen in Betracht ein doppelt formulierter Satz gegen Entweihung des Sabbats durch Arbeit[75], einer gegen Kinderopfer an Melech (Moloch)[76], sodann eine zusammenhängende Gruppe, in der neben den uns schon bekannten, hier etwas abgewandelten Sätzen gegen Verfluchung der Eltern und gegen Tierschande mehrere gegen unerlaubte Arten des Geschlechtsverkehrs stehen[77], endlich je einer gegen Totenbeschwörung[78] und gegen Mißbrauch des Namens Jahwes[79] und vielleicht ein letzter, der die ganze Reihe zusammenfassen und abschließen würde[80]. Freilich ist da der apodiktische Stil längst nicht überall in seiner ursprünglichen Reinheit bewahrt; das stets gleiche Prädikat mit seiner Verstärkung durch den absoluten Infinitiv steht zwar immer noch unverändert als sichtbarstes Merkmal am Schluß jedes Satzes[81], aber das Subjekt ist in der Mehrzahl der Fälle aus der partizipialen Urform in die eines Relativsatzes umgesetzt, also der Stil erweicht[82], und an offenbar sekundären Zusätzen ist kein Mangel. Aber wir dürfen eben auch nicht übersehen, daß uns die Sätze hier im Rahmen jüngerer Rechtsbücher, zumeist des Heiligkeitsgesetzes, überliefert sind; die Formveränderungen erklären sich also ungezwungen aus dem Auflösungsprozeß, dem diese wie jede Gattung unterworfen war. Daß dabei auch die metrische Gestaltung verlorengehen mußte, versteht sich von selbst. Ob dieser Auflösungsprozeß vielleicht auch zur Aufspaltung einzelner Sätze in mehrere oder zur Hinzufügung völlig neuer zu der ursprünglichen Reihe geführt hat, kann man fragen, aber kaum in einem Falle sicher entscheiden.[83] Auf ein rundes Dutzend von Sätzen des Grundbestands scheint die fragmentarische Überlieferung immerhin zu führen.

Inhaltlich vervollständigen die außerhalb des Bundesbuches zerstreuten Bruchstücke dieser Aufzählung todeswürdiger Verbrechen das Gesamtbild in erwünschtester Weise, indem sie zeigen, daß es die apodiktisch formulierten Sätze weit überwiegend mit Dingen zu tun haben, um die sich das kasuistische Recht überhaupt nicht kümmerte und seiner profanen Art nach gar nicht kümmern konnte. Denn teils geht es hier direkt um die sakrale Sphäre des Verkehrs mit der göttlichen Welt, wenn auch entsprechend der besonderen Zuspitzung der Reihe nur im Sinne der Fernhaltung aller Handlungen, die anderen Göttern und Geistern als Jahwe gelten oder einen Mißbrauch des ihm selbst Zugehörigen und darum Heiligen wie seines Namens oder des Sabbats bedeuten würden, teils um heilige Zonen im Zusammenleben der Menschen, besonders innerhalb des Familienverbands, wenn auch nicht nur in ihm. Man sieht: Religion, Sittlichkeit und Recht liegen hier noch ungeschieden ineinander; weil alles auf den unbedingten Willen Jahwes bezogen ist, darum gibt es auch für jede Übertretung nur die strengste Strafe, die persönliche Ausrottung des Täters. Über den Vollzug dieser Strafe sagen die apodiktischen Sätze in ihrer Urform natürlich nichts; aber so viel ist ja schon nach ihrem Inhalt klar, daß er grundsätzlich die Sache der ganzen Volksgemeinschaft Israels sein muß, wenn er auch praktisch normalerweise in den Händen der einzelnen Rechtsgemeinde liegen wird. Das bestätigen denn auch die Zusätze zu mehreren der Bruchstücke im Heiligkeitsgesetz, indem sie – gewiß in Übereinstimmung mit dem ursprünglichen Sinn der Formel »der soll vom Leben zum Tode gebracht werden« – als die gemeinte Todesstrafe ausdrücklich die Steinigung angeben, bei deren Vollzug sich jeder anwesende Volksgenosse als Vertreter der Gesamtheit aktiv zu beteiligen hat[84].

Neben diese erste Reihe apodiktischer Rechtssätze stellt sich als nächstverwandt die besterhaltene von allen, deren Elemente wir nicht erst aus dem Hexateuch zusammenzulesen brauchen, da sie als in sich geschlossene Größe auf uns gekommen ist: die Aufzählung fluchwürdiger Verbrechen in Deut. 27, 15–26.[85] Sie besteht aus zwölf Sätzen, von denen allerdings der letzte keinen spezifischen Eigengehalt hat, sondern offenbar nur der Zusammenfassung des Ganzen und zugleich der Erreichung der Zwölfzahl dienen soll.[86] Auch hier werden die einzelnen Sätze durch Verwendung des gleichen Prädikats sinnenfällig zusammengeschlossen; aber das Prädikat steht diesmal zu seiner besonderen Betonung am Anfang und ist ein Nomen: אָרוּר »verflucht«. Die ihm folgenden Subjekte haben die gleiche partizipiale Form mit beigefügten Objekten oder adverbialen Bestimmungen wie in der soeben besprochenen Reihe; nur der erste und der letzte sind der Umsetzung in Relativsätze anheimgefallen, die wir schon in der anderen Reihe kennenlernten und als Anzeichen der allmählichen Auflösung des apodiktischen Stils betrachten zu müssen glaubten.[87] Zusätze fehlen nicht ganz, spielen aber eine verhältnismäßig geringe Rolle und lassen sich leicht ausscheiden[88]. Dann ergibt sich, da die Subjekte wieder aus drei Wörtern bestehen, hingegen das gleichbleibende Prädikat diesmal nur ein Wort ist, ein Vierermetrum ohne Zäsur für die Urform. Inhaltlich trifft ein Teil der Sätze mit solchen der Aufzählung todeswürdiger Verbrechen ganz oder nahezu zusammen; neu sind vor allem die Flüche gegen geheime Aufstellung von Kultbildern, gegen Grenzverrückung, gegen Irreführung von Blinden, gegen Rechtsbeugung der Minderberechtigten, gegen Annahme von Bestechungsgeschenken. So tritt die soziale Tendenz des israelitischen Rechts stärker hervor. Und bemerkenswert ist auch, daß es sich hier durchweg um Verbrechen handelt, die im geheimen begangen werden und daher Aussicht haben, niemals vor eine menschliche Gerichtsbarkeit zu kommen. Daher hat es seinen guten Grund, daß die Sätze hier nicht wie in der anderen Reihe auf eine von der Volksgemeinschaft zu vollstreckende Todesstrafe hinauslaufen, sondern auf die Verfluchung des Täters, d. h. auf seinen Ausschluß aus dem Lebenskreis, der Jahwe und Israel zusammenschließt. Das Entscheidende zur Verwirklichung dieser Flüche hat demnach im gegebenen Falle Jahwe zu tun, zu dessen Kenntnis ja auch die im verborgenen geschehenden Untaten kommen; auf seiten der Volksgemeinschaft ist das Wesentliche, daß sie sich durch feierliche Anerkennung der Flüche – ihr »Amen« folgt jedem einzelnen Satz – im voraus von jedem lossagt, der durch sein Tun den einen oder anderen dieser Flüche auf sich zieht. Fast möchte man sagen: Die beiden Reihen ergänzen einander, indem die eine den menschlicher Verfolgung zugänglichen, die andere den göttlicher Ahndung vorbehaltenen Teil der Verbrechen gegen Jahwes Grundforderungen behandelt. Um so größer erscheint dann der innere Abstand der Fluchreihe von allem profanen Recht und ihre Gebundenheit an die Religion.

Mit den beiden bisher besprochenen apodiktischen Satzreihen läßt sich unter dem formalen Gesichtspunkt durchgängiger Gleichgestaltung bestimmter Satzteile vor allem noch eine dritte vergleichen, die aber inhaltlich auf ein einziges der in jenen behandelten Themata beschränkt ist: eine mit Zusätzen stark überhäufte, mindestens elfgliedrige Aufzählung der dem Geschlechtsverkehr entzogenen Verwandtschaftsgrade im Heiligkeitsgesetz[89]. In ihr betrifft die Gleichgestaltung nicht nur das wieder an das Ende der Sätze gestellte verbale Prädikat nebst der zu ihm gehörigen Negation, sondern auch das betont vorangestellte Objekt: »Die Blöße deiner … wirst du nicht enthüllen«; das variable Element sind hier also nur die dem Objekt genitivisch untergeordneten Bezeichnungen der Verwandtschaftsgrade. Zugleich aber vollzieht sich mit dieser Gestaltung ein bedeutsamer Wechsel der Form in anderer Hinsicht: Der objektive Stil, der in den Aufzählungen der todes- und der fluchwürdigen Verbrechen herrscht, macht hier der subjektiven »Du«-Form direkter Anrede Platz, ohne daß im Zusammenhang mit ihr etwa auch das »Ich« des Redenden hervorträte. So werden die Sätze der Reihe zu direkten Verboten, und diese sind apodiktisch nicht nur durch ihre knappe Gestaltung, sondern vor allem auch dadurch, daß sie nicht die Normalform hebräischer Verbotsätze mit der Negation אַל und dem Jussiv des Imperfekts im verbalen Prädikat haben, sondern die sehr viel stärker wirkende Form reiner Aussagesätze mit der Negation לֹא und dem Indikativ des Imperfekts. Das gibt ihnen den gleichen Ton kategorischer Unbedingtheit, wie er den Sätzen der vorhin betrachteten Reihen mit ihrer ja ebenfalls indikativisch formulierten Aussage der Todes- oder Fluchwürdigkeit bestimmter Verbrechen eigen ist. Nur durch den beschränkteren Umfang des behandelten Gebiets bleibt die Reihe, wie schon gesagt, hinter den anderen zurück.

Sie steht jedoch mit diesen Eigentümlichkeiten durchaus nicht allein; vielmehr enthält das Bundesbuch noch zwei weitere Satzreihen oder wenigstens Teile von solchen, die sich ebenfalls aus kategorischen Verboten im »Du«-Stil aufbauen und wieder nur Teilgebiete des apodiktischen Rechts behandeln. Bei ihnen ist die Gleichgestaltung der Sätze allerdings auf die charakteristische Negation לֹא beschränkt[90]; aber sowohl der Inhalt als auch die fast überall zu beobachtenden Besonderheiten der Satzgestaltung mit Voranstellung der Objekte und der adverbialen Bestimmungen auf Kosten der verbalen Prädikate beweisen zur Genüge, daß auch sie als Reihen gedacht und gestaltet sind[91]. Inhaltlich hat es die eine von ihnen ausschließlich mit dem Verhältnis des Israeliten zu bestimmten Personen oder Kategorien von solchen zu tun, vor denen er aus dem einen oder anderen Grunde Scheu oder Abscheu empfinden und darum bestimmte von Fall zu Fall verschiedene Handlungen vermeiden muß; Gott, der Stammesvertreter im Stämmebund[92], der Schutzgenosse, die Witwe und das Waisenkind, die Zauberin werden in den erhaltenen Bruchstücken als solche Tabu-Personen genannt, sind aber schwerlich mehr als die Hälfte des ursprünglichen Bestands.[93] Sachliche Berührungen mit den anderen apodiktischen Satzreihen sind bei dieser trümmerhaften Überlieferung und auch wegen der besonderen Zuspitzung der Verbote hier selten, am häufigsten noch solche mit der zweiten Verbotreihe im Bundesbuch, die ja auch formal am nächsten verwandt ist. Diese will das Verhalten des Israeliten bei seiner Betätigung in der Ortsgerichtsbarkeit bestimmen, nicht im Sinne einer Prozeßordnung[94], sondern in der Weise, daß ihm die unbillige Rücksichtnahme auf Personen, die keine Bevorzugung verdienen, und die ebenso unbillige Rücksichtslosigkeit gegen andere, die auf Rechtsschutz besonders angewiesen sind, kategorisch untersagt wird[95]; bei dem letzteren Personenkreis, bei Schutzgenossen, Witwen und Waisen, ergibt sich die Berührung mit der anderen Verbotreihe von selbst, und das Grundanliegen der Abwehr von Störungen der Volksgemeinschaft auf dem Gebiet ihrer Rechtspflege ist deutlich spürbar.

Endlich gehört hierher auch noch eine letzte Verbotreihe, die aber nicht wieder nur einen Ausschnitt, sondern wie die Aufzählungen des todes- und der fluchwürdigen Verbrechen das Gesamtgebiet des apodiktischen Rechts zur Darstellung bringen will, soweit dies auf so engem Raume möglich ist: der Dekalog[96]. Seine gattungsmäßige Verbundenheit mit den bisher besprochenen apodiktischen Satzreihen tritt freilich erst dann klar in die Erscheinung, wenn man ihn von der Masse der Zusätze befreit, mit denen besonders seine erste Hälfte, aber auch sein letztes Glied in den beiden uns vorliegenden Überlieferungsformen, teilweise variierend, überlastet ist; die Notwendigkeit dieses Verfahrens liegt hier wie bei allen Rechtsaufzeichnungen des Hexateuchs schon in dem sekundären Charakter der auf uns gekommenen Fassungen begründet und wird im Falle des Dekalogs noch besonders durch die Tatsache verstärkt, daß nicht weniger als vier Glieder seiner zweiten Hälfte ihre knappe Urform bis heute behalten haben und damit vollends zu der Annahme ursprünglicher Gleichgestaltetheit auch der übrigen Sätze zwingen.[97] Die bloße Beseitigung der Zusätze ergibt jedoch nicht ohne weiteres ein ganz befriedigendes Bild; denn während dann vier weitere Glieder der Reihe in dieselbe Form kategorischer Verbotsätze im »Du«-Stil mit der Negation לֹא kommen, die bei vieren noch heute ungestört vorliegt, entziehen sich zwei, das Gebot der Sabbatheiligung und das der Elternehrung, durch ihre positive Formulierung noch immer der für die Urgestalt zu erwartenden Stileinheit.[98] Sie deswegen einfach zu streichen und die dann entstehende Lücke aus den Zusätzen anderer Glieder der Reihe aufzufüllen geht schwerlich an;[99] ihre Themata sind uns ja schon von den Reihen der todes- und der fluchwürdigen Verbrechen her als Gegenstände des apodiktischen Rechts bekannt und damit auch im Dekalog vor dem Verdacht fremder Herkunft und sekundärer Einfügung grundsätzlich geschützt. Gerade diese Parallelen führen aber von selbst auf die richtige Lösung der Schwierigkeit: Wie dort werden die beiden Themata auch im Dekalog ursprünglich nicht positiv, sondern entsprechend den anderen Gliedern der Reihe als kategorische Verbotsätze gegen Arbeit am Sabbat und gegen Verfluchung der Eltern gestaltet gewesen sein,[100] und ihre Umsetzung in positive Gebote ist dann eben als ein Stadium der sekundären Weiterbildung zu betrachten, die gerade bei ihnen auch zur Überhäufung mit Zusätzen geführt hat. Über diese Rekonstruktion der Urgestalt hinaus gibt es keinen sicheren Weg; die naheliegende Frage, ob die Reihe im Verlauf ihrer Umbildung etwa nicht nur Erweiterungen, sondern auch Verluste erlitten, also vielleicht ursprünglich mehr als zehn Glieder gehabt haben könnte, etwa zwölf wie die Reihe der fluchwürdigen Verbrechen, wird unentschieden bleiben müssen.

Auch in der rekonstruierten Urgestalt besitzt der Dekalog nicht ganz die Ebenmäßigkeit der Form, die den anderen apodiktischen Satzreihen eignet. Zwar das unausgedrückte Subjekt »Du« läuft, abgesehen von dem anders formulierten ersten Verbot, bei dem diese Abweichung nicht ernstlich stört und zudem ihre besonderen Gründe hat[101], ununterbrochen durch die ganze Reihe, und ebenso verhält es sich mit der kategorischen Negation als dem stärksten formalen Einheitsband des Ganzen. Hingegen sind die verbalen Prädikate sehr ungleich gewählt, und je nach ihrer Art wechselt auch der Bestand an sonstigen Satzteilen, Objekten und Präpositionalausdrücken, damit aber die Zahl der Wörter überhaupt. Bald ist ein intransitives Verbum gebraucht, das keiner Ergänzung bedarf: »Du wirst nicht ehebrechen«, bald ein transitives, aber mit Verschweigung des zugehörigen Objekts: »Du wirst nicht stehlen«, bald auch – und das ist immerhin die Mehrzahl der Fälle – ein transitives mit Objekt und gegebenenfalls mit weiteren Bestimmungen: »Du wirst meinen Namen nicht zu falschem Zweck aussprechen«. In Anbetracht dieser Ungleichmäßigkeit der Zahl der Wörter in den einzelnen Sätzen ist kaum vorstellbar, daß der Dekalog in metrisch gebundener Art vorgetragen sein wollte; er steht der Prosa näher als der Poesie und entfernt sich eben damit merklich von der Gestaltung, die wir nach den anderen Beispielen für die normale in apodiktischen Satzreihen halten müssen.[102] Sollen wir ihn um dieser Eigenart willen für die Schöpfung einer Frühzeit halten, die jene Normalform noch nicht ausgebildet hatte, oder umgekehrt für das Werk einer Spätzeit, in der sich die strenge Bindung an die Normalform schon ernstlich zu lockern begann? Bei rein gattungsgeschichtlicher Betrachtung der Dinge läge die letztere Annahme wohl näher.

Es wäre jedoch kaum ratsam, hier eine Entscheidung lediglich auf Grund der Form ohne Berücksichtigung des Inhalts treffen zu wollen. Denn allem Anschein nach ist es gerade das Interesse an dem Inhalt, und zwar an dem der einzelnen Sätze, was hier die Wahl der Form bestimmt und das Streben nach ebenmäßiger Gestaltung des Ganzen zurückgedrängt hat. Jeder Satz für sich soll so deutlich und zugleich so apodiktisch sein, wie er nur kann; und weil da nicht in jedem Falle die gleichen Möglichkeiten gegeben waren, so mußte über ihrer Ausnützung die Architektonik des Ganzen Schaden leiden. Nun liegen ja die einzelnen Sätze des Dekalogs inhaltlich mit solchen anderer apodiktischer Satzreihen so weithin auf der gleichen Ebene, daß zunächst nicht leicht zu verstehen ist, inwiefern hier gerade das Interesse am Inhalt zur Wahl einer abweichenden Form geführt haben sollte. Ich halte es für nötig, diese Sachbeziehungen der Reihen, die selten nach Gebühr gewürdigt werden[103], einmal statistisch zur Darstellung zu bringen, und verfahre dabei so, daß ich im Ganzen der Anordnung des Dekalogs folge, unerhebliche Schattierungen des sprachlichen Ausdrucks unberücksichtigt lasse, ernstlichere Abweichungen unter besonderem Titel jeweils im Anschluß an die betreffenden Sätze des Dekalogs buche und an den Schluß die Dinge stelle, die nur in den anderen Reihen behandelt sind (S. 137).

Aus dieser Statistik geht die inhaltliche Zusammengehörigkeit der drei Reihen mit Einschluß des Dekalogs doch wohl so deutlich hervor, daß darüber kein Wort mehr zu verlieren ist. Jede von ihnen will offenbar das ganze Gebiet des spezifisch israelitischen Rechts einigermaßen decken; aber keiner von ihnen gelingt diese Ab-

	Dekalog	Todeswürdige Verbrechen	Fluchwürdige Verbrechen
Kult fremder Gottheiten .	Ex. 20,3	Ex. 22, 19	–
Kinderopfer für Melech . .	–	Lev. 20, 2	–
Kultbilder	Ex. 20, 4	–	Deut. 27, 15
Mißbrauch des Namens Jahwes	Ex. 20, 7	Lev. 24, 16	–
Arbeit am Sabbat	Ex. 20, 8	Ex. 31, 15	–
Verfluchung der Eltern . . .	Ex. 20, 12	Ex. 21, 17	Deut. 27, 16
Mißhandlung der Eltern . .	–	Ex. 21, 15	–
Mord	Ex. 20, 13	Ex. 21, 12	Deut. 27, 14
Ehebruch	Ex. 20, 14	Lev. 20, 10	–
Geschlechtsverkehr unter Verwandten	–	Lev. 20, 11 ff.	Deut. 27, 20. 22 f.
Tierschande	–	Ex. 22, 18	Deut. 27, 21
Diebstahl schlechthin	Ex. 20, 15	–	–
Menschendiebstahl	–	Ex. 21, 16	–
Falsche Aussage vor Gericht	Ex. 20, 16	–	–
Rechtsbedrückung von Witwen und Waisen . . .	–	–	Deut. 27, 19
Annahme von Bestechungsgeschenken	–	–	Deut. 27, 15
Machenschaften gegen fremdes Eigentum[104] . . .	Ex. 20, 17	–	–
Verrückung der Feldgrenzen	–	–	Deut. 27, 17
Irreführung von Blinden . .	–	–	Deut. 27, 18
Totenbeschwörung	–	Lev. 20, 27	–

sicht ganz, auch nicht dem Dekalog, der die sexuellen Verbrechen, abgesehen vom Ehebruch, ganz übergeht und auch die sozialen Sonderverpflichtungen bestimmten Menschengruppen gegenüber höchstens unausgesprochen einbegreift. Woher diese Unvollkommenheit aller Reihen kommt, kann wohl nicht zweifelhaft sein: Sie ist eine Folge davon, daß ihr Umfang nicht über eine gewisse Höchstzahl von Sätzen, nämlich über die Zwölfzahl, die wahrscheinlich gleichzeitig als die Normalzahl zu betrachten ist, hinausgehen soll und daß in diesem engen Rahmen beim besten Willen nicht alles untergebracht werden kann, was ausgesprochen zu werden verdiente. So muß in jedem Fall aus dem zu reichen Stoff eine Auswahl getroffen werden, und damit wird es unvermeidlich, daß in jeder Reihe besondere Anliegen die Auswahl bestimmen und eine Differenzierung von den anderen Reihen bewirken. Eine solche Verschiebung der Gewichte trennt zum Beispiel, wie wir schon sahen, die Reihe der fluchwürdigen von jener der todeswürdigen Verbrechen: Das eine Mal handelt es sich um Untaten, die öffentlich bekannt werden und daraufhin der

Verfolgung und Bestrafung durch die menschliche Gerichtsbarkeit zugeführt werden können und müssen, das andere Mal um solche, die nur dem Fluch erreichbar sind, da sie im verborgenen geschehen und geheim bleiben; die besondere Betonung der sozialen Pflichten in der Fluchreihe hängt mit diesem Unterschied nahe zusammen. Es ist demnach gerade diese notwendige Einseitigkeit jeder Reihe, die das Bedürfnis nach Ergänzung durch eine andere hervorruft und so schließlich das Nebeneinander aller verständlich macht. Auch das Aufkommen von besonderen Reihen für einzelne Gebiete wie das der verbotenen Verwandtschaftsgrade oder das des billigen Verhaltens bei der Rechtsprechung findet von da aus seine Erklärung. Denn keine der umfassenderen Reihen konnte in solchen Dingen mehr geben als eine beschränkte Auswahl aus dem Kreis der in Betracht kommenden konkreten Einzelfälle; daß dann mit Vorliebe die flagrantesten Delikte genannt wurden, lag in der Natur der Sache. Dieser bei umfassenderen Reihen unvermeidlichen Lückenhaftigkeit versuchen die Sonderreihen abzuhelfen, indem sie von vornherein nur ein begrenztes Gebiet ins Auge fassen, in diesem aber durch Eingehen auf möglichst alle konkreten Fälle im Rahmen der Höchstzahl von Sätzen ganze Arbeit tun.

Zu diesem Extrem der Aufspaltung des apodiktischen Rechts in Sonderreihen für einzelne Gebiete steht der Dekalog im stärksten Gegensatz. Er will offensichtlich das Ganze umfassen und kann diesem Ziel schon deswegen näher kommen als die Reihen der todes- und der fluchwürdigen Verbrechen, weil er seine Sätze einfach als kategorische Verbote ausspricht, also keine Strafen nennt, bei deren Bestimmung wieder zu berücksichtigen wäre, ob die Delikte und ihre Täter im verborgenen bleiben oder bekannt werden. Das kategorische Verbot steht absoluter da als die noch so ernste Strafbestimmung. In der gleichen Richtung auf Verabsolutierung hin wirkt aber auch, daß der Dekalog mehr als jede andere Reihe die Nennung konkreter Einzeldelikte meidet, also prinzipieller redet, ohne sich dabei in reine Abstraktion zu verlieren. Sein Verzicht auf Ebenmäßigkeit der Satzgestaltung, der uns vorhin bei Betrachtung des Formalen so auffiel, kommt ihm dabei besonders zustatten und wird denn auch geradezu aus jenem sachlichen Anliegen zu erklären sein. Die auf den knappsten Bestand reduzierten Sätze, die nur noch Negation und Prädikat enthalten, selbst wo das letztere ein transitives Verbum ist, also ein Objekt bei sich haben sollte, sind dafür besonders lehrreich; denn mit dieser Gestaltung ist ihnen gleichzeitig die Bezogenheit auf den konkreten Einzelfall genommen und die Ausdehnung auf alle Fälle, die mit dem betreffenden Verbum überhaupt bezeichnet werden können, gewonnen.[105] Für die weltgeschichtliche Wirkung des Dekalogs, an der ja keine andere der hier besprochenen Reihen teilnimmt, ist diese Formgebung ohne Zweifel von großer Wichtigkeit; sie drängt das Rechtliche der Sätze in den Hintergrund und läßt dafür ihren sittlichen Gehalt um so klarer hervortreten. Innerisraelitisch aber und speziell gattungsgeschichtlich gesehen, scheint nach alledem die schon oben aufgeworfene, aber noch nicht beantwortete Frage, ob die Abweichungen des Dekalogs von den sonst herrschenden formalen und inhaltlichen Normen der apodiktischen Satzreihen auf seine Herkunft aus der Zeit vor der vollendeten Ausbildung dieser Normen deuten oder als Anzeichen ihrer beginnenden Auflockerung und damit des Verfalls der Gattung zu betrachten sind, doch wohl eher in dem letzteren Sinn entschieden werden zu müssen: Der Dekalog verzichtet mit überlegter Absicht auf einen Teil der normalen Formen und Formulierungen, um ein Bedürfnis befriedigen zu können, dem die anderen Reihen infolge ihrer Beugung unter den Stilzwang nur unvollkommen gerecht geworden waren, ja das sie gerade durch ihre inhaltlichen Unvollkommheiten neu angeregt hatten. Aber es versteht sich, daß mit diesem Urteil zunächst nur die Stellung des Dekalogs in der inneren Geschichte seiner Gattung bestimmt werden kann; Schlußfolgerungen auf die absolute Chronologie werden sich daraus höchstens dann ergeben, wenn es gelingt, den Gesamtverlauf dieser Geschichte zeitlich sicher einzuordnen.[106]

Und damit kommen wir zu der für uns wichtigeren Frage nach den Ursprüngen des apodiktisch formulierten Rechts überhaupt. Wir haben gesehen, daß es sich von Hause aus immer in kurzen Reihen möglichst gleichmäßig gestalteter kurzer Sätze ausprägt, die ihrem Inhalt nach bei aller Variation der Form immer kategorische Prohibitive sind; von späteren Weiterbildungen mit Einmischung fremder Stilelemente haben wir hier, wo es uns nur um die Ursprünge geht, nicht zu reden. Durch die angegebenen Merkmale sind die apodiktischen Satzreihen von allem kasuistisch formulierten Recht aufs deutlichste geschieden, auch und gerade da, wo sie sich etwa einmal in der Sache mit ihm berühren oder überschneiden; aber weit überwiegend haben sie es ja mit Anliegen zu tun, um die sich das kasuistisch formulierte Recht überhaupt nicht kümmert.[107] Hiernach scheidet der Gedanke an eine Gleichheit der Ursprünge beider Rechte, also entsprechend unseren früheren Feststellungen über das kasuistische Recht an eine Übernahme auch des apodiktischen durch die Israeliten aus der in Palästina vorgefundenen kanaanäischen Kultur, von vornherein aus. Auf kanaanäische Herkunft deutet ja auch nicht das mindeste in den apodiktischen Satzreihen hin, weder die Anschauungen, die aus ihnen sprechen, noch auch nur die allgemeinen Kulturverhältnisse, die sie voraussetzen. Alles in ihnen ist vielmehr volksgebunden israelitisch und gottgebunden jahwistisch, auch wo das in dem knappen Wortlaut keinen unmittelbaren Ausdruck findet. Innerhalb der Grenzen Israels wird daher ihr Ursprung auf jeden Fall zu suchen sein; wer anders denken wollte, würde sich ihr Verständnis nur erschweren. Aber auch in Israel selbst muß ihre Wurzel an einem besonderen Ort gelegen haben und kaum an dem, der uns als tragender Boden des kasuistischen Rechts nach seiner Verpflanzung von den Kanaanäern zu den Israeliten erschien, also nicht an den Stätten der Laiengerichtsbarkeit von Ort zu Ort. Denn es ist zwar nicht zu verkennen, daß ein erheblicher Teil der apodiktischen Sätze Dinge behandelt, die durchaus im Zuständigkeitsbereich der normalen Rechtspflege der Gemeinden lagen; das gilt vor allem von der Reihe der todeswürdigen Verbrechen und in anderer Weise von jener Verbotreihe, die das persönliche Verhalten des Laien bei seiner Betätigung in der Rechtsgemeinde regeln will.[108] Aber erstens geht das apodiktische Recht in diesen Dingen eben doch nicht restlos auf, und zweitens reicht es auch mit dem, was es über sie sagt, für die praktischen Bedürfnisse der normalen Judikatur bei weitem nicht aus, da es ja immer nur die schwersten Verbrechen nennt und das ganze Gebiet der sachlich verwandten leichteren Vergehen völlig außer acht oder doch rechtlich ungeregelt läßt. Da bestätigt sich uns noch einmal, und zwar jetzt vom Kontrast aus, daß nur das kasuistische Recht mit seinem Wenn und Aber in der konkreten Wirklichkeit des Rechtslebens wurzelt; für das apodiktische Recht aber folgt dann, daß es von außen in diese Wirklichkeit hineinredet, ohne sie bis in die letzten Einzelheiten entscheidend zu treffen. Und man wird hinzufügen müssen, daß auch der apodiktische Ton selbst mit seiner kaum verhaltenen Leidenschaft nicht wohl auf dem Boden der normalen Gerichtsbarkeit gewachsen sein kann; wer von den Laien, die dort das Wort zu führen haben[109], dürfte von sich aus so sprechen?

Nicht nur dieser Ton, sondern mit ihm auch die innere Haltung der apodiktischen Satzreihen fordert als Erklärungsgrund für ihre Entstehung und für ihren dauernden Gebrauch eine andere Situation im israelitischen Leben als die der einzelnen Gemeinde beim Rechtsgang, nämlich eine solche, in der wirklich die ganze Volksgemeinschaft und durch sie ihr Gott den einzelnen so gebieterisch ansprechen und mit Verboten oder Androhungen von Fluch und Tod belegen kann, wie es hier geschieht. Wir brauchen eine solche Situation nicht frei zu konstruieren, sondern finden sie in der Überlieferung selbst gegeben, wo immer eine apodiktische Satzreihe mit einer schildernden Umrahmung versehen ist. Besonders deutlich redet darüber die Umgebung der Fluchreihe in Deut. 27: Diese Reihe soll der versammelten Volksgemeinde in dem großen Amphitheater zwischen Ebal und Garizim im Paß von Sichem von den lewitischen Priestern mündlich vorgetragen werden, und jeden Fluch soll die Volksgemeinde mit einem lauten Amen auf sich nehmen.[110] Die apodiktische Satzreihe bildet hier also das Kernstück eines sakralen Akts von nationalem Ausmaß, und ihre Sprecher sind die Sprecher Jahwes, die lewitischen Priester, deren Funktion in der Volksgemeinschaft ja keineswegs nur die Pflege des kultischen Verkehrs mit Jahwe, sondern mindestens ebensosehr die Bekanntgabe seiner Forderungen an Israel war[111]. Zu Form und Inhalt nicht nur dieser einen, sondern jeder apodiktischen Reihe paßt diese Situation ausgezeichnet; die Knappheit der Reihen und ihrer Sätze, auch das »Du« der Anrede in manchen von ihnen und vor allem die Unbedingtheit ihrer Forderungen erklären sich von da aus sofort. Wenn aber eine ganze Gattung israelitischer Rechtsformulierungen durch die in Deut. 27 geschilderte Szene verständlich wird, so ist das an sich schon ein starkes Argument dafür, daß wir es hier eben nicht mit einem freien Produkt schriftstellerischer Phantasie zu tun haben, dem keine konkrete Wirklichkeit zugrunde läge, sondern zum mindesten mit der Erinnerung an ein sakrales Geschehen, das in Israel tatsächlich einmal lebendig war. Die neuerdings gewonnene Einsicht, daß gerade das Heiligtum Jahwes bei Sichem in frühester Zeit von dem Bund der israelitischen Stämme gemeinsam gepflegt und besucht wurde, ja vielleicht zunächst sein einziges Heiligtum in Palästina war,[112] rückt die Szene von Deut. 27 vollends in den Bereich historischer Wahrscheinlichkeit; eine dauernde Bindung an diesen einen Ort ist damit natürlich nicht gegeben.

Unbeantwortet bleibt nur die Frage, ob man sich die Szene als einmalig vorzustellen hat, etwa im Sinne der Erzählung von Jos. 24, nach der Josua am gleichen Ort den israelitischen Stämmen bei ihrer Verpflichtung auf die alleinige Verehrung Jahwes חֹק וּמִשְׁפָּט »Satzung und Recht« gab[113], oder ob sie eine regelmäßige Begehung schildert, zu der dann ebenso regelmäßig der Vortrag jener Fluchreihe gehörte. Nur im letzteren Fall hat die Szene gattungsgeschichtlich vollen Wert; denn nur im Zusammenhang mit häufig wiederkehrenden Situationen des Volkslebens kann eine Gattung nach Form und Inhalt die Konsistenz gewinnen, ohne die ihre

Ausprägung in immer neuen Gestalten nicht denkbar wäre. Nun spricht zwar schon der Umstand, daß wie das ganze Kapitel Deut. 27 so auch der uns hier interessierende Abschnitt über die Verwendung der Fluchreihe in einem großen sakralen Akt als Vorschrift auftritt, für die Annahme dauernder Gültigkeit und regelmäßiger Befolgung, also für einen feststehenden Ritus, der als solcher die Grundlage für Aufkommen und Leben der apodiktischen Rechtsgattung bilden konnte. Aber ihre volle Sicherheit gewinnt diese Annahme meines Erachtens erst von einer anderen Stelle her, die bis jetzt noch kaum genügend ausgewertet worden ist, was um so weniger überraschen kann, da sie scheinbar nichts mit unseren Fragen zu tun hat. Die Stelle findet sich in einem der sekundären Nachträge zum Deuteronomium und ist ihrem Wortlaut nach ganz von der Sorge eingegeben, auf welche Weise die dauernde Erhaltung und Wirkung dieses Rechtsbuches am besten sichergestellt werden kann. Dem ersteren Bedürfnis soll nach ihr durch Hinterlegung eines geschriebenen Exemplars bei den lewitischen Priestern und bei den Ältesten Israels abgeholfen werden[114], dem zweiten durch die regelmäßige Veranstaltung einer Versammlung der ganzen Volksgemeinde mit Einschluß nicht nur der Schutzgenossen, sondern auch der Frauen und sogar der kleinen Kinder am gemeinsamen Heiligtum Jahwes zum Laubhüttenfest jedes siebenten Jahres, wo dann eine feierliche Verlesung des Deuteronomiums stattzufinden hat[115]. Nun liegt ja aber auf der Hand, daß diese letztere Anordnung, von der wir übrigens nicht wissen, ob jemals ein Versuch ihrer Ausführung gemacht worden ist, dem Zweck nicht entsprochen hätte, dem sie nach der Meinung des Autors dienen sollte; denn ein Rechtsbuch von dem äußeren Umfang und der inneren Fülle des deuteronomischen konnte gewiß nicht so, wie er es offenbar wünscht und erwartet, in den gedächtnismäßigen Besitz einer ganzen Volksgemeinde übergehen, wenn es ihr nur aller sieben Jahre einmal vorgetragen wurde. Um so weniger ist anzunehmen, daß er auf diesen Versuch mit untauglichen Mitteln ganz von sich aus verfallen sein sollte; das Fehlgehen seiner Gedanken wird hingegen sofort verständlich, wenn der Anknüpfungspunkt für ihn eine vorgefundene oder wenigstens in der Erinnerung noch fortlebende ältere Ordnung war, in der ein Rechtsvortrag vor der versammelten Volksgemeinde ebenfalls schon das Kernstück bildete. Der Fehler unseres Deuteronomisten bestünde dann nur darin, daß er das neue, in diesem Zusammenhang ungeeignete Rechtsbuch an die Stelle eines der Situation besser entsprechenden, also vor allem kürzeren und einprägsameren Rechtsvortrags setzte;[116] für diesen aber kommen, da das kasuistische Recht seiner Natur nach doch wohl ausscheidet, die apodiktischen Satzreihen in jeder Beziehung am ersten in Betracht[117]. Damit ist dann ihre Gebundenheit an eine regelmäßig wiederkehrende Situation und Aktion im israelitischen Volksleben, wie wir sie zum Verständnis des Aufkommens der Gattung postulieren mußten, in der Tat gegeben und die Berechtigung gewonnen, auch die Szene von Deut. 27 im gleichen Sinne aufzufassen, obwohl dort jede ausdrückliche Bezugnahme auf eine bestimmte Festzeit fehlt.

Durch ihre Bestimmung für den Vortrag vor der versammelten Volksgemeinde beim Laubhüttenfest jedes siebenten Jahres wird nun aber die Gattung der apodiktisch formulierten Satzreihen in den Zusammenhang sehr charakteristischer Vorstellungen und Einrichtungen spezifisch israelitischer Art gerückt, die uns einen noch tieferen Einblick in ihr Wesen gestatten. Schon die Bindung an das Laubhüttenfest ist da bedeutsam; denn dieses, am Ende des landwirtschaftlichen Jahres im Herbst gefeiert, ist für Alt-Israel zugleich das Fest des Jahresanfangs und darum mit Gedanken an den Beginn eines neuen Abschnitts in Leben und Arbeit der Volksgemeinschaft wie des einzelnen gefüllt[118]. Noch in erhöhtem Maß und in ganz besonderem Sinn aber gilt das vom Laubhüttenfest des siebenten Jahres; denn dieses letztere ist in Israel seit alters eine Zeit des Ruhens aller Ackerwirtschaft, einer nicht ökonomisch, sondern sakral gedachten Brache, für deren Dauer die Nutznießungsrechte der israelitischen Sippen an dem ihnen durch das Los zugeteilten Grund und Boden außer Kraft gesetzt sind und das eigentliche und alleinige Besitzrecht Jahwes wieder klar in Erscheinung tritt[119]. Hand in Hand mit dieser Unterbrechung der Ackerwirtschaft geht ferner die Aufhebung aller speziellen Rechts- und Schuldverpflichtungen, in die der einzelne etwa im Lauf der vorausgegangenen Sechsjahrperiode bei der Bewirtschaftung seines Ackers geraten ist; und so galt gewiß ursprünglich von dem siebenten, dem Sabbatjahr, was eine jüngere Rechtsaufzeichnung als das Wesentliche an seinem Quadrat, dem Jobeljahr, bezeichnet, daß da »jeder zu seinem Besitz und zu seiner Sippe zurückkehren soll«[120]. Ist aber demnach die Wiederherstellung des Normalzustands der israelitischen Volksgemeinschaft nach allen Störungen und Fehlentwicklungen der vorausgegangenen sechs Jahre der Zweck dieser eigentümlichen Institution, so gewinnt auch der Vortrag des apodiktischen – und das heißt: des spezifisch israelitischen – Rechts am Laubhüttenfest, also zu Beginn des siebenten Jahres einen besonderen Sinn: Er bedeutet dann eine Rückführung der Volksgemeinschaft auf die ideale Grundlage ihres Daseins, eine Neuverpflichtung aller Volksglieder auf den Willen Jahwes, ohne den der Zusammenschluß der Stämme zur nationalen Einheit weder entstanden wäre noch bestehen könnte. Mag daher auch der Ausdruck nicht üblich sein, so kommt jener die ganze Volksgemeinde verpflichtende Vortrag des apodiktischen Rechts am Laubhüttenfest des siebenten Jahres doch der Sache nach auf eine regelmäßig wiederholte Erneuerung des Bundes zwischen Jahwe und Israel hinaus, der dieses Volk nach seinem eigenen Bewußtsein ins Leben rief.[121]

Unter diesen Umständen kann es nicht überraschen, daß die apodiktischen Satzreihen von den Schriftstellern des Hexateuchs mit Vorliebe in den Zusammenhang der Erzählungen über den ersten und grundlegenden Bundesschluß Jahwes mit Israel zur Zeit Moses am Gottesberg in der Wüste eingefügt worden sind. Denn da sie bei den Akten der Bundeserneuerung regelmäßig gebraucht wurden und gerade in dieser Situation doch nur als der festgeprägte Ausdruck des immer gleichen Gotteswillens verstanden werden konnten und wollten, der in dem Bund Jahwes mit Israel seit jeher gegolten hatte, so war es eine fast selbstverständliche Folgerung, daß sie in demselben Wortlaut auch schon bei jenem ersten Bundesschluß erklungen seien.[122] So erklärt sich die Stellung des Bundesbuches, in dem der ursprüngliche Sinn der Sache nur durch die Zusammenfügung von Stücken aus apodiktischen Satzreihen mit einem Corpus kasuistischen Rechts und mit anderen, zumeist kultischen Bestimmungen priesterlichen Ursprungs stark verschleiert ist, und so vor allem die Stellung des Dekalogs sowohl in Ex. 20 als in Deut. 5. Gerade der Dekalog bot sich zu solcher Verwendung insofern noch besonders an, als er in seinem Wortlaut die Situation eines Bundesschlusses zwischen Jahwe und Israel weit klarer hervortreten ließ als die anderen apodiktischen Satzreihen, die sie stillschweigend einfach voraussetzen. Denn nur er stellt vor seine Verbotreihe noch einen ganz anders gearteten Satz, in dem Jahwe selbst die Initiative und das Wort ergreift und als der überlegene Partner seinerseits Israel die Bundeszusage macht, aus der dann die Bundesverpflichtungen des Volkes ihm gegenüber folgen und ihren zwingenden Charakter gewinnen: »Ich, Jahwe, bin dein Gott«[123]; und dieses »Ich« klingt dann in den Verboten wenigstens noch eine Strecke weit fort. Aber die gleiche Form war natürlich bei den späteren Akten der Bundeserneuerung nicht weniger angebracht, und daß der Dekalog für den Rechtsvortrag bei diesen Verwendung fand, lehrt nicht nur sein Text in den uns vorliegenden Fassungen, dessen Überfüllung mit Zusätzen doch wohl eine Folge seines langen lebendigen Gebrauches ist, sondern noch deutlicher Psalm 81, der nach seiner hymnischen Einleitung offenbar für das Laubhüttenfest bestimmt ist und der dann bald in den »Ich«-Stil Jahwes umspringt und zum Vortrag der ersten Sätze des Dekalogs übergeht.[124] Auch von hier aus also läßt sich ein Beweis für die Auffassung des Dekalogs als Prototyp der ganzen Gattung apodiktischer Rechtsformulierung nicht führen, wie überhaupt das zeitliche und etwa auch das örtliche Verhältnis der uns erhaltenen apodiktischen Satzreihen zueinander im Dunkel bleibt.[125]

Um so deutlicher dürfte nun aber geworden sein, wie sehr die Gattung des apodiktischen Rechts als solche und als ganze in den grundlegenden Institutionen der Frühzeit Israels wurzelt und wie nahe sie uns demgemäß an die ursprüngliche Eigenart dieses Volkes heranführt. Die Frage kann hier auf sich beruhen bleiben, ob die israelitischen Stämme etwa schon vor ihrer Volkwerdung, d. h. vor ihrem Zusammenschluß in Bindung an Jahwe, ähnliche Rechtsformulierungen kannten oder besaßen; aber sicher scheint mir nach dem oben Ausgeführten, daß die Voraussetzungen für das Aufkommen dieser Gattung sofort gegeben waren, als die Bindung an Jahwe und in ihrer Folge die Institution der Bundesschließung und Bundeserneuerung zwischen ihm und Israel ins Leben trat. Die schöpferische Periode in der Geschichte der Gattung wird daher jedenfalls die vorstaatliche Frühzeit Israels gewesen sein; ist doch auch in den auf uns gekommenen apodiktischen Satzreihen kaum ein Wort, das erst aus späteren Bewegungen der israelitischen Religions- und Rechtsgeschichte des Volkes erklärt werden müßte und damit eine Spätdatierung der betreffenden Reihe nötig machen könnte. Selbst eine Abhängigkeit von den Lebensverhältnissen des palästinischen Kulturlandes wird hier nur selten spürbar, was natürlich mit der inneren Haltung des apodiktischen Rechts aufs engste zusammenhängt und daher für die Datierungsfrage ohne Belang ist. Da jedoch die Verehrung Jahwes, mit der das apodiktische Recht in unlöslicher Verbindung steht, offensichtlich in der Wüste ihre Heimat hat, so wird man mit dem gleichen Ursprung auch für die Grundlagen, wenn auch nicht für die uns erhalten gebliebenen Ausprägungen des apodiktischen Rechts zu rechnen haben; sein strenges Wesen und sein Gegensatz zur kanaanäischen Art könnten sich zu einem Teil von hier aus erklären. So findet die kanonische Behauptung der Herkunft alles in Israel geltenden Rechts aus dem Zusammenhang des Bundesschlusses zur Zeit Moses, von der unsere Untersuchung ausging, wenigstens für eine bestimmte Rechtsgattung jetzt eine gewisse Bestätigung.

Und dieser noch in der Ausformung begriffene Rechtswille Israels prallt nun auf dem Boden Palästinas, wie wir sahen, mit der längst durchgebildeten Rechtskultur Kanaans zusammen, die apodiktische Gattung mit der kasuistischen. Der Vorgang ist typisch für die Geschichte Israels überhaupt, deren Spannung auf lange Jahrhunderte hinaus zu einem wesentlichen Teil eben daher kommt, daß hier ein junges, gerade erst erwachsendes Volkstum auf eine alte, ihm fremde Kultur stößt und zur Auseinandersetzung mit ihr gezwungen wird. Hätte Israel keine lebensfähige Eigenart in diese Situation mitgebracht, so wäre es ihr ohne Zweifel erlegen, und die Geschichte hätte keinen Anlaß, sich näher mit ihm zu beschäftigen. Aber so ist es eben nicht; Israel hat ein gut Teil seiner Eigenart zu wahren und in der Auseinandersetzung mit der in Palästina vorgefundenen Kultur etwas Neues zu schaffen vermocht, das über den alten Orient hinausweist, so gewiß es mit auf ihm beruht. Auch die israelitische Rechtsgeschichte gibt davon Zeugnis. Die beiden Rechte, die sich da begegnen, können ihre Ansprüche auf Geltung im israelitischen Bereich nicht friedlich untereinander ausgleichen, etwa so, daß dem kasuistischen Recht die Regelung des profanen, dem apodiktischen die des sakralen Lebens überlassen bliebe. Denn wenn schon das kasuistische Recht Kanaans strikt in der Sphäre des Profanen bleibt und keinerlei expansive Tendenzen mehr zeigt, so wirkt dafür im apodiktischen Recht Israels eine noch völlig ungebrochene aggressive Kraft, die schlechthin jedes Lebensgebiet dem unbedingten Herrschaftsanspruch des Willens Jahwes für sein Volk unterwerfen will und daher keine profane oder neutrale Zone anzuerkennen vermag. Dementsprechend hat in den apodiktischen Satzreihen das kultische Gebiet zwar in der Regel den Vorrang, wird aber niemals für sich allein behandelt und gemäß dem prohibitiven Charakter der apodiktischen Sätze auch niemals positiv geordnet, sondern nur durch Verbote gegen fremdes Wesen abgegrenzt.[126] Im übrigen aber verfolgen die apodiktischen Sätze den Israeliten vom Heiligtum Jahwes hinaus in sein Alltagsleben und stoßen da mit den Positionen und Negationen des kasuistischen Rechts notwendig zusammen. Wenn also Israel die vorgefundene kanaanäische Rechtskultur nicht einfach ablehnen wollte – und das konnte es nicht, da es einen Ersatz dafür von der Wüste her ja nicht besaß –, so war der Kampf beider Rechte unvermeidlich. Er füllt denn auch die israelitische Rechtsgeschichte weithin aus, und es wird eine Aufgabe der Zukunft sein, ihn auf allen Gebieten und durch alle Stadien zu verfolgen. Hier sollten nur seine Anfänge aufgezeigt und der ursprüngliche Dualismus herausgearbeitet werden, auf dem alles Weitere beruht.

Anmerkungen

(Die für die «Kleinen Schriften zur Geschichte des Volkes Israel«, Bd. I, Beck'sche Verlagsbuchhandlung, München 1953, von Alt verfaßten Ergänzungen sind in eckigen Klammern beigefügt.)

1 Das spätere jüdische Schrifttum bringt keine selbständige Überlieferung mehr, sondern reflektiert nur über die kanonische.

2 Anders liegen die Dinge natürlich bei den vereinzelten Rechtsbestimmungen, die noch über die Zeit Moses bis auf Abraham oder sogar Noah zurückgeführt werden und darum erst recht Gültigkeit haben (Gen. 9,1 ff. P; 17 P). Hingegen folgt bei einem so sehr mit Rechtsfragen befaßten Dokument wie dem sogenannten Verfassungsentwurf am Schluß des Buches Ezechiel (40–48) schon aus seiner Stellung abseits vom Hexateuch, daß ihm die Anerkennung als geltendes Recht nie zuteil geworden ist, und für das Königsrecht von 1. Sam. 8,11 ff. ergibt sich die gleiche Abwertung aus dem Zusammenhang, in dem es auftritt.

3 Er zerreißt in Ex. 20,1 ff. den Zusammenhang der ihn umgebenden Erzählung und ist durch diese vom Bundesbuch getrennt. In Deut. 5,6 ff. gehört er einer deutlich sekundären Einleitung zum deuteronomischen Werk an, das ursprünglich erst mit Deut. 6 begann.

4 Hierüber neuerdings besonders Jepsen, Untersuchungen zum Bundesbuch (1927); Morgenstern, The Book of the Covenant (Hebrew Union College Annual 5 [1928], S. 1 ff.; 7 [1930], S. 19 ff.; 8/9 [1932], S. 1 ff.); Pfeiffer, Harvard Theol. Review 24 (1931), S. 99 ff.

5 Küchler, Das Heiligkeitsgesetz (Diss.), Königsberg 1929.

6 Vgl. vor allem Hempel, Die Schichten des Deuteronomiums (1914); Hölscher, ZAW 40 (1922), S. 161 ff.; Horst, Das Privilegrecht Jahwes (1930) (dort auch die übrige neuere Literatur).

7 Diese freilich nur annähernde Datierung des Werkes ergibt sich durch Rückschluß aus der zwar oft bestrittenen, aber doch nicht zu leugnenden Tatsache, daß seine öffentlichen Wirkungen vom letzten Viertel des 7. Jahrhunderts an sichtbar werden.

8 Diesen Charakter der ausgehenden Assyrerzeit als einer Restaurationsperiode ließ Hölscher außer acht, als er das Deuteronomium wegen seiner ideologischen Art um ein volles Jahrhundert später datierte (a. a. O., S. 227 ff.).

9 Von den Erweiterungen des Deuteronomiums wird ein großer Teil in diese Zeit gehören.

10 Spiegelberg, Die sogenannte Demotische Chronik des Pap. 215 der Bibliothèque Nationale zu Paris (Demot. Studien 7, 1914), S. 30 ff. (Verso c, 6–16); dazu Ed. Meyer, Sitzungsberichte der Preußischen Akademie, Philosophisch-historische Klasse 1915, S. 308 ff. (= Kleine Schriften II [1924], S. 95 ff.)

11 Esra 7,12 ff.; dazu neuerdings R. Kittel, Geschichte des Volkes Israel III,2 (1929), S. 575 ff.; H. H. Schaeder, Esra der Schreiber (1930).

12 Daß man neuerdings auch die älteren Rechtsaufzeichnungen im Hexateuch, insbesondere das Bundesbuch, mit Reformaktionen hat in Verbindung bringen wollen (so z. B. Morgenstern, a. a. O.; Menes, Die vorexilischen Gesetze Israels [1928]), sei hier wenigstens erwähnt; für gelungen oder auch nur für gefordert kann ich diese Versuche nicht halten.

13 H. Gunkel, der Begründer der gattungsgeschichtlichen Forschung in der alttestamentlichen Wissenschaft, hat sich über die Gattungen der israelitischen Rechtsliteratur nur kurz geäußert (Kultur der Gegenwart I,7 [1906], S. 74 ff.); die eingehenderen Arbeiten seiner Nachfolger werden unten je an ihrem Orte genannt. Die einzige umfassende Darstellung aus neuerer Zeit (A. Jirku, Das weltliche Recht im Alten Testament. Stilgeschichtliche und

rechtsvergleichende Studien zu den juristischen Gesetzen des Pentateuchs [1927]) hat das methodische Ziel nicht erreicht, da sie sich, von einer sehr schematischen Untersuchung der verschiedenen Stilgattungen ausgehend, vorschnell mit literarischen Schlußfolgerungen zufrieden gab und darüber die Aufspürung der Wurzeln der Gattungen im Leben vernachlässigte.

14 Eine eingehende Behandlung dieser Gattung ist in absehbarer Zeit von J. Begrich zu erwarten. [= J. Begrich, BZAW 66 (1936), S. 63ff.]

15 Ex. 21,2–22,16; vgl. Jepsen, a.a.O., S.24ff., 55ff.; Morgenstern, a.a.O., 7 (1930), S.31ff.

16 Ex. 21,1. Diese Überschrift ist freilich in ihrer jetzigen Form als Anrede Jahwes an Mose ausgestaltet und damit dem Erzählungszusammenhang angepaßt, in den das ganze Bundesbuch nachträglich eingefügt wurde, also mindestens insoweit sekundär. Original oder ein Rest des Originalen können nur ihre ersten Worte sein: »Dies sind die Rechtssätze ...« Aber auch wer die ganze Überschrift als spätere Zutat betrachten wollte, müßte doch zugeben, daß dem, der sie einschob, die Andersartigkeit des folgenden Textstückes (21,2–22,16) dem vorausgehenden gegenüber bewußt war und sogar einer besonderen Kennzeichnung bedürftig erschien.

17 Das lehrreichste Beispiel dieser Art ist der Abschnitt über das Recht des Schuldsklaven Deut. 15, 12–18. Der Deuteronomiker zitiert da in Vers 12 und 16f. die Grundbestimmungen aus dem entsprechenden Abschnitt des kasuistisch formulierten Teiles des Bundesbuchs (Ex. 21,2 und 5f.) mit Abänderungen und knüpft an diese Zitate seine predigtmäßigen Ermahnungen.

18 Deut. 22,13–29 (teilweise umgestaltet), zu vergleichen mit Ex. 22,15–16. Dazu Jirku, a. a. O., S. 49f.

19 Es bedeutet daher einen tiefen Eingriff, wenn der Deuteronomiker den objektiven kasuistischen Stil in den subjektiven einer Rede Moses an Israel umsetzt (so z. B. Deut. 15,12ff.), und um so deutlicher greifbar ist seine Abhängigkeit von der älteren stilechten Fassung, wo er das nicht tut (so in dem eherechtlichen Abschnitt 22,13ff.).

20 Wort unsicherer Bedeutung; LXX: »Faust«.

21 Ex. 21,18–19.

22 Daß hier Bestimmungen über die Rechtsfolgen der ausgeschiedenen abweichenden Fälle fehlen, kann seinen Grund entweder in einer tatsächlichen Nichtberücksichtigung jener Fälle schon in der Vorlage des Bundesbuches oder in einem Textverlust dort oder erst im Bundesbuch haben. Anderwärts im kasuistisch formulierten Recht stehen die Bestimmungen über verwandte Fälle richtig nebeneinander, z. B. Ex. 21,2ff., 7ff., 13f., 20ff., 28ff. u. ö.

23 Darüber neuerdings besonders anschaulich L. Köhler, Die hebräische Rechtsgemeinde (Jahresbericht der Universität Zürich 1930/31) [jetzt in seiner Schrift: Der hebräische Mensch (1953)].

24 Die nur Ex. 21,22 erwähnten פְּלִלִים werden, wenn sich der Ausdruck überhaupt auf richterlich handelnde Personen bezieht (der Text ist unsicher), eher Autoritätspersonen als beamtete Richter sein. – Die örtliche Beschränkung des Horizonts kommt in den kasuistisch formulierten Rechtssätzen nirgends direkt zum Ausdruck; es findet sich unter ihnen aber auch keine Bestimmung, die über den Kreis der einzelnen Rechtsgemeinde hinausginge.

25 Ex. 21,6; 22,7 (Vers 8 ist wohl sekundäre Ausweitung). 10 (der Gottesname Jahwe ist hier Korrektur).

26 So neuerdings noch Ed. Meyer, Geschichte des Altertums ^{2}II, 2 (1931), S. 314ff.

27 Vgl. die neueren Zusammenstellungen von Jirku, Altorientalischer Kommentar zum Alten Testament (1923), S. 90ff.; Puukko, Studia Orientalia I (1925), S. 125ff.; Ring, Israels

Rechtsleben im Lichte der neuentdeckten assyrischen und hethitischen Gesetzesurkunden (1926); J. M. P. Smith, The Origin and History of Hebrew Law (1931); [aber auch David, De Codex Hammoerabi en zijn verhouding tot de wetsbepalingen in Exodus (1939); Outdest. Studiën 7 (1950), S. 149ff.].

28 Eine Ausnahme macht in dieser Beziehung nur das hethitische Recht, indem es in gewissen Fällen den Angehörigen bestimmter Orte und Länder eine privilegierte Stellung einräumt.

29 Weder im Bundesbuch noch im Deuteronomium ist uns der ursprüngliche Wortlaut erhalten. Im ersteren (Ex. 21,2) stört vor allem der Du-Stil des Satzes: כִּי תִקְנֶה עֶבֶד עִבְרִי »Wenn du einen hebräischen Sklaven erwirbst«; er ist offenbar von den vorausgehenden Sätzen (nicht 21,1, sondern 20,24ff.) her eingedrungen und gibt sich als sekundär noch besonders dadurch zu erkennen, daß er in den folgenden Sätzen, wo zu seiner Verwendung wiederholt Gelegenheit wäre, nicht im mindesten nachwirkt. Zur Behebung des Schadens genügt aber noch nicht die einfache Umsetzung aus dem Du- in den Er-Stil, die Jepsen (a. a. O., S. 1. 56) vorschlägt: כִּי יִקְנֶה אִישׁ עֶבֶד עִבְרִי »Gesetzt, daß jemand einen hebräischen Sklaven erwirbt«; denn damit ergäbe sich ein schwer erträglicher Subjektwechsel zwischen diesem Vorder- und dem anschließenden Nachsatz: »So soll er sechs Jahre lang Sklave sein« und im Zusammenhang damit eine bedenkliche Verschiebung des Interesses von dem Herrn auf den Sklaven, während weiterhin bis einschließlich 21,3 das Interesse an dem Sklaven die Gestaltung der Sätze allein bestimmt. Der Schaden muß also tiefer sitzen, und das bestätigt in ihrer Weise auch die abweichende Gestaltung des Wortlauts in Deut. 15,12: כִּי יִמָּכֵר לְךָ אָחִיךָ הָעִבְרִי »Gesetzt, daß sich dir dein hebräischer Bruder verkauft«. Hier kommt der Du-Stil natürlich auf Rechnung des Deuteronomikers, der ja seinem ganzen Werk die Form einer Rede Moses an das Volk geben will; dementsprechend ist er denn auch in dem ganzen Abschnitt konsequent durchgeführt, was sachlich um so besser paßt, da mit dem »Du« hier faktisch durchweg der Besitzer des Sklaven gemeint ist, auf den sich für den Deuteronomiker wegen der Ermahnungen, die er ihm sogleich nach dem Zitat aus dem alten Recht für sein Verhalten dem Sklaven gegenüber geben will, von vornherein das Interesse konzentriert. Desto auffälliger ist dann aber, daß er nicht von Anfang an, also auch schon in dem Zitat, den Sklavenbesitzer, also das »Du«, zum Subjekt der Sätze gemacht hat; die Fassung von Ex. 21,2: »Gesetzt, daß du ... erwirbst« wäre bei dem Deuteronomiker um seines besonderen Anliegens willen viel eher verständlich. Aber er hat ja auch in dem ersten Nachsatz von Deut. 15,12 noch den Sklaven als Subjekt stehen: »So soll er dir sechs Jahre lang Sklave sein«, und zwar hier in Übereinstimmung mit der älteren, durch das Eindringen des Du-Stils noch nicht gestörten Fassung von Ex. 21,2. Dadurch wird die passivische Fassung des Vordersatzes in Deut. 15,12 nicht nur geschützt, sondern auch als ursprünglicher Textbestand erwiesen. Im Subjekt des Vordersatzes ist das spezifisch deuteronomische אָחִיךָ »dein Bruder« = »dein Volksgenosse«, mit dem erst der nationale und soziale Ton in den Text eindringt, durch das im kasuistischen Recht ständig gebrauchte farblose אִישׁ »ein Mann« zu ersetzen, und es ist nur ein Gewinn, wenn damit das höchstens proleptisch zu verstehende עֶבֶד »einen Sklaven« von Ex. 21,2 über Bord fällt. [Anders Jepsen, AfO 15 (1951), S. 57, Anm. 9]

30 Seltsam und der Erklärung bedürftig bliebe freilich auch dann, warum nicht wenigstens noch in dem unmittelbar folgenden Abschnitt über die Rechtsstellung von Mädchen, die durch ihre Väter verkauft werden (Ex. 21,7ff.), die Beschränkung der Gültigkeit dieser Bestimmung auf den Umkreis des Volkes Israel mit dem gleichen Wort zum Ausdruck gebracht ist.

31 Gen. 14,13; Jona 1,9. An der letzteren Stelle handelt es sich um die Selbstbezeichnung eines Israeliten Ausländern gegenüber, also im Grunde um dieselbe Situation wie in den

Joseph- und Mosesagen und in Erzählungen aus der Philisterzeit, die das Wort im Plural sowohl als Selbstbezeichnung der Ahnen Israels Ausländern gegenüber wie als ihre Bezeichnung im Munde von Ausländern verwenden, wobei mehr oder weniger deutlich ein Ton der Selbstdemütigung oder im anderen Falle der Verachtung, aber niemals ein nationales Hochgefühl mitschwingt. Von da aus wird dann auch Gen. 14,13 zu verstehen sein. Keine dieser Stellen klärt uns über die Grundbedeutung des Wortes auf; wir fassen sie vielmehr erst richtig, wenn uns die Grundbedeutung von anderswoher bekannt geworden ist.

32 So außer an unseren Stellen auch Jer. 34,9. 14 (von Deut. 15,12ff. abhängig) und 1. Sam. 14,21, wo die den Philistern hörigen, ihrer Herkunft nach aber vermutlich israelitischen »Hebräer« den freien Israeliten gegenübergestellt sind. Ich halte es nicht für ganz ausgeschlossen, daß auch in dem entstellten Text von Micha 2,8 statt מֵעֹבְרִים בֶּטַח vielmehr מֵעְבְרִים zu lesen und an die gleiche Bedeutung des Wortes zu denken ist; der dortige Prophetenspruch hat es durchaus mit dem Schicksal verarmter Kleinbauern in den Händen hartherziger Gläubiger zu tun. – Für Landsbergers Vermutung, עִבְרִי könne der normale Ersatz für das fehlende Gentilicium zu »Israel« gewesen sein (Kleinasiatische Forschungen 1 [1929], S. 329), fehlt meines Erachtens die Begründung in unserem Quellenmaterial; »der Israelit« heißt in alter Sprache אִישׁ יִשְׂרָאֵל »der Mann von Israel« (Richter 7,14), »(je) ein Israelit« אִישׁ (אִישׁ) מִבֵּית יִשְׂרָאֵל »(je) ein Mann vom Hause Israel) (Lev. 17,3 u. ö. – also gerade im Recht, wenn auch nicht im kasuistischen!).

33 Ex. 21,2. 5. 26f.; Deut. 15,12f. 18; Jer. 34,9ff.; von anderen Stellen vgl. besonders 1. Sam 17,25. Beide Wörter reflektieren offenbar in erster Linie auf den Besitz der so bezeichneten Personen an Grund und Boden und auf die mit ihm etwa verbundenen rechtlichen Lasten; עִבְרִי ist der Mann, der solchen Lasten erliegt, חָפְשִׁי der von ihnen freie. Daß dem Hebräischen die Verwendung von Nisbebildungen wie diesen zur Bezeichnung der Zugehörigkeit von Menschen zu einer bestimmten Rechtskategorie auch sonst nicht fremd war, zeigt das Wort עֲרִירִי »kinderlos«, das immer mit dem Gedanken an die rechtlichen Folgen der Situation einer aussterbenden Familie gebraucht wird (Gen. 15,2; Lev. 20,20f.; Jer. 22,30). – Der Weg von der gewonnenen rechtlichen Grundbedeutung des Wortes עִבְרִי zu seiner sekundären Verwendung als Surrogat für den Namen eines Volkes, das in Wirklichkeit eben nicht als selbständiges Volk respektiert, sondern als unterdrückte Klasse betrachtet und bezeichnet wird, ist nicht weit, also auch der Sinn der oben Anm. 31 genannten Stellen nicht zweifelhaft.

34 Die älteren Belege am vollständigsten bei Jirku, Die Wanderungen der Hebräer (1924); dazu Lewy, OLZ 30 (1927), Sp. 738ff.; Landsberger, a. a. O., S. 321ff. Einen großen Zuwachs aus Urkunden von Nuzi in Mesopotamien (15. Jahrhundert) hat Chiera angekündigt (AJSL 49 [1933], S. 115ff.); dazu einstweilen Speiser, Annual of the American Schools of Oriental Research 13 (1933), S. 34ff.; Saarisalo, Studia Orientalia V,3 (1934), S. 61ff. Der besondere Wert der neuen Urkunden für unseren hiesigen Zusammenhang besteht darin, daß sie das Wort *ḫabiru* in derselben engen Verknüpfung mit dem Rechtsvorgang der Selbstversklavung zeigen, die wir oben bei עִבְרִי gefunden haben, und daß sie ferner durch die sprachlich bunte Zusammensetzung der Namen der auftretenden *ḫabiru* sowie durch Angaben über ihre Herkunft aus verschiedenen Ländern den Gedanken an eine völkische Zusammengehörigkeit zwischen ihnen vollständig ausschließen. Für Chieras Vermutung, daß es sich bei den *ḫabiru* der Urkunden von Nuzi um Kriegsgefangene handle, kann ich in den von ihm mitgeteilten Texten eine tragfähige Grundlage nicht finden. – Daß sich auch die *ʿpr* ägyptischer Texte des Neuen Reiches dem gewonnenen Bilde einfügen, sei hier nur erwähnt; vgl. über sie neuerdings Wilson, AJSL 49 (1933), S. 275ff. [Weitere Belege und Literatur Kl. Schr. I, S. 168ff., und Jepsen, AfO 15 (1939) S. 55ff.]

35 Ex. 21,5f.; Deut. 15,16f.

36 Auch außerhalb des Deuteronomiums, in dem sich diese Erscheinung aus der Stilisierung des Ganzen als Rede Moses von selbst versteht.

37 Ex. 21,6.13; 22,7f. (ob der nicht streng kasuistisch formulierte, sachlich generalisierende Vers 22,8 original ist, kann hier dahingestellt bleiben). Der Jahwename in 22,10 ist sicher sekundär.

38 Auch in Form der Annahme, der Elohist habe diese Umgestaltung bei Gelegenheit der Einverleibung des Bundesbuches in sein Erzählungswerk vorgenommen.

39 Das kasuistische Recht Israels steht mit dieser profanen Haltung mindestens ebensoweit von den übrigen Rechtsgattungen ab wie im Codex Hammurapi das Corpus der Rechtsbestimmungen von den religiös gehaltenen Einleitungs- und Schlußabschnitten.

40 Um so seltsamer mutet es an, daß neuerdings Schmökel das kasuistische Recht den Israeliten von dem Halbnomadenstamm der Keniter zugekommen sein lassen möchte, von dem sie nach ihm und anderen auch die Jahwereligion übernommen hätten (JBL 52 [1933], S. 224ff.) Eine ernsthafte Begründung vermag er für diese These nicht beizubringen.

41 Auch mit dem obenerwähnten Gegenstück zu עִבְרִי, dem Worte חָפְשִׁי, verhält es sich schwerlich anders; denn es wird doch wohl mit dem Ausdruck *amēlūti ḫupši* zusammenhängen, mit dem der Dynast Rib-Addi von Byblos in den Amarnabriefen wiederholt seine bisher noch freien, jetzt aber durch Überschuldung bedrohten Bauern bezeichnet (Am. 77,36; 81,33ff.; 85,12ff. Knudtzon u. ö.). Vgl. dazu besonders Pedersen, JPOS 6 (1926), S. 103ff.

42 So neuerdings Jepsen, a. a. O., S. 76f., der an Sichem oder Gibeon, und Caspari (ZDMG N. F. 8 [1929], S. 107ff.), der an Hesbon denkt. Die Argumentation ist in beiden Fällen mit Voraussetzungen verquickt, die ich nicht für richtig halten kann.

43 Vgl. Alt, Die Landnahme der Israeliten in Palästina (Reformationsprogramm der Universität Leipzig 1925), S. 9ff. – Daß von der Oberhoheit der Pharaonen des Neuen Reiches über Palästina und Syrien in der zweiten Hälfte des 2. Jahrtausends v. Chr. ein wesentlicher Einfluß auf die dortige Rechtsgestaltung ausgegangen sein sollte, ist unwahrscheinlich.

44 Ebenda, S. 6ff.

45 Vgl. etwa Watzinger, Denkmäler Palästinas I (1933), S. 29ff.

46 So ist ja allem Anschein nach auch die allgemeine Verbreitung der babylonischen Schrift und Schriftsprache der Hyksoszeit zuzuweisen. [Vgl. Jepsen, AfO 15 (1951), S. 64ff.]

47 Wenn der Israelit der staatlichen Zeit von »Königsrecht« redet, denkt er an Heerbannfolge, Fron- und Abgabenpflicht, kurzum an staatliche Forderungen den einzelnen Reichsangehörigen gegenüber, mit denen das kasuistische Recht nicht das Mindeste zu tun hat (vgl. 1. Sam. 8,11ff.). An solche Dinge ist daher auch zu denken, wo von einem Erscheinen von Israeliten vor dem König oder seinen Beamten in Rechtssachen gesprochen wird (2. Sam. 15,2; 2. Kön. 4,13). Wie wenig sich noch in der mittleren Königszeit ein selbständiges königliches Gerichtswesen entwickelt hatte, zeigt besser als alles andere der Fall Naboths, eine Anklage wegen angeblicher Majestätsbeleidigung, die scheinbar sogar vom König selbst herbeigeführt war, aber von Anfang bis zu Ende vor der örtlichen Rechtsgemeinde ausgetragen wurde (1. Kön. 21 – in das Gebiet des kasuistischen Rechts gehörte dieser Fall freilich nicht; vgl. Ex. 22,27). Die veränderte Situation der späteren, vor allem der letzten judäischen Königszeit kommt hier nicht in Betracht.

48 Man könnte in diesen Zusammenhang 2. Sam. 20,18f. ziehen wollen, wo die im äußersten Norden Palästinas gelegene Stadt Abel Beth-Maacha als »eine Mutter in Israel« bezeichnet wird, bei der man sich in Rechtsfragen Rats zu erholen pflegte, und neben ihr

wohl (vgl. LXX!) die Nachbarstadt Dan genannt war, in deren Heiligtum (vgl. Richter 18) Gottesurteile ergingen. Aber es ist natürlich nicht auszumachen, worin die so geschätzte Rechtsautorität jener abgelegenen Stadt bestand und wie weit ihr Einfluß reichte, und unwahrscheinlich, daß gerade von ihr der Anstoß zur Übernahme des kanaanäischen Rechts durch ganz Israel ausgegangen sein sollte.

49 Vgl. dazu Noth, Das System der zwölf Stämme Israels (1930), besonders S. 97 ff., über die Frage eines Amphiktyonenrechts der um ein gemeinsames Heiligtum zusammengeschlossenen Stämme; [ders., Die Gesetze im Pentateuch 1940, S. 15 ff.].

50 Die Amtsdauerzahlen, die ohne weiteres addiert werden könnten, machen einen durchaus unerfundenen Eindruck.

51 Auch die knappen Mitteilungen über die einzelnen Träger des Amtes halten sich in der Islendingabok im gleichen Rahmen wie bei den kleinen Richtern im Richterbuch. Der große Unterschied ist nur der, daß in dem israelitischen Dokument das Verzeichnis der Amtsträger den ganzen Inhalt ausmacht, während es in der isländischen Schrift wieder und wieder durch Erzählungen über andere, mit den Gesetzsprechern nicht zusammenhängende Ereignisse unterbrochen wird, also eigentlich nur noch die Grundlage bildet und hauptsächlich als Vehikel der Chronologie dient.

52 Vgl. über dieses Amt, das sich ähnlich auch anderwärts im germanischen Völkerkreis nachweisen läßt, vor allem K. Maurer, Vorlesungen über altnordische Rechtsgeschichte IV (1909), S. 263 ff.

53 Für andere Zwecke, besonders zur stilistischen Erklärung des deuteronomischen Rechtsvortrags, hat schon Aug. Klostermann die isländischen Verhältnisse zum Vergleich herangezogen, dabei aber nicht so sehr an die kleinen Richter als vielmehr an das Bild Samuels in einer jüngeren Überlieferungsschicht (1. Sam. 7 f.; 12) als Gegenstück zu dem nordischen Gesetzsprecher gedacht (Der Pentateuch. Neue Folge [1907], S. 348 ff. und besonders S. 419 ff.).

54 Bei weiterer Verfolgung dieser Vermutung wäre die Frage aufzuwerfen, ob nicht Josua in die Reihe und vielleicht geradezu an die Spitze der Inhaber dieses Amtes gehört – nicht der Josua der ätiologischen Sagen von Jos. 1 ff., dessen Bild sekundär nach dem der charismatischen Heerführer ausgestaltet ist, wohl aber der von Jos. 24, der dem Gesamtvolk gleichzeitig mit seinem Zusammenschluß in der Verehrung Jahwes auf dem Landtag bei Sichem auch חֹק וּמִשְׁפָּט »Satzung und Recht« gab (Vers 25; vgl. auch seine Rolle in Jos. 17,14 ff.). Und sollte mit dem gleichen Amt nicht auch die Stellung des שֹׁפֵט »Richters« zusammenhängen, dessen Rat nach Deut. 17,8 ff. die Ortsgerichtsbarkeit in schwierigen Fällen ebenso einholen kann wie das Gottesurteil durch Vermittlung der lewitischen Priester? Daß der Deuteronomiker hier, wie man gemeint hat, an den König späterer Zeit gedacht haben sollte, wäre bei ihm ein arger Anachronismus.

55 Ich sehe dabei von der Vorführung aller Stellen ab, bei denen sich die Störung nur am Inhalt bemerklich macht, hingegen die kasuistische Stilform einigermaßen gewahrt ist (z. B. Jahwe-Eid Ex. 22,10).

56 Ex. 21,23–25.

57 Ganz stilgemäß ist die Bestimmung über den ersten Fall mit כִּי »gesetzt, daß«, die über den zweiten mit dem schwächeren אִם »wenn« eingeleitet, und »wenn aber ein Schaden entsteht« unterscheidet sich von dem vorausgegangenen »wenn kein Schaden entsteht« nur durch das Fehlen der Negation. Diese Zusammenhänge zerreißt der Vorschlag von Budde (ZAW 11 [1891], S. 108 ff.), unseren Passus von seiner überlieferten Stelle wegzunehmen und hinter die Bestimmung über Körperverletzungen zwischen streitenden Männern, also hinter 21,19 zurückzuversetzen, weil der in ihm ausgesprochene Grundsatz strenger Talion schon dort, ja dort sogar noch mehr als hier am Platze sei. Mit solcher Lo-

gik zu operieren hätte nur Sinn unter der von Budde gemachten, aber dem Tatbestand widersprechenden Voraussetzung, daß alle hier in Betracht gezogenen Verse mit Einschluß von 21,23ff. aus dem Schreibrohr eines und desselben Schriftstellers geflossen wären. Bei einem sekundären Einsatz, wie er uns in 21,23ff. in Wirklichkeit vorliegt, hat man sehr viel mehr mit der Irrationalität solcher Vorgänge zu rechnen. Übrigens würde natürlich auch die Versetzung von 21,23ff. hinter 21,19 nichts an der Tatsache ändern, daß diese Talionsformel ein fremdes und sekundäres Element im kasuistischen Corpus ist. Die Lücke hinter 21,19 (oder wohl richtiger hinter 21,18, da mit 21,19 wahrscheinlich schon der zweite Unterfall des Abschnittes beginnt) ist erträglich; denn was hier ursprünglich im kasuistischen Corpus über die Rechtsfolgen einer Körperverletzung beim Streit mit tödlichem Ausgang gestanden haben mag, wird mit Absicht einfach gestrichen und durch nichts anderes ersetzt worden sein, weil dieser Fall jetzt nach den Bestimmungen des vorausgehenden Abschnitts über Mord und Totschlag (21,12ff.) behandelt werden sollte.

58 Fragmentarische Zitate finden sich schon in anderen israelitischen Rechtsbüchern, immer in anderen Zusammenhängen (Lev. 24,20; Deut. 19,21). Dabei fällt das Prädikat des Satzes regelmäßig weg.

59 Näheres hierüber (doch ohne volle Erkenntnis der literarischen und sachlichen Spannung) bei J. Weismann, Talion und öffentliche Strafe im mosaischen Rechte (Festschrift für Adolf Wach [1913]), S. 24ff.

60 Dies gilt besonders auch für den Fall, daß bei dem אָסוֹן »Schaden«, der der schwangeren Frau zustoßen könnte, etwa nur an den tödlichen Ausgang gedacht ist, wofür die sonstige Verwendung des Wortes zu sprechen scheint.

61 Die gleiche Einstellung bekundet sich in den viel weitergehenden Talionsforderungen eines stolzen Nomadenstammes Gen. 4,23 (mit wörtlichen Anklängen). Gegen solche Überspannungen des Vergeltungsprinzips richtet sich wohl von Hause aus die Formel von Ex. 21,23ff. im Sinne der Mäßigung – ein Anzeichen für ihre Herkunft aus den Anschauungen der Wüste und ein Beweis mehr für den sekundären Charakter ihres Eindringens in das so ganz anders geartete Recht des Kulturlands!

62 [Weiteres zu ihr Kl. Schr. I, S. 341ff.]

63 Ex. 21,14.13. Daß die Sätze im kasuistischen Corpus diese Reihenfolge hatten, geht nicht nur aus der Verteilung der Konjunktionen כִּי (21,14) und אִם (jetzt entstellt zu אֲשֶׁר; 21,13), sondern auch aus der Tatsache hervor, daß nur der Vordersatz von 21,14 die an der Handlung beteiligten Personen nennt, hingegen der von 21,13 ihre Bekanntschaft sowie die Kenntnis der gemeinten Handlung einfach voraussetzt. Die Umstellung ist erst durch die sekundär angestückten Nachsätze verursacht, die das Asylrecht der Heiligtümer Jahwes verkünden und darum zuerst positiv von dessen Geltungsbereich reden müssen, bevor sie seine Einschränkung erwähnen können. Daß den kasuistischen Vordersätzen trotzdem ihre ursprüngliche Formulierung erhalten blieb, die auf die umgekehrte Reihenfolge berechnet war, ist erstaunlich.

64 Vgl. hierzu und zum Folgenden außer Weismann, a. a. O., besonders Merz, Die Blutrache bei den Israeliten (1916), S. 93ff. (ohne konsequente Scheidung der literarischen und sachlichen Elemente).

65 Darum ist es kein Wunder, daß die Asylbestimmungen erst auf dem Weg störender Korrekturen in das ganz auf die Bedürfnisse der profanen Gerichtsbarkeit zugeschnittene kasuistische Recht eindrangen. Auch die kasuistischen Rechte der anderen altorientalischen Völker nehmen auf die etwaige Existenz sakraler Asyle keinerlei Rücksicht, und es wäre falsch, in ihrem Schweigen einen Beweis für das Fehlen dieser Einrichtung im alten Orient zu sehen.

66 Noch weiter veranschaulicht und zugleich kompliziert wird der Kompromißcharakter die-

ser Lösung durch die stark säkularisierten Asylbestimmungen des Deuteronomiums, nach denen sich im Falle des Mörders der ganze Hergang in den Stufen: Flucht zum Asyl – Freigabe an die Ortsgerichtsbarkeit – Auslieferung durch diese an den Bluträcher abspielt (Deut. 19,11ff.). Da macht also sogar das alte Sippenrecht der Blutrache, das in den Bestimmungen des Bundesbuches gar nicht zu Worte kommt, aber natürlich mit den dortigen asylrechtlichen Sätzen, wenn sie allein stünden, ohne Schwierigkeit verbunden werden könnte, seine Ansprüche noch erfolgreich geltend. Von einer Freigabe des Totschlägers aus dem Asyl, etwa nach Erledigung eines Rechtsverfahrens durch die Ortsgerichtsbarkeit im Sinne des kasuistischen Rechts, ist im Deuteronomium keine Rede (19,1ff.).

67 Die Frage kann hier nur aufgeworfen werden, ob dieser stark sekundäre Charakter der asylrechtlichen Sätze vielleicht mit einem späten Aufkommen der Institution bei den Israeliten zusammenhängt. Es wäre sehr wohl denkbar, daß sie das Asylrecht in entwickelter Form erst bei und nach ihrer Landnahme in Palästina an den dortigen Heiligtümern der älteren Bevölkerung kennenlernten, mit diesen übernahmen und dann auf die nur sehr allmählich an Zahl zunehmenden Neugründungen von Jahweheiligtümern übertrugen. Wieweit es bei ihnen schließlich verbreitet war, steht dahin; Deut. 19,1ff. gibt dafür kaum einen Anhalt.

68 Ex. 21,12.

69 Gen. 4,10.

70 Deut. 21,1ff.

71 Statt weiterer Belege mag hier der Hinweis auf die grundsätzliche Formulierung von Gen. 9,6 genügen, die den apodiktischen Stil nachahmt: »Wer Menschenblut vergießt, durch Menschen soll sein Blut vergossen werden«. Lev. 24,17 hängt von unserer Stelle direkt ab.

72 Ex. 21,15–17. In dem Satz über Menschendiebstahl halte ich die Worte »oder sei es, daß er noch in seiner Hand gefunden wird« für einen Zusatz, der durch seinen Subjektwechsel stört. Der ursprüngliche Satz faßte nur die Tatsache des vollendeten Menschendiebstahls ins Auge.

73 Ex. 22,18. Das dem partizipialen Subjekt vorangestellte כָּל־ »jeder« halte ich für eine stilfremde Zutat, die die Allgemeingültigkeit des Satzes noch stärker betonen will, in Wirklichkeit aber nur abschwächt.

74 Ex. 22,19 (also unmittelbar nach dem soeben zitierten Satz). Ich rekonstruiere den Text: זֹבֵחַ לֵאלֹהִים אֲחֵרִים מוֹת יוּמָת· Seine Einstellung ist dadurch zustandegekommen, daß zunächst אֲחֵרִים »andere« zu יָחֳרָם »muß mit dem Bann belegt werden« verlesen wurde; daraufhin wurde das ursprüngliche Prädikat מוֹת יוּמָת als überflüssig empfunden und gestrichen, und andererseits bedurfte jetzt das mehrdeutig gewordene לאלהים »Göttern« oder »Gotte« einer Ergänzung, die ihm durch den nachhinkenden Zusatz »außer Jahwe allein« am Ende des Verses zuteil wurde. Für אֲחֵרִים tritt übrigens noch die samaritanische und ein Teil der griechischen Textüberlieferung ein.

75 Ex. 31,14f. (vgl. auch Num. 15,35). Der Urform dürfte Ex. 31,15 am nächsten stehen, etwa עֹשֶׂה מְלָאכָה בְּשַׁבָּת מוֹת יוּמָת.

76 Lev. 20,2 (Anfang in fremdem Stil stark ausgeweitet, Zusatz am Schluß).

77 Lev. 20,9–13. 15–16 (viele Zusätze).

78 Lev. 20,27 (Zusätze).

79 Lev. 24,16 (in der Urform erhalten, aber mit Zusatz am Schluß). Daneben steht Vers 17, eine Abwandlung des Satzes gegen Tötung von Menschen (Ex. 21,12).

80 Lev. 27,29 (mit Zusätzen); Urform etwa כָּל־חֵרֶם מִן־הָאָדָם מוֹת יוּמָת. Vgl. noch Num. 35, 16ff. 21. 31. Es ist bemerkenswert, daß der Deuteronomiker nicht einen Satz in diesem seiner eigenen Diktion so fern liegenden Stil festgehalten hat.

81 Die Umsetzung in den Plural in den sexuellen Sätzen Lev. 20,11. 12. 13 ist die Folge der Mitberücksichtigung der an den Handlungen beteiligten Frau und jedenfalls sekundär; in Vers 10 hat sie der masorethische Text noch nicht.

82 Diesen genetischen Zusammenhang verkennt Jirku, wenn er a. a. O. lediglich nach dem Unterschied zwischen »Partizipial-« und »Er«-Formulierung seine Reihen bildet.

83 Solche Möglichkeiten kommen vor allem in Betracht bei dem Satz gegen Kinderopfer an Melech (Lev. 20,2) im Verhältnis zu dem gegen Opfer an andere Götter überhaupt (Ex. 22,19), obwohl ja die Sonderart des Melechkultus das Bedürfnis einer besonderen Erwähnung verständlich macht, und bei den sexuellen Sätzen (Lev. 20,10ff.), obwohl man da gewiß von vornherein mit einem Nebeneinander mehrerer Sätze rechnen muß (vgl. Deut. 27,20. 22f.).

84 Lev. 20,2. 27; 24,16 (vgl. auch Num. 15,35f.). Ein anschauliches Bild gibt die Darstellung des Rechtsverfahrens gegen einen widerspenstigen Sohn, das man wohl als Anwendung des Satzes von der Todeswürdigkeit der Verfluchung der Eltern (Ex. 21,17; Lev. 20,9) betrachten darf, in Deut. 21,18ff.: Vorführung und Beschuldigung des Übeltäters durch seine Eltern vor der Ortsgerichtsbarkeit – Steinigung durch alle Männer der Ortschaft.

85 Von der Umrahmung des Stückes wird unten die Rede sein. Parallelen zu den einzelnen Sätzen gibt es anderwärts nicht.

86 Man könnte ihn für sekundär halten und annehmen, daß er vielleicht einen echten zwölften Satz verdrängt oder ersetzt hat. Doch vgl. oben Anm. 80 über Lev. 27,29 als ähnlich gestalteten Abschluß der Aufzählung todeswürdiger Verbrechen.

87 Bei dem ersten Satz ist die Rekonstruktion der partizipialen Formulierung aus den überlieferten Worten nicht schwer, etwa אָרוּר שָׂם פֶּסֶל בַּסָּתֶר »Verflucht, wer ein Kultbild im geheimen aufstellt«; bei dem letzten Satz wäre ein viel tieferer Eingriff notwendig.

88 So in Vers 15. 19. 20. 22. 25.

89 Lev. 18,7–17. Ein zwölftes Glied der Reihe könnte man aus Vers 18 durch Umbildung rekonstruieren.

90 In Ex. 23,1b wird אַל sekundär aus לֹא entstellt sein; in Ex. 23,7a ist das positive תִּרְחָק »du wirst dich fernhalten« vielleicht für ein gegensinniges Wort mit Negation eingesetzt.

91 Das letztgenannte Merkmal fehlt in Ex. 23,1f., was für eine besondere Herkunft dieser Sätze sprechen könnte.

92 Über diese Bedeutung von נָשִׂיא vgl. Noth, a. a. O., S. 97. 151ff.

93 Ich zähle die offensichtlich sehr durcheinander geworfenen Bruchstücke in derselben Reihenfolge auf wie oben die in ihnen genannten Personen: Ex. 22,27a. b. 20 (mit Zusätzen). 21. 17. Es fehlt wohl sicher ein Satz gegen die Verletzung der Scheu vor den Eltern, wie er sich in den anderen Reihen regelmäßig findet (vermutlich ist er gerade darum – speziell wegen Ex. 21,15. 17 – als nicht mehr nötig hier weggelassen worden). Wenn aber die Reihe der zu scheuenden Personen aus mindestens fünf oder (falls Witwe und Waisenkind urspünglich getrennt behandelt waren) sogar auch sechs Gliedern bestand, so ist es höchst unwahrscheinlich, daß dem von Hause aus nur die Zauberin als zu verabscheuende Person gegenübergestellt gewesen sein sollte; an anderen Kategorien von Personen, die die Religion Jahwes im Bereich Israels nicht dulden wollte, weil sie im Dienste fremder Religion oder gar der Magie standen, war ja auf dem Boden Palästinas seit alters kein Mangel (vgl. oben Lev. 20,27). Nehmen wir an, daß die zu verabscheuenden Personen in der Reihe ursprünglich mit ebensovielen Verbotsätzen bedacht waren wie die zu scheuenden, so erhalten wir wieder einen Grundbestand von zehn oder zwölf Gliedern. – Die metrische Form scheint hier überall (bei Betonung der Negation) die des Dreiers gewesen zu sein.

94 So wollte Merx (Die Bücher Moses und Josua [1907], S. 32) die Reihe nennen; ich würde sie eher als einen Richterspiegel bezeichnen.

95 Ex. 23,1–3. 6–9 (mit vielen Zusätzen). – Als metrische Form des Grundbestands wird man die des Vierers anzusehen haben; doch ist seine Rekonstruktion nicht überall sicher. – Ableger in Lev. 19,15f.

96 Ex. 20,2–17; Deut. 5,6–18. Ableger des Dekalogs finden sich sowohl in der Rechtsliteratur (Heiligkeitsgesetz Lev. 19,3f. 11f. – mit Elementen aus anderen apodiktischen Reihen untermischt) als auch in Prophetensprüchen (Hos. 4,2; Jer. 7,9 – in beiden Fällen aufs äußerste verkürzt) und in einem noch zu besprechenden Psalm (81,10f. – hier in die Form von Doppeldreiern umgegossen). – Ich rede von dem Dekalog und nicht von einem, weil ich die zuerst von Goethe ausgesprochene Meinung, als läge uns in Ex. 34,10 (14)-26 noch ein zweiter und sogar der ursprüngliche Dekalog vor, aus dem jener andere erst durch Umbildung entstanden wäre, nicht zu teilen vermag. Der letztere Text wird vielmehr sowohl durch sein literarisches Verhältnis zum Bundesbuch wie durch seine gattungsmäßige Beschaffenheit als ein sekundäres Mischgebilde erwiesen, an dessen Aufbau priesterlich formulierte Bestimmungen über die kultischen Pflichten der Laien sehr viel stärker beteiligt sind als die apodiktischen Elemente aus dem Dekalog von Ex. 20. Über ihn neuerdings Pfeiffer, JBL 43 (1924), S. 294ff.; Morgenstern, Hebrew Union College Annual 4 (1927); [Rowley, BJRL 34 (1951) S. 81ff.].

97 Man wird also der durch den Tatbestand selbst gestellten Aufgabe nicht gerecht, wenn man den Dekalog einfach in seinen uns vorliegenden sekundären oder schon eher tertiären Fassungen hinnimmt und womöglich gar von da aus zu datieren versucht (so noch Meinhold, Der Dekalog [1927], S. 14ff.).

98 Man vergleiche die Rekonstruktion bei R. Kittel, Geschichte des Volkes Israel [6]I (1923), S. 383f.

99 So der Vorschlag von Hans Schmidt, Eucharisterion (Festschrift für Gunkel [1923]), S. 78ff.

100 So Sellin, Geschichte des israelitisch-jüdischen Volkes I (1924), S. 883f.

101 Da das Hebräische kein Verbum für »haben« besitzt, war die Formulierung »Es wird dir kein Gott außer mir sein«, in der ja das »Du« noch mit enthalten ist, durchaus die gegebene und der dann folgende Übergang zu Sätzen mit »Du« als Subjekt leicht zu vollziehen. Anders wäre es, wenn jener Satz im Inneren der Reihe stünde.

102 Da die kürzesten Sätze der Reihe Zweier, die längeren Vierer sind, ist man versucht, je zwei von jenen zu einem Vierer zusammenzunehmen, so daß je ein solches Paar mit einem der längeren Sätze metrisch annähernd auf der gleichen Stufe stünde. Ohne die Annahme wesentlicher Lücken im Grundbestand wäre jedoch ein solcher Versuch nicht durchführbar.

103 Es scheint mir ein Grundfehler der neuesten eingehenden Behandlung des Dekalogs (Volz, Mose [[2]1932]) zu sein, daß sie über diese Zusammenhänge völlig hinwegsieht und sich damit willkürlich der Heranziehung des nächstverwandten Quellenmaterials begibt, das ihr zur Vermeidung schwerer Irrtümer im ganzen und im einzelnen höchst nützlich hätte sein können. [Dasselbe Bedenken ist gegen Rowleys Argumentation, a. a. O., geltend zu machen.]

104 Über diesen Sinn des »Begehrens« vgl. Herrmann, Sellin-Festschrift (1927), S. 69ff. [und Kl. Schr. I, S. 333ff.].

105 Die sekundäre Umsetzung der Verbote der Arbeit am Sabbat und der Verfluchung der Eltern in positive Gebote war ein weiterer Schritt auf diesem Wege; die nunmehr gebrauchten Verba für heiligen und ehren sind viel weniger konkret und viel grundsätzlicher als die gegenteiligen Verba für arbeiten und fluchen, die wir für die Urformen der Sätze anzunehmen haben.

106 Die heute sehr beliebte Spätdatierung des Dekalogs bezieht ihre Argumente in der Re-

gel nicht aus gattungsgeschichtlichen Beobachtungen, sondern stützt sich hauptsächlich auf seine angebliche Abhängigkeit von der Verkündigung der Propheten des 8. Jahrhunderts oder noch späterer Zeit. Darin liegt meines Erachtens ebensosehr eine Unterschätzung dessen, was schon im alten vorprophetischen Recht Israels enthalten war, wie eine Überschätzung des Einflusses der Prophetie auf das Recht. [Vgl. L. Köhler, Theol. Rundschau N. F. 1 (1929), S. 161 ff.]

107 Man möchte erwarten, daß es bei dieser deutlichen Unterschiedenheit beider Rechte auch eine besondere Bezeichnung für die apodiktischen Satzreihen gegeben haben müßte, die sie von den kasuistischen מִשְׁפָּטִים deutlich abhob. Doch ist für eine solche in ihnen selbst normalerweise kein Platz; Über- und Unterschriften, in denen sie auftreten könnte, pflegen zu fehlen, und sonstige Bezugnahmen sind naturgemäß unsicher. So wird man sich zum Beispiel auf Deut. 27,26, wo im letzten der zwölf der Flüche deren ganze Reihe als דִּבְרֵי הַתּוֹרָה הַזֹּאת »die Worte dieser Weisung« bezeichnet zu sein scheint, kaum stützen können, da der Wortlaut dieses Verses, wie wir oben sahen, nicht für original gelten kann; und ebensowenig macht das noch blassere כָּל־הַדְּבָרִים הָאֵלֶּה »alle diese Worte« in der Einleitung zum Dekalog (Ex. 20,1; vgl. Deut. 5,5. 19) und in der anscheinend auf das Bundesbuch zurückblickenden Erzählung vom Bundesschluß am Gottesberg in der Wüste (Ex. 24,3 [hier zusammen mit כָּל־הַמִּשְׁפָּטִים]. 4) den Eindruck eines terminus technicus für diese Gattung. Eher könnte man einen solchen in dem Ausdruck חֻקֹּתַי »meine (Jahwes) Satzungen« sehen wollen, der in Lev. 20,8 am Schluß einer Art Vorrede zu einer Reihe von Sätzen aus der Aufzählung der todeswürdigen Verbrechen auftritt und sich doch wohl auf diese bezieht. Aber auch חֹק, חֻקָּה hat nach dem sonstigen Sprachgebrauch anscheinend einen weiteren als diesen gattungsmäßig begrenzten Sinn.

108 Für die Reihe der Verbote falschen Verhaltens gegen Tabu-Personen liefert uns der schon obenerwähnte Fall Naboth (1. Kön. 21) ein Beispiel der praktischen Anwendung in der Ortsgerichtsbarkeit.

109 Nur um Mißverständnisse auszuschließen, sei hier bemerkt, daß man sich selbstverständlich die Priester der Heiligtümer an der Ortsgerichtsbarkeit nicht beteiligt denken darf. Ihnen fehlt ja der Erbgrundbesitz der Laiengeschlechter (vgl. Deut. 18,1 f.) und damit die wesentlichste Voraussetzung zur aktiven Beteiligung an der normalen Rechtspflege; erst bei der Einholung eines Gottesurteils durch die Rechtsgemeinde treten sie in Aktion (Deut. 17,8 ff.).

110 Die Brüchigkeit des literarischen Zusammenhangs in Deut. 27 beeinträchtigt diese Feststellungen meines Erachtens nicht. Vgl. zu dem Abschnitt Mowinckel, Psalmenstudien V (1924), S. 74 ff.; Le décalogue (1927), S. 133 ff.; Noth, a. a. O., S. 144 ff.

111 Deut. 33,10.

112 Vgl. Noth, a. a. O., S. 65 ff.

113 Jos. 24,25. Übrigens wird diese Erzählung, wenn sie auch dem Wortlaut nach ein einmaliges Ereignis der Landnahmezeit darstellen will, zugleich als ätiologische Erklärung für einen regelmäßig wiederholten Akt im Heiligtum Jahwes bei Sichem dienen sollen. [Vgl. Kl. Schr. I, S. 81 ff. und 191 f.]

114 Deut. 31,9. In der Nebeneinanderstellung einer priesterlichen und einer bürgerlichen Tradentenkategorie verrät sich ein gutes Wissen um die Zusammensetzung des deuteronomischen Rechtsbuches aus Elementen, die ihrer Herkunft nach tatsächlich in der Pflege der einen oder der anderen dieser Kategorien standen.

115 Deut. 31, 10–13. Daß dabei kein bestimmtes Heiligtum mit Namen genannt, sondern jenes eine vorausgesetzt wird, von dem das Deuteronomium ständig redet, versteht sich bei dem deuteronomistischen Verfasser von selbst.

116 Ich komme hier also zu einem ganz anderen Schluß als Mowinckel, der in dem Abschnitt zwar auch schon den Versuch der Umbildung eines älteren Herkommens erkannte, dabei aber meinte, das Ursprüngliche sei ein Rechtsvortrag beim Laubhüttenfest jedes Jahres gewesen und das Neue in Deut. 31 sei die Beschränkung des Brauches auf das siebente Jahr mit Rücksicht auf den für alljährliche Verlesung zu großen Umfang des deuteronomischen Rechtsbuches (Psalmenstudien V, S. 108f.). Die Zweckwidrigkeit der Neuerung, die er damit dem Deuteronomisten zuschreibt, scheint Mowinckel nicht bedacht zu haben.

117 Das gilt natürlich zunächst nur für die Anfänge, in denen die strenge Geschiedenheit des apodiktischen Rechts vom kasuistischen vorausgesetzt werden muß, wenn seine Entstehung überhaupt begreiflich werden soll. Die Möglichkeit besteht durchaus, daß in späteren Stadien der Entwicklung nach der Übernahme des kasuistischen Rechts Stücke aus diesem mit den apodiktischen Satzreihen im Rechtsvortrag zusammengestellt wurden, wie Noth, a.a.O., S.97ff., für das Amphiktyonenrecht des um ein Heiligtum zusammengeschlossenen Bundes aller israelitischen Stämme vermutet. Das wäre dann noch im Stadium des mündlichen Vortrags eine Vorstufe der aus kasuistischem und apodiktischem Recht gemischten Gebilde, die uns literarisch fixiert im Bundesbuch und anderen israelitischen Rechtsbüchern vorliegen. Doch sind die einzelnen Stadien dieses Prozesses für uns nicht sicher greifbar.

118 Ex. 23,16; 34,22; Lev. 23,33ff.; Deut. 16,13ff. Die Erkenntnis des Charakters des Laubhüttenfestes als Neujahrsfest verdanken wir Volz, Das Neujahrsfest Jahwes (1912); vgl. ferner Mowinckel, Psalmenstudien II (1922), und H. Schmidt, Die Thronfahrt Jahwes (1927), die sehr viel weiter gehende Theorien darauf gründen. Die Skepsis, mit der neuerdings Pap die Dinge behandelt (Das israelitische Neujahrsfest [1933]), schießt meines Erachtens über das Ziel hinaus.

119 Ex. 23,10f.; Lev. 25,1ff. Das Aufkommen dieser Institution ist meines Erachtens nur in einer Zeit denkbar, in der die israelitischen Stämme das Halbnomadentum ihrer Vorzeit noch nicht ganz verlassen und mit dem Ackerbau zwar schon begonnen, ihn aber noch nicht zum Mittelpunkt ihrer Wirtschaft gemacht hatten. Man kann für dieses Stadium ebensogut an die letzte Zeit vor wie an die erste Zeit nach ihrer Landnahme in Palästina denken; ihr endgültiger Übergang zum Bauerntum hat sich sicher erst im Lauf langer Generationen vollzogen. [Vgl. Kl. Schr. I, S. 150f.]

120 Lev. 25,8ff. (10); Aufhebung aller Schuldverhältnisse im Sabbatjahr: Deut. 15,1ff.; Revision der Grundbesitzverhältnisse im Jobeljahr: Num. 36,1ff. Die späten Bestimmungen über das Jobeljahr dürfen zur Rekonstruktion der Bedeutung des Sabbatjahres herangezogen werden, da sie offenbar – anscheinend freilich nur in der Theorie – vom Sabbatjahr hergenommen und auf sein Quadrat übertragen sind, um auf diese Weise wenigstens in beschränktem Maße aufrechterhalten zu werden, nachdem der volle Übergang des Volkes zur Ackerwirtschaft die ursprüngliche Ordnung undurchführbar gemacht hatte. Man sollte daher das Jobeljahr nicht losgelöst vom Sabbatjahr zu verstehen suchen, wie es noch kürzlich durch Jirku auf Grund einer sehr schematischen Unterscheidung der stilistisch gesonderten Schichten in Lev. 25 (Reinhold-Seeberg-Festschrift [1929], S. 169ff.) und in anderer Weise durch Nikolskij mit schwerlich haltbarer Datierung der anders abgegrenzten Schichten (ZAW N. F. 9 [1932], S. 216) geschah. – Die Vermutung liegt nahe, daß die Aufhebung der bisherigen Rechtsverhältnisse an Grund und Boden im siebenten Jahr ursprünglich eine vollständige war, also eine Neuverlosung der Ackeranteile an die einzelnen Sippen zur Folge hatte, wie sie sich bei Halbnomaden öfters findet (vgl. etwa Musil, Arabia Petraea III [1908], S. 293f.; viel ungesichtetes Material bei Schaeffer, Hebrew Tribal Economy and the Jubilee [1922]; von da aus

würde sich die Erwartung eines künftigen γῆς ἀναδασμός in Juda bei Micha (2,4f.; entstellter Text) besonders gut erklären.

121 Ich berühre mich hier also mit den Ansichten Mowinckels (zuletzt Le décalogue, S.114ff.), jedoch mit dem Unterschied, daß ich den sakralen Akt des Rechtsvortrags und der Bundeserneuerung auf das Laubhüttenfest des siebenten Jahres beschränkt denke (und die von ihm herangezogenen sogenannten Einzugs-Thoroth wie Psalm 15 und 24,3–6, die eine andere Situation voraussetzen, beiseite lasse). – Auf die Tatsache, daß noch unter Esra die Gesetzesverlesung und -verpflichtung zum Laubhüttenfest stattfindet (Neh. 8), sei hier nur hingewiesen.

122 Der gleiche Zusammenhang gibt den Erzählungen von jenem ersten Bundesschluß den Charakter von Ätiologien für den Ritus der späteren Bundeserneuerungsakte und läßt vermuten, daß jene Erzählungen nach diesem Ritus gestaltet sind (vgl. Mowinckel, a.a.O.).

123 Angesichts dieser funktionellen Bedeutung der Worte für den Gesamtaufbau der Reihe kann ich Poebels Meinung, sie seien überhaupt nicht als selbständiger Satz zu verstehen, sondern in das folgende erste Verbot »Es wird dir kein fremder Gott neben mir sein« syntaktisch hineinzuziehen (Das appositionell bestimmte Pronomen der 1. Pers. sing. in den westsemitischen Inschriften und im Alten Testament [1932], S.53ff.), nicht für richtig halten; vgl. auch Bergsträßer, OLZ 37 (1934), Sp. 174.

124 Hymnischer Introitus: Vers 2–6a; Überleitung: Vers 6b-9; Dekalogzitat: Vers 10–11. Vgl. Mowinckel, Psalmenstudien II (1922), S. 152ff. u. ö.

125 Nur für die Fluchreihe von Deut. 27 gibt uns der Textzusammenhang selbst die Annahme ihrer Beheimatung im Jahweheiligtum bei Sichem an die Hand. Von anderen Heiligtümern kämen in erster Linie solche in Betracht, die früher oder später wie das bei Sichem als Versammlungs- und Kultusstätten der ganzen Volksgemeinde dienten; vgl. Noth, a.a.O., S.96 (Silo – ich würde auch an Gilgal bei Jericho denken).

126 Es bedeutet daher eine gründliche Verkennung der Eigenart des apodiktischen Rechts, wenn man, wie es häufig geschieht, aus dem Fehlen positiver Forderungen für den Kultus Jahwes in den apodiktischen Satzreihen, besonders im Dekalog, irgendwelche Schlüsse auf den Charakter der zugrundeliegenden Religion ziehen will. Der im Dekalog genannte Sabbat war von Hause aus lediglich durch das Verbot aller Arbeit charakterisiert und hatte in altisraelitischer Zeit (trotz Volz, a.a.O., S.45ff.) mit dem positiven Kultus Jahwes nichts zu tun.

Joachim Oelsner

Recht und Religion
Zum Vortrag von Albrecht Alt
»Die Ursprünge des israelitischen Rechts«

Albrecht Alt war ein Meister der historischen Rekonstruktion. Sein erster Vortrag an der Sächsischen Akademie der Wissenschaften vom 18. Februar 1933 zeigt dies in charakteristischer Weise. Die begeistert aufgenommene und als klassisch zu bezeichnende Untersuchung gilt zu Recht als grundlegend für die moderne rechtsgeschichtliche Forschung am Alten Testament und prägte für mehrere Jahrzehnte maßgebend das Bild vom altisraelitischen Recht.

Ausgehend von der Beobachtung, daß das im Alten Testament überlieferte Recht keineswegs so einheitlich ist, wie es zu sein vorgibt, und unter Anwendung der gattungs- bzw. formgeschichtlichen Methode, galten seine Überlegungen der Herkunft der uns vorliegenden Bestimmungen. Im Ergebnis erkannte er, daß zwei Typen von Rechtssätzen unterschieden werden können: einmal »das kasuistisch formulierte«, zum anderen »das apodiktisch formulierte Recht«. Das Nebeneinander der beiden Formen ist auf dem Hintergrund der Auseinandersetzungen des einwandernden israelitischen Stämmebundes mit den bodenständigen Kanaanäern zu sehen. Ist jenes gekennzeichnet durch konditionale, mit »wenn« eingeleitete Vordersätze und die für den Einzelfall geltenden Sanktionen im Nachsatz, so dieses durch Reihenbildungen, die ein Höchstmaß von Allgemeingültigkeit für den Rechtssatz anstreben. Haben die Israeliten ersteres nach der Seßhaftwerdung in Palästina kennengelernt und von den Kanaanäern übernommen, so liegt in letzterem die genuine Volkstradition vor. Obwohl außerhalb des Alten Testaments keine kanaanäischen Rechtssätze erhalten sind, ist im kasuistischen Stil der Zusammenhang mit der sonstigen altorientalischen Tradition unverkennbar. Das apodiktische Recht dagegen ist vom Jahweglauben Israels nicht zu trennen. In ihm wirkt »eine noch völlig ungebrochene aggressive Kraft, die schlechthin jedes Lebensgebiet dem unbedingten Herrschaftsanspruch des Willens Jahwes für sein Volk unterwerfen will.« Dies bedeutet, daß der Gott Israels die Grundlage des Rechtes bildet, dieses also religiös bedingt ist.

Albrecht Alts »Ursprünge« sind im Zusammenhang mit anderen Arbeiten des Verfassers aus der zweiten Hälfte der zwanziger und der ersten Hälfte der dreißiger Jahre zu sehen, die ihn in die Reihe der größten Historiker Altisraels in unserem Jahrhundert gestellt haben. Getrieben von der Frage nach der geschichtlichen Realität Israels in alttestamentlicher Zeit, hat er durch scharfsinnige Analyse ein neues Bild von den Vorgängen gezeichnet. Methodisch ging er von der Erkenntnis aus, daß im wesentlichen nur die schriftliche Überlieferung des Alten Testaments zur Verfügung steht. Diese hat eine lange Geschichte hinter sich, und die ursprüngli-

chen Sachverhalte müssen mühsam herauspräpariert werden. Aber auch die anderen für die Erfassung der historischen Wahrheit wichtigen Fachgebiete wurden berücksichtigt – historische Geographie ebenso wie rechtshistorische Fragestellungen, um nur einiges zu nennen. ALT war immer bemüht, zu einer Zeit, als der Begriff »interdisziplinäre Forschung« noch nicht geprägt und in aller Munde war, sämtliche für eine Problematik relevanten Fakten benachbarter Disziplinen in seine Arbeiten einzubeziehen. Dadurch gelang es ihm, das, was seiner Meinung nach für Israel als spezifisch zu gelten hat, deutlich gegen die altorientalische Umwelt abzugrenzen.

Es gehört zum Charme von ALTS Argumentation, daß er seine Ergebnisse überzeugend und in bestechender Klarheit vorgelegt hat. Selbst dort, wo die Quellenlage unzureichend ist und dementsprechend Fragen offenbleiben müssen, gelang es ihm, mit tiefgreifendem Verständnis für historische Entwicklungen ein abgerundetes Bild nachzuzeichnen, aber auch die Grenzen der Erkenntnis aufzuzeigen. Dies erklärt die große Wirkung, die von seinen Arbeiten ausging und geraume Zeit die Fachwissenschaft prägte.

Es konnte nicht ausbleiben, daß sich im Laufe der Zeit Widerspruch regte. Dieser verschaffte sich aber – und das zeugt von der Bedeutung und der Autorität ALBRECHT ALTS – im wesentlichen erst seit den sechziger Jahren Gehör. Vereinzelte, bereits in seinen letzten Lebensjahren erhobene Einwände setzten zwar die Diskussion in Gang, brauchten aber einige Zeit, bis sie wirksam wurden.

ALBRECHT ALT wird vorgeworfen, daß er mit seiner strikten Unterscheidung zwischen einerseits profan-kanaanäischem, andererseits genuin israelitischem, auf Jahwe begründetem Recht der Komplexität der Rezeption von Rechtstraditionen nicht gerecht wird. Diesem Mangel versucht man auf anderen Wegen abzuhelfen. So findet z. B. gegenwärtig die Redaktionsgeschichte der Rechtscorpora, die bei ALT kaum eine Rolle spielt, viel stärkeres Interesse. Vielfach wird darauf hingewiesen, daß Stilmittel des apodiktischen Rechts auch außerhalb Israels in der altorientalischen Überlieferung bezeugt sind. Selbst der Ursprung des apodiktischen Rechts als sakrales Recht des Bundes Israels mit Jahwe wird in Frage gestellt und dieses stattdessen als Sippenrecht der vorstaatlichen Zeit dem Bundeskult als junger Erscheinung gegenübergestellt, um nur einiges aus der Diskussion zu nennen.

Wir sind gegenwärtig weit entfernt von Einmütigkeit in der Bewertung des altorientalischen Rechts im allgemeinen und des Rechts des alten Israel im besonderen. Die Frage, inwieweit letzteres Teil der altorientalischen Rechtsvorstellungen ist oder ob sich in Israel Besonderheiten zeigen, die in der Religion Israels begründet sind, wird die wissenschaftliche Auseinandersetzung auch in Zukunft beschäftigen. Gegenwärtig bewegen sich die Meinungen zwischen zwei extremen Positionen: Auf der einen Seite wird die vollständige Integrierung des israelitischen Rechts in die altorientalische Rechtsgeschichte bei weitgehender Negierung der Unterschiede zwischen biblischem und Keilschriftrecht postuliert, auf der anderen wird die Differenzierung zwischen israelitschem Recht, das seine Legitimation durch Jahwe erhält, und der sonstigen altorientalischen Tradition mit dem König als Rechtsquelle betont.

Doch auch bei veränderter Fragestellung kann an ALTS Position nicht vorübergegangen werden. Sie bildet immer wieder einen Bezugspunkt, ebenso wie das *keilschriftliche Material aus Mesopotamien, Syrien und Kleinasien und in bestimmtem Maße auch die altägyptischen Rechtsvorstellungen.*

Interessanterweise ist ALBRECHT ALT in den »Ursprüngen des israelitischen Rechts« auf Vergleichsmaterial außerhalb des Alten Testaments kaum eingegangen, obwohl er es selbstverständlich gut kannte, wie seine sonstigen Arbeiten zeigen, und er es auch in den »Ursprüngen« gelegentlich zitiert. Es spielte jedoch hier für seine Fragestellung offensichtlich keine Rolle. Für ALT war die Erkenntnis wesentlich, daß in den besonderen Beziehungen Israels zu seinem Gott Jahwe auch das Recht eine spezifische Ausprägung erhielt, die den Anspruch auf Allgemeingültigkeit erheben konnte.

Die Auseinandersetzungen sind in den letzten Jahrzehnten nicht zur Ruhe gekommen, die Untersuchung ALTS ist jedoch immer noch als unübertroffene methodische Meisterleistung zu bewerten. Auch wenn heute manches anders gesehen wird als vor sechzig Jahren, wird ihr Studium zusammen mit den anderen grundlegenden Arbeiten des Verfassers immer noch als unverzichtbare Pflichtlektüre für jeden betrachtet, der sich ernsthaft mit der Geschichte des alten Israel beschäftigen will (RUDOLF SMEND). Dies gilt unabhängig davon, welche Position man zu der behandelten Problematik einnimmt. Eine solche Forderung ist auch nicht an wechselnde Zeitströmungen gebunden, die die Bewertung bestimmen. Darin liegt eine – in gewisser Weise zeitlose – Bedeutung dieser Untersuchung.

»Die Ursprünge des israelitischen Rechts« wurden in alle Ausgaben gesammelter Schriften von ALBRECHT ALT aufgenommen und auch ins Englische übersetzt (Neuausgabe 1989). Dem vorliegenden Abdruck liegt der Text der Originalausgabe zugrunde, ergänzt durch die Nachträge, die der Verfasser noch selbst in der Sammlung »Kleine Schriften zur Geschichte des Volkes Israel«, Bd. I (Beck'sche Verlagsbuchhandlung, München 1953) in den Anmerkungen beigefügt hat.

Theodor Litt

Das Allgemeine im Aufbau der geisteswissenschaftlichen Erkenntnis

1941

I. Die Praxis der geisteswissenschaftlichen Forschung

Seitdem die Geisteswissenschaften zum Bewußtsein ihrer Sendung erwacht sind, seitdem vollends die logische Besinnung auf ihre denkerische Leistung eingegangen ist, hat immer wieder eine Eigentümlichkeit dieser Wissenschaften ganz besonders die Aufmerksamkeit auf sich gezogen. Diese Eigentümlichkeit ist gegeben in Gestalt der Tatsache, daß die Geisteswissenschaften sich in zwei scharf unterschiedenen Klassen von Aussagen entwickeln. Ihre Aussagen beziehen sich einerseits auf Einmaliges, Individuelles – auf besondere Ereignisse, Taten, Werke, Personen, Gemeinschaften; sie beziehen sich andererseits auf Allgemeines – auf allgemeine Sachverhalte, Zusammenhänge, Abfolgen usw. In der Unterscheidung von »historischen« und »systematischen« Geisteswissenschaften gelangt dieser Gegensatz zu schärfster Ausprägung. Aber auch innerhalb der beiden hiermit unterschiedenen Gruppen kehrt er unübersehbar wieder. Denn einerseits wird kein Erforscher einer geschichtlichen Einzelerscheinung es sich nehmen lassen, seine Bemühungen um das Besondere durch solche Erwägungen zu unterbauen, die sich auf das zugehörige Allgemeine beziehen; ebensowenig wird er darauf verzichten, aus dem, was an dem Besonderen erkundet ist, Folgerungen zu ziehen, die über den Einzelfall hinaus ins Allgemeine vorstoßen. Andererseits ist es dem auf die Systematik irgendeines Kulturgebiets gerichteten Denken selbstverständlich, seine allgemeinen Sätze nicht nur durch den Rückgriff auf die einschlägigen Einzelbefunde zu erhärten, sondern auch in der Auslegung dieser Befunde zu erproben und zu bewähren. Es handelt sich also um ein Problem, das durch die gesamte Arbeit der Geisteswissenschaften hindurchgreift.

Dabei ist es durchaus nicht an dem, daß dieses für die Geisteswissenschaften so zentrale Problem nur für sie selbst von Bedeutung wäre. In diesen die Geisteswissenschaft bedrängenden Sorgen spezifiziert sich jenes »allgemeine«, d. h. über den Bereich jeder »besonderen« Wissenschaftsgruppe hinausgreifende Problem der Relation von Allgemeinem und Besonderem, das seit der Antike das philosophische Denken zu beunruhigen nicht aufgehört hat. Und zwar spezifiziert es sich hier in einer besonders lehrreichen Form. Denn während die anderen Wissenschaften sich um solche Erkenntnisse bemühen, in denen das Besondere als solches nicht vorzufinden ist, während sie sich also einseitig an dem Allgemeinen interessiert zeigen, wenden die Geisteswissenschaften ihre Teilnahme nicht weniger dem Besonderen als dem Allgemeinen zu. Sie tun es mit einer solchen Eindringlichkeit, daß eine einflußreiche Wissenschaftstheorie in ihrer »individualisierenden« Tendenz geradezu ihr unterscheidendes logisches Kennzeichen hat sehen wollen. Daß den Geisteswissenschaften am Besonderen so viel gelegen ist, das hat zur Folge, daß das Besondere nicht weniger als das Allgemeine, im Verein mit dem Allgemeinen, in ihren Ergebnissen angetroffen wird. Das läßt erhoffen, daß für die Klärung des allgemeinen Problems, welches dem Denken in der Relation Allgemeines-Besonderes aufgegeben ist, aus einer Analyse der Geisteswissenschaften besonders viel, ja vielleicht der entscheidende Aufschluß zu gewinnen ist.

Und nun zeigt es sich auch noch, daß dieses Problem, das scheinbar nur die wissenschaftstheoretische Reflexion angeht und beschäftigt, in Wahrheit den Kreis des in theoretischer Hinsicht Belangvollen weit überschreitet. Wie stets, so ist auch heute und gerade heute die wissenschaftliche Frage der theoretische Ausdruck einer Verlegenheit, die dem allgemeinen Bewußtsein der Zeit zu schaffen macht. Wenn eine Epoche von Tendenzen beseelt ist, die dem »Allgemein-Menschlichen« im Namen des rassisch und völkisch sich Besondernden den Krieg machen, ja geradezu das Dasein bestreiten, dann kann es nicht ausbleiben, daß die darin liegende Abneigung ihr Ursprungsgebiet überschreitet und das Allgemeine als solches, das Allgemeine überhaupt und schlechthin ergreift. Verdammungsurteile, die das Allgemeine in jeder Gestalt, also auch in Gestalt des allgemeinen Begriffs, vernichten wollen, sind heute an der Tagesordnung. Das Allgemeine gilt als Zuflucht jener schwankenden und feigen Seelen, die der Entscheidung für die konkrete Wirklichkeit (die stets eine einmalige und besondere sei) ausweichen möchten und sich deshalb in eine Zone der charakterlosen Indifferenz zurückziehen. Auch die Wissenschaft wird, soweit sie dem Allgemeinen zustrebt, den Verfallserscheinungen zugezählt, die das gesundende Zeitalter zu überwinden habe.[1] Bannflüche dieses Inhalts beweisen, daß es wahrlich nicht bloß eine interne Angelegenheit ist, der sich die Wissenschaft in der Bemühung um unser Problem widmet.

Wenn wir uns diejenige Beantwortung unserer Frage vor Augen stellen wollen, der vermutlich die Mehrzahl der im geisteswissenschaftlichen Forschungsbereich Tätigen, entweder auf Grund ausdrücklicher Besinnung oder auf Grund einer unreflektierten Gewißheit, zustimmen würde, dann müssen wir uns an denjenigen Philosophen wenden, dessen Wissenschaftstheorie den Vorzug hat, in enger Fühlung, ja in innigster Durchdringung mit der Praxis geisteswissenschaftlicher Arbeit entstanden zu sein: an W. DILTHEY. Ihn hat das uns beschäftigende Problem niemals losgelassen. Es kommt schon zur Sprache in der »Einleitung in die Geisteswissenschaften« (1883). Und es wird eingehend und eindringlich behandelt in der letzten und reifsten Untersuchung, die Dilthey der geisteswissenschaftlichen Erkenntnis gewidmet hat: dem »Aufbau der geschichtlichen Welt in den Geisteswissenschaften« (1910). Ausdrücklich greift er in dieser Abhandlung auf die Problemstellung der »Einleitung« zurück und fragt nach dem »Verhältnis, in welchem hier das Einmalige, Singulare, Individuelle zu allgemeinen Gleichförmigkeiten steht«[2]. Und er schlägt den Weg einer geistesgeschichtlichen Betrachtung ein, um auf die ihm zusagende Antwort hinzuführen. Er passiert zunächst die einseitigen Lösungsversuche und glaubt dann in einem Ausgleich der Gegensätze die endgültige Auskunft zu finden. Das Denksystem der Aufklärung ist ihm der in seiner Art imponierende Versuch, die verwirrende Vielfältigkeit der menschlichen Kulturschöpfungen zurückzuführen auf »gesetzliche Verhältnisse, in festen Begriffen darstellbar, die überall gleichförmig dieselben Grundlinien des wirtschaftlichen Lebens, der rechtlichen Ordnung, des moralischen Gesetzes, des Vernunftglaubens, der ästhetischen Regeln erwirken«[3]. Er läßt die Betrachtungsweise dieses »natürlichen Systems« abgelöst werden durch das entgegengesetzte Verfahren, in dem die »historische Schule« zu Allgemeinerkenntnissen vorzudringen suchte: Indem sie »die Ableitung der allgemeinen Wahrheiten in den Geisteswissenschaften durch abstraktes konstruktives Denken verwarf, wurde für sie die vergleichende Methode das einzige Verfahren, zu Wahrheiten von größerer Allgemeinheit aufzusteigen« ... »Die allgemeinen Wahrheiten bilden nach diesem Standpunkt nicht die Grundlage der Geisteswissenschaften, sondern ihr letztes Ergebnis«[4]. Ihm selbst scheint die Wahrheit in der Mitte zu liegen. Er leugnet eine Vorordnung, sei es des Allgemeinen, sei es des Besonderen; vielmehr findet er in den Geisteswissenschaften »alles durch das Verhältnis gegenseitiger Abhängigkeit bestimmt«[5]. Indem der Forscher eine Einzelerscheinung zu verstehen versucht, greift er auf die allgemeinen Sätze zurück, in denen die Erfahrung von dem Wesen geschichtlicher Zusammenhänge niedergelegt ist. Aber diese Erfahrung erweitert und bereichert sich hinwiederum, indem sie sich die mit ihrer Hilfe erforschte Einzelerscheinung einverleibt. So kommt es zu der These von der »gegenseitigen Abhängigkeit des Historischen und Systematischen«. Die Erkenntnis schreitet in der Weise fort, daß »sich das historische Wissen des Singularen und die allgemeinen Wahrheiten in Wechselwirkung miteinander entwickeln«[6].

Weshalb die in diesen Sätzen vorgetragene Auffassung dem in der Praxis der Forschung Stehenden einleuchten muß, ist leicht ersichtlich. Sie läßt der Geisteswissenschaft Befugnis und Vollmacht zu solchen Sätzen, die über die Vereinzelung der besonderen Feststellungen hinausführen und somit weitere Horizonte erschließen – und sie hält zugleich, indem sie jede allgemeine Aussage auf die Bewahrheitung im Besonderen verpflichtet, die Versuchung zu konstruktiven und spekulativen Aufstellungen, diesem Greuel jeder gewissenhaften Forschung, in aller Strenge ferne. Blick für das Große und Andacht zum Kleinen – beides scheint hier aufs glücklichste verbunden. In der Tat spricht sich ja in den angezogenen Sätzen nichts anderes aus als jenes stetige Ineinander des Allgemeinen und des Besonderen, das wir schon oben in der Arbeit sowohl der historischen als auch der systematischen Geisteswissenschaft zu bemerken glaubten. Insoweit wäre also gegen diese Entscheidung nichts einzuwenden. Es fragt sich nur, ob mit ihr das Problem in seiner ganzen Ausdehnung und in seiner Tiefe ermessen ist. In dieser Hinsicht aber muß uns schon eine sehr einfache, ja fast banale Beobachtung stutzig machen.

II. Die geisteswissenschaftlichen Induktionen und die allgemeinen Wortbedeutungen

Nehmen wir einen Abschnitt aus einem beliebigen geisteswissenschaftlichen Werke vor, das allgemeine Erwägungen mit der Darstellung des Individuellen verbindet, so überzeugen wir uns sofort, daß jene und diese, ihres logischen Unterschiedes ungeachtet, ein Entscheidendes gemeinsam haben: Sie sind sprachlich formuliert. Genauer gesagt: Es sind dieselben sprachlichen Formeln, die sich nach Belieben der Erörterung allgemeiner Sachverhalte und der Darstellung individueller Erscheinungen zur Verfügung stellen. Diese sprachlichen Formeln aber sind Symbole von Wortbedeutungen, denen nun ihrerseits wieder der Charakter der Allgemeinheit eignet. Ein Singuläres zu bezeichnen ist ausschließlich Sache der Eigennamen. Diese können denn auch in keiner Erörterung fehlen, die auf Individuelles Bezug nimmt. Aber was über dieses so benannte Individuelle erforscht ist und ausgesagt werden soll, das muß in allgemeine Wortbedeutungen gefaßt werden, damit es eben – die Form klarer Erkenntnis annehmen und mitgeteilt werden könne. Damit kompliziert sich das zur Erörterung stehende Problem in folgender Weise: Ein Allgemeines – nämlich die allgemeinen Wortbedeutungen – formt sich aus zu Sätzen einerseits allgemeinen, andererseits individuellen Inhalts.

Es sieht zunächst so aus, als ob an diesem doppelseitigen Sachverhalt nur die eine Seite zu weiteren Überlegungen Anlaß gäbe. Daß die allgemeinen Wortbedeutungen der Sprache sich zur Wiedergabe eines selbst wieder Allgemeinen schikken – das ruft keine Verwunderung hervor. Aber daß sie auch zum Ausdruck eines Besonderen taugen: In diesem Umstand scheint ein innerer Widerspruch zu liegen, der nach Auflösung verlangt. So versteht es sich leicht, daß Möglichkeit und Wesen der Dienste, die die allgemeinen Wortbedeutungen der geisteswissenschaftlichen Erkenntnis leisten, ganz vorzugsweise im Hinblick auf die individualisierenden Tendenzen dieser Erkenntnis, und das bedeutet: im Hinblick auf die Historie, erforscht worden sind.

Allerdings ist es nicht eigentlich Dilthey gewesen, dem diese Schwierigkeit zu schaffen gemacht hat. Zwar hat das Problem des »Ausdrucks« ihn wie wenige beschäftigt. Aber es war ihm nicht unter dem Gesichtspunkt wichtig, was der Ausdruck in der Erkenntnisbemühung des geisteswissenschaftlichen Forschers leistet: Nur als Moment am Gegenstand dieses Forschers trat es in seinen Gesichtskreis ein. Was ihn am stärksten bewegte, das war die Tatsache, daß menschlich-geistiges Leben nur unter der Voraussetzung dem Erkennen zugänglich wird, daß es sich in ausdrükkenden Akten und Gebilden »objektiviert«. Davon ist natürlich die andere Frage zu unterscheiden, welche Funktion die Ausdrücke der Sprache in dem geistigen Tun desjenigen verrichten, der an der Hand von solchen bereits vorliegenden Objektivationen zu dem in ihnen sich objektivierenden Leben den Zugang sucht. Diese Frage aber hat nun gerade die Aufmerksamkeit desjenigen auf sich gezogen, der die Erkenntnistheorie der Geschichte zur Strenge einer wirklichen Logik durchzubilden als seine Aufgabe ansah: H. RICKERT. Unmöglich kann ja eine Logik der historischen Begriffsbildung darüber hinwegsehen, daß dieselbe Historie, der es immer um die Erfassung des Individuellen zu tun ist, im Verfolg dieses Strebens und in der Fixierung seiner Ergebnisse sich ohne Unterlaß in der Region des Allgemeinen bewegt. Untrügliches Zeugnis dessen die allgemeinen Wortbedeutungen, in denen wir den Ertrag ihrer Bemühungen niedergelegt finden! Die Lösung, durch die Rikkert die hier vorliegende Schwierigkeit glaubt beheben zu können, ist sehr einfach. Seine Antwort lautet dahin, daß hier, anders als in den Naturwissenschaften, das Allgemeine lediglich in der Rolle eines unentbehrlichen »Mittels« auftrete, während der »Zweck« gerade die Erfassung eines Nicht-Allgemeinen, eines Einmaligen sei. Um überhaupt Erkenntnis, zumal mitteilbare Erkenntnis hervorzubringen, müsse sich das historische Denken der allgemeinen Wortbedeutungen als der »Bestandteile«, der »Elemente« bedienen, aus denen es das Bild des darzustellenden Besonderen »zusammenfüge«[7].

Aber in dieser Erörterung ist das Problem zwar aufgezeigt, aber nicht gelöst. Im Gegenteil: Es ist in Wendungen bezeichnet, die vom rechten Wege abführen. Alle die Ausdrücke, in denen hier die dienende Stellung des Allgemeinen gegenüber dem darzustellenden Besonderen bezeichnet wird, sind nichts weiter als äußerliche Analogien oder Bilder. Weder das Begriffspaar »Mittel – Zweck« noch die Vorstellung von einem »Zusammenstellen«, »Zusammenfügen«, »Kombinieren« von »Elementen« zu einem Ganzen ist geeignet, das logische Problem als solches durchsichtig zu machen. Und die Bedenken, die gegen diese Redeweise anzumelden sind, werden nur verstärkt durch den Umstand, daß sie den Vorstellungen, durch die der »gesunde Menschenverstand« sich die Leistung der Sprache verständlich zu machen versucht, aufs genaueste entspricht. Auch dem Alltagsdenken ist es selbstverständlich, in den Ausdrücken der Sprache nichts weiter zu sehen als die »Mittel«, die man wie bereitliegende Instrumente anwendet, um den »Zweck« der Kundgabe zu verwirklichen. Natürlich paßt dazu aufs beste die Annahme, daß man dieses Mittel, wenn nötig, auch in den Dienst eines Zwecks stellen könne, dem es in gewisser Hinsicht so wenig ähnlich ist. Die Beziehung, die in dem Begriffspaar »Mittel – Zweck« gedacht wird, ist von einer zu äußerlichen Art, als daß sie einer solchen Annahme im Wege stände. Und ebenso äußerlich und entsprechend variabel ist, wie offenkundig, auch die Beziehung, die als »Zusammenstellung« zu kombinierender »Elemente« vorgestellt wird.

Wenn dieser ganze Kreis von weitverbreiteten Vorstellungen, wie sich zeigen wird, an dem uns beschäftigenden Problem ein gründliches Fiasko erleidet, so tritt darin eine nur allzuoft übersehene Notwendigkeit zutage: die Notwendigkeit, die jeden Fortschritt der wissenschaftstheoretischen, ja sogar der erkenntnistheoretischen Einsicht an die Entwicklung der Sprachphilosophie bindet. Die Geschichte der genannten Disziplinen ist eine fortlaufende Chronik der Irrungen, in die sich das Denken verstricken muß, wenn es diese Verbindung zu pflegen versäumt, und es bleibt ein Ruhmestitel von HERDERS philosophischem Denken, diese Notwendigkeit in der Auseinandersetzung mit KANTS (die Sprache ignorierender) Erkenntnislehre energisch verfochten zu haben[8].

Der Irrtum, der sich in den beanstandeten Vorstellungen nur in bildlicher Verschleierung andeutet, nimmt greifbare Gestalt an, sobald Rickert darangeht, die »Mittel«-Funktion, die das Allgemeine in der geschichtlichen Erkenntnis zu verrichten habe, mit logischer Präzision zu bestimmen. Besonders aufschlußreich ist in dieser Hinsicht eine der von ihm aufgestellten Thesen. Sie besagt, daß der logische Akt, in dem über ein Besonderes geurteilt werde, der »Einordnung« dieses Besonderen in eine »Klasse« gleichkomme. Damit ein Besonderes in allgemeinen Wortbedeutungen dargestellt werden könne, müsse bereits eine wenn auch noch so primitive »Klassifikation« derjenigen Phänomene vorausgegangen sein, denen das zu bestimmende Besondere angehöre.[9] Danach wären die allgemeinen Wortbedeutungen, die im Aufbau der geschichtlichen Erkenntnis als »Bestandteile«, »Elemente«, »Mittel« fungieren, hinsichtlich ihres logischen Charakters den Begriffen der klassifizierenden Wissenschaft gleichzuachten.

Indem Rickert das in Rede stehende Allgemeine als Frucht einer Klassifikation interpretiert, rückt er es, was seinen logischen Charakter angeht, nahe an jenes Allgemeine heran, das DILTHEY in Gestalt der allgemeinen Sätze der Geisteswissenschaften vor Augen hat. Wiederholt bezeichnet der letztere das Vorgehen, durch welches die Geisteswissenschaften zu solchen allgemeinen Sätzen vordringen, als »ein der Induktion äquivalentes Verfahren«[10]. Das ist eine logische Kennzeichnung, die in dieselbe Richtung weist wie Rickerts »Klassifikation«. Zwar geht Dilthey nicht so weit, dasjenige, was die geisteswissenschaftliche Induktion leistet, einer in aller Strenge durchgeführten Klassifikation gleichzusetzen. Es ist ihm nicht verborgen, wie weit die geisteswissenschaftlichen Induktionen hinter der Exaktheit wirklicher Klassenbegriffe zurückbleiben.[11] Aber ein Entscheidendes ist den Verfahrensweisen gemeinsam, durch welche Rickert die allgemeinen Wortbedeutungen, Dilthey die allgemeinen Aussagen der Geisteswissenschaften entstanden glaubt: Ihre Möglichkeit hängt davon ab, daß das Denken eine Mehrzahl von zusammengehörigen Einzelphänomenen überblickt. Denn nur auf Grund einer vergleichenden Zusammenschau einer solchen Mehrzahl kann die Bildung des Klassenbegriffs bzw. die induktive Verallgemeinerung erfolgen. In beiden Fällen ist die Allgemeinheit des Erkannten gleich der »Gemeinsamkeit« dessen, was in mehr oder minder exakter Form an den Einzelerscheinungen übereinstimmend feststellbar ist. Im einen wie im anderen Falle wäre das Allgemeine die Frucht einer Zusammenfassung verglichener Einzelbefunde.

Allein ist nicht gerade dieser Parallelismus der logischen Auslegung geeignet, Bedenken hervorzurufen? Es macht eben doch einen gewaltigen Unterschied aus, ob man die allgemeinen Aussagen der Geisteswissenschaften – oder ob man die allgemeinen Wortbedeutungen, die wie jede Aussage so auch jede geisteswissenschaftliche Aussage und wie jede geisteswissenschaftliche Aussage so auch jede allgemeine geisteswissenschaftliche Aussage überhaupt erst möglich machen, auf ihren logischen Charakter hin befragt. Es ist eine durchaus nicht selbstverständliche, ja es ist eine zumindest recht fragliche These, daß diese letzteren, die, verglichen mit jenen ersteren, einen so viel fundamentaleren Charakter tragen, gleichwohl mit ihnen in der logischen Struktur übereinstimmen. Wenn die Begriffe »Induktion« und »Klassifikation« dasjenige, was in der weniger fundamentalen logischen Dimension geschieht, angemessen bezeichnen, so muß aufs schärfste geprüft werden, ob durch sie auch das in der grundlegenden Dimension Geleistete getroffen wird.

Freilich müßte diese Prüfung als ein nicht nur unnötiges, sondern geradezu sinnwidriges Bemühen erscheinen, wenn dasjenige zutreffend sein sollte, was als herrschende Auffassung vom Wesen des »Allgemeinen« bis heute im Schwange ist. Soweit das durchschnittliche Bewußtsein sich überhaupt über das im Denken Geleistete Gedanken macht, scheint es ihm selbstverständlich, daß, was immer an Allgemeinem in seinem Gesichtskreis auftaucht, nichts anderes sein könne als das Ergebnis einer denkenden Bemühung, die aus einer Vielzahl von vergleichend zusammengehaltenen »Fällen« das ihnen allen Gemeinsame herausholt. »Abstrakt« heißen ihm die Begriffe deshalb, weil es sie dergestalt aus einer Vielzahl von Befunden »abgezogen« glaubt. »Induktion« und »Klassifikation« sind ihm also zumindest die Normalform, zumeist die einzig mögliche Form der Bildung allgemeiner Begriffe. Die Zähigkeit, mit der diese Meinung sich behauptet, kann nicht in Erstaunen setzen, wenn man sieht, wie zahlreich auch im Bereich der zünftigen Philosophie diejenigen sind, die das Wesen des Allgemeinen auf diese Weise endgültig und erschöpfend bestimmt glauben. Wäre die fragliche Meinung im Recht, dann wäre die von uns in Zweifel gezogene logische Parallelisierung nicht nur als möglich zu erwägen: Sie wäre einfach selbstverständlich. Denn dann hätte ja alles Allgemeine einerlei Struktur.

Allein daß die Monopolisierung dieser Form des Allgemeinen nicht am Platze ist, das erweist sich schlagend gerade an demjenigen Allgemeinen, dessen logischer Charakter zur Erörterung steht: dem Allgemeinen der Wortbedeutungen.[12] Wir haben hier einen der nicht seltenen Fälle vor uns, in denen das Alltagsdenken, und leider nicht nur dieses, indem es einen Sachverhalt zu »erklären« bemüht ist, das durch die Erklärung Abzuleitende unvermerkt bereits der Ableitung zugrunde legt. Die allgemeinen Wortbedeutungen können aus dem einfachen Grunde nicht das Resultat einer Klassifikation sein, weil jede Klassifikation, sie sei so grob, oberflächlich und unsystematisch, wie sie wolle, das Gefüge der Wortbedeutungen, die Sprache, voraussetzt. Denn was ist es, was in jeder Klassifikation vor sich gehen muß? Es muß eine Mehrzahl von Erscheinungen in gegenständlicher Bestimmtheit und klarer Abgrenzung aufgefaßt werden. Es müssen an einer jeden dieser Erscheinungen gewisse Einzelzüge so gegeneinander abgesetzt und voneinander unterschieden werden, daß eine Ablösung des in die Allgemeinheit zu Erhebenden möglich wird. Es muß ein Vergleich der in Betracht kommenden Erscheinungen vorgenommen und ermittelt werden, in welchen der voneinander unterschiedenen Züge sie übereinstimmen. Und es muß endlich das an dem beschränkten Kreis der vorliegenden Befunde Abgelesene durch Verallgemeinerung (»Generalisierung«) zum Rang einer universalen Wahrheit erhöht werden. Wir brauchen uns nicht auf die Frage einzulassen, in welchem sachlichen und zeitlichen Verhältnis die hier aufgeführten Teilleistungen zueinander stehen (eine Frage, deren Beantwortung jener ganzen Lehre von der »Abstraktion« den Boden entziehen würde): Es genügt uns, festzustellen, daß das Gefüge dieser Leistungen nur als Werk des ausgebildeten Denkens möglich ist. Von diesem Denken aber läßt uns die Sprachphilosophie in zweifelfreister Form wissen, daß es nur Hand in Hand mit der sich vervollkommnenden Sprache zu der Entwicklungshöhe aufsteigen kann, auf der ihm dieses Werk vollziehbar wird. Unmöglich können die allgemeinen Wortbedeutungen der Sprache durch ein Verfahren hervorgebracht sein, dessen Ausübung überhaupt nur im Bunde mit dieser Sprache möglich ist.

Nun wäre es denkbar, daß die Gegenseite dieser ganzen Überlegung ihre Zustimmung nicht verweigerte und gleichwohl an der Behauptung festhielte, die allgemeinen Wortbedeutungen seien, soweit sie in der Wissenschaft überhaupt und speziell in der Geisteswissenschaft auftreten, den Begriffen des klassifizierenden Denkens äquivalent. Denn – so könnte es heißen – wenn auch die Entstehung der allgemeinen Wortbedeutungen dem klassifizierenden Denken nicht gutgeschrieben werden dürfte, so sei damit keineswegs ausgeschlossen, daß dasselbe klassifizierende Denken sich der bereits entstandenen Wortbedeutungen bemächtige, um sie nach Maßgabe seiner logischen Bedürfnisse um- und emporzubilden, d.h. logisch zu präzisieren und so für wissenschaftliche Verwendung tauglich zu machen. Sofern die in Betracht kommenden Disziplinen auf den Titel der Geisteswissenschaften nicht zu verzichten gewillt seien, müsse ihnen die logische Säuberung und Präzisierung der durch die Sprache ihnen zugetragenen Wortbedeutungen selbstverständliche Pflicht sein.

Die damit gestellte Forderung wirkt um so überzeugender, als es eine umfassende Gruppe von Wissenschaften gibt, in der man sie in vollkommenster Form erfüllt findet. Soweit die Naturwissenschaften sich noch der aus der gewachsenen Sprache herkommenden Ausdrücke bedienen, werden sie von ihnen genau der Bearbeitung unterworfen, deren Richtung soeben gekennzeichnet wurde. Es ist die Bestimmung der »Definition«, aus den von der Sprache übernommenen Ausdrücken die ihnen im Alltagsgebrauch anhaftende Unbestimmtheit und Vieldeutigkeit bis auf den letzten Rest auszutreiben. Warum sollte, was diese Wissenschaften willig auf sich nehmen, den Wissenschaften vom Geist erlassen werden? Warum sollten sie sich eine Bemühung ersparen dürfen, deren Möglichkeit und deren Erfolg durch die Naturwissenschaften außer Zweifel gestellt sind?

Auf diese Frage geben die Geisteswissenschaften gerade in denjenigen Aussagen, die auf Individuelles zielen, also in den Aussagen der Historie, die unzweideutigste Antwort. Prüfen wir die Voraussetzungen, durch welche Aussagen dieser Art möglich werden, dann wird es uns zur Gewißheit, daß eine Befolgung der ausgesprochenen Forderung die Aufgaben der individualisierenden Erkenntnis unerfüllbar machen würde. »Klassifikation« bedeutet nun einmal Absehen vom Besonderen zugunsten des den Einzelphänomenen Gemeinsamen. Keine »Kombination« der auf diese Weise gewonnenen »Begriffselemente« vermöchte nun doch wieder zu einem Besonderen und Einmaligen zurückzuführen. Die »Zusammenfügung« von lauter Allgemeinheiten würde höchstens ein näher bestimmtes Allgemeines, also ein Allgemeines von geringerem Allgemeinheitsgrade ergeben. Wollte die Geisteswissenschaft es darauf anlegen, den von ihr herangezogenen Wortbedeutungen das Gepräge klassifizierender Allgemeinheit zu geben, so würde sie sich damit automatisch von der Möglichkeit individualisierender Erkenntnis absperren. Fähig ist sie dieser Erkenntnis nur in vollkommener Solidarität mit einer Sprache, deren Bedeutungen gerade *nicht* den Charakter klassifizierender Allgemeinheit tragen.

Daß es eine solche Sprache gibt und von welcher Art die in ihr vereinigten Bedeutungen sind, darüber gewinnen wir Klarheit, sobald wir auf jenen ursprungsnäheren Zustand der Sprache hinblicken, der das klassifizierende Denken wegen seines Mangels an »Präzision« so wenig befriedigt. Es ist die noch im Prozeß wachstümlichen Lebens stehende, die noch nicht vom scheidenden Verstand beschlagnahmte Sprache, in der wir das Gesuchte vor uns haben. Gerade im Stadium ihres *Werdens* gibt sie uns von den Möglichkeiten, auf die das individualisierende Erkennen angewiesen ist, die überzeugendsten Proben. Ob wir uns nun an die überlieferten Zeugnisse urtümlicher Sprachgestaltung halten, ob wir die Vorgänge beobachten, in denen fort und fort vor unseren Augen sprachliches Leben sich neu erzeugt – immer wieder finden wir uns einer Sprache gegenüber, deren Sinnstruktur sich recht eigentlich in kontrastierender Abhebung von Formen und Forderungen klassifizierenden Denkens bestimmt. Und zwar ist es gerade das Verhältnis dieser Sprache zum Besonderen, an dem dieser Kontrast mit letzter Schärfe hervortritt. Zwei streng zusammengehörige Tatsachen treten an ihr hervor. Es ist, von der Seite des Objekts her gesehen, das Besondere in seiner ganzen Konkretheit, das durch den sprachlichen Ausdruck ergriffen und festgehalten sein will.[13] Es ist, von der Seite des Subjekts her gesehen, die lebendige Teilnahme des ganzen Menschen an diesem bestimmten Besonderen, die der Seele den benennenden Ausdruck entlockt und als unverlierbaren Besitz einprägt. Dieses zweipolige Verhältnis ist, wie offenkundig, das genaue Widerspiel der Beziehung, die das klassifizierende Denken zwischen Objekt und Subjekt stiftet. Denn wo sie in Kraft tritt, da hat das Konkrete dem Allgemeinen den Platz zu räumen, und die persönliche Ergriffenheit des ganzen Menschen muß der kühlen Sachlichkeit der reinen Betrachtung weichen. Nun scheint es freilich, wenn man beide Relationen dergestalt nebeneinanderstellt, als könne unmöglich in jener ersteren das gelingen, was diese letztere fertigbringt: nämlich eine Mehrzahl von Erscheinungen in umfassendem Ausdruck zu vereinigen. Das Subjekt hat, so möchte man meinen, nur die Wahl, entweder sich in das Besondere zu versenken oder sich zum Allgemeinen zu erheben – es hat, so scheint es, zu wählen zwischen der Hingenommenheit dessen, der das Viele verschmäht, um des Einen sicher zu sein, und der Reserve dessen, der von dem Einen abläßt, um das Viele zu beherrschen. Wäre diese Alternative zwingend, so könnte aus der an erster Stelle genannten Situation alles andere, nur nicht – Sprache hervorgehen. Denn Sprache, d. i. ein Gefüge von Wortbedeutungen, liegt nur dort vor, wo der Ausdruck über die Einmaligkeit des vergänglichen Eindrucks hinausgeht. Eine Sprache, die nur Eigennamen enthielte, ist ein Unding. Allein die Alternative besteht nicht zu Recht. Daß der Ausdruck der lebendigen Sprache ursprünglich so ganz dem Besonderen verhaftet und so tief in dem Erleben dieses Besonderen verwurzelt ist, das nimmt ihm nicht die Möglichkeit, mit einem anderen Besonderen eine ebenso innige Verbindung einzugehen. Man irrt, wenn man meint, das Subjekt könne nur unter der Voraussetzung diese Übertragung vorzunehmen den Anreiz verspüren, daß es den Bund mit dem ersten Konkreten löse und sich auf den Standpunkt einer Betrachtung zurückziehe, die das Eine und das Andere, das Frühere und das Spätere als Objekte vergleichender Zusammenschau vor Augen hätte. Damit im zweiten Falle der nämliche Ausdruck zum Erklingen komme, ist nur dies erforderlich, daß das Subjekt sich von einem wiederum in voller Konkretheit Gegenwärtigen ähnlich so in der Totalität seines Gemüts angesprochen fühle, wie es ihm von seiten des ersten Besonderen widerfuhr. Ist ihm nur ähnlich so »zumute« wie damals, dann wird, ohne daß es erst der Reproduktion des Vergangenen und des prüfenden Vergleichs bedürfte, der nämliche Ausdruck aus dem Seelengrunde empordrängen, und er wird sich mit der Konkretheit dessen, was das Jetzt ausfüllt, genauso innig vermählen wie mit der Konkretheit dessen, was dem Damals zum Inhalt diente.

Es ist nicht dieses Ortes, weiter zu verfolgen, wie sich das damit vorgezeichnete Grundverhältnis im Fortgang des sprachlichen Werdens immer reicher entwickelt, immer vielseitiger gliedert und ausbaut – wie Stück für Stück die zufälligen und äußerlichen Anknüpfungen durch solche Verbindungen abgelöst werden, in denen das Gefüge der Dinge zur Geltung kommt. Es ist dies der Weg, auf dem die lebendige Sprache sich zu jener Gestalt durchbildet, in der sie dem ordnenden Denken zur Grundlage und zum Ausgangspunkt zu werden vermag. Uns genügt es, an der Frühform sprachlichen Werdens aufgezeigt zu haben: Es gibt eine Form des bedeutungshaltigen Ausdrucks, die das Konkrete nicht nur nicht aufgibt, sondern erst recht ergreift und festhält, und die darum doch nicht am Einzelnen haften bleibt, sondern zu dem Verwandten und Zugehörigen Brücken schlägt. Von einer abstrahierenden Abtrennung des »Gemeinsamen«, »Übereinstimmenden« sind diese Ausdrücke deshalb so ferne wie nur möglich, weil ein jeder von ihnen nur im Verein, ja nur in völliger Durchdringung mit dem Besonderen überhaupt einen Sinn hat. Der Versuch einer Ausscheidung des Besonderen würde einer Selbstzerstörung gleichkommen. Der Mangel an Präzision, den das klassifizierende Denken von seinem Standpunkt aus an diesen Ausdrücken zu tadeln findet, ist nur die Kehrseite dessen, was ihren eigentümlichen Vorzug ausmacht: der Sättigung mit konkretem Gehalt, die so wenig die Aussonderung eines Kreises von generellen »Merkmalen« wie die Verselbständigung des nach solchen Merkmalen fahndenden Denkens dulden will. Eben deshalb bildet der Schritt zum klassifizierenden Denken nicht die absatzlose Fortführung der im ursprünglichen Sprachleben wirksamen Tendenzen, sondern den – wie auch immer vermittelten – Bruch mit der naiven Haltung zu der Welt des Worts.

Wenn es aber nun gerade Wortbedeutungen der hier erörterten Art sind, die die Aufgaben individualisierenden Erkennens überhaupt erst erfüllbar machen, so hat das darin seinen Grund, daß die Sprache, auch wenn sie bereits zu der höchsten Stufe wissenschaftlicher Begriffsbildung emporgestiegen ist, jene ursprungsnäheren Formen der Ausdrucksbildung und -verwendung durchaus nicht in den Hintergrund treten oder gar verschwinden läßt. Im Gegenteil: Es scheint, daß die lebendige Sprache sich durch die Zuschärfung, die ihren Ausdrücken unter den Händen des reinen Denkens widerfährt, erst recht zur Verfeinerung der ursprünglichen Bedeutungswelt anspornen läßt. Wir brauchen nicht erst, um uns davon zu überzeugen, in Dichters Lande zu gehen. Auch die Alltagsrede ist ein einziges Zeugnis dieser Tatsache. Angenommen, ich sage von einem mir bekannten Menschen: »X ist ehrgeizig« – würde der Sinn dieses Satzes richtig getroffen mit der Auslegung, daß hier das Wesen der die Stelle des Subjekts einnehmenden Person durch »Subsumption« unter den die Stelle des Prädikats einnehmenden Klassenbegriff »ehrgeizig« näher bestimmt werde? Diese Auslegung verbietet sich nicht nur aus dem Grunde, weil eine Angabe der die »Klasse« der Ehrgeizigen kennzeichnenden »Merkmale« schwerlich gelingen würde. Sie würde vor allem deshalb fehlgehen, weil es durchaus nicht im Sinne des Satzes liegt, den Charakter der Besonderheit nur dem durch den Eigennamen als individuell gekennzeichneten Subjekt beizulegen, hingegen mit der Wendung zu dem »allgemeinen« Prädikat aus der Sphäre der Besonderheit herauszutreten. Im Gegenteil: Die Besonderung erstreckt sich ganz und unabgeschwächt auch auf das Prädikat. Die Bedeutung des Prädikats schließt für den Sprechenden die eigentümliche Tönung, die den prädizierten Ehrgeiz als den Ehrgeiz gerade dieses bestimmten Menschen charakterisiert, nicht aus, sondern ein. Es ist eben der gerade so und nicht anders qualifizierte Ehrgeiz gerade dieser bestimmten Person, der gemeint ist, nicht eine allgemeine Qualität »Ehrgeiz«, die ebensogut wie an ihr auch an soundso vielen anderen »Exemplaren« der gleichen Klasse festzustellen wäre. Daß der Sinn des Satzes dieser und kein anderer ist, leuchtet ein, sobald man das Urteil danebenstellt, in dem etwa ein Botaniker eine ihm vorgelegte einzelne Pflanze einer Klasse einreiht – ein Urteil, das die Besonderheit des zu bestimmenden Exemplars als völlig gleichgültig beiseite läßt. An diesem Gegenbeispiel bestätigt sich schlagend: Das Prädikat des zu interpretierenden Satzes wird durch ein Allgemeines gebildet, das die Besonderheit nicht außer sich hält, sondern in sich bewahrt.

Wie aber – so ließe sich einwenden – wenn der Satz von jemandem ausgesprochen oder vernommen wird, der die als Subjekt genannte Person nicht kennt? Alsdann entfällt doch die Möglichkeit, den als Prädikat fungierenden Ausdruck mit einem Sinngehalt zu erfüllen, der die Besonderheit der als Subjekt genannten Person einschlösse. Was kann dann dem Prädikat anderes zur Sinnerfüllung dienen als das mit dem Klassenbegriff »Ehrgeiz« gemeinte Abstrakt-Allgemeine! Aber so ist es nicht. Ein völliger Ausfall des Konkreten würde nicht einen abstrakten Begriff, sondern ein Nichts an Sinn übriglassen. Zumindest die F o r d e r u n g der inhaltlichen Konkretisierung strahlt von dem Subjekt des Satzes schon deshalb auf das Prädikat aus, weil dieses Subjekt ein Eigenname ist. Und die Erfüllung dieser Forderung wird wenigstens provisorisch geleistet durch stellvertretende illustrierende Vorstellungen, die, wenn auch noch so vage und kaum aussagbar, geschweige denn definierbar, beim Anhören eines solchen Satzes ungerufen aufsteigen. Bleibt es nicht bei der einen Aussage über die fragliche Person, erweitert sie sich zu einem Bericht über ihr Sein und Tun, dann erfolgt das, was in Befolgung der grundsätzlichen Forderung geschehen kann und muß: An die Stelle vorläufiger Phantasiesurrogate treten mehr und mehr solche Vorstellungen, die die wirkliche Eigenart des Besprochenen treffen. Die Fortsetzung des Berichts wird erlebt als Erfüllung der mit dem ersten Satz erhobenen Forderung. Und mit der Erfüllung dieser Forderung gewinnt, in selbstverständlicher Rückwirkung, auch die an erster Stelle prädizierte Eigenschaft des Ehrgeizes das Gepräge, das ihr als Eigenschaft gerade dieser bestimmten Person zukommt. Man sieht: Es ist in der Tat so, daß die nach und nach erfolgenden Angaben zu einem Ganzen zusammengehen. Aber dies Ganze bildet sich nicht durch äußerliche »Zusammensetzung« von abstrakten und in ihrer Abstraktheit verharrenden »Bestandteilen«, sondern durch fortschreitende Anreicherung einer von vornherein konkreten und nach weiterer Konkretisierung verlangenden Anschauung. Unterbleibt aber die grundsätzlich postulierte Fortführung, so muß es eben bei der anfänglichen Verlebendigung des prädizierenden Ausdrucks sein Bewenden haben.

Wenn wir so die Grundverhältnisse, aus denen die Ausdrücke des urtümlichen Sprachlebens ihren Sinn gewinnen, in den Aussagen der herangereiften Sprache wiederkehren sehen, so gilt diese Entsprechung selbstverständlich auch für die Haltung des diese Aussagen produzierenden S u b j e k t s. Auch von ihm ist zu sagen, daß es die Beseelung der von ihm verwandten Ausdrücke nicht aus dem Abstande des betrachtenden Verstandes, sondern aus der Ergriffenheit des mitfühlenden Gemüts vollbringt. Aussagen nach Art des als Beispiel Angeführten gewinnen nur dann einen vollgültigen Sinn, wenn das Wesen, auf welches die Aussage sich bezieht, so viel Teilnahme zu erwecken vermag (eine Teilnahme, wie sie natürlich ebensogut das mit Abneigung wie das mit Zuneigung Betrachtete hervorrufen kann), daß seine treffende Kennzeichnung als erwünscht empfunden wird. Ein bloß theoretisch gerichtetes Streben würde sich mit dem Besonderen so weit einzulassen weder einen Anlaß finden noch Neigung verspüren; es würde von ihm zu dem Allgemeinen weiterdrängen. Denn zu dem Allgemeinen fühlt sich das reine Denken schon aus dem Grunde unwiderstehlich hingezogen, weil es eine Vielzahl von Phänomenen zusammengreift und der Erkenntnis unterwirft. Es gilt also von dem als Beispiel herangezogenen Satz, daß er, für den Aussprechenden wie für den Anhörenden, nur dann das Niveau des gehaltlosen Geredes überschreitet, wenn in ihm wenigstens ein Minimum von Interessiertheit lebt, die den besonderen Ehrgeiz gerade dieses bestimmten Menschen der Beachtung und Erwähnung würdig findet. Und entsprechend von allen Sätzen dieser Art. Das Vorhandensein dieses Interesses wäre aber in aller Form verneint, wollte man das Prädikat des Satzes dahin verstehen, daß mit ihm die »Einreihung in eine Klasse« erfolge.

Wir haben nun mit der Durchleuchtung dessen, was in der Rede des Alltags fort und fort geschieht, alle die Grundbedingungen beisammen, die auch die Leistung der individualisierenden Erkenntnis und damit der individualisierenden Geisteswissenschaft möglich machen. Sind wir über die Funktion im klaren, die die allgemeinen Wortbedeutungen in jener Rede ausüben, dann hat es auch mit dem Verständnis dieser Leistung keine Not. Nach beiden Seiten hin ist nämlich die Situation, in der die individualisierende Geisteswissenschaft, die Historie, ihr Werk verrichtet, derjenigen gleichartig, in der wir die lebendige Sprache ihre Ausdrücke bilden und verwenden sahen. Auf der einen Seite ist es auch dem historischen Denken darum zu tun, ein einmaliges Geschehen, eine einmalige Gestalt in ihrer ganzen Konkretheit und anschaulichen Bestimmtheit aufzufassen und festzuhalten. Diese Absicht, die sich rein äußerlich in der Verwendung von Eigennamen kundgibt, durchdringt auch die allgemeinen Ausdrücke, die zur inhaltlichen Erfüllung des mit dem Eigennamen Bezeichneten herangezogen werden. Keiner von diesen würde das ihm Obliegende leisten, wenn ihm als Bedeutung ein Abstrakt-Allgemeines eingelegt würde, dem die gerade in Rede stehende Einzelerscheinung zu subsumieren wäre. Nur in der vollkommenen Durchdringung mit konkret-anschaulichem Gehalt kann er seine Bestimmung erfüllen. Es liegt auf der Hand, ist auch schon früh bemerkt worden, daß die Meisterschaft des echten Historikers nicht zum wenigsten in der Kunst besteht, durch Wortwahl und Satzfügung der anschaulichen Erfüllung des Ausgesprochenen vorzuarbeiten und nachzuhelfen. Auf der anderen Seite gilt es auch von dem historischen Objekt, daß es nur so weit von innerem Leben erglühen kann, wie ihm von der Seite des Subjekts jene innere Teilnahme entgegenkommt, die sich von der reservierenden Kühle des abstrahierenden Denkens so unverkennbar unterscheidet. Nur wenn ein wirkliches Lebensverhältnis dieser Art besteht oder sich anknüpft, kann der allgemeine Ausdruck als Moment und Vehikel konkreter Bildgestaltung seinen Dienst tun.

Das in diesen Sätzen zusammengefaßte Ergebnis ist in den oben angezogenen Forschungen zur geisteswissenschaftlichen Erkenntnis zwar vorbereitet und angedeutet, aber schon deshalb nicht zu voller Entwicklung gelangt, weil es sich in Bruchstücken auf die in Frage kommenden Denker verteilt. Die konkrete Verbundenheit von Objekt und Subjekt, die das geschichtliche Erkennen im Unterschied von allem »erklärenden« Bemühen des Verstandes fordert, hat DILTHEY durch seine bahnbrechende Lehre vom »Verstehen« wohl endgültig zur Anerkennung gebracht. Dagegen bleibt bei ihm die Frage unbeantwortet, wie es möglich ist, daß dieser Drang zum Konkreten, indem er in einer Welt von allgemeinen Wortbedeutungen seine Befriedigung zu suchen genötigt ist, nicht nur keine Beeinträchtigung erleidet, sondern zur Erfüllung gelangt. Diese Seite des Problems hat nun wieder RICKERT nicht nur gesehen, sondern auch energisch in Angriff genommen. Er ist dem springenden Punkt da am nächsten, wo er feststellt, daß der Historiker nicht nur faktisch darauf verzichtet, sondern auch grundsätzlich keinen Anlaß hat, die von ihm herangezogenen allgemeinen Wortbedeutungen zur Exaktheit wissenschaftlicher Begriffe durchzubilden.[14] Allein er hätte, um von hier zum Entscheidenden durchzustoßen, einsehen müssen, daß dieser Verzicht mehr ist als ein Absehen von dem, was man nicht nötig hat. Er hätte einsehen müssen, daß er nur die notwendige Folgerung aus dem ist, was die Historie vor aller exakten Wissenschaft voraus hat. Die exakte Begriffsbestimmung unterbleibt nicht deshalb, weil sie überflüssig wäre – sie unterbleibt, weil sie dem, was das Allgemeine auf dem Boden dieser Wissenschaft leisten soll, schnurstracks zuwiderlaufen würde. Was hier bemerkbar wird, das ist nicht der Gradunterschied der größeren oder geringeren Exaktheit in der Bestimmung des Allgemeinen – es ist der Gegensatz desjenigen Allgemeinen, welches das Besondere in der Einheit mit sich selbst festhält, und desjenigen Allgemeinen, welches das Besondere als das zu Subsumierende von sich abtrennt. Weil in Rickerts Logik für das Allgemeine der ersteren Art kein Platz ist, darum kann sie auch dem (mit ihm solidarischen) Besonderen nicht die Würdigung angedeihen lassen, die ihm in Diltheys Theorie des »Verstehens« zuteil wird. Das tritt besonders deutlich gerade in denjenigen Ausführungen hervor, die darauf berechnet sind, für die Leistung des Verstehens im Rahmen dieser Logik Raum zu schaffen. Damit sie zu ihrem Recht komme, wird das, was der historischen »Darstellung« obliegt, in zwei »Teile« zerlegt. Der eine, »grundlegende« Teil gibt das »rein begrifflich wissenschaftliche ›Knochengerüst‹«. Der andere, lediglich »ergänzende« Teil liefert die »Umkleidung« dieses Gerüsts mit »anschaulich nacherlebtem und für den Leser anschaulich nacherlebbarem geschichtlichem Material«[15]. Eben dieser zweite Teil ist es, der dem grundsätzlich anerkannten, aber als durchaus subsidiär bewerteten »Verstehen« das Seine geben soll. In Wahrheit ist das, was er ihm gibt, nur ein Surrogat dessen, was ihm zukommt. Wer das Verstehen des Geschichtlich-Konkreten als bloße »Ergänzung« an das Begreifen des geschichtlichen Kerngehalts anhängt, der zerreißt die Einheit, in der alles geschichtliche Leben so gut wie alles geschichtliche Erkennen sein Wesen hat. Es ist die Sprache des Historikers, in der diese Einheit zu vollkommenster Darstellung gelangt, weil ihre Ausdrücke jede Scheidung dieser Art durch ihre Bedeutung Lügen strafen.

Wir blicken nunmehr, nachdem das individualisierende geisteswissenschaftliche Erkennen in seiner Grundstruktur geklärt ist, hinüber zu jenen allgemeinen Sätzen des geisteswissenschaftlichen Erkennens, denen die Ausdrücke der nämlichen Sprache zum Dasein verhelfen. Es sind die Sätze, die, wie DILTHEY richtig gesehen hat, mit den Sätzen der individualisierenden Erkenntnis durch das Verhältnis wechselseitiger Förderung und Bereicherung verbunden sind. Von ihnen glaubten wir annehmen zu können, daß sie zu keinem logischen Zweifel Anlaß geben, weil sie die Allgemeinheit der Wortbedeutungen nicht der Darstellung eines Besonderen, sondern der Wiedergabe eines selbst wieder Allgemeinen dienstbar machen. Allein es ist nicht zu übersehen, daß gerade der bisherige Gang unserer Untersuchung auf eine Frage hinführt, die vor Eintritt in die Untersuchung nicht spürbar werden konnte. Sollte etwa im Bereich dieser Sätze, in denen die Allgemeinheit der Wortbedeutungen mit einem selbst wieder allgemeinen Sinngehalt zusammentrifft, jene Emporbildung zu logischer Exaktheit geboten sein, die sich bei der Darstellung des Besonderen verbietet? Sollte hier die Präzisierung der Wortbedeutungen zu Klassenbegriffen möglich und daher anzustreben sein? Ohne Zweifel ist diese Frage zu verneinen. Unmöglich kann eine Verallgemeinerung, die sich im Hin und Her eines ständigen Wechselverkehrs mit Einzelerkenntnissen bildet, berichtigt, bereichert und ausbaut, in ihrer logischen Struktur zu einer Exaktheit durchdringen, die den in die Verallgemeinerung eingehenden Einzelbefunden abgeht. Jeder Versuch einer solchen logischen Verfestigung müßte ja den Austausch zum Stocken bringen. Das durch geisteswissenschaftliche »Induktion« gewonnene Allgemeine muß sich in dem Zustand von Beweglichkeit erhalten, in dem es der Vermählung mit dem immer neu zuströmenden Besonderen fähig bleibt.

Daß auch in den allgemeinen Aussagen der Geisteswissenschaft Exaktheit nicht anzustreben ist – nicht in resignierendem Verzicht, sondern in Verneinung einer sachfremden Denkforderung –, das hat sich besonders eindringlich in einem viel erörterten Kapitel der Wissenschaftstheorie zur Geltung gebracht: in den Diskussionen über das logische Wesen des »Typus«. Allen zum Teil weit auseinandergehenden Deutungen dieser logischen Form ist die Einsicht gemeinsam, daß das in dem Typus gemeinte »Allgemeine« es nicht verträgt, zur Schärfe eines in Definitionsform fixierten Klassenbegriffs durchgebildet zu werden, sondern sich in einer Schwebe hält, die jeder Festlegung ausweicht. Auch hier heißt es erkennen, daß diese Unbestimmtheit nicht einen logischen Mangel bedeutet: Sie ergibt sich als notwendige Folgerung daraus, daß der Typus die Fühlung mit der Mannigfaltigkeit der zugehörigen konkreten Erscheinungen aufrechterhalten muß, um seiner logischen Bestimmung genügen zu können. Jeder Versuch, seinen Sinn so zu fixieren, daß er sich in einer beschränkten Zahl aussagbarer Bestimmungen erschöpfte, würde diesen Sinn nicht durch logische Reduktion festigen, sondern durch Entleerung zerstören.

III. Das Apriori der Geisteswissenschaften

Nach dem bisher Ausgeführten sieht es so aus, als ob alles, was wir an Allgemeinem über Leben und Aufbau der menschlich-geschichtlichen Welt wissen können, in Generalisationen der analysierten Art bestehe. Offenbar ist das auch DILTHEYS

Überzeugung gewesen – eine Überzeugung, die aus den angeführten Gründen von der Mehrzahl der geisteswissenschaftlichen Forscher geteilt wird. Sollte sie begründet sein, so müßten wir uns eingestehen, daß unser allgemeines Wissen über das Gefüge der menschlich-geschichtlichen Welt nur einen sehr relativen Grad von Sicherheit erreichen kann. Denn selbst wenn die allgemeinen Sätze, in denen dieses Wissen niedergelegt ist, sich auf eine große und ständig wachsende Zahl von Einzelerfahrungen stützen sollten, so würde doch ein jeder dieser Sätze vermöge seines logischen Charakters im Schatten der Möglichkeit stehen, daß neue Einzelerfahrungen seine Revision nötig machen. Ein niemals zum Abschluß gelangender Wechselverkehr der dargestellten Art kann nur ein Wissen hervorbringen, das sich ständig der Berichtigung offenhält und seine Zuverlässigkeit entsprechend vorsichtig einzuschätzen guttut.

Allein ob eine Bescheidung bei solchem Wissen angezeigt, ja auch nur möglich ist, das muß aus Gründen von sehr prinzipieller Art fraglich erscheinen. Und es ist höchst lehrreich, sich davon zu überzeugen, daß derselbe Dilthey, der diese Bescheidung für geboten hält und in ihrer Notwendigkeit zu begründen versucht, in eben den Ausführungen, die er an diese Begründung wendet, ein Wissen von ganz anderer Art und ganz anderer Sicherheit – zwar nicht ausdrücklich anerkennt, wohl aber stillschweigend voraussetzt. Fragen wir nach dem Wesen desjenigen Wissens, aus dem heraus er Wesen und Grenzen des induktiven Wissens zu bestimmen versucht, so stehen wir im Angesicht desjenigen Wissens, das er im Wortlaut der zu prüfenden Aussagen ignoriert oder gar verleugnet.

Dilthey legt sich die Frage vor: Wie entsteht historische Erfahrung (verstanden als allgemeines Wissen um die Grundzüge des menschlich-geschichtlichen Daseins)? In der Beantwortung dieser Frage geht er mit Recht von den leichter überschaubaren Vorgängen aus, in denen die sogenannte »Lebenserfahrung« des einzelnen Menschen sich bildet.[16] Eindringlich weiß er zu schildern, wie das eigene »Erleben«, die gedankliche Vergegenwärtigung dieses Erlebens, das Auffassen des »Ausdrucks«, in dem fremdes Erleben von sich Kunde gibt, und endlich das »Verstehen« dieses Ausdrucks zusammenwirken, um generelle Vorstellungen von menschlicher Art und menschlichem Treiben entstehen zu lassen – wie in der Verarbeitung dieser Erfahrungen gewisse »Gleichförmigkeiten« immer klarer hervortreten und in Gestalt von allgemeinen Aussagen festgehalten werden.

Damit ist zutreffend dargestellt, in welcher Weise der Mensch zu Werke geht, wenn es ihm um »Lebenserfahrung« zu tun ist – wie dieses Streben zu seinem Material kommt und was es mit seinem Material anfängt. Allein diese Darstellung will ja nicht lediglich gewisse Verfahrensweisen schildern, die sich als zu beobachtender Tatbestand am Menschen vorfinden. Sie würde an diesen Verfahrensweisen nicht ein so lebhaftes Interesse nehmen, wenn sie in ihnen nicht mehr vor sich zu haben glaubte als einen Kreis von faktisch gerade so und nicht anders verlaufenden Operationen, an deren Stelle sie schließlich ebensogut einen anderen zum Gegenstand der Schilderung erwählen könnte. Nein: Was ihr diesen Kreis wichtig macht, das ist die L e i s t u n g, die sie durch ihn vollbracht glaubt. Indem sie den Ertrag der fraglichen Operationen als »Lebenserfahrung« bezeichnet, hebt sie das, was in ihrem Vollzuge geschieht, über das Niveau eines beliebigen beobachtbaren Tatbestandes empor: Sie werden von ihr als Akte der W a h r h e i t s findung anerkannt und ausgezeichnet. Es ist das – wie auch immer ergänzungs- und verbesserungsbedürftige – Wissen vom menschlichen Leben, das sie aus ihnen hervorgehen sieht. Sobald aber die Erörterung den von ihr ins Auge gefaßten Vorgängen diesen Charakter zuerkennt, bleibt sie nicht bei der bloßen Beobachtung dessen stehen, was sie als Tatbestand vorfindet. Bloße Beobachtung vermöchte nichts darüber zu sagen, ob das, was bei den fraglichen Operationen herauskommt, Einbildung, Wahn oder Wissen ist. Wer den einschlägigen Vorstellungen diesen bestimmten Geltungswert beilegt, der geht über das, was sich beobachten und durch Beschreibung festhalten läßt, entscheidend hinaus. Und zwar fügt er nicht bloß zu dem Beschreibbaren etwas hinzu, was dessen eigenen Bestand unberührt ließe. Seine Beschreibung ist von vornherein und in allen Teilen an dem orientiert, was über das Beschreibbare hinausliegt: Sie sieht die Einzelvorgänge im Lichte des Ziels, dem sie nach ihrer Annahme mit Erfolg zustreben. Deutlicher gesagt: Dieses Ziel ist über die ganze Beschreibung hin als Prinzip der Ordnung und Deutung vorausgesetzt.

Wir versuchen uns über Umfang und Gewicht dieses Vorausgesetzten Klarheit zu verschaffen. Was setze ich voraus, indem ich es dem Menschen zutraue, im Ineinandergreifen von Erlebnis, Ausdruck und Verstehen ein allgemeines Wissen um Menschliches zu erwerben? Ich setze voraus, daß er eine Vielheit von inhaltlich abweichenden Erlebnissen nicht bloß sukzessive durchläuft, sondern auch sie in einem verläßlichen Gedächtnis festzuhalten, in Akten der Erinnerung getreulich zu reproduzieren, nach ihrer Bedeutung zu würdigen, nach ihrem Zusammenhang zu begreifen, nach Unterschieden einzuteilen und nach Gruppen zusammenzufassen die Fähigkeit besitzt. Ich setze voraus, daß er seine Erlebnisse in sinnlich wahrnehmbaren Aktionen unwillkürlicher oder willkürlicher Art so aus sich herauszustellen vermag, daß sie dem Mitwesen zugänglich werden. Ich setze voraus, daß er den Ausdruck mitmenschlicher Erlebnisse richtig zu deuten, das dergestalt Erschlossene oder Mitgeteilte gleichfalls sachgemäß zu ordnen, mit dem eigenen Erfahrungsbestand zu vereinigen und den Ertrag dieser Vereinigung zu stichhaltiger Erkenntnis zu verarbeiten imstande ist. Nur wenn diese Voraussetzungen ohne Abzug zu bejahen sind, besteht die Darstellung zu Recht, die aus dem Zusammenspiel der geschilderten Operationen »Lebenserfahrung«, und das heißt: echtes Wissen hervorgehen läßt.

Es kommt nun alles darauf an, von den hier unter dem Titel »Voraussetzung« zusammengefaßten Sätzen jede Deutung fernzuhalten, die darauf hinauslaufen würde, daß ihnen der Charakter wirklicher Voraussetzungen entweder genommen oder wenigstens nur in abgeschwächter Form gelassen würde. Das würde ganz sicher dann geschehen, wenn man sich überreden ließe, sie als Teil, Anhang oder Abschluß demjenigen Wissen zuzurechnen, das an ihnen seine Voraussetzungen hat, d. h., wenn man in ihnen das Ergebnis desselben induktiven Verfahrens erblikken wollte, das die auf ihnen fußenden Sätze hervorbringt. Wir kennen die Neigungen des durchschnittlichen Denkens, die diese Angleichung begünstigen, wo nicht fordern. Wer von keinem anderen »Allgemeinen« weiß als von dem durch Generalisierung von Einzelerfahrungen gewonnenen, dem muß es selbstverständlich sein, auch die als »Voraussetzungen« ausgezeichneten allgemeinen Sätze aus Induktion hervorgegangen zu glauben und so mit den Erkenntnissen, denen sie als Voraussetzung vorgelagert sind, in eine Linie zu rücken. Er meint dann, daß auch in Worten wie »Erlebnis«, »Ausdruck«, »Verstehen« und den um sie sich bildenden Sätzen nur dasjenige zusammengefaßt sei, was sich aus so und so vielen Einzelfällen der so benannten Betätigungen als durchschnittliche Auffassung ihres Wesens herauskristallisiert habe. Allein diese logische Nivellierung verbietet sich aus einem sehr einfachen Grunde. Angenommen, es wäre als psychologisches Faktum festzustellen, daß diese Sätze in concreto, d.h. von diesem oder jenem, von den meisten oder von allen Menschen auf dem Wege induktiver Verallgemeinerung gewonnen würden, so würde das nichts daran ändern, daß ein jeder der so Verfahrenden das, was er als Ergebnis der Induktion vorlegte, zugleich als Bedingung ihrer Gültigkeit voraussetzte. Denn der im Sinn seiner Aussage liegende Anspruch auf Geltung würde nur unter der Bedingung zu Recht bestehen, daß ihm als denkendem Subjekt diejenigen Leistungsmöglichkeiten zuzusprechen wären, die er durch Induktion ermittelt zu haben glaubt. Zwei Beispiele mögen das damit Gemeinte veranschaulichen. Daß das Erinnerungsvermögen, durch welches ich die Mannigfaltigkeit meiner »Erlebnisse« aus der Vergangenheit in die Gegenwart hineinhole, zuverlässig sei, das glaube ich vielleicht auf Grund einer Induktion, nämlich auf Grund der Erwägung behaupten zu können, daß es doch bereits in so und so vielen Fällen die Probe bestanden habe. Aber ich vergesse dabei, daß diese induktive Feststellung nur unter der Voraussetzung Zustimmung fordern darf, daß der Erinnerungsakt, in dem ich mir diese Vielzahl von Erprobungen zusammenfassend vergegenwärtige, seinerseits wieder Vertrauen verdient. Dieses Vertrauen darf ich aber dann nicht wieder durch Induktion aus früheren Bewährungen rechtfertigen wollen. Denn an diese früheren Bewährungen darf ich ja nur dann glauben, wenn auf die gegenwärtige Verlaß ist. Weiter! Daß es ein »Verstehen« gibt, welches durch Deutung von »Ausdruck«, unwillkürlichem und willkürlichem, fremdes Seelenleben zutreffend erfaßt, davon glaube ich vielleicht deshalb überzeugt sein zu dürfen, weil dieses Vermögen sowohl mir selbst als auch unzähligen anderen Menschen schon so viele Proben seiner Leistungsfähigkeit abgelegt habe. Abermals eine induktive Verallgemeinerung! Aber dabei entgeht es mir, daß ich jeden einzelnen der Vorgänge, durch welche ich dieses Vermögen bewährt glaube, »verstanden« haben muß, um ihn als Beweismaterial heranziehen zu können. Das liegt ohne weiteres zutage, soweit ich mich auf solche Bewährungen des »Verstehens« berufe, die anderen Menschen beschieden waren. Denn woher soll ich um deren einschlägige Erfahrungen wissen, wenn nicht durch das »Verstehen« sei es von ausdrücklichen Mitteilungen, sei es von deutungsfähigen Verhaltensweisen, die mir von dem Erfolg ihrer Verstehensbemühungen Kenntnis gaben! Aber auch wenn ich das ins Feld führe, was mir selbst an hierher gehörigen Erfahrungen zuteil geworden ist, bleibt das Grundverhältnis das gleiche. Auch ich, der ich heute ein ganz anderer bin als ich dann und dann einmal war, muß gleichfalls die Verstehensakte meines damaligen Ich (durch »Hineinversetzen«) »verstehen«, um sie mir mit der Gewißheit ihres Gelingens vergegenwärtigen zu können. Auch hier ist es also so, daß ich dem Vermögen, dessen Vertrauenswürdigkeit ich durch Induktion erhärten möchte, im Vollzuge der Induktion selbst das Vertrauen schenke, dessen Berechtigung zur Diskussion steht. Wir sehen: Man kann sich nicht die Leistungskraft des Erinnerns durch abermaliges Erinnern, die Leistungskraft des Verstehens durch abermaliges Verstehen garantieren lassen. Man kann nicht die Gültigkeit der Induktion durch fortgesetzte Induktion nachweisen. Es ist und bleibt ein innerer Widerspruch, dasjenige, was notwendige Bedingung jeder Induktion ist, selbst wieder auf induktivem Wege ermitteln und sicherstellen zu wollen. Wie weit auch das Denken mit seinen induktiven Feststellungen ins Umfassende und Grundsätzliche zurückgehen mag, immer wieder sieht es hinter dem durch Induktion Auszumachenden dasjenige auftauchen, was jeder denkbaren Induktion als Bedingung voraufliegt.

Wir sagen demnach nicht zuviel, wenn wir den Sätzen, in denen diese Voraussetzungen ausgesprochen werden, im Verhältnis zu den durch Induktion gewonnenen Aussagen den Charakter der »Apriorität« beilegen. Es bedarf nicht näherer Ausführung, daß dem Begriff des »Apriori« damit ein Inhalt gegeben ist, der von dem durch KANT kanonisierten abweicht. Wir können, wenn wir Kants nicht immer ganz eindeutige Ausdrucksweise nach einer bestimmten Richtung hin präzisieren, den Unterschied folgendermaßen bestimmen. »Apriorisch« im Sinne Kants sind diejenigen Begriffe bzw. Sätze, die davon Rechenschaft geben, in welche logischen Formen das vom Subjekt Gedachte gefaßt sein muß, damit ihm der Geltungswert von »Erfahrung« beigemessen werden könne. »Apriorisch« in unserem Sinne sind diejenigen Begriffe bzw. Sätze, die davon Rechenschaft geben, welcher Leistungsformen das Subjekt des Denkens fähig sein muß, damit dem von ihm Gedachten der Geltungswert von »Erfahrung« beigemessen werden könne. Unser Begriff des »Apriori« schließt das mit dem Kantischen Apriori Gemeinte insofern in sich, als natürlich, sofern es logische Formen von »apriorischer« Notwendigkeit gibt, zu den »apriorisch« zu bestimmenden Leistungsformen des Subjekts auch das Vermögen gehören muß, diese logischen Formen denkend anzuwenden.[17]

Das hiermit aufgedeckte Apriori ist ein im strengsten Sinne des Wortes »Allgemeines«. Denn es umfaßt, als »Bedingung der Möglichkeit«, nicht nur alle wirklichen, sondern auch alle möglichen Fälle von induktiver Verallgemeinerung. Aber dieses Allgemeine kann aus dem einfachen Grunde nicht aus der Vielheit der Fälle, die es umspannt, »abstrahiert« sein, weil ein jeder dieser Fälle überhaupt nur unter Voraussetzung des in ihm Ausgesagten möglich ist.

Wir haben die Bedingungen, die dieses Apriori in sich zusammenfaßt, durch Analyse der »Lebenserfahrung« aufgedeckt. Es erhellt ohne weiteres, daß auf den nämlichen Bedingungen auch die Möglichkeit derjenigen »Erfahrung« beruht, die wir in den allgemeinen Sätzen der Geisteswissenschaft niedergelegt finden. Nur daß sich das Apriori auf diesem Felde in eben dem Maße ausweitet und kompliziert, wie das für diese Erfahrung bereitliegende Material den Umfang des einzelmenschlichen Daseins und seines Ertrags an Lebenserfahrung überschreitet. Erlebnis, Ausdruck und Verstehen müssen auch hier einander in die Hände arbeiten, damit gültige Erkenntnis zustande komme – aber ihr Wechselverkehr nimmt nun alle die Formen der Übertragung, Vermittlung und Überlieferung in sich auf, die erforderlich sind, auf daß zwischen räumlich und zeitlich weit voneinander abstehenden Geschlechtern Brücken des Verständnisses geschlagen werden können. Je mehr nun mit der Ausdehnung der Aufgabe die Bemühungen des Denkens an Weitläufigkeit und Kompliziertheit zunehmen, um so stärker macht sich das Gewicht der

Voraussetzungen fühlbar, die erfüllt sein müssen, wenn die durch Induktion zu gewinnende »Erfahrung« den in diesem Namen liegenden Anspruch erfüllen soll. Man braucht, um sich dessen zu vergewissern, nicht in die Weite zu schweifen. Ein einziger Fall historischer Quellenbenutzung, wirklich bis auf den Grund analysiert, öffnet uns die Augen dafür, wie vieles der betreffende Forscher bereits an Möglichkeiten der Berührung, Mitteilung, Erschließung, Darstellung voraussetzen muß, um seine Aufgabe auch nur in Angriff nehmen zu können. Das gilt ganz unabhängig davon, ob und wie weit er geneigt und imstande ist, sich von Umfang und Tragweite dieses geisteswissenschaftlichen Apriori Rechenschaft zu geben.

Was dieses Apriori enthält, das ist uns im Verfolg der Frage offenbar geworden, was in jeder generalisierenden Erkenntnis der Geisteswissenschaften als »Bedingung ihrer Möglichkeit« vorausgesetzt ist. Es ist aber leicht einzusehen, daß dieses Apriori wie der generalisierenden so auch der individualisierenden geisteswissenschaftlichen Erkenntnis zugrunde liegt. Der Wechselverkehr, der, wie bemerkt, beide Gruppen von Erkenntnissen verbindet, setzt ja ein Gemeinsames voraus, das der Begegnung zur Grundlage dient, und es ist nichts anderes als dieses Gemeinsame, was in der beiderseitigen Geltung des nämlichen Apriori seinen logischen Ausdruck vorfindet. Wenn wir z. B. in dem »Verstehen« eine Grundfunktion des geisteswissenschaftlichen Denkens anzuerkennen haben, so liegt es auf der Hand, daß diese Funktion so gut im Erfassen des Individuellen wie in der Vergegenwärtigung des dies Individuelle mitumfassenden Generellen am Werke ist. Die Durchleuchtung dieser Funktion bringt also der individualisierenden nicht weniger als der generalisierenden Geisteswissenschaft ihre notwendigen Voraussetzungen zum Bewußtsein.

Mit dieser Erweiterung der dem geisteswissenschaftlichen Apriori zukommenden Kompetenzen sind wir nun auch in der Lage, dasjenige an seinen logischen Ort zu stellen, was wir selbst im Vorausgegangenen über die Funktion der allgemeinen Wortbedeutungen im Aufbau der individualisierenden Erkenntnis dargelegt haben. Auch diese Darlegungen danken ihren Inhalt nicht der induktiven Verallgemeinerung dessen, was die Beobachtung des Wortgebrauchs in soundso vielen »Fällen« geisteswissenschaftlichen Sprechens gelehrt hätte. Was hätte bei einer solchen Beobachtung an logisch brauchbaren Ergebnissen herauskommen können! Wir kamen zu der gesuchten Klarheit in der Verfolgung der Frage: Was muß den Ausdrükken der individualisierenden Geisteswissenschaft an Bedeutung innewohnen, wenn anders es ihnen gelingen soll, das Verstehen des Individuellen zu wecken und zu fördern? Und der im Lauf der Erörterung herangezogene Einzelfall hatte nicht die Bestimmung, für eine induktive Verallgemeinerung das Material herzugeben, sondern nur das, was stets und überall sein »muß«, an einem Paradigma anschaulich zu machen. Was uns also über das Wesen des in den Wortbedeutungen präsenten Allgemeinen Aufschluß gab, das war dasjenige Allgemeine, über dessen logische Struktur wir uns in den letzten Überlegungen klar geworden sind.

Wir kehren nunmehr, nachdem wir das Apriori der geisteswissenschaftlichen Erfahrung aufgedeckt haben, zu den Darlegungen Diltheys zurück, die den Ausgangspunkt dieses Gedankengangs gebildet haben. Sie sind auf Grund des Ermittelten in das Licht folgender Überlegungen zu rücken.

Dilthey fragt nach der logischen Struktur der allgemeinen Aussagen in den Geisteswissenschaften. Er glaubt ihren logischen Charakter dahin bestimmen zu sollen, daß sie nur im Wechselverkehr mit den individualisierenden Aussagen der Geisteswissenschaften, also nur auf dem Wege der Induktion zustandekommen können. Was die Geistesgeschichte an gegenteiligen Meinungen und Versuchen kennt, wird von ihm als »konstruktive« Gewaltsamkeit verworfen. Allein er würde in dieser Hinsicht vorsichtiger geurteilt haben, wenn er sich dazu verstanden hätte, diejenigen Aussagen, in denen s e i n e e i g e n e Auffassung sich entwickelt und begründet, auf ihre logische Struktur hin zu untersuchen. Denn diese Aussagen haben ohne Zweifel Allgemeines zum Inhalt, und doch hieße es sie gründlich mißverstehen, ja geradezu ihres Sinns berauben, wollte man sie gleichfalls auf induktive Verallgemeinerung zurückführen. Ist doch das, was diese Aussagen enthalten, nichts Geringeres als ein grundlegender Beitrag zur Klärung des geisteswissenschaftlichen Apriori, von dem wir gerade erkannt haben, daß es nicht aus induktiver Verallgemeinerung hervorgegangen sein kann. In der Trias »Erleben, Ausdruck, Verstehen« haben wir geradezu das Kernstück derjenigen Begriffe vor uns, die, wie es oben ausgedrückt wurde, »von den Leistungsformen Rechenschaft geben, deren das Subjekt fähig sein muß, damit dem von ihm Gedachten der Geltungswert von ›Erfahrung‹ beigemessen werden könne.« Wenn wir uns fragen, warum Dilthey es unterlassen hat, auf die logische Struktur seiner eigenen Aussagen zu reflektieren, so kann darauf nur geantwortet werden, daß er einem Hang des Denkens zum Opfer gefallen ist, der schon mehr als einen Philosophen daran gehindert hat, bis zum letzten vorzustoßen: Er ließ sein Denken völlig durch dasjenige in Beschlag nehmen, was ihm als G e g e n s t a n d der Untersuchung vor Augen stand – in diesem Falle die seelischen Hergänge, in denen die induktiven Aussagen der Geisteswissenschaften entstehen –, und versäumte darüber die Rückwendung auf die Aussagen, in denen er selbst diesen seinen Gegenstand aufzuklären beschäftigt war. So mußte dasjenige Allgemeine seiner Aufmerksamkeit entgehen, von dessen Bestehen und Bedeutung er durch den Gehalt seiner eigenen Ausführungen Zeugnis ablegte.

Indessen scheint hier eine Erwiderung am Platze, die den Vorwurf einer Versäumnis gegenstandslos machen würde. Ist denn das Allgemeine, das Dilthey bei einer Rückwendung auf sein eigenes Tun zu Gesicht bekommen hätte, wirklich ein den G e i s t e s w i s s e n s c h a f t e n zugehöriges Allgemeines? Genauer gesagt: Hätte er in den von ihm selbst vorgetragenen Aussagen bei ausdrücklicher Zuwendung Sätze erkannt, denen im Ganzen der geisteswissenschaftlichen Erkenntnis ein Platz gebührte? Nur in diesem Falle wäre ja der Einwand gerechtfertigt, daß er die allgemeine Erkenntnis der Geisteswissenschaft, deren Aufklärung sein Thema war, nur unvollständig in Betracht gezogen habe.

Es sieht so aus, als ob, wenn die Frage in dieser Klarheit gestellt wird, ihre Verneinung selbstverständlich wäre. Wie sollten Sätze, die über die Bedingungen möglicher Geisteswissenschaft Auskunft geben, selbst ein Stück Geisteswissenschaft sein! Wie sollte das Vorausgesetzte ein Teil dessen sein können, das an ihm seine Voraussetzung hat! Etwas so Ungereimtes anzunehmen scheint um so weniger Anlaß, als die fraglichen Sätze, wie man bei näherem Zusehen zu bemerken glaubt, die Geisteswissenschaften überhaupt nicht in einer so besonderen und ausschließlichen Weise angehen, wie bis zu dieser Stelle angenommen wurde. Der Komplex von Voraussetzungen, den wir für die Geisteswissenschaften als ihr Apriori meinten reservieren zu sollen, hat in Wahrheit eine sehr viel größere Verbreitung. Mit diesen Voraussetzungen rechnet jede ernsthafte Denkbemühung, was auch ihre Absicht und ihr Gegenstand sein möge. Vertrauen zur Zuverlässigkeit des Gedächtnisses, zur ordnenden Kraft der Vernunft, zur Fähigkeit des Aussprechens, des Mitteilens, des Verstehens muß doch wohl überall vorhanden sein, wo man überhaupt das Wagnis des Denkens auf sich nimmt. Es mag Pflicht der Philosophie sein, diese Voraussetzungen, die normalerweise gemacht, aber nicht ausdrücklich expliziert werden, in das Licht des denkenden Bewußtseins zu erheben. Aber wenn sie sich dieser Pflicht annimmt, so ist nicht zuzugeben, daß sie damit ein Werk verrichtet, das die Geisteswissenschaften näher berührte als irgendeine andere Bestrebung des geordneten Denkens. Sollte dem so sein, so hätte Dilthey nichts unterlassen, was er seinem besonderen Thema schuldig war.

An diesem Einwand ist so viel richtig, daß das in Frage stehende Apriori in der Tat die Bedingungen fixiert, die allerwärts gelten müssen, wo überhaupt »Erfahrung«, gleichviel welchen Inhalts, angestrebt wird. Allein das schließt nicht aus, daß es trotzdem mit den Wissenschaften vom Geist in einem besonders engen, ja einem einzigartig verpflichtenden Verhältnis steht. Wann immer das im Apriori Ausgesprochene als Voraussetzung einer Erkenntnisbemühung in Kraft tritt, die sich auf die »geistige Welt« richtet, gewinnt es eine Bedeutung, die ihm zweifellos nicht zukommt, solange es einem nicht auf den Geist bezüglichen Erkenntnisstreben zugrunde liegt. In dieser letzteren Funktion wird es uns besonders durch die Erkenntnisarbeit der Naturwissenschaft vor Augen geführt. Der Erforscher der »Natur« kann es sich gestatten, auf die ausdrückliche Vergegenwärtigung des Apriori, das er nicht weniger als der Erforscher des Geistes voraussetzt, Verzicht zu leisten, denn das, was in diesem Apriori ausgesagt wird, trägt nichts zur Bestimmung dessen bei, was er erforschen will. Es kann unbeleuchtet in seinem Rücken liegenbleiben, ohne daß der Bestimmung seines Gegenstandes dadurch Abbruch geschähe. Wollte der Erforscher des Geistes dem Apriori ebensowenig Beachtung schenken, dann würde er dem seine Aufmerksamkeit versagen, was dem von ihm zu Erforschenden – zum mindesten als notwendiger Teil angehört. Was er in seinem Rücken liegen läßt, das kann nicht unbeachtet bleiben, ohne daß die Bestimmung seines Gegenstandes zu kurz käme. Denn darüber ist doch kein Zweifel möglich: Jene »Leistungsformen«, von denen das Apriori Rechenschaft ablegt, sind Betätigungen eben des Geistes, dessen Wesen zu bestimmen sie eingesetzt werden, und damit ein Teil desjenigen, was durch sie bestimmt werden soll. Jene Grundfunktionen, durch welche die Erhellung der geistigen Welt möglich wird, haben innerhalb der Welt, die zu erhellen sie eingesetzt werden, ihre wohlbestimmte Stelle. Das Bild dieser Welt würde unvollständig sein, wenn sie nur an ihm tätig, nicht in ihm vertreten wären. Man sieht: nur hier ist die Lage die, daß das Apriori, indem es die Bedingungen der Gegenstandsbestimmung ausspricht, auch schon mit der Gegenstandsbestimmung selbst den Anfang gemacht hat. Die Erforschung dessen, was selbst nicht Geist ist, weiß nichts von solcher Verschränkung.

Nun aber ist die vorläufig zugelassene Redewendung, die das im Apriori Aufgedeckte ein »Teil« dessen nannte, was zu erforschen der Wissenschaft vom Geist obliegt, durch eine angemessenere Kennzeichnung zu ersetzen. Denn sie wird der wirklichen Bedeutung des im Apriori beschlossenen Wissens nicht von ferne gerecht. Bedenken wir doch, daß die in der Begriffstrias »Erlebnis, Ausdruck, Verstehen« erfaßten Betätigungen des Geistes nicht erst in der Arbeit der Wissenschaft auftreten, nicht nur in der Arbeit der Wissenschaft eine Sendung zu erfüllen haben. Sie durchziehen als notwendige Grundverrichtungen das menschlich-geistige Dasein in all seinen Dimensionen und Provinzen. Die Aufklärung der Dienste, die die allgemeinen Wortbedeutungen der Wissenschaft vom Geist leisten, war nicht zum wenigsten deshalb so aufschlußreich, weil sie zeigte, daß die Wortbedeutungen dieser Wissenschaft gerade durch diejenigen Eigenschaften unentbehrlich sind, die ihnen schon im vor- und außerwissenschaftlichen Leben der Sprache zukommen. Entsprechendes gilt von allen den Leistungsmöglichkeiten, von denen das geisteswissenschaftliche Apriori Rechenschaft gibt. Sie alle führen in der Erfüllung der Obliegenheit, die ihnen in der Erkenntnis des Geistes zufällt, nur solche Funktionsweisen zu einer gewissen Vollendung, die im außerwissenschaftlichen Bereich erwachsen und großgezogen sind. Daraus erhellt, daß die im Apriori liegende Aufklärung nicht nur ein »Teil« der geistigen Welt ins Licht rückt, sondern das ganze Grundgerüst des geistig-menschlichen Seins, und zwar mit Einschluß seiner sinnlich-leiblichen Seite (Ausdruck, Sprache!), in Begriffe faßt. Genauer gesagt: Die Begriffe, die zunächst dasjenige festzulegen bestimmt sind, was die Wissenschaft vom Geiste möglich macht, erhellen von hier aus auch das ganze Gefüge des Lebens, das sich in dieser Wissenschaft auf sich selbst besinnt, und damit das Gefüge derjenigen Wirklichkeit, an der diese Wissenschaft ihren Gegenstand hat. Oben haben wir das Insgesamt der Voraussetzungen entwickelt, die in den Begriffen »Erlebnis, Ausdruck, Verstehen« enthalten sind. Wer dieses Insgesamt überschaut, dem kann es nicht zweifelhaft sein, daß in ihm in der Tat die Grundstruktur alles wahrhaft menschlichen Daseins aufgedeckt ist.

Unfraglich verrichtet also die Wissenschaft von der »geistigen Welt« ihr Werk unter Bedingungen, die im Gesamtbereich der wissenschaftlichen Forschung nicht ihresgleichen haben. Sie allein ist darauf angewiesen, die Grundzüge des von ihr zu Erforschenden nicht in der Weise ausfindig zu machen, daß sie ihrer, geradeaus blickend, als der am Gegenstand hervortretenden Bestimmungen ansichtig würde, sondern so, daß sie sie, rückwärts blickend, als die schon im Visieren des Gegenstandes enthaltenen Voraussetzungen ans Licht bringt. Man lese aus diesem Satz nicht mehr heraus, als in ihm enthalten ist! Nicht so ist er zu verstehen, als ob das Denken, ehe es sich dem Geist als seinem Gegenstand überhaupt zugewandt, sich des mit dieser Zuwendung Vorausgesetzten vorweg in einer abgeschlossenen Überlegung zu versichern auch nur die Möglichkeit hätte. Sowenig sich ein Verhalten begreifen läßt ohne Rücksicht auf die Voraussetzungen, durch die es möglich wird, sowenig sind diese Voraussetzungen zu begreifen ohne Rücksicht auf das Verhalten, das durch sie möglich wird. »Voraussetzungen« sind eben immer Voraussetzungen von etwas. Was feststeht, ist nur dies, daß, ist dies unzerteilbare Grundverhältnis als solches einmal erkannt und anerkannt, die Klärung der Voraussetzungen aus dem einfachen Grunde die logische Prärogative haben muß, weil jede einzelne der durch sie ermöglichten Leistungen, deren Zahl unbegrenzt ist, schon mit ihrem Bestehen rechnet. Weil die Wissenschaft vom Geist nicht einen Schritt tun könnte, ohne mit ihm auch schon das Ganze dieser Voraussetzungen in Kraft zu setzen, darum ist es ihr vordringlichstes Geschäft, das dergestalt Vorausgesetzte bis in den innersten Grund hinein zu erhellen und über sich selbst aufzuklären. Es ist, um in der Sprache des Idealismus zu reden, ihre erste Aufgabe, das in ihr »Vorausgesetzte« zu »setzen«, d. h. ins denkende Bewußtsein zu erheben, ausdrücklich namhaft zu machen, nach seinem Gehalt, seinem Gewicht, seiner Tragweite zu explizieren und damit gleichsam in aller Form auf sich zu nehmen.[18]

Wie notwendig es ist, diese Ordnung des Vorgehens einzuhalten, das lehren die Irrungen, denen das Denken nur allzuleicht zum Opfer fällt, sobald es wider sie verstößt. Erst wenn es sich der fraglichen Voraussetzungen in ihrem vollen Umfange versichert hat, ist es gefeit wider die Gefahr, als vermeintliches »Ergebnis« empirischer Forschung solche Sätze vorzutragen, in denen das in aller empirischen Forschung Vorausgesetzte und damit die Möglichkeit dieser Forschung selbst verneint wird. Diese Gefahr ist wahrlich nicht klein. Es gibt keine Geisteswissenschaft, deren Geschichte nicht von den Irrtümern zu berichten hätte, die sich einzig und allein aus der Vernachlässigung der genannten Forderung ergeben haben und immer von neuem ergeben. Die Forschung könnte sich eine Unmenge von fruchtlosen Anstrengungen und leerlaufenden Bestrebungen ersparen, wenn sie sich entschließen wollte, ihre Arbeit nach Maßgabe des oben aufgestellten Postulats einzurichten. Drei Wissenschaften mögen das Recht dieses Satzes illustrieren: die Wissenschaft von der Seele, die Wissenschaft von der Gemeinschaft, die Wissenschaft von der Sprache. Kein Psychologe sollte es versäumen, sich die Frage vorzulegen, was er an Leistungsmöglichkeiten der Seele bereits voraussetzt, indem er eine psychologische Theorie, deren Erzeugung doch wohl auch den seelischen Tatbeständen angehört, aufzustellen und als »wahr« auszugeben den Mut aufbringt. Wäre diese Rechenschaftsablage niemals unterblieben, so wäre keine der psychologischen Lehren ans Licht getreten, deren Widerlegung die psychologische »Ganzheits«theorie so viel Mühe gekostet hat. Kein Soziologe sollte darüber hinwegsehen, daß er selbst, indem er eine Lehre von der Gemeinschaft ausdenkt, ausspricht, niederschreibt, veröffentlicht, verbreitet und verteidigt, das mit dem Namen »Gemeinschaft« bezeichnete Lebensgefüge mitsamt den in ihm beschlossenen Möglichkeiten, Anreizen, Förderungen, Notwendigkeiten als das Medium dieses seines eigenen Tuns voraussetzt und sich zunutze macht. Wäre diese Rechenschaftsablage niemals unterblieben, so würden weder Doktrinen vom Typus der »atomistischen« noch solche vom Typus der »kollektivistischen« Gesellschaftsauffassung Verwirrung gestiftet haben. Kein Sprachforscher sollte vergessen, daß er seine Theorie nur in engstem Bunde mit einer Sprache entwickeln, festhalten und kundtun kann, deren Leistungskraft er nicht sowohl im Zuge seiner Forschungsarbeit erst entdeckt und nachweist als vielmehr mit dem ersten Schritt dieser Arbeit bereits voraussetzt und in seinen Dienst stellt. Wäre diese Rechenschaftsablage niemals unterblieben, so würden die sprachlichen Bedeutungen niemals das Schicksal der Entleerung und Verflüchtigung erfahren haben, das ihnen durch positivistische, psychologistische, naturalistische Sprachtheorien so oft bereitet worden ist.

Wir können das Fazit aus alledem in dem Satze zusammenfassen: Keine empirische Geisteswissenschaft, zumal keine systematische Geisteswissenschaft ohne die zugehörige Philosophie – und das bedeutet: ohne das Ganze der Philosophie! Und zwar hat sich die damit geforderte Kooperation der Regel zu unterstellen, daß denjenigen Sätzen, in denen die Philosophie die notwendigen Voraussetzungen jeder empirischen Wissenschaft vom Geist ausspricht, vor allen Sätzen dieser Wissenschaft der Vorrang gebührt.

Wer es wagt, die Philosophie der empirischen Forschung dergestalt voranzustellen, der darf gewiß sein, daß er bei der Mehrzahl der auf diesem Felde Tätigen lebhaftem Widerspruch begegnen wird. Sie erblicken in der Proklamation dieser Forderung den Versuch, das Rad der Entwicklung wieder einmal kräftig rückwärts zu drehen. Die Wissenschaft vom Geist – so heißt es auf dieser Seite – sei erst dann zu unbehinderter Entwicklung gelangt, als sie die Vormundschaft der Philosophie abgeschüttelt habe. Jetzt werde ihr aufs neue zugemutet, das »fruchtbare Pathos der Erfahrung« zu verlassen und sich in die Botmäßigkeit einer Disziplin zu begeben, durch deren konstruktive Machtansprüche sie sich lange genug in der Verfolgung ihres eigenen Weges habe beirren lassen.

Allein diese Verwahrung, so starken Widerhall sie auch bei den Beteiligten finden würde, beruht auf einer radikalen Verkennung dessen, was hier für die Philosophie an Vorrechten in Anspruch genommen wird. Wenn dieser Philosophie ausdrücklich und allein die Aufgabe gestellt wird, diejenigen Voraussetzungen ins Licht des denkenden Bewußtseins zu erheben, die der fachwissenschaftliche Forscher, ob wissend oder nichtwissend, jeder einzelnen seiner Aufstellungen zugrunde legt – wie dürfte ihr dann der Ehrgeiz nachgesagt werden, durch konstruktive Festsetzungen in das Geschäft der empirischen Forschung hineinzureden! Gewiß darf die Philosophie, auch wenn sie sich streng in den Schranken dieses ihres Auftrages hält, sich vor der Anklage der Kompetenzüberschreitung nicht sicher fühlen. Denn allzu groß ist die Zahl der empirischen Forscher, die immer noch in dem größeren Teil von dem, was sie in Erfüllung dieses Auftrages ausspricht, nur die usurpatorische Vorwegnahme von dem erblicken können, was zuverlässig zu ermitteln und durch tragfähige Gründe zu stützen einzig und allein der empirischen Wissenschaft gelingen könnte. Und wie oft glauben nicht die »reinen« Empiriker die Aussagen dieser Philosophie durch das Gegenzeugnis feststehender »Tatsachen« zu Fall bringen zu können! Der alte und niemals durch einen Friedensschluß zu beendende Krieg der Ideen- und Erfahrungsgläubigen hat immer wieder Behauptungen dieses Inhalts gezeitigt. Aber immer wieder ist es auch diesen Behauptungen so ergangen, daß ihre Spitze von dem Angegriffenen auf den Angreifer zurückgebogen wurde. Denn in dem einen, milderen Falle lassen sie erkennen, daß ihr Verfechter es entweder nicht fertiggebracht oder überhaupt nicht versucht hat, sich die Voraussetzungen, auf denen sein eigenes Tun tatsächlich beruht, in vollem Umfange zum Bewußtsein zu bringen. Im anderen Falle wird durch sie gerade bewiesen, daß der Anwalt der empirischen Forschung sich mit seiner eigenen Forschung auf Irrwege verloren hat. Denn es gibt keine Tatsachen, durch deren empirische Feststellung die Möglichkeit empirischer Tatsachenfeststellung verneint würde. Alle Einwände dieser Art zeigen nur, wie sehr derjenige, der sie vorbringt, es nötig hat, von der Philosophie über das in seinen eigenen Denkbemühungen Vorausgesetzte aufgeklärt zu werden.

Wenn er aber dann doch noch dieser Aufklärung deshalb mit Mißtrauen begegnet, weil sie sich nicht gleich seiner eigenen Erkenntnis durch empirische Befunde bewahrheiten lasse, dann ist ihm folgendes zu erwidern. Einmal ist es ein sinnwidriges Verlangen, dasjenige empirisch bewahrheitet zu sehen, was jeder möglichen empirischen Bewahrheitung als notwendige Bedingung voraufliegt. Sodann aber steht es mißlicherweise so, daß man unmöglich die Wahrheit derjenigen Sätze, die von den notwendigen Bedingungen aller induktiven Feststellungen Rechenschaft geben, anzweifeln oder verneinen kann, ohne daß diese Anzweiflung bzw. Verneinung sich auch auf die Gesamtheit derjenigen Sätze erstreckte, in denen induktive Feststellungen erfolgen. Denn diesen kommt genau und nur das Maß von Vertrauen zu wie den Funktionen des Denkens, durch welche sie hervorgebracht werden. Diese Funktionen des Denkens aber sind es ja gerade, von deren Leistungskraft die angefochtenen Sätze der Philosophie Zeugnis ablegen. Diese Sätze bestreiten heißt diese Funktion anzweifeln, diese Funktionen anzweifeln heißt ihren Früchten, d. h. aber den induktiven Feststellungen mißtrauen.

Es ist wirklich nicht anders: Die induktiven Ergebnisse der Forschung stehen und fallen mit den nicht-induktiven Sätzen der Philosophie, gegen welche die angebliche Überlegenheit der reinen Induktion ausgespielt wird. Aber nicht genug, daß die philosophische Aufklärung des Apriori, was die Sicherheit ihrer Geltung angeht, hinter den empirisch gewonnenen Wahrheiten nicht um Haaresbreite zurücksteht, hat sie ein logisch Entscheidendes vor ihnen voraus. Kein auf induktivem Wege gewonnener Satz kann einen solchen Grad von Sicherheit erreichen, daß seine Berichtigung oder Widerlegung durch neue Erfahrungen schlechthin ausgeschlossen wäre. Es liegt in seinem unablegbaren logischen Charakter, daß er sich der Revision ständig offenhalten muß. Wie aber steht es mit den auf die Induktion bezüglichen Sätzen der Philosophie (denen auch diese zuletzt vorgetragenen Sätze zuzurechnen sind)? Kann auch ihnen Geltung nur unter dem Vorbehalt zuerkannt werden, daß sie durch neue Erfahrungen abgewandelt oder gar umgestoßen werden könnten? Wollte man eine solche Berichtigung auch nur als ferne Möglichkeit offenlassen, so würde man diejenigen Sätze, die über die Bedingungen *jeder möglichen* Induktion Auskunft geben, selbst auf das Niveau induktiver Wahrheiten herabdrücken. Und man würde vergessen, daß der neue Befund, der der Annahme gemäß die Revision veranlassen soll, als Beitrag zur »Erfahrung« nur bei Erfüllung der Bedingungen gelten kann, die in den angeblich zu revidierenden Sätzen formuliert sind. Von beiden Seiten her zeigt sich also: Es liegt im unveräußerlichen logischen Charakter der philosophischen Sätze, daß sie, in denen die Bedingungen jeder möglichen Erfahrung ausgesprochen sind, durch keine neue Erfahrung erschüttert oder gar umgestoßen werden können.

Natürlich darf der Hinweis auf dies logische Prae nicht so verstanden werden, als solle mit ihm nun doch dem Apriori etwas von der Festigkeit eines »Grundes« zugesprochen werden, der auch dann bestehen bliebe, wenn das auf ihm Gegründete nicht die Probe hielte. Nur als Zug an dem aufgedeckten logischen Gefüge, nur unter Voraussetzung der in ihm obwaltenden Relationen gibt es diesen logischen Rangunterschied. Aber *innerhalb* dieses Rahmens hält er dann auch jedem Zweifel stand.

Nachdem an den in Frage stehenden Sätzen der Philosophie nun auch noch diese Überlegenheit des Geltungscharakters hervorgetreten ist, ist es vollends offenbar, daß die empirische Geisteswissenschaft, was ihr Verhältnis zur Philosophie angeht, zwischen zwei und nur zwei Möglichkeiten zu wählen hat: entweder Erfahrungswissen anstreben, dann aber auch die Sätze bejahen, in denen die Bedingungen möglichen Erfahrungswissens niedergelegt sind, oder diese Sätze verneinen, dann aber auch das Streben nach Erfahrungswissen als unerfüllbar fallen lassen!

Dieselben Gründe, die der empirischen Forschung die Geltung des apriorischen Wissens anzuzweifeln verbieten, entziehen auch einer anderen Bemängelung den Boden, die ihm nicht selten von der nämlichen Seite her widerfährt. Hat sich die Wahrheit der fraglichen Einsichten als unangreifbar erwiesen, dann wird der Wert der durch sie gewonnenen Erleuchtung angefochten. Es geschieht mit der Begründung, sie seien zu »formal«, zu »abstrakt«, als daß dem Wissen an ihnen sonderlich gelegen sein könne. Das ist im Grunde nichts anderes als der soeben kritisch beleuchtete Einwand, nur so umgewendet, daß er nicht mehr die Geltung, sondern die Wissenswürdigkeit des in den apriorischen Sätzen Ausgesagten betrifft. Es ist wieder die inhaltliche Bestimmtheit, die Handgreiflichkeit des empirisch Aufzeigbaren, die gegen die angebliche Leere und Verblasenheit des apriorisch Begriffenen ausgespielt wird. Aber dieser Angriff wird nicht weniger an sich selbst zunichte als sein logisches Seitenstück. Sein Recht wäre ja überhaupt nur unter der Voraussetzung diskutabel, daß empirische und apriorische Erkenntnis wie zwei säuberlich geschiedene Provinzen des Wissens nebeneinanderlägen und so miteinander verglichen werden könnten wie zwei Objekte, von denen ein jedes auch ohne das andere das sein würde, was es ist. Genau das Gegenteil ist der Fall. Folglich kann man nicht die Wissenswürdigkeit des apriorisch Aussagbaren bestreiten, ohne das mit ihm in strengster Verschränkung stehende empirische Wissen der nämlichen Mißachtung auszuliefern. Beide sind, sowohl was ihre Geltung als auch was ihren Wert angeht, durch vollkommenste Solidarität verbunden. Statt das apriorische Wissen durch den Vorwurf der Abstraktheit aus dieser Gemeinschaft herauszureißen, sollten die Angreifer sich lieber klarmachen, daß dieser Vorwurf, wenn überhaupt, nur gegen dasjenige Wissen erhoben werden kann, das ihnen, weil in der Empirie gegründet, vollkommen vor ihm gesichert scheint. »Abstrakt« dürfen allenfalls diejenigen Erkenntnisse heißen, die durch empirische Generalisation gewonnen sind. Denn sie können ja, wie wir wissen, nicht zustande kommen, ohne am Bestand des Konkreten die logisch geforderten Abstriche vorzunehmen. Das apriorische Wissen ist zu ähnlichen Eingriffen weder genötigt noch versucht.

Aber auch abgesehen von der aufgedeckten Selbstwiderlegung muß sich der Zweifler einer nicht zu duldenden Kurzsichtigkeit zeihen lassen. Denn es heißt doch wirklich vor Wesentlichstem die Augen verschließen, wenn man sich nicht eingestehen will oder kann, von welchem Gewicht dasjenige ist, was erst durch die apriorischen Sätze in die Helligkeit des Wissens emporgehoben wird. Merkt denn die empirische Forschung nicht, wie ungeheuerlich, wie kaum glaublich die Kraft des Sehens und Erschließens ist, die sie mit der unbefangen-selbstverständlichen Ausübung ihres Amtes sich selbst und damit dem Menschen überhaupt beilegt? Daß das individuelle Subjekt, dieses äußerlich gesehen so unsagbar vergängliche Geschöpf, die Fähigkeit besitzen soll, durch erinnernde Aufbewahrung, durch mitteilende Kundgabe, durch deutendes Verständnis, durch begriffliche Sichtung und Ordnung die Schranken seiner Sonderexistenz zu durchbrechen und sich über das Universum des geistigen Daseins auszubreiten – wer dies alles anzunehmen wagt, der hebt damit den Menschen zum Rang einer irdischen Gottheit empor. Denn er gibt ihm etwas von der Allgegenwart und Allwissenheit, die der Fromme dem Ewigen glaubt vorbehalten zu sollen. Und er läßt die durch solches Wissen erleuchteten Monaden in einem Geisterreich vereinigt sein, in dessen Unendlichkeit alle Enge der räumlich-zeitlichen Existenz, alle Beschränktheit des leiblichen Daseins zu einer untergeordneten Äußerlichkeit herabsinkt. Ist es nicht so, daß dies naiv Vorausgesetzte an grundsätzlicher Tragweite alles durch die Empirie Auffindbare hinter sich läßt? Wenn die Philosophie es als ihre Sache ansieht, das Ganze dieser Annahmen ans Licht zu ziehen und in Form des Begriffs zu explizieren, so verliert sie sich nicht in eine Scheinwelt von leeren und unfruchtbaren Abstraktionen, sondern sie lehrt den Forscher sich von dem unerhörten Anspruch Rechenschaft geben, den er mit jedem Schritt seines Vorgehens erhebt, und sich die Verantwortlichkeit des Beginnens eingestehen, dessen er sich als Vollstrecker dieses Anspruchs erkühnt. Und sie öffnet dem Menschen die Augen für die unsichtbare Welt, aus der heraus und in die hinein er unaufhörlich sinnt, redet und handelt, ohne ihre Gegenwart recht wahrhaben zu wollen.

Wir erkennen so in dem, was die empirische Geisteswissenschaft in der ganzen Breite ihrer Arbeit voraussetzt, nichts Geringeres als eine in ihren Grundzügen eindeutig festliegende Metaphysik. Es ist die vorherrschende Meinung, daß das metaphysische Denken erst dort einsetze, wo die empirische Forschung nicht mehr weiterkönne, wo sie an ihre »Grenzen« stoße. Und auf Grund dieser säuberlichen Aufgabenteilung glaubt man dann die Forschung in der Lage oder gar verpflichtet, gegenüber den großen Gegensätzen metaphysischer Weltdeutung die Neutralität zu wahren. Es ist nicht dieses Ortes, darüber nachzusinnen, ob das für die Naturwissenschaft zutrifft. Für die Geisteswissenschaft ist es nachdrücklich zu verneinen. Die Geisteswissenschaft steht und fällt mit einer bestimmten Metaphysik – mit derjenigen Metaphysik, in deren Sätzen das ausgesprochen ist, was sie unausgesprochen voraussetzt.

IV. Das Sichselbstwissen des apriorischen Wissens

Allein die Zweifel, denen die letzte Abwehr galt, sind auch mit dem Aufgeführten noch nicht zur Ruhe gebracht. Sie verlegen sich nur an eine andere Stelle – gleichsam eine Station weiter nach rückwärts. Auch wenn man sich entschlossen hätte, nicht nur das Gewicht der die geisteswissenschaftliche Empirie tragenden Voraussetzungen einzuräumen, sondern auch der ausdrücklichen Vergegenwärtigung dieser Voraussetzungen den gebührenden Wert zuzuerkennen, so könnte man immer noch die Frage stellen, was uns denn der umständliche Nachweis geholfen habe, daß das in dieser Vergegenwärtigung Erkundete den Charakter apriorischer Geltung trage. Das inhaltliche Was der fraglichen Voraussetzungen sei im wesentlichen bereits in DILTHEYS einschlägigen Untersuchungen entwickelt worden. Auf dieses Was aber komme es an. Was bei ihm vermißt werde, das sei nur die Rückbesinnung auf den logischen Charakter dieser seiner eigenen Enthüllungen. Es fehle sozusagen die logische Ortsbestimmung. Wenn nun die philosophische Reflexion die bei ihm unterbliebene Selbstaufklärung nachhole, so sei damit vielleicht etwas für die logische Theorie, aber für die Sache selbst nichts gewonnen. Das, was wir über den Geist als lebendige Wirklichkeit wüßten, habe durch diese Klärung keinen Zuwachs erfahren.

Man mache sich deutlich, daß, wenn wir die damit gestellte Frage aufnehmen, unsere Untersuchung sich abermals um eine Stufe höher erhebt. Was bis zu dieser Stelle unser Thema bildete, das war der logische Charakter und die innere Tragweite derjenigen Erkenntnis, die (um diesen ihren logischen Charakter selbst nicht wissend) die apriorischen Voraussetzungen der Geisteswissenschaften enthüllt. Dieses Thema ist jetzt zum Abschluß geführt. Unser nunmehriges Thema ist das Wesen und Gewicht derjenigen Erkenntnis, welche die Aufgabe dieser logischen Durchleuchtung erfüllt, also das Wesen und Gewicht eben der jetzt in unserem Rücken liegenden Überlegungen. Es hat demnach eine abermalige Rückwendung stattgefunden. An die Rückbesinnung, die dem Inhalt des Apriori galt, schließt sich die Rückbesinnung auf diese Rückbesinnung an. Man hüte sich wohl, diese erneute Aufstufung spitzfindig und haarspalterisch zu schelten! Verdiente sie überflüssig und künstlich provoziert zu heißen, so würde der gleiche Vorwurf auch und erst recht den Einwand treffen, der sie nötig machte. Denn die besagte Wendung hat immer dann schon stattgefunden, wenn dieser Einwand laut wird. Auch er entspringt einer Rückbesinnung auf die Rückbesinnung.

Es dient der Klärung dieses nicht leicht zu durchschauenden und oft verkannten logischen Verhältnisses, wenn wir uns rückblickend die Folge der Stufen vergegenwärtigen, in denen sich das Ganze der auf den Geist bezüglichen Erkenntnis aufbaut.

1. Die empirische (sowohl generalisierende als auch individualisierende) Erkenntnis der Geisteswissenschaften (die von der unreflektierten Praxis der Forschung erreichte Stufe).
2. Die Besinnung auf die Leistungsformen, durch welche die empirische Erkenntnis zustande kommt = Rückbesinnung auf die erste Stufe (die von Dilthey erreichte Stufe; der zweite Abschnitt unserer Untersuchung).
3. Die Besinnung auf den logischen Charakter und die innere Tragweite derjenigen Erkenntnis, durch welche diese Leistungformen erfaßt werden = Rückbesinnung auf die zweite Stufe (der dritte Abschnitt unserer Untersuchung).
4. Die Besinnung auf den logischen Charakter und die innere Tragweite derjenigen Erkenntnis, durch welche diese Überprüfung geleistet wird = Rückbesinnung auf die dritte Stufe (der im Vorliegenden sich entwickelnde Abschnitt unserer Untersuchung).

Das Verhältnis der Stufen ist also dies, daß immer wieder auf der nächsthöheren Stufe die auf der voraufliegenden Stufe erfolgte Leistung in das Licht der Reflexion gerückt wird.

Die Zweifel nun, mit deren Erwägung wir zur vierten Stufe aufsteigen, haben ohne Frage etwas sehr Überredendes an sich. Gleichwohl ist ihnen gegenüber Mißtrauen schon aus dem Grunde geboten, weil wir in ihnen nur die Anfechtungen sich erneuern sehen, denen schon weiter abwärts eine Abweisung widerfuhr. Auch die Erkenntnis der zweiten Stufe sollte in ihrer Bedeutung mit der Begründung herabgesetzt werden, daß eine auf die Bedingungen der Erkenntnis zurückgehende Besinnung unmöglich zur Bestimmung des zu Erkennenden selbst beitragen könne. In der Prüfung dieses Einwandes – Aufgabe der dritten Stufe – stellte sich heraus, daß durch die Frage, in welchen Formen der Geist erkannt wird, zugleich die Frage nach dem Wesen des Geistes selbst unter verändertem Aspekt abermals gestellt wird, folglich in der Beantwortung dieser Frage das Wissen um den Geist selbst sich fortentwickelt und anreichert. Wenn nun dem auf der dritten Stufe heimischen Wissen mit der gleichen Begründung die gleiche Abwertung widerfahren soll, so ist aufs neue zuzusehen – Aufgabe der vierten Stufe –, ob nicht auch die nunmehr angezweifelte Erkenntnis die Schranken einer bloß für die Logik erheblichen Belehrung überschreitet und tiefer in die Wirklichkeit des Geistes selbst hineinführt.

Was die logische Durchleuchtung der fraglichen Erkenntnis angeht, so ist das Entscheidende bald gesagt. Wenn es auf der dritten Stufe noch eines erheblichen Aufwandes bedurfte, um an dem Wissen der zweiten Stufe sowohl seinen Unterschied von allem induktiven Wissen als auch seinen logischen Vorrang vor allem induktiven Wissen nachzuweisen, so darf sich die auf der vierten Stufe fällige Reflexion der entsprechenden Anstrengung überhoben fühlen. Sie braucht nur geltend zu machen, daß die durch sie zu prüfende Erkenntnis – diejenige der dritten Stufe – sowohl den besagten Unterschied als auch den besagten Vorrang nicht zu bemerken, geschweige denn zu erhärten imstande wäre, wenn sie nicht, was ihren logischen Rang angeht, der durch sie in ihrem Vorrang bestätigten Erkenntnis – zum mindesten gleichgestellt wäre. Völlig ausgeschlossen ist es also, daß ihr etwa bloß der Rang induktiven Wissens zukäme. Ja muß sie nicht sogar, um jenen Unterschied des Ranges sehen zu können und proklamieren zu dürfen, auch der von ihr als vorgeordnet qualifizierten Erkenntnis ihrerseits wieder vorgeordnet sein? Muß sie nicht im Verhältnis zu ihr dieselbe apriorische Stellung einnehmen, die sie ihr im Verhältnis zum induktiven Wissen bezeugt? Es sieht doch so aus, als ob wir an dieser Stelle ein »Apriori des Apriori« zu statuieren nicht umhin könnten – als ob hinter einem »Apriori ersten Grades« ein »Apriori zweiten Grades« sichtbar würde. Und hinter diesem zweiten Apriori scheint sich der Ausblick auf eine Reihe von weiteren und immer weiteren Überhöhungen aufzutun, die überhaupt keinen Abschluß kennt.

Allein hat die auf der vierten Stufe angelangte Reflexion wirklich Grund, hinter dem durch sie zu prüfenden Apriori eine solche Folge sich bis ins Unendliche emporsteigender Aprioris zu postulieren? Diese Forderung aufzustellen, könnte sie sich nur dann versucht fühlen, wenn sie vergäße, durch welche Beziehungen das ihrer Prüfung unterliegende apriorische Wissen, das Wissen um die »Bedingungen der Möglichkeit«, mit dem nicht-apriorischen Wissen verbunden ist, um dessen Möglichkeit es weiß. Welches sind diese Beziehungen? Es würde kein nicht-apriorisches Wissen geben, wenn es nicht die »Voraussetzungen« gäbe, auf denen es fußt: Diese aber sind die vom apriorischen Wissen gewußten Voraussetzungen. Es würde aber auch kein apriorisches Wissen geben, wenn es nicht die Voraussetzungen gäbe, um die es weiß: Diese aber sind die vom nicht-apriorischen Wissen gemachten Voraussetzungen. Hier ist eins nur mit dem anderen und durch das andere. Und die Voraussetzungen, die dort gemacht, hier gewußt werden, bilden die Mitte, in der nicht-apriorisches und apriorisches Wissen sich verschränken. Was wir vor uns haben, das sind zwei Wissenskreise von verschiedenem Inhalt und verschiedener logischer Struktur. Aber diese Kreise liegen nicht äußerlich nebeneinander wie zwei »Gebiete«, von denen ein jedes unabhängig vom anderen, ohne Rücksicht auf das andere das ist, was es ist, und auch beim Ausfall des anderen das bleiben könnte, was es ist. Nein: Jeder der beiden Kreise ist, was er ist, nur in seiner Beziehung zum anderen, und sowohl die inhaltliche als auch die logische Verschiedenheit beider besteht nicht als ein Sachverhalt, den erst der hinzutretende Betrachter vergleichend festzustellen hätte: Sie *ist* nur als Verschiedenheit der sich aufeinander Beziehenden, wie umgekehrt auch die Beziehung nur als Beziehung der sich voneinander Unterscheidenden sein kann.

Wenn das philosophische Denken nur allzuoft nicht dahin gelangt ist, sich diese *wechselseitige*, also auch für das Apriori verbindliche Bezogenheit in ihrer ganzen Strenge zum Bewußtsein zu bringen, so ist dafür vor allem ein an sich durchaus richtiger Gedanke verantwortlich zu machen: der Gedanke an die logische Überlegenheit des apriorischen Wissens. Es liegt so sehr nahe, das Verhältnis, in dem diese Überlegenheit wurzelt, dem Verhältnis des Grundlegenden (»Fundierenden«) zu demjenigen, dessen Grund in ihm gelegt ist (dem »Fundierten«), gleichzusetzen. Gegen diese Auslegung ist so lange nichts einzuwenden, wie sie gewisse sich andrängende Anschauungshilfen fernzuhalten weiß. Aber diese Abwehr unterbleibt nur allzuoft. Und dann stellt sich prompt im Anschluß an räumliche Bilder die Vorstellung ein, daß zwar die Grundlage für das auf sie Gegründete, nicht aber umgekehrt dieses für die Grundlage nötig sei. Es scheint für das Fundierende nichts auszumachen, ob ein Fundiertes sich von ihm tragen läßt, auf ihm »aufruht« oder nicht. Das Fundierte erscheint in der Rolle des zusätzlich Beigegebenen. Verstärkend tritt die weitverbreitete Vorstellung eines Aufbaus in »Schichten« hinzu, die gleichfalls die Meinung begünstigt, daß zwar die weiter aufwärts liegende »Schicht« von der tiefer gelagerten, nicht aber diese von jener getragen zu werden verlange. Lauter Anschauungen, die man nicht zulassen kann, ohne das Verhältnis einseitiger Abhängigkeit selbstverständlich zu finden. Aber gerade die Anschaulichkeit dieser Vorstellungen ist es, die Mißtrauen hervorrufen müßte. Denn das Reich des Logischen ist nun einmal von einer Struktur, die keinen Vergleich mit räumlich-anschaulichen Verhältnissen verträgt. In diesem Reich gibt es keine einzige Provinz, die die anderen so »außer« sich hätte, daß sie gegen ihr Vorhandensein oder Nichtvorhandensein gleichgültig wäre. Eine jede von ihnen ist das, was sie ist, nur in der strengsten Bezogenheit auf die Gesamtheit der übrigen. Ihr strukturelles Gefüge ist geradezu eins mit dem Insgesamt dieser Relationen. Das gilt ohne Abzug auch für diejenige logische Region, der die logische Besinnung im Verhältnis zu einer anderen oder den anderen den Vorrang zuzusprechen hat. Dieser Vorrang verträgt sich nicht nur mit strengster Bindung: Er *ist* geradezu diese Bindung, beurteilt nach dem Verhältnis, das sie zwischen den Gebundenen stiftet. Nur vermöge dieser allseitigen Verschränkung bilden die Provinzen des Wissens nicht ein Aggregat, sondern ein System.[19]

Ermessen wir die logische Notwendigkeit, kraft deren das apriorische Wissen mit dem nicht-apriorischen Wissen verschränkt ist, so fällt der Gedanke einer weiteren Aufstufung des Apriori in sich zusammen. Er kann nur diskutabel erscheinen auf Grund von Voraussetzungen, die der im Reich des Wissens gültigen Ordnung widerstreiten. Diese Ordnung ist verkannt und durchbrochen mit der Vorstellung, als könne das Apriori die Fühlung mit dem nicht-apriorischen Wissen, die es als vorgebliches »Apriori ersten Grades« aufrechterhalten, aufgeben und sich in sich selbst in eben der Art weiter aufstufen, wie es mit dem Übergang von dem nicht-apriorischen zum apriorischen Wissen tatsächlich geschah. Recht besehen kann diese Fortführung überhaupt nicht in Gang kommen, weil, sobald das Wissen um das Einzelne, Konkrete, »Individuierte« außer Sicht ist – und das würde beim Aufstieg von dem vorgeblichen »Apriori zweiten Grades« der Fall sein – jeglicher Unterschied verschwindet, auf Grund dessen die Stufen sich voneinander abheben und zueinander in Beziehung stehen könnten. Ist die Frage nach den »Bedingungen der Möglichkeit« des nicht-apriorischen Wissens erledigt, und es wird dann doch noch in derselben Richtung weiter gefragt, dann kann nichts weiter herauskommen als eine eintönige und leere Wiederholung: Auf die Bedingungen der Möglichkeit folgen die Bedingungen dieser Bedingungen usf. bis ins Unendliche. Und das ist dann wahrlich eine »schlechte« Unendlichkeit; denn was sollte aus diesem ufer- und konturlosen Einerlei an Wissen hervorgehen! In solche Ungereimtheiten kann sich die logische Reflexion verlieren, sobald sie das Apriori zu einer logischen »Schicht« verselbständigt denkt, die in Ablösung von der Fülle und Konkretheit des Nichtapriorischen einer autochthonen Entwicklung und Ausgestaltung fähig wäre.

Wenn wir also mit der letzten gedanklichen Wendung zu einer vierten Stufe der Reflexion aufgestiegen sind, so geschah dies durchaus nicht in der Absicht, dem auf der dritten Stufe aufgedeckten Apriori ein weiteres Apriori folgen zu lassen und so den Gang in die »schlechte« Unendlichkeit anzutreten. Im Gegenteil: Die der vierten Stufe obliegende Rückbesinnung ist nicht zum wenigsten aus dem Grunde so heilsam wie unerläßlich, weil sie diesem progressus einen Riegel vorschiebt. Sie tut es, indem sie uns überzeugt, daß wir in dem auf der dritten Stufe enthüllten Apriori – an dem die Verschränkung mit dem Nicht-apriori zutage liegt – das Apriori schlechthin und nicht lediglich seinen ersten Einsatz und Anlauf vor uns haben. Auf diese Weise wird der scheinbar unvermeidliche Fortgang ins Unendliche, der das Denken mit zunehmender Verflüchtigung bedroht, abgebrochen und das Apriori seiner ganzen Erstreckung nach ebenso streng an das Empirische gebunden, wie dieses sich an das Apriori gebunden zeigte. Es steht nunmehr fest: Ist einmal das »erste« Apriori, das Wissen um die Voraussetzungen des empirischen Wissens, zu vollem Bewußtsein entwickelt, dann steht als weitere Leistung nur noch eines aus: die Reflexion auf die logische Struktur derjenigen Besinnung, durch welche dieses Bewußtsein zustande kommt. Diese Reflexion aber ist dann nicht mehr die Sache eines Wissens von höherem Rang, eines Wissens also, das in dem »ersten« Apriori ähnlich so ein Anderes und von ihm Verschiedenes sich gegenüber hätte wie dieses in Gestalt des empirischen Wissens. Sondern auf der vierten Stufe geschieht nur dies, daß das apriorische Wissen, wie es zuvor – Leistung der dritten Stufe – die Struktur des auf die Voraussetzungen der Empirie bezüglichen Wissens durchleuchtet, so nunmehr sich seine eigene Struktur bis auf den Grund durchsichtig macht. Kurz gesagt: Das Wissen um das Apriori ist selbst apriorisches Wissen. Es ist Wissen nicht nur um das von ihm sich unterscheidende Wissen, sondern auch um sich selbst.

Es erübrigt sich, den Satz von der Apriorität jeglichen Wissens um das Apriori noch vor etwaigen Anzweiflungen in Schutz zu nehmen. Denn jede denkbare Anzweiflung könnte ja, soferne sie sich überhaupt durch Gründe zu stützen versuchte, nur Gründe von nicht-apriorischer Art, also empirische Feststellungen, ins Feld führen. Damit würde sie sich aber in den nämlichen Selbstwiderspruch verwickeln, dessen sich schon die weiter oben wiedergegebenen Einwände gegen das Apriori mußten überführen lassen: Sie würde dasjenige Wissen zu stürzen versuchen, in dessen Zusammenbruch unweigerlich auch das empirische Wissen, also ihr eigener Kronzeuge, hineingerissen werden würde.

Daß das Erkennen mit dem Aufstieg zur vierten Stufe nicht einen Weg antritt, der es ins Unendliche entführen müßte, sondern nur die bereits passierten Stufen noch gründlicher in Besitz nimmt, das bringt sich in einem durchlaufenden Grundmotiv dieses gedanklichen Fortgangs besonders eindringlich zur Anschauung. Es ist das Grundmotiv der Sprache.[20] Wenn die Reflexion der zweiten Stufe alle geisteswissenschaftliche Erfahrung auf das Ineinandergreifen von Erlebnis, Ausdruck und Verstehen zurückführt, so hat sie damit auch schon die Sprache, diesen aus dem »Erlebnis« entsprungenen und ein optimales »Verstehen« ermöglichenden »Ausdruck«, auf den ihr gebührenden Platz gestellt (weshalb denn auch unsere auf die allgemeinen Wortbedeutungen bezüglichen Erwägungen durchaus in diesen Zusammenhang hineingehörten). Indem nun die Reflexion, zur dritten Stufe aufgestiegen, den apriorischen Charakter alles dessen aufdeckt, was über das Grundgefüge von Erlebnis, Ausdruck und Verstehen erkundet wurde, hebt sie auch das, was sich über die Sprache an Letztem und Grundsätzlichem ausmachen läßt, über das Niveau bloß induktiver Feststellungen empor. Sie tut es, indem sie zeigt, daß, wer über Sprache denkt und redet, durch dieses sein Tun bereits die Leistungskraft der Sprache sowohl voraussetzt als auch bewährt. Aber diese die Erkenntnis der zweiten Stufe betreffende Enthüllung tritt in sinngetreuer Wiederholung abermals in Kraft, sobald die Erkenntnis der dritten Stufe ihrerseits wieder vom Licht der Reflexion bestrahlt wird. Denn dann kann es nicht verborgen bleiben, daß sie, die sich ja gleichfalls in sprachlicher Form entwickelt und vorträgt, mit diesem ihrem Tun der Leistungskraft der Sprache dasselbe Vertrauen schenkt, das sie dem Erkennen der zweiten Stufe nachweist. Und das Gleiche gilt dann endlich auch von der diese Feststellung treffenden Erkenntnis der vierten Stufe.

So sehen wir die Sprache als bleibendes Grundmotiv durch das Ganze dieser Gedankenbewegung hindurchgreifen. Was aber dieses ihr Durchhalten besonders lehrreich macht, das ist folgendes: Es ist dieselbe und doch auch wiederum nicht dieselbe Sprache, der wir auf den Stufen dieses Aufstiegs begegnen. Inwiefern ist es nicht dieselbe? Die Sprache, die von den empirischen Geisteswissenschaften geredet wird, ist, wie wir durch die Reflexion der zweiten Stufe belehrt wurden, die konkrete, die mit Anschauung gesättigte Sprache des Lebens. Die allgemeinen Wortbedeutungen haben, wenn sie im Dienste dieser Wissenschaften auftreten, nichts von der Allgemeinheit begrifflicher Inhaltsbestimmungen an sich. Aber so ist es nur auf der untersten Stufe dieser Bewegung. Anders wird es schon mit dem Anheben der Reflexion, die uns über die Sprache der Geisteswissenschaften die soeben wiedergegebene Auskunft gibt. Zu dieser Auskunft würde sie außerstande sein, wenn die Sprache, die sie redet, mit der Sprache, von der sie redet, von einerlei Art wäre. Von Wesen, Funktionsweise und Notwendigkeit jener Sprache des Lebens kann nicht Rechenschaft gegeben werden in einer Sprache, die selbst nichts weiter wäre als eine fernere Äußerung eben dieser lebendigen Sprache. Diese Belehrung kann nur in einer Sprache erfolgen, die genau das an sich hat, was sie der von ihr besprochenen Sprache abspricht: die klare Bestimmtheit und eindeutige Festgelegtheit des Begriffs. Von den Freiheiten ursprünglich-wachstümlichen Sprachlebens läßt sich nur reden in Worten, die sich selbst diese Freiheiten versagen. Daß es so sein muß, geht schon daraus hervor, daß es apriorische Wahrheiten sind, die in dieser Sprache ausgesprochen sein wollen. Wie sollte die Unbedingtheit und Universalität der Geltung, die allen apriorischen Sätzen als solchen eignet, sich mit der Wiedergabe durch eine Sprache vertragen, die ihre Bedeutungen nicht der schwebenden Vieldeutigkeit der Alltagsrede enthoben und zu strengster Bestimmtheit durchgebildet hätte! Und von dieser Strenge wird die Sprache im weiteren Aufstieg des Gedankens nicht mehr entbunden. Ist es doch in diesem Aufstieg nur darum zu tun, das Wissen um das Apriori zur vollen Klarheit über sich selbst emporzuentwikkeln. Es erfolgt also im Vollzuge dieses Stufengangs ein Umschlag: An die Stelle der unendlich bewegten, unbegrenzt bildsamen Sprache des Lebens tritt die zuchtvoll geregelte und zur Eindeutigkeit gestraffte Sprache des strengen Begriffs. Fürwahr ein Wandel von tief einschneidender Art! Und doch: Ist es wirklich so, daß die eine Sprache von der anderen einfach so abgelöst würde, wie es der Ausdruck »an die Stelle treten« anzudeuten scheint? Keineswegs. Beide Sprachen sind genauso aufeinander angewiesen und ineinander verschränkt, wie empirisches und apriorisches Wissen es sind. Es gibt die Sprache des Lebens nicht anders als in Verwirklichung der Wesenszüge, von denen die Sprache der Reflexion redet. Und es gibt die Sprache der Reflexion nicht anders als im Bereden der Wesenszüge, die die Sprache des Lebens in sich verwirklicht. Und wenn es noch eines weiteren Beleges für die unlösliche Zusammengehörigkeit beider Sprachen bedürfte: Es sind, recht besehen, gar nicht zwei Sprachen, deren Verhältnis hier zur Erörterung steht. Es ist eine und dieselbe Sprache, die uns beschäftigt, nur eben in zwei ebenso streng voneinander unterschiedenen wie aneinander gebundenen Formen ihrer Gestaltung. Wenn die Reflexion daran ist, Worte wie »Erlebnis«, »Ausdruck«, »Verstehen« zu der Bestimmtheit der Bedeutung zuzuschärfen, die sie erst zur Bezeichnung von Begriffen tauglich macht, so bleibt sie in doppelter Hinsicht der Sprache verhaftet, über die sie mit ihrer Präzisionsarbeit hinausstrebt: Sie dankt ihr die besonderen Wortbedeutungen, um deren logische Präzisierung sie sich bemüht, und sie dankt ihr das Insgesamt der weiteren Worte, Wortbedeutungen und Wortfügungen, durch welche sie die Präzisierung vorzunehmen und durchzuführen in den Stand gesetzt wird. Unsere Untersuchung ist eine einzige fortlaufende Illustration dieses Satzes. Durch ihr unverbrüchliches Festhalten an der Bedeutungs- und Formenwelt der gewachsenen Sprache gibt die Sprache der Reflexion handgreiflich zu erkennen, daß sie den Aufstieg über die Stufe der naiven Sprachwirklichkeit nicht in der Absicht unternommen hat, sich von diesem Mutterboden zu lösen und in den Äther einer »reinen«, nur sich selbst gehörenden und aus sich selbst lebenden Begriffssprache zu entschweben. Sie bleibt vollkommen eins mit dem, was sie hinter sich zurückzulassen scheint.

Indem die Sprache als Sprache der Reflexion es fertig bringt, sich von sich selbst zu unterscheiden, sich über sich selbst zu erheben und dabei doch ihre Einheit und Selbigkeit ohne die kleinste Einbuße zu wahren, wird sie zur greifbaren Darstellung des Verhältnisses, das wir schon als Aufstieg des Wissens zu sich selbst kennenlernten. Genauso, wie die Sprache der Reflexion sowohl die von ihr sich unterscheidende Sprache – die Sprache der gelösten Anschauung – als auch sich selbst – die Sprache des strengen Begriffs – im Wort zu erfassen und zu sichern die Fähigkeit besitzt, genauso ist es dem Wissen der Reflexion gegeben, sowohl das von ihm sich unterscheidende Wissen – das Wissen der Empirie – als auch sich selbst – das Wissen des Apriori – im Geist zu erfassen und zu sichern. Besser gesagt: Es ist ein und dasselbe Lebensgefüge, das dort als von sich selbst sprechender, hier als um sich selbst wissender Geist zur Verwirklichung gelangt.

Für die Leistung, die der Geist als von sich selbst sprechender und um sich selbst wissender Geist vollbringt, hat HEGEL den treffenden Ausdruck »übergreifend« eingeführt. Übergreifend zu sein ist das Vorrecht dessen, was es fertig bringt, sowohl bei sich selbst als auch über sich selbst hinaus bei »seinem Anderen« zu sein, sowohl über sich selbst emporzusteigen als auch an sich selbst festzuhalten. Wer die »übergreifende« Macht des Geistes einmal voll ermessen hat, der hat aufgehört, sich vor dem Schreckgespenst eines ins Unendliche fortgehenden progressus des Denkens zu ängstigen. Hat die fortschreitende Besinnung es dahin gebracht, daß das Wissen des Apriori um sich selbst weiß, dann biegt sich der scheinbar nach vorwärts weiterdrängende Gedanke zum Kreise zurück, und die Unruhe der scheinbar keinen Abschluß zulassenden Bewegung weicht der Sicherheit des bei sich selbst angelangten und damit in sich selbst beruhigten Wissens.

So wird durch die Rückbesinnung der vierten Stufe die auf der dritten Stufe vollbrachte Leistung des Erkennens vor dem Verdacht der Vorläufigkeit geschützt: Es ist etwas Endgültiges und Unüberholbares, was hier eingebracht ist. Kraft dieser ihrer Endgültigkeit schließt aber die fragliche Erkenntnis, wie uns die nämliche Rückbesinnung belehrt, auch die erlösende Antwort auf eine Frage in sich, mit der sich die Logik zu allen Zeiten nicht wenig und doch meist mit unbefriedigendem Erfolg abgemüht hat. Die alte und ewig neue Frage nach dem Verhältnis des Allgemeinen und des Besonderen kann erst richtig gestellt und folglich auch erst richtig beantwortet werden, wenn das Denken auf der Höhenlage der dritten Stufe angelangt ist. Es ist weder Zufall noch Willkür, daß wir im Aufstieg zu dieser Höhenlage gewisse Formen, die dieses Verhältnis auch annimmt – Formen, die um ihrer Verbreitung und ihrer relativen Anschaulichkeit willen weithin als die normalen, wo nicht die einzig legitimen gelten –, Revue passieren ließen. Dieser Fortgang gehorchte einer tiefen inneren Notwendigkeit. Denn einmal führt der einzige Weg zur Selbsterhellung jener endgültigen Gestalt über die vorläufigen Gestalten. Das Denken muß an den vorläufigen Gestalten das Unzulängliche der in ihnen sich anbietenden Lösung erfahren haben, um zur endgültigen Gestalt weitergetrieben zu werden. Andererseits gilt es nicht minder, daß die vorläufigen Gestalten als das, was sie sind und leisten, erst vom Standpunkt desjenigen Wissens aus durchschaut werden können, in dem sich die endgültige Gestalt ausprägt. Das Denken muß in der endgültigen Gestalt die vollkommene Lösung verwirklicht haben, um die vorläufigen Gestalten der Begrenztheit ihrer Herrschaft und der Bedingtheit ihrer Geltung überführen zu können. Es ist das uns bekannte Wechselverhältnis, zugespitzt auf das Problem »Allgemeines und Besonderes«. Was wir, auf dieser Stufe angelangt, nicht mehr übersehen können, ist dies: Weder durch die lebendigen Wortbedeutungen noch durch die beweglichen Induktionen der Geisteswissenschaft noch durch die strengen Klassifikationen der Naturwissenschaft werden Allgemeines und Besonderes so zueinander in ein Verhältnis gesetzt, daß sowohl dem einen als auch dem anderen vollauf Genüge geschähe. Es ist, als ob, was dem Besonderen an Inhaltsfülle erhalten bleibt, der Bestimmtheit des Allgemeinen vorenthalten werden müsse – als ob, was dem Allgemeinen an Schärfe zuwächst, der Konkretheit des Besonderen verlorengehe. Es ist, als ob die eine Seite immer etwas von dem draußen lassen müsse, worauf es der anderen Seite gerade ankommt. An dem logischen Schema der »Subsumption«, in dem die herrschende Meinung die vorbildliche Ausgestaltung des fraglichen Verhältnisses erblickt, läßt sich dieses doppelseitige Ungenügen unschwer ablesen. Das Besondere muß, indem es sich der Subsumption unterwirft, diejenigen Züge zurücklassen, die, weil den zu subsumierenden Einzelbefunden nicht »gemeinsam«, nicht als »allgemein« anerkannt werden können; es bringt also seine Besonderheit zum Opfer. Das Allgemeine, durch dieses Opfer des Besonderen scheinbar zu unbedingter Überlegenheit der Geltung emporgehoben, bleibt gleichwohl dem scheinbar Unterworfenen verhaftet, weil jederzeit ein neues Besonderes auftauchen kann, das die vermeintlich gesicherte »Gemeinsamkeit« durchbricht und so die Berichtigung des Allgemeinen erzwingt. Allgemeines und Besonderes werden also, soweit das Schema der Subsumption die Herrschaft behauptet, in ein Verhältnis gesetzt, dessen Labilität weder das eine noch das andere recht zur Ruhe kommen läßt. Ganz anders steht es um das Verhältnis des Allgemeinen und des Besonderen, wie es sich mit dem Aufstieg zum Apriori ausgestaltet. Hier kommt beides nicht in wechselseitiger Einschränkung, sondern recht eigentlich miteinander und durcheinander zu seinem Recht. Die Konkretheit des Besonderen hat nichts zu befürchten von dem Allgemeinen, das nur die Voraussetzungen ausspricht, die erfüllt sein müssen, damit das Besondere erkannt werden könne. Die Bestimmtheit des Allgemeinen hat nichts zu befürchten von einem Besonderen, das überhaupt nur unter den Voraussetzungen in Sicht kommen kann, die in dem Allgemeinen formuliert sind. Beide Seiten geraten einander nicht ins Gehege, weil sie sich nicht unmittelbar, sondern in einem Dritten – nämlich in den Voraussetzungen, die dort gemacht, hier bedacht werden – begegnen. Diese Vermittlung macht es möglich, daß die Fülle des Besonderen und die Strenge des Allgemeinen sich ohne Beeinträchtigung verschränken. Anders als im Schema der

Subsumption gibt hier das Besondere dem Allgemeinen, das Allgemeine dem Besonderen den festesten Halt, ohne ihm das kleinste Zugeständnis zuzumuten.

Nichts bringt die Überlegenheit dieser Gestalt schlagender zum Ausdruck als die Tatsache, daß sie die anderen Gestalten des nämlichen Verhältnisses nicht als überholte Anläufe hinter sich läßt, sondern nach ihrem Wesen, ihrer Notwendigkeit und ihren Grenzen begreift und so dem Gesamtbau des Wissens einordnet. Als Wissen um die Leistungsformen des Geistes ist das Apriori sowohl das Wissen um dasjenige Allgemeine, das es in sich selbst verkörpert, als auch um diejenigen Gestalten des Allgemeinen, die, obwohl hinter ihm zurückstehend, von ihm nicht annulliert, sondern in ihren Grenzen bestätigt und begründet werden. Man sieht, wie heillos die im Reiche des Wissens gültige Ordnung verwirrt werden muß, sobald man die Logik des subsumierenden Denkens zum Range der Musterform erhebt. Diese unverdiente Auszeichnung hat zur notwendigen Folge, daß die Labilität, deren dieses Denken um keinen Preis ledig wird, auf das ganze Reich des Wissens übergreift, während die übergeordnete Kontrollinstanz, die diese Labilität sehen, begreifen und damit eingrenzen könnte, außer Tätigkeit gesetzt wird.

Soviel über die *logische* Tragweite der auf der dritten Stufe sich erschließenden Einsichten! Aber ist mit dieser Aufklärung auch schon erschöpft, was diesen Einsichten an innerer Bedeutung zukommt? Ist aus ihnen nichts zu entnehmen, was die lebendige *Wirklichkeit* des Geistes selbst erhellte?

Es gibt eine weitverbreitete und auch zu philosophischen Theorien ausgesponnene Meinung, mit deren Bejahung sich alles weitere Nachdenken über diese Frage erübrigen würde. Schon oft ist das Verhältnis des Allgemeinen und des Besonderen in einer Weise bestimmt worden, aus der sich ergeben würde, daß jegliche Reflexion über dieses Verhältnis mit unentrinnbarer Notwendigkeit von der Wirklichkeit weg- und in die Sphäre des »bloß« Gedachten hinüberführte. Das würde besagen, daß auch die von uns hinsichtlich ihrer Tragweite zu prüfende Erkenntnis, die ja in einer Bestimmung des nämlichen Verhältnisses gipfelt, der Wirklichkeitsbeziehung ermangele und nicht mehr als logische Aufklärung spenden könne.

Wenn die angezogene Meinung dem Denken, das sich auf das Verhältnis des Allgemeinen und des Besonderen richtet, jede Möglichkeit der Wirklichkeitserhellung abspricht, so geht sie dabei von folgender Überlegung aus. »In Wirklichkeit« gibt es nur Einzelnes, Besonderes, Individuelles. Von einem Allgemeinen kann überhaupt erst dann die Rede sein, wenn das Subjekt an diese Wirklichkeit herantritt und sie zu erkennen versucht. Was dieses Subjekt sich gegenüber hat, das ist eine Unendlichkeit von unendlich vielgestaltigen Befunden, die in extensiver Vollständigkeit aufzunehmen und festzuhalten seine Kräfte übersteigt. Es muß die Einzelphänomene sichten, ordnen und nach Gruppen vereinigen, um den Gehalt dieser Welt geistig bewältigen zu können. Und diese Leistung vollbringt es eben in der Weise, daß es Vielheiten von besonderen Befunden in allgemeinen Begriffen »zusammenfaßt«. Man sieht sofort: Was diese ganze Überlegung trägt und möglich macht, das ist wiederum das Schema der Subsumption, nur daß es diesmal nicht der Deutung der logischen Formen als solcher, sondern der Deutung des Verhältnisses, das zwischen diesen Formen und der Wirklichkeit obwaltet, zugrunde gelegt ist. In dieser erweiterten Anwendung führt es zu dem Ergebnis: Das Allgemeine ist das Mittel, das sich das Subjekt schafft, um denkend mit der Wirklichkeit fertig zu werden, nicht aber ist es ein dieser Wirklichkeit selbst in irgendeinem Sinne Zugehöriges. Besonderes und Allgemeines treten in aller Schärfe auseinander als Wirklichkeit der Welt und Denken der Welt. Und daraus folgt dann weiter: Eine Besinnung, die das Verhältnis von Besonderem und Allgemeinem zum Thema hat, kann nur die logischen Operationen aufklären, mit deren Hilfe das Subjekt die Wirklichkeit bemeistert; zur Erhellung dieser Wirklichkeit selbst kann sie nichts beitragen.

Es ist nicht dieses Ortes, die hier wiedergegebene Theorie vom Wesen des Allgemeinen an allen Gebieten des Erkennens durchzuprüfen. Es bleibe dahingestellt, ob sie den in der Wissenschaft von der Natur sich vollziehenden Denkleistungen (mit denen sie scheinbar noch am ehesten zusammenzubringen ist) gerecht wird. Daß die Wissenschaft vom Geist ihr zustimmen könnte, muß schon aus einem sehr einfachen Grunde fraglich erscheinen. Recht besehen ist doch jenes Denken, auf dessen Rechnung das Allgemeine ausschließlich kommen soll, eine Äußerung desselben Geistes, den zu erkennen der Wissenschaft vom Geist obliegt. Hier scheint also das, was bloß als Arrangement des Subjekts gelten soll, irgendwie, in irgendeinem Sinn und Maß, doch auch auf der Seite des Objekts eine Stätte haben zu müssen. Die Allgemeinheit, in der der Geist von den einschlägigen Geisteswissenschaften gedacht wird, scheint doch nicht bloß eine vom forschenden Subjekt gestiftete und bloß für dieses Subjekt gültige Allgemeinheit zu sein.

Ohne Zweifel hat es nie ein Nachdenken über den Geist, seine Werke und seine Taten gegeben, in dem nicht etwas von dieser Gewißheit, sei es auch in einer der Rechenschaft sich entziehenden Form, lebendig gewesen wäre. Es ist das Große und Fruchtbare an dem von DILTHEY so eingehend gewürdigten Abschnitt der Geistesgeschichte, daß er diese Gewißheit zu vollem Durchbruch kommen und nach gedanklicher Rechtfertigung tasten läßt. In den eindringlichen Bemühungen, die mit der Aufklärung ihren ersten Gipfelpunkt erreichten, ging es um das Allgemeine – aber nicht oder jedenfalls nicht in erster Linie um das Allgemeine als Form des die Wirklichkeit denkenden Geistes, sondern als Form dieser Wirklichkeit selbst. Das »natürliche System« setzt sich das Ziel, in sämtlichen Sphären des Daseins, die der Geist mit seinen Werken und Taten erfüllt, das Walten allgemeiner, der Individualität der Menschen, Völker und Zeiten überlegener Prinzipien sichtbar zu machen. »Allgemein« soll hier die Grundstruktur des Geistes selbst sein. Wenn das Denken dasjenige, was es von dieser Grundstruktur erkundet, in die Form von allgemeinen Begriffen faßt, so liegt ihm nichts ferner, als in dieser Form eine lediglich für das Subjekt belangvolle, das Objekt nicht berührende Ordnungsschematik zu erblicken. Vielmehr ist es gewiß, in diesem Allgemeinen das System der in der Wirklichkeit selbst arbeitenden Triebkräfte in die Helligkeit des denkenden Bewußtseins aufsteigen zu sehen. Aber die gleiche Gewißheit ist auch noch in der Bewegung lebendig, die, äußerlich gesehen, aus dem Aufstand gegen diese Thronerhebung des Allgemeinen geboren scheint. Gewiß hat die »historische Schule« zunächst das Recht des Individuellen, des Ursprünglichen und Eigentümlichen nicht anders als in Abwehr des Allgemeinen, durch Zurückdrängung des Allgemeinen sichern zu können gemeint. Allein wenn sie sich dann in der Folge so angelegentlich bemüht zeigt, durch die Herausbildung von vergleichenden Methoden über die Erforschung des Einzelnen und Vereinzelten hinauszukommen – glaubte sie damit bloß den logischen Bedürfnissen des Subjekts Befriedigung zu bereiten? Wollte sie bloß dem Denken einen zusammenfassenden Überblick über das Erkundete verschaffen und die Verfügung über das Vielerlei der erforschten Einzelheiten erleichtern? Weit gefehlt! Auch sie ließ sich in diesem Bestreben von der Gewißheit leiten, einem in den Dingen selbst liegenden Zug zum Mehr-als-Individuellen, einem sie selbst beseelenden Auftrieb zum Allgemeinen nachzuspüren.[21] Beide einander scheinbar so völlig entgegengesetzten Bewegungen sind also einig in der Anerkennung eines Allgemeinen, das keineswegs bloß dem Ordnungstrieb des Subjekts sein Dasein verdankt, sondern einen bestimmenden Wesenszug am Objekt ausmacht.

Allerdings ist in den hier gemusterten Bewegungen das Problem zwar richtig gefühlt, aber nicht klar entwickelt und erst recht nicht gelöst worden. Die Aufklärung, vollkommen im Recht mit der grundsätzlichen Forderung, daß das Grundgefüge des Geistes in einem System von strengen Begriffen zu denken sei, mußte deshalb ihr Ziel verfehlen, weil sie es auf allzu kurzem und direktem Wege erreichbar glaubte. In dem Eifer, der Macht des Allgemeinen nur ja zur Anerkennung zu verhelfen, wollte sie an den Einzelerscheinungen der Geschichte nur das als wesentlich und bedeutsam gelten lassen, worin sie die allgemeinen Prinzipien des Geistes verwirklicht zu finden glaubte; was ihnen darüber hinaus noch zu eigen war, galt ihr als äußerliche Einkleidung und belanglose Zutat. Auf diese Weise wurden ihr die Individualgestalten des Geistes zu bloßen »Fällen« des durch sie repräsentierten Allgemeinen, und das bedeutet: In der Durchführung ihres Programms verbündete sie sich mit einer Sonderform des Begriffs, deren Herrschaft die Unterdrückung des Besonderen als solchen nach sich ziehen mußte. Das Allgemeine, für dessen Anerkennung sie sich einsetzte, verschmolz ihr mit dem Allgemeinen der Subsumption. Was herauskam, das war eine reglementierende Klassifizierung des geschichtlichen Lebens. Merkwürdige Verschlingung! Das Denken geht darauf aus, der Abwertung, die das Allgemeine durch fälschliche Anwendung des Subsumptionsschemas erleidet, ein Ende zu bereiten, nimmt in der Ausführung dieser Absicht zu – dem nämlichen Schema seine Zuflucht und hat damit den Erfolg, daß nunmehr das Besondere der entsprechenden Abwertung zum Opfer fällt. Ohne Zweifel hat die »historische Schule« recht daran getan, das Besondere gegen diese Vergewaltigung durch eine abstrakte Schematik in Schutz zu nehmen. Aber wenn sie nun, auf daß dem Besonderen keine Schmälerung widerfahre, das Allgemeine nur noch in der Form von empirischen Generalisationen zuzulassen bereit war, so verkannte sie damit die grundsätzliche Berechtigung des Anliegens, das hinter dem mißglückten Unternehmen des »natürlichen Systems« stand, und hätte doch dieses Anliegen zu bejahen allen Grund gehabt, weil ihre eigenen empirischen Aufstellungen auf Voraussetzungen ruhten, die als Allgemeines von strengster Form ausgesprochen und begründet zu werden verlangten. Aber zu diesem Allgemeinen, zu dieser höchsten Form des Begriffs durchzustoßen, war sie deshalb nicht imstande, weil sie mit der von ihr bekämpften Aufklärung einen logischen Grundirrtum teilte: den Irrtum nämlich, daß vom Wesen des allgemeinen Begriffs die Unterdrückung des Besonderen nicht abzutrennen sei, die in Wahrheit nur den Begriffen des subsumierenden Denkens nachgesagt werden kann.

In all diesem Suchen und Versuchen geht es keineswegs bloß darum, dem logischen Klarheitsbedürfnis durch Analyse von Begriffsstrukturen Befriedigung zu verschaffen. Es ist das Leben des Geistes selbst, es ist das Gefüge seiner Wirklichkeit, das in diesen Kontroversen zur Klarheit kommen will. Ja selbst mit dieser Kennzeichnung, die doch immer noch der Richtung des theoretischen Fragens gilt, ist noch nicht die ganze Schwere dieser Problemstellung getroffen. Sie geht über die Grenzen des bloß in theoretischer Hinsicht Belangvollen weit hinaus. In jenem Hin und Her zwischen einem Allgemeinen, das dem Besonderen nicht sein Recht lassen will, und einem Besonderen, das dem Allgemeinen die Herrschaft streitig macht, pulsiert eine innere Unruhe, von der sich alles, was wahrhaft im Geiste lebt, umgetrieben fühlt. Es gibt kein Bewußtsein von Rang, in dem nicht, und zwar gerade als Ausdruck und Unterpfand höherer Berufung, ein Doppeltes lebte: einmal die Zuversicht, ganz und gar sich selbst zu gehören, als Einmaliges und Einziges von allem, was die Welt sonst noch enthalten mag, unterschieden und abgehoben zu sein, einem Auftrag zu unterstehen, der nur in dieser Einsamkeit erfüllt werden kann – andererseits die Gewißheit, in einem Umfassenden und Überlegenen zu atmen, zu sinnen und zu wirken, in dem jede Vereinzelung sich aufhebt, und seiner Bestimmung nur in Einheit mit diesem Gesamtleben genügen zu können. Was in dem Bewußtsein dieser doppelten Verpflichtung an Fragen und Bedenken enthalten ist, das ist nicht mehr bloß ein Anliegen des die Wirklichkeit betrachtenden Subjekts: Es ist der in diese Wirklichkeit eingereihte, für diese Wirklichkeit mitverantwortliche Mensch, der sich diese Fragen zu stellen, diese Bedenken einzugestehen nicht umhin kann, weil er als Handelnder unausgesetzt auf sie hingestoßen wird. Indem dieser Mensch darauf aus ist, seinem Leben Gestalt und Ordnung, seinem Tun Richtung und Ziel zu geben, fühlt er immer wieder eine schicksalsschwere Frage in sich aufsteigen: Soll er seine entscheidenden Impulse aus dem Besonderen entnehmen, auf das Besondere beziehen, als welches und in welchem er sein lebendig-gegenwärtiges Dasein führt – oder soll er sich, von dem Allgemeinen beauftragt, dem Allgemeinen verpflichtet glauben, das ihn mit so unüberhörbarer Mahnung aus seinem Sonderdasein herausruft? So vernimmt er zwei Stimmen in seiner Brust, von denen die eine ebenso entschieden dem Besonderen wie die andere dem Allgemeinen das Wort zu reden scheint. Kein Wunder, daß der also Umworbene sich bald hierhin, bald dorthin gezogen fühlt und schließlich zu der Überzeugung gelangt, dem einen nur auf Kosten des anderen, ja nur durch Abschwören des anderen das Seine geben zu können – ein Dilemma, das deshalb besonders peinlich empfunden wird, weil auch nach vollzogener Wahl die zurückgestellte Seite ihre Ansprüche anzumelden nicht aufhört. Dieser durchlebte, nicht selten durchlittene Konflikt ist es, der den einseitigen Lösungsversuchen der Theorie nicht nur als seelische Triebkraft zugrunde liegt, sondern auch ihr eigentliches Schwergewicht verleiht. Diese Lösungsversuche sind eben nicht bloß Entscheidungen einer »freischwebenden« Theorie: Sie sind aus der inneren Bedrängnis des Menschen geboren, den es zu wissen verlangt, wie er sich zu verhalten hat, um den in der Geisterwelt ihm angewiesenen Platz angemessen auszufüllen.

Bei dieser Sachlage kann es nicht anders sein, als daß jeder Irrtum, dem die einschlägigen Lösungsversuche zum Opfer fallen, nicht bloß die Theorie in Verwirrung bringt und auf Abwege führt, sondern auch die Lebensansicht des tätigen Menschen umnebelt und verzerrt. So kommt es dahin, daß die Besinnung, von der die innere Not sich Beistand und Aufhellung erhoffte, das Übel erst recht zur Reife bringt. Verfehlte Formen der begrifflichen Ordnung und Zusammenfassung werden zur Quelle oder wenigstens zur Stütze von Haltungen und Handlungen, die das Leben in seinem Grunde verletzen, ja zerstören. Der Mensch glaubt sich durch die Stimme der Wahrheit selbst aufgefordert, sei es, sich in das Besondere »einzuhausen« (ein Lieblingswort Hegels) und dem Allgemeinen die Gefolgschaft aufzusagen, sei es, sich ins Allgemeine aufzulösen und das Besondere von sich abzutun. Die Ideenentwicklung, der wir nachgegangen sind, ist ja gerade deshalb so lehrreich, weil sie in großem Maßstab das Schicksal sichtbar werden läßt, dem der Mensch verfällt, wenn er sich im Suchen nach seiner Bestimmung bei Denksystemen Rats erholt, die schon in ihrer logischen Struktur dem Bau der Welt widersprechen. Die Geschichte des neuzeitlichen Abendlandes führt uns in lapidarem Stil zu Gemüte, daß wahrlich nicht bloß die Theorie den Schaden zu tragen hat, wenn das Denken untergeordneten Formen der Welterfassung eine ihnen nicht zukommende Herrschaft einräumt. Ist einmal das klassifizierende und subsumierende Denken zur Normalform des Weltbegreifens aufgerückt und jede andere Weise denkender Wirklichkeitsdurchdringung verneint, dann ist jede Möglichkeit eines Friedensschlusses zwischen Allgemeinem und Besonderem verbaut und der Mensch – und zwar nicht bloß als Betrachter der Welt – dem ruhelosen Wechsel zwischen den Extremen ausgeliefert. Dann verehrt er bald in dem Besonderen das einzig Wirkliche, Lebendig-Gegenwärtige, Vollsaftig-Zeugungskräftige, vor dem das Allgemeine zum wesenlosen Gedankenschemen verblasse – bald feiert er in dem Allgemeinen das einzig Standhaltende, Notwendige, Verläßliche, Überdauernde, vor dem das Besondere sich in seiner ganzen Beschränktheit, Zufälligkeit, Vergänglichkeit enthülle.

Aus diesem Hin und Her gibt es keinen Ausweg, solange man das Verhältnis Allgemeines-Besonderes nach den Anweisungen einer Begriffsbildung betrachtet, die beide nicht anders als durch wechselseitige Einschränkung in Beziehung setzen kann. Anders kann es erst dann werden, wenn das Denken zu dem Niveau einer höheren Begriffsbildung aufsteigt und damit den Standort erreicht, von dem aus ihm sowohl der Sinn und das Recht als auch die Bedingtheit jener untergeordneten Formen der Begriffsbildung durchsichtig werden. Denn erst dann kann es diese Formen im Bereich ihrer Sonderaufgaben gewähren lassen, ohne sich ihnen als bedingungslos und allerwärts gültigen Erkenntnisprinzipien zu unterwerfen. Erst dann wird es ihm offenbar, daß auf jenen untergeordneten Stufen Allgemeines und Besonderes eben nur aus dem Grunde nicht zu einem vollkommenen Einvernehmen gelangen, weil es nicht die letzten und höchsten Formen der Begriffsbildung sind, die auf diesen Stufen die Herrschaft führen. Die Unvollkommenheit dieses Einvernehmens hört auf, einen Stein des Anstoßes zu bilden, wenn ihr Sinn und ihre Notwendigkeit vom Standpunkt eines Denkens aus erkannt ist, das in sich selbst diese Unvollkommenheit überwindet und Allgemeines und Besonderes so zueinander in Beziehung setzt, daß das eine dem anderen nicht nur nicht Abbruch tut, sondern zum Halt dient.

Weil es in diesen Anstrengungen um mehr geht als um die Auflösung einer bloß die Erkenntnis bedrängenden Schwierigkeit, darum darf und muß dem, was in HEGELS Begriff des »Allgemeinen« – denn auf seinen Spuren bewegt sich unsere Untersuchung – zusammengefaßt ist, eine Bedeutung zuerkannt werden, die nicht bloß die Grenzen der Logik, sondern auch die Grenzen der Theorie überhaupt weit überschreitet. Es ist eine Erlösung nicht nur für den erkennenden, sondern auch und erst recht für den tätigen und schaffenden Geist, wenn er von der Notwendigkeit losgesprochen ist, immer wieder zwischen Allgemeinem und Besonderem wie zwischen unversöhnlichen Rivalen zu optieren. Es ist eine Wohltat, zu wissen, daß es möglich ist, ein Besonderes zu sein, ohne der Vereinzelung anheimzufallen, dem Allgemeinen zu leben, ohne im Grenzenlosen zu verfließen.

Wenn aber nun auf der Denkstufe, deren Leistung zu würdigen unsere letzten Überlegungen bestimmt waren, der scheinbar nicht zu schlichtende Streit des Allgemeinen und des Besonderen zur Ruhe kommt, dann heißt es doch nicht übersehen, daß es eine »Ruhe« von ganz besonderer Art ist, die hier gestiftet wird. Zunächst ist sie ganz unähnlich derjenigen Ruhe, zu der die kritisch beleuchteten Denksysteme durchgedrungen zu sein vertrauten. Auch diesen war es ja, wie ersichtlich, vor allem darum zu tun, der Unrast einer endlos zwischen den Extremen pendelnden Bewegung ledig zu werden und einen sicheren Stand zu gewinnen. Sie glaubten zu dieser Sicherheit gelangen zu können, indem sie sich entschlossen auf die *eine* Seite schlugen und die andere aus ihrem Gesichtskreis verbannten. Aber die so erreichte Ruhe war nur der Schein einer solchen, denn sie war nur durch die gewaltsame Unterdrückung dessen bewirkt, was nach wie vor sein Recht forderte. Aber wenn nun HEGELS Begriff des »Allgemeinen« über alle Gewaltlösungen dieser Art hinausführte, so können wir doch auch in der Versöhnung, durch die er die verhärteten Antithesen aufgelöst glaubte, nicht das letzte Wort in dieser Angelegenheit anerkennen. Auch bei ihm kommt der Friede nicht ohne Einbuße der einen Seite zustande.

Wir konnten zu dem Punkt der möglichen Einigung erst vordringen, indem wir uns den logischen Vorrang zum Bewußtsein brachten, der das Apriorisch-Allgemeine allem Nichtapriorischen überordnet. Allein gerade diese Auszeichnung kann zu Mißverständnissen führen, die den Weg zum Ausgleich verbauen müßten. Schon oben traten wir der Neigung entgegen, die logische Priorität einer Denkstufe der Festigkeit einer »Grundlage« gleichzusetzen, die Anderes trägt, ohne dieses Anderen gleichermaßen bedürftig zu sein. Ohne Zweifel kommen im Ausbau von Hegels System gedankliche Motive zum Durchbruch, durch welche dem Allgemeinen eine derartige Vorzugsstellung eingeräumt wird. Nicht als ob er je daran gedacht hätte, das Allgemeine sich zu einer Selbstgenügsamkeit abschließen und verfestigen zu lassen, in der es gegen die Besonderung vollkommen gleichgültig werden müßte. Niemand hat nachdrücklicher als er den klassifizierenden Begriff, mit dessen Kanonisierung sich diese Gleichgültigkeit so leicht verbindet, in seine Schranken gewiesen. Aber das hat nicht verhindert, daß auch das von ihm auf den Thron erhobene Allgemeine in der Entwicklung des Systems ein eigentümliches Übergewicht gewinnt und das Besondere wenn auch nicht ausgeschaltet, so doch nur in einer Auswahl und Akzentuierung zugelassen wird, die nun doch wieder von der *einen* Seite her bestimmt ist. Schon daß der erste Teil des Systems durch eine Logik gebildet wird, die die Grundlinien des Seins vor der Hinwendung zu den konkreten Gestalten der Wirklichkeit meint aufzeichnen zu können, besagt in dieser Hinsicht so gut wie alles. Dieser Aufbau des Systems war nur möglich, wenn und weil sein Schöpfer das Allgemeine schon in sich und aus sich bestimmt, geordnet und gegliedert glaubte und daher der philosophischen Durchdringung dieses Allgemeinen die Fähigkeit zutraute, den hinterherkommenden Wissenschaften von der wirklichen Natur und dem wirklichen Geist mit einem Schattenriß der durch sie zu begreifenden Wirklichkeit an die Hand zu gehen. Und das Gleiche ergibt sich aus der Durchführung der letztgenannten Aufgabe. Denn die Auswahl aus den Gestalten der realen, zumal der geschichtlichen Welt, die dieser großartigste Versuch begreifender Weltdurchdringung vornimmt, erfolgt wiederum nach Maßgabe von Prinzipien, die sich als Ausfluß einer allgemeinen Vernunft deutlich genug zu erkennen geben. So zeigt sich: Die Sicherheit der Ordnung und Deutung, durch die dieses System gefangennimmt, war doch wieder nur um den Preis zu haben, daß die in logischer Hinsicht unbestreitbare Priorität des höchsten Allgemeinen in eine sachlich-inhaltliche Überlegenheit uminterpretiert und das Besondere dem Spruch dieser maßgeblichen Instanz unterstellt wurde. In dieser, aber auch nur in dieser Hinsicht neigte also Hegel doch mehr nach der Seite der erstmalig von dem »natürlichen System« bezogenen Position.

Allein hier heißt es nun wirklich Ernst machen und mit den letzten Resten einer Diktatur des Allgemeinen aufräumen. Die Sicherung, die das Besondere durch seine Verschränkung mit dem Allgemeinen erfährt, darf nicht zu einer Mediatisierung durch das Allgemeine werden. Und der Ausgleich, der einen Friedensschluß zwischen Allgemeinem und Besonderem möglich macht, darf nicht durch Vorbehalte zugunsten des Allgemeinen beeinträchtigt werden. Solche Vorbehalte liegen vor, wo immer das Denken es als möglich und geboten ansieht, das Allgemeine, wie ein in sich und aus sich Begründetes, in abgesonderter Untersuchung in Besitz zu nehmen. Denn daß von einem so zur Eigenständigkeit entlassenen Allgemeinen das Besondere irgendwie die Maße empfangen müsse, das versteht sich dann von selbst. Wird umgekehrt das Allgemeine so, wie es hier geschehen ist, aus dieser Absonderung zurückgenommen, so hat das für das Besondere den Wiedereintritt in den Stand der Gleichberechtigung zur Folge. Die Überschattung durch das Allgemeine ist zu Ende.

An diese Wiederherstellung des Besonderen knüpfen sich Folgerungen von weittragender Bedeutung an. Sie kommt zunächst derjenigen Erkenntnis zugute, die an dem Besonderen ihren Gegenstand hat. Wie oft ist nicht dieser Erkenntnis, d. i. der individualisierenden Geisteswissenschaft, sei es die Geltung, sei es der Wert, sei es beides zugleich mit der Begründung abgesprochen worden, daß der Vorzug sowohl der Wißbarkeit als auch der Wissenswürdigkeit einzig und allein dem Allgemeinen zu eigen sei! Was hat nicht die Historie an Äußerungen der Geringschätzung hinnehmen müssen, die aus dieser Überzeugung entsprangen! Und doch ist diese Bevorzugung des Allgemeinen durch nichts zu rechtfertigen. Sie wird, soweit es sich um die Erkenntnis des Geistes handelt, an der Wahrheit zuschanden, daß zusammen mit der Erkenntnis des Besonderen auch die Frage nach den Bedingungen ihrer Möglichkeit, zusammen mit dieser Frage auch die Aussagen entfallen würden, in denen sie beantwortet wird. Diese Aussagen aber sind es ja gerade, in denen die Erkenntnis des Allgemeinen enthalten ist. Aber auch wenn die fragliche Schätzungsweise sich auf den Boden der Naturwissenschaft zurückziehen und nur für das dort beheimatete Allgemeine das Monopol der Wißbarkeit und Wissenswürdigkeit reklamieren wollte, würde sie, wenn auch auf kompliziertere Weise, mit derselben Wahrheit in Konflikt kommen. Erinnern wir uns doch: Zwischen dem Allgemeinen der naturwissenschaftlichen Erkenntnis und dem Apriorisch-Allgemeinen besteht ein notwendiger Zusammenhang, der begründet ist in dem Umstand, daß auch das Naturwissen auf Leistungsmöglichkeiten des Geistes beruht, von denen das Apriori Rechenschaft gibt. Das Wissem um dies Apriorisch-Allgemeine aber ist hinwiederum nicht von dem Wissen um das Besondere zu trennen. Folglich steht auch das Wissen um das Natur-Allgemeine in einem Zusammenhang von logischen Relationen, aus dem das Besondere in keiner Form auszuscheiden ist. Daß dem so sein muß, wird offenbar, sobald man sich gegenwärtig hält, daß alle die Akte des Denkens, in denen das Naturwissen sich erzeugt, besondere Akte, d.h. Akte besonders gearteter, an besonderer Stelle existierender, in besonderen Situationen lebender und wirkender Menschen sind, folglich sub specie ihrer Erkennbarkeit genauso unter den im Apriori aufgedeckten Bedingungen stehen wie sämtliche anderen Handlungen des Geistes. Der Erforscher der Natur muß schon – wie es nicht selten geschieht – seinem eigenen denkenden Tun den Blick zuzuwenden sich weigern, um sich über das Zwingende dieser logischen Verflechtungen täuschen zu können.

Soweit also die Belange des erkennenden Geistes in Frage kommen, ist mit der Wiederherstellung des Besonderen ein Zustand herbeigeführt, der die Widerstreitenden versöhnt und insofern auf den Namen »Ruhe« vollen Anspruch hat. Allein diese Ruhe nimmt nun doch ein recht seltsames Gesicht an, sobald wir daran denken, daß der Mensch an der Welt des Geistes nicht bloß einen Gegenstand der Betrachtung, sondern auch die Stätte und den Stoff seines Wirkens hat. Denn jene Schwebelage, die entsteht, indem die Extreme sich die Waage halten, ist wahrhaftig nicht die Ruhelage, wie sie dem verantwortlich Handelnden als Ausgangssituation so sehr zusagen würde. Sie ist das Gegenteil einer solchen, und zwar gerade aus dem Grunde, weil sie die Art von Stillegung ausschließt, die durch die einseitigen Lösungsversuche erreicht schien. Wäre es dem Menschen gegeben, sich in der Ausrichtung seines Handelns sei es an ein autonomes Allgemeines, sei es an ein autochthones Besonderes zu halten, so würde es für ihn in der Bestimmung dessen, was jeweils zu tun wäre, kein Schwanken geben. Er hätte entweder in dem Allgemeinen das strenge Gesetz, das sein Handeln regierte, oder in dem Besonderen die lebendige Form, die sein Handeln beseelte. Er würde, so oder so, mit einer Sicherheit seinen Weg gehen, an die keine Anfechtung heranreichte. Ist aber sein Tun zwischen zwei Instanzen eingespannt, von denen keine in die andere aufgelöst, auf die andere zurückgeführt werden kann, so befindet er sich in der Schwebelage dessen, der weder hüben noch drüben den festen Punkt erblickt, auf dem sich Fuß fassen ließe, sondern sich fort und fort zwischen beweglichen Polen im Gleichgewicht zu halten hat. In der Tat, die schon geschehen, dem Werk, das schon vollbracht ist, hat die Durchdringung des Allgemeinen und des Besonderen ihre bestimmte Gestalt bereits gefunden; sie liegt also dem erkennenden Geist als zweifelsfreies und greifbares Faktum vor. Für den handelnden Geist aber ist diese Durchdringung ein immer von neuem erst zu Bewirkendes und damit eine offene Frage, die mancherlei Antworten zuläßt; erst der Spruch der Entscheidung setzt an die Stelle des Vielen, das möglich wäre, das Eine, das wirklich wird, und schafft so eine eindeutige Lage. Ob aber das Eine, für welches der Wille den Ausschlag gab, gerade dasjenige ist, das so vorgezogen zu werden verdiente – das ist die große Ungewißheit, mit der jedes verantwortliche Handeln belastet ist, und in den Selbstvorwürfen, denen diese Ungewißheit zum Nährboden dient, gelangt die Labilität jenes Gleichgewichts zu erschütterndem Ausdruck. Es ist also keineswegs an dem, daß die Ruhe, die mit der Versöhnung des Allgemeinen und des Besonderen gestiftet ist, dem handelnden Menschen einen Frieden brächte, in dem es mit der Qual des Wählens und den Martern der Selbstbezichtigung aus wäre. Diese Versöhnung bietet zwar dafür die Gewähr, daß in dem, was aus der Entscheidung hervorgeht, wie immer es aussehen möge, Allgemeines und Besonderes sich irgendwie ineinandergebildet haben. Aber in diesem »Irgendwie«, das nicht fehlen darf, liegt der unmißverständliche Hinweis, daß von dem Spielraum von Möglichkeiten, innerhalb dessen der Wille sich von Fall zu Fall zu entscheiden hat, durch jene Versöhnung nicht das Mindeste weggenommen ist, folglich die Not der Entscheidung nicht die kleinste Erleichterung erfahren hat. Wenn der Geist, zur Höhe des Wissens um sich selbst aufgestiegen, sich von der Nötigung befreit findet, das Allgemeine dem Besonderen oder das Besondere dem Allgemeinen aufzuopfern, so ist die damit errungene Gewißheit nicht die Gewißheit eines Besitzes, auf dem sich in Sorglosigkeit ausruhen ließe, sondern die Gewißheit einer Aufgabe, die immer von neuem, auf die Gefahr von Irrtum, Fehltritt und Absturz, in Angriff genommen sein will. Und als echtes und vollgültiges Wissen darf die Erkenntnis der Versöhnung sich gerade deshalb in Anspruch nehmen, weil durch sie die Wirklichkeit des menschlichen Daseins, so wie es tagtäglich sich selbst erfährt, nicht beschönigt oder verschleiert, sondern in aller Schonungslosigkeit ausgesprochen wird.

Anmerkungen

Gewisse Grundlinien der vorliegenden Untersuchung findet man bereits gezogen in meinem Beitrag zu der Festschrift für E. Cassirer, »Philosophy and history«, Oxford 1936, S. 125. Als Ergänzung ist heranzuziehen »Die Selbsterkenntnis des Menschen«, Leipzig 1938.

1 Als Beispiel sei genannt P. Ritterbusch, Idee und Aufgabe der Reichsuniversität, Hamburg 1935. Der Verfasser stellt der »Wahrheit des Geistes in seiner Artgebundenheit und Artbestimmtheit«, die zugleich »die Wahrheit unserer Zeit« sei (S. 11, 24), die nach dem »Allgemeinen« strebende Wissenschaft und Philosophie der hinter uns liegenden Zeit gegen-

über und glaubt in diesem Streben die feige Flucht aus der Entscheidung fordernder Wirklichkeit entlarven zu können. Wer »alles zu dem Brei eines charakterlosen Allgemeinbegriffs zusammenrührt« (S. 21), der liefert die Wissenschaft dem »Nihilismus« aus.

2 Gesammelte Schriften, Bd. VII, Leipzig 1927, S. 87.

3 Ebenda, S. 97.

4 Ebenda, S. 99. Vgl. E. Rothacker, Logik und Systematik der Geisteswissenschaften, München und Berlin 1927, S. 91 ff.

5 Ebenda, S. 143.

6 Ebenda, S. 145.

7 »Die Grenzen der naturwissenschaftlichen Begriffsbildung«, Tübingen ^{5}1929, S. 38 ff., 304 ff., 740 f. »Kulturwissenschaft und Naturwissenschaft«, Tübingen 1926, S. 66 ff.

8 Th. Litt, »Kant und Herder als Deuter der geistigen Welt«, Leipzig 1930, S. 184 ff. – Vgl. zum Zusammenhang von Erkenntnislehre und Sprachphilosophie: R. Hönigswald, »Philosophie und Sprache«, Basel 1937.

9 »Grenzen der naturwissenschaftlichen Begriffsbildung«, S. 44.

10 Gesammelte Schriften VII, S. 132.

11 Ebenda, S. 188.

12 Zum Folgenden: E. Cassirer, »Philosophie der symbolischen Formen«, Bd. I, »Die Sprache«, Berlin 1923, S. 244 ff.

13 Das will natürlich nicht heißen, daß der Eindruck, durch den der sprachliche Ausdruck hervorgelockt wird, bereits alles das enthalten müßte, was ein zur Höhe entwickeltes Bewußtsein an dem fraglichen Gegenstand oder Vorgang zu entdecken vermag. Nur dies soll eingeschärft werden, daß es die Eindringlichkeit dieses bestimmten Einzeldings oder Einzelgeschehens, nicht ein über diese Einzelheit Hinausgehendes ist, wodurch sich das Gemüt in Beschlag genommen fühlt.

14 »Grenzen der naturwissenschaftlichen Begriffsbildung«, S. 496 ff. »Kulturwissenschaft und Naturwissenschaft«, S. 67 ff.

15 »Grenzen der naturwissenschaftlichen Begriffsbildung«, S. 588 ff.

16 Gesammelte Schriften VII, S. 132 ff.

17 Kants Theorie des Apriori hat darin ihre Grenze, daß sie das Apriori nur als Form des vom Subjekt gedachten »Gegenstandes« aufsucht und dann auch noch diesen Gegenstand in seinen wesentlichen Zügen mit dem Gegenstand der mathematischen Naturwissenschaft zusammenfallen läßt. Das hat zur Folge, daß die Selbsterkenntnis des Geistes, zu dessen Leistungen das Denken dieses Gegenstandes gehört, zwar in Angriff genommen wird – denn die Transzendentalphilosophie will ja Besinnung des Geistes auf seine Grundfunktionen sein – aber doch hinsichtlich ihres logischen Charakters, d. h. hinsichtlich ihres Apriori unerforscht bleibt.

18 Dies die logischen Zusammenhänge, die m. E. einer phänomenologischen Grundlegung der Wissenschaft vom Geist im Wege stehen, wie ich sie früher selbst für möglich gehalten und versucht habe. Die Phänomenologie hat den Durchbruch zu wesentlichen Einsichten dadurch vorbereitet, daß sie die Grenzen des durch Induktion zu gewinnenden Wissens aufzeigt und die Notwendigkeit einer nicht-induktiven Grundlegung erkannte. Aber in der Durchführung blieb sie insofern auf halbem Wege stehen, als ihr das in nicht-induktiver Denkhaltung zu Erfassende doch wieder zu einem »Gegenstande« (»Wesen«) wurde, den man bei entsprechender Einstellung zu »schauen« vermöge. Auf diese Weise widerfuhr es auch ihr, daß sie, mit dem Blick an dem zu »schauenden« Gegenüber haftend, die Voraussetzungen aufzuklären unterließ, die sie machte, indem sie für die aus dieser Schau resultierenden Aussagen den Charakter unbedingter Geltung in Anspruch nahm.

19 Vgl. über dieses Wechselverhältnis: »Kant und Herder als Deuter der geistigen Welt«, S. 252ff. – Daß das Wechselverhältnis zwischen apriorischem und nichtapriorischem Wissen bei einer phänomenologischen Grundlegung der Wissenschaft vom Geist einem einseitigen Abhängigkeitsverhältnis – dem Verhältnis des »Fundierenden« und des »Fundierten« – Platz macht, gehört zu den Tatsachen, die es mir unmöglich gemacht haben, bei einer phänomenologischen Aufklärung des Apriori stehenzubleiben. Vgl. Anm. 18.

20 Zum Folgenden vgl.: »Kant und Herder«, S. 258, 280ff., »Die Selbsterkenntnis des Menschen«, S. 114f.

21 Vgl. E. Rothacker, a. a. O., S. 100ff.

KURT RUDOLPH

Die Versöhnung des Allgemeinen mit dem Besonderen im »geisteswissenschaftlichen Apriori« bei Theodor Litt

Das Jahr des hier erneut abgedruckten Sitzungsberichtes war das Kriegsjahr 1941. Einige Wochen nach der Vorlage des Manuskriptes am 18. Januar marschiert Hitlers Wehrmacht nach gewohnter Manier in Bulgarien, Jugoslawien (6. April: Luftangriff auf Belgrad!) und Griechenland ein und schließlich am 22. Juni in die Sowjetunion. Im Dezember 1941 treten die USA offiziell in den Krieg ein. Dieses Jahr wird damit zum Scheitelpunkt des Zweiten Weltkrieges: Die »deutsche Katastrophe« (F. MEINECKE) und das Ende der Nazidiktatur zeichnen sich ab. Der Vortrag läßt davon verständlicherweise nichts verspüren, aber die ungebrochene Haltung LITTS zur offiziellen Staatsideologie, die ihn 1937 veranlaßte, sich auf eigenen Antrag emeritieren zu lassen, ist deutlich. Hatte er sich schon 1933 gegen die Inanspruchnahme der Geisteswissenschaften durch den NS-Staat in deutlichen Worten gewehrt,[1] so setzte er 1938 in seiner Schrift »Der deutsche Geist und das Christentum« seine Kritik an der völkisch-biologischen und antichristlichen »Geschichtsschau« fort, eine Kritik, die 1939 durch das bei PESTALOZZI geltend gemachte »protestantische Geschichtsbewußtsein« ergänzt wurde. Es nimmt daher nicht wunder, wenn ihm 1941 ein Vortragsverbot ausgesprochen wurde.[2]

Die Gedanken des Akademievortrags aus diesem Jahr hatte er bereits 1936 in einem englischen Beitrag zur Festschrift für ERNST CASSIRER, also für einen vertriebenen jüdischen Kollegen, vorgestellt.[3] CASSIRER wird von ihm auch noch 1941 ausdrücklich zitiert (Anm. 12). Die Thematisierung des »Allgemeinen« in seinem Verhältnis zum »Besonderen« bzw. »Individuellen« bedeutete für LITT nicht nur die Fortsetzung früherer pädagogischer und kulturphilosophischer Arbeiten wie »Individuum und Gemeinschaft« (1919, 2. neu bearb. Aufl. 1924, 3., abermals bearb. Aufl. 1926) oder »Kant und Herder als Deuter der geistigen Welt« (1933), sondern auch eine erneute Stellungnahme zur nationalsozialistischen Abwertung des »Allgemeinen«[4]: »Wenn eine Epoche von Tendenzen beseelt ist, die dem ›Allgemein-Menschlichen‹ im Namen des rassisch und völkisch sich Besondernden den Krieg (! K.R.) machen, ja geradezu das Dasein bestreiten (! K.R.), dann kann es nicht ausbleiben, daß die darin liegende Abneigung ihr Ursprungsgebiet überschreitet und das Allgemeine als solches, das Allgemeine überhaupt und schlechthin ergreift« (S. 162). Die Vernichtung des Allgemeinen in jeder Gestalt sei an der Tagesordnung, fährt LITT fort. Nur schwankende und feige Seelen, meint man, die der »Entscheidung für die konkrete Wirklichkeit« (damit ist wohl auch der Kriegseinsatz gemeint) ausweichen und sich in eine »Zone der charakterlosen Indifferenz« zurückziehen, nehmen ihre Zuflucht zum Allgemeinen. »Auch die Wissenschaft wird, soweit sie dem Allgemei-

nen zustrebt, den Verfallserscheinungen zugezählt, die das gesunde Zeitalter zu überwinden habe« (S. 162). Als Beispiel dafür greift Litt die nazistischen Ausführungen von P. Ritterbusch heraus (Anm. 1). »Bannflüche dieses Inhalts beweisen, daß es wahrlich nicht bloß eine interne Angelegenheit ist, der sich die Wissenschaft in der Bemühung um unser Problem widmet« (S. 162). Auch am Ende der Abhandlung taucht der kritische Unterton wieder auf (S. 202). So ist die ganze Schrift ein bemerkenswertes Zeugnis für den Mut eines deutschen Gelehrten in dieser Zeit. Darauf hat der niederländische Pädagoge M. J. Langeveld in der Einleitung zum (ersten) Nachdruck des Sitzungsberichtes 1959 in Groningen ausdrücklich aufmerksam gemacht.[5] Ein zweiter Neudruck erschien 1980 in der Philosophischen Bibliothek des F. Meiner Verlags in Hamburg, den Friedhelm Nicolin betreute und mit einer Einleitung versah.

Das Thema der Abhandlung greift ein altes Problem der sogenannten »Geisteswissenschaften« auf, das sie seit den Versuchen, ihnen ein eigenständiges, wissenschaftstheoretisch begründetes Profil zu geben und sie dadurch von den Naturwissenschaften abzugrenzen, begleitet. Dies hat vor allem in Deutschland Tradition, da sich hier nicht nur der Begriff Geisteswissenschaft in singulärer Weise seit Mitte des 19. Jahrhunderts zunehmend etablierte, besonders seit Wilhelm Diltheys »Einleitung in die Geisteswissenschaften« (1883), sondern auch das wissenschaftstheoretische Denken stark bestimmte. Die neokantianischen Positionen von W. Windelband und H. Rickert gingen von einer typologischen Gegenüberstellung der ideographischen und nomothetischen Wissenschaften aus. Erstere sind in ihrem Kern als historische Disziplinen auf Einmaliges, Individuelles, Besonderes orientiert, das dem »Verstehen« zugänglich ist, die anderen sind an Allgemeinem und Gesetzen interessiert, die das »Erklären« erforderlich macht. Nicht zu verkennen ist dabei eine gewisse Abwertung von Naturwissenschaft und Technik, die dem analytisch-positiven Denken verpflichtet sind, während die Geisteswissenschaft moralisch-ethische Probleme zu lösen habe.

Litt geht in erster Linie auf die Geisteswissenschaften ein (in anderen Arbeiten, wie in »Denken und Sein«, 1948, behandelt er auch die Naturwissenschaften) und bezieht sich mehrfach auf Dilthey, dem er nahesteht, und H. Rickert. Beiden folgt er allerdings nur bedingt, da er bei ihnen Inkonsequenzen, d.h. den Mangel an der Verfolgung der letzten Frage nach der Struktur des Geistes als Voraussetzung wissenschaftlichen Denkens überhaupt, feststellt. Es sind vor allem drei Seiten, die Litts Argumentation gegenüber den bisherigen wissenschaftstheoretischen Untersuchungen dieser Art auszeichnen und es ihm ermöglichten, eine neue Position im alten Streit der Wissenschaften zu beziehen:

1. die Feststellung, daß in den Geisteswissenschaften zwei Klassen von Aussagen vorliegen: solche, die sich auf Einmaliges, Individuelles beziehen (historische Geisteswissenschaft) und solche, die auf allgemeine Sachverhalte und Zusammenhänge (systematische Geisteswissenschaft) orientiert sind,
2. die entschiedene Einbeziehung der Sprache, offensichtlich durch seine Studien über Herder angeregt,

3. die Rolle der Philosophie als Reflexion über die letzten Gründe wissenschaftlicher Arbeit und deren Geltungsanspruch, wobei Litt *in der Tradition der deutschen Bewußtseinsphilosophie, insbesondere* Hegels *steht, dem er allerdings nicht blindlings folgt (vgl. S. 194; S. 201).*

Mit der zuerst genannten Tatsache, daß die Geisteswissenschaften ebensogroßes Interesse an allgemeinen Aussagen haben wie an einmaligen oder »individuellen«, widerspricht Litt *den bekannten Ansichten von* Windelband *und* Rickert. *Dagegen hatte* Dilthey *den Zusammenhang sehr wohl gesehen (S. 162 ff.). »Historisches« und »Systematisches« stehen oft bei der geisteswissenschaftlichen Forschung in einer Wechselwirkung.* Litt *hat sich dieses Problems erstmalig in seiner Tiefe angenommen. Es ist heutzutage gängig, die meisten der Geisteswissenschaften entsprechend aufzuteilen, etwa in historische und systematische Disziplinen. Dies hängt einerseits mit einem neuen Theoriebewußtsein zusammen, das z. B. gerade die Geschichtswissenschaft in den letzten Jahren ergriffen hat,[6] andererseits mit der Zunahme vergleichender Studien, die sich eben den »allgemeinen« Zusammenhängen und Regeln, dem »Teil und dem Ganzen« widmeten[7]. Daß dadurch die alte Auffassung vom »Verstehen« als primäre, ja singuläre Methode der Geisteswissenschaften ins Wanken geriet, hat bei* Litt *noch keinen Ansatz gefunden. Das »Allgemeine« verlangt eine »Erklärung«, nicht nur »Verstehen« von Individuellem. Zum »Verstehen« gehört daher heute in den Geisteswissenschaften auch das »Erklären« und umgekehrt; der alte Dualismus ist obsolet.[8]*

Ebenso progressiv war die im 2. Abschnitt berücksichtigte Dimension der Sprache für die Analyse der induktiven Arbeit in den Geisteswissenschaften (S. 163 ff.). Litt *erkannte sehr klar, daß die sprachliche Formulierung bereits einen Einstieg in das »Allgemeine« bedingt. Das hatte* Rickert *bei seiner Untersuchung der Logik der historischen Begriffsbildung übersehen (S. 164 ff.), ebenso auch* Dilthey *(S. 164). Dagegen hat E.* Cassirer *das Allgemeine der Wortbedeutungen erkannt (S. 166). In der Sprache treffen sich Allgemeines und Besonderes, daher ist ihre Verwendung für die Geisteswissenschaften ein sichtbares Zeichen für die Wechselwirkung der beiden Seiten ihrer Arbeitsweise. Die Sprache als ein Gefüge von Wortbedeutungen ist nicht am »Einmaligen« orientiert, sondern geht darüber hinaus. Ein Abstreifen des Besonderen zugunsten des Allgemeinen würde sie allerdings zerstören (S. 170).* Litt *ringt hier mit einem Problem, das L.* Wittgenstein *fast zeitgleich in seinen »Philosophischen Untersuchungen« (1945–1949; erschienen 1952) beschäftigt hat: das Verhältnis von Alltagssprache und Denken.* Litt *meint, das Denken verleiht der Sprache Schärfe des Ausdrucks (S. 170 f.).* Wittgenstein *sieht in der Alltagssprache eine Menge Sprachspiele verbunden, die das Denken fesseln können, wenn es nicht ihrem Gebrauch analytisch nachgeht. Das Denken wird nach ihm von der Sprache bestimmt. Beim Anrennen an die Grenzen der Sprache holt sich der Verstand immer wieder Beulen (ebenda, § 119). Die Konstruktion einer vollkommenen Sprache für das Denken hatte* Wittgenstein *aufgegeben; er sieht später, daß auch im vagsten Satz eine vollkommene Ordnung, ein Sinn stecken muß (ebenda, § 97–99).* Litt *hat das gar nicht erst versucht, aber er hat die narrative Seite des Historischen im Blick gehabt, wenn er den konkreten Gehalt der Sprache nicht als ein Hindernis für die Darstellung ansah (S. 173) oder – wie* Rickert *– als bloße anschauliche »Überklei-*

dung« des wissenschaftlich »Begriffenen« (S. 173). Die Eingebundenheit des Historikers in die Sprache bestimmt ihn jedenfalls in vielfältiger Weise, auch in seinem Interesse an einem historischen Objekt (S. 172). Über das Problem der Narrativität in der Geschichtswissenschaft ist in letzter Zeit ebenfalls häufig diskutiert worden.[9]

LITT hat in diesem Zusammenhang auch das Thema der Typologie berührt (S. 174), da mit ihr das Problem allgemeiner Aussagen in den Geisteswissenschaften ständig akut wird. Er sieht im Typus keinen fixierten »Klassenbegriff«, sondern eine in der »Schwebe« liegende Aussage. Leider hat er dabei nicht auf die Ausführungen von MAX WEBER über den »Idealtyp« als heuristisches Mittel historischer und soziologischer Arbeit zurückgegriffen, die sicherlich zur weiteren Klärung des Problems beigetragen hätten.[10]

Die eigentliche philosophische Fragestellung verfolgt LITT in seinem 3. und 4. Kapitel, die das Zentrum der Schrift darstellen, da sie das Apriori der Geisteswissenschaften und seine reflexive Struktur beschreiben. LITT sieht in der Erlebnistheorie von DILTHEY keinen Weg, den Geltungswert der geisteswissenschaftlichen Aussagen und die Leistungsformen des »Denksubjekts« philosophisch zu verankern. Zwar sieht auch er den Zusammenhang des Humanen in »Erlebnis, Ausdruck und Verstehen«, aber damit dieses »Kernstück« der geisteswissenschaftlichen Begrifflichkeit nicht aus der bloßen Induktion gewonnen ist, bedarf es seiner Verankerung in einer allgemeinen Voraussetzung des Geistes bzw. Denkens. Es geht um die Bedingung aller wirklichen und möglichen Fälle induktiver Verallgemeinerung. Dazu führt LITT den Begriff des Apriori ein, nicht im Sinne KANTS als Voraussetzung logischer Aussagen des Gedachten möglicher Erfahrung, sondern als Bedingung jeder generalisierenden und individualisierenden Erkenntnis geisteswissenschaftlicher »Erfahrung«; beide Erkenntnisformen haben hier ihre Wurzel und letzte Begründung. Vorausgesetzt werden Bedingungen, ohne die keine Geisteswissenschaft bestehen könnte: Zuverlässigkeit des Gedächtnisses, die ordnende Kraft der Vernunft, die Fähigkeit des Formulierens, Mitteilens und Verstehens. Dies sind die Bedingungen allgemeiner Geltung in den Geisteswissenschaften. Es sind, wie LITT sagt, die »im Rücken liegenden« Voraussetzungen des Denkens, ja des menschlich-geistigen Seins in all seinen Dimensionen (S. 182). Es ist eine Aufklärung des Menschen über sich selbst, eine Erhellung seines letzten Grundes (S. 184). LITT folgt hier, wie schon bemerkt, der klassischen deutschen Bewußtseinsphilosophie in ihrer Anwendung auf die letzten Gründe geisteswissenschaftlicher Erkenntnis. Es verwundert daher nicht, wenn er die zeitgenössische Phänomenologie kritisiert, da sie die Voraussetzung ihrer »Schau« nicht klärt und infolgedessen für eine Begründung der Geisteswissenschaft zu kurz greift (Anm. 17 und 18).

LITT möchte durch seine Argumentation zeigen, daß eine Selbstbegründung der Geisteswissenschaft auf dem Weg der Induktion und Abstraktion, d. h. durch ihre eigenen Mittel, nicht möglich ist. Er weist das an den drei Disziplinen Psychologie, Soziologie und Philologie recht eindrücklich auf (S. 183) und schließt daraus, daß keine Geisteswissenschaft ohne zugehörige Philosophie in dieser Frage auskommen kann (S. 184). LITT ist sich allerdings sehr klar bewußt, daß dies keine Bevormundung durch sie bedeuten darf. Er kannte ja, wie wir gesehen haben, die Gefahren dieser Art aus seiner Zeit. Die an das NS-Regime anschließende Periode einer erneuten, fast noch stärkeren Herrschaft einer weltanschaulichen Philosophie bzw. einer Ideologie in einem Teil Deutschlands würde dies noch schärfer verbieten. Gefahren lauern dabei immer wieder. Ihre Ursache liegt nach Litt *in der Kompetenzüberschreitung. Der ewige Streit zwischen den Ideen- und den Empiriegläubigen, zwischen Deduktion und Induktion, kann nur befriedet werden, wenn anerkannt wird, daß die Frage nach der letzten Voraussetzung für beide Denkpositionen eine philosophische Frage ist.*[11] *Keine empirische Geisteswissenschaft kann nach* Litt *darauf verzichten, dies zu akzeptieren, wenn es um die reflexive Begründung ihrer Leistungsfunktionen geht. Ein Gegeneinander scheitere schon daran, daß, strenggenommen, empirisches und apriorisches Wissen eng verschränkt sind (S. 186). Der Anspruch der Philosophie besteht daher im Augenöffnen für eine unsichtbare Welt, aus der heraus und in die hinein der Mensch unaufhörlich sinnt, redet und handelt (S. 187). Insofern ist für* Litt *»Metaphysik« kein abgegrenzter Bezirk jenseits der Empirie, sondern ein mit ihr verbundener, der es unmöglich macht, beide Aufgaben, metaphysisches Denken und empirische Forschung, säuberlich zu trennen. Aufgrund dieser Sachlage verneint* Litt *ausdrücklich, daß sich die Geisteswissenschaft »gegenüber den großen Gegensätzen metaphysischer Weltdeutung« neutral verhalten kann (S. 187). Ob das für die Naturwissenschaften auch zutrifft, läßt er noch offen – heute würde er es sicherlich auch für sie als notwendig ansehen.*[12]

Der Reflexionsgang, wie ihn Litt *anstrengt, führt ihn im 4. Kapitel letztlich zum »Sichselbstwissen des apriorischen Wissens«. Hier wird am deutlichsten, welche »Stufen« des Denkens nach rückwärts er durchschritten hat.*[13] *Die vier Ebenen, die hier zusammenfassend dargestellt werden (S. 188), bedeuten allerdings keine Unterscheidung von verschiedenen Aprioris, sondern* Litt *sieht in ihnen ein Beziehungsgeflecht von apriorischem und nicht-apriorischem (empirischem) Wissen. Eine ontologische Verräumlichung in »Schichten« desselben lehnt er ab (vermutlich gegen N.* Hartmann *gerichtet); vielmehr spricht er von einem »System«, da nur so ein regressus ad infinitum als »schlechte Unendlichkeit« verhindert wird. Daß* Litt *trotzdem von »Stufen« spricht, ist wohl nur eine Anpassung an einen möglichen Sprachgebrauch. Noch einmal wird bei diesem Akt der Durchsichtigmachung des Wissens auf seine eigene Struktur auf die Sprache zurückgegriffen, da sie ein »bleibendes Grundmotiv« durch alle Gedankenbewegungen ist.* Litt *kommt hierbei nicht nur den Problemen, die* Wittgenstein *beschäftigten, wieder nahe, sondern auch den vom logischen Empirismus und kritischen Rationalismus aufgeworfenen Fragen nach den verschiedenen Sprachebenen. Als Teil des obengenannten Systems ist die Sprache einerseits auf der Ebene der empirischen Geisteswissenschaft »Sprache des Lebens« (man würde heute* Alltagssprache *sagen), andererseits auf der zweiten Ebene «Sprache der Reflexion« (S. 193) und Sprache der Reflexion über Sprache, die geredet wird (*Metasprache*). Beide Sprachen sind nach* Litt *aber eng verschränkt: Auch die Reflexionssprache ist der Alltagssprache verbunden. Die Umsetzung logischer Formeln in die »Sprache des Lebens« sei jederzeit gegeben, so daß es letztlich nur um e i n e Sprache gehe. Heute läßt sich diese Problematik besser angehen, sowohl von der Linguistik aus als auch durch die Unterscheidung in Objekt- und Metasprache, worauf hier nicht weiter einzugehen ist.*

LITT hat zum Ende noch einmal sein Anliegen sowohl wissenschaftstheoretisch als auch »existentiell« ausgeführt. Die Frage nach dem Verhältnis von Allgemeinem und Besonderem läßt sich weder in einem Schema der Subsumption (S. 195) klären noch in einer Abwertung einer der beiden Wissensformen. Beide haben ihr Eigenrecht zu behalten und sind Teil eines Gesamtbaus des Wissens. Die Fehler der Vergangenheit liegen in der Verabsolutierung eines der beiden Glieder: Die Aufklärung überflog oft das Individuelle, die Historische Schule das Allgemeine (S. 194). Der dahinterstehende Widerspruch ist aber selbst eine Äußerung des Geistes bzw. des Bewußtseins, das sich in dieser Doppelung weiß. Daher befindet sich der Mensch zwischen dem »Besonderen« und dem »Allgemeinen«: Er hat »zwei Stimmen« in sich, die ihn zu diesen Polen hin- und herziehen (S. 199). Eine »Erlösung« gibt es dafür nur in der Anerkennung dieser Situation, die dem Menschen in seinem Leben die Möglichkeit gibt, sich nicht zwischen zwei unversöhnlichen »Rivalen« entscheiden zu müssen, sondern beides (Individuum und Gemeinschaft) zu sein (S. 200f.). In Auseinandersetzung mit HEGEL will LITT die »Diktatur des Allgemeinen« brechen (S. 202), womit wohl auch die zeitgeschichtliche Propaganda gemeint ist (»Du bist nichts, dein Volk ist alles«!). Ein Vorbehalt soll von keiner Seite geduldet werden, da nur so ein Ausgleich möglich ist. Dies gilt sowohl für die Geisteswissenschaft, also auf theoretischer Ebene, als eben auch auf der praktischen Handlungsebene. Der »handelnde Geist« ist zwar potentiell von der Notwendigkeit befreit, sich zwischen der Alternative des Allgemeinen und des Besonderen (sprich: Gemeinschaft und einzelner) zu entscheiden, aber es bleibt die Sorge um »Irrtum, Fehltritt und Absturz«. LITT sieht darin die Wirklichkeit des menschlichen Daseins in seiner täglichen »Schonungslosigkeit ausgesprochen« (S. 204). In diesem Wissen um die Zweideutigkeit von Welt und Mensch hat LITT eine wesentliche Seite des »protestantischen Geschichtsbewußtseins« gesehen[14].

Anmerkungen

1 »Die Stellung der Geisteswissenschaften im nationalsozialistischen Staate«, Leipzig 1933, 2. Aufl. 1934; auch in: Die Erziehung 9 (1934), S. 12–32 (ich benutze diese Wiedergabe). Der Beitrag geht auf einen Vortrag zurück, um den er für eine Münchener Tagung gebeten wurde, den er aber nicht halten durfte, was man nach der Lektüre begreift. Es ist schon erstaunlich, in welch klaren Worten sich Litt gegen Ziele der NS-Ideologie im Raum von Wissenschaft und Pädagogik ausgesprochen hat. Er lehnt nicht nur ab, »gefügiger Diener des Augenblicks« oder Knecht des Zeitgeistes zu sein (S. 18 f. mit Berufung auf Schiller), sondern stellt den Rassegedanken als geschichtsfeindlich und als wenig ertragreich für eine ernsthafte Forschung bloß, da er nicht in der Lage sei, wissenschaftlich über die Physis hinaus auch über die Psyche aufzuklären (S. 21–27). Gegen diese Art von Ideologie möchte Litt die Geisteswissenschaften als Schutzwehr ansehen (S. 26). Die Vereinnahmung der Vergangenheit durch die Gegenwart führt zu einer Entwertung der er-

steren, die damit zur bloßen Staffage wird und das geschichtliche Wechselverhältnis zwischen beiden zerstört (S. 29 ff.). Die deutsche Welt bzw. Geschichte läßt sich nicht in ein System von festen Formeln einfangen (S. 30). Zum Schluß wendet sich Litt gegen die Mißdeutung des Wortes »liberal« (S. 31 f.): Die »Freiheit des denkenden Geistes« wird zu Unrecht als »liberalistische Selbstherrlichkeit« verpönt. Ein (vom Staat) vorgegebenes Diktat, das den Forscher bindet, verhindert die Einsicht in die wahre Bedeutung des Ganzen für seine Arbeit; er ist allein »seiner denkerischen Selbstverantwortung« verpflichtet (S. 32). Diese Passagen machen es schwer verständlich, wie F. Hartmann aus dem Aufsatz zu der Meinung kommen kann, daß Litt ein Opportunist gewesen sei, ja sogar in die Nähe zu den »Edelnazis« gehöre (Denker Denken Geschichte. Erkundungen zu Philosophie und Nationalsozialismus, Wien 1994. S. 87–90). Entweder hat der Verfasser den Beitrag nicht gelesen, oder er sucht bewußt Stellen aus dem Zusammenhang, die seinen Rundumschlag beweisen sollen. Spätere Arbeiten hat er überhaupt nicht mehr herangezogen. Nicht jede »nationale« Äußerung ist schließlich als nazistisch zu interpretieren, schon gar nicht bei Litt, der das Allgemeine gegenüber dem Singulären (»Völkischen«) verteidigte. Daher hat der ins Exil gegangene Richard Kroner in der Festschrift für Litt 1960 in seinem persönlich gehaltenen Beitrag »Vom Sinn der Geschichte« eingangs über den Jubilar geschrieben: »Ich habe jedoch aus der Ferne Ihren Weg immer mit Bewunderung verfolgt. Ich habe mit Erstaunen und Hochachtung Ihr leider völlig vereinzeltes Verhalten in der Zeit der Versklavung des Geistes beobachtet und mich Ihnen dadurch auch persönlich aufs engste verbunden gefühlt.« (Erkenntnis und Verantwortung. Hrsg. von J. Derbolav und F. Nicolin. Düsseldorf 1960, S. 194). Wenn der obengenannte Aufsatz 1933 bzw. 1934 erscheinen konnte, dann hat das damit zu tun, daß Litt (neben Spranger u. a.) zu den Herausgebern der Zeitschrift »Die Erziehung« gehörte.

2 *Ein genaues Datum dafür ist mir nicht bekannt; es wird sicherlich nach seinem Sitzungsbericht erfolgt sein.*

3 *»The Universal in the Structure of Historical Knowledge«, in: Philosophy and History. Essays presented to Ernst Cassirer. Ed. by R. Klibansky and H. J. Paton, Oxford 1936, S. 125–136.*

4 *Vgl. bereits die Ausführungen zum Blut- und Rassegedanken und der Entleerung der Geschichte durch die zeitgenössischen »Tendenzen« in dem in Anm. 1 genannten Aufsatz (besonders S. 21 ff., 29 ff.).*

5 *Nach F. Nicolin in seiner Ausgabe der Littschen Schrift im F. Meiner Verlag 1980 (Philosophische Bibliothek 328), S. IX.*

6 *Vgl. J. Meran, Theorien in der Geschichtswissenschaft, Göttingen 1985, (Krit. Studien z. Geschichtswiss. 66); J. Rüsen, Grundzüge der Historik I-III, Göttingen 1983–1989; H. M. Baumgartner/J. Rüsen (Hrsg.), Seminar: Geschichte und Theorie. Umrisse einer Historik, Frankfurt/M. 1976, 2. Aufl. 1982 (suhrkamp tw 98).*

7 *Vgl. z. B. K. Acham/W. Schulze, Teil und Ganzes, München 1990 (Theorie der Geschichte. Beiträge zur Historik 6).*

8 *Die Literatur dazu ist groß. Verwiesen sei u. a. auf einige jüngere Arbeiten: G. Patzig, Erklären und Verstehen. Bemerkungen zum Verhältnis von Natur- und Geisteswissenschaften, in: Neue Rundschau 84 (1973), S. 392–413 (abgedruckt in: Ders., Tatsachen, Normen, Sätze, Stuttgart 1980, S. 45–75); K.-O. Apel, Die Erklären:Verstehen-Kontroverse in transzendental-pragmatischer Sicht, Frankfurt/M. 1979 (Suhrkamp Theorie-Diskussion); G. H. von Wright, Erklären und Verstehen, Frankfurt/M., 3. Aufl. 1991 (besonders S. 122 ff.); Th. Hausmann, Erklären und Verstehen: Zur Theorie und Pragmatik der Geschichtswissenschaft, Frankfurt/M. 1991 (suhrkamp tw 918); H. Albert, Kritik der reinen Hermeneutik, Tübingen 1994 (besonders S. 42 ff., 95 ff., 113 ff., 136 ff.).*

9 *R. Koselleck, H. Lutz, J. Rüsen (Hrsg.), Formen der Geschichtsschreibung, München 1982 (Theorie der Geschichte. Beiträge zur Historik 4); S. Quandt/H. Süßmuth (Hrsg.), Historisches Erzählen, Göttingen 1982.*

10 *Gesammelte Aufsätze zur Wissenschaftslehre. 6. Aufl., hrsg. von J. Winckelmann, Tübingen 1985, S. 146–214, besonders 190 ff. Der Aufsatz erschien bereits 1904 und dann in den Gesammelten Aufsätzen 1922. Weiterführend u. a.: J. E. Heyde, Typos. Ein Beitrag zur Typologie, in: Studium Generale 5, 1952, S. 235–247.*

11 *Vgl. dazu auch die späteren Ausführungen Litts: »Empirische Wissenschaft und Philosophie«, in: K. Ziegler (Hrsg.), Wesen und Wirklichkeit des Menschen. Festschrift für Helmuth Plessner, Göttingen 1957, S. 9–28; »Die Philosophie und die Geisteswissenschaften«, in: G. Funke (Hrsg.), Konkrete Vernunft. Festschrift für Erich Rothacker, Bonn 1958, S. 15–23.*

12 *Vgl. seine späteren Studien: Naturwissenschaft und Menschenbildung, Heidelberg 1952, 2. verb. und erw. Aufl. 1954; 3. erw. Aufl. 1959, m. Anhang: »Philosophische Anthropologie und moderne Physik«, erschienen in: Studium Generale 9 (1956), S. 351–363; »Sachbemeisterung und Selbstbesinnung«, in: Studium Generale 6 (1953), S. 553–563; »Selbsterkenntnis und technische Bemeisterung der Natur als Aufgabe des Menschen«, in: Zeitschrift d. Vereins Dt. Ingenieure 96 (1954), S. 154–159; »Naturwissenschaft und Technik als geschichtsbildende Mächte«, in: Glastechnische Berichte 27 (1957), S. 277–282; »Die öffentliche Verantwortung der Wissenschaft«, in: Orden Pour le Mérite für Wissenschaft und Künste. Reden und Gedenkworte, 2. Band, Heidelberg 1958, S. 51–100.*

13 *Vgl. auch Litt »Die Selbsterkenntnis des Menschen«, Leipzig 1938; »Die Sonderstellung des Menschen im Reiche des Lebendigen«, in: H. Wenke (Hrsg.), Geistige Gestalten und Probleme. Eduard Spranger zum 60. Geburtstag, Leipzig 1948, S. 217–240; Denken und Sein, Stuttgart 1948, 5. und 6. Kapitel; »Das Problem der Selbsterkenntnis«, in: Universitas 11 (1956), S. 1259–1263.*

14 *Protestantisches Geschichtsbewußtsein, Leipzig 1939, S. 47 f. und 55 ff.*

Hans-Georg Gadamer

Zur Vorgeschichte der Metaphysik*

1941/1950

Wir wissen, es ist nicht nur die Sprache der Griechen, die wir sprechen, wenn wir philosophieren. Nicht nur der Name, sondern ebenso die sachliche Aufgabe der Metaphysik ist von den Griechen gefunden worden, und wenn wir die Grundfrage, die darin gestellt wurde, die Frage nach dem Sein, daraufhin untersuchen, wie sie im Denken der Griechen zur Aufgabe wurde, so ist dies kein bloßes historisches Bemühen, sowenig wie irgend sonst eine Berührung mit unseren griechischen Anfängen. Denn eine jede solche Berührung hat etwas Enthüllendes. Was ist es nur, daß uns dies Denken um unsere eigene Sache zu gehen scheint und doch immer wieder die harten Konturen eines ganz Fremden gegen uns kehrt? Sie rührt uns an, diese Stimme der Griechen, als ob wir uns selbst zu hören meinten, und doch tönt sie zu uns herüber wie ein Ruf vom anderen Ufer, auf das wir nie mehr zurückgelangen können, da uns eine starke Strömung entfernt. Was mit dem Christentum aufging, jene neuen Räume der Innerlichkeit, die sich uns da auftaten, können wir nie mehr, scheint es, vergessen.

So haben wir in aller Begegnung mit griechischem Denken ein Bewußtsein von Abstand und Wandel, seit wir überhaupt ein Bewußtsein unserer selbst, ein geschichtliches Selbstbewußtsein haben. Wir lesen Aristoteles und möchten ihn von Leibniz und von dem stoisch-neuplatonisch gefärbten Aristotelismus der Renaissance her »dynamisch« verstehen. Wir lesen Plato wie einen Idealisten und Parmenides wie den Bischof Berkeley – auch wenn wir spüren, daß das nicht ganz gehen will. Denn ein Wissen um Abstand und Wandel haben wir freilich im voraus, insbesondere in der Form, die der Schöpfer des geschichtlichen Selbstbewußtseins der

---

* Die Gedanken der vorliegenden Studie wurden bereits am 15. November 1941 in der Sächsischen Akademie der Wissenschaften zu Leipig [unter dem Titel »Zum Seinsbegriff der griechischen Philosophie«] vorgetragen (vgl. den Bericht in der Deutschen Literaturzeitung 63, 1942, Sp. 187). [Der Bericht lautet:
Leipzig. Sitzung der Phil.-hist. Kl. 15. Nov. 1941.
Hr. H. G. Gadamer sprach über das Thema »Zum Seinsbegriff der griechischen Philosophie«. Ausgehend von der erhöhten philosophischen Bedeutung, die gerade die fremdartigen Züge am griechischen Denken angesichts der Krise des neuzeitlichen Subjektivismus besitzen, verfolgte der Vortragende die Wirkungsgeschichte der eleatischen Seinslehre an drei »archaischen« Zügen der griechischen Philosophie, insbesondere Platos und Aristoteles': an der Verschmelzung des ontologischen und kosmologischen Problems in der griechischen Seinsphilosophie, an der Behandlung von Seins- und Begriffsmomenten als Seins-Teilen und drittens an dem Vorrang des Objektiven und der »Abdämpfung« der Subjektivität.]

Philosophie, die Hegel ihm gegeben hat. Er sah in der griechischen Philosophie zwar den großartigen Anfang der Philosophie, aber in der Form einer naiven, um sich selbst unbekümmerten Unmittelbarkeit erkenne sie im »Sein« noch nicht den »Geist« als seine eigentliche unvollendete Wahrheit. Das Subjekt ist noch in die Substanz versenkt, es ist noch nicht zu seinem Fürsichsein erwacht. Die neuere Philosophie dagegen sei (so wie die neuere Zeit überhaupt durch das Selbstbewußtsein der Freiheit) durch das Wissen darum bestimmt, daß das Absolute Denken, Geist, Leben ist. Und so redet man in der Nachfolge Hegels etwa davon, daß die Griechen »ontologisch« dachten, will sagen, daß sie das Sein, nicht das Denken des Seins dachten, daß ihnen die Grundlegung der Philosophie im Selbstbewußtsein noch abging, weil sie im Objektivismus befangen waren. Die querelle des anciens et des modernes ist auf dem Boden des modernen »historischen« Denkens gegenstandslos. Gerade auch die historische Erforschung der antiken Philosophie im 19. Jahrhundert hatte die grundsätzliche und selbstverständliche Überlegenheit der neueren Philosophie zur Voraussetzung.

Indessen, der neuzeitliche Subjektivismus ist keine unbestrittene Gewißheit unseres Geistes mehr, und damit beginnt sich auch dieses Verhältnis zur griechischen Philosophie zu wandeln. Mag man an die erschreckenden Konsequenzen denken, die Nietzsche aus der Nachgeschichte des deutschen Idealismus gezogen hat, oder an die allgemeine Bedrohung des modernen Kulturbewußtseins, die seit dem ersten Weltkrieg immer weiter um sich greift – die »Religion des Fortschritts«, an die unsere Väter noch glaubten, ist tot, und damit ist die Stellung der Philosophie zu ihrer eigenen Geschichte, insbesondere aber zu der der Griechen, anders geworden. Man faßt die philosophische Ohnmacht dieser Änderung in dem Namen »Historismus« zusammen, doch entspringt ihr auch eine neue Möglichkeit, der Gewinn eines philosophischen Partners im geschichtlichen Raum, der plötzlich als ein Anderer, Wissender seine Stimme erhebt und den es zu hören gilt so, daß wir nicht schon zu wissen meinen, was er uns sagen kann und woran er uns erinnert. Insbesondere, seitdem die Grundfrage der Griechen, die Frage nach dem Sein, ganz neu, ganz von den Problemen der neuesten, der am Idealismus verzweifelnden Philosophie durch Martin Heidegger erweckt wurde, erhielt das Fragen der Alten ein neues und machtvolles Leben. Das Andere, dem eigenen Anliegen Fremde der Griechen wird nicht nur als ein solches einem nachvollziehenden Verstehen zugänglich, es zeigt sich geradezu als das Andere und Fremde im eigenen Philosophieren, als die vergessene, zur Selbstverständlichkeit gewordene Herrschaft der griechischen Seinsphilosophie über das Ganze der abendländischen Tradition. Selbst die säkulare Vollendung, die Hegel der Weltgeschichte des Geistes zu geben meinte, ist von dem metaphysischen Ansatz der Griechen beherrscht. Wer über Hegel und den Idealismus hinaus will, muß daher hinter die griechische Metaphysik zurück, wie Nietzsche, der im Kampf gegen Platonismus und Christentum die Philosophie im *tragischen* Zeitalter der Griechen aufsuchte, in den großen plastischen Philosophengestalten vor Sokrates. Die Vorgeschichte der griechischen Metaphysik hat somit nicht mehr die Bedeutung erster und daher archaisch-unbestimmter Schritte auf dem einen Wege zur Wahrheit, mag man diese in Aristoteles oder Thomas, in Kant oder Hegel erreicht sehen oder in einer aus ihnen allen zu bereichernden eigenen

Forschung, sondern sie birgt eine geschichtliche Entscheidung, die sich in der ursprünglichen Nähe zu anderen, ungedachten Möglichkeiten der Wahrheit vollzogen hat und an etwas zu erinnern vermag, das noch gedacht werden soll.

Was man unter der Voraussetzung des historischen Selbstbewußtseins »archaische« Züge im griechischen Denken nennt, wird so zum Gegenstand eines eigenen philosophisch gerichteten Interesses. Im folgenden soll der griechische Seinsbegriff unter diesem Gesichtspunkt betrachtet werden. Seine Gewinnung und Ausarbeitung ist ja das eigentliche Ursprungsgeschehen der griechischen Metaphysik. Parmenides aus Elea steht beherrschend am Eingang dieser Geschichte, deren Verlauf bis zu Aristoteles eine Folge von Verwandlungen des eleatischen Seinsgedankens darstellt. Es ist für diese Stellung des Parmenides am Ursprung der Metaphysik bezeichnend, daß sich seine Philosophie dem Geschichtsbilde nicht recht einfügen will, das Aristoteles geprägt hat, indem er seine Vorgänger auf seine eigene Philosophie teleologisch bezog. Wo er auf sie zu sprechen kommt, im ersten Buch der Physik (A 2–3) wie im ersten Buch der Metaphysik (A 5), »paßt« die Auseinandersetzung mit ihr nicht hinein (*εἰς τὴν νῦν σκέψιν τῶν αἰτίων οὐδαμῶς συναρμόττει περὶ αὐτῶν ὁ λόγος*). Trotzdem wird sie an beiden Stellen nicht vermieden: denn ihre Betrachtung hat sachliches Interesse (*ἔχει γὰρ φιλοσοφίαν ἡ σκέψις*). Das kritische Interesse des Aristoteles haftet dabei an der inneren Inkonsequenz des Lehrgedichtes des Parmenides, das neben die Wahrheit des einen Seins doch auch das von Gegensätzen beherrschte Weltbild der menschlichen Meinung stellte. Aristoteles interpretiert diese Inkonsequenz als Ausdruck der sachlichen Konsequenz des Problems der Physis, und auf diesem Umweg wird er dem Anschein nach auch mit der eleatischen Philosophie in seiner Geschichtsdeutung fertig. Aber er weiß sehr wohl, daß mindestens Parmenides nicht auf die Weise der »Physiologen« das Eine im Sinne der Hyle meint, sondern an das dem Logos nach Eine rührt. Das bedeutet aber: Das ontologische Problem des Seins des Seienden, auf das die Metaphysik des Aristoteles durch die Substanz- und Kategorienlehre eine Antwort gibt, ist in der »archaischen« Problematik des Parmenides latent. Das aristotelische Entwicklungsschema – Heraustreten der eigenen Wahrheit von den vier Ursachen – läßt sich auf ihn nicht recht anwenden, weil er das Ganze des metaphysischen Problems schon umgreift. Das wird durch nichts besser bezeugt als durch Plato, der dort, wo er in seinen Dialogen der Seinsfrage am nächsten kommt, seine Dialogfiguren durch einen Eleaten belehren läßt, sei es, daß der alte Parmenides selbst die unhaltbare Starrheit seiner Seinslehre in dialektischen Gängen überwindet, sei es, daß ein Fremder aus Elea die gleiche Überwindung fordert. Sokrates selbst aber läßt er vor der adligen Tiefe des alten Parmenides respektvoll zurückweichen. All das weist darauf hin, daß Plato in der Wirkungsgeschichte der eleatischen Philosophie eine besondere Stelle einnimmt: Über ihre Lehre hinaus ist er dennoch auf sie mit besonderem Nachdruck bezogen. Und sofern Aristoteles wiederum aus der ständigen Auseinandersetzung mit der platonischen Philosophie zu begreifen ist, stellt sich die Ursprungsgeschichte der Metaphysik als eine Geschichte des eleatischen Gedankens dar. An ihr sollen jene »archaischen« Züge zur Betrachtung kommen, die uns an der griechischen Philosophie so befremden und bewegen. Ich fasse sie folgendermaßen zusammen:

1. Die Verflechtung des ontologischen und kosmologischen Problems: das Sein und das All.

2. Die Behandlung von Begriffen als welthafte Teile: das Ganze und der Teil, das Eine und das Viele.

3. Der Vorrang des Objektiven vor der Subjektivität: das Sein und das Denken.

1

Die Auffassung der eleatischen Philosophie ist – wie im Grunde die Tatsache ihrer Überlieferung – von Aristotoles beherrscht. Was das Lehrgedicht mit *ἔστι, εἶναι,* mit *ἐόν* und *μὴ ἐόν* meint und wie es die Wahrheit dieses *ἐόν* beschreibt, wird also von der platonischen Unterscheidung des intelligiblen und des sensiblen Seins her verstanden. Das parmenideische eine Sein meine das intelligible Sein, das dem Logos nach Eine. Der gesamte Aufbau des Lehrgedichts scheint das zu bestätigen, da es ja die trügerischen Meinungen der Sterblichen, die ihren Sinnen vertrauen, von der Lehre der Wahrheit unterscheidet. Und wenn Aristoteles den anderen Eleaten, insbesondere dem Melissos, es geradezu vorwirft, daß sie allzu grob das Sein im Sinne des sinnlich Stofflichen verstehen[1], so hebt er den Parmenides dagegen ab als einen, der »mehr sah« – offenbar, weil er das Sein dachte, wie es der Gedanke denkt, und es deshalb als Bestimmtes und Begrenztes bezeichnete, also, weil er das Sein im Sinne der platonischen Idee dachte. Gleichwohl verkennt Aristoteles nicht, daß die Eleaten insgesamt kein anderes Sein kannten als das sinnlich Sichtbare und eben deshalb auf dieses die Forderung des Gedankens übertrugen (De coelo III, 1). Darin gipfelt geradezu die Kritik, die Aristoteles am eleatischen Denken übt, daß sie die Vielfältigkeit des Sinnes von Sein nicht kannten, deren Aufdeckung erst mit Platos Unterscheidung des *διssόν*, also mit seiner Dialektik anhebt.

Diese aristotelische Kritik ist aus dem, was das Lehrgedicht selbst lehrt, völlig zu verstehen. Parmenides hat das All des Seienden im Blick, wenn er *τὸ ἐόν* sagt[2]. Alle seine Aussagen über das *ἐόν* meinen nicht ein anderes Sein als das, was die Sterblichen meinen, wenn sie sich die Welt denken, sondern eben diese Welt in ihrem Sein, und eben deshalb verwerfen sie das Weltbild der Doxa als trügerisch und gedankenlos. Wer denkt, der gewahrt an allem, was ist, etwas, wofür die Sinne empfindungslos sind, etwas, was in allem eines ist: sein überall gleichmäßiges, stets als ein und dasselbe gewahrtes Dasein. Parmenides dürfte der erste gewesen sein, der von »dem Seienden« handelte, d. h. an Stelle des Plurals den Singular gebrauchte. Wendungen wie *τὸ ἐόν τοῦ ἐόντος ἔχεσθαι* (fr. 4) oder *ἐόν γὰρ ἐόντι πελάζει* (8,25) lassen die Bedeutung dieses *ἐόν* des wahren Seins gut herleiten. Weil es das in jedem Seienden Seiende ist, ist es das eine und einzig Seiende, in das alles unterscheidbar Seiende ununterscheidbar zusammengeht. Auch das gerade Abwesende geht mit dem Anwesenden zusammen. Das eben ist die Lehre jenes Weges der Wahrheit, daß »es ist«: daß alle Abwesenheit, aller Unterschied, alle Veränderung, aller Mangel, alles Nicht niemals das Sein betreffen, das nichts ist, als was es ist. Alle solche Gedanken sind Ungedanken, die aus dem Festhaltenwollen bestimmter

Gestalten im Dasein als Erfahrung der Nichtigkeit aufsteigen. Sie sind *δόξαι βροτῶν*, menschliche Perspektiven. Das »Sein selbst« entsteht und vergeht nicht. Einen solchen Satz konnte noch Aristoteles vom Eidos aussprechen[3], das, was es ist, vom Seienden unterscheidend. Für Parmenides konnte diese Unterscheidung offenkundig nur bedeuten, daß das Seinsganze so ist, daß aus ihm kein Seiendes herausfallen, kein Seiendes sich als seiend von ihm unterscheiden kann. Das kosmogonische Weltschema der Physiologen enthält eine innere Gedankenlosigkeit, wenn es eine Entstehung von Sein denkt. Wenn man die Aussagen des Lehrgedichtes prüft, kann man darüber nicht zweifeln, daß Parmenides den reinen Gedanken des Seins gar nicht anders ausdenken konnte, als indem er alles Seiende als ein Ganzes, einheitlich in sich Zusammenhängendes, ganz Anwesendes denkt: Das Sein denkend, wird der Denkende das Seiende nicht vom Seienden abscheiden, mit dem es zusammenhängt, und so wird es weder Zerstreuung noch Zusammenballung geben, von denen die Ionier zu reden wußten, ohne sich Rechenschaft zu geben, was für ein Ungedanke des »Ins Nichts« und »Aus dem Nichts« darin gedacht ist (fr. 4). Aber Parmenides mag noch so unverwandt in die Undenkbarkeit dieses Nichts starren und darum nichts sagen wollen, als daß das Sein ist, er wird diese seine Wahrheit anschauen als das eine, in sich gleichartige, werdens- und vergehenslose, in sich zusammenhängende Ganze. Fernhalten der Gedankenlosigkeit des Nichts schließt vom Seienden all das aus, was die Sterblichen vom Kosmos der Dinge zu sagen wissen. Der eine Gedanke, daß das Sein ist, mußte daher die anschauliche Form gewinnen, daß das Sein Eines ist. So lesen wir in der Doxographie wie in der eleatischen Schule, daß alles Eines ist und daß das Sein des Vielen undenkbar ist.

Daß Parmenides selbst (und nicht erst das Mißverständnis seiner Nachfolger)[4] das dem Logos nach Eine auf das sichtbare Sein der Dinge übertrug, wie Aristoteles sagt, ist also eine ganz richtige Beschreibung vom entwickelten Ende der platonisch-aristotelischen Unterscheidung des intelligiblen und des sensiblen Seins her. Aber es ist nicht eine bloße archaische Bildhaftigkeit der parmenideischen Logik, das Sein des Seienden selbst als ein Seiendes zu denken, sondern, wie die Geschichte der Metaphysik lehrt, ein in der denkenden Unterscheidung des Seins vom Seienden ständig erhaltener Bezug auf ein Nichtgedachtes. Sein ist Anwesenheit des Seienden. Der reine Gedanke des Seins denkt nichts als reine Anwesenheit. Sie ist das, »worin« alles Sein ist – und worin anders ist alles Sein als im Ganzen des Seienden?

Wir wissen aus der Geschichte des eleatischen Denkens, daß das Insein in der Tat eines der dialektischen Probleme ist, die Zenon betreffs des Seins gedacht hat[5]. Worin ist das Ganze? Das ist eine Frage, die noch Aristoteles nur dadurch zu meistern wußte, daß er ihren Sinn umwendete, d. h. das Insein in einem anderen Sinne nahm. Die Eleaten ihrerseits müssen, wie die Geschichte dieses Problems lehrt, gedacht haben, daß das Sein »in sich selbst« ist (*καθ' ἑαυτό τε κεῖται* Parm. fr. VIII,29; Theät. 180 e; vgl. die Diskussion dieses Insichselbstseins bei Gorgias B 3,70, bei Aristoteles Phys. IV,3 im Zusammenhang mit Zenon sowie die Argumentation des Anaxagoras A 50), und haben mit dieser kosmologischen Paradoxie immerhin etwas vom Sein formuliert, indem sie das umfassende, nicht mehr umfaßte Ganze denken. Denn damit denken sie ein Seiendes, das im Unterschiede zu allem Seienden sonst Werden und Vergehen ausschließt, eben weil es alles Seiende umfaßt. Dies Umfassende stellt sich daher in gleichmäßiger räumlicher Ausbreitung dar, so daß man an das Raumkontinuum dabei denkt, das ja auch für alles Seiende das umfassende Worin seiner Anwesenheit darstellt. Oder aber, man sieht auf die ununterschiedene Gleichartigkeit dieses Seinsganzen. Als das gegen alle qualitativ unterschiedene Bestimmtheit Abgehobene ist es wie der Stoff gedacht, wie die leere Unbestimmtheit möglicher Formung. Aber das sind offenbar Übersetzungen des eleatischen Seinsdenkens in eine erst durch die platonische Unterscheidung von Intelligiblem und Sensiblem mögliche Sprache. In Wirklichkeit ist es »alles Sein«, alles, was ist, es fehlt nichts – und eben deshalb ist es »begrenzt«, weil auf kein mögliches Andere, keinen Außenstand mehr hinausverweisend. Gerade in solcher vollendeten Anwesenheit hat es den Charakter des Seins, ist es »in seinem Sein«, das es der Entgänglichkeit enthebt, die die menschliche Erfahrung mit einem jeden Seienden ist. Diese Notwendigkeit des Gedankens »hält es in den Schranken der Grenze, die es rings umschließt«[6]. Es ist die gleiche Notwendigkeit des Gedankens, nur Seiendes, d. h. Anwesenheit zu denken, die allen jenen indirekten Beweisformen zugrunde liegt, die das eleatische Denken kennzeichnen, der Argumentation des Lehrgedichts: »Denn es ist nicht mangelhaft; wäre es, dann würde es an allem Mangel haben« (fr. 8,33); der Argumentation bei Meliss: »Wenn das Sein auch nur um ein Haar in 10000 Jahren anders würde, wird es in der ganzen Zeit ganz zugrunde gehen« (B 7); vor allem aber auch den Argumentationen der zenonischen Dialektik. Sie beruhen alle auf dem Grundsatz: »Es ist doch offenbar dasselbe, dies einmal zu sagen oder es immer zu behaupten« (fr. 1). Die Notwendigkeit des Gedankens, indem er unbegrenzt ist in seiner eigenen Möglichkeit, widerlegt das Weltbild der Sinne: Das ist die Grundlage aller Argumente, daß das Denkbare als seiend, d.h. als Anwesendes gedacht wird (B 1–4; A 29 usw.). Auch der angebliche Gegensatz zwischen dem »Alles zugleich«, dem *νῦν ἔστι ὁμοῦ πᾶν* des Lehrgedichts (fr. 8,5) und dem »Immer und ewig«, dem *ἀεὶ ἦν ὅ τι ἦν καὶ ἀεὶ ἔσται* (Meliss fr. 1), zwischen der Begrenztheit des Seins bei Parmenides und der Grenzenlosigkeit des Seins bei Meliss (fr. 6) ist nur äußerlich. Der Gedanke des Ganzen hat diese doppelte Möglichkeit, in seiner anschaulichen Gegenwart wie in seiner unbeschränkten Antreffbarkeit als Gegenwart dargestellt zu sein, im Jetzt oder im Immer, im Hier oder im Überall.

Der Gedanke, um dessentwillen die Eleaten, wie Hegel sagt, die sinnlichen Götter wegwarfen, der Gedanke des Seins, ist also selbst als ein Seiendes – als das Seiende gedacht. Und wenn wir in der Wirkungsgeschichte des eleatischen Denkens das Atom als das wahrhaft Seiende (*τὸ ἐτεῇ ὄν* Demokrit) gedacht finden, so bestätigt sich darin die Fruchtbarkeit dieses Bezugs. Aber selbst dort, wo erstmalig grundsätzlich gedankliches und sinnliches Sein unterschieden werden, selbst in der platonischen Lehre von der Idee hält sich der gleiche Bezug in einer eindringlichen Weise durch. Die Idee wird durch die Merkmale charakterisiert, die dem eleatischen Sein zukommen. Auch sie ist »ganz, einfach, schwankungslos« (Phaidr. 250 c). Auch sie ist »immer seiend und weder entstehend noch vergehend, weder wachsend noch schwindend« (Symp. 211 a). Auch sie aber hat vor allem jenen Charakter des *ὅλον*, der dem eleatischen Sein zukam. Auch das Eidos ist, was es ist, im Ausschluß alles Nichtseins, es ist »nichts als das«, *αὐτό*. Das gerade unterscheidet das Eidos von allen Dingen, die an ihm teilhaben, daß es ungemischt ist mit seinem Gegenteil, daß es »reine« und volle Anwesenheit ist. Das Eidos des Schönen ist das »Schöne selbst«, eben weil es nichts als Schönes ist, weil in ihm nichts Häßliches ist. Das allein macht das Sein des Eidos aus. Insofern ist es ganz richtig, was Stenzel einmal im Hinblick auf die aristotelische Himmelslehre gesagt hat, daß »alles Feuer«, »alle Luft« reine, unvermischte Wesenheiten wären, weil Stoff und Form dann eins wären.[7] Das ist, wenn auch in aristotelischer Begriffssprache, eleatisch gedacht. Das reine, unvermischte Wesen des Seins, das »nichts als Sein«, d. h. reine Anwesenheit ist, ist »alles Sein«. So spricht Plato im ›Philebos‹ von dem Feuer, das im Ganzen ist, als dem »reinen«, das alle Dynamis, die seiner Natur entspricht, hat, eben weil es »nichts als Feuer« ist[8]. Und man darf sicher auch an Anaxagoras' Lehre vom Nous denken. Rein und unvermischt, für sich, hat er seine Stärke über alle Dinge (*κρατεῖ*), so daß er nichts ist als ihr Vernehmen (*γνώμην ἴσχει*) (fr. 12), und wird doch als ein allgegenwärtiges, alles durchdringendes und sonderndes Etwas gedacht. Und selbst wenn Plato eine Relationsidee meint, etwa die Gleichheit oder die Ähnlichkeit, dann ist das Eidos im Grunde ein Plural, und er kann sagen *αὐτὰ τὰ ἴσα, αὐτὰ τὰ ὅμοια*, gleichsam ein ideales Paar, als das das reine Verhältnis, unvermischt mit Ungleichem oder Unähnlichem, da ist.

Das platonische Eidos ist »das wahre Sein« des Seienden. Was Parmenides in der Einheit und Ganzheit des Seins dachte, wird hier als der Hinblick gedacht, auf den hin je Seiendes in seinem Sein gedacht und angesprochen wird. Aber dieser Hinblick ist das gesammelte Wesen des Seienden selbst, als was es ganz ist, was es ist. Das Was-sein des Seienden ist sein Sein, seine wahre, d. h. beständige Anwesenheit. Es ist, sofern es sich darstellt, und nur insofern ist es auch für das Denken und Begreifen »stehendes Urbild«, der Hinblick, durch den überhaupt nur Rede möglich ist. Die platonische Philosophie erschöpft sich aber nicht darin, im Denken der Idee auf ihre Weise den eleatischen Seinsgedanken festzuhalten – so wie es auf seine Weise der atomistische Materialismus tut. Das Denken der Idee ist nichts als nur die von Plato allerdings immer wieder mit viel Kunst eingeschärfte Voraussetzung, die Hypothesis seines Philosophierens. Insofern ist die englische These von dem pythagoreischen Ursprung des Eidosgedankens immer noch richtiger als die in der deutschen Forschung herrschende Meinung, das »Vielbeschwätzte« (*τὰ πολυθρύλητα* Phaid. 100b) der Annahme der Ideen sei schon die eigentliche platonische Philosophie. Diese beginnt erst, indem sie die Voraussetzung der Idee zur Rede stellt, d. h. nach dem Sein dieser Ideen, ihrer Vielheit und der ihnen Einheit gebenden Hinsicht, der Idee des Guten fragt (Rep. VI). Aber gerade hier liegt abermals eine Fortwirkung des eleatischen Bezugs von Sein und Seinsganzem. Zwar ist die Unterscheidung der *διττὰ εἴδη*, des Sensiblen und des Intelligiblen, der von Plato gelegte Grund, und die Neuplatoniker haben unrecht, wenn sie dieselbe schon in das parmenideische Lehrgedicht hineininterpretieren. Ebensowenig aber ist die neuplatonische Interpretation dieser beiden »Welten« und ihres Verhältnisses in

Platos Sinne. Das Bild der Teilhabe des Einzelnen an der Idee ist für Plato eine vorläufige Deskription, die lediglich den Sinn der Hypothesis des Eidos definiert. Die »Idee des Guten« dagegen ist der nicht mehr voraussetzungshafte Anfang, von dem das Ganze des Seins einsichtig wird, d.h. aber, als die Ordnung der Ideen, die sich in der Einsicht der Seele darstellt. Auch hier nun wird das Ideal der vollendeten Einsichtigkeit als ein vollendet Einsichtiges, als das *μέγιστον μάθημα* gedacht (Rep. 505) – und die Ordnung der Ideen als die eigentlich seiende Welt am überhimmlischen Orte.

Das läßt sich in Kürze an einem Beispiel aus dem ›Phaidros‹ verdeutlichen. Dort vergleicht Sokrates einmal die Heilkunst und die Redekunst. Wie der Arzt Kenntnis des Leibes, auf den er einwirken will, so braucht der Redner Kenntnis der Seele (Phaidr. 270 b). »Glaubst du nun die Natur der Seele angemessen erkennen zu können ohne die Natur des Ganzen?« Unter Berufung auf Hippokrates antwortet Phaidros, daß das ja nicht einmal für den Leib möglich sei. Und dann entwickelt Sokrates ein Bild des wahren, aus echtem Wissen verfahrenden Redners, der Kenntnis der Seele und Kenntnis der Reden hat und beides aufeinander einzupassen weiß. Wie stets im ›Phaidros‹ bleibt auch hier das Eigentliche ironisch verhüllt. Es verrät sich, wenn man sich fragt, inwiefern ein solcher Redner nicht ohne die Natur des Ganzen auskommt. Es ist klar, was ein universaler, gleichsam hippokratischer Redner wäre: einer, der die rechten Reden wüßte und wirken ließe. Die rechten Reden sind aber nicht so sehr die formalen Arten der Rede – das ist ein ironischer Schein –, sondern sind bestimmt durch das, was die Reden sagen, die Wahrheit der Dinge, die Ideen selbst. Es gibt keine wissende Redekunst, die nicht auch in ihrem Inhalte (und nicht nur der Form nach) Dialektik, d.h. Ideenwissen wäre. Nur der Philosoph ist auf dem Wege, der wahre Redner zu sein, der die Natur des Ganzen, d.h. das wahre Sein der Wesen denkt. So sieht die Seele hinüber in das Sein der übersinnlichen Welt – und diese platonische Kosmologie des übersinnlichen Seins bestimmt nicht nur das Bild vom Seelenschicksal, sondern auch das vom Weltenbau.

Werfen wir schließlich einen Blick auf Aristoteles, so scheinen wir hier endlich das Reich der uns vertrauten Wahrheit über das Sein zu betreten. Es ist der nominalistische Zug im aristotelischen Denken, der uns so vertraut anmutet. Nur das jeweilige einzelne Seiende ist. Die Prinzipien seines Seins, wie alle Universalien, haben kein selbständiges Fürsichsein, sie sind nur unsere Begriffsbildungen, mit denen wir das Sein begreifen. In der Sprache der aristotelischen Metaphysik, insbesondere in der frühen Phase ihrer Ausbildung, die Buch XII repräsentiert, in der die Auseinandersetzung mit den Platonikern noch ganz beherrschend ist, heißt es: Die Prinzipien des Seins der Dinge in der Natur sind nicht schlechthin für alles dieselben, sondern sind nur analogisch dieselben. Ein und dasselbe ist nur die Auslegungsrichtung, in der das Seiende jeweils auf seine Ursachen ausgelegt wird. Stoff, Form, Zweck und Anstoß der Bewegung sind zwar bei jedem Seienden je andere, aber bei jedem sind es diese vier Arten von Ursachen. Das gleiche gilt für die Seinsauslegung der Kategorien oder nach *δύναμις* und *ἐνέργεια*. Wieder aber schiebt sich über diesen Aspekt, der an jedem Seienden als solchem analogisch Selbiges aufweist, ein ganz anderer, der alles Seiende in einen einzigen Seins- und Bewegungszusammenhang zusammensieht. Dann aber steht neben dem jeweils Anderen, das Anstoß der Bewegung ist, das als erstes von allem alles Bewegende (1070 b 34). Oder: Ursache des einzelnen Menschen ist sein Vater – und außerdem die Sonne und die Ekliptik (als die Ursache des Lebens überhaupt). Wieder also fragt die Frage nach dem Sein die Frage nach der Welt und ihrer einheitlichen Ordnung mit. Das wird vollends klar, wo Aristoteles den Schritt über die Welt (im Sinne der Natur) hinaus tut auf das unbewegte Sein. Vom neuzeitlichen Denken her wird dieser Schritt zunächst einfach als ein kosmologischer bzw. dynamischer nachgedacht: als die Frage nach der die ganze bewegte Ordnung bewegenden Kraft, von der man sich nur dies vorzustellen hat, daß sie ihrer Wirkung gleich ist. Für Aristoteles aber erfüllt sich in diesem Schritt erst die Frage nach dem wahrhaften Sein des Seienden, und deshalb führt dieser Schritt mit Betonung über das hinaus, was die bloße »Rettung der Phänomene« verlangen würde[9]. Es muß ein Seiendes geben, das mehr seiend ist als jedes Seiende, das da bewegt, ein Seiendes, das nicht nur die Bewegung des Alls bewirkt, sondern das gar nicht anders kann als bewegend sein und das es deshalb gar nichts kostet, auch keine Bewegung kostet: ein Seiendes, dessen reine Anwesenheit (*ἐνέϱγεια*) den Sinn von Sein erst wahrhaft erfüllt, das Göttliche, das sich selbst gegenwärtig ist. Auch dieser »kosmologische Gottesbeweis« ist also im Entscheidenden eleatischen Gepräges. Wie Parmenides von einem einzigen Mangel im Sein seine gänzliche Nichtigkeit befürchtet, Meliss von einer einzigen Veränderung in 10 000 Jahren den endlichen Untergang von allem, so denkt auch Aristoteles, daß nur der Ausschluß aller Dynamis, d. h. alles möglichen Nichtseins aus dem ersten Seienden, den möglichen Stillstand und Untergang der Welt bannt. Sie alle denken die Notwendigkeit des Seins, d. h. die seinen Sinn ausmachende Anwesenheit in einem ganz und gar Seienden.

2

Die eleatische Seinslehre mußte, wenn sie das Sein als die unerschütterliche Anwesenheit des Seinsganzen dachte, die Form der All-Einheitslehre annehmen. Aber eben weil sie, dem Weg der Wahrheit folgend, nichts als das Sein denken wollte, war sie gegen die Implikationen blind, die mit dem Begriff des Seinsganzen gegeben waren. Das lehren gerade die indirekten Verteidigungen der Lehre, die Zeno durch die Widerlegung der Annahme des Vielen unternahm. Nicht nur, daß dieser Widerlegungen des Vielen selbst viele sind, nicht nur, daß das trügerische Weltbild der Sterblichen, dessen konsequentes System der zweite Teil des Lehrgedichtes enthielt (und das doch eine für das sterbliche Wesen notwendige Ansicht des Seins darstellt), im Sein selbst seinen Ursprung haben muß – auch die Charakteristik des wahren Seins selbst enthält ja das Viele, indem alle diese »Zeichen« des Seins von nichts anderem hergenommen sind als von dem, was sie ausschließen: Werden und Vergehen, Teilung und Getrenntheit, Bewegung und Abwesenheit, das Leere, das Grenzenlose, in das hinauszudenken die Einbildung verführt. Es ist für die Unverwandtheit, mit der die Eleaten das Sein zu denken trachteten, bezeichnend, daß die Umwendung des Denkens auf diesen seinen inneren Selbstwiderspruch unterbleibt, ja daß Zenon die dialektische Argumentationsweise entwickelte, um die Lehre seines Meisters zu stützen, und nicht ahnte, wie sich dieselbe gegen sie selbst kehren mußte (was sich bei Gorgias, Ps.-Aristot. 979 a, dokumentiert).

Wir besitzen im platonischen ›Parmenides‹ ein schönes Zeugnis für dieses Schicksal der eleatischen Lehre. Dort läßt Plato den Zeno die kleine Schrift vortragen, die die Selbstwidersprüche in der Annahme des Vielen in reicher Variation entwickelte. Zeno rechtfertigt die Vorlesung dieser vor längerer Zeit entstandenen Schrift, die im Grunde nichts Neues über Parmenides hinaus enthalte, damit, daß sie ihm gestohlen – und das heißt doch: gegen seinen Willen unter die Leute gebracht worden war. Was soll diese Geschichte von dem Diebstahl? Offenbar doch den rechtmäßigen Urheber und Besitzer entlasten angesichts eines damit getriebenen Mißbrauchs und eines daraus erwachsenen Übelstandes. Jene Dialektik, die Zeno ehedem in guter Absicht entwickelt hatte, sie ist ihres Sinnes verlustig gegangen, sie ist heruntergekommen auf eine insbesondere die Jugend berauschende eristische Kunstfertigkeit. Plato stellt diese Dämonisierung der Rede (*τῶν λόγων αὐτῶν ἀθάνατόν τι ταὶ ἀγήρων πάθος* Phileb. 15 d) immer wieder als das Gegenbild einer echten, sacherschließenden Verständigung auf. Wir kennen die Art dieser Haarspaltereien auch aus den Schilderungen der Komödie. Es ist jenes billige Verfahren, das Viele als Eines und das Eine als Vieles zu erweisen, vor dem Sokrates im ›Philebos‹ als vor einem vulgären Treiben warnt. Die ontologische Konsequenz, die aus solcher dialektischer Selbstzersetzung der Rede folgt, ist aber der sogenannte Heraklitismus, den Plato als das Gegenbild seiner eigenen Lehre von den Ideen entwickelt. Daß alles vermeintlich Seiende in Wahrheit im ständigen Fluß des Anderswerdens ist, wird eben durch die Widersprüche erwiesen, in die sich das vermeintliche Feststellen verwickelt. Der Logos zertrümmert das vorgebliche eine Sein (Soph. 246 c; Theät. 157 b; Hipp. maj. 301 b). Es ist gegen diese Vulgärform der Dialektik, daß Plato die Voraussetzung des Eidos als des einen, mit sich selbst gleichen Seins der Idee, d. h. aber die Wahrheit des eleatischen Seinsgedankens vertritt. Daß Zeno seine dialektischen Argumentationen in einer Gesellschaft vorträgt, zu der der junge Sokrates gehört, drückt die neue Aktualität der eleatischen Lehre, zugleich aber auch die Dringlichkeit ihrer dialektischen Überwindung aus.

Ein Bewußtsein der immanenten Dialektik des eleatischen Seins scheint sich vor allem an dem Begriff des Ganzen entwickelt zu haben. Parmenides selbst gebraucht das Wort als eines der Zeichen des wahren Seins und will damit wohl mehr die Ununterschiedenheit des Seins ausdrücken als das, was Aristoteles offenbar im Blick auf Parmenides als das Ganze definiert, »das, wovon nichts weg ist« (*οὗ μηδὲν ἄπεστι*), oder im speziellen Bezug auf das Ganze des Seins: »wovon nichts draußen ist« (*οὗ μηδέν ἐστι ἔξω* Phys. III 6, 207 a)[10]. Aber wie immer, der Begriff des Ganzen fordert geradezu dazu heraus, den in ihn gesetzten Begriff vieler Teile zu denken. Die eleatische Lehre mußte ihren Sinn an diesen dialektischen Selbstwiderspruch verlieren, oder sie mußte so verwandelt werden, daß die dialektische Einheit von Ganzem und Teil, Einem und Vielem gerechtfertigt wurde. Es scheint, daß Plato zuerst, indem er das Eine und Viele als das wahre dialektische Wunder der

Rede entdeckte, für die unbewußte Dialektik der eleatischen Lehre, die der Sache nach schon bei Zeno entwickelt ist, die Begriffe von Ganzem und Teil verwendete. Jedenfalls finden wir den Begriff des Ganzen und die ihm einwohnende Dialektik bei Plato stets und an erster Stelle im Zusammenhang der eleatischen Lehre. So beginnt die Diskussion der All-Einheitslehre im ›Sophistes‹ mit der Dialektik vom Ganzen und Einen (Soph. 244 d ff.), und im ›Parmenides‹ ist das erste Begriffspaar, an dem Parmenides die Dialektik seiner eigenen Lehre entwickelt, stets das Verhältnis von Ganzem und Teil. Noch bei Aristoteles begegnet in der Eleatenkritik (Phys. A 2) als Einschub der Hinweis auf die Aporie betreffs Teil und Ganzem: »ob sie eines oder mehreres sind, und wie eines oder mehreres, und wenn mehreres, wie das, und das auch bei nicht kontinuierlich zusammenhängenden Teilen«. Darin liegt aber doch, daß vor allem bei den kontinuierlichen Teilen gilt: »wenn ein jeder mit dem Ganzen unlöslich eines ist, daß sie dann auch miteinander eines sind«. Genau auf dialektische Probleme dieser Art zielt aber Plato im ›Philebos‹ (14 d): »wenn jemand die Glieder und Teile eines jeden im Logos trennt und doch sie alle als das Eine festhält«.

In der Tat ist die Dialektik von Teil und Ganzem von der Art, daß sie den platonischen Gedanken des Eidos förmlich erzwingt. Daß alle Teile zugleich das Ganze sind, scheint selbstverständlich, obwohl kein einzelner dieser Teile es ist. Das Ganze ist also etwas anderes als jeder seiner Teile, also auch nicht sie alle. Dann aber ist es von sich selbst getrennt, denn alle Teile waren ja das Ganze. An der Verstrickung in diese Art Dialektik tritt die Notwendigkeit heraus, die in der Setzung des Eidos liegt.[11] In jedem Eidos liegt aber die gleiche Dialektik beschlossen, ganz zu sein und doch in der Teilhabe Vieler. Parmenides verwickelt den jungen Sokrates in die Dialektik des Eidos, Ganzes und Geteiltes zugleich zu sein. Er bereitet damit den Boden für die dialektische Überwindung des eleatischen Seinsbegriffs, der dem sokratischen Begriff der Idee noch zugrunde liegt. Es ist das Fürsichsein des Eidos, das nicht festzuhalten ist, oder, um es positiv zu formulieren: daß das Eine selbst Vieles ist. Im platonischen ›Sophistes‹ wird diese innere Vielheit der Idee in ausdrücklicher Überwindung der eleatischen These entwickelt. Das Sein selbst ist Eines und Vieles, ist mit sich selbst identisch, gerade sofern es Verschiedenheit (eines jeden vom anderen) ist. Jedes Seiende ist, was es ist, nur, indem es anderes nicht ist. Gerade wenn es »nichts als das« ist, ist es alles andere nicht. So überbietet der sachliche Ernst der Dialektik das leere Spiel von Ja und Nein. Die innere Gliederung des Seins, seine Vielheit wie seine Einheit ist es, die sich in der Haltlosigkeit (*πλάνη*) des Logos reflektiert.

Alle Überwindung ist auf das bezogen, ist von dem abhängig, was sie überwindet. Die platonische Dialektik ist abhängig von dem eleatischen Seinsgedanken, den sie auflöst. Das wird an nichts deutlicher als an dem umfassenden Gebrauch, den Plato von dem Begriff der Mischung macht, weit über den Bereich hinaus, in dem im strengen Sinne von Mischung ursprünglich für sich seiender Bestandteile die Rede sein kann. Plato redet nicht nur von der Mischung des Schönen und Häßlichen, der Mischung des Seins und des Nichtseins, des Selbigen und des Verschiedenen – Mischung heißt sogar (in der Lehre von den vier Gattungen im ›Philebos‹)

das Verhältnis von Bestimmendem und Unbestimmtem.[12] Selbst das Wesen der Bestimmung und der Messung werden also von dem eleatischen Hintergrund aus verstanden. In Wahrheit ist der Gedanke der Mischung nur eine der zahlreichen Formen, in denen Plato das wahre Verhältnis der Ideen beschreibt, wie Verflechtung, Vergesellschaftung, Verwandtschaft, Teilhabe usw. Sie alle aber haben den gemeinsamen Wesenszug, das Fürsichsein des in der Beziehung Stehenden vorauszusetzen. Das aber heißt von dem eleatischen Begriff des Seins ausgehen und die Beziehung der Ideen aufeinander als Dialektik erfahren.

Alle Rede ist dialektisch, denn sie ist immer schon mehr als bloßes Nennen des Einen. Indem sie etwas als etwas anspricht, es als etwas bestimmt oder es als etwas auslegt, enthält sie immer schon eine Vielheit von Hinsichten (Ideen) und deren Einung in der Einheit einer »Meinung«. Sie ist also immer Vieles und Eines zugleich. Es scheint, daß es Antisthenes war, der der dialektischen Verwirrung, die in dieser Struktur des Logos entspringt, dadurch auszuweichen suchte, daß er auf die eigentliche Synthesis in der Rede ganz verzichtete, statt der definitorischen Bestimmung nur tautologische Nennung gestattete (Soph. 251 b). Auch hierbei ist die Nachwirkung des eleatischen Seinsgedankens bis in die Terminologie hinein faßbar. Ein jedes Gemeinte soll eine »unteilbare Idee« sein (Theät. 205 c *ἰδέα ἀμέριστος*). Antisthenes (wenn er es ist) wäre hiernach der Vertreter eines eleatischen Sokratismus, der dem dialektischen Schweifen und Fließen der Logoi im Bestehen auf der Identität des Gemeinten ebenso entschieden gegenübertritt wie die Eleaten dem Weltbild der Sterblichen. Plato freilich behandelt diese Theorie mit Geringschätzung. Er nimmt seinen Stand mitten in dieser rätselhaften Verschlingung von Einem und Vielem, die den Logos ausmacht. Aber er hat einen seiner wichtigsten Dialoge, den ›Theätet‹, der Aufgabe gewidmet, die Aporien aufzudecken, in die das Festhalten am eleatischen Seinsbegriff verstrickt. Denn er ermöglicht kein wirkliches Verständnis dessen, was Erkenntnis und Wissenschaft ist. Wissen kann nicht einfach die Unmittelbarkeit des in ihm Gegenwärtigen sein, ob man das heraklitisch-protagoreisch begründet und in der *αἴσθησις*, der Evidenz der Unmittelbarkeit, sucht oder ob in der Doxa, der »Ansicht« – ihrem ontologischen Fundament nach sind diese Lehren eleatisch bedingt, d. h., sie scheitern am Problem des Pseudos, des Irrtums. Sie können nicht erklären, was Irrtum sei, weil Irrtum und Wissen nicht in der Unmittelbarkeit des Inhalts, sondern gerade in der Relation der Auslegung, also im Als-Charakter des Logos gründen.

Plato erkennt die Verwirrungsgewalt an, die im Logos gegeben ist. Mag sie, sofern die Einheit des Gemeinten durch die sinnliche Anschauung gesichert und nachprüfbar ist, lächerlich und ernsthafter Beachtung unwert sein, so ist sie doch unabweisbar, insofern es sich um das Begreifen des Selbst der Idee, den *λόγος οὐσίας* handelt. Hier kann nur unablässige dialektische Übung davor bewahren, durch die Homonymie der Sprache vom Blick auf die Sache abgedrängt zu werden. Der Exkurs des ›Siebenten Briefes‹ wie die im platonischen ›Parmenides‹ erhobene Forderung nach dialektischer Übung stimmen darin überein, daß der Logos selbst sich niemals vor dem Verfall in das Sachungemäße schützen kann. Und in der Tat: Was Plato als Lösung der dialektischen Verwirrung des Logos entwickelt, die Methode der Diairesis, setzt ja die sachliche Führung des Sehens im Grunde voraus, wie wiederum die Kritik des Aristoteles an dem Wert dieser Methode mit Recht hervorhebt[13]. Denn die Hinsicht der Einteilung folgt ja nicht aus den Begriffen selbst, sondern aus dem Vorblick auf die gemeinte Sache, die durch die Vielfältigkeit ihrer Bestimmungen hindurch im Blick ist. Der Logos der Sache ist eben deshalb eine Vielheit, weil die Gattungsreihe, die am Ende das Eine als das unteilbare eine Eidos herauskommen läßt, in ihm »zusammengelesen« ist.

Die Diairesis der Ideen wiederholt auf dem Boden des Logos, was Plato den Eleaten mit der Dialektik des Ganzen und der Teile nachgerechnet hat. Wie dort die einzelnen Momente des Logos, z. B. im ›Parmenides‹ das Eine und das Sein, als Teile eines Ganzen und doch auch wieder als einander ausschließende Ganze behandelt werden, so ist auch die Diairesis der Ideen die Teilung eines Ganzen in selber wieder Ganze. Die Diairesis ist also die positive Wendung der Dialektik vom Ganzen und Teil bzw. von Einem und Vielem, die »Euporie« nach der »Aporie« (Phileb. 15 c). Sie macht die Struktur der Techne aus. Denn eine jede Definition setzt in Wahrheit ein Ganzes des Wissens voraus. Die Bestimmtheit aller Töne und ihrer möglichen Verhältnisse ist die Musik selbst, die Bestimmtheit aller Laute im System der Schrift ist die Schreib- und Lesekunst selbst. Es gibt sowenig eine einzelne Definition, daß vielmehr eine jede die Verflechtung der Ideen enthält. Die Umbildung des Begriffs des Seins, die der ›Sophistes‹ bringt, ist die notwendige ontologische Konsequenz dieser Einsicht in das Wesen des Logos. Sein ist immer zugleich Nichtsein, d. h. das, worin es von allem anderen verschieden ist oder: was alles es nicht ist.

Der Logos wird also – bei Plato wie bei Aristoteles – als Synthesis, Verflechtung, Mischung von Bestimmungen gedacht. Hauptwort und Zeitwort, die erst zusammen die Einheit der Rede ausmachen, sind ein Beisammen von »Teilen«. Auch Aristoteles betont ausdrücklich, daß nicht nur die materiellen Bestandstücke des Ganzen seine Teile sind, sondern auch das, was wir die Elemente einer Definition nennen (*τὰ ἐν τῷ λόγῳ τῷ δηλοῦντι ἕκαστον, καὶ ταῦτα μόρια τοῦ ὅλου* Met. 1023 b 22).[14] Den Leser der aristotelischen Metaphysik überrascht am Eingang des theologischen Buches XII die folgende Wendung: »Über das Sein geht die Betrachtung. Denn nach den Prinzipien und Ursachen dessen, was Sein ist, wird geforscht. Sowohl nämlich, wenn das All wie ein Ganzes ist, ist das Sein sein erster Teil als auch, wenn es nur aufgereiht ist – auch dann kommt zuerst das Sein, dann das Sobeschaffen, dann das Sogroß.« »Ganz« (*ὅλον*) steht im allgemeinen im Gegensatz zu »Alles« (*πᾶν*), bei dem es nicht auf die Lage der Teile zueinander ankommt, hier aber steht es vor allem im Gegensatz zu dem nur der Aufreihung nach Einen, das man (mit Speusipp) in dem Aufbau des Seins finden könnte. Das Sein ist nicht nur erstes einer Reihe, sondern auch das, worin alles andere seinen Bezug hat (*πρὸς μὲν γὰρ ἕν ἅπαντα συντέτακται*).

Wovon spricht Aristoteles hier: von der Ordnung der Kategorien, der Vielfältigkeit des Seins? Oder von dem Aufbau der Welt, der Ordnung der Bereiche des Seienden? Ist es das gleiche Wort, das die Vielherrschaft abwehrt (Met. XII 10) und alle Rede von Sein im Was-sein des Seienden terminieren läßt? Ist der Vorrang des Wasseins zugleich das Maß des Seiend-seins und damit das Prinzip der Rangordnung alles dessen, was ist?

3

Zu den Zeichen des Seins, die den Parmenides auf dem Wege der Wahrheit führen, gehört auch das *νοεῖν*. Es ist klar, was das bedeutet: Sein ist Anwesenheit schlechthin, und das eben heißt Anwesenheit für ... Wahrheit ist Offenbarsein dieser Anwesenheit und Gegenwärtigkeit. Deshalb ist mit dem Sein immer mitgegenwärtig das, dem es gegenwärtig ist, »das Denken«. Es gilt, sich durch den Gebrauch des deutschen Begriffs nicht in die »idealistische« Interpretation des antiken Denkens hineinziehen zu lassen. Daß das Denken Denken eines Denkenden ist, bedeutet noch lange nicht, daß das Sein des Denkenden es ist, von dem aus das Denken und das in ihm gedachte Sein verstanden wird. Bei der Interpretation des Lehrgedichtes sind die Ausleger immer in die Versuchung geführt, die aktive Form von *νοεῖν* passivisch zu übersetzen und sich dem Vorwurf falscher Übersetzung auszusetzen. Und doch ist es ohne Zweifel richtiger, zu sagen: »Gedachtwerden und Sein ist dasselbe« als: »Denken und Sein ist dasselbe«. Wenn es im Lehrgedicht heißt: »denn nicht ohne das Sein, in dem es ausgesprochen ist, wirst du das Denken finden« (fr. 8,35), so versucht man gegen alle natürliche Wortstellung zu verstehen: »Denn nicht ohne das Sein wirst du das Denken finden, in dem es ausgesprochen ist« (so Fraenkel, Parmenidesstudien, z. St.). So sehr beherrscht das subjektivistische Vorurteil der Neuzeit das Verständnis von Aussprechen und damit von Logos. Aber nicht im Denken ist das Sein ausgesprochen, sondern im Sein das Denken. Eben das heißt Ausgesprochensein: Offenbarsein des Seins. Das Denken ist nicht die freie Möglichkeit des vorstellenden Entwurfs ins Leere, sondern es meint immer Anwesenheit, d.h., es ist immer ein Bezeugnis des Seins, so wahr das Leere Nichtsein, d.h. ein Ungedanke ist. Das, was man sagen und denken kann, i s t (fr. 6)[15], d.h., es kann nicht herausfallen aus der Anwesenheit des Seins, deren Vernehmen das Denken ist. Auch die trügerische Interpretation des Weltbildes der Doxa begreift das Denken als eine Relation zwischen Seienden, als ein Mehr, durch das sich eines vom anderen abhebt und dadurch das Andere für es sein läßt (Parm. fr. 16). In diesem Sinne hat alles Seiende eine Art Erkenntnis, d.h. einen seienden Bezug auf ein Anderes.[16] Die gesamte vorsokratische Wahrnehmungslehre beruht auf diesem Begriff des Einander, der im Sein selbst das Vernehmend-Sein (Nous) entspringen läßt.

Bekanntlich war es Anaxagoras, der dieses Vernehmend-Sein als erster als ein Fürsichsein gedacht hat, im Schema einer korpuskulartheoretischen Denkweise, wie sie gerade aus dem fortwaltenden Zwang des eleatischen Seinsgedanken erwachsen ist. Der Nous ist ein feinster, überall hindurchgehender und eben deshalb in nichts eingemischter Stoff. Dies sein reines Fürsichsein gibt ihm die Stärke des Erkennendseins. Was soll das anderes heißen, als daß er mit allem Seienden da ist, so daß alles Seiende für ihn da ist?[17] Alle Kritik, die Plato und Aristoteles an diesem Gedanken des Nous bei Anaxagoras geübt haben, kann nicht verdunkeln, daß der platonische Gedanke des Eidos als der anwesenden Anwesenheit das Denken des Anaxagoras dennoch produktiv entwickelt hat.

Die platonische Dialektik interpretiert sich selbst als jenes Verfahren, das auch noch über die Voraussetzungen Rechenschaft gibt, von denen aus das dianoetische Verhalten des Mathematikers zu seinen Erkenntnissen kommt. Aber nicht nur der Mathematiker macht Voraussetzungen, von denen er ausgeht, ohne sie zu befragen, sondern ein jeder, der redet, d. h. im Gebrauch von Worten sich mit anderen über etwas verständigt[18]. Nur sofern er mit jedem seiner Worte dasselbe meint wie der andere, wird er sich über die Sache verständigen können. Jedes seiner Worte also schließt die Voraussetzung der einen mit sich identischen Hinsicht, d. h. das Eidos ein. Die platonische Dialektik hebt diese Voraussetzung auf, d. h., sie macht sie selbst zum ausdrücklichen Gegenstand der Rechenschaftsgabe und entzieht damit den Gebrauch der Rede den Verwirrungen des Wortgebrauches, dem *κατ᾽ ὄνομα διώκειν*. Das ist der Sinn der Diairesis, d. h. der methodischen Unterscheidung der Hinsichten und ihrer Ableitung aus dem Einen Gemeinsamen. Plato sah darin die positive Wendung des dialektischen Problems des Einen und Vielen.

Es ist das Problem der Methexis, der Teilhabe, an dem sich nicht nur das Verhältnis der Ideen zueinander, sondern auch das Verhältnis der Seele zur Idee einheitlich begreift. Denn Teilhabe ist zwar der Ausdruck für das Verhältnis des Vielen zum Einen der Idee. Aber diese Teilhabe, die von den ontologischen Voraussetzungen des Aristoteles aus die metaphorische Verdeckung eines echten Problems, nämlich des Seins der *φύσει ὄντα* darstellt[19], ist für Plato kein Problem, sondern formuliert lediglich den Sinn der Idee. Teilhabe in diesem Sinne ist das Was-sein des Seienden selbst. Daß aber dieses Was-sein des Seienden selbst, das Eidos, die vermeintlich unerläßliche Voraussetzung aller Verständigung, in Wahrheit der Dialektik des Einen und Vielen ausgesetzt ist, das erst ist das dialektische Anliegen der Ideenlehre. Der platonische ›Parmenides‹ ist daher nicht der Ausdruck einer kritischen Phase in der Entwicklung der platonischen Ideenlehre, sondern die zentrale Formulierung ihres Problems. *Die Einheit des fürsichseienden Eidos ist eine jugendliche Annahme, die es ebenso zu überwinden gilt wie die Einheit des eleatischen Seinsgedankens.* Der greise Parmenides ist mit der philosophischen Zukunft des jungen Sokrates in einem geheimen, lächelnden Einverständnis. Das Sein des Einen schließt das Sein des Anderen und des Vielen nicht aus, sondern ein. Das Sein der vielen Ideen als der stehenden Hinsichten schließt Bewegtsein nicht aus, sondern ein. Das Eine ist nur, indem es sich vom Anderen unterscheidet. Sich unterscheiden heißt Sein und heißt Anwesenheit in der Seele, die es erkennt und begreift. Der Logos der Seele ist der Logos, in dem sich das Eine vom Anderen unterscheidet und sich auf das Andere bezieht.

Im ›Sophistes‹ wird es als eine unmögliche Vorstellung abgewiesen, daß das Sein des Eidos bewegungslos, vernunftlos und ohne Leben wäre. Sofern es erkannt wird, muß es bewegt sein, weil es an der erkennenden, bewegten Seele teilhat. Das aber heißt nicht, daß das eigentliche Sein das der fürsichseienden, erkennenden Seele ist, sondern umgekehrt: Weil das Sein in sich selbst sich unterscheidet und damit in die Offenbarkeit seines Das-und-nicht-Andersseins tritt, hat es Bewegung, hat es Leben und ist Denken. Die Seele ist nicht für sich, sondern ist Teilhabe am Sein, das sich in dem, was es ist, zur Abhebung und damit zur Aussagbarkeit bringt. Jede Relation ist Logos, d. h., sie ist das Herausgehobensein einer Hinsicht, in der etwas steht. Als solche Hebung des Seins interpretiert die platonische Dialektik die Anwesenheit im Logos und gibt damit Rechenschaft für die Voraussetzung des Eidos.

Es ist also die Teilhabe der Ideen aneinander, insbesondere die Verflechtung der obersten Gattungen des Seins, die in allem, was ist und gesagt werden kann, anwesend sind, die das Philosophieren möglich macht. Die Dialektik des Bildes, zu sein, was es nicht ist, und nicht zu sein, was es ist, wiederholt nur die Dialektik des Seins selbst, das auch je ist als das, was alles andere nicht ist, also sein Was-sein in dem hat, was es nicht ist. Im Sein selbst liegt nicht nur das Eins-sein, sondern auch die unbestimmte Zweiheit des Unterschiedes. Das Sein des Eidos ist von der Seinsart der Zahl. Es ist nicht nur so, daß es von ihm Logos geben kann, sondern es selbst ist Logos. Der Logos ist seiner Möglichkeit nach das wahre Bild des Seins, weil das Sein sich in diese Einheit des Einen und Vielen hineinbildet. Plato meint freilich im ›Sophistes‹ damit nicht nur das Wesen des Philosophen, sondern auch des Sophisten begriffen zu haben, d. h. nicht nur, daß es Logos geben kann, sondern auch, daß es trügerischen und falschen Logos geben kann. Aber es ist bezeichnend, daß die Entdeckung des wahren Scheins den des falschen und trügerischen überschattet. Die Unterscheidung der Philosophie von der Sophistik bleibt am Ende unbegriffen und unbegreiflich, weil die Dimension der platonischen Dialektik dem eigentlichen Problem der *ἀλήθεια*, der Offenbarkeit des Seins, nahe bleibt, auch wenn sie ihre eigene Wahrheit von der Fernhaltung und Überwindung des Falschen her verstehen möchte. Gerade die Vorläufigkeit, in der sich die platonische Philosophie ständig hält und ständig überholt, ist der Ausdruck ihrer Nähe zu diesem Unbegreiflichen. Die Selbstunterscheidung des Philosophen vom Sophisten ist, wie der ›Siebente Brief‹ uns lehrt und wie das ganze schriftliche Werk Platos beweist, das nie vergessene Anliegen seines Philosophierens. Daß sich dies Philosophieren nicht als ein freies Können im Logos, sondern als ein Sich-zu-Worte-bringen des Seins selbst versteht, ist weder ein rätselhaftes Herüberwandern des Subjektiven ins gegenständlich Objektive (Stenzel), noch auch ein animistisches Vorurteil für das »denkende Sein«, sondern gründet in dem eleatischen Gedanken des Seins als der versammelten Anwesenheit, d. h. in dem Zusammenhang von Sein und Unverborgenheit (Wahrsein). Insofern ist das platonische Denken in der Nähe des Anfangs. Zwar sieht das Ideendenken auf das Was-sein und auf seine richtige Bestimmung. Aber sofern es sich als Dialektik versteht, hebt es diese Voraussetzung des Ideendenkens ja gerade auf und denkt nicht das Sein des Seienden, sondern die Seiendheit dieses Seins als das aller richtigen Bestimmung vorgängige Wahrsein. *Sie denkt nicht im Logos das Sein (das Was-sein), sondern sie denkt das Sein selbst als Logos,* d. h. als den Entfaltungsbereich, in dem und durch den die Hinblicknahme der Rede sich bemißt.

Die Fortwirkung dieses Zusammenhangs zeigt sich aber auch noch in der betonten Stellung des *ὄν ὡς ἀληθές*, des Wahrseins, in der aristotelischen Metaphysik und damit in der gesamten Tradition des metaphysischen Denkens. Zwar mag es zweifelhaft bleiben, ob das zehnte Kapitel des neunten Buches der Metaphysik in der von Aristoteles entwickelten Systematik der Frage nach dem Sein des Seienden wirklich den höchsten Rang einnimmt und ob das Wahrsein das eigentlichste Sein genannt wird (*τὸ κυριώτατα ὄν* 1051 b 1).[20] Aber was in diesem Kapitel zur Sprache kommt, stellt für die gesamte Substanzlehre und ihre Explikation am Leitfaden des Logos den notwendigen Abschluß dar. Dort ging es um den *λόγος οὐσίας*, d.h. um die Wesensdefinition, und das beherrschende Problem war für Aristoteles geradezu dieses, wie das Wesens-was Eines ist und dennoch im Logos bestimmbar. Das Wahrsein wird von da als Synthesis verstanden, d.h. als das im Logos Zusammenlegen des in der Sache Zusammenliegenden. Wie die Einheit der Rede eine Synthesis der Worte ist, so ist die Einheit des Wesens die Synthesis seiner »Teile«. Was aber ist die Wahrheit des Teillosen, des Einfachen und Unzusammengesetzten, das jeder Zusammensetzung und Auslegung vorhergeht? Sie kann nicht mehr in einem richtigen Zusammenlegen bestehen. Aristoteles spricht hier von bloßem Nennen und Berühren. Berührung aber ist die Unmittelbarkeit der Mit-Gegenwart. Der Begriff des Seins erfüllt sich am eigentlichsten in dem sich selbst Gegenwärtigen, dem *ἐνεργείᾳ ὄν*. Was so ist, ist teillos Eines, das weder entsteht noch vergeht und das als sich selbst Gegenwärtiges Nous, sich selbst Denkendes ist. Simplicius hat ganz recht, wenn er in dieser Bestimmung des aristotelischen Nous den eleatischen Begriff des einen Seins wiederkehren sieht[21]. Nicht nur, daß der Begriff der Energeia den Bezug auf die Bewegung übersteigt – wie Met. *Θ* lehrt –, er formuliert das Sein als ein auf sich selbst Bezogenes. Wachsein, Wahrnehmen und Denken – Aristoteles' Standardbeispiele – sind nicht nur Gegenwart, sondern sind es, weil sie Gegenwärtigendes sind. Daher ist das sich selber könnende Können, von dem Plato im ›Charmides‹ (168 e) Andeutungen macht, nur eine andere Formulierung für das Sein des Seienden, das Aristoteles als reine Energeia, d.h. als sich selbst Gegenwärtiges begreift. Auch Aristoteles sieht das Sein der Seele nicht als ein ausgezeichnetes Fürsichsein, sondern als Gegenwärtigkeit des Seienden: den »Ort der Ideen« oder »in gewisser Weise das Seiende selbst«.

Die im voranstehenden nach drei Richtungen verfolgte Wirkungsgeschichte des eleatischen Denkens erwies sich als die Vorgeschichte der Metaphysik selbst. Was in ihr archaisch anmutet: daß das Sein als das Ganze des Seienden, d. h. als das Weltall gedacht ist; daß es ein Ganzes aus Teilen ist, es selbst wie seine Explikation im Logos, daß in ihm das Denken da ist und nicht es selber im Denken, das ist nicht in dem Sinne archaisch, daß hier noch nicht zu Ende gedacht wird, sondern in dem Sinne, daß hier noch anfänglich gedacht wird. Diese Archaismen bekunden in ihrer inneren Zusammengehörigkeit eine einheitliche Nähe zum Anfänglichen, d. h. zu einer alle Metaphysik erst ermöglichenden Erfahrung des Seins. Sie reicht in Wahrheit nicht bloß bis zu Aristoteles und der Ausbildung der Schulgestalt der Metaphysik – sie reicht vielmehr bis an deren Ende und über es hinaus.

Denn es ist mehr als ein Zufall, daß diese Vorgeschichte der Metaphysik die Dialektik aus sich geboren hat, mit deren Mitteln noch die Vollendung der Metaphysik in Fichtes und Hegels Denken geschah. Die das Fixe des Verstandes brechende Dialektik, die der spekulative Idealismus ausgebildet hat, ist die Reflexionsform jener Dialektik der Alten, in der sich der eleatische Gedanke des Seins in der Überwindung bewahrt. Auch das spekulative Denken setzt voraus, was es überwindet. Auch das spekulative Denken denkt das Sein als ein Seiendes: den Geist. Auch das spekulative Denken will die Totalität denken – was für den neuzeitlichen Subjektivismus freilich bedeutet, daß es das Ganze als das Subjektivität und Objektivität umfassende Sein denken will, und so sieht es in der dialektischen Überwindung der abstrakten Gegensätze die Aufgabe. Freilich erreicht es die Dimension des Anfangs so wenig, wie das den eleatischen Gedanken fortdenkende Denken Platos und Aristoteles' in ihr bleibt. Aber auch es zeugt von ihr in der Unruhe seines Sichüberholens. So bleibt das Ende der Metaphysik unter dem Gesetz ihres Anfangs.

Anmerkungen

1 Met. A 5, 986 b 20.
2 Wie Aristoteles selbst es mit Recht von Xenophanes sagt: 986 b 24.
3 Met. *Z* 1033 b 17, Met. *Θ* 1051 b 29, Met. *Λ* 1069 b 25.
4 Kurt Riezler, Parmenides (1933), kommt zu der gegenteiligen Ansicht, weil er die platonisch-aristotelische Hervorhebung des Parmenides ohne Kritik gelten läßt. Vgl. meine Rezension, Gnomon 12.2.
5 VS. Zenon B 24.
6 fr. 8 v. 30f.
7 J. Stenzel, Zahl und Gestalt, S. 85, Anm. 1.
8 Phileb. 29 c.
9 Met. 1040 b 34: Auch wenn wir die Sterne nicht sähen, wären doch, meine ich, nichtsdestoweniger ewige Seiende neben denen, die wir kennten.
10 Wie Parm. fr. 8 *πάρεξ τοῦ ἐόντος*; doch meint das Lehrgedicht das Ganzsein in einer grundsätzlichen, das Leere ausschließenden Bedeutung, die Meliss (fr. 7) richtig festhält.
11 Vgl. Hipp. mai. 300f. Schon im Phaidon (101 b) ist es das Wesen der Zahl, an dem die Hypothesis des Eidos exemplifiziert wird. In der Idealzahlenlehre ist es alsdann das Verhältnis von Eins und Zwei, in dem die *ἀρχαί* aller Zahlen und Ideen erkannt werden.
12 Als ich in meinem Buch ›Platos dialektische Ethik‹ (1931) das beobachtete, überschaute ich noch nicht den eleatischen Hintergrund und den Zusammenhang mit dem Ursprung der Dialektik.
13 An. pr. A 31.
14 Vgl. auch Phys. 207 a 26 die Wendung *ἐν μορίου λόγῳ* für das *ἄπειρον*.
15 So muß man, meine ich, zusammennehmen und *τὸ ... ἐόν* übersetzen, wenn man seine ganze verbale Kraft erhalten will.
16 Hermann Langerbeck, *ΔΟΞΙΣ ΕΠΙΡΥΣΜΙΗ* (1935) hat den vorsokratischen Gemeinhorizont dieses Problems m. E. richtig gesehen.
17 Vgl. Krat. 412 d ff. die Etymologie des *δίκαιον* als des Durchdringenden und Schnellsten, »so daß es alles andere als stehend behandelt«.
18 Rep. 533f.
19 Met. 991 a 20.
20 Der Gedankengang des Kapitels ist jedenfalls so aufgebaut, daß dieses ›eigentliche‹ Sein dem an der Richtigkeit der Aussage orientierten Begriff von Wahrheit erst ausdrücklich abgewonnen wird.
21 Simpl. in Phys., S. 87, 9ff. (Diels).

Kurt Nowak

Vom Erklären zum Verstehen
Hans-Georg Gadamers
hermeneutische Revision der Hermeneutik

Zwischen 1933 und 1945 arbeitete Hans-Georg Gadamer an einem Kommentar zur »Physik« des Aristoteles und an Studien zur Staatslehre der Sophisten und Platons. Der Akademievortrag von 1941 »Zum Seinsbegriff der griechischen Philosophie« war ein Bestandteil von Gadamers damaliger Beschäftigung mit der Philosophie der Griechen. Die überarbeitete Version von 1950 »Zur Vorgeschichte der Metaphysik« ist als Arbeitsschritt auf dem Weg zu jenem Werk verstehbar, das Gadamer zum bedeutenden philosophischen Hermeneutiker unseres Jahrhunderts machen sollte, »Wahrheit und Methode« von 1960. »Wahrheit und Methode« wurde nicht auf einen Schlag geboren wie Pallas Athene aus dem Haupt des Zeus. Das Werk besitzt eine Vorgeschichte. Vielleicht ist sie weniger bedeutsam als die Nachgeschichte, die sich in der breiten Rezeption von »Wahrheit und Methode« und in der Fortschreibung des Buches durch seinen Autor in zahlreichen weiteren Arbeiten seit den sechziger Jahren darstellt. Auf jeden Fall ist die Studie von 1941/50 wichtig genug, um das Interesse der »Gadamerphilologie« zu erwecken, die durch Jean Grondin 1992/93 einen kräftigen Impuls erhielt.[1]

Es scheint jedoch, daß die Beschäftigung mit der Vorgeschichte von »Wahrheit und Methode« mehr zu bieten vermag als nur »Gadamerphilologie«. Sie führt in das Gebiet der Auseinandersetzungen um den Status der Geisteswissenschaften im Bewußtseinshaushalt der Neuzeit und Moderne. »Der Sinn meiner Untersuchungen ist jedenfalls nicht, eine allgemeine Theorie der Interpretation und eine Differenzlehre ihrer Methoden zu geben«, erläuterte Gadamer den Titel seines Buches »Wahrheit und Methode. Grundzüge einer philosophischen Hermeneutik«, »sondern das allen Verstehensweisen Gemeinsame aufzusuchen und zu zeigen, daß Verstehen niemals ein subjektives Verhalten zu einem gegebenen Gegenstande ist, sondern zur Wirkungsgeschichte, und das heißt: zum Sein dessen, was verstanden wird.«[2] Das Verstehen ist determininiert durch die Sache, die es zu verstehen gilt. Die Herausforderung, vor die sich Gadamer seit seinen philosophischen Anfängen gestellt sah, bestand in der Frage, ob die Geisteswissenschaften – die Philosophie, die philologischen Fächer, die Geschichtswissenschaft usf. – dem Verstehen dienten oder es im Gegenteil verhinderten. Gadamer meinte, die Geisteswissenschaften erklärten viel, doch sie verstünden wenig. Nach seiner Einsicht gab es dafür zwei Gründe: ein am Modell der Naturwissenschaften fehlgeleitetes objektivierendes Methodenbewußtsein der Geisteswissenschaften, welches den Gegenständen durch Verdinglichung ihr Leben nahm, und die neuzeitliche Subjektivitätskultur mit ihrer Idee des Fortschritts. In der Studie von 1941/50 sprach Gadamer vom Tod der »'Reli-

gion des Fortschritts'«[3]. *In einem Interview aus dem Jahr 1994 unterstrich er, welche Bedeutung der Zusammenbruch des Fortschrittsglaubens in der Krise des Ersten Weltkriegs für seine Philosophie hatte. »Aus diesem Zweifel an der alleinseligmachenden Wissenschaft wurde uns auch die sokratische Frage wieder lebendig – wir fragten, gesetzt den Fall, die Wissenschaft sei tatsächlich imstande, uns Gutes zu bringen, könnten wir dann sicher sein, daß es wirklich zum Guten gebraucht wird? Das ist eine sokratische Frage.«*[4]

«Religion des Fortschritts« war ein polemisches Schlagwort der Kultur- und Wissenschaftskritik im wilhelminischen Kaiserreich und in der Zeit nach 1918. Unter seinem Dach vereinigten sich Persönlichkeiten ganz unterschiedlichen Gepräges: Lebensphilosophen, Phänomenologen, Existenzphilosophen, dialektische Theologen, Historiker, Dichter wie STEFAN GEORGE, *kurz, Repräsentanten einer heterogenen intellektuellen und ästhetischen Bewegung gegen den vorherrschenden Typus von Rationalität. In dieser intellektualgeschichtlichen Kehre ging es nicht um die weitere methodische Qualifizierung der Geisteswissenschaften, um Modelle des »Erklärens«, sondern um die Bereitstellung von Möglichkeiten des »Verstehens«. »Wie ist Verstehen möglich?« hieß die Leitfrage von »Wahrheit und Methode«*[5]. *In den Eingangspassagen der Studie von 1941 /50 begegnet sie als eine hermeneutische Besinnung über das Fremde und das Eigene, welches uns in der Seinsphilosophie der Griechen entgegentritt.*

Im älteren Sinne meinte Hermeneutik eine Kunstlehre, die zum richtigen Verstehen von Texten, Zeichen, Symbolen anleitet. FRIEDRICH SCHLEIERMACHER *ordnete sie den technischen Disziplinen zu, die sich in der Mitte zwischen den spekulativen und den handlungsorientierenden Fächern bewegen.* GADAMER *wies der Hermeneutik eine neue, universale Aufgabe zu. Als »philosophische Hermeneutik« war sie nicht mehr ars interpretandi, die ihre Basis in einem Kanon fester Regeln hatte. Sie war als Frage nach den Gründen, den Formen und den Bedingungen der Möglichkeit des Verstehens im Zusammenhang mit dem Auslegen von Texten konzipiert. Die Brücken zur Hermeneutik als Kunstlehre brach* GADAMER *nicht ab, doch setzte er den Fuß auf ein anderes Ufer. Ihn beschäftigte im Modus des »Verstehens« ein hermeneutischer Neubeginn. Die Verbindung zur Hermeneutik* SCHLEIERMACHERS *blieb durch das Verständnis der Sprache als Gespräch und durch den Primat der schriftlichen Überlieferung erhalten. Anknüpfen konnte* GADAMER *außerdem an Schleiermachers Charakteristik der Hermeneutik als »philosophisch«. Sie ging von philosophischen Prinzipien aus und hing von ihnen ab. Eine Pointe von* GADAMERS *Umgang mit der hermeneutischen Tradition bestand in der Anknüpfung an* HELMHOLTZ, *den Naturwissenschaftler, der die Geisteswissenschaften auf ein nicht mehr methodenfähiges Prinzip des Takts und der Intuition zurückführte.*[6]

Die Studie von 1941/50 gewährt Einblicke in die Brunnenstube von GADAMERS *»philosophischer Hermeneutik«. Der Philosoph verwies auf eine Konstellation, die in der Begegnung mit der Philosophie der Griechen als Verstehenssperre wirkte: auf die philosophisch-historische Tradition der Neuzeit. Die Renaissance,* LEIBNIZ, BERKELEY, KANT, HEGEL *– sie alle bildeten Gedankenwelten aus, die sublime Formen der Entfremdung vom Quellort der abendländischen Kultur erzeugten. »Wir lesen Plato wie einen Idealisten und Parmenides wie den Bischof Berkeley – auch wenn wir* *spüren, daß das nicht ganz gehen will.« HEGELS Nachfolger hätten die griechische Philosophie zu einer archaischen Rohform herabgesetzt, weil in ihr das Subjekt noch nicht zu sich selbst gekommen sei. GADAMER hielt nicht ohne bitteren, zugleich heideggerschen Unterton fest: »Gerade auch die historische Erforschung der antiken Philosophie im 19. Jahrhundert hatte die grundsätzliche und selbstverständliche Überlegenheit der neueren Philosophie zur Voraussetzung.«[7] Als Ursache für die Verschüttung der Philosophie der Griechen charakterisierte GADAMER die Doppelherrschaft der neuzeitlichen Philosophie und der historischen Denkform. Die Historisierung der Überlieferung verwandelte diese in bloßes Erklärungsmaterial für alle folgenden Entwicklungen. Sie nahm ihr Sitz und Stimme im Diskursuniversum der Philosophie. In seiner Studie warb GADAMER um den »Gewinn eines philosophischen Partners im geschichtlichen Raum, der plötzlich als ein Anderer, Wissender seine Stimme erhebt und den es zu hören gilt so, daß wir nicht schon zu wissen meinen, was er uns sagen kann und woran er uns erinnert.«[8]*

Ein populäres Mißverständnis will, daß GADAMERS »philosophische Hermeneutik« einer Hermeneutik der Unmittelbarkeit das Wort redet: der quer zur historischen Zeit stehenden Beziehung zum Text. GADAMERS angebliche Mißachtung der Hermeneutik als technische Disziplin und seine Destruktion des Historismus, die sich in der Affirmation der These vom »Ende des Historismus« zu erkennen gebe, gelten in dieser Perspektive als Beleg für eine fragwürdige Erkenntnisanarchie im Namen des »Verstehens«. Wahrscheinlich ist dieses Mißverständnis auf eine geistesgeschichtliche und historische Irritation zurückzuführen. Sie resultiert aus der scheinbaren Nähe GADAMERS zur Historismusrevolte, die sich in breiten Bändern durch das letzte Drittel des 19. und das erste Drittel des 20. Jahrhunderts zog. GADAMERS Polemik gegen die »Religion des Fortschritts«, seine Infragestellung der Bewußtseinsgeschichte der Neuzeit als Emanzipationsgeschichte wirkte auf die Kritiker seiner »philosophischen Hermeneutik« wie eine Bestätigung ihres Verdachts. Tatsächlich ging es GADAMER weder 1941 noch 1950 oder 1960 und später um einen philosophischen Staatsstreich gegen die methodische Organisation der Hermeneutik und gegen den Historismus als Erkenntnisorgan der Neuzeit und Moderne. Methodenkritik und -reflexion waren nicht Abschied von der Methode, Historismuskritik war nicht Antihistorismus, die kritische Durchdringung der Geisteswissenschaften auf den Grund und die Formen ihrer Gedankenarbeit kein »Nein« zu ihrem Handwerk.

Das Vorurteil von der Entdifferenzierung des Differenten und der Verzerrung der Geschichte zum Raunen der Geschichtlichkeit findet an den Intentionen GADAMERS keinen wirklichen Anhalt. Wahr ist freilich, daß GADAMER der älteren Hermeneutik (technische Hermeneutik) den Boden entzog und daß sein eigener Entwurf keine Interpretationstheorie lieferte, vielmehr »nur« ihre philosophischen Grundlagen entwickelte.

In seinem Artikel »Historismus«, den er für »Die Religion in Geschichte und Gegenwart« schrieb, prägte GADAMER für HEIDEGGERS Philosophie den Begriff »Historismus zweiten Grades«[9]. Dieser Begriff ist ein Schlüssel auch für das Werk GADAMERS. »Historismus zweiten Grades« meinte gegenüber dem älteren Typ des Historismus und erst recht gegenüber dem des ausgehenden 19. Jahrhunderts zunächst das Ernstnehmen des »Erwirkt- und Bestimmtseins« unserer geistigen Welt durch die

Tradition.[10] *In diesem Sinne machte* GADAMER *1941/50 auf die »Herrschaft der griechischen Seinsphilosophie über das Ganze der abendländischen Tradition« aufmerksam, auf eine momentan »vergessene, zur Selbstverständlichkeit gewordene Herrschaft«.*[11] *Sodann meinte »Historismus zweiten Grades« die reflexive Vergegenwärtigung der Tätigkeit des Geistes, d. h. die Auflösung der Prätentionen von Objektivität.* GADAMERS *Philosophie blieb Philosophie des »Seinsvertrauens«, aber gebrochen durch die Erfahrung der geschichtlichen Vermittlung unseres Denkens. Diesen neuen Typ des Historismus charakterisierte* GADAMER *mit dem Begriff der »Geschichtlichkeit«. Die »Geschichtlichkeit« des Denkens und Verstehens sollte der Verwechslung mit jenem Historismus vorbeugen, dem* GADAMER *eine Erschleichung von angeblich objektiven Wahrheiten im Medium einer zur Neige gegangenen Kultur der Subjektivität vorwarf.*

Durch Betonung des »Erwirkt- und Bestimmtseins« unseres Bewußtseins verstellte GADAMER *dem Denken Wege in das Labyrinth einer exzessiven Subjektivität. Durch das Postulat Denken ist Rezeption erteilte er aller scheinobjektiven Gewißheit, dem positionellen Absolutismus des Denkens, eine Absage. Seine eigentümliche Kraft gewinnt* GADAMERS *»Historismus zweiten Grades«, wenn man ihn mit anderen Versuchen zur »Überwindung der Geschichte durch Geschichte« (*ERNST TROELTSCH*) vergleicht.*

Die historische Denkform bleibt bei GADAMER *in Geltung. Sie wird von ihren Schlacken – der Methodenobsession, der Fortschrittssuggestion – gereinigt und an einen neuen Ort geführt: in das Haus der Sprache. Sprache existiert in der Zeit zwischen den Zeiten. Sie wird zum privilegierten Ort eines methodisch nicht einholbaren Sinnüberschusses. Der Mensch ist aufgefordert, sein Herkommen nicht mehr durch Besichtigung des Museums seiner Bewußtseinsgeschichte zu vergegenwärtigen, sondern, geleitet vom »wirkungsgeschichtlichen Bewußtsein«, in eine universale Hermeneutik einzutreten. Aus der »Mitte der Sprache« wächst der Historismus jenseits des Historismus.*

Erkaufte GADAMER*, wie die Kritiker meinen, seine Erneuerung der Hermeneutik und die Ablösung der Herrschaft einer bestimmten Form des Historismus mit der »prinzipiellen Methodenfeindlichkeit der Hermeneutik«?*[12] *So zu fragen bedeutet,* GADAMERS *Leistung zu verkennen, die Befragung der Hermeneutik auf ihre philosophischen Voraussetzungen und auf die Formen ihres Verstehens.*

Das »Ende der Metaphysik« bleibe unter dem »Gesetz ihres Anfangs«, lautet der Schlußsatz in GADAMERS *Darlegungen »Zur Vorgeschichte der Metaphysik«. Die »Überwinder« werden eingeholt von dem, was sie überwunden geglaubt haben. Die Erfahrung des »Eingeholtwerdens« setzt* GADAMER *zufolge erst eigentlich das »Verstehen« frei. Das Verstehen stellt die Tätigkeit des Geistes in die Unendlichkeit der Rezeptionsgeschichte ein, aus welcher die technische Hermeneutik und die historische Denkform nicht ausgeschlossen sind, jedoch einen neuen Platz angewiesen bekommen. Die Kunst des Erklärens bedarf der Kunst des Verstehens, die historische Denkform ihrer Qualifikation durch rezeptionsgeschichtlich vervielfachte Perspektiven, die Anerkennung der Historizität unserer Existenz der Einsicht in ihre Geschichtlichkeit. Die von* GADAMER *in der Studie von 1941/50 und auch in »Wahrheit und Methode« von 1960 nicht entwickelte Perspektive einer »pluralisierenden*

Hermeneutik« im Zeichen einer prinzipiellen Skepsis bei der Erschließung des Textsinns (ODO MARQUARD)[13] scheint im Programm der philosophischen Hermeneutik zumindest der Tendenz nach angelegt. Der Text ist Text für den Rezipienten. Seine Verortung in Sprache und Geschichte, zuletzt im Grunde unseres geistigen Daseins nimmt ihm nicht die Dimension seiner je individuellen Sinnaneignung.

Anmerkungen

1 *Jean Grondin: Zur Komposition von »Wahrheit und »Methode«. In: Dilthey-Jahrbuch für Philosophie und Geschichte der Geisteswissenschaften, Band 8/1992–93, S. 57–74.*
2 *Hans-Georg Gadamer: Wahrheit und Methode. Grundzüge einer philosophischen Hermeneutik. 4. Auflage Tübingen 1975 (1960), S. XIX; vgl. vor allem auch die Ausgabe in den »Gesammelten Werken« (Band II, Tübingen 1986).*
3 *Hans-Georg Gadamer: Zur Vorgeschichte der Metaphysik (in diesem Band S. 216).*
4 *Ein Kind, das Angst hat. Gespräch mit Hans-Georg Gadamer über Sokrates und das Christentum. In: Lutherische Monatshefte 33 (1994), S. 24–26; hier S. 24.*
5 *Gadamer: Wahrheit und Methode, a. a. O., S. XVII.*
6 *Grondin: Zur Komposition, a. a. O., S. 63 (»Helmholtz, nicht Dilthey, wird somit zum stillschweigenden Vertreter einer Hermeneutik, die der spezifischen Erkenntnisweise der Geisteswisenschaften gerecht wird«).*
7 *Gadamer: Zur Vorgeschichte, a. a. O., S. 216.*
8 *Ebenda, S. 216.*
9 *Hans-Georg Gadamer: Historismus. In: Die Religion in Geschichte und Gegenwart. 3. Auflage Band 3 (1959), S. 370; desgleichen in: Wahrheit und Methode, a. a. O., S. 500.*
10 *Ebenda, S. XXIf.*
11 *Gadamer: Zur Vorgeschichte, a. a. O., S. 216.*
12 *Karlheinz Stierle: Für eine Öffnung des hermeneutischen Zirkels. In: Poetica. Zeitschrift für Literaturwissenschaft, 17. Band (1985), S. 340–354; hier S. 341.*
13 *Odo Marquard: Abschied vom Prinzipiellen. Philosophische Studien. Stuttgart 1981, S. 117–146; hier S. 117, 127 (Reclams Universal-Bibliothek 7724).*

Theodor Frings

Antike und Christentum an der Wiege der deutschen Sprache

1949

Die folgende Rede sollte gesprochen werden am 1. Juli 1946, am 300. Geburtstage von Gottfried Wilhelm Leibniz und am 100. Geburtstage der Sächsischen Akademie der Wissenschaften. Der Gang der Zeit wollte es anders. Erst am 8. Dezember 1948, bei Gelegenheit der feierlichen Wiedereröffnung der Sächsischen Akademie der Wissenschaften, konnte ein Auszug als Festrede gesprochen werden unter dem Titel »Wandlungen der deutschen Sprache«. Inzwischen hatte ich das große Glück, aus dem Bereiche des Themas an allen schwedischen Universitäten sprechen zu können im September und Oktober 1948. Das tiefe Verstehen, das ich dort fand, war der schönste Lohn für viel Mühe.

Antike, Christentum und Deutsche Sprache: Wer diese Welten zueinanderstellt, der fragt nach den Möglichkeiten der Begegnung. Bleiben wir zunächst beim Sinnfälligen der Geschichte, so richtet sich der Blick auf die römische Besatzung an Rhein und Donau in den ersten christlichen Jahrhunderten, auf ein frühes griechisch-römisches Christentum mehrfacher Verflechtung mit den Einzugswegen über die Alpen und Gallien. Er richtet sich, von rund 400–800, insbesondere auf den gotischen Arianismus, der Süddeutschland längs der Donau und über die Alpen, im Nachleben vielleicht auch aus Südfrankreich und Spanien erreichen konnte; auf die Mission irischer und fränkischer Mönche in Süddeutschland, am Main, am Rhein; endlich auf das machtvolle Wirken des Bonifatius und der Angelsachsen, vor allem in Hessen und Thüringen. Ein bedeutsamer angelsächsischer Sprachzug strebt von England über das Kloster Fulda nach dem deutschen Süden und gar über die Alpen zu den Langobarden in Oberitalien. Ihrerseits werden die Angelsachsen schon vor ihrer Festlandsmission vom Gotischen erreicht, über die Franken aus Frankreich oder Deutschland.

Diese Züge, die die Sprachwissenschaft einerseits bestätigt, anderseits gerade von ihr aufgedeckt sind, beleben wir an einigen wenigen sprechenden Beispielen.

Als zur Zeit des Regierungsantritts Karls des Großen, um 765, zum ersten Male Latein und Deutsch sich im bayrischen Freising und in einem lateinisch-deutschen Wörterbuch auf dem Pergament begegnen, da finden wir uns immer noch vertraute Lehnwörter wie etwa *mura Mauer*, *chamara Kammer*, *finestra Fenster*, *falanzo Pfalz*, *scribare Schreiber*, von denen jedes seit der römischen Besatzung sein besonderes inhaltlich-kulturelles und zugleich geographisches Leben hat. Im Gesamt der römisch-germanischen Berührung von England über Rhein und Donau fällt England vielfach aus, während auf dem Festland bald und immer hervorragend der fränkische Nieder- und Mittelrhein, bald, aber schwächer, die Landschaften an Oberrhein und Donau hervortreten. Neben gemeiner Übernahme von Sache und Wort oder Wort und Wortinhalt auf der ganzen Länge der geographischen Begegnung steht ein Grundunterschied von reichstem Lehnwortschatz am Niederrhein, schwachem Lehnwortschatz im deutschen Süden. Darin spiegelt sich die wirtschaftliche Zweiteilung der römisch-germanischen Rand- und Besatzungszone, einmal der an Gallien, an Rhone, Maas, Mosel, an das ausgezeichnete westliche Straßen- und Stromnetz angeschlossene, produzierende und exportierende Niederrhein, anderseits das importierende Dekumaten- und Donauland im toten Felde. Es deckt sich damit ein militärischer Gegensatz von Legionen und Nebentruppen. Mit der Scheide im Bereich Trier und Mainz steht die Zweiteilung bis heute in der deutschen Sprachlandschaft.

Wir greifen vom Äußerlichen des täglichen und wirtschaftlichen Lebens auf tiefere und dann religiös-christliche Gehalte. Dem wirtschaftlichen und militärischen Gegensatz vergleichbar stehen in Westeuropa und mit der Scheide in Deutschland bis heute gegeneinander das donauländische, schon im ältesten Denkmal bezeugte *opfern* aus dem lateinischen Kultwort *operari*, und gallisch-rheinisch-englisch-skandinavisches *offeren* gleich *offerre* als Kultprägung der christlichen Kirche nach griechischem Muster. Germanische Kultwörter wurden abgelehnt, z. B. *bluostar* ›Opfer‹, *bluozan* ›opfern‹, *zebar*, *gelt*, *gelstar*, *geltan*, doch wahrt das englisch-nordische Christentum aus einer im Grundsatz duldsamen Haltung germanisch *hûsl* bis zu neuenglisch *housel* als Bezeichnung des Altarssakramentes. Zweimal sendet Gallien den *presbyter* über den Rhein, als ältestes *preost* gleich englisch *priest*, also ohne *-r*, danach als *priester* gegen den gotisch-arianisch-griechischen *papa pfaffo Pfaffe* der Donaustraße oder des gotischen Italien; dabei ging der germanisch-deutsche *êwart*, der ›Kultwart‹, zugrunde. Der *episcopus piscof Bischof* kommt aus Italien über die Alpen, das Wort *chirihha Kirche* schenken die Griechen des konstantinischen Trier, *pherintac parasceve* für den ›Freitag‹ hat das Bairische gleich *ertag* ›Dienstag‹, *pfinztag* ›Donnerstag‹ aus gotisch-griechischem Einzug über die Donau. Im ältesten deutschen Wörterbuch sammeln sich die Strahlen: Griechisch-Gotisch-Arianisches des Donauweges, Griechisch-Lateinisches aus Oberitalien und Gallien stehen in Mischung mit sterbendem Germanisch-Deutschem.

Aber wir stehen, trotz dem Schritt nach innen, immer noch beim Äußerlichen der sprachlichen Begegnung im Lehnwort und bei der Einfalt abendländischer Kirchenordnung. Lehnwörter, schon weil sie am wenigsten mit dem Geiste leben, führen ein zähes Leben, vor allem in den Mundarten, dann auch mit einer landschaftlichen Festigkeit, die sich seit den Tagen des Einzugs aus den Mittelmeerbereichen oft kaum verrückt. Im Bairischen sitzt Griechisch-Donauländisches genauso fest wie am Niederrhein *offeren* statt *opfern* oder *meter* und *peter* für die Taufpaten, deren Ahnen durch die fränkische Mission und über französisch *marraine* und *patrain* zu den *matrina* und *patrinus* des westromanischen Lateins hinaufsteigen. Gerade die am Einfältigen und seiner Festigkeit gewonnenen Einsichten aber geben uns sicheren Untergrund, wenn wir nun zum Flüchtigen des höheren Lebens, damit zugleich zu der Frage der inneren Begegnung vorschreiten.

Beim Tasten nach den Geheimnissen der inneren Begegnung in der schriftlosen Zeit vor 750 halten wir die doppelte Ausgangsstellung: das Gesamt der Randzone England, Rhein, Donau, und die Bruchlinie in Deutschland zwischen Nord und Süd. Dazu wird als Drittes kommen, aufnehmend und fortsetzend, aber auch entscheidend in allem Wesentlichen, die Begegnung im Buch, nach 750, in der *Klosterschule*.

Die Germanen hatten es nicht schwer, als sie das griechisch-neutestamentliche *Hades* und das mit sechs Mitbewerbern streitende lateinische *infernum* unter gotischer Führung durch *halja Hölle* im Gesamt der Randzone, danach auch im Norden, wiedergaben, also die Bezeichnung des ›hüllenden, bergenden Totenreiches‹ einsetzten: Das begrifflich verwandte Wort wird sich in Vorstellung und Gefühlston allmählich anschmiegen, eine Lehnbedeutung also. Das griechische *σωτήρ* ›Retter, Heiland‹ wurde durch Lehnübersetzung zu gotisch *nasjands*, das als *neriendo*, *neriand*, *nergend* ›Nährer, Erhalter‹ über das Deutsche nach England ging; in England wieder wurde nach lateinisch *salvator hǣlend* gebildet, das als *hêliand* und *heilant* auf das Festland übergriff, wo dann Griechisch-Gotisches und Lateinisch-Angelsächsisches im Deutschen nebeneinanderstehen. Ein Geheimnis liegt um *Glaube* und *glauben* als Wiedergabe von griechisch *πίστις* und *πιστεύειν*, lateinisch *fides* und *credere*. Die Lehnprägung geht aus von dem Begriff des ›Kostbaren, Wertvollen, Lieben, Vertrauten‹, sie streckt sich durch die Randzone von der gotischen Bibel über Deutschland nach England, während der skandinavische Norden mit Bildung aus der Wurzel von *trauen*, *Treue* auskommt. Die südgermanische Randzone gegen Griechen und Römer erlebte die christliche Sinnerhöhung von *πίστις* und *fides* so tief, und in der Reformation in erneuter Vertiefung, daß die allzu menschlich, wohl auch heidnisch gebundenen sprachlichen Möglichkeiten von der Fassung des tragenden Begriffes ausgeschlossen wurden, so nahe auch die römische *fides* und die germanische *Treue* im Ursprünglichen der doppelseitigen Bindung beieinanderliegen. Jenseits des Limes und fern der Randzone steht bei der Duldsamkeit, die wir an *hûsl* ›Opfer‹ wie an anderen Fällen beobachten, zugleich eine einfachere, unbefangene Form des sprachlichen und inhaltlichen Erlebens.

In knappster Fassung sagen wir: Fünf Schichten erkennt der Sprachforscher in der Germania christiana, eine älteste griechisch-lateinische an Rhein und Donau, eine gotische an der Donau, mit der ersten verfließend, eine gallisch-fränkische am Rhein, eine süddeutsche des 6./7. Jahrhunderts und eine angelsächsische im Mainzer Erzbistum. Zwischen Goten und Angelsachsen schlagen die Franken an der Schlüsselstelle der Randzone eine frühe Brücke. Mit dem missionarischen Gang der Angelsachsen nach dem Festlande bildet sich auf der alten Bruchstelle der Randzone im Bereich Trier-Mainz nach 700 eine neue, vielfach übersprungene und doch immer wieder sichtbare geistig-sprachliche Scheide zwischen Nord und Süd: angelsächsische Kirchensprache im Norden, mit Fränkischem verfließend, gegen ein kirchliches Süddeutsch, das ältere Schichtungen und lebensvolle Neuprägungen, wohl nicht ohne irischen Anteil, verschmilzt.

Drei Fälle bezeichnen bedeutsam den neuen sprachgeistigen Gegensatz, der mit der Festigung der sprachkörperlichen Trennung von nördlichem und südlichem Deutsch, grob gesagt von Niederdeutsch und Hochdeutsch zusammengeht: die Eindeutschung der tragenden Begriffe *gratia*, *misericordia* und *spiritus sanctus*. Indem wir mit dem neueren Deutsch *Gnade*, *Barmherzigkeit*, *erbarmen* und *heiliger Geist* sagen, stehen wir bei sprachlichen Entscheidungen, die nur langsam gereift sind: *Gnade*, *Barmherzigkeit*, *erbarmen* kommen aus dem Kreis der süddeutsch-irischen Kirche, hinter *Barmherzigkeit* und *erbarmen* liegen gotische Nachbildungen, Lehnübersetzungen der lateinischen *misericordia*, *misereri*; der *heilige Geist* aber kommt aus der nördlichen angelsächsischen Mission. Die Sippe *Barmherzigkeit*, *erbarmen*, im Bairisch-Alemannischen früh gefestigt, wirft den angelsächsischen Versuch zurück, mit der Sippe *milde* ›freundliche Gesinnung‹ auszukommen. *Erbermede* ist im 12. Jahrhundert Pfeiler der ritterlichen Ethik. *Gnade*, im Ursprung rätselhaft wie *Glaube*, zunächst *misericordia* und *clementia*, dann auch *gratia* umfassend entsprechend der neutestamentlichen Weite des *gratia*-Gehaltes, hatte gegen süddeutsch-gotisches *anst* zur Sippe *Gunst*, fuldisch-angelsächsisches *geba* der Sippe *geben*, fränkisch-sächsisches *huldi* der Sippe *Huld* zu ringen; die begriffliche Überlastung nach lateinisch-kirchlichem Vorbild verhindert bis ins Mittelalter die Festigung. Im Bereich der *fides* und der *caritas* wird also Ungebundenes und Fremdes, man möchte sagen Halbdunkles, Geheimnisvolleres den klaren germanischen Wörtern vorgezogen, die zudem religiös oder gesellschaftlich gebunden sind; je ungebundener, je schmiegsamer. Stärkster Mitbewerber von *Gnade* ist *Huld*, weil Gefolgschafts- und Gott-Mensch-Verhältnis leicht ineinander übergehen.

Der *spiritus sanctus* stellte nach Adjektiv und Substantiv eine doppelte Aufgabe. Gegeneinander stehen *ther wîho âtum* ›der weihe Atem‹ des Südens und *ther heilago geist* des Nordens: Wir wissen heute, in welche Tiefen das führt: Das gotisch-süddeutsche *wîh*, zu unserem *weihen*, stark kultisch gebunden, ›mit Göttlichem erfüllt‹, kommt aus der gotischen Bekehrung des einzelnen, angelsächsisches *hâlig*, wonach deutsch *heilig* ›heilbringend, heilwirkend‹, nicht den gleichen Tiefen entsteigend wie *wîh*, kommt aus dem Religionswechsel eines Stammes. Der süddeutsche *âtum Atem* ist blaß, unverbindlich. Die Angelsachsen aber holten den *gâst Geist* aus dem Reich des Dämonischen: Noch heute steht *the Holy Ghost* unbekümmert neben *ghost* ›Gespenst‹. Sie vollzogen die folgenschwere Prägung des *spiritus* zu *Geist*, der uns bis heute beglückt und belastet. *Spiritus* gab dem neutralen Dämon zugleich das männliche Geschlecht, so wie wohl die Goten das schwer faßbare neutrale *got* nach *Theos* und *Deus* zum männlichen Einen und Allmächtigen erhoben, *Geist* und *Gott* also, von Antike und Christentum still geleitet, der persönlichen Menschenwelt und dem persönlichen Erleben eingesenkt wurden. Im Gesamt der Wörter beobachten wir in diesem Falle ein Schwanken zwischen Gebundenem und Ungebundenem; es siegte, offenbar von der starken Prägung *Geist* geführt, diesmal und mit dem Glaubensbekenntnis die nördliche Formel. Im übrigen aber scheiterten Versuche, nach englischer Art Germanisches Antik-Christlichem anzuschmiegen: Wie die germanischen Bezeichnungen der Kultstätte vor *betahûs* ›Bethaus‹ nach *domus orationis* schwanden und höchstens noch für den jüdischen Tempel auftreten (*alah, wîh*), so Köstlichkeiten wie *gôtspel Evangelium*, englisch *gospel*, dessen *spel* aus Zauber und Sage kommt, so *rûna* und *girûni*, ›Rune‹ und ›Geraune‹ des Zaubers, für *sacramentum* und *mysterium*; und am Ende bleiben nur die Lehnwörter *Dom*, *Kirche* und *Sakrament*.

Es ist zu einfach, wie wir taten, von einem Gegensatz Nord und Süd zu sprechen. Wir können fester zugreifen, Missionsgebiete umgrenzen und statt des einfachen Gegensatzes eine Vierteilung setzen, welche die römische Zweiteilung, auch die taciteische Dreiteilung an dem alten Weg von den Goten zu den Angelsachsen überlagert: Bayern und Alemannien, das Fränkische um Fulda-Würzburg und um Mainz, und endlich das eigentliche Niederdeutsche. Natürlich stehen die jeweils südlichen und nördlichen Gebiete enger beieinander. Im Bereiche der Missionen wurde zwischen 500 und 750 Deutsches nach Lateinischem mündlich und, bei aller landschaftlichen Sonderung, doch wieder in vielfältigem Austausch geprägt. Dann erscheint, in der Mitte des 8. Jahrhunderts, das Buch. So wie der Gotenbischof Wulfila und seine Schule vor die griechische Bibel, so tritt, 400 Jahre später, der deutsche Mönch vor das geschriebene Latein.

So sonderbar es klingen mag: Am Anfang des deutschen Schrifttums steht ein lateinisches Wörterbuch. Es kommt von jenseits der Alpen, aus der lateinisch-romanischen Bildung des langobardischen Pavia, und hat seine Ahnen in antik-italienischer Schulüberlieferung, die über Bobbio mit Cassiodor, dem Minister Theoderichs, auf Süditalien und die Griechen weist. Das Doppelgesicht griechisch-lateinischer Glossare führte in Freising zum wörterbuchmäßigen Nebeneinander von Latein und Deutsch. Das ist ein erster antik-deutscher Brennpunkt im Süden. Ein zweiter antiker Strom gleicher Quelle geht über England, besonders Canterbury, mit Bonifatius nach Fulda. Das ist, zur Zeit Karls, der zweite, nunmehr antik-angelsächsisch-deutsche Brennpunkt im Norden. Damit ist der Glossierung antiker und christlicher Literatur, der Bibelübersetzung, der deutschen Bibeldichtung, der religiösen und weltlichen Prosa der Weg gebrochen. In langsamem, aber sicherem Anstieg kann von 800–1000 Geist und Regel des heiligen Benedikt, Isidor von Sevilla, die Bibel, die Bergpredigt, die Psalmen, Boethius und Aristoteles deutsch bezwungen werden. Im Geiste Karls und im karolingischen und ottonischen Schrifttum sammeln sich die Ströme: Tours in Frankreich, Fulda, Weißenburg, Reichenau, St. Gallen, die Klöster und ihre Provinzen schöpfen in gleichzeitiger Verflechtung und abfolgender Wirkung und in einem unendlich schweren Mühen die Sprache des höheren Lebens, die dann, nach 1000, auf noch umdunkelten Wegen zur Ethik des Rittertums, zur staufischen Hochblüte und zu Parzivals Gralsreich hinaufstrebt.

Die deutsch-lateinische Begegnung seit dem 8. Jahrhundert wiederholt die gotisch-griechische des 4. und die ältere lateinisch-griechische, die seit Cicero die ersten christlichen Jahrhunderte umfaßt. Altlateinische Wörter erhalten nach den entsprechenden griechischen christlich-religiöse Bedeutung, so *fides* ›Glaube‹, *misericordia* ›Barmherzigkeit‹, *poenitentia* ›Reue, Buße‹, *gratia* ›Gnade‹, *redemptio* ›Erlösung‹, *temptatio* ›Versuchung‹, *resurrectio* ›Auferstehung‹: Die Wortseele ändert sich, die neue Seele schmiegt sich der alten allmählich an, Lehnbedeutung also; oder es wurden neue christlich-lateinische Wörter gebildet nach griechischem Muster, so etwa *dilectio* ›Liebe‹, *salvatio* ›Rettung, Erlösung‹, *peccator* ›Sünder‹: Seele und Form sind neu, Lehnbildung also. Von acht Versuchen, das griechische wiederzugeben, setzt sich *salvator* ›Erretter, Erlöser, Heiland‹ Ende des 4. Jahrhunderts durch. Auf deutschem Boden begegnen sich gotisch-südgermanisches *nasjands* ›Nährer, Erhalter‹ (*neriendo, neriand, nergend)* nach griechisch *σωτής* und die angelsächsische Findung *heilant, hêliand, hǣlend Heiland* nach lateinisch *salvator*; anderes, z. B. *haltari* vom Verb *halten*, wird wieder aufgegeben. Mühseliger als die immerhin vorbereiteten Lateiner arbeitet die deutsche Bauernsprache, über die die Mönche verfügten. Wie sollte sie herankommen an die weiten und verfeinerten Inhalte von *natura, substantia, essentia*, hinter denen die Griechen stehen? Zehn Wörter, teils Erbwörter, teils Neubildungen, kennt das älteste Deutsch für *temptatio – versuochunge Versuchung* ist jüngste, erst mittelhochdeutsche Prägung; elf Wörter für *redemptio – irlôsunga Erlösung* erst um 1000 in St. Gallen; zwölf Wörter für *resurrectio futura, Christi, mortuorum* bis 1000, dazu weitere sechs im Mittelhochdeutschen: Prächtige Erbwörter wie *urstant* oder *urrist*, vgl. englisch *to rise* ›sich erheben‹, schwinden, es bleibt das im Grunde lateinische *ûferstêunge Auferstehung* des späten Mittelalters. Anderseits werden in gleich sicherem und gültigem Zugriff eingefangen die Stufen des Bußsakramentes: *confessio bijiht Beichte, poenitentia hriuwa* ›Schmerz‹ *Reue, satisfactio buoza Buße* ›Besserung, Wiedergutmachung, Vergeltung‹. Hinter *Buße* aber liegt nicht allein der griechisch-lateinisch-deutsche Weg, sondern auch die sinnreiche germanische Verwendung, das vielgehaltige Wort des Alltags, des Handwerks, des Zaubers, und – entscheidend – des weltlichen Rechtes.

Es ist nicht so, daß die deutsche Sprache wie ein Bettler gekommen wäre. Geprägte Kraft des eigenen Wortschatzes stand zum Aufnehmen neuer Gehalte bereit, neue Wortseelen können zu alten in alten Körpern treten. Solche Lehnbedeutung, von der wir schon sprachen, verdeutlichen wir noch einmal: *Sünde*, das von Hause zu *Scham* und *Schande* gehört, wird zu *peccatum*, das nur Gott vergeben kann; als *sunta* in Freising zu *peccatum* ins Wörterbuch kam, hatte es schon den Geist des Bonifatius, der angelsächsischen und irischen Festlandspredigt eingesogen. Als um 800 auf der Reichenau die Regel des heiligen Benedikt verdeutscht wird, ist *Hören* nicht mehr Sinneswahrnehmung, sondern Hören auf Gott, ein Gehorchen; *Furcht* keine bloße Gemütsbewegung mehr, sondern Gottesfurcht, Ehrfurcht oder Furcht vor der Hölle; *Ehre* wird Ehre der christlichen Tat, der guten Werke, der Barmherzigkeit: Der Mensch wird begriffen auf dem Wege des Heils. Kriegsdienst wird Kampf gegen den Teufel. Deutscher Wortschatz tritt zu christlicher Haltung, römischer Strenge, griechischer Ethik. Wie etwa noch das heutige Isländische verfügte das alte Deutsch über einen verzweigten Wurzelbestand, der den Abschattungen lebendiger sinnlicher Erfahrung folgt, und über unbegrenzte Möglichkeiten der Ableitung, der Vor- und Nachsilben. Damit vermag es jeden fremden Wortkörper und Wortinhalt in Lehnbildungen nachzuschaffen. Innerhalb der Lehnbildungen ist Lehnübersetzung der hervorragendste Fall, für die innere Begegnung gleich bedeutsam wie Lehnbedeutung.

Lehnübersetzung ist Glied-für-Glied-Übersetzung. Für *abstinent-ia* des lateinischen Wörterbuches schrieb der Mönch des 8. Jahrhunderts *fir-hab-itha* in Nachfolge der lateinischen Glieder und doch in sinnvoller, echt deutscher Fügung, die wir als *Ver-halten-heit* neuhochdeutsch nachbilden könnten. Die gelungene Bildung hatte kein Glück. Sie blieb ein einmaliges Buchwort, und spätmittelalterliche Mystik und die Neuzeit mußten *Enthaltung* und das schwerfällige *Enthaltsamkeit* aufs neue finden. Als aber in St. Gallen um 1000 über *quae mordet conscientiam* einer Psalmenerklärung der Glossator schrieb: *diu mih pîzzet in mînero gewizzeni ›die mich beißt in meinem Gewissen‹*, da fand er von Partizip zu Partizip, Bildungssilbe zu Bildungssilbe und in Übereinstimmung mit der besonderen Übersetzungstechnik seines Klosters das Wort, das glückte, dem Luther die evangelische Tiefe, das Denken des 18. Jahrhunderts die sittliche Weite gab, und das heute in *Weltgewissen* mahnend vor uns steht; dies wieder eine Bildung, die nach Form und Gewicht nicht ohne *saeculum* und *saecularis* denkbar ist.

Glied-für-Glied-Übersetzung, Lehnübersetzung als hervorragendster Fall der Lehnbildungen, will zugleich an die fremde Wurzel, die fremden Bildungselemente, das Bild, die Sache herankommen. Sie kann nur dem augenblicklichen schulmäßigen Verstehen der lateinischen Vorlage dienen, Buchwort sein, bleiben und schwinden, sie kann aber auch zum höchsten beflügelt werden und durch die Jahrhunderte gehen: So im Falle von *Gewissen*. Ist Lehnbedeutung wie ein stilles Sichfinden und Aneinanderschmiegen in feinen Staffeln von Unbewußt zu Bewußt und in langsamer Überwindung inhaltlicher Abstände, dann Lehnübersetzung ein ständiges Erobern; es gibt hundertfach Versuche, die zugrunde gehen, erneuert werden, auch bleiben. Lehnübersetzung bewegt die gesamten Elemente der Ableitung im Dienste der Abstraktionen: Je geistiger, abstrakter die Vorlage, um so schwieriger die sprachkörperliche und sprachgeistige Annäherung. In allem tätigen Abstrakten lauert das Verhängnis, gegenständlich und zuständlich zu werden; immer wieder springen Neubildungen in die Lücke. Je nach landschaftlicher Anlage und Sprachkraft ihrer Persönlichkeiten entwickeln die deutschen Klöster die unerschöpfliche Fülle der Abstrakten mit den verschiedensten Bildungssilben; die süddeutschen in St. Gallen und Reichenau anders als die nach dem Norden und gegen England gelagerten Denkmäler. Das bedeutend Abstrakte soll schon in der Form bedeutend, klang- und schallkräftig sein: Als ob *drînissa Dreinis* für die geheime und heilige *trinitas Trinität* des Glaubensbekenntnisses nicht genüge, häuft man die Ableitung zu *trinussida*, so wie um 800, aus dem gleichen Trieb, statt des einfachen *giloubo Glaube* ein verstärktes *chilaupnissa* versucht wird. Das alles aber ist Wiederholung eines römischen Vorganges seit und nach Cicero, als mit dem Einströmen der Begriffswelt der griechischen Philosophie und Kirche die lateinische Wortbildung im Bereich der Abstraktion lebendig wird. Gleich dem ciceronischen Typ *cogitatio* ›das Denken, der Gedanke‹, gleich den Typen *perseverantia*, *providentia*, *documentum*, *generositas*, beliebt bei den afrikanischen Kirchenvätern, ja in unmittelbarer Abhängigkeit von *redemptio*, *benedictio*, *protectio*, wachsen seit dem Zeitalter der Ottonen und Salier, so deutlich zu verfolgen in den Psalmenübersetzungen des 11. und 12. Jahrhunderts, die *-ung*-Bildungen, also *Erlösung*, *Segnung*, *Beschirmung*, um nur eins zu nennen. Cicero und der heilige Augustin wirken bis in die Flut der heutigen *-ung*-Bildungen, die man nicht verächtlich machen soll, schon weil sie wie eine letzte Möglichkeit erscheinen, das Tätig-Geistige sprachlich lebendig zu halten. Mit dem ersten lateinisch-deutschen Wörterbuch beginnt die folgenschwere Vergeistigung unserer Sprache. Das Latein zwingt prachtvolles, sterbendes, sonst nicht oder kaum überliefertes Germanisch aufs Pergament; von den Neuschöpfungen erreicht nur ein Bruchteil das spätere Mittelalter. Aber die Mystik, der Humanismus, die Reformation, der Pietismus, die Aufklärung, die Philosophie des 19. Jahrhunderts lassen den Faden nicht reißen. England und Deutschland stehen über Fulda in den Anfängen zusammen, die normannische Eroberung zwingt England auf andere Bahnen. Aber eingeleitet ist ein sprachgeistiger Gleichschritt der europäischen Völker, der über uns hinauswirken wird als Fortsetzung des Imperium Romanum und der Civitas Dei.

Wir haben Geschichte und Geist, Form und Gehalt miteinander sprechen lassen. Wir sind von allem Äußeren zu allen Tiefen der inneren Begegnung vorgedrungen. Unserer Sache geschichtlich sicher, betreten wir ewig wirkende, geschlossene Kreise der *Humanitas* und *Divinitas*, des Menschlichen und Göttlichen.

Wir betreten als erstes den Kreis des Dienstes und des Amtes.

Thionôn und *ambahten*, *dienen* und *amten*, *thionôst* und *ambaht*, *Dienst* und *Amt* gelten seit alters nebeneinander. *Ambaht*, das das Amt wie den Träger bezeichnet und mit anderm dem keltischen Staats- und Rechtsleben entlehnt ist, bleibt im Deutschen im Bereich des Wertes; *minister*, *officium*, *ministrare*, ja *honor* und *dignitas* sind die Gegenworte. Träger wie Amt stehen an gehobener oder hoher weltlicher und kirchlicher Stelle, beim König, beim Hofe, in Verwaltung und Gottesdienst; von *officium* erfüllt, steigert sich *ambaht* bis zu ehrenvoller Verpflichtung, Machtfülle, Würde, ja ethischer Forderung. Wo das Verb *ambahten* als *ministrare* ›bewirten‹ bedeutet, da ehrt der Wirt in dem Gaste auch sich selbst; die Kirche stellt es neben *opfarôn opfern*. In schroffem sozialen Gegensatz kommt *dienen* aus der knechtischen Unfreiheit, dem *subiectus, submissus, mancipium.* Mit dem Geist und der Regel des heiligen Benedikt, mit dem *servitium sanctum* der Demut und Unterwürfigkeit, mit dem gottesdienstlichen *servire* der Bibel hebt dann die Erhöhung und Verinnerlichung an, die aus der Knechtsgesinnung in die Freiheit der Gewissensentscheidung führt, vom Gottesdienst auf die andere Seite der christlichen Ethik, zum Menschen- und Liebesdienst, zur Leistung des Kindes an den Eltern, zur Pflichtschuld des Starken gegen den Schwachen, gleichwie Maria Magdalena dem Heiland, Josef der Maria und dem Jesuskind, der Abt den Klosterbrüdern dient. Am Ende berühren sich *Dienst* und *Amt*, so im Dienst am Gast, *servire* wird *officium.* Wenn endlich *thionôst* als ›Heeres- und Kriegsdienst‹ erscheint, so sehen wir darin nichts Altes, sondern die römische *militia*, die der Römer Benedikt zum Bild des Kriegers Gottes im Reiche Christi, zur *militia Christi* geformt hat. Der Übergang in den Bereich des Gottesdienstes und der christlichen Ethik mögen *dienen* und *Dienst* überhaupt unserer Sprache erhalten haben, während die sklavisch belasteten *thiu* ›Magd‹ und *theo* ›Knecht‹ untergingen.

Wir betreten einen zweiten Kreis, den Kreis des Herrn, Gottes und der Ehre.

Das Adjektiv *hêr hehr*, im allgemeinen das Hervorragende und Überlegene bezeichnend, insbesondere auch das, was sich als vornehm und groß von der Menge abhebt, steht im älteren Deutsch auch im Bereich der Weihe und Heiligkeit; von einem vorchristlichen *sanctus* tritt es zu Jesus, den Engeln, den Heiligen. Die deutsche Bildung *hêrtuom* kann so die ›Reliquien‹ als Heiligtum, kann ›Gewalt‹ und ›Herrschaft‹ wie auch den römischen ›Senat‹ umfassen. Während das Wort *got*, dem allein das Adjektiv *almahtîg* zukommt, im Schauer des Numinosen und Außerweltlichen ruht, erscheint für *dominus deus* in den Gott-Mensch-Beziehungen die Zweiheit *hêrro Herr* ein alter gekürzter Komparativ zu *hêr*, und das germanische *truhtîn*, der Herr der *truht*, der ›Gefolgschaft‹, aber mit bedeutsamen Unterschieden. Weil *hêrro* durch *hêr sanctus* vorchristlich belastet war, rückte zunächst das Wort des Gefolgsschaftswesens, ähnlich *Huld*, beherrschend in den religiösen Bereich, blieb aber von *got deus* bis um 1000 geschieden; es heißt *gotes êwa* ›Gottes Gesetz‹, *gotes gibot*, kaum *truhtînes êwa* oder *gibot. Ginâdîg gnädig* steht bei *got, truhtîn, hêrro*; es gibt jedoch, entsprechend der Herkunft der Wörter, nur einen *lioban, guotan, miltean truhtîn* ›einen lieben, guten, milden Gefolgsherrn‹, nur bei *hêrro* steht *giwaltîg.* Wir sollen *got minnôn*, aber der *truhtîn*, Gott als der Gefolgsherr, *minnôt* uns. *Truhtîn* ist Anrede an Gott, *hêrro* an den weltlichen Herrn. Wohl über die Anrede trat *hêrro Herr* nur langsam in die Reihe der Gottesbezeichnungen, dann im Zusammenhang mit dem Vorrücken der alttestamentlichen Vorstellung von dem allmächtigen Herrn des Himmels und der Erden und mit dem Übergang vom Gefolgschaftswesen zum mittelalterlichen Feudalstaat. Zur gleichen Zeit, nach 1000, wird auch *hêrsâri Herrscher imperator* gebildet. Der Komparativ *hêrro Herr* aber ist eine Nachbildung von *senior*, einer Würdebezeichnung nach griechisch *presbyter*, das selbst den *prestre Priester* gab. In der Anrede gekürzt wie *sire senior* oder *dam dominus,* drang es mit dem merowingisch-karolingischen Feudalstaat aus dem Fränkischen nach Süden vor, im Bereich der Gottesbezeichnung das alte *truhtîn* der Gefolgschaft langsam erschütternd. Das neue feudale *Herr* tötete auch den alten *frô*, den Mann unserer gebliebenen *vrouwe Frau*. Nur in Ableitungen lebt es im Bereich des Staates, des Rechts, der Religion. Im Angelsächsischen kann es nebeneinander den Herrn, den Eheherrn, Gott und Christus bezeichnen. Alte, religiös-kultische Bindungen mögen dem einfachen Wort verhängnisvoll geworden sein.

Anderseits kommt *êra Ehre* aus dem Bereich der geschlechtlichen Scheu; daher die religiöse Färbung, die ihm anhaftet und die es vor allem fruchtbar macht im Verhältnis des Menschen zu Gott, dem Heiligen und Kultischen; sie schwingt nach im Ehren der Eltern, der Armen und Kranken. *Ehre* erhält der, zu dem man im Verhältnis der Abhängigkeit steht, aber auch der Neben- und Untergeordnete, an dem man Lob- oder Preiswürdiges findet. *Ehre* wird ›Lob‹ und ›Preis‹, ›hohe Ehrenstellung‹, ›Würde‹, ›Vorzug und Vorrecht‹. Der Weg geht von der Scheu und ihrer Äußerung zum Wirklichen; êra verweilt im Objektiven, wie *honor*. Dann aber tritt es an der bedeutsamen Umbruchsstelle in der Geschichte der deutschen Sprache um 1000, bei Notker von St. Gallen, zu *honestum*, zum Sittlich-Guten: *honestum et turpe* ist *êra unde unêra*. Ehre wendet sich von außen, von der Ehre in der fremden Vorstellung, nach innen, *reht era*, *rein herza*, *rehte site*, *tuginhaft leban*, *christinlich guottat* sagen das Gleiche. Unter dem Einfluß des ciceronischen *honestum* und *honestas* beschreitet *êre* den Weg zum beherrschenden Wert des ritterlichen Tugend- und Pflichtensystems.

An dieser Stelle, uns verhaltend, betreten wir zunächst einen dritten Kreis, den Kreis der Macht, Kraft und Tugend.

Die alte Sprache zeigt einfache Verhältnisse: *maht Macht*, *chraft Kraft*, *giwalt Gewalt* stehen gegenüber einer Fülle der lateinischen Möglichkeiten; dazu ein altes, sterbendes, mit *maht* verwandtes, aber geheimnisvolles *megin*, und, was uns Heutige überrascht, *tugund*, *tuge(n)d*, *Tugend*. *Macht* ist ursprünglich nichts anderes als ›Vermögen, Können, Fähigkeit‹ schlechthin. *Kraft* ist vom Grunde her dynamisch geladen, immer wirkend, vorzüglich im physischen Bereich. *Gewalt* ist ›Herrschaft‹. *Tugend* ist ›Tauglichkeit, Tüchtigkeit, Brauchbarkeit, Stärke, Kraft‹. Das geheimnisvolle *megin* aber ist die magische Potenz des germanischen Heidentums. Jedes der Wörter hatte die Anlage zum Höheren, als *potentia*, *potestas* und *virtus* in die einfachen Gehalte eingriffen. *Maht* und *giwalt* steigen beide auf für die ›Allmacht Gottes‹, *maht* nähert sich der ›politischen Macht‹, *giwalt* unter dem Einfluß des Neuen Testamentes der ›Ermächtigung, Vollmacht‹. Der christliche *virtus*-Begriff zieht *kraft* entsprechend dessen altem Wirkungsgehalt in den geistigen Bereich: Es steht für die *virtus dei*, die in die Welt strahlende und wirkende Kraft, auch für das Wesen Gottes, danach, um 1000, bei Notker von St. Gallen, als *chraft des muotes* und *des sinnes* – *vires*, *vigor animi*, *vigor*, *actus mentis* – für die Kraft des Geistes, auch der Seele als Abbilder des Göttlichen – *alle chrefte mînero sêlo*. Nur alte und zum freieren Angelsächsischen gelagerte Denkmäler greifen zu dem ältesten magischen *megin*, das dann für wirksame, ›kosmische, dämonische Kräfte‹ steht wie für die ›Kraft Gottes und des heiligen Geistes‹, die ›Heils-, Rettungs- und Wunderkraft Christi‹. Es ist, als wenn die heidnischen und mit heidnischen Möglichkeiten geladenen *maht* und *megin* den tiefsten Geheimnissen des Christentums ferngehalten würden. Für den altrömischen *virtus*-Begriff wird die Lehnbildung *theganheit* ›Mannheit‹ geformt. Der alten *tugend* ›Tüchtigkeit‹ war ein besonderes

Geschick beschieden. In Überwindung gelegentlicher Berührung mit der altrömischen *virtus* festigte es, wieder Notker von St. Gallen, entscheidend für alle Zukunft, im Sinne der römischen wie christlichen *virtus* als ›sittliche Kraft, Sittlichkeit‹, vorzüglich im Gegensatz zu *vitium* ›Laster‹. Während *Macht* und *Gewalt* ihrem Ausgang am nächsten bleiben, werden *Kraft* und *Tugend* durch Antike und Christentum Träger geistigen und sittlichen Seins.

So finden sich denn, um 1000, der zweite und der dritte Kreis in *êre* und *tugend* als *honestum* und *virtus*. *Êre* und *tugend* werden gleichbedeutend. *Êre* bleibt ›Anerkennung‹, *êre* ist aber auch ›Verhaltungsweise‹, welche Anerkennung erstrebt, *êre* ist sowohl ›Sittlichkeit‹, ›innere Vollkommenheit‹, wie *zuht* ›feine Bildung‹, also ohne die Überspannung des neueren Ehrbegriffs. *Êre* tritt zu *triuwe Treue*, in die gregorianische Reform und Laienbewegung und in das tiefe soziale Ethos des 12. Jahrhunderts. *Êre, triuwe, erbermede* ›Erbarmen, Mitleid, soziales Empfinden‹ speisen die Kraft des neuen, auf das Sittliche gerichteten Helden. *Êre* als weltliche Sittlichkeit steht zunächst gegen und unter *gotes hulde* ›Gottes Gnade‹. Und doch ist die dienende Verwirklichung von *êre honestum* am Ende nur in *gotes hulde* möglich. Erst auf Gott gewandt, wird *êre stæte*, ein nicht zu erschütternder sittlich-weltlicher Besitz. Das Wort *triuwe*, im Grunde bei lateinisch *fides* stehend, kommt aus der Vertragslage, es ist ›Zuverlässigkeit im Halten des Vertrags‹. Losgelöst von der Vertragslage und mit Verlagerung vom Formalen auf das Inhaltliche, vertieft es sich im staufischen Zeitalter bis zu ›Barmherzigkeit‹, anderseits, bei Wolfram von Eschenbach, bis zur ›Treue gegenüber der eigenen Bestimmung‹. Aus dem Mannen- und Lehnsverhältnis als besonderem Fall der Vertragslage geht es gleich *hulde* in das Gott-Mensch-Verhältnis über. *Triuwe* bleibt hier doppelseitig und tritt neben *minna, minne caritas. Triuwe* und *minne* gehen vom Menschen auf Gott, Gott wieder ist *minne* und *selbe ein triuwe* ›die Treue selbst‹, wie Wolfram sagt. *Minne* ist von Hause ›freundliches, liebendes Gedenken, Zuneigung‹, nicht ohne ›Gemütsbewegung und Gefühlsstärke‹. Erst die Begegnung mit *dilectio* und *caritas* gab dem Wort die religiöse Weihe und trug es hinaus zur kosmischen, alles bewegenden und schaffenden Liebesmacht; erst die Begegnung mit der Antike brannte im 10. und 11. Jahrhundert die ›Liebesleidenschaft‹ ein. In der Verschmelzung von himmlischer und irdischer Liebe, in der deutschen Paraphrase des Hohen Liedes, reift endlich das Wort zu dem ganzen menschlichen Zauber, der schon über den Titel ›*Des Minnesangs Frühling*‹ ausgebreitet ist. *Honestum* und *virtus, misericordia* und *gratia*, und dazu *caritas* machten alte deutsche Worte verschiedenster Anlage fähig, das tiefe Gottes- und Menschenerleben, das *divinum* und *humanum* des staufischen Zeitalters zu tragen.

Wir betreten endlich, nicht ohne zu zagen, einen letzten Kreis, den Kreis der Bildung und des Geistes, des Denkens und der Wissenschaft; nicht ohne zu zagen, denn es ist schwer, dem schweren Ringen eine einfache, klare Linie abzugewinnen.

Kommt *Geist* vom *Dämon*, so die Wurzel des nur deutschen Wortes *Bild, bilden, Bildung* von der ›magischen Kraft, Zauberkraft‹; daher die Verwendung des ältesten *bilidi* in Verbindung mit Gestaltwechsel; daher die über die Jahrhunderte gehende Zweiheit von ›Urbild‹ und ›Abbild‹. *Sich bilidôn* nach einem Vorbild, *con-*

figurari, gilt schon im 10. Jahrhundert. Notker vermag die Doppelheit in die Erkenntnislehre zu heben; *bilidi* ist ›Urbild, göttliche Idee‹, auch das ›Erinnerungsbild‹, das sich die Seele aus ihrem früheren gottähnlichen Zustand bewahrt, *bildunga* ist ›Vorstellungskraft‹ und ›Vorstellung‹. Die magische Verbindung von Urbild und Abbild geht ein in das *bilden* des mystischen Gotterlebens, Gott bildet die Seele, die Seele bildet Gott, und von da in die Sprache und das Bildungserlebnis des 18. Jahrhunderts. Über Klopstocks ›Bildung der Seele‹, die noch in Mystik und Pietismus ruht, formt Wielands und Herders Bildungsbegriff die allgemeine geistige und pädagogische Bedeutung, die Bildung im Geiste, *Geistesbildung*, wie Goethe sagen konnte. Dämon und Zauber sind zur höchsten Stufe des Menschseins erlöst. Platos *πλάττειν τὰς ψυχὰς* wird, nicht ohne Hilfe der Bibel, im deutschen *bilden* trächtiger erfühlt als im lateinischen *ingenia, mentes formare.*

In *Geist* waltete immer der *spiritus sanctus*, auch *spiritus*, *animus*, *genius* schlechthin griffen ein, schließlich *esprit*; *Geist* berührt sich mit *Sinn*, *Gemüt*, *Mut*, *Herz* und überspannt in der klassischen Zeit *Vernunft* und *Verstand. Geistesbildung* nimmt um 1800, mit der Zusammenfügung der Wörter, all die tiefen geistigen, seelischen, erzieherischen Erlebnisse der Jahrhunderte in ein menschliches Eins, umhegt auch das Wissen, *Gelehrsamkeit* und *Wissenschaft*, die, als junge Wörter der Renaissance, mit ihren Gehalten ins Unpersönliche abzusinken drohten. Es ist, wie wenn in *Geistesbildung* noch einmal zusammengerafft und persönlich und menschlich gemacht werden sollte, was zu zerfallen, zu entpersönlichen, zu entmenschlichen drohte. Um das in aller Größe zu verstehen, greifen wir noch einmal, ein letztes Mal, ins älteste Deutsch und in die frühe lateinisch-deutsche Begegnung zurück.

Das Germanische besaß einen einfachen, aber innerlich bewegten Wortschatz des Denkens. Gemeingermanisches Wort ist *witi*, im ältesten Deutsch *wizzi*, *wizze*, zu *wissen*; im englischen Plural *wits* lebt die alte Bedeutung ›Verstand‹, die im deutschen *Witz* bis ins 18. Jahrhundert lebendig war. *Wizze* ist nach ältestem Gehalt das ›Gewußte‹, aber auch *mens*, *ingenium*, *spiritus*, also Wissensinhalte und *ratio* zugleich. Umfassend ist ein sterbendes *hugu*, dazu das Verb *huggen*, das sich im Niederländischen und in den nordischen Sprachen bis heute mannigfaltig gehalten hat; es umschließt von Hause die ›Gesamtheit der geistigen Fähigkeiten des Menschen‹, die Kräfte, durch die er zum Menschen, zu einem denkenden, wollenden und empfindenden Wesen wird; auch *memoria* ›Gedächtnis, Erinnerung‹. Bereit stand auch *muot animus*, von Grund her ›das erregte, bewegte Innere‹; bereit zu substantivischer Verwendung standen Adjektive: ein sterbendes *spâhi* der ›praktischen Vernunft‹ im realen wie im ideellen Sinn, *fruot* ›klug von Anlage und reiferen Geistes‹, das allgemeine *wîs weise* ›doctus, prudens, sapiens‹, alle drei mit germanischen Hintergründen, die zu Weissagung und Zauber führen können.

So ungefähr mit diesen Mitteln, deren Grenzen verschwimmen, ist ein nach Inhalt und Worten ausgereiftes klassisches Denken zu bewältigen. Eine Bauernsprache steht vor *sensus*, *ratio*, *intellectus*, *intelligentia*, *prudentia*, *sapientia*, *scientia*, *disciplina*, *ars*, abgesehen von *spiritus*, *ingenium*, *mens*, *sensualitas*, *notio*, *imaginatio*, *cogitatio* und was sonst.

Wir beginnen die letzte Wegstrecke mit dem Verb *denken. Thenken* steht von Hause bei ›wollen‹, gern zusammen mit *wirken* und *tuon tun.* Über ›nachdenken, überlegen‹, dann ›seine Gedanken auf etwas richten‹, wohl das sterbende *huggen* ersetzend, hebt es sich endlich bei Notker, nach lateinischen Vorbildern, zur ›überlegenden, vorstellenden Tätigkeit des menschlichen Geistes schlechthin‹: *denchen* wird rein geistige Leistung mit dem Ergebnis des ›Wissens‹; *githank Gedanke* geht mit gleichen Schritten aus willensmäßiger Bestimmung der Seelen- und Gemütskräfte mit dem Sitz im Herzen bei Notker hinaus ins Hirn, *githank Gedanke* ist Erzeugnis des Nachdenkens, *cogitatio* und *cogitatum. Firneman vernehmen* entwikkelt nur im Deutschen geistige Bedeutung. *Firstân verstehen*, eigentlich ›sich vor etwas stellen‹, geht vom sinnlichen Erfassen der Außenwelt über religiös-bildhafte Verwendung, z. B. das *firstân deprehendere* Gottes, nach 1000 zum ›geistig durchschauen‹ über; hier stehen Deutsche und Angelsachsen in geheimnisvoller Verbindung mit griechisch *ἐπίσταμαι*. *Vernunft* und *Verstand* sind alte und nur deutsche Bildungen, ebenso *Sinn*, *reda* für *ratio*, das sich im niederländischen *rede* ›Vernunft‹ bis heute gehalten hat, endlich *Kunst*. Noch bei den Dichtern des 9. Jahrhunderts, bei Otfrid und im Heliand, liegen, trotz ihrer Bildung in der Klosterschule Fulda, Verstand, Klugheit und Wissensinhalte nach alter einfacher Art in dem alten *wizzi, giwizzi, gewit* beieinander; und noch der urtümliche Wolfram von Eschenbach überspannt um 1200 mit *witze* die gleiche Weite, allem vorausgegangenen Denken und Spalten zum Trotz. Gewiß fühlt man bei Otfrid den Einfluß der sondernden Schulpsychologie seines Lehrers Hrabanus Maurus. Strenger aber, unter unmittelbarem lateinischen Einfluß, ist nur die religiöse und wissenschaftliche Prosa. In dem gleichen Fulda wird versucht, *prudens* und *sapiens* zu scheiden mit Hilfe des weiteren *wîs* und des engeren *spâhi*, entsprechend auch *prudentia* und *sapientia, wîstuom* und *spâhida*. Die Neuerwerbungen *farnufst* und *farstandida*, *Vernunft* und *Verstand*, bleiben, trotz gelegentlichem Ansatz, ungeschieden, gleichwie auch *intellectus* und *intelligentia* nicht geschieden werden.

Notker gibt dann Altem und dem neuen Eignen feste Posten. *Sin*, aus deutscher Wurzel zu *sensus* gebildet, ist ›innerer Sinn, Vermögen, Erkenntnisvermögen‹; *rede* ›das den Menschen auszeichnende, vernunftmäßige Denken, Vorstellungskraft‹. *Rede*, einst – vor über 500 Jahren – von den Goten auf dem Balkan dem lateinischen *ratio* als Wort der Ordnung entlehnt, ist Notkers eigenstes Geschenk an die Philosophie; *rede ratio*, das niederländische *rede*, und *rede oratio*, das deutsche *Rede*, gehören dem Menschen. Das allzu schweifende volkstümliche *wizze* wird eingeschränkt auf *ingenium* ›angeborene irdische Verstandeskräfte‹, *fernumest Vernunft*, das Wort der Psalmen, steht für *intellectus* als ›gottgegebene Kräfte zu religiöser Erkenntnis‹. *Prudentia* und *sapientia* werden unterschieden als *fruoti* und *wîstuom*, so daß *wîstuom* in Fulda *prudentia*, in St. Gallen *sapientia* wiedergibt, jeweils gepaart mit einem Wort besonderen germanischen Gehaltes, ein Zeichen anderseits der Tragfähigkeit des alten *wîs weise*. Wir greifen noch auf *list* und *wizentheit*. *List*, von Hause mit ›Arglist, Kriegslist, Zauber und Magie‹ geladen, wird zu *ars*, zur Bezeichnung der *septem artes liberales*, der sieben freien *Künste*, der *artes* und *scientae* der Spätantike, und reicht schließlich vom ›Listigen‹ bis hinauf zur Höhe der Theologie. Hinter *wizentheit* ›sicheres subjektives Wissen‹, Nachbildung von *scientia*, dämmert *Wissenschaft*, hinter *list* dämmert *Kunst*, wie wir heute *ars* übersetzen. *Sin, wizentheit, wîstuom* sind auch Eigenschaften Gottes. *Wîstuom*, noch englisch *wisdom*, im Deutschen langsam ersetzt durch *Weisheit*, überwölbt das Ganze, *scientia* und *sapientia*, Wissen, Wissensinhalte, Sittlichkeit, Religion. »In dieser innigen Verzahnung von Logos und Ethos stehen Antike und Mittelalter gegen die Neuzeit zusammen.« Alle mittelalterlichen Werte aber sind eingebettet in die *sapientia dei*, in *gotes wîstuom*.

Die Erwerbungen der karolingischen und ottonischen Renaissance wirkten nur stückweise in die Zukunft. Die antike Klarheit der St. Galler Klosterschule um 1000 bekommt erst Ende des Mittelalters ein Gegenstück. Inzwischen rückte *kunst* ›Können‹, eine alte, aber zunächst schwache Findung für *ars*, an die Stelle des vielstufigen *list*; dahinter steht ein neues Erleben der lateinischen *ars* im Sinne unseres heutigen *Wissenschaft* und am Vorabend eines neuen geistigen Seins. *Wissenschaft und Kunst* ist die neue Formel der Renaissance. Die Glieder haben gleichen Wert bis etwa in die Zeit der Aufklärung, wo *Bildung* hinzukommt. *Wissenschaft, Kunst, Bildung* treten nebeneinander, *Wissenschaft* und *Kunst* bekommen ihre heutige Bedeutung, *Wissenschaft* als entpersönlichtes Objektsgebilde. Es gibt eine *Akademie der Wissenschaften*, eine *Akademie der Künste*, es gibt *Bildungsanstalten*. Im Mittelalter lag das im Gotteshaus der *wîsheit Weisheit* ungetrennt beieinander. Wir stehen vor dem Schicksal und der Tragik des modernen Menschen, vor dem Aufbau riesiger geistiger Machtgebilde, vor der *Wissenschaft* wie vor einem menschenfressenden Ungeheuer. Die *Geistesbildung* der Klassiker ist wie ein letzter Versuch, die Tragik durch neue Sammlung und eine neue Erhöhung im Menschen aufzuhalten. *Weisheit*, das seine alte Kraft bis in die Neuzeit gehalten hat, ist im Begriff, sich aus der Welt in die Stille persönlicher Würde zurückzuziehen.

Wohin führt die Straße des Schicksals?

Wort und Welt – Welt in allen physischen und geistigen Wirklichkeiten genommen – leben in innigster Verflechtung: Die Welt ›bildet‹ das Wort, das Wort ›bildet‹ die Welt, um eine Formel der Mystik abzuwandeln. Über der bewußten Wortfindung und ihrer Rückwirkung auf den Finder als einer sichtbaren Stufe baut sich auf die Pyramide der stilleren und stillen, unbewußten Begegnungen und Anschmiegungen. Schöpfung, Gehaltfüllung, Gehaltschwund, Wortschwund, der Streit der Wörter untereinander, Entstehen, Vergehen, Ersatz, sind immer irgendwie mit menschlichem Erleben verbunden; sie sind vom Erleben bestimmt und bestimmen wieder das Leben; wie Fichte sagte und was sich Goethe anmerkte: »Die Menschen werden weit mehr von der Sprache bestimmt denn die Sprache von den Menschen.« Das kann Angelegenheit der Landschaften und der Völker sein; seit dem Imperium Romanum ist es Angelegenheit des Abendlandes, der europäischen Völker, der Welt. Unauffällig, aber stetig vollzieht sich eine innere Angleichung der europäischen Sprachen als Angleichung der Völker. Mit der Krise von Christentum und Antike, die wir Heutige erleben, ist auch die gesamte Sprache des höheren Lebens, des *divinum* und *humanum*, in den Wandel getreten. Was in 1500 Jahren wechselnder Geschicke höchster Besitz geworden ist, seit der Stunde, wo der Gotenbischof Wulfila den *spiritus sanctus* aufs Pergament bannte als *sa weiha ahma* ›der weihe, geweihte, heilige Verstand‹ bis zu Goethes *Geistesbildung* – ist ins Wanken geraten. Was in den karolingischen und ottonischen Klöstern, im sozialen Ethos des 12. Jahrhunderts, bei den Klassikern zu lebenformendem Wort und Wert geprägt wurde, will in eine neue, eine andere soziale Ordnung hinüber.

Was wird schwinden, was sich wandeln und bleiben? Was wird, im Sinne Fichtes, weiterhin »bilden«? Wir wissen es nicht.

Aber wir verweilen noch einen Augenblick bei *Wissenschaft*, und zwar beim Wort.

Wissenschaft war im Ursprung ein persönlicher Besitz, erst im zweiten ist sie ein unpersönlicher Wissenszweig, eine Disziplin, ein Gesamt von Fächern geworden. *Wissenschaft*, das Wort wie seine Gehalte, will zum Menschen zurück. Das Schicksal, das sich im Wort symbolisiert, will ein Segen bleiben. Wie? Das sehen wir noch nicht. Eines jedoch haben wir bitter erfahren: In der Faust menschlicher Machtgebilde liegt ihr Tod beschlossen. Nur was man sich still begegnen läßt, wird trächtig werden.

Neben diesem Wandel, der sich ankündigt, steht ein Unveräußerliches, Unwandelbares, das bleiben wird: *Wissenschaft* ist in neuerer Zeit ein Wertbegriff geworden, »Maß für den Wahrheits- und Wertgehalt eines Erkenntniszusammenhanges«. Das ist die Glorie von *scire* und *scientia*, aus denen das Abendland die hohen Worte des Wissens gebildet hat. Als Leibniz 1700 von *Wissenschaft* sprach, da dachte er an das Nützliche; Goethe, als er Kunst und Wissenschaft wie alles hohe Gute der ganzen Welt zuwies, an das Bildende; Theodor Mommsen, als er der Wissenschaft Dauer zusagte über die Nationen hinaus, an das Geistig-Imperiale. Ulrich von Wilamowitz-Moellendorff aber wußte, daß Wissenschaft in der Seele griechisch-ionischer Männer und vom Drang zur Erkenntnis der Wahrheit geboren wurde; er dachte an das Göttliche. Erst in einem letzten Gang sind *Wahrheit* und *Wissenschaft* bei uns als Wörter zusammengetreten. Mit dieser anderen, allem Zufälligen abgekehrten Seite des Seins, steht Wissenschaft als verpflichtendes und »bildendes« Wort in der Hut des Weltgewissens. Es ist ein letztes abendliches Geschenk der Griechen, des Imperium Romanum und der Civitas Dei an uns und an die Menschheit.

GOTTHARD LERCHNER

Theodor Frings' unzeitige Öffnung der deutschen Sprachhistoriographie zur europäischen Geistesgeschichte

Der Vortrag ist für die Geschichte der Akademie zunächst des äußeren Anlasses wegen bedeutsam, zu dem er gehalten worden ist: die feierliche Wiedereröffnung im Dezember 1948 nach faschistischer Diktatur, Krieg und Zerstörung, die auch die Gelehrtengesellschaft und ihre wissenschaftlichen Einrichtungen schwer in Mitleidenschaft gezogen hatten, nicht nur äußerlich-materiell, sondern auch geistig-ideell. Das erklärt zu einem nicht unwesentlichen Teil die Wahl des Gegenstandes – wortgeschichtliche Spuren von humanitas *und* civitas Dei *in der deutschen Sprachentwicklung aufzusuchen – und die aus dem Gegenstand abgeleitete wissenschaftsethische Programmatik, in die die Ausführungen mit einem für den Verfasser eigentlich eher untypischen, nahezu beschwörenden Pathos münden. Diese Programmatik dürfte seither, nicht zuletzt vor dem Hintergrund der in vierzig Jahren Vergangenheit und fünf Jahren Gegenwart zu sammelnden Erfahrungen mit dem Idealbild einer ›Wissenschaft in der Hut des Weltgewissens‹, für die heutige Generation kaum etwas von ihrer Aktualität eingebüßt haben, in den neuen Ländern nicht und auch nicht anderswo.*

Als bedeutsam markiert erscheint der Beitrag indessen auch in einem engeren, auf die Wissenschaftsgeschichte der (sprachwissenschaftlichen) Germanistik bezogenen Verständnis. Seit den dreißiger Jahren hatte sich Leipzig unter führender Beteiligung von FRINGS *zum wohl bedeutsamsten Zentrum einer interdisziplinär orientierten Wissenschaftsrichtung entwickelt, die gemeinhin als* Kulturraumforschung *oder* Kulturmorphologie *bezeichnet wird. Darunter ist ein methodologisches Konzept zu verstehen, das grundsätzlich alle ›kulturellen Äußerungen einer Landschaft‹ – sprachliche, wirtschaftliche, staatliche, religiöse, kirchliche, brauchtumsbezogene u. a. Erscheinungsformen – als ursächlich aufeinander bezogen begreift und auf diese Weise im Sinne einer* multidisziplinär *zu betreibenden* geschichtlichen Landeskunde *zumindest historisch beschreibt, günstigenfalls auch erklärt. Die Herkunft dieser Forschungsrichtung aus und ihre fortbestehende enge Bindung an Dialektologie und Volkskunde hatten eine starke Ausrichtung des Forschungsinteresses auf Formen bzw. sicherzustellende Spuren einer ›niederen‹, ›am Boden haftenden‹, materiellen Kultur bedingt, die, in der Regel mehr oder weniger bruchstückhaft überliefert, der Rekonstruktion historischer* Kulturräume *und zwischen ihnen stattgehabter Austauschbeziehungen in Gestalt von* Kulturströmungen *zugrunde gelegt wurden. Sprachgeschichte operierte in diesem Verbund als konstitutives Element einer in ihren geographischen Dimensionen erfaßten Kultur- (nach heutigem Verständnis eigentlich zutreffender: Kommunikations-)geschichte. Gegenstandsbedingt bedeu-*

tete dies zugleich folgenotwendig eine starke Betonung des historischen Aussagewertes von Überlieferungsformen gesprochener Sprache – *aber eben in der Tat bedingt durch den Forschungsgegenstand und nicht etwa auf Grund von deduzierten Theoremen oder als Ausdruck dogmatischer Festlegungen. Auch daß, wie erste wissenschaftsgeschichtliche Würdigungen hervorgehoben haben, diesem Forschungsansatz gewisse* soziolinguistische *Prädispositionen inhärent sind, folgt eigentlich nur der ›Natur der Sache‹, die da untersucht wurde. Und auch das dritte, auf den ersten Blick ins Auge fallende, methodologisch offenbar signifikante Merkmal einer gewissen* Regionalität, *das in den beiden als exemplarisch anzusehenden großen Gemeinschaftswerken »Kulturströmungen und Kulturprovinzen in den Rheinlanden. Geschichte – Sprache – Volkskunde« (1926) und »Kulturräume und Kulturströmungen im mitteldeutschen Osten« (1936) in Erscheinung tritt, erwächst schließlich aus den (äußerlichen) Gegebenheiten oder Zwängen einer vorrangig regional organisierten Struktur des Gegenstandes.*

Dies alles sich – wenigstens grob und skizzenhaft – vor Augen zu halten erscheint deshalb wichtig, weil auf diese Weise die innovative Position des abgedruckten Vortrages in wissenschaftsgeschichtlicher Hinsicht plausibel werden kann. Denn vor dem Hintergrund der allgemeinen charakterisierenden Merkmale des kulturmorphologischen Konzepts lesen sich die Ausführungen des Vortrages wie eine Kontrafaktur zu jener Charakterisierung: Im Mittelpunkt des Interesses stehen hier nicht Dialekte oder Mundartlandschaften, sondern wortgeschichtlich belegte, durch Kulturkontakte ausgelöste interferentielle Ausformungen der deutschen Literatur- oder Hochsprache, steht deren geistige ›Kultivierung‹. Es geht nicht um Oralität, sondern um Literalität. Nicht Bruchstücke einer ›niederen, am Boden haftenden Kultur‹ werden synthetisiert, sondern Entwicklungswege und -prozesse höchster Bildungsgüter des europäischen Abendlandes anhand ihrer Bezeichnungsgeschichte von den Anfängen bis zur Gegenwart nachgezeichnet – und damit natürlich auch nicht regionale Begrenzungen, sondern sprachraumübergreifende Weite in den Blick gerückt. Paßt der Vortrag also ›nicht ins Konzept‹, oder ist er vielleicht gar eine Art methodologischer Widerruf des bis dahin Geleisteten?

Davon kann, versteht sich, keine Rede sein. Die Widersprüche erweisen sich als nur scheinbar, als abhängig von einer offenkundig zu engen ›gängigen‹ Auffassung von dem, was Kulturmorphologie war und wollte. Sie lösen sich auf, wenn man die Abhandlung im Sinne eines Komplements, eines notwendigen *Gegenstücks, einer* notwendigen *Ergänzung zu einer ebenso* notwendigen *Ausgangsbasis begreift. Und eben darin besteht ihre wissenschaftsgeschichtliche Bedeutsamkeit. Der Autor selbst hat den Vortrag für so wichtig gehalten, daß er ihn nicht nur mehrfach publiziert (u. a. auch als Separatum), sondern ihn von der zweiten Auflage an auch als eigenes Kapitel in seine* Grundlegung einer Geschichte der deutschen Sprache *aufgenommen hat – mit einer ganz klaren Zweckbestimmung, die die These vom innovativen Ausbau des kulturmorphologischen Forschungsansatzes vollauf legitimiert: Waren die vorangegangenen (bisherigen) Teile jenes Werkes noch als »Grundlegung und Balkenwerk«, als »die schwere Arbeit des Maurers und Zimmermanns« bezeichnet worden (*Vorbemerkung *zur 1. Aufl. von 1948), so heißt es zur Aufnahme des Akademievortrags in das Standardwerk knapp und aussageträchtig:*

»In der Abhandlung IV meldet sich das geistige Leben der deutschen Sprache zu Wort« – statt ›Handwerk‹ nun ›Kunst‹, aber auch: »Ohne Handwerk keine Kunst.« (Vorbemerkung *zur 2. Aufl. 1949)*

Das heißt nun nicht mehr und nicht weniger, als daß der bis dahin in einem umfassenden Verständnis sozialwissenschaftlich betriebenen Kulturraumforschung eindeutig eine geistesgeschichtliche *Komponente ein- oder besser übergeordnet worden ist. Es ist freilich darauf hinzuweisen, daß dieser Schritt mit der objektiven Verwurzelung der* Kulturmorphologie *in einer kulturphilosophischen Tradition der zwanziger Jahre, insbesondere in der* Kultur- und Seelenlehre *von L. FROBENIUS (1921), gewissermaßen als prädisponiert angesehen werden kann, auch wenn FRINGS auf diese Traditionsbeziehung nie eingegangen ist. Wie auch immer, unbestreitbar bleibt, daß die geistesgeschichtliche Öffnung für die sprachwissenschaftliche Kulturraumforschung eine tiefgehende Innovation von großer Tragweite darstellt. Dies hervorzuheben erscheint um so notwendiger, als Mitwelt und Nachwelt diesen Aspekt offenkundig kaum wahrgenommen haben. Sprach- bzw. Kommunikationsgeschichte (auch) als Geschichte des ›geistigen Lebens‹, als* Geistesgeschichte *anzusehen und zu beschreiben, das paßte in keiner Weise in die wissenschaftsgeschichtliche Situation der zeitgenössischen Linguistik. Und paßte natürlich schon gar nicht in die Wissenschaftspolitik einer etwa zeitgleich sich formierenden offiziellen ›marxistisch-leninistischen Gesellschaftswissenschaft unter Führung der Ideologie der Arbeiterklasse‹ in der DDR. FRINGS selbst hat, ob nun bewußt oder unbewußt diesen Umständen Rechnung tragend, den begonnenen Weg explizit nur mit einer einzigen Abhandlung weiterverfolgt, nämlich mit dem ebenso wie die Akademierede emotional anrührenden, mehrfach vor allem im Ausland gehaltenen Vortrag* Glaube, Liebe, Hoffnung. *Er wurde – bezeichnenderweise? – zu seinen Lebzeiten nie veröffentlicht und ist erst postum 1971 in der Sammlung seiner »Kleinen Schriften« im Druck erschienen.*

Bezogen auf die Geschichte der Sächsischen Akademie der Wissenschaften, haben wir es zu tun mit einem Erbe, das diese in Zukunft durch ihre Aktivitäten und, vor allem, durch die anstehenden ideellen Auseinandersetzungen erst (wieder) erwerben muß, um es schließlich zu besitzen.

HEINRICH BREDT

Über den Tod
Eine naturwissenschaftliche Betrachtung

1957

Wenn, einer ehrwürdigen Sitte folgend, in der öffentlichen Sitzung unserer Akademie ein Mitglied über Methoden und Erkenntnisse des eigenen Fachgebietes berichten soll, so mag es befremdend erscheinen, daß der Naturwissenschaftler und Arzt sich dem Problem des Todes zuwendet. Ist doch mit diesem Wortsymbol, wie wir noch ausführen werden, untrennbar eine ganze Welt von unwägbaren, aber um so stärkeren Gefühlen der Abwehr und Scheu verbunden; Empfindungen, die eine naturwissenschaftliche Analyse beeinträchtigen und die bei der Mitteilung von Forschungsergebnissen in der Öffentlichkeit das Verständnis der Zuhörer erschweren oder gar beeinflussen können. In den Gesprächen mit ECKERMANN hat GOETHE seine bangen und abwehrenden Empfindungen beim Ableben eines ihm nahestehenden Menschen dahin ausgedrückt, daß «der Tod doch etwas so Seltsames (ist), daß man ihn, unerachtet aller Erfahrung, bei einem uns theuren Gegenstand nicht für möglich hält und er immer als etwas Unglaubliches und Unerwartetes eintritt. Er ist gewissermaßen eine Unmöglichkeit, die plötzlich zur Wirklichkeit wird.«

Bedenken dieser eben genannten Art gegen die Wahl des Themas könnten sich noch verdichten, wenn ich daran erinnere, daß vor wenigen Jahren der jetzt in Wien lebende Physiker ERWIN SCHRÖDINGER einer kleinen Schrift über die Frage »Was ist das Leben« den 67. Satz aus SPINOZAS *Ethik* voranstellte, der in der Übersetzung von AUERBACH lautet:

«Der freie Mann denkt über nichts weniger nach als über den Tod; seine Weisheit liegt darin, daß er nicht über den Tod, sondern über das Leben nachsinnt.«

Das Zitat dieses Satzes, ausgesprochen von einem Naturwissenschaftler vom Range SCHRÖDINGERS, ist fast ein moralisches Verbot, über unser heutiges Thema zu sprechen. An dieser Stelle aber möchten wir gleichsam als Antithese und zur Stärkung des eigenen mutigen Beginnens einen Satz aus der vor 60 Jahren erschienenen »Allgemeinen Physiologie« von MAX VERWORN zitieren:

«Nur durch eine vergleichende Geschichte des Todes kann ein Verständnis für die Erscheinungen des Todes mit der Zeit erhofft und damit zugleich auch die Kenntnis des Lebensvorganges selbst gefördert werden.«

Leben und Tod, meine verehrten Zuhörer, sind zwei einander gleichzeitig bestimmende und begrenzende Begriffe, die im Sprachgebrauch als komplementäre, sich gegenseitig ausschließende Seinsformen mit vielen Wortsymbolen verbunden werden. So kann eine Stadt, eine Landschaft, ein Volk sterben, die Wirtschaft aufleben, eine Idee lebendig sein. Die sprachlichen Ausdrucksformen dieses gegensätzlichen Wortpaares sind nach Umfang und Schwere vielfach getönt. Für den Menschen in der Gesamtheit seiner Persönlichkeit und sozialen Verflechtung ist wohl die allgemeinste Aussage in der kategorischen Alternative »Sein oder Nichtsein« gefunden. Wir sind uns in diesen Minuten bewußt, welch tiefe Erschütterung uns ergreift, wenn wir an dichterische Verkündung unseliger Schicksale, mehr noch an selbsterlebte apokalyptische Zeiten jenes »Nichtseins«, der Vernichtung durch Krieg, Seuchen und Hunger, uns erinnern.

Aber diese erlebten und möglichen Katastrophen im tragischen Schicksal einzelner Menschen oder der ganzen Menschheit sind nicht die Erlebnisformen des Todes, die unsere Aufmerksamkeit hier fesseln sollen. Wir sprechen in den folgenden Ausführungen vom biologischen Tod als der unabwendbaren Lebensbegrenzung des einzelnen Organismus, des menschlichen Individuums.

Die völlige Gewißheit von dem sicheren Tod der einzelnen Person ist eine Urweisheit des Menschengeschlechtes. Man kann darüber nachsinnen, ob diese Erkenntnis nicht zum Wesen des Homo sapiens, des eigentlichen Menschseins gehört. Das Wissen um den sicheren Tod ist seit den Zeiten der klassischen antiken Philosophie Griechenlands aber auch der gewaltige Hebel für die Entwicklung der Naturerkenntnis mit dem Ziel der Naturbeherrschung; dessen ist auch Zeugnis, daß dort, wo der Mensch glauben konnte, den Tod nicht mehr fürchten zu müssen, z. B. in der antiken Mythologie bei der Schilderung der Gefilde der Seligen, von Erkenntnis, Erforschung und Beherrschung der Natur nicht mehr gehandelt wird.

Es würde den zeitlichen Rahmen dieses Vortrages sprengen, wollten wir eingehend die mannigfachen, außerordentlich belehrenden und problemreichen Verhaltensweisen der Völker zum Phänomen des Todes in Vergangenheit und Gegenwart aufzeigen; auch möchte ich bezweifeln, daß mir die notwendigen Kenntnisse dafür zu Gebote stünden.

Der Tod, das Sterben und Nichtmehrsein des Menschen wurde in den meisten menschlichen Gemeinschaften mit Gewalten des »Dämonischen« und »Numinosen« in Verbindung gebracht. Wohl alle Formen der Religion haben den Tod des Einzelmenschen in ihre besondere Deutung des menschlichen Seins einbezogen und die Unfaßlichkeit des Sterbens in eine versöhnende Hoffnung auf Unsterblichkeit, auf weitere mannigfache Daseinsformen nach dem Tode, umgeprägt.

Die Philosophen haben tiefgründige Deutungen der Lebensbegrenzung versucht; die Weisheit von Jahrtausenden hat der Beantwortung dieser einen, drükkenden Frage gegolten. Hier und in der ernsten, reflektierenden Dichtung spannt sich der Bogen der Gedanken von der harten Unerbittlichkeit, mit der der Tod das Leben des Menschen beendet, indem er gleichsam das Ziel und den mitunter tragischen Abschluß des Daseins bildet, bis zu der versöhnlicheren Vorstellung, nach der der Tod nur das Tor zwischen zwei Welten sei. GOETHE spricht sehr nachdenklich bei der schon erwähnten Gelegenheit vom Tod als dem »Übergang aus einer uns unbekannten Existenz in eine andere, von der wir auch gar nichts wissen ...«

Ich habe diesen kurzen Rundblick getan, um Ihnen, meine verehrten Zuhörer, lebendig werden zu lassen, vor welchem Hintergrund die naturwissenschaftliche Erforschung dieses Problems sich vollzog und vollzieht. Sie erhält einerseits ständigen Impuls durch die Dringlichkeit in der Aufklärung des großen Unbekannten, andererseits wirkte die Atmosphäre des »Mysterium tremendum«, der Glaube an die Anwesenheit übernatürlicher Kräfte im Leichnam und in der Umgebung des Toten, jahrhundertelang der Forschung entgegen. Dieser heutige Vortrag nun soll das Problem in der Nüchternheit und erstrebten Klarheit naturwissenschaftlichen Denkens behandeln. Die wissenschaftliche Durchdringung des Todesproblems hat, wie dies der Zoologe FRANZ DOFLEIN zum Ausdruck brachte, als vornehmstes Ziel, »eine Vorstellung vom Tode zu gewinnen, an welche der Wirklichkeit entsprechend ohne Antipathie und Furcht gedacht werden könnte«.

Es ist nun nicht ohne Bedeutung, an dieser Stelle einige allgemeine Worte über die stufenweise angewandten Methoden in der aufgeworfenen Frage der Naturwissenschaft, besonders aber des eigenen Faches, der morphologischen Pathologie, einzufügen. Denn die bisherigen Ausführungen lassen uns ahnen, daß der Tod ein biologisches Grundphänomen des Menschen darstellt, dem die bewegliche Neugier ernsthafter Wissenschaft nur unter Anwendung aller Methoden Erkenntnisse abzuringen vermag. So werden wir in den folgenden Ausführungen erkennen lassen, daß die kardinalen Frageformen unseres Denkens – nämlich:

Was ist der Tod als Methode der Beschreibung von Befunden?
Wie ist der Tod als Methode der Zusammenordnung von Befunden?
Warum ist der Tod als Methode allgemeiner Ursachenforschung?
Wann ist der Tod als Methode der Einordnung in den allgemeinen Zeitablauf der Natur? –

daß, so wiederhole ich, alle Frageformen in wechselnder Reihenfolge angewandt wurden und, immer wieder beginnend, heute noch angewandt werden müssen.

Alle naturwissenschaftliche Erkenntnis baut darauf, daß mit den zu Gebote stehenden Hilfsmitteln ein neuer Vorgang oder eine neue Gestalt eingehend beschrieben wird. Diese Anfänge des Wissens vom Tode, besser vom toten Menschen, gehen tief in die Zeit der Entstehung von Volksbräuchen und des Dämonenglaubens zurück. Bei Eintritt des natürlichen, d.h. nicht des künstlichen oder gewaltsamen Todes, ist zumeist ein eindrucksvoller Wandel im seelischen Verhalten der Person zu beobachten, ein Zustand der Leblosigkeit, dessen Grenze nach dem Schlaf hin fließend erscheint. Der Körper ist, so scheint es dem Laien, leblos, aber auch nicht völlig und sicher tot; die Seele ist entwichen, aber sie weilt, so glaubt man, doch noch längere Zeit in der Nähe des Leichnams, und der dämonengläubige Mensch beeilt sich, sie durch Opfer zu besänftigen und günstig zu stimmen.

Schon in dieser Atmosphäre des Unheimlichen entwickelte sich eine allgemeine menschliche Erfahrung darüber, daß jener eigenartige Zustand eines unveränderten, nur reglosen Körpers bei entwichener Seele in bestimmten Zeiträumen Wandlungen zum körperlichen Zerfall hin erfährt.

Diese Erfahrung des Volkes wurde von der Medizin übernommen, verfeinert und beweisbar geformt. Es sind dies die hinweisenden oder auch schon sicheren Merkmale des Todes, die am Körper der Toten von außen her festgestellt werden. Hinweisend deswegen, weil sie einerseits auf dem Fehlen der Lebensäußerungen (Atmung, Puls, Bewegung, Schmerz) beruhen; sicher deswegen, weil Änderungen am Körper zu sehen sind, die nur nach erfolgtem Tode eingetreten sein können (Totenstarre, Totenflecke, Fehlen der Körperwärme u. a.).

Die Kenntnis und Beachtung dieser Todeszeichen sind auch heute noch bei der gesetzlichen Leichenschau von größter Bedeutung. Durch sie kann die Furcht vor dem sogenannten Scheintod beseitigt werden, der fast immer nur ein Produkt unzulänglicher, wenig gründlicher Untersuchung und fehlerhafter Schlußfolgerungen war. Dies letztere ist so gemeint: Es kann ganz selten bei bestimmten Krankheiten eine tiefe Bewußtlosigkeit mit fast unmerklichem Herzschlag und stark geminderter Atmung, ja ganz allgemein eine »vita minima« eintreten. Das Leben wird auf Sparbrenner geschaltet. Zustände dieser Art sind bei Hirnkrankheiten, Unterkühlung und als Ausdruck besonderer Hirnimpulse wahrscheinlich auch bei einem Teil jener indischen Fakire zu beobachten, die längere Zeit begraben werden können, um danach wieder zu vollem Leben zu erwachen. Bei diesen geringen Lebensäußerungen kann ohne besondere Hilfsmittel der Nachweis des vorhandenen Lebens sehr schwierig sein; um so bedeutsamer und höher muß dann bei der vorschriftsmäßigen Leichenschau in solchen seltenen Fällen das Fehlen jener erwähnten sicheren Zeichen des Todes eingeschätzt werden.

Aber wenn wir von dieser Teilfrage des Scheintodes absehen, so fesselt uns doch die Frage nach dem weiteren Schicksal des Körpers, der vor kurzem noch lebte. Dieses Interesse entspringt nicht nur ärztlichen Gedankengängen oder gesundheitspolizeilicher Fragestellung, die beide der Forschung zweifellos starke Impulse verliehen haben. Es ist auch die allgemeine, ich möchte fast sagen bange Vorstellung, daß im Tode neue, ungewöhnliche Situationen, besondere Strukturen und Stoffe entstünden, die man allgemein mit dem Ausdruck »Leichengift« belegte. Auch konnte der Ausdruck »Todeskälte« nichts anderes beinhalten als den Hinweis auf ungewöhnliche Unterkühlung, im Gegensatz zur allgemeinen Lebenswärme des Menschen. Diese und andere Gedankengänge begleiten eine jahrzehntelange Forschung über Tod und Verwesung, über Nekrose und Nekrolyse.

Wer sich nun darüber verwundern sollte, daß die Bemühung um die Erkenntnis solch einfach scheinender Vorgänge sehr viel Kräfte band und bis in die Gegenwart dauert, der möge bedenken, daß nicht nur die Auflösung der hochdifferenzierten Organstrukturen in stufenweisem Abbau verfolgt werden mußte, sondern auch die mannigfache Wirkung von Fermenten in ihrer Abhängigkeit von der physikalischen Gesamtsituation eines sauren oder alkalischen Milieus.

Es ist eines der schwierigsten Kapitel unserer Naturkenntnis, das noch lange der Vollendung harren wird.

Wir wollen hier den sehr verschlungenen Wegen der Forschung nicht im einzelnen nachgehen; die Ergebnisse der Bemühungen sollen vielmehr, soweit sie für unsere Erörterungen von Belang sind, in einzelnen Thesen festgehalten werden.

Die Vorgänge im Toten, in der Nekrose, schließen an die letzten Vorgänge im Lebendigen an. In den Teilkörpern tritt als Folge des Stillstandes jeder Blutbewegung eine Sauerstoffverarmung ein. Dadurch wird nun das reichgegliederte System von Membranen und Grenzflächen, denen wir die Isolierung der millionenfachen chemischen Teilprozesse des Lebens verdanken, gestört, aufgehoben und paralysiert. Nach allgemeinen physikalischen Gesetzen dringt Flüssigkeit aus dem Gefäß in die Gewebsstrukturen, in die Zellen.

Das ganze Geschehen wird beherrscht von der abbauenden Tätigkeit der Fermente, die gerade unter den neuen physikalisch-chemischen Bedingungen Kittsubstanzen und Bausteine der zellulären und interzellulären Strukturen auflösen. Auch in der Nekrose spielen sich die wesentlichen Vorgänge an der geformten Substanz ab.

Die äußerste zeitliche Grenze des Toten, aber noch Körperhaften ist dann erreicht, wenn die letzten Formelemente zerstört werden. So bestätigt die letzte Phase der Verwesung noch einmal eine Grunderkenntnis aller Naturwissenschaft, daß nämlich nur dort von Leben gesprochen werden kann, wo der Stoff eine Form, eine Gestalt bildet und wo um diese Gestalt und an dieser Gestalt Stoffwechsel sich vollzieht. Formlos, das ist das Körperlose, Körperfremde, ist »Asche und Staub«.

Aber noch eine allgemein bedeutsam scheinende Feststellung kann aus diesen mühevollen Untersuchungen getroffen werden: Im toten Körper erfolgt der Abbau nicht regellos. Auch die Reihenfolge in der Wirkung der Fermente ist fein gestuft, reguliert, und man kann als gültige Regel erkennen, daß die einzelnen Etappen des Zerfalls den Stufen des Aufbaues im lebendigen Körper entsprechen; nur mit umgekehrtem Vorzeichen.

So kann auch die Betrachtung des Toten zu einer Spiegelung des Lebendigen werden. Und wenn wir die wenigen Sätze, die wir diesem Kapitel widmen konnten, in ein anschauliches Bild wandeln wollen, so sei daran erinnert, daß die Verwesung ähnlich ist dem Abbau eines Hauses. Erst werden Türen und Fenster, d. i. die schützende Grenzmembran, entfernt, sodann werden die Wände nicht niedergerissen oder gesprengt, sondern nach den Prinzipien des Bauplanes und kundiger Materialzerlegung Schritt für Schritt abgetragen.

Es ist manch eine versteckte Eigenheit des Bauplanes erst bei gewissenhaftem Abbau zutage getreten! So haben auch die beobachteten Veränderungen bei der Nekrose der Gewebe die lebende Struktur oft klarer hervortreten lassen.

Wir haben, meine Damen und Herren, gesehen, daß die Aufklärung selbst jener Vorgänge, die mit der Zerstörung des menschlichen Körpers im Tode zusammenhängen, die Phasen der Auflösung, eine Blickrichtung nach dem Lebendigen hin, nahelegen, ja fördern. Dies hatten wir in den einleitenden Worten schon angedeutet, daß nämlich Leben und Tod wie ein Auf- und Abstieg sei. Wenn wir das Leben als »natürlich« in des Wortes wahrer Bedeutung bezeichnen müssen, dann ist es das Tote in seinen Wandlungen nicht minder.

Ehe wir uns aus der Sicht des Lebens mit dem Tode beschäftigen, soll aber, ausgehend von den sicheren Zeichen des eingetretenen Todes, noch einmal die Frage der Todeszeit, der Grenzscheide zwischen Sein und Nichtsein, näher betrachtet werden. Es drängt sich uns die Frage auf, ob – wenn wir den Zeitraum, der bis zum Auftreten sicherer Todeszeichen vergeht, nach mathematischen Regeln und Einführung neuer, verfeinerter Methoden, immer kleiner werden lassen – eine solche Todeszeit, eine zeitliche Grenze zwischen Leben und Tod der Gesamtperson existiert und ob sie sich genau durch Angabe besonderer Merkmale charakterisieren und fixieren läßt. Ich meine das so: Existiert eine Dreiteilung in Leben – Tod – Verwesung? In der Beantwortung dieser Frage müssen wir zunächst die Methoden und Erfahrungen der einfachen ärztlichen Leichenschau ausschalten; der Nachweis der erwähnten sicheren Todeszeichen ist dafür zu spät und ungenau, er hat mehr soziale und forensische Bedeutung.

In einer solchen mathematisch zu kennzeichnenden Zeiteinheit mit bestimmbaren chemisch-physikalischen Phänomenen tritt der Tod nur selten ein; dann nämlich, wenn der Mensch in Bruchteilen von Sekunden durch äußere Gewalt – z. B. Explosionen mit ungeheurer mechanischer und thermischer Einwirkung – völlig zertrümmert und aufgelöst wird. Das sind aber Todesformen, mehr noch eigentlich Vernichtungen, die einer naturwissenschaftlichen Analyse nicht bedürfen. Es sind mögliche Ereignisse, die uns zutiefst erschüttern und aufrütteln können, die aber unsere biologischen Erkenntnisse nicht bereichern.

Es ist nun seit Jahrzehnten in zahlreichen Beobachtungen und sehr sinnvollen Experimenten versucht worden, eine bestimmte, für den Tod als eigenes Stadium beweisende Strukturänderung aufzuzeigen. Das ist trotz aller dabei angewandten Mühe im Hinblick auf den zeitlichen Eintritt des Todes nicht gelungen. Änderungen in der Teilstruktur treten erst deutlich nach und in zeitlichem Abstand vom Tod des Gesamtorganismus ein.

Viel bedeutsamer aber ist die Erkenntnis, daß Lebensvorgänge in einzelnen Schichten und Teilen des Organismus weit in die Zeit des Gesamttodes hineinreichen; wir kennen umgekehrt auch Auflösungszustände am Lebendigen, die als Partialtod bezeichnet werden. Die Darstellung dieses sehr problemreichen Gebietes würde den zeitlichen Rahmen des heutigen Berichtes sprengen. Die Wurzeln des Toten sind mitunter tief im Lebendigen verankert, und es liegt viel Weisheit in der sprachlichen Darstellung, daß ein lebender Mensch »vom Tode gezeichnet« sein kann.

Diese Verzahnung zwischen den Lebensvorgängen und dem Stadium der Verwesung ist zweifellos eine bedeutsame, aber auch überraschende Aussage. Ihre Lösung liegt in der Konsequenz jener Überlegungen, die eingangs angeschnitten wurden. Wissenschaftlich können danach nur das Lebendige und das Tote definiert, bestimmt und in ihren Strukturen und Vorgängen gemessen werden. Jene zeitliche Grenze zwischen den beiden, die Todeszeit, ist nur indirekt festzulegen in einer Bezugnahme auf den einen oder anderen der beiden komplexen Zustände. Es ist, um es anschaulich zu machen, wie der Begriff der Gegenwart; sie besitzt selbst keine meßbare zeitliche Ausdehnung und trennt doch zwei meßbare Zeiträume, nämlich Vergangenheit und Zukunft, voneinander.

Wenn wir den Tod als zentrale Frage vor uns sehen, dann müssen wir, meine Damen und Herren, jetzt unseren geistigen Blickpunkt von der anderen Seite, also der Seite des Lebendigen her wählen. Denn alle menschliche Erfahrung spricht dafür, daß das Ende des Lebens im Leben selbst vorbereitet und bestimmt ist. Eingangs hatten wir schon diese grundsätzlichen Beziehungen angedeutet, und es mag als gedanklicher Rahmen gelten, wenn wir sagen, daß die Kenntnis des Tages uns viel vom Rätsel der Nacht enthüllt.

Jene Frage nun: warum wir überhaupt sterben müssen, also die Frage nach dem physiologischen oder Alterstod, wollen wir hier noch zurückstellen. Der Begriff des Alterns muß noch gedanklich gereinigt werden, indem wir die Vorboten des Todes, die Krankheiten, in ihrem Wesen zu deuten versuchen. Denn Altern und Krankheit sind Erscheinungen, die im Denken des Volkes eng verknüpft sind und die doch ihrem Wesen nach grundsätzlich voneinander getrennt werden müssen. Dies überzeugend in der gebotenen Kürze darzustellen, wird nicht leicht fallen, und ich muß mir dafür im voraus schon Ihr gütiges Verständnis erbitten.

Um Ihnen die Ordnung unseres heutigen umfangreichen und doch in vielen Teilen noch unzulänglichen Wissens von den Krankheiten nahebringen und verständlich machen zu können, möchte ich mir eine kurze historische Abschweifung erlauben. Wir wollen den Gedanken nachspüren, die die Ärzte leiteten, als sie vor etwa 200 Jahren die anatomische Methode in der Krankheitslehre anzuwenden begannen. Auch sie fanden eine besondere geistige Situation vor.

Das Erlebnis der Einheit der Person, insbesondere in der geistig-seelischen Haltung, hatte dazu geführt, daß nach einem zentralen Sitz des Lebens und der Seele gesucht wurde. In Verbindung mit dem anatomischen Gedanken einer Gliederung des Körpers in Organe war es verständlich, daß ein in Einzahl vorhandenes Organ (Herz, Hirn, Zirbel, Nabel) in den Mittelpunkt der Betrachtung rückte, von dem aus die Einheit der Person in die übrigen Teile ausstrahlen sollte. Diese Auffassung, daß es einen solchen Sitz der Seele und des Lebens gebe, wurde von italienischen Ärzten des 18. Jahrhunderts in zwei Grundgedanken umgemünzt: einmal in die Lehre vom Sitz der Krankheit, illustriert in einem berühmten Buch, das im Titel u. a. die Worte führt »de sedibus morborum« – das war in jener Zeit, die die Krankheiten vorzüglich nach ihren Symptomen ordnete, eine Großtat; zum anderen in die Lehre von der Eintrittspforte des Todes, den Begriff des »atrium mortis«. Beide Vorstellungen entsprechen den damaligen naturwissenschaftlichen Grundbegriffen, sind aber in überbauter Form heute noch wirksam. Atria mortis waren früher Hirn, Herz und Lunge, und diese Erfahrung hat sich in unserer Laiensprache erhalten, indem noch gegenwärtig von Hirn-, Herz- und Lungenschlag gesprochen wird.

Daß ein Teil des Körpers Sitz der Krankheit sein könne, war und ist in der modernen Krankheitslehre – wenn wir von der ontologischen Tönung dieses Gedankens absehen – sehr eindringlich demonstriert durch die Herdförmigkeit von zwei der häufigsten Krankheitsgruppen, nämlich der Entzündung und dem Krebs, die einzelne Organe völlig isoliert ändern und zerstören können.

Doch kehren wir zurück zur geschichtlichen Entwicklung des Problems. Als in der ersten Hälfte des vorigen Jahrhunderts mit der Verfeinerung der optischen Geräte die Zellenlehre ihren Siegeszug antrat und das »ens vitae«, das Prinzip des Lebens, in der Zelle gesucht wurde, wurde die Frage »ubi est morbus«, wo ist die Krankheit, beantwortet mit dem Hinweis, das »ens morbi«, das Wesen der Krankheit, sei auch in der Zelle zu suchen.

Die Ausführung dieses Gedankenganges hat der ärztlichen Wissenschaft einen ungeheuren Tatsachenschatz beschert. Mit kaum je dagewesenem Eifer wurde der kranke Körper mikroskopisch durchmustert, Wandlungen der Zellen und ihrer Bestandteile registriert und ein gewaltiges Material von Einzelwissen aufgehäuft.

Es fehlte bloß das einigende Band! Leben und Krankheit sind eben Vorgänge, die sich nicht auf Teilkörper und gar so kleine Teilkörper, wie sie die Zellen darstellen, beschränken lassen. So mehrten sich seit Anfang dieses Jahrhunderts die Bemühungen, eine Resynthese durchzuführen, ein Prinzip aufzufinden, nach dem die vielen Einzelbefunde geordnet und sinnvoll zusammengefügt werden könnten.

Zahllos sind die Wege, die dabei beschritten wurden. Sie alle haben befruchtend auf die weitere Entwicklung gewirkt und wirken auch heute noch weiter. Lassen Sie mich das Ergebnis dieser Bemühungen in kurzen Sätzen zusammenfassen:

Die Welt der Organismen ist sparsam und einfach in der Zahl ihrer Grundvorgänge und Grundelemente, aber unermeßlich in der Mannigfaltigkeit der hinzutretenden Hilfsorgane, deren Formen und Produkte. Zu diesen Grundvorgängen des Lebens gehören im ganzen Tierreich und beim Menschen Stoffwechsel, Stofftransport, Atmung, Ausscheidung, Fortpflanzung, Bewegung, Reizaufnahme u. a. Der Mensch ist aber ein historisches Wesen, und im Laufe der Stammesgeschichte wurden, bei zunehmender Körpergröße und Differenziertheit, um jeden Grundvorgang organische Hilfsapparate eingerichtet. Ja wir können vielfache Beispiele dafür finden, daß die Außenwelt der Lebewesen im Laufe der Stammesgeschichte in das Innere des Körpers hineinverlagert wird. Die Außenluft dringt bis in die Endbläschen der Lunge vor, die Nahrung wird erst im Innern des Körpers, in sehr differenzierten Darmabschnitten, zerlegt und aufnahmefähig gemacht usf.

Wie sehr die Außenwelt zu uns gehört, haben uns bittere Erfahrungen der letzten Jahre gelehrt. Es handelt sich um folgenden Sachverhalt. Nach der Geburt des Menschen wird von außen her der Darm mit Bakterien besiedelt; sie sind harmlos, und nur unter bestimmten Bedingungen wirken sie nachteilig auf den Wirtsorganismus ein. Ihre völlige Abtötung nun durch die in dem letzten Jahrzehnt so bekannt gewordenen Pilzextrakte oder Antibiotika hat ganz überraschend zu schwersten Störungen im Gesamtstoffwechsel und zum Tode geführt. Es wurde mit der Exaktheit eines Experimentes klar, daß die Bakterien keine belanglosen Parasiten, sondern Symbionten seien. Sie sind ein lebenswichtiger Teil des menschlichen Körpers, ein Organ geworden.

Symbiose, das eng verflochtene Zusammenleben zweier oder vieler Lebewesen, ist im Tierreich in ungeheurer Mannigfaltigkeit der Formen bekannt. Wir müssen es uns aber versagen, auf dieses sehr reizvolle Kapitel der Naturwissenschaft hier näher einzugehen.

Jeder biologische Grundvorgang bildet mit seinen Hilfsorganen einen Funktionskreis, der – wie man in unserem technischen Zeitalter anschaulich sagen könnte – durch gestuften Impuls und Rückkoppelung fein einreguliert ist, wodurch lebenswichtige Vorgänge genau überwacht und konstant gehalten werden. Jeder Funktionskreis ist im Laufe der phylogenetischen Entwicklung dem hinzutretenden Zentralnervensystem verbunden, das besonders empfindlich und souverän das Zusammenwirken der Teile steuert.

Krankheit und Tod treten ein, wenn bestimmte Funktionskreise an einer Stelle unterbrochen werden.

Wenn wir z. B. den Grundvorgang der Atmung als Beispiel heranziehen, so besteht das Wesen derselben darin, daß durch Fermentsysteme genügend Sauerstoff auf sauerstoffhungrige Körperstrukturen übertragen wird. Das ist ein lebenswichtiger Vorgang. Die einfachste, d. h. direkteste Störung ist eine Lähmung der Fermente durch Blausäure; dann ersticken in kürzester Frist alle Zellen, darunter die sehr sauerstoffhungrigen Ganglienzellen des Hirns. Hier ist also die Blausäure die unmittelbare Auslösung der Krankheit und gleichzeitig Ursache des Todes. Dieser

Funktionskreis der Atmung kann aber auch an einer anderen Stelle gestört sein, z. B. durch Herabsetzung der Sauerstoffspannung in der umgebenden Luft – ich denke an überfüllte Hörsäle oder an Aufenthalt in Höhen über 4000 Meter. Schließlich können die Atemwege durch eingeatmete Gegenstände oder Geschwülste grobmechanisch verschlossen sein, wodurch sofort eine Fülle von Regulationen ausgelöst wird – Schleimbildung, Husten, Würgen u. a. Gelingt es nicht, den eingedrungenen Gegenstand zu entfernen, dann wird nach Verbrauch des vorhandenen Sauerstoffvorrates der Tod eintreten. Die Kette von Impulsen und Gegenregulationen, die schließlich den ganzen Körper in Bewegung versetzen kann, ist scheinbar irreversibel, der Mensch ist »vom Tode gezeichnet«. Gelingt es aber durch entschlossenes Handeln, den Fremdkörper aus der Luftröhre zu entfernen, dann sind, wie wir überraschend erkennen, schlagartig alle Schäden reversibel, und durch feine Regler schwingt das gesamte System in seine normale Funktionslage zurück. Der bewußtlose, dem Tode nahe Mensch ist »wiederbelebt«. Die Unterbrechung oder Schließung des Funktionskreises entscheidet also über Tod und Leben.

Dies Beispiel ist, meine sehr verehrten Damen und Herren, bewußt einfach gewählt, um modellhaft aufzuzeigen, aus welchen Elementen sich unser Wissen vom Leben und Tod des Menschen aufbaut. Im Alltag wird selten ein Funktionskreis allein betroffen, vielmehr gehen die Störungen einzelner Kreise nach Art eines Kettensystems ineinander über. Schließlich können mehrere Störungskräfte sich in ihrer gleichsinnigen Wirkung übergipfeln.

Zum Beispiel können radioaktive Substanzen eine Störung des Knochenmarkes hervorrufen, die unter allgemeiner Lähmung der Resistenz und Blutarmut zum Tode führen kann. Dieser erste Kreis löst aber unter Umständen Zerstörungen einzelner Schleimhautteile aus und berührt dadurch einen weiteren Kreis, indem Bakterien in die Wundfläche eindringen und durch Giftwirkung ebenfalls die Blutbildung, aber auch die Blutbewegung in den Organen beeinträchtigen. Sauerstoffarmut des Hirnes und Herzstillstand sind dann Folgen, die fast konkurrierend als tödliches Geschehen betrachtet werden können. Weitere Beispiele drängen sich in Fülle auf.

Unsere bisherigen Erörterungen haben ergeben, daß nicht nur in der historischen Entwicklung der Wissenschaft, sondern auch in der gegenwärtigen Analyse jener Krankheiten, die zum Tode hinführen, bevorzugt Teilkörper oder Teilvorgänge im Organismus hervorgehoben und herangezogen wurden. Man könnte darin eine Neigung zu lokalistischer Denkform erblicken. Das ist aber keineswegs der Fall. Immer ist der ganze Mensch krank, er fühlt und gibt sich krank, und die Ganzheit seiner Funktionen und Strukturen muß sich auf eine neue, veränderte Lage, die wir Krankheit nennen, einstellen. Aber am Beginn jeder Naturerkenntnis steht zunächst die Zergliederung, die liebevolle und vollständige Darstellung der Teile und Einzelvorgänge.

Diese methodischen Grundsätze müssen uns leiten, wenn wir einer besonderen, ja ich möchte sagen besonders schweren Aufgabe dieses Vortrages uns zuwenden. Ich meine das Sterben des Menschen. Jene Vorgänge, die unmittelbar und unabwendbar zum Zerfall der Persönlichkeit führen, das Lebendige zum Toten werden lassen, die in jedem Falle die Ganzheit des Organismus ergreifen und bei denen jene Organe betroffen werden, die gerade die Einheit der Teile zur Gesamtperson herbeiführen: der Kreislauf mit dem Herzen und das Zentralnervensystem in der Vielschichtigkeit seines Baues und seiner Funktionen.

In vielen Fällen tritt der Tod überraschend und plötzlich ein. Dann verkürzt sich die Zeit des Überganges zum Leblosen, die Teilvorgänge verflechten sich; eine Analyse ist nicht möglich. In anderen Fällen ist, ungeachtet der Grundkrankheit gerade dieses Menschen, an der Herztätigkeit, der Atmung und letzten Endes am Zentralnervensystem bei zunehmender Trübung des Bewußtseins eine Phasenreihe charakteristischer Vorgänge zu beobachten. Sie erinnern in vieler Hinsicht an den stufenweisen Abbau stammesgeschichtlich jüngerer Hirnleistungen und an das Manifestwerden ältester funktioneller Bahnungen. Es tritt das ein, was wir beim alten, aber auch kranken Menschen beobachten können: ein Schichtenabbau der Persönlichkeit.

Damit ist gesagt, daß das Sterben den allgemeinen Regeln des Lebendigen zugeordnet werden kann. Die Beeinflussung der Herz- und Hirntätigkeit durch Sauerstoffmangel bringt alle komplizierten, hochdifferenzierten Mechanismen beider Organe zum Erliegen, und so sehen wir am Ausgang des Lebens ursprüngliche Leistungen, z. B. Formen der Atmung, die dem neugeborenen Kind zukommen.

Wenn wir die Scheu bedenken, die das Wort »Sterben« in uns allen weckt, so mag die Erkenntnis eines solchen großen Zusammenhanges von Sterben und Geburt, von Vergehen und Werden, in uns allen, meine verehrten Hörer, ein Gefühl der Versöhnung und Beruhigung auslösen. So betrachtet, ist das Sterben kein neues, fremdes, furchterregendes Ereignis, sondern Leben in zunehmender Vereinfachung, ist das letzte Glied in einem Kreis, der als Ganzes unser Dasein umschließt.

Noch ein Problem bewegt die Gedanken, mehr noch die Phantasie des Menschen: die Stunde des Todes. Und der Naturwissenschaftler muß sich die Frage vorlegen, ob eine Voraussage des Lebensendes genau und beweisbar möglich sei.

Die Erinnerung daran, daß nicht nur der Lebensvorgang, sondern auch seine krankhaften Abwegigkeiten unendlich viele Regulierungen mit überraschenden Wendungen im Stoffwechselgeschehen erkennen lassen, hält uns davon ab, diesen Gedanken weiteren Raum zu geben. Hier muß mit elementaren Untersuchungsmethoden die Bedeutung der einzelnen Faktoren mühevoll und zurückhaltend herausgeschält werden.

Um das Gesagte verständlich zu machen, will ich darauf hinweisen, daß seit Beginn dieses Jahrhunderts überraschende Beziehungen zwischen einer bestimmten Wetterlage und plötzlichen Todesfällen aufgedeckt wurden. Nachdem die Statistik gezeigt hatte, daß Todesfälle an Lungen-, Hirn- und Herzschlag und anderen plötzlichen Todesarten sich zu bestimmten Zeiten häuften, ergab ein kritischer Vergleich mit entsprechenden Unterlagen der Wetterwarte, daß mit einer solchen Häufung der Todesfälle zeitlich auch bestimmte klimatische Wandlungen, z. B. sogenannte Wetterfronten oder Föhnwind, zusammenfielen.

Aus diesen zunächst schlichten und festumrissenen Ergebnissen entwickelte sich nach Art einer Kettenreaktion eine Fülle ganz neuer Forschungsgebiete und -methoden, einerseits in der Meteorologie, zum anderen in der Biologie. Vor einigen Jahren konnte das leider verstorbene Mitglied unserer Akademie, Herr ROBITZSCH, von dieser Stelle aus darüber berichten, welche Bedeutung Wetter und Klima für die belebte Natur insgesamt haben können und wie sehr die Erforschung gerade der Schichten bis zu 30 Meter Höhe not täte. Beim Menschen sprechen wir von Wetterfühligkeit, und eine sich überstürzende Fülle von wissenschaftlichen Untersuchungen galt und gilt noch der Frage, wie denn die Einwirkung solcher klimatischer Kräfte auf den menschlichen Körper erfolgen könne. Es ist sehr schwer, über Fragen, die noch einer Klärung harren, schon vorzeitig ein Urteil abzugeben. Aber eines läßt sich schon jetzt erkennen: Die Beziehungen der Lebensvorgänge im menschlichen Körper zur klimatischen Umwelt berühren nicht nur einen Faktor, also etwa den Luftdruck, den Ozongehalt oder andere physikalische Einzelwerte, sondern die Umwelt als Ganzes. Und am menschlichen Körper ist davon nicht ein einzelnes Organ oder eine einzelne Funktion betroffen, sondern der ganze Komplex von elementaren Stoffwechselvorgängen, von lebenswichtigen Funktionskreisen. Das soll besagen, daß wir viel mehr, als uns bewußt ist, biologisch in unserer Umwelt verankert sind, wobei diese Umwelt uns nur bis zu einem gewissen Grade bekannt ist. Wir tun gut, hier die weitere Entwicklung unserer Kenntnisse über allgemeine Energiebewegung, z. B. vom Weltenraum her, abzuwarten.

Nach diesen kurzen Andeutungen ist zu verstehen, daß also die Zeit des Todes durch Wandlungen unserer Umwelt mitbestimmt werden kann. Vorangehende Krankheit schafft, wie wir uns bildhaft vorstellen wollen, eine sensible Phase, in der dann Kräfte des Wetters einwirken können, die der gesunde Mensch nicht verspürt.

Aber das ist, meine Damen und Herren, nur eine Möglichkeit, die zahllose Ausnahmen zuläßt. Von dieser Erkenntnis des Zusammenwirkens zahlreicher Teilfaktoren bis zur genauen Voraussage der Todeszeit im Einzelfall ist ein sehr weiter Weg. Hier mündet jede Teillösung in eine neue Frage. Und es ist besser für unser Wissen, wenn wir unsere Phantasie zügeln, um für ernsthafte Forschung die Wege offen zu halten.

Unter den Frageformen der Naturwissenschaft, die wir einleitend angeführt haben, besitzt diejenige nach der Ursache, das »Warum«, ein besonderes Gewicht. Ist es doch tiefverwurzelte Eigenschaft des Menschen, daß er eine Sache, einen Vorgang, nicht schlicht und genügsam zur Kenntnis nimmt, sondern hinter der Sache eine »Ur«sache vermutet, ein Unbekanntes, das durch kluge Gedanken erraten oder durch sinnvolles Experiment ermittelt werden muß. Und wenn wir schon die kleinen Ereignisse des Alltags auf ihre natürliche Ursache hin ständig prüfen, wieviel mehr wird das Ereignis des Todes eine solche Frage auslösen!

Ich möchte meine Ausführungen zu diesem Problem in zwei Abschnitte gliedern.

In dem ersten Teil möchte ich unterstreichen, daß eine Erforschung und Erkenntnis der Todesursachen sehr wohl möglich ist, wenn wir die Frage nach der Ursache sinnvoll stellen, indem wir sie mit einem genau definierten Sachverhalt verknüpfen. So können für die Zwecke der Rechtsfindung tödliche Ereignisse aus natürlicher Ursache von jenen durch höhere Gewalt, durch eigene Hand usf. getrennt und definiert werden. Auch eine allgemeine amtliche Ermittlung der Todesursachen ist sinnvoll, weil sie auf reale Befunderhebungen durch kundige Ärzte sich stützen kann. Eine solche Todesursachenstatistik enthält in ihrem Ansatz ganz bestimmte Fragen, z. B. nach bekannten Erregern von Seuchen, nach der Art der Krankheiten und ihrem bevorzugten Sitz im Körper, nach den Vorgängen, die unmittelbar zum Tode führen und viele andere mehr. In dieser Art können auch gelegentlich ganz besondere wissenschaftliche Fragen, die das Todesereignis betreffen, statistisch geklärt werden. Aber das gilt nur, um es bildhaft auszudrücken, einem einzelnen Faden aus einem sehr breiten und bunten Gewebe. Von einer Einsicht in die Ursache des Gesamttodes kann bei statistischen Erhebungen nicht die Rede sein.

Um nun in einem zweiten Teil der Darstellung Ihnen die Zurückhaltung der Wissenschaft in dieser Frage verständlich machen zu können, müßte ich eine Fülle von Beobachtungen anführen, um Sie selbst aus eigener Anschauung zu einem Urteil gelangen zu lassen. Ich muß mich aber auf ein einziges Beispiel beschränken.

In den ersten Wochen der Schwangerschaft kann aus Gründen, die wir nicht überblicken, bei der Entwicklung des Herzens eine Vertauschung im Abgang der zwei großen Arterien geschehen. Dadurch wird der Lungenkreislauf von der übrigen Blutstrombahn völlig isoliert.

In der folgenden monatelangen Schwangerschaft ist das Kind gesund, denn die Sauerstoffzufuhr erfolgt vom mütterlichen Organismus aus. Erst im Augenblick der Geburt, wenn die innige Beziehung zum mütterlichen Organismus gelöst werden muß, wird aus der lebensfähigen Leibesfrucht ein Kind, das in wenigen Minuten sterben muß, denn der Sauerstoff der Außenluft kann durch den Blutkreislauf nicht an die stoffhungrigen Körpergewebe herangebracht werden.

Beobachtungen dieser und ähnlicher Art haben zur Heranziehung einer ersten und letzten Ursache geführt (»causa prima, causa ultima«). Es ist nicht schwer, Beispiele dafür zu finden, daß weitere Ereignisse auslösend sich einzuschalten vermögen, so daß für den Tod eine ganze Perlenkette von Ursachen angeführt werden könnte.

Die Forschung geht aus diesen Gründen andere Wege. Anknüpfend an die Methoden der exakten Naturwissenschaften, Physik und Chemie, werden ursächliche Beziehungen zwischen Teilvorgängen ermittelt, die übersehbar sind und bei denen lückenlose Abläufe experimentell wiederholt werden können. Solche kausalen Relationen sind die Elemente, aus denen komplexere Vorgänge und Strukturen abgeleitet werden müssen. Und bei der geistigen Zusammensetzung dieser Bausteine wird die kausale Denkform vielleicht selbst Wandlungen erleben müssen, die sehr wahrscheinlich neue Wortfindungen erfordern.

Alle diese Andeutungen und Aussagen, meine Damen und Herren, sollen, so ist die Absicht meiner Worte, in Ihnen den Eindruck erwecken, daß die Ursachenforschung zum Problem des Todes derzeit einem großen Bauplatz gleicht, auf dem die Grundmauern ausgeschachtet werden und der Grundriß des Gebäudes sich kaum abzeichnet.

Eine vorzeitige Deutung der Ursachen des Todes ist ein sehr persönliches Urteil, kann reine Spekulation sein. Und das ist für die naturwissenschaftliche Erkenntnis lähmendes Gift.

Wenn wir in Hinweisen und Beispielen die Problematik jener Untersuchungen unterstrichen haben, die der Ermittlung der Ursachen des Todes gelten, so steht doch unausgesprochen bei allen Fragen nach dem »Warum« das Problem des

Alterns und des physiologischen Todes. Ich bin mir dessen bewußt, meine verehrten Damen und Herren, daß Sie von Beginn an auf die Beantwortung gerade dieser Frage hofften und unter Umständen die bisherigen Ausführungen als einen Umweg zum Ziel nur unmutig zur Kenntnis nahmen.

»Altern und Krankheit, Lebensalter, Altern und Tod« und viele andere ähnliche programmatische Zusammenstellungen in den Titeln bedeutsamer und weithin bekannter Werke zeigen an, daß hier eine Lösung der Frage nach dem natürlichen Tode gesucht wird, die sich sehr stark an unsere Kenntnisse von den Krankheiten anlehnt.

Das ist nach all dem, was wir über das Wesen der Krankheit und ihre Verflechtung mit den elementaren Gegebenheiten des Lebens hier gesagt haben, sehr verständlich. Dennoch sollte es angestrebt werden, daß wir in naturwissenschaftlichen Betrachtungen das Altern von den Formen und Deutungen der Krankheiten trennen. Und ein weiterer Ballast sollte in den wissenschaftlichen Bestrebungen über Bord geworfen werden: die betonte Wendung des Blickes zum höheren und höchsten Lebensalter, zum Greisentum hin. Das ist gewiß hauptsächlich in der seelischen Einstellung des Menschen begründet, der erst in höherem Alter die Unabweisbarkeit des Todes anerkennen will und in den Beschwernissen des Alters wesentliche Vorboten und Merkmale des natürlichen oder, wie wir sagen wollen, »physiologischen« Todes sieht. Das hat im Bereich der Wissenschaft zu einem Irrweg geführt insofern, als die Aufklärung des eigentlichen Alternsprozesses nur als Greisenkunde, »Gerontologie«, aufgefaßt und betrieben wurde.

Die eingehende Untersuchung der Organismen in hohem und höchstem Alter hat ergeben, daß die Anfälligkeit des alten Menschen für Krankheiten jeder Art sehr groß ist. Zusätzliche, u. U. geringfügige und doch einen Funktionskreis störende Krankheiten treten leicht und häufig ein, so daß der Zustand eines reinen, natürlichen Todes nicht sicher beobachtet wurde und nach allgemeiner Wahrscheinlichkeitsberechnung bei wirklich kritisch durchgeführter Untersuchung kaum jemals beobachtet werden wird.

Das ist aber für die Alternsforschung auch nicht von ausschlaggebender Bedeutung, denn die Besinnung auf die eigentliche Bedeutung des Alterns in seinem fundamentalen Zusammenhang mit allen Vorgängen der belebten und unbelebten Natur hat dazu geführt, daß der Mensch als Ganzes in allen seinen naturhaften Bezügen Objekt der Alternsforschung geworden ist. Es altert und stirbt das Individuum, und dieses Individuum beginnt nicht erst im Senium, sondern entsteht im Augenblick der Befruchtung. Der alte Sinnspruch »nascentes morimur«, »von Geburt an sterben wir«, muß sich auch auf die Entwicklung im Mutterleib erstrecken. Denn Wachstum und Differenzierung sind zeitliche Ausdrucksformen jenes Prozesses, den wir mit dem deutschen Wort »Altern« bezeichnen. Die Vorstellung, daß das Altern wie ein schleichendes Gift in ein sonst lange oder ewig lebendes Wesen eindringt, gleichviel, ob das Gift von außen hinzukommt oder in fehlerhaftem Stoffwechsel entsteht, ist schon lange widerlegt. Auch ist nicht ein einzelnes Organ oder Organsystem an der Alterung schuld. Der Organismus altert vielmehr harmonisch, so daß in jeder Phase der Entwicklung von der befruchteten Eizelle bis zum Tode der Mensch und seine große oder kleine Um- und Mitwelt im Gleichgewicht stehen.

Wie kann bei einem solchen Sachverhalt, der zunächst nur in allgemeinen Sätzen umrissen zu werden vermochte, die Naturwissenschaft uns weitere Erkenntnisse vermitteln? In den einleitenden Worten zur Methodik habe ich, meine Damen und Herren, darauf hingewiesen, daß angesichts einer neuen Sachlage, einer unerforschten Gegebenheit, die abgrenzende, nachzeichnende, feststellende, messende und beschreibende Methode die Grundlage für alle späteren Stadien der Forschung abgeben muß. Dort steht heute die Alternsforschung, die unsere Akademie in dankenswerter Weise schon lange gefördert hat. Das große Ziel ist eine lückenlose Befunderhebung und Vergleichung aller Altersklassen in dem obengenannten Sinne. Befunderhebung aller jener gestaltlichen und chemisch-physikalischen Werte, die bisher zumeist nur für den erwachsenen Menschen gelten.

Eine Zusammenfügung aller Erkenntnisse wird uns lehren, »wie« wir altern. Es wird zu prüfen sein, ob Einsinnigkeit aller Alternsvorgänge besteht und ob uns Einwirkungen auf dieselben möglich sind. Dann wird die Frage auch beantwortet werden können, ob eine Ursache oder ein »Warum« für das Altern besteht. Wenn nämlich Altern eine Erscheinungsform des Lebendigen ist, dann ist die Ursache des Alterns und unseres biologischen Todes, wie das ein guter Kenner des Alternsproblems schrieb, das Leben selbst.

Ich bin damit am Ende meiner rein naturwissenschaftlichen Betrachtung über den Tod. Es war darin von Ergebnissen, Überraschungen, Bemühungen, Enttäuschungen und Irrwegen die Rede. Die Fülle der Gegebenheiten und Probleme könnte nun den Gedanken aufkommen lassen, der Lehre vom Leben, also der Biologie, eine ebenso gegliederte Lehre vom Tode, also Thanatologie, an die Seite oder gar gegenüberzustellen. Dies ist bis jetzt nicht geschehen und wird auch nicht sein. Denn an den Forschungsstätten, denen die Einsicht in den toten menschlichen Körper und die geistige Verarbeitung des Gesehenen obliegt, steht unausgesprochen oder auch oft geschrieben der Satz:

»Hier ist der Ort, an dem der Tod dem Leben dient.«

Damit ist jeder Gedanke, der dem Tode gewidmet ist, auch gleichzeitig ein Bekenntnis zum Leben.

Gottfried Geiler

Hier ist der Ort, an dem der Tod dem Leben dient

Einer Schrift über die Frage »Was ist das Leben« hat der Physiker Erwin Schrödinger *den 67. Satz aus* Spinozas *Ethik vorangestellt: »Der freie Mann denkt über nichts weniger nach als über den Tod; seine Weisheit liegt darin, daß er nicht über den Tod, sondern über das Leben nachsinnt.«*

Wenn ein Naturwissenschaftler vom Range Schrödingers *diesen Satz programmatisch der Frage nach dem Leben voranstellt, stimmt dies nachdenklich. Der Satz erweckt aber eher Zweifel an der Gültigkeit einer solchen Aussage, als daß er Zustimmung fände. Er provoziert zu einer Antithese, nämlich der, daß Freiheit, insbesondere geistige Freiheit, die Neugier weckt und Kraft gibt, über den Tod als Begrenzung des Lebens, als Ende der individuellen Existenz nachzudenken. Dies geschieht aus verschiedener Sicht: theologisch, philosophisch, naturwissenschaftlich oder ärztlich. Die Medizin des 20. Jahrhunderts ist von der Naturwissenschaft geprägt. Deren Fortschritte, ihre konsequente Anwendung in der Forschung, der Diagnostik, der Therapie, ihre Umsetzung in die Technik und damit in die moderne apparative Ausrüstung haben die Möglichkeiten ärztlichen Handelns in ungeahnter Weise entwickelt.*

Unmittelbar davon berührt sind auch Sterben und Tod als dem Leben zugehörige Kategorien unseres Seins. Die der modernen Medizin erwachsenden Möglichkeiten der apparativen Verlängerung des Lebens führen zu einer qualitativ bisher nicht gekannten neuen Dimension der Verantwortung über Leben und Tod. Sie zwingen zu Überlegungen, ob das Machbare das Notwendige ist und ob es mit der Würde des Menschen vereinbar ist. Eine ärztliche Analyse von Sterben und Tod kann deshalb keine abstrakte naturwissenschaftliche sein, sie muß den Menschen als Einheit von Leib und Seele im Blick behalten. Unter dieser Voraussetzung ist es aber legitim, den Tod als naturwissenschaftliches Phänomen zu betrachten.

Wenn Heinrich Bredt *Leben und Tod als zwei einander gleichzeitig bestimmende und begrenzende Begriffe beschreibt, so wird daran deutlich, daß über den Tod zu sprechen voraussetzt, zu wissen, was Leben ist. Unsere erkenntnistheoretischen Möglichkeiten führen zu der Feststellung, daß wir mit naturwissenschaftlichen Methoden das Leben nicht definieren können, sondern daß wir nur Eigenschaften beschreiben können, auf deren Gesamtheit Leben beruht. Diese Eigenschaften gelten für alle Formen des Lebendigen, sei es animalischer oder pflanzlicher Natur:*

- *zelluläre Organisation*
- *Stoffwechsel und Stofftransport*
- *Wachstum und Differenzierung*

- *Reizbeantwortung*
- *Wahrung der Individualität*
- *Fortpflanzung und Vererbung*
- *Evolution.*

Es wird am Katalog dieser das Leben charakterisierenden Eigenschaften deutlich, daß Leben an drei naturwissenschaftlich determinierte Hauptkategorien gebunden ist: Struktur, Funktion und Stoffwechsel. Von dieser Erkenntnis geleitet, ist der Streit müßig, welchem der drei Eigenschaften das Primat zukommt. Sie bilden ein System, d. h. einen Komplex von Elementen, die untereinander so in Wechselwirkung stehen, daß der Ausfall eines Systemgliedes zum Untergang des Gesamt-Systems, zum Tode, führt. Dies gilt für alle Stufen in der Hierarchie des Lebendigen, angefangen von der nur molekularbiologisch faßbaren Desoxyribonukleinsäure (DNS), der Schrift unseres Lebens, über die elektronenmikroskopisch sichtbaren Kompartimente einer Zelle bis zum Gesamtorganismus.

Wenn man den Tod als irreversiblen Stillstand aller aufgeführten lebenserhaltenden und lebensbestimmenden Merkmale definiert, wird wie beim Versuch, Leben zu definieren, deutlich, daß diese Definition nicht befriedigen kann, da sie die Kategorie des Geistigen nicht erfaßt, dessen Verlust im Sterben besonders nachhaltig in Erscheinung tritt. Sterben und Tod sind eng miteinander verflochten. Sterben ist der Übergang vom Leben in den Tod. Abgesehen von Todesfällen, die durch äußere Gewalteinwirkung zur plötzlichen Vernichtung des Lebens führen, ist Sterben ein Prozeß, ein allmählicher Übergang mit einem gestuften Abbau der Lebensfunktionen, zu dem der zunehmende Mangel an Sauerstoff infolge der abnehmenden Blutzirkulation den wichtigsten Kausalfaktor bildet. Dabei ist bekannt, daß die Überlebenszeit der Organe und Organsysteme bei komplettem Sauerstoffmangel sehr verschieden ist, wodurch eindrücklich belegt ist, daß Sterben und Tod eines Organismus zeitlich dissoziiert sind.

Diese Erkenntnis führt zu der wichtigen und ärztlich bedeutungsvollen Unterscheidung von klinischem und biologischem Tod. Der klinische Tod umfaßt Merkmale, die als unsichere Todeszeichen zu bewerten sind: Herzstillstand, Pulslosigkeit, Atemstillstand, Areflexie und Temperaturabfall. Die unsicheren Todeszeichen sind Zeichen ausgefallener Funktionen. Sie sind als Merkmale einer »vita reducta« zeitabhängig reversibel und lassen sich durch manuelle und apparative Reanimation in vielen Fällen überwinden. Im Zentrum steht dabei die Wiederherstellung von Kreislauf und Atmung zur Sauerstoffversorgung aller Organe. Die Reanimation erfährt ihre Grenzen am Gehirn, dessen Wiederbelebungszeit in Abhängigkeit von der Körper- und der Außentemperatur zwischen 6 und 10 Minuten liegt. Jenseits dieser Zeitspanne entstehen am Zentralnervensystem irreversible strukturelle Schäden, die mit dem Leben nicht vereinbar sind.

Das Wissen um zeitlich abgestufte Wiederbelebungszeiten der Organe (z. B. beträgt diese für die Nieren 6 Stunden) ist von grundsätzlicher Bedeutung in der Organtransplantation, da nur die Übertragung vitaler Organe Aussicht auf Erfolg, d. h. die Wiederaufnahme der Funktion, verleiht. Daß heute Transplantationen der Nieren, der Leber, des Herzens, des Knochenmarkes, der Cornea und weiterer Organe erfolgreich verlaufen und sonst unheilbar Kranken neues Leben schenken, sollte Anlaß sein, irrationale Vorbehalte gegen die Organspende abzubauen. Dabei strengste Regeln für den Zeitpunkt der Organentnahme frisch Verstorbener einzuhalten ist eine verbindliche ethische Verpflichtung für das Handeln des Arztes an dieser Schwelle zwischen Leben und Tod.

Vom klinischen Tod ist der biologische Tod als definiertes Ende des Individuums zu unterscheiden. Er ist gebunden an den Hirntod. Aus den Erörterungen zum klinischen Tod (vita reducta) wird das Maß der Verantwortung für die Erfassung und Bestätigung des Hirntodes deutlich. Neben dem irreversiblen Fehlen der Spontanatmung und der irreversiblen Areflexie sind für die definitive Bestätigung des Hirntodes zwei objektive Methoden erforderlich: 1. der Nachweis eines isoelektrischen Enzephalogramms über 24 Stunden und 2. der zweimalige angiographische Nachweis des stillstehenden Hirnkreislaufes im Abstand von 30 Minuten.

BREDT hat die heute mit neuen Kenntnissen und Konsequenzen verbundene Frage nach der Todeszeit klar als Problem erkannt und besprochen. In einer fast poetischen Sprache drückt er es so aus: »Die Wurzeln des Toten sind mitunter tief im Lebendigen verankert, und es liegt viel Weisheit in der sprachlichen Darstellung, daß ein lebender Mensch ›vom Tode gezeichnet‹ sein kann.« Die Todeszeit ist nur indirekt festzulegen in einer Bezugnahme auf den einen oder anderen der beiden komplexen Zustände, die mit Leben und Tod bezeichnet sind. HEINRICH BREDT veranschaulicht diese Aussage am Begriff Gegenwart, die selbst keine meßbare zeitliche Ausdehnung besitzt und doch zwei meßbare Zeiträume voneinander trennt, die Vergangenheit und die Zukunft.

Leben zu bewahren ist der kategorische Imperativ des ärztlichen Handelns. Das Nachdenken über Sterben und Tod ist ein Gebot menschlicher Freiheit, es dient dem Leben.

Siegfried Morenz

Die Heraufkunft des transzendenten Gottes in Ägypten

1962

Vorwort

Was ich mit der nachstehenden Schrift bezwecke, wird zunächst aus den einleitenden Sätzen und soll dann aus ihr selbst deutlich werden. Ich möchte sie aber nicht hinausgehen lassen, ohne denen zu danken, die sie im Manuskript gelesen und mich durch Mitteilung von Bedenken, Gedanken und Substanzen gefördert haben. Da die Behandlung des vorliegenden Themas vor allem infolge ungleicher zeitlicher und sachlicher Verteilung unserer Quellen ein Wagnis ist, wollte ich mich durch mancherlei rechtzeitigen Rat wenigstens ein Stück weit sichern. Es versteht sich aber von selbst, daß ich für den Inhalt allein die Verantwortung trage, zumal ich nicht jedem Rat zu folgen mich entschließen konnte. Mein einstiger Lehrer W. Wolf und mein einstiger Schüler D. Müller sowie die Herren J. Assmann, G. Fecht, E. Hornung und E. Winter haben mir Hinweise gegeben, die nicht immer im einzelnen angezeigt sind. Außerdem hatte J. D. Cooney die große Freundlichkeit, mir die Abbildung zweier Denkmäler des Brooklyn Museum zu gestatten. Was die Schrift den vielen anderen und natürlich vor allen den grand old men unserer Wissenschaft verdankt, geht aus den Nachweisen zur Genüge hervor. Man kann die sogenannten großen Linien ja nur dort ziehen, wo Fachgenossen vorher Pionierarbeit geleistet haben.

Leipzig, am 11. September 1962 — Siegfried Morenz

Dem Religionshistoriker stehen bei der Gestaltung seines Stoffes zwei Möglichkeiten offen: eine primär an den Erscheinungen orientierte und eine zunächst historische Darstellung. In meiner Skizze der ägyptischen Religion[1] habe ich den Weg der Phänomenologie gewählt, die, das sei zu ihren Gunsten gesagt, geschichtliches Werden zwar nicht zu erforschen, aber natürlich ebensowenig zu verdecken beabsichtigt. Seither hat mich der Versuch einer historischen Darstellung des Gegenstandes vielfach beschäftigt und ist schließlich zur Versuchung geworden. Worauf es vor allem ankommt, scheint mir Einsicht in solche Leitlinien des historischen Werdens zu sein, die durch ihre sachliche Bedeutung den Lauf der Dinge insgesamt verstehen und damit auch beurteilen lehren. Nun sollte es keinen Zweifel leiden, daß das Verhältnis zwischen Gottheit und Mensch die Mitte und das Lebenszentrum jeder Religion bildet, wobei der Mensch ebenso als gesellschaftliches Kollektivum wie als Individuum begriffen ist. Deshalb wird eine Frage nach der Erscheinungsweise bzw. der Erfahrbarkeit der Gottheit im Fortgang geschichtlichen Lebens alle Aussicht haben, über das geschichtliche Werden einer Religion eine über Einzelzüge weit hinausgehende Antwort zu geben. Sachverhalte der verschiedensten Art veranlassen mich, eine stetige Heraufkunft des transzendenten Gottes als eine der großen Leitlinien im Bilde der Geschichte ägyptischer Religion anzunehmen. Andersherum ausgedrückt: Eben diese Leitlinie erweist sich mir als Generalnenner für Tatbestände, die als solche zum guten Teil bekannt, aber in ihrer Bedeutung deshalb nicht ausreichend erfaßt worden sind, weil man sie nicht auf den gemeinsamen Nenner gebracht hat, auf den sie gehören. Bei alledem können die nachstehenden Darlegungen als Prolegomena zu einer Geschichte der ägyptischen Religion gelten.

Zwei Begriffe des formulierten Themas seien zunächst kurz definiert. Wenn ich mich des durch Nietzsches bekannte Verwendung vielleicht nicht einmal sonderlich empfohlenen Wortes »Heraufkunft« bediene, so will ich damit kenntlich machen, daß es sich für den Historiker um nichts anderes als darum handeln kann, ein denkbarerweise an sich existierendes Phänomen in seinen geschichtlich sichtbaren Erscheinungsphasen zu beschreiben. Es ist denkbar, und es ist vor allem für den gläubigen Menschen selbstverständlich, daß der transzendente Gott, den der Historiker seine Bahn in den Zenit hinaufsteigen sieht, unabhängig von dieser Beobachtbarkeit und auch außerhalb der damit gesetzten Zeitgrenzen existiert. Wer von seiner »Heraufkunft« spricht, läßt in Hinsicht der Seins- und Wahrheitsfrage alle Möglichkeiten offen und rückt an seinem Teile die Religionsgeschichte aus einem Zwielicht, in dem sich dieses Kind des Positivismus durch seine Geburtssituation und oft auch durch die Art seiner Anwälte noch bis zur Stunde befindet. Wenn ich ferner den Gott, dessen Lauf beobachtet werden soll, »transzendent« nenne, so gewinne ich die Bezeichnung (was mir überdies für alle wissenschaftliche Terminologie das einzig Angemessene scheint) aus dem behandelten Stoff: Ich gehe davon aus, daß die oberste Gottheit in Ägypten in der Frühzeit im Herrscher inkorporiert und damit (von der ägyptischen Gesellschaft aus erlebt) immanent ist. Mehr noch: Da dieser Grundton ägyptischer Religionsgeschichte durchgehalten und der Aspekt eines vom König rituell im Gang gehaltenen Weltlaufes nicht preisgegeben wird, bleibt der Gott in dieser Hinsicht immanent und zugleich verfügbar. Unter Transzendenz verstehe ich demgegenüber das, wie sich zeigen wird, wachsende Herausrücken Gottes aus solcher Immanenz und zugleich Verfügbarkeit.[2] Damit will ich die Möglichkeit nicht leugnen, Gottes Transzendenz lasse sich in Ägypten auch in jener herkömmlich-allgemeinen Weise fassen, die auf eine Transzendierung von Zeit und Raum hinzielt. Als eine vorgerückte Position Gottes erreicht war, finden sich vielmehr sogar dafür Zeugnisse. Von Amun in seiner Erscheinungsform als Sonnengott wird gesagt: »Ein Augenblick (ʾ.*t*) ist jeder Tag bei dir; er schwindet dahin, wenn du (als Sonne) untergehst.«[3] Vor ihm schrumpft also die Zeit ebenso zusammen wie vor Jahwe, wenn der Psalmist von ihm singt (Psalm 90,4), »tausend Jahre« seien vor ihm »wie der Tag von gestern, wenn er vergangen ist«. Und die frappierend modern anmutende Angabe der vom Sonnengott »an einem kleinen Tag« durchmessenen Räume, die nach dem gleichen Text einen Weg von Millionen und Hunderttausenden Meilen beträgt, leitet in der praktischen Konsequenz zur räumlichen Transzendenz über. Diese wird z. B. bei den Gebetsworten des im fernen syrischen Kadesch kämpfend auf sich allein gestellten Ramses' II. an Amun vorausgesetzt: »Ich bete an den Enden der Länder, doch meine Stimme geht in Hermonthis um.« »Ich fand, daß Amun gekommen war, als ich ihn rief, er gab mir seine Hand (mit mir), und ich jubelte.«[4] Die Dramatik der Situation läßt keinen Zweifel daran, daß es sich um eine Soforthilfe des Gottes handelt, die der in Hermonthis (Theben) Verehrte seinem Bittflehenden über 2000 km hinweg leistet. Um aber jeden Zweifel zu zerstreuen, fügen wir einen Passus aus den gleichzeitigen sogenannten Leidener Amunshymnen an, die den Sachverhalt in unserem Sinne klar formulieren: »(Amun) hört die Gebete dessen, der zu ihm ruft; er kommt in einem Augenblick (ʾ.*t*) von ferne zu dem, der ihn ruft.«[5] Auch darf erwähnt und müßte untersucht werden, wieweit eine z. T. geradezu polemische Vergeistigung ursprünglich massiver Konzepte mit der Tendenz zur Transzendierung der Gottheit zusammenhängt oder sie doch bekundet: so die Absage an die altheliopolitanische Vorstellung vom Werden des Schu aus einer Masturbation Atums und ihr Ersatz durch die Lehre vom Entströmen des Luftgottes aus der Nase seines Erzeugers.[6] Schließlich müssen wir wenigstens hier kurz festhalten, daß mit »dem transzendenten Gott« nicht eine bestimmte Gottheit, sondern die ägyptische Gottesvorstellung als solche und in all ihren Gestaltungen gemeint ist. Augenscheinlich brechen die großen Götter (Re und später Amun, aber auch Ptah) Bahn; doch partizipieren die für den Ägypter unverändert und in der Spätzeit sogar wieder wachsend relevanten Ortsgötter einfach dadurch am Lauf der Dinge, daß sie entweder auf dem theologischen Wege der Gleichung in den Rang von Ur- oder Reichsgöttern aufrücken oder, so in den sogenannten Weisheitslehren, stillschweigend gemeint sind, wenn ohne Namensnennung von »Gott« die Rede ist.[7]

Schon durch vorstehende Definition wird der am Alten Testament orientierte und von da aus auf den alten Orient schließende Betrachter gewarnt, wenn er eine Transzendenz der Gottheit im Sinne von Psalm 90 für selbstverständlich halten sollte, jedenfalls im Bereich der östlichen Mittelmeerwelt. Er wird ja allenfalls mit einer Milderung frühstufiger anthropomorpher Züge, wie sie für Jahwe z. B. in manchen Korrekturen der LXX spürbar wird[8], d. h. mit der Steigerungsfähigkeit einer als solcher unbezweifelbaren Transzendenz gerechnet haben. So einfach liegen die Dinge indes eben nicht. Es mag sein und ist mir wahrscheinlich, daß den semitischen Wüstensöhnen dort, wo sie von einer Hochkultur seßhafter Völker nicht frühzeitig und damit entscheidend geprägt worden sind[9], absolute, willkürlich-weltüberlegene Gottheiten wie Jahwe und Allah gegenübertraten.[10] Doch ist es gewiß, daß mindestens im Falle der Ägypter einerseits eine Weltordnung (Maat) neben den Göttern stand, die sie einschränkte (s. u. S. 294f.), anderseits die Gottheit im König inkorporiert war, was ihr einen Grad von Innerweltlichkeit verlieh, gegen die sich der Zug zur Transzendenz erst durchsetzen mußte und durch die er bis zum Schluß die Einschränkung eines seltsamen Nebeneinanders erfuhr.[11]

Weit über die Welt hin verbreitet ist die Vorstellung einer Urzeit, in der Götter und Menschen beieinander lebten und eine Störung der Ordnung, sei es durch schicksalhaften Lauf, sei es durch menschliche Schuld, noch nicht eingetreten war.[12] Diese paradiesische Urzeit gottmenschlicher Verbindung ist das Gegenbild eines seine Schöpfung transzendierenden Gottes; mit ihr wollen wir daher unseren Weg durch das ägyptische Terrain beginnen. Freilich handelt es sich dabei zunächst nur um den sachlichen Antipoden und keineswegs in jeder Hinsicht auch um einen zeitlichen Beginn. So wird die klare, in die Rationalität der historischen Aufzeichnung hereingeholte Idee einer irdischen Götterherrschaft schwerlich am Anfang der schriftlich fixierten Geschichte liegen, und vollends ist das Idealbild leibhaftiger Gegenwart der Maat auf Erden eine späte Prägung.[13] Am Anfang liegt auch nicht die Hereinnahme geschichtlicher Tatbestände und Erfahrungen in den Mythos, der in Ägypten allzeit Geschichtliches und Kosmisches verbunden hat[14] und der eben damit den Zusammenhang von Natur und Geschichte formulierte und bewußt hielt, durch den der ägyptische Ordnungsbegriff (Maat) gekennzeichnet ist.[15] Denn wir haben Grund zu der Annahme, daß der Mythos als Göttergeschichte erst in der 3. Dynastie im Zusammenhang mit der Gestalt des Königsgottes Osiris zu Memphis seine Form gefunden habe.[16] Dabei kann nicht ernst genug davor gewarnt werden, den Mythos für einfache Abspiegelung geschichtlicher Fakten zu halten.[17] Was in höchst charakteristischer Weise den Anfang markiert, ist vielmehr das zunächst als echte und unmittelbare, d. h. nicht eingeschränkte und nicht abgeleitete Größe erscheinende Gottkönigtum, das den Herrscher der Frühzeit sei es als mit dem falkengestaltigen Weltgott Horus identisch, sei es als seine Inkarnation bezeichnet und begreift. Dabei können wir die Unmittelbarkeit dieser Größe im Bewußtsein der Frühzeit daran ablesen, daß die Namen, die die ältesten Könige der Thinitenzeit in ihrem Horustitel tragen, stärker, als wir bisher annahmen, auf die Falkennatur eingestimmt sind. So ist der vielumstrittene Name  weder *Wdj-mw* noch *Nj-Ḏr.t* noch auch *Dn*, sondern wahrscheinlich als defektiv geschriebenes *Dwn* zu lesen und bedeutet den »(Schwingen-)Spreizer«, also den fliegenden Falken usw.[18] In dieser vom Lauf der Geschichte alsbald vielfältig unterwanderten (sowohl geminderten wie überspielten) und dennoch niemals preisgegebenen Form war der ägyptischen Religionsgeschichte jener Ausgangspunkt gesetzt, der mehr als irgend etwas Gott in der Welt, genauer gesagt inmitten der ägyptischen Gesellschaft, verankert hat. Hier wurden die Grundlagen dafür gelegt, daß der Gottkönig selbst die Ordnung aufrecht erhielt, die überdies auch ideologisch eine spannungsvolle gewesen ist, denn der König inkorporierte neben Horus dessen Partner und alsbaldigen Widerpart Seth und band auf diese Weise in seiner Person die streitenden Potenzen ebenso zusammen wie die beiden Länder.[19] Dabei hat der gottkönigliche Repräsentant der ägyptischen Gesellschaft eine aktive Rolle gespielt und eben damit den Lauf der Dinge reguliert; bei gegebener Veranlassung hat man dafür den Titel *nb ỉr.t ỉḫ.t* geprägt, der den Herrscher als »Herrn des Agierens« kennzeichnet, wenn und weil er durch Rituale handelt (Belege seit Sesostris I.).[20] Wir müssen uns damit begnügen, dies festzuhalten und damit eine Ausgangsposition der ägyptischen Religion zu markieren, die für einen transzendenten Gott und seine Allmacht keinen weiten Spielraum läßt.[21] Immerhin darf natürlich nicht übersehen werden, daß die Gottheit in spätvorgeschichtlicher und thinitischer Zeit in zahlreichen Verkörperungen ausgebildet und daß sie auch im König wahrnehmbar war. Denn dieser heißt ja »Gott« und speziell »Horus«, trägt also den Namen des Wesens, das sich im Flug über die Erde erhebt und »den Fernen« bedeutet[22]. Hier müssen die unentbehrlichen Ansatzpunkte für einen Lauf der Dinge liegen, der schließlich in polweite Entfernung von der Ausgangssituation führen sollte.

Zunächst aber haben wir der eingangs angeschnittenen Überlieferung nachzufragen, daß es eine Zeit gegeben habe, in der einzelne Götter oder Götterdynastien in Ägypten regierten. Sie setzt in dem uns bekannten Zeugnisbereich mit der Lehre des Ptahhotep ein, der Macht und Dauer der Maat rühmt und den Lobpreis historisch begründet: »Nicht ist sie gestört worden seit der Zeit des Osiris.«[23] Damit ist natürlich nicht gesagt, sie habe erst damals begonnen; Ptahhotep scheint seine Formulierung bereits als geläufige Münze zu gebrauchen. Die innere Voraussetzung dafür ist von dem Zeitraum ab gegeben, als neben den alten, im König zusammen mit Seth inkorporierten Weltgott Horus der Osiris-Sohn Horus als vorwiegend historisch-politische Figur getreten war. Dessen Wirken auf Erden lag in fernvergangener »mythischer« Zeit, und an diesen Aspekt des Mythos von der Königsfolge Vater Osiris – Sohn Horus mußte sich die Idee von Götterdynastien der Vorzeit fast zwangsläufig anschließen. Nach dem oben Gesagten bedeutet das prinzipiell die Möglichkeit eines Ansatzes in der 3. Dynastie.[24] Die Mahnworte des Ipu-Wer führen die Überlieferung fort, wenn sie von einer Vorausbestimmung geschichtlicher Katastrophen mit den Worten sprechen, sie seien festgesetzt worden »in der Zeit des Horus, in der Epoche (der Neunheit)«[25]. Über weitere Zeugen leitet sie zu einer chronologischen Systematisierung hin, die im Turiner Königspapyrus (Zeit Ramses' II.) Götterdynastien vor die Reihen menschlicher Herrscher schaltet, die dann bis in die ausgehende Antike überliefert worden sind.[26] Sehen wir von der Möglichkeit ab, daß hinter einzelnen solcher Formulierungen bestimmte historische Ideale und vor allem theologische Konzepte wirksam sein können, so halten wir für unseren Zweck wenigstens dies mit Entschiedenheit fest: Aus Formeln und Systematisierungen der vorliegenden Art spricht das Bewußtsein, daß die Zeit der Götterherrschaft auf Erden vorüber ist. Mag Ptahhotep in der späteren 5. Dynastie noch keinen Anlaß sehen, die Störung der Maat zu beklagen und im Sinne seines Telos im Gegenteil ihre Kontinuität preisen, mag Ipu-Wer umgekehrt aus der Katastrophe auf die Götterzeit zurückweisen, oder mögen Systematiker einfach Listen aufbauen – man spürt überall ein Innewerden des Verlustes mit oder ohne Bruch, und fortan mag man vom ägyptischen Königtum allenfalls noch sagen: »Die Göttin ist's nicht mehr, die du verlorst – doch göttlich ist's.« Daran können auch aus der jeweiligen Zeitgeschichte begreifliche ideologische Rückgriffe auf Mythos und Kultus wie der Titel eines »Erbprinzen auf dem Throne des (Erdgottes) Geb« (Ramses II.) nichts ändern.[27] Wir hatten also recht, wenn wir den Ansatz von Götterherrschaften auf Erden zwar sachlich als Antipoden der transzendenten Gottheit begriffen, ihr aber den Platz am Anfang versagten.

Indem das Gottkönigtum mit dem Osirismythos verbunden wird, erfährt es seine erste Begrenzung: Jetzt sind Horus/Seth im Herrscher nicht mehr selbstverständlich gegenwärtig, sondern bedürfen zur Identifizierung mit ihm des Rituals. Der König hört auf, kraft seiner Natur göttlich zu sein; er muß sich den historischen Präzedenzfall aneignen. Das erlangt er vor allem durch die Zeremonien der Krönungsfeierlichkeiten, und er wird Osiris auf dem Wege der Begräbnisriten. Im einen wie im anderen Falle strebt er nach Göttlichkeit, die er nicht aus sich heraus hat und die folglich als eine eigene Wirklichkeit da war: als »Gott Osiris«, als »Gott Horus, Sohn des Osiris«, aber auch in jeder sonst bekannten Form göttlicher Gestalten. Augenscheinlich hat der Ägypter die Konsequenz gottköniglicher Existenzminderung, die sich aus dem in Osiris konzentrierten Mythos ergab, unter Zoser noch nicht gezogen: Dieser König ist bekanntlich inmitten seiner zu Steinbauten verdichteten Residenz in ungebrochener Weise als Gottkönig bestattet worden. Mit dem Beginn der 4. Dynastie aber, unter Snofru, prägt der Osirismythos als Aussage einer neuen Form der Wirklichkeit Gottes die Grabarchitektur um, und zunächst nur an ihr können wir den Wandel im Kräftespiel von Herrscher und Gottheit ablesen: Die Macht und Notwendigkeit eines Rituals zwingt den königlichen Grabmälern nunmehr die Form einer Prozessionsbühne für das osirianische Bestattungsritual auf.[28]

Diese weniger geläufigen und schwer darstellbaren Beziehungen des Königs zu Osiris, dem der Herrscher nicht einfach gleicht, sondern in dessen Wesen er einzugehen trachtet, werden nun durch ein leicht faßliches Geschehen ergänzt: Das Verhältnis des Königs zum Sonnengott weist eine klare Trennung beider Personen aus. Die Gottheit rückt in die Transzendenz, der Herrscher wird ihr verantwortlich.[29]

Besser als alles andere vermag uns nunmehr die Geschichte der Königstitulatur die Dialektik von Beharrung auf der Ausgangsposition und laufendem Positionswandel zugunsten der Gottheit sinnenfällig zu machen. Bekanntlich tritt mit der 4. Dynastie ein neues Göttlichkeitsprädikat für den König in Erscheinung, das die kanonische fünffältige Titulatur abrundet und in der Folge nach Ausweis der Urkunden dem als solchen bewahrten Horustitel in der Praxis den Rang abläuft: Der König heißt »Sohn des Re«. Seit kurzem ist uns dieser Titel durch ein neu erworbenes Münchner Statuenfragment nicht für Chephren, sondern für dessen älteren Bruder und Vorgänger Dedefre zum ersten Mal bezeugt.[30] Nun hat man längst den Charakter des neuen Prädikats richtig erfaßt; innerägyptisch gesehen macht es nicht so sehr die Göttlichkeit des Herrschers als vielmehr seine Rangminderung gegenüber der älteren Zeit und gegenüber seinem transzendenten Vater kund, wobei Re seinerseits als Weltgott das Erbe des alten Horus antritt.[31] Daß Sohnschaft als solche in erster Linie Verantwortlichkeit bezeichnet, läßt sich jetzt überdies genauer fassen, nachdem philologische Beobachtungen gezeigt haben, daß der Vater im Alten Reich, anders als im Mittleren Reich, nicht so sehr intimer Verwandter als vielmehr Vorgesetzter gewesen ist. Als nomen rectum steht *it* damals im indirekten Genitiv, der den Fernbereich bezeichnet[32]. Natürlich sind es die zeitgenössischen sprachlichen Gegebenheiten, die das Wesen des Titels bestimmen, so daß wir ihn jetzt mit noch klarerem Rechtsgrund als bisher für die Minderung der Macht des im Vollsinn des Wortes immanenten, d. h. die ägyptische Gesellschaft repräsentierenden Gottkönigs in Anspruch nehmen dürfen.[33]

Etwa zu der Zeit, da der König seinem vorgesetzten Vater verantwortlich wurde, muß die Idee eines allgemein verbindlichen und auch für den König gültigen Totengerichts konzipiert worden sein, vor dem sich jeder Ägypter für die Summe seiner irdischen Taten zu verantworten hatte. Daß diese folgenschwere Vorstellung nach und nach reich entfaltet wurde und manch wechselndes Schicksal hatte, darf hier auf sich beruhen; daß und warum sie magisch ausflankiert worden ist, indem es der Ägypter nicht wagte, seine ewige Existenz von einer ethisch begründeten Passage dieser furchtbaren Einrichtung abhängig zu machen, steht vollends auf einem anderen Tapete.[34] Um so schärfer haben wir ins Auge zu fassen, daß mit dem Zerbrechen der innerweltlichen, vom König garantierten Ordnung und einer neuen Orientierung selbst des Königs an einem transzendenten Wesen Diesseits und Jenseits auseinandertraten. Dabei bedurfte das Jenseits, indem es zwar noch Spiegelung, aber nicht mehr ungebrochene Fortsetzung des Diesseits war, nunmehr eines eigenen Fundamentes. Was vorliegt, ist zwar auch Erhöhung des Diesseits zum Felde ewiger Bewährung, aber es ist ebenso ein Infragestellen vieler Formen der irdischen Ordnungswelt. Denn die Ethisierung des Lebens wehrt der Fülle materieller und gesellschaftlicher Gegebenheiten die Pforte zur Ewigkeit: Man beginnt zu ahnen, wie viele Dinge dieser Welt keinen Bestand haben vor Gott. Unserem zunächst spekulativ gewonnenen Ansatz kommt eine feinsinnige Beobachtung entgegen, die – lange vor dem altbekannten Zeugnis in der Unterweisung für König Merikare (10. Dynastie) – bereits in der Lehre des Ptahhotep einen Hinweis auf das Totengericht entdeckt hat. Es handelt sich um einen nach nicht selten geübtem ägyptischen Brauch amphibolisch angelegten Text, dessen für unseren Zusammenhang wesentliche Fassung so lautet: »Man straft den, der die Gesetze (der Maat) übertritt, (doch) dem Habgierigen (= Prototyp des Bösen) scheint das etwas Fernes. Die Bosheit kann (zwar) die Lebenszeit währen, doch nie ist das Vergehen unversehrt (im Jenseits) gelandet.«[35] Aber wir können ein weiteres, freilich indirektes Zeugnis für die Konzeption des Totengerichts bzw. den Beginn seiner Durchschlagskraft in der 5. Dynastie ansetzen. Der Sachverhalt als solcher ist so bekannt, daß man sich beinahe scheut, ihn zu nennen; doch ist er für diese wesentliche Frage offenbar niemals herangezogen worden. Wir meinen die Aufzeichnung der Versorgungs- und Bestattungsliturgie der Könige in ihren Grabräumen, also die mit dem letzten König der 5. Dynastie einsetzenden Pyramidentexte. Gewiß, diese Sprüche sollen den toten Herrscher u. a. von der fragwürdigen Praxis des Versorgungsdienstes durch die Hinterbliebenen unabhängig machen,[36] und es darf auch zugestanden werden, daß sie nach Inhalt und Anordnung Beisetzungsrituale wiedergeben.[37] Aber indem sie Ritualen schriftliche Dauer verleihen und sie dem Toten verfügbar machen, gewähren sie ihm ja zugleich auf magische Weise den Zutritt zu Himmel und Götterwelt. Daraus darf mit an Sicherheit grenzender Wahrscheinlichkeit gefolgert werden, daß der König einfach kraft seiner Gottnatur und ohne Magie dieses Ziel nicht mehr zu erreichen vermochte. Es ist damit zu rechnen, daß diese ältesten Totentexte dem König etwas Entsprechendes leisten sollten wie später Sargtexte und Totenbuch den Privatleuten: die Gewinnung des Heiles unabhängig vom Totengericht, das eben den König genauso zu bedrohen sich anschickte wie jeden anderen auch. Hier mag noch daran erinnert werden, daß die Aufzeichnung der Rituale in den Pyramiden nur eine letzte Folgerung aus der Notwendigkeit dieser Rituale gewesen ist, die bereits den Grabanlagen seit Snofru Gestalt gab (s. o. S. 280). Wenn wir dennoch im Sinne unseres Anliegens erst jetzt fester zupacken können, so deshalb, weil nun in den Pyramidentexten tatsächlich geschrieben steht, daß der König bei seiner Himmelfahrt von niemandem gehindert werden kann, auch nicht von einem jenseitigen Gericht und seinem Spruch: »Nicht wird eine Sitzung in dem Richterkollegium des Gottes um seinetwillen abgehalten. Der König NN ist einer, der auf sich selbst steht, der Älteste der Götter.«[38] Die Ausflankierung des Gerichts durch Magie aber wird in schöner Offenheit mit folgender Drohung formuliert: »Verhöre König NN nicht ..., fordere nicht den Zauber von König NN – du hast ja deinen Zauber, und König NN hat den seinen –, daß er nicht dein Schreibrohr zerbreche und deine Palette zerstöre.«[39] Hinter dieser den König betreffenden Spannung zwischen Magie und Gericht steht nach meiner Überzeugung die zwischen göttlichem Amt und menschlicher Person des Herrschers, die zwar nicht lehrhaft ausgesprochen, aber in der Wahl verschiedener Termini greifbar wird.[40] So treffen Rekonstruktion und Zeugnisse zusammen und rechtfertigen die These, die Idee vom Totengericht sei der ersten Phase der Heraufkunft des transzendenten Gottes zuzuordnen und diese in jener sichtbar zu machen. Der Zusammenhang der Phänomene erscheint, wie oft in der Religionsgeschichte, vielleicht einleuchtender vor dem Hintergrund einer Kontrastdiagnose: Der klassische, d. h. von Einflüssen der Volksreligion freie Buddhismus kennt kein Totengericht, aber er kennt ebensowenig Gott als Schöpfer, Ursprung und Ziel; seine Götter sind potenzierte Menschen und jedenfalls nicht das Absolute und ganz andere.[41]

Man muß erwarten, daß etwa zur gleichen Zeit auch die Vorstellung von Gott als Schöpfer durchgedacht und ausgeprägt worden ist; gibt es doch kaum eine andere Tätigkeit der Gottheit, die sie so schroff von Welt und Geschöpflichkeit scheiden kann. Die Frage aufwerfen heißt ein heißes Eisen anfassen. Denn es verdient zunächst einmal klargestellt zu werden, daß der Ägypter neben einer Schöpfung durch göttlichen Akt Vorstellungen ausgebildet und theologisch geduldet, jedenfalls in religiöser Literatur überliefert hat, die Welt und Leben sich entwickeln lassen und daher einen wenn auch mythisch gebundenen, so doch naturwissenschaftlichen Aspekt haben.[42] Es ist von vornherein wahrscheinlich, daß sie auf die Ebene einer immanenten Ordnung gehören und den Aufstieg eines transzendenten Schöpfergottes zu begrenzen geeignet sind. Ich sehe diese hemmende Wirkung vor allem darin, daß das ägyptische Weltbild bis zum Ende vom Konzept einer begrenzten Schöpfung beherrscht blieb, die von elementaren chaotischen Mächten umschlossen ist, welche der Schöpfergott zwar laufend besiegt oder besiegen läßt, aber niemals endgültig ausschalten kann; im täglichen und nächtlichen Kampf des Sonnengottes mit der Apophisschlange nimmt das Widerspiel seine klassische Form an.[43] Was nun Schöpfungslehren anlangt, die die Welt in ihrer Fülle auf einen anfänglichen Gott zurückführen, so hat die an den mit Re in eins gesetzten Atum angeschlossene Lehre von Heliopolis einen hohen Gehalt von immanentem Werden an sich: Die kosmischen und in der letzten Generation auch politischen Götter werden nach der Selbstbegattung des Urgottes dann auf natürlichem Wege gezeugt, und ihre Reihe bildet eine Genealogie. Es unterliegt keinem Zweifel, daß demgegenüber die Lehre um Ptah von Memphis (sogenannte Schabaka-Inschrift), nach der dieser Gott durch Denken und Sprechen (letzten Endes durch Benennung aller Dinge[44]) die Welt erschafft, in diesem Kern eine Schöpfungslehre darstellt, die Gott und Welt zugleich verbindet und scheidet. Sie unterscheidet sich eben dadurch von Werdelehren mit naturwissenschaftlichem Aspekt. Indem sich nun die Frage einer Datierung der memphitischen Lehre erhebt, bleibt uns das heiße Eisen nicht erspart. Nach den üblichen Frühdatierungen der älteren Forschung ist man jetzt eher geneigt, das spätere AR anzunehmen und außerdem mit ganz erheblich späteren Interpolationen zu rechnen.[45] Dem bekannten Argumente, daß für eine freie Entfaltung dieser Verherrlichung des Ptah am ehesten in der Zeit eines Zurücktretens des Re-Kultes Platz sei, also um die Wende der 5. zur 6. Dynastie,[46] und daß die heliopolitanische Lehre von der memphitischen vorausgesetzt wird, läßt sich neuerdings umgekehrt der schwer anfechtbare Nachweis eines Zitates aus der Schabaka-Inschrift in den Pyramidentexten seit König Teti zugesellen,[47] wodurch radikale Spätdatierungen unmöglich werden. Entsprechend unserer Generallinie haben wir die geistigen Voraussetzungen einer echten Schöpfungslehre durch einen von seinem Werk unterschiedenen Schöpfer gerade in der Zeit anzunehmen, die dem eben skizzierten Forschungsstand am besten entspricht, also gegen Ende der 5. Dynastie.

Der transzendente Herr des Totengerichts und Schöpfer der Welt wird aber auch in ersten Spuren einer erschreckenden Wirksamkeit inmitten der Ordnungswelt des AR fühlbar. Der weise Ptahhotep spricht an drei Stellen seiner Lehre von einer Bestimmung und sogar Vorherbestimmung des menschlichen Charakters zur Verdammnis. Es handelt sich bei ihm zunächst um hoffnungslose Grenzfälle der Pädagogik, aber indem ihre Existenz jenseits der Norm gedacht wird, blitzt aus einer anderen Welt der erste Strahl jener grellen Wetterzeichen auf, die das Erscheinen eines neuen Lichtes ankündigen: »Wen Gott liebt, das ist einer, der hört; nicht hört der, den Gott haßt.« Oder: »(Der mißratene Sohn) ist es, der gegen dich (feindlich) gehandelt hat und den sie (die Götter) hassen; er ist es, dem sie Übel (schon) im (Mutter-)Leibe anbefohlen haben.« Und die paradigmatische Untugend der Habgier ist »eine schlimme Krankheit eines Mannes, der aufgegeben werden muß, indem er nicht (medizinisch) behandelt werden kann«[48]. Daß diese Positionen sich festigen und erweitern, liegt in der Logik der religiösen Entwicklung und wird uns beim Blick auf das Ende dieser Entwicklung nochmals beschäftigen;[49] daß wir sie bereits gegen Ende der 5. Dynastie zuverlässig auszumachen vermögen, kann schwerlich überschätzt werden. Es ist gut, sich schon hier klarzumachen, daß die ägyptischen Lebenslehren von vornherein religiös gegründet sind[50] und daß der freie Wille Gottes bereits bei Ptahhotep (wenn auch begrenzte) Proben seiner Wirksamkeit gibt.[51]

Ebensowenig sollte umgekehrt unterschätzt werden, wie stark sich die Heraufkunft des transzendenten Gottes nach alledem bereits im Laufe des AR ausgewirkt hat und nicht erst mit dessen Zusammenbruch. Das wird denn auch in archäologischen Zeugnissen sichtbar, die uns die Stellung des Königs in der 6. Dynastie in charakteristischer Weise gemindert zeigen. Phiops I. ist jedenfalls nach dem derzeitigen Stande der Dokumentation der älteste der Pharaonen, die wir bei einer Opferhandlung vor der Gottheit kniend kennen. Seine Brooklyner Statuette, die in dieser devoten Haltung zwei kugelige Gefäße darbringt (Abb. 1), ist die ältestbekannte Vertreterin eines nachmals geläufigen Typus, bindet also den König an eine künftige Tradition und scheidet ihn von einer älteren.[52] Wenn sich dann der gleiche Herrscher, wiederum in einer Brooklyner Statuette (im Unterschied zu den bekannten Statuen des Falken-Chefren), vom Horusfalken, der isoliert auf der Rückenlehne und außerdem quer zu ihm sitzt, formal streng geschieden zeigt (Abb. 2), so spricht auch dieses Zeugnis eine klare Sprache: Es kündet von der tatsächlichen Distanz zwischen Gottheit und König, die inzwischen eingetreten ist, obwohl der König den Gott titular noch immer korporiert.[53] Damit ist die Linie für die Zukunft vorgezeichnet. Der König ist so sehr in menschliche Maßstäbe gerückt, daß es nicht wundernimmt, wenn sich alsbald eine profane Rechtsauffassung vom »Königserbe« bilden[54] und mit der bekannten (und vielfältigen!) Demokratisierung des Totenglaubens der Private als Toter Osiris und damit König werden wird.[55]

Das gewaltige Stück Glaubensgeschichte und bereits zum Individuum vordringender Gotteserfahrung, das sich in diesem Laufe kundmacht, ist nicht zuletzt in geschichtlicher Formung erschienen: in jenem Feudalismus, der auf Erden die Macht des Königs handgreiflich minderte, die – überdies nicht gleichzeitig, sondern schon zuvor![56] – der transzendente Gott von seiner Ebene her beschränkt hatte. Schon im Blick auf dieses zeitliche Verhältnis sollten wir uns vor der gedanklichen Vereinfachung hüten, der geschichtliche Vorgang sei die Ursache des religiösen; man muß sich demgegenüber einmal für immer klar machen, daß historische Fakten zu den Bedingungen gehören, unter denen Glaubensphänomene als Größen eigenen Rechts erscheinen. Damit bleiben wir vor Fehldeutungen bewahrt, wenn wir auch die nächste Position des transzendenten Gottes zum guten Teile in geschichtlichem Gewand sehen. Denn als der Feudalismus in eine Zerstörung der Zentralgewalt ausmündete und damit das zerbrach, was dem Ägypter bisher als Ordnung erschienen war, trat mancher leidende und leidenschaftliche Sprecher der Gottheit mit Vorwürfen entgegen, die aus der Fassungslosigkeit über das Geschehen aufgestiegen sind. Die Schöpfung war schlecht, aber speziell waren es die Menschen: »Ach hätte er doch ihren Charakter im ersten Geschlecht erkannt, dann hätte er dagegen den Fluch geschleudert und den Arm erhoben«[57], sagt man im irrealen Wunsche vom Schöpfergott und seiner verfehlten Chance oder Einsicht, sein Werk zu vernichten bzw. neu und anders zu beginnen. Tatsächlich findet sich in diesen Generationen die erste Spur eines später in extenso aufgezeichneten Mythos, wonach Re das Menschengeschlecht bis auf einen Rest vernichten ließ.[58] Wenn dann im gleichen Zusammenhang von Gott als dem Hirten und Piloten die Rede ist[59], der in seinem Amte versagt, so geht daraus jedenfalls das eine mit Sicherheit hervor: Es ist der Schöpfergott selbst, nicht ein irdischer König, von dem man eine heilvolle Regierung erwartet.[60] In diesem Ringen um die Gewißheit und die Gnade eines Gottes, der nicht auf Erden ist und über den man nicht verfügt, fand Gott aber auch

Abb. 1: Phiops I., im Knien opfernd. Grüner Schiefer.

Abb. 2: Phiops I. mit Horusfalken. Alabaster.

Verteidiger, die seine Taten priesen und ihn in aller Klarheit als Schöpfer schilderten. Wir hören ihre Stimme in der sogenannten kleinen Genesis der Lehre für Merikare[61], die die Sorge eines gütigen Gottes für den Menschen rühmt und mit den Worten beginnt: »Wohlversehen sind die Menschen, das Kleinvieh Gottes«, aber auch in jener faszinierenden Antwort des Schöpfergottes selbst, die er in die Auseinandersetzung hineinruft und die uns in einem Spruch der Sargtexte erhalten ist: »Ich tat vier gute Taten im Torbogen des Horizontes: Ich machte die vier Winde, auf daß ein jeder Mensch (aus ihnen) atme in seiner Zeit. Das ist (die erste) der Taten. Ich machte die großen Flutenwasser, auf daß der Arme Verfügung darüber habe gleich dem Großen. Das ist (die zweite) der Taten. Ich machte jeden Menschen seinem Nächsten gleich. Ich gebot ihnen nicht, daß sie Übles täten, (sondern) ihre Herzen waren es, die mein Wort übertraten. Das ist (die dritte) der Taten. Ich machte, daß ihre Herzen ablassen sollten, den Westen (d. h. das Jenseits) zu vergessen, auf daß den Göttern des Totenreiches (?) Opfergaben dargebracht würden. Das ist (die vierte) der Taten.«[62] Mit dieser überraschend großartigen und niederschmetternden Theodizee, die Gott völlig positiv darstellt und alle Schuld auf menschlichen Ungehorsam abwälzt, tritt uns die Gottheit an der Schwelle zum MR zugleich in einer Machtfülle und Reinheit gegenüber, die sie von den Menschen tief geschieden zeigt. Der Herr des Totengerichts und Schöpfer der Welt ist sozusagen ins Getriebe des Hier und Jetzt hineingerückt: An seiner unantastbaren Wesenheit wird die Schuld nicht erst der Toten, sondern der Menschen überhaupt offenbar, und seine Güte schuf nicht nur die Welt an sich, sondern schuf sie speziell für den Menschen und erhält sie für ihn.

Ein Wort mag eigens zu dem Bild Gottes als Hirten gesagt werden, das – nach gelegentlichem älteren Auftreten im Mythos – mit der obengenannten Stelle der Mahnworte des Ipu-Wer zum ersten Male das Verhältnis Gottes zu den Menschen bezeichnet, die dann folgerichtig bei Merikare sein »Kleinvieh« genannt werden. In dieser Bilderwelt, die erst in der Ramessidenzeit ihren Höhepunkt erreichen wird, äußert sich einerseits der Zug zur Transzendenz, indem Hirt und Herde nicht grad-, sondern wesensverschieden sind.[63] Dennoch legt sie in ihrer Ambivalenz von dem humanen Geiste Zeugnis ab, der das aufsteigende MR nicht minder als das AR beseelte und der im Hirtenbild für den irdischen Herrscher vor allem dessen Sorgepflicht für seine Untertanen betonte.[64] Das fügt sich in die Rolle ein, die der Schöpfer als Erhalter zu spielen begann und die fortan nicht wieder verlorengehen sollte. Es war die Güte Gottes, die nun den transzendenten Herrn als Partner des Menschen im wahrsten Sinne des Wortes »erträglich« machte, und viele Beweise der Güte werden künftig genannt.

Das Moment der Pflicht im Amte des Königs gründet vom MR an ideologisch darauf, daß der König von der Gottheit Befehle erhält und folglich nunmehr als Befehlsempfänger seines transzendenten Herrn regiert. Nach der Berliner Lederhandschrift Sesostris' I., einer heliopolitanischen Bauurkunde, hat Re-Harachte den Herrscher geschaffen, »um zu tun[65], was er getan hat, um zu verwirklichen (*śḫpr*), was er zu tun befohlen hat (*wḏ*)«. Später bekennt der Pharao im gleichen Texte: »Er hat mir befohlen (in Besitz) zu nehmen (*ỉṯj*), was er (in Besitz) genommen hat.«[66] Die Inschriften der sogenannten weißen Kapelle, die dieser König wohl zur symbolischen

Feier seines Jubiläumsfestes in Karnak errichtete, formulieren den Sachverhalt generell, wenn Amun zu ihm sagt: »Mein Sohn Sesostris, das Königtum der beiden Länder ist für dich entsprechend dem Befehl (*wḏ.t*) deines Vaters Re.«[67] Am Ausgang des MR wünscht sich dann König Neferhotep, die Götter mögen ihn in Stand setzen (o. ä.), »um zu tun gemäß ihren Befehlen«[68]. Dabei hängen die Dinge gar nicht allein an diesem Wort; der auf eine umfassendere Begriffswelt gestützte Sachverhalt macht deutlich, daß mit Sesostris I. die Königswürde, die in der ersten Zwischenzeit zum weltlichen Erbgut abgesunken war, aus Gottes »erwählendem« Willen abgeleitet wird.[69] Übrigens schließt sich der Kreis insofern, als sich für Gottes Vergabung des Königsamtes im NR der Terminus *śwḏ* einbürgert, etwa »an-befehlen« und jedenfalls ein Kausativum zu *wḏ* »befehlen«.[70] Man darf bei alledem das so oft empfundene »Neue« im Königtum des MR gegenüber dem des AR darauf zurückführen, daß jetzt der transzendente Gott als Geber[71] des Amtes, auch seines Trägers, und als Lenker seines Beauftragten von vornherein die Linie bestimmte.[72] Im NR werden die Beispiele für Prinzip und Detail des Gottesbefehls Legion, was sich gewiß nicht allein äußerlich aus der Fülle der jetzt zu Gebote stehenden Textmassen, sondern zugleich sachlich aus der fortschreitenden Unterwerfung des Königs unter das Gebot seines in den Zenit steigenden göttlichen Herrn und Vaters erklärt.[73] Damit soll nicht geleugnet werden, daß Gottes Befehl zugleich Gnade einschließt, indem der Gott befiehlt, was dem König und dem Lande frommt.[74] Anderseits ist fortan der Befehl Gottes Grundlage der Legitimität überhaupt. An einer klassisch klaren Stelle bricht Hatschepsut über die einige Generationen zuvor überwundene Fremdherrschaft der Hyksos zugleich religiös und juristisch den Stab, indem sie die Existenz eines Gottesbefehles als damaliger Regierungsgrundlage bestreitet: »Sie (die Hyksos) herrschten ohne Re, nicht gab es einen ›Gottesbefehl‹ bis zu meiner Majestät«.[75] Hier erscheint also der »Gottesbefehl« in aller Form, und an ihm wird ein geschichtliches Faktum daraufhin gemessen, ob ihm die Kategorie der Rechtsgültigkeit und Ordnung zukommt.

Man darf diesen bemerkenswerten Text ein Zeugnis für das Selbstbewußtsein nennen, das die Ägypter nach den Katastrophen der zweiten Zwischenzeit wiedergewonnen hatten. Damit aber werden wir in einen neuen Sachverhalt geführt. Denn es waren eben jene Katastrophen, die das Denken der Ägypter mit weit größerer Konsequenz als je vorher ins Universale geweitet haben. Da ist nun der Ort, sich klar zu machen, daß eine Gotteserfahrung, die die überkommene Ordnungswelt der Verehrer transzendiert, ihrer Art nach auch universalen Tendenzen offensteht. Erst ein transzendenter Gott hat die Kraft, zum Weltgott zu werden. Soviel sein Himmel höher ist als das Land seiner Verehrer, soviel sind seine Gedanken höher als deren Gedanken. Darum vermag er die Schöpfung fremder Formen und die Sorge für das Ausland mit zu umschließen. So hören wir denn jetzt, daß Gott alle für den Ägypter relevanten Menschenrassen geschaffen und die Sprachen unterschieden hat, aber auch, daß er für die Fremdländer und ihre Bewohner sorgt.[76] Die Ausschließlichkeit Ägyptens mindert sich im Horizont der ägyptischen Gottheit zur Einzigartigkeit, ja zur bloßen Hegemonie, wenn auch beharrende Kräfte der im Prinzip nicht preisgegebenen Nationalreligion niemals zu wirken aufgehört haben.[77]

Es scheint in der Natur der Dinge zu liegen, daß mit dem Universalismus zugleich der Individualismus zum Zuge kommt: Wo oder wann immer ein sozial umgrenztes Gebilde geöffnet oder gar gesprengt wird, tritt mit der Menschheit zugleich der Einzelmensch in klarere Konturen. Die Geschichte und nicht zuletzt die Religionsgeschichte des Hellenismus, in den die Kulturen der alten Mittelmeerwelt schließlich einmünden, bietet uns mit seinen welthistorischen Folgen das großartigste Beispiel dafür. Aber mit der Öffnung Ägyptens in der Folge der Hyksoszeit ist in bescheidenerem Rahmen Entsprechendes geschehen, und auch in diesem Falle sind religiöse Zeugnisse die besten Dolmetscher für unsere Ohren. Es ist die Art so gut wie die Häufigkeit der Hinwendung einzelner zu Gott, die J. H. Breasted schon vor einem halben Jahrhundert veranlaßt hat, wenigstens die zweite Phase des NR (die Ramessidenzeit) *the age of personal piety* zu nennen.[78] Die dementsprechend bekannten Sachverhalte brauchen hier nicht im einzelnen wiederholt zu werden; es genügt der allgemeine Satz, daß Gott jetzt als Nothelfer des einzelnen in vielen Lebenslagen und der einzelne als Bittflehender vor Gott erscheint, wobei auch seine sittliche Unzulänglichkeit im Verhältnis zum göttlichen Herrn zur Sprache gebracht werden kann.[79] Aber was wir klarlegen müssen, ist der Zusammenhang dieser persönlichen Form der Frömmigkeit mit dem Aufstieg des transzendenten Gottes. Von seiner in dieser Ära gewonnenen Position aus reicht er in alle irdischen Dinge hinein; jeder Mensch und jedes denkbare Geschehen ist nunmehr unmittelbar zu Gott. Wie der Ägypter und sogar der Ausländer (besonders die sogenannten »Truchsesse«)[80] nach dem Ende des Feudalismus in dem neuen und säkularisierten Absolutismus des NR seine Laufbahn geradewegs dem König verdanken kann, so steht er auf einer anderen Ebene in der Hand der allmächtigen und im günstigen Falle gnädigen Gottheit. Die ägyptische Gesellschaft ist eine Festung ohne Dach geworden, in die Gott seine Blitze hineinschleudert. Man kann es freilich ebensogut oder besser positiv sagen: Gott wurde zur Festung des Menschen, die allein den Lebensstürmen trotzt – und tatsächlich haben es die Ägypter auf schlichten Zeugnissen ihrer Frömmigkeit so ausgedrückt: »Amun, Zuflucht des Herzens« u. ä.[81] Mit alledem vermeiden wir die gar zu einfache Erklärung des religiösen Individualismus als einer Spätphase und suchen ihn tiefer zu verstehen, indem wir ihn auf die gleichzeitige Position Gottes beziehen und damit die Stellung beider Partner der Glaubensakte ins Blickfeld nehmen. In dieser geschichtlichen Lage muß nun überdies mit persönlicher Frömmigkeit auch deren Gegensatz Gewicht bekommen haben, also das Fehlen frommer Haltung – hart ausgedrückt: der Unglaube. Solange sich die Verhältnisse des Menschen zur Gottheit überwiegend in offiziellem Kult und damit in einer abgemessenen Leistung regeln, ist der Sachverhalt nicht akut. Da sie in der ägyptischen Kultreligion für alle Zeiten auch im Gottesdienst geregelt geblieben sind[82] und da sich hier die Lebensformen insgesamt von der Religion in weit geringerem Grade emanzipiert haben, als das im Griechentum oder gar in der Moderne geschah,[83] ist er außerdem für unsere Augen verdeckt.[84] Jedenfalls sieht sich der heutige Forscher in Verlegenheit, wenn er Zeugnisse geltend machen soll, die nicht allein Zweifel an überlieferten Gottes- und Jenseitsvorstellungen ausdrücken, sondern elementar Gottes Wirklichkeit in Frage stellen, wie es die Partner israelitischer Psalmendichter taten[85]. Am ehesten findet man sie dort, wo der Ägypter von Gottes

Wirksamkeit nichts zu spüren behauptet: »Nicht gibt es einen Piloten zu ihrer Zeit. Wo ist er denn heute? Sehet, nicht sieht man seine Macht[86]«. Ich kenne aber kein Zeugnis, das diese Worte qualvoller Erschütterung aus der Zeit der ersten Krise später im Zeitalter der persönlichen Frömmigkeit auf den Tenor von Leuten bringt, die von Gott niemals etwas gespürt haben.[87] Doch bin ich mir bewußt, daß die ägyptische Religion in diesen ihren fortgeschrittenen Formen von einer freilich nicht sozial begrenzten[88] Glaubenselite getragen worden ist, die keineswegs die Mehrheit der Bevölkerung umfaßt zu haben braucht.[89]

Wenn es also an einer Dokumentation des Unglaubens gegenüber der des Glaubens bisher fehlt und vielleicht immer fehlen wird, so vermögen wir uns doch eine andere Spannung sichtbar zu machen, die ebenfalls nicht ohne den Aufstieg des transzendenten Gottes begriffen werden kann: die zwischen Staat und Kirche. Man hat längst gesehen und oft gesagt, daß der faktische Antagonismus von Staat und Kirche, die der Idee nach in der Person des Königs vereint waren, zu den großen geschichtlichen Themen des NR gehört; bekanntlich hat er in der Amarnazeit bei besonderer Konstellation zu einer Katastrophe eigener Art geführt und im Laufe der Ramessidenzeit das Mark des Reiches auszuzehren beigetragen.[90] Aber der nun im wahrsten Sinne des Wortes r e l i g i o n s geschichtliche Grund dieses Prozesses ist nicht erkannt worden. Ich formuliere ihn zunächst scharf: Ein transzendenter Gott braucht eine Kirche.[91] Und ich schränke, ägyptische Besonderheiten berücksichtigend, die These etwas ein: Wenn auch die ägyptische Kirche in Personenstand und Besitz weitestgehend ein politisch-wirtschaftliches Gebilde ist und außerdem im Kultvollzug traditionsgebunden alter Ordnung dient, so ist doch jener gleiche Amun-Re samt seinen Artgenossen ihr Herr, der uns hundertfältig auch als Patron der Volksfrömmigkeit begegnet.[92] Sieht man auf das Ende, so kann es kein Geheimnis bleiben, daß der transzendente Gott geschichtlich gewachsenes Leben zerstört hat[93] und eben darin menschlicher Subjektivität seine Nachtseite zeigt.

Was wir in den letzten Abschnitten darstellten, kennzeichnet vom gewählten Blickpunkte aus die gewaltigen geistigen Veränderungen, die nicht ohne ältere Vorzeichen der Hyksoszeit und dem NR ihren Stempel aufgeprägt haben. Hier fügt sich nun noch ein Sachverhalt in unseren Zusammenhang ein, der in einem Kern der Substanz geradezu und in späterem Wachstum kausal mit den Hyksos verbunden werden kann: die Rolle vorderasiatischer und speziell syrischer Gottheiten im Pantheon des NR. Nach Ansätzen im MR[94] sind es die Hyksos selbst gewesen, die mindestens Baal und Anat bzw. Astarte nach Ägypten geführt haben.[95] Die Völkerbewegungen taten seither ein übriges, um syrische Götter in Ägypten heimisch zu machen, d.h. auch gebürtigen Ägyptern zu verbinden.[96] Nun sollen diese historisch-technischen Voraussetzungen syrischer Kulte in Ägypten gewiß nicht gering geachtet werden. Aber sowenig derartiges allein später ausreichen sollte, um die Verbreitung der Isis und ihres Kreises in der griechischen und römischen Welt begreiflich zu machen, die sich vielmehr aus einer gut faßbaren und auf herkömmlichen Wegen nicht zu befriedigenden Glaubenssehnsucht der Fremden[97] erklärt, sosehr sind wir verpflichtet zu erwägen, ob im damaligen Ägypten eine innere Bereitschaft für die syrischen Götter aus der religiösen Situation heraus gegeben war. Ich bejahe die Frage und weise auf das von staatskultischer Überlieferung freie Vorhandensein dieser fremden Götter hin, die auf diese Weise dem einzelnen, z. B. als Heilgötter, unbelastet gegenübertraten und zudem aus einem Bereiche stammten, in dem der Mensch seiner durch Weltordnung nicht geminderten Gottheit ein Höchstmaß an Devotion entgegenbrachte.[98] Damit aber treffen sie genau in die Position, die Gott auf seinem historisch sichtbaren Weg jetzt im ägyptischen Horizont erreicht hatte. So kam es, daß eine äußerlich gebotene Gelegenheit auch innerlich ergriffen wurde. Ich bitte, diesen Abschnitt vorerst als Denkversuch zu betrachten; er bedarf mehr als andere der Nach-Arbeit.

Mit der vor dem Abschluß einschlägiger Untersuchung gebotenen Behutsamkeit wird man schließlich ein theologisch folgenreiches Phänomen, das von der Heraufkunft des transzendenten Gottes eindrucksvoll und in einer Wolke von Zeugen Kunde gibt, ebenfalls in der zweiten Zwischenzeit formuliert sehen. Ich meine die Trennung der urtümlichen Einheit von Bild und (dargestellter) Sache in spezieller Hinsicht der Gottheit. Über diese urtümliche Einheit braucht man kaum Worte zu verlieren; sie äußert sich in Ägypten u. a. in dem Brauch, Schriftzeichen lebender Wesen zu verstümmeln, wo sie in der Nähe eines Toten erscheinen und ihm schaden könnten[99] – wie sich ja unser deutsches Wort »Bild« von der Zauberkraft herschreibt, also Ähnliches bezeichnet, was der Ägypter dem Bild innewohnend dachte[100]. Sicher ist die alte Identität von schlichten Leuten als Grundton festgehalten worden. Aber darauf hat sich ein vielleicht nur uns dissonantisch klingender Akkord aufgebaut, und am Ende der ägyptischen Geschichte wimmelt es von Texten, die davon sprechen, daß der Gott aus Himmelshöhen herabkommt, um sich auf seinen Bildern in den Tempeln niederzulassen.[101] Auch die lebenden Tiere, in denen man tiergestaltig vorgestellte Götter verkörpert glaubte, werden dann von der Gottheit selbst klar geschieden. Ein u. a. mit der Pflege solcher Kulttiere betrauter Priester, der kurz vor Alexanders Eroberung Ägyptens in Athribis amtierte, betet zu seinem falkengestaltigen Ortsgott Horus-Chentechtai, den er zuvor als obersten der Götter und Leiter der Herzen von Göttern und Menschen angeredet hat: »Mögest du mein Herz hinleiten auf Ausführung der Angelegenheiten des Falken« (d. h. auf sorgsame und geeignete Betreuung des Inkorporationsexemplares). Wir sollten uns also hüten, den sogenannten Tierkult der Ägypter jedenfalls in späteren Zeiten zu primitiv zu verstehen und uns grundsätzlich klarmachen, daß die Ägypter Götter und nicht Tiere verehrt haben.[102] Will man im vorliegenden Falle aber den Durchbruch des Neuen ermitteln und datieren, so ergeben sich erhebliche Schwierigkeiten. Denn ein Text, der vom Nebeneinander der Götter und ihrer Bilder spricht, die erst nachträglich sei es dauerhaft, sei es in immer neuer Durchdringung verbunden werden, sperrt sich gegen eine auch nur annähernd zuverlässige Datierung. Er findet sich in der schon genannten und im Kern alten Götterlehre von Memphis, aus deren Konzept er jedoch herausfällt, so daß es sich um eine spätere Zufügung, am ehesten bei Gelegenheit der Abschrift des Textes in der Äthiopenzeit vorgenommen, handeln kann: Ptah hatte demnach die Götter geschaffen und »ihren Leib so gemacht, wie sie es wünschten. Und so traten (bzw. treten immer wieder) die Götter ein in ihren Leib aus allerlei Holz, allerlei Mineral, allerlei Ton (und) allerlei anderen Dingen, die auf Ptah (als dem Erdgott Tatenen) wachsen«[103]. Eine weit bessere zeitliche Festlegung ist demgegenüber bei der Lehre des Ani möglich, in der wir den lapidaren Satz lesen: »Der Gott dieses Landes ist die Sonne (*šw*) am Horizont, ihre Bilder aber (*twt*) sind auf der Erde.«[104] Man hat mit guten Gründen die spätere 18. Dynastie, also Jahrzehnte vor der Amarnazeit, dafür in Ansatz gebracht.[105] Noch ein Stück weiter, handschriftlich bis zu Thutmosis I., reicht für uns das später noch zu kennzeichnende Amduat hinauf, wo davon die Rede ist, daß sich der Sonnengott in der Unterwelt mit seinen Bildern vereinigt.[106] Dagegen kennen wir aus älterer Zeit (frühes MR) meines Wissens nur eine Vorstellung, die zwar zu den Wurzeln dieser Theologie um Gott und seine Bilder gehört, sie aber noch nicht geradewegs formuliert. Ich meine Aussagen von der Art, daß eine Figur des dramatischen Mythos bzw. (nach Umdeutung) der Tote als »göttlicher Falke erscheint«, weil bzw. nachdem »Horus (ihn) mit seinem Ba ausgestattet hat«[107]. Hier empfängt ein mythischer Mittler (zwischen Osiris und Horus) bzw. der Tote, wie später die Kultbilder, den Ba des Gottes und verkörpert ihn infolgedessen, was freilich noch im Dienste einer diesen Texten eigenen Erhöhung des Toten durch eine besondere Form der Identifikation mit der Gottheit steht. Immerhin geht es in dem zitierten Spruch darum, daß der mit dem Ba des Horus ausgestattete mythische Mittler bzw. der Tote nunmehr mit dessen »Gehabe« (*ỉrrw*) erscheint, worunter auch die Insignien des Gottes (so das *nmś*-Kopftuch) zu verstehen sind. Da *ỉrrw-nṯr* der Bezeichnung »Statue eines Gottes« nahekommt, befindet man sich hier auf dem Wege zur Bildtheologie.[108] Aber es muß der Versuch gewagt werden, sachlich und damit zugleich zeitlich die Dinge fester in den Griff zu bekommen. Dazu bietet uns m. E. eine dritte Gruppe von Wesen Gelegenheit, die neben Idolen und Kulttieren als Bilder der Gottheit bezeichnet worden sind: die Könige. Denn in ihrem Falle läßt sich nach dem derzeitigen Quellenbefund der Zeitraum einengen, innerhalb dessen der Sprachgebrauch aufkam. Die Texte des AR und MR kennen ihn noch nicht,[109] mit der frühen 18. Dynastie ist er da[110] und wird dann bei reichem Angebot an termini technici so häufig, daß man vermuten möchte, es handle sich der Sache nach um einen neuen Titel des Königs, der nur in die längst abgeschlossene, also kanonische fünffältige Titulatur nicht mehr in aller Form aufgenommen und deshalb auch nicht fixiert worden ist.[111] Das älteste mir bekannte sichere (wenn auch durch Textschaden um den nächsten Zusammenhang gebrachte) Zeugnis stammt von König Rahotep aus der frühen 17. Dynastie[112] und sagt von ihm: »Re hat dich als sein Abbild (*ḫntj*) eingesetzt.«[113] Dazu kommt ein für die 13. so gut wie die 17. Dynastie breit bezeugter Befund, der freilich nicht völlig eindeutig ist. Wir meinen die als Typus charakteristischen Namen mehrerer Herrscher, die den König als *śḫm-Rʿ* bezeichnen. Das kann »Bild des Re« heißen und ist u. a. von der Redaktion des Ägyptischen Wörterbuches so aufgefaßt worden; ich teile diese Meinung, muß aber hinzufügen, daß die alte Bedeutung *śḫm* »Macht« bzw. »mächtig sein« vorliegen und daher eine Übersetzung des Namens etwa als »mächtig wird Re« nicht ausgeschlossen werden kann. Alles in allem sind wir berechtigt, die Bezeichnung des Pharao als Bild der Gottheit[114] der zweiten Zwischenzeit zuzuweisen. Daß sie, innerägyptisch gesehen, eine erneute Rangminderung des Königs ausspricht, der ja damit auf eine Stufe mit Kultbildern gestellt wird, die doch alles andere als einmalig sind im Lande, mag an seinem Teile zeigen, wie der Abstieg des Pharao im Gegenlauf zum Aufstieg seines transzendenten Urbildes voranschreitet. Wenn vollends die Könige namens *Śḫm-Rʿ* wirklich »Bild des Re« heißen, so entspricht das im Blick auf ihre tatsächliche Stellung nur allzugut dem Umstand, daß sie in ihrer etwas kümmerlichen historischen Wirklichkeit aus einem geborgten Glanze heraus herrschten. Das ganze spezielle Phänomen aber, und damit lenken wir zum Ausgangspunkt zurück, gehört in den Zusammenhang einer Trennung von Gott und Bild und kündet auf seine Weise von einer Transzendierung Gottes, wie sie in dessen e contrario erschließbarem Prädikat des Urbildes ja mit aller wünschenswerten Klarheit vernehmlich wird.[115]

Es sei hier, am Ende wesentlicher Wandlungen des Gottkönigtums, ein Blick auf die Theologie von Amarna gestattet, soweit sie den Herrscher betrifft. Achanjäti (»Echnaton«) hat seine Stellung hoch hinaufschrauben und sich auch in die private Verehrung eindrängen wollen (Hausaltäre von Amarna).[116] Der Weg aber, den er beschritt und der allein ihm augenscheinlich bei diesem Ziel zu dieser Zeit noch offenstand, war eine innige Verbindung mit seinem göttlichen Vater. Sie zeigt sich einmal in dem bekannten Anspruch des großen Sonnengesangs: »Kein anderer existiert, der dich (Jäti, ›Aton‹) kennt, außer deinem Sohn *Nfr-ḫpr.w-Rʿ*, dem ›Einzigen des Re‹! Ihn ließest du dein Wesen begreifen.«[117] Anderseits tritt sie uns in dem lehrhaften Namen entgegen, den der König in seiner radikalen Frühstufe für seinen Gott ersann: »Re-Harachte, der jubelt im Horizont – in seinem Namen: als Schu, welcher Jäti (›Aton‹) ist.« Wenn mit Schu, was mir plausibel scheint, der »Sohn« (über Schu, Sohn des Re-Atum) und damit der König als Gottessohn gemeint ist, erhebt sich Achanjäti auf diese Weise in eine Einheit mit seinem transzendenten Vater[118]: In einem theologischen Klimmzug rankt er sich an ihm zu ihm empor. Daß solche »Göttlichkeit« auf seiten der Untertanen nicht mit echter Frömmigkeit, sondern mit Servilität, also einem politisch-opportunen Verhalten, beantwortet wurde, ist oft genug gesehen und gesagt worden.[119] Ich möchte bei Achanjätis Göttlichkeitsstreben vom planmäßig-bewußten Versuch einer aufgeklärten Zeit unter Anerkennung derzeitiger Gegebenheiten sprechen.[120]

Bei näherem Zusehen wird man die neue Phase der Heraufkunft des transzendenten Gottes auch in jener Gattung von Totenliteratur spüren, die wohl in der zweiten Zwischenzeit, wenn auch nicht ohne Nutzung älterer Traditionselemente,[121] entstanden und jedenfalls in der frühen 18. Dynastie vorhanden ist. Wenn diese Bücher (Amduat, dann Pfortenbuch und Höhlenbuch) den Lauf des Sonnengottes durch die zwölf Stunden der Nacht in Bildern und Begleittexten beschreiben, so sammeln und systematisieren sie damit Vorstellungen, wonach Re, der die Erde transzendierende Herr des Lebens, seine Herrschaft über das in mythischer Geographie als Welt unter der Erde fixierte Reich des Todes ausdehnt. Das findet seinen Ausdruck in der hier und jetzt vollzogenen Gleichung des Re mit Osiris. Nun bekundet diese gewichtigste aller ägyptischen Götter-Identifikationen[122] zwar einerseits die Bindung des Sonnengottes an die in Osiris abgebildete Ordnung von Werden und Vergehen, so daß Re in Mitte und Höhepunkt seiner Hadesfahrt sich mit seinem eigenen Leichnam vereint[123]. Aber dieser descensus ad inferos[124] läuft auf den täglich neuen Sieg des Sonnengottes hinaus, der mit der zwölften Nachtstunde im buchstäblichen Sinne aus der geschlossenen Ordnung der Unterwelt ausbricht, d.h. die Umrißgrenzen der Unterwelt zerstört, nachdem im letzten Abschnitt das größte Geheimnis vollzogen wurde: das Wunder der Verwandlung in den Käfer (Chepre) als Gestalt der morgendlichen Sonne. Im zyklischen Element des Ganzen liegt unbestreitbar ein Stück immanenter Naturordnung beschlossen, im stets wiederholten Ergebnis jedoch die Schöpferkraft des nicht ableitbaren und unwiderstehlichen Gottes. Hinter dieser unaufgehobenen Spannung steht letztlich das Nebeneinander einer zyklischen und einer linearen Zeit in Ägypten[125]; nur wo lineare Zeit dominiert, kann der descensus Endlösungen herbeiführen. Eindrucksvoller noch aber künden einige der in diesen Texten zur Sprache kommenden Details von dem Versuch einer Vergegenwärtigung des ganz anderen, das in seiner negativen Halbschale die Transzendenz abrundet. Ich nenne die gespenstische Ergänzung einer herkömmlich nur optisch und funktionell wahrnehmbaren Dämonenwelt durch die Kennzeichnung akustischer Äußerungen, die »in ihren summenden, brausenden und kreischenden Chören ... nichts von menschlicher Sprache mehr an sich haben, sondern wie tierische Laute oder ... entfesselte Naturgewalten klingen.«[126] Diese um das Totenreich abgerundete Welt umschließt nach dem Bewußtsein der Zeit der transzendente Gott; sein Wissen auch um diese Seite des Ganzen schwingt mit, wenn ihm in zeitgenössischen oder späteren hymnischen Texten Allwissenheit zugeschrieben wird[127]. Anderseits hat der Mensch dieser Zeiten Ahnung von und Furcht vor diesen fremdesten Bereichen, die er von seinem transzendenten Gott wenn nicht bemeistert, so doch erleuchtet und wenigstens zeitweise begnadet weiß.[128]

So sind mit dem NR wohl alle wesentlichen Positionen erobert worden, die die Gottheit innerhalb der ritualistischen und nationalen Grundstruktur ägyptischer Religion überhaupt erobern konnte. Was jetzt noch folgt, sind Ausformungen, z. T. auch Ausweitungen oder sogar Radikalisierungen des Erreichten. Wir fassen sie am besten in der sogenannten Weisheitsliteratur, besser gesagt in den Lebenslehren, die ägyptische Weise erteilten und die in unserer Überlieferung über die Phasen der ägyptischen Geschichte recht gut verteilt sind.[129] Schon bei Ptahhotep bricht Gott mit der Dissonanz einer Prädestination zur Verdammnis in die Harmonien des AR ein (s. o. S. 283). Aber erst bei Amenope erscheint er in jener prinzipiellen Willkür, deren grausige Größe an Jahwe erinnert. Hier ist die Maat, einst Inbegriff der Welt als Ordnung, der mit der Konzeption des Totengerichts auch die Ethik des einzelnen zu tragen vermochte,[130] eine Gabe in der Hand Gottes, die er nach unbegreiflich freiem Willen spendet: »Was die Maat betrifft, die große Gabe Gottes: Er gibt sie, wem er will.«[131] In der gleichen Lehre findet sich, als in den Schöpfungsakt projiziertes Korrelat dieser Willkür, der berühmte Satz: »Der Mensch ist Lehm und Stroh, der Gott ist sein Baumeister. Er zerstört und erbaut täglich. Er macht tausend Geringe nach seinem Belieben, er macht tausend Leute zu Aufsichtspersonal (*ḥj*), wenn er in seiner Stunde des Lebens ist (d. h. in seinem *καιρός* als Schöpfer).«[132] Wenn man völlig mit Recht im Hinblick auf die Menschen von der »Unverfügbarkeit der Maat« gesprochen hat,[133] so haben wir hier umgekehrt die absolute Verfügbarkeit der Maat in der Hand Gottes und damit die unüberbietbare Endposition einer Geschichte zwischen Gottheit und Weltordnung, die mit einer Ausgewogenheit beider Größen, wenn nicht gar mit dem Dominat der letzteren begonnen hatte und die wir in diesem Rahmen nicht darstellen können.[134] Immerhin vergleiche man den Automatismus, demgemäß die Maat nach der Götterlehre von Memphis funktioniert[135] und der auch in der älteren Weisheit vorausgesetzt wird, wo Gott als »Treuhänder«

der Maat erscheinen kann.[136] An der zweiten Stelle aber tritt uns Gott nicht nur in einem dem alten Orient geläufigen Bilde des von seinem Geschöpf tief unterschiedenen Schöpfers, sondern zugleich als willkürlicher Bestimmer der grundverschiedenen Lebenslose entgegen. Ich habe erwogen, ob von hier aus über bekannte spätjüdische Zwischenglieder Zusammenhänge bis zur welthistorisch folgenreichen Lehre von der absoluten Gnadenwahl im Römerbrief des Apostels Paulus bestehen: »Hat etwa der Töpfer nicht Macht über seinen Ton, aus derselben Masse hier ein Gefäß zu ehrenvoller Bestimmung und dort ein anderes zu gemeinem Gebrauch zu verfertigen?«[137] Mag der Zusammenhang genetisch fraglich bleiben, sachlich springt er in die Augen. Diese und ähnliche Partien haben mitunter den Verdacht aufkommen lassen, die Lehre Amenopes weise syrischen Einfluß auf oder sei wenigstens in Teilen sogar aus einem hebräischen oder aramäischen Original übertragen.[138] Der Verdacht ist kürzlich vom Sprachlichen her zerstreut worden, da alle angeblichen Semitismen in Wahrheit zur Gestalt des Neuägyptischen gehören: Auch hat sich herausgestellt, daß die Lehre in der 21. Dynastie handschriftlich bezeugt ist, also mindestens in einem Teil der späten Ramessidenzeit zugehört und mit politischen Beziehungen Ägyptens zu Palästina im letzten Jahrtausend v. Chr. folglich nicht kombiniert werden darf.[139] Wir können die Annahme syrischer Herkunft nunmehr auch religionsgeschichtlich zurückweisen, indem wir sagen: Die Gottesvorstellung Amenopes entspricht der Gesamtposition des späten NR, die den transzendenten Gott als Stern der höchsten Höhe zeigt. Daran ändert sich in der Folge nichts Wesentliches mehr; eine höchste Höhe kann man nicht steigern. Doch mögen Ausformungen und geschichtsbedingte Anpassungen in je einem Zeugnis mitgeteilt werden: Die vor einigen Jahren entdeckte Lehre eines Anchšešonq, etwa um die Mitte des letzten Jahrtausends,[140] schreibt Re die Macht und gegebenenfalls auch die Bereitschaft zu, die Maat aus einem Land zu entfernen: »Wenn der Sonnengott gegen ein Land erzürnt ist, vertreibt er die Maat daraus.«[141] Mag auch menschliches Verschulden Ursache für Gottes Zorn sein, so ist doch die Formulierung bemerkenswert, daß Re als Herr und Vater der Maat sie abzieht, statt sie zu realisieren. Völlig durchgängig und namentlich in einem Kehrvers greifbar ist Gottes Herrschaft endlich in der wohl ptolemäischen Lehre des Pap. Insinger: »Das Schicksal (*šꜣw*) und das Ereignis (*sḫ̮n*), die da kommen – der Gott nimmt über sie die Entscheidung.«[142] Von Maat ist hier nicht die Rede; dafür bezeichnet *sḫ̮n* in zweisprachigen Texten das griechische Wort *τύχη*[143], so daß uns in diesem Zeugnis die Herrschaft des ägyptischen Gottes über die in Hellenismus und Kaiserzeit gipfelnde und zugleich in Existenzangst gefürchtete griechisch konzipierte Schicksalsgöttin entgegentritt.[144] Wir halten hier den von weit her gesponnenen Faden in den Händen, an dem der Siegeszug der schicksalsüberlegenen ägyptischen Götter bis in die Weite des römischen orbis terrarum hing.[145]

Es muß angesichts dieser Position Gottes mit allem Ernst gefragt werden, ob ihr nicht eine bestimmte Wertung der Verhaltensweise des Menschen entspreche. Einem solchen Gott gegenüber scheint doch demütige Ergebung in seinen Willen das einzig Angemessene zu sein. Tatsächlich tritt sie uns im Tenor von Gebeten der Ramessidenzeit deutlich genug entgegen.[146] Aber man wird einer richtigen Spur folgen, wenn man sie auch in der Geschichte des von den Lebenslehren gepriesenen

Typus des *gr m*ˁ, wörtlich des »rechten Schweigers«, aufsucht. Diese Bezeichnung sollte gewiß nicht ohne Bezug auf die ägyptischen Zeitvorstellungen verstanden werden: Es gibt wie für alles Wesentliche in Natur und Menschenwelt auch Zeiten für das Reden und Zeiten für das Schweigen, und so wird ein *gr m*ˁ ein Mann sein, der zum rechten Zeitpunkt schweigen kann, wenn eben das Schweigen der Maat entspricht.[147] Ein Passus in der Lehre des Amenope veranlaßt uns, in der hier verfolgten Richtung ein Stück tiefer zu graben. Wir lesen dort[148], daß »der Heiße im Tempel« einem Baum gleiche, der schließlich verkommt, daß jedoch dem »*gr m*ˁ, wenn er sich beiseite stellt (*dj.f św m rj.t*)« das Gedeihen eines fruchttragenden Baumes beschieden ist, und bei alledem steht er »im Angesicht (d. h. wohl: zur Verfügung) seines Herrn (*ḫft ḥr n nb.f*)«. Zunächst einmal muß klargestellt werden, daß in diesem Texte der *gr m*ˁ nicht etwa im gesellschaftlichen Bezug, sondern im Verhältnis zu Gott gesehen wird. Denn er und sein Gegentyp, »der Heiße«, sind im Tempel vorgestellt, und daß Gott in späteren Zeiten »der Herr« auch des einzelnen Ägypters genannt wurde, wissen wir aus den Anreden an die Gottheit[149]. Was hier ausdrücklich vom *gr m*ˁ gesagt ist, zieht sich auch ohne das *nomen ipsum* wie ein roter Faden durch die Lehre Amenopes. Immer wieder heißt es, man solle nicht selbst handeln, sondern sich ruhig verhalten und Gott walten lassen.[150] Es geht also nicht um eine zweckmäßige Tugend, sondern um ein Stillesein aus dem Wissen um die Wirkungskraft Gottes und um gläubiges Vertrauen zu ihm. Man hat mit Recht gesagt, die persönliche Frömmigkeit habe einen Einbruch in die Lehren der Weisen erzielt.[151] Aber die Dinge greifen über das Schicksal von Literaturgattungen weit hinaus und betreffen die ägyptische Religion überhaupt. Überdies lassen sich die Spuren dieser Geschichte, trotz mancher Tücken des Textes, bereits in der Lehre des Ani deutlich erkennen[152]. Ins Allgemeine gewendet, haben wir bei Amenope das Hohelied des transzendenten Gottes (Kap. 18), bei Ani als negative Halbschale dazu das Bekenntnis menschlicher Nichtswürdigkeit (7,3ff.). Ich wage bei alledem zu behaupten, daß sich die Bedeutung von *gr* oder *gr m*ˁ im Laufe der Zeit zum sprachlichen Kennzeichen eines Menschentypus erweiterte, der sich gegen Gott so stille verhält, wie es sich gegenüber einem Wesen geziemt, das man wenn auch ohne jede unägyptische dogmatische Konsequenz als das allein Wirkende erkannt hatte.[153] Etwa gleichzeitig finden sich ja verschiedentlich sogar in der königlichen Phraseologie radikale Sätze in der gleichen Richtung: »Du (Amun-Re) machst den Sieg des Landes Ägypten, deines einzigen Landes, ohne daß die Hand eines Soldaten oder irgendeines Menschen dabei (im Spiele) ist, sondern nur deine große Stärke, die es errettet«[154] – also die polweite Entfernung vom König, der als Gottesinkarnation Geschichte gestaltete oder als »Herr des Agierens« die Dinge auf Erden und im Himmel beeinflußt. Man ist versucht zu sagen, daß Ramses III., der willensstarke und keineswegs tatenlose Verteidiger des sinkenden ägyptischen Reiches, sich mit diesen Worten tiefer Einsicht als ein *gr m*ˁ ausgewiesen und bewährt hat. Was aber den »Herrn des Agierens« betrifft, der auch die Nilflut wirken konnte[155] und gerade in den Tempeln der Ptolemäerzeit unter stärkster Spannung zur historischen Wirklichkeit als umfassender Regulator der Ordnung gezeichnet erscheint[156], so sollte man nicht übersehen, daß sich irgendwo auf der Strecke dieser traditionellen Linie eine andere, durch religionsgeschichtliche Aktualität gekennzeichnete zugesellt hat. Der Äthiope Taharqa hat eine Königsnovelle hinterlassen, die sein Wirken für das Land in idealen Farben als wiedergekehrte Herrschaft der Maat zeichnet. Aber er wirkt seinen Segen in Hinsicht der Fruchtbarkeit nicht als Ritualherr, sondern als Bittflehender: »S. M. pflegte eine Nilflut (*ḥ'pj*) zu erbitten (*wnn ḥr dbḥ*) von seinem Vater Amun-Re, dem Herrn der Throne der beiden Länder.«[157]

Nun hieße es gewiß nicht nur die ägyptische, sondern die menschliche Natur überhaupt bei weitem überfordern, wollte man die ebenso harte wie schlichte Konsequenz, die eine religiöse Elite aus der von ihr erfahrenen absoluten Macht eines absoluten und daher transzendenten Gottes in Hinsicht auf Ergebung in Gottes Willen hier wie wohl überall auf Erden in phasenverwandten Zeiten gezogen hat, in die Breite des Volkes verallgemeinern. Vielmehr ist etwas ganz anderes festzustellen, das auf den ersten Blick der von uns gezeichneten Entwicklung gegenläufig zu sein scheint, sich in Wirklichkeit aber ebenfalls aus ihr versteht: Im späteren Ägypten ist der Hang zum Zaubern, d. h. zum Versuch, alles mögliche Geschehen durch Menschenmacht zu beeinflussen, eher stärker als schwächer geworden. Nun leitet sich, wie ich in anderem Zusammenhang darzulegen beabsichtige[158], der zunächst völlig legitime Zauber aus dem ritualistischen Grundcharakter der ägyptischen Religion ab. In seiner Ausbreitung haben wir die Usurpation und zugleich Privatisierung dessen zu sehen, was zunächst dem König als Ritualherrn (*nb ỉr.t ỉḫ.t*) vorbehalten war und was er für die ägyptische Gesellschaft zu vollziehen hatte. Immerhin war der Zauber schon in der ersten Phase der Heraufkunft des transzendenten Gottes zwar nicht bekämpft, wohl aber als Gabe des Schöpfers und Erhalters bezeichnet und damit zwar anerkannt, aber nicht als Größe eigenen Rechts kundgemacht worden: »Er (d. h. Gott) hat den Menschen den Zauber als Waffe gegeben, um den Schlag der Ereignisse abzuwehren.«[159] Die Herrschaft Gottes über den Zauber, mindestens aber seine Unabhängigkeit von ihm, wird im genealogischen Denken so formuliert, daß der Urgott bzw. sein ältester Sohn zeitlich weiter hinaufreichen: »Nicht gehorche ich dem ›Zauber‹ (*ḥk'*), ich bin vor ihm entstanden.«[160] Schließlich muß sich aber die Spannung zwischen der alleinwirkenden Gottheit und dem zur eigenen activitas drängenden Menschen so verschärft haben, daß Frömmigkeit im Sinne Amenopes und Zauberei nach dem Klange des durchgehaltenen ritualistischen Grundtones auseinandertraten. Der Zauber schoß fortan ins Kraut und darf für den Fortgang der ägyptischen Religion ebensowenig übersehen wie allein für repräsentativ erklärt werden. Der transzendente Gott hatte die Geister geschieden oder, was oft genug vorgekommen sein wird, innerlich zerspalten bzw. zweischichtig gemacht.[161]

Ferner aber hat das Volk auch Wege gesucht und gefunden, mit dem aus seiner Mitte gerückten Gott handgreifliche Verbindung zu bekommen. Diesem Bestreben und damit eben letztlich dem transzendenten Gott verdankt die Erscheinung des Mittlers Dasein und Rang, die sie mit dem NR gewann; man vergleiche damit das Aufwachsen der Angelologie im späteren Judentum.[162] Natürlich spiegelt sich hier auch die Individualisierung der Religion ab, indem der König als Mittler zwischen den Göttern und der ägyptischen Gesellschaft nicht mehr genügt, und vor allem äußert sich darin die Rangminderung des Gott-Königs, der auch diese Funktion nun mit Privaten teilen muß und der das nicht von sich aus bieten kann, was dem Menschen begehrenswert erscheint.[163] Doch legen wir in unserem Zusammenhang den Ton auf die Mittlerrolle selbst, die dem einfachen Mann den fernen Gott erreichbar macht. Sie tut sich für uns erstmals in Tempelstatuen der späten 18. Dynastie (Zeit Amenophis' III.) kund, in denen hochgestellte Personen (sogenannte Rekrutenschreiber) dem Beter ihre guten Dienste anbieten: »Ihr Leute von Karnak, die ihr Amun sehen wollt, kommt zu mir! Ich melde eure Bitten. Ich bin ja der Berichterstatter dieses Gottes« usw.[164] Damit wird im Vordergrund das administrative und höfische Zeremoniell[165] auf den Verkehr mit der Gottheit übertragen, im Hintergrund aber die Gottheit als der wahre Herrscher sichtbar. An älteren, hier nicht freizulegenden Wurzeln solchen Mittlertums einzelner hat es nicht gefehlt;[166] aber nach allem, was wir wissen, hat das Phänomen erst jetzt eine grundsätzlich unbegrenzte Geltungsbreite mit einem entsprechenden allgemeinen Anspruch gewonnen. Auch eine Gestalt längst vergangener Zeit, deren Verehrung sich vielleicht von einem alten Grabkult herschrieb, die aber auch durch eine Weisheitslehre im Munde der Leute blieb, hat erst im Zuge des Aufbaues einer Mittlerwelt zwischen den Menschen und dem transzendent gewordenen Gott im Lande Bedeutung gewonnen und sich immer mehr zu steigern vermocht: der alte Staatsmann, Hohepriester und Ingenieur Imhotep aus der Zeit Zosers[167].

Wer diesen Namen hört, denkt sogleich an die Funktion eines Heilheros, die Imhotep ohne ersichtliche ältere Überlieferung annahm. Bekanntlich hat sie ihn in hellenistischer Zeit mit Asklepios ins Gleichnis gesetzt, und er hat sich dann auch an griechisch sprechende Gläubige gewandt.[168] So führt uns die Assoziation zu einem den Beweisgang abschließenden Hinweis auf die seit der 18. Dynastie bis in die Spätzeit wachsende Bedeutung von Heilgöttern, denen wir die göttlichen Spender von Orakeln an die Seite stellen wollen. Auch in diesen Fällen geht es uns nicht primär um das Hervortreten des einzelnen mit seinen persönlichsten Sorgen als Partner der Gottheit, ja es geht uns jetzt nicht einmal mehr um die Rolle von Mittelwesen wie eben Imhotep-Asklepios als Heilheros oder lebendig-sichtbaren Tiergöttern wie den Stieren Apis und Mnevis als beliebten Orakelspendern, die »Berichterstatter« (*wḥmw*) der großen Götter Ptah bzw. Re heißen, die zu dem fernen Gott »die Maat aufsteigen lassen« und die damit die Grundlage für das im Orakel beschlossene Gottesurteil legten.[169] Was wir zeigen wollen, ist vielmehr die Eroberung von Bereichen menschlichen Lebens durch die Gottheit, die zwar auch vorher nicht ohne göttliches Walten gedacht, wohl aber in den klassischen Perioden ägyptischer Geschichte tunlichst in innerweltlicher, menschlicher Praxis bewältigt worden waren. Wir heben deshalb hervor, daß die Hinwendung zu Göttern im Krankheitsfall seit der Nachfrage nach dafür zuständigen ausländischen Gottheiten in der 18. Dynastie (s. o. S. 290f.) zur Spätzeit hin zugenommen hat[170] und daß das Orakel, das gerade in der Spätzeit oft der Aufklärung von Rechtsfällen diente,[171] uns von der 18. Dynastie an bis an die Schwelle der islamischen Zeit bezeugt wird[172]. Wenn wir zwei so wesentliche Bezirke wie Medizin und Justiz sich gegenläufig zur normalen Säkularisierung der Kulturerscheinungen entwickeln sehen, so mag man das gut und gern mit einem Absinken der Medizin als Wissenschaft (und Kunst) und des Rechtswesens als Praxis guter Staatsordnung erklären. Man sollte aber darüber nicht vergessen, daß der transzendente Gott, den die Frommen als Nothelfer kat'exochen erfahren hatten, als der gegebene Partner in eine Bresche sprang, die er von der Höhe seines Sternenstandes aus erst selbst geschlagen hatte.

Mit alledem haben wir eine Linie der ägyptischen Religionsgeschichte gezogen, die uns vom Gegenstand her die wesentlichste schien. Das Material, an dem wir ihre Spuren sichtbar machten, hätte sich vermehren lassen und wird eines Tages sowohl vermehrt wie durchgearbeitet werden müssen, da auch auf diesem Gebiete Anregung sich zur Detailforschung wandeln muß.[173] Dennoch dürfte es zweckmäßig sein, selbst das wenige in diesem ersten Wurf Gebotene auf ein Resümee zurückzuführen: Die ritualistische Struktur der ägyptischen Religion mit ihrem Gott-König ist der Heraufkunft des transzendenten Gottes nicht günstig; das Leben in Natur und Gesellschaft hat die Neigung, sich über Königtum und delegierten Priesterstand immanent zu regulieren, und behält sie. Das ist der ägyptische Grundton, der bis in den Ausgang des Heidentums fortklingt. Aber auf ihm baut sich ein Akkord auf, den man dissonantisch nennen mag. Die entscheidenden ersten Phasen seines Aufbaues liegen nicht in der ersten Zwischenzeit, sondern im ganzen AR. Die Notwendigkeit für den König, einer mythischen Präzedenz des Osiris und seines Sohnes Horus zu folgen, sowie seine Rangminderung zum Sohn des Re, die etwa gleichzeitige Konzeption eines allgemeinen jenseitigen Totengerichts auch für den König, die Idee von Gott als souveränem Schöpfer nach der im Kern alten memphitischen Lehre und die Erfahrung möglicher Prädestination einzelner zu Verdammnis durch die willkürliche Gottheit werden (mit Ansatz in der 3.) zwischen der frühen 4. und dem Anfang der 6. Dynastie sinnenfällig. In der ersten Wirre stärken sich unter dem Eindruck zerstörter Ordnung des überkommenen Kosmos die neuen Töne und schließen den Zweifel an der Wirklichkeit des unsichtbaren Gottes ein. Im MR wird die Rangminderung des Königs zu Gottes Befehlsempfänger aktuell und damit für den Stand der Kräfte charakteristisch, und die anschließende Zeit des Niederganges und der Hyksosherrschaft hat aus älteren Elementen die Theologie einer Trennung von Gott und Bild aufgebaut, die der Transzendierung der Gottheit Rechnung trägt. Indem sie sich auf das Königtum mit weiterer Rangminderung auswirkt, in deren Gefolge die Pharaonen des NR durch ideologische Aufwertung verlorener Göttlichkeit und klar bezeichnete menschliche Grenze zerspalten sind, vollendet sich die Einsicht, daß der Heraufkunft des transzendenten Gottes eine Herabkunft des einst göttlichen Königstums exakt entspricht. Anderseits wird etwa gleichzeitig Res Herrschaft über die Unterwelt verkündet, soweit das nach ägyptischer Vorstellung überhaupt möglich ist. Zu Beginn des NR haben individualistische und universalistische Tendenzen Lebenserfahrung und Weltbild der Ägypter tief verändert und finden sich in Übereinstimmung mit der gesteigerten Position Gottes, der soziale Bezogenheit und nationale Grenzen transzendiert; damit wird u.a. den im Sinne der ägyptischen Ausgangsposition unbelasteten syrischen Göttern der Weg ins Land bereitet. Da der Mensch als Individuum ein Verhältnis »unmittelbar zu Gott« gewinnt, bricht mit der Ausformung persönlicher Frömmigkeit zugleich auch der Unglaube als Möglichkeit an. Hinter dem Auseinandertreten von Staat und Kirche im NR darf die ideologische Kraft nicht verkannt werden, die von der Rolle Gottes als absolutem Herrn ausgeht. Folgerichtig wird schließlich die Einsicht formuliert, daß Gott als Schöpfer und Regent willkürlich waltet und auch über die Maat souverän verfügt.

Das Stillesein wird zur einzig logischen wie ethischen Verhaltensweise. Freilich ziehen sich viele auf den Grundakkord des Ritualismus zurück und suchen ihre Zuflucht bei seinem entartenden Sprößling, dem Zauber. Damit reißen sich Klüfte auf, die oft genug durch den einzelnen hindurchgegangen sein werden. Daß bei alledem die Heraufkunft des transzendenten Gottes an ihrem Teil den Verfall der ägyptischen Kultur sei es hervorruft, sei es sichtbar macht, kann nicht geleugnet werden. Da indes der Welt Ägyptens die Gnade eines von außen kaum gestörten Reifens beschieden war, sind wir berechtigt, diese ihre Geschichte und mit ihr die Geschichte ihrer Gotteserfahrung als innerlich notwendig zu begreifen. Schaut man auf den Ausgang des Laufes, so leuchtet es rein religionsgeschichtlich ein, daß mit Nachbarvölkern auch die Masse der Ägypter einen Glauben annahm, der außer einem transzendenten Gott und seiner in freiem Erbarmen durch den Sohn bezeugten Menschenliebe nichts gelten ließ.[174]

Es ist in der Ägyptologie vor kurzem zu einer Kontroverse gekommen, die mir bezeichnend scheint. Zwei der Großen unserer Wissenschaft, G. Posener[175] und H. Kees[176], haben ihre Auffassung vom Gott-Königtum in ägyptischem Verständnis dargelegt und haben nach meiner Überzeugung beide recht und beide unrecht. Sehr vereinfacht gesagt, legt Posener Gewicht auf den Abstand des Königs zu Gott, Kees auf die gemeinsamen Züge beider. Die historische Linie, die wir zogen, erlaubt mit großer Sicherheit das Urteil, daß der eine sich an der Dissonanz orientiert, die mit der Heraufkunft des transzendenten Gottes die ägyptische Religion bestimmte, der andere am Grundton, der anfangs alles war und der auch in der Dissonanz nicht verklang. Darum treffen die Worte Poseners am ehesten auf jüngere, die von Kees am ehesten auf ältere Zeiten zu. Nur würde ich die divinité parfaite Poseners, für die ich den m. E. besser bezeichnenden und einleitend definierten Ausdruck der Transzendenz bevorzuge, nicht mit Kees »idealistisch« nennen. Für den Menschen, der sie erfährt, pflegt sie ohne jede Scholastik das allerrealste Erfahrbare zu sein. Obwohl sie alles in die Krise bringt, zerstört sie dennoch nicht unbedingt, was Humanitas erbaut hat[177], wie es in der Konsequenz der modernen Bombenkrater-Theologie radikaler christlicher Glaubensdenker zu liegen droht.[178] Wo menschliche Spannkraft stark genug ist, um mit ihr zu leben, können schlichte Gläubige ein Format erlangen, das sie aus sich heraus niemals erlangt hätten. Wo sich aber Formkraft zur Spannkraft hinzugesellt, reißt der Einbruch des transzendenten Gottes menschliches Wirken in einsame Höhe hinauf. Indem sie das Unbedingte in die Bedingungen formgebundenen Schaffens hereinholten, ohne es zu verkürzen, wuchsen vor anderen Rembrandt und Beethoven über die künstlerische Meisterschaft zu Kündern der Gnade und der Majestas des transzendenten Gottes empor und haben nicht aufgehört, die Schauenden und Hörenden zu beunruhigen und zu trösten.

Anmerkungen

1 Ägyptische Religion = Die Religionen der Menschheit 8, 1960, im Folgenden zitiert als ÄR. Soweit möglich, verweise ich zur Dokumentation behaupteter Sachverhalte auf diese Schrift, um die vorliegende Arbeit zu entlasten und dem nicht-ägyptologischen Leser eine Mitarbeit zu vereinfachen.

2 J. Assmann macht mich darauf aufmerksam, daß der dem König und der von ihm vertretenen Gesellschaft durch Rituale verfügbare Gott freilich durch sein Hinausrücken in die Transzendenz insofern dem einzelnen Gläubigen näherrückt, als er von ihm (z. B. im Gebet) unmittelbar erreicht werden kann.

3 Urk IV 1944, 13 (Stele der Baumeister Horus und Seth, Zeit Amenophis' III.) *ꜣ.t* bezeichnet zunächst den ganz kurzen Zeitabschnitt (»Zeitpunkt«), von da aus den *καιρός* für Personen (zu letzterem vgl. ÄR 80f.).

4 (zu berichtigende) Übersetzung bei A. Erman, Die Literatur der Ägypter, 1923, S. 330; Text: Ch. Kuentz, La Bataille de Qadech, 1928 = Mémoires de l'Institut LV, § 121ff. = S. 252f. G. Fecht weist mich darauf hin, daß seine Untersuchungen ihn veranlassen, den ersten Teil des Zitates als Schluß einer literarischen Einheit (Gebet), den zweiten als Beginn einer neuen aufzufassen. Ich habe dem durch Setzung von Anführungsstrichen Rechnung getragen; am Kausalnexus von Gebet und Erhörung ändert sich nichts.

5 Pap Leiden I 350 III 17; vgl. J. Zandee, De hymnen aan Amon etc, 1948, S. 54ff. und ÄR 101; »von ferne« hört Gott schon Sinuhe B 163 (ich folge der Auffassung von H. Grapow, Untersuchungen zur ägyptischen Stilistik I, 1952, S. 63). Auch wird der Gedanke formuliert, daß Mauern des Hauses den Menschen nicht vor Gottes Wissenskraft verbergen können: Ani 7,9f. Umgekehrt kann Gott unsichtbar sein: Man hört ihn, aber sieht ihn nicht (zunächst vom Windgott gesagt). Späte Belege bei E. Otto, Gott und Mensch nach den ägyptischen Tempelinschriften der griechisch-römischen Zeit, 1964, S. 153ff., vgl. Joh 3,8.

6 CT I 354b/356b (u.ö. in spell 75, vgl. auch H. Kees, Der Götterglaube im alten Ägypten, ^{2}1956, S. 312).

7 ÄR 146f. bzw. 142; vgl. jetzt auch J. Vergote, La notion de Dieu dans les livres de sagesse égyptiens = Les sagesses du Proche-Orient ancien, 1963, S. 159ff. – Einschränkungen bei Osiris liegen in der Natur dieses Gottes begründet, darüber handle ich demnächst in: Gott und Mensch im alten Ägypten, 1964. – Zum allgemeinen Göttlichen in jedem einzelnen Gott (der nur im geschichtlich gewachsenen Kult gesondert bleibt) äußerte sich soeben E. Otto, a. a. O., S. 86ff.; eine ohnedies nur »begriffliche Auseinandersetzung« mit ihm ist hier nicht mehr möglich (Otto orientiert sich an der Schöpfung, ich mich primär an der Gesellschaft).

8 Von feineren Nuancen (z. B. Gen 6,6) bis zu starken Korrekturen (z. B. Hi 42,8); vgl. auch J. L. Seeligmann, Problemen en Perspektieven in het moderne Septuaginta Onderzoek = Jaarbericht No. 7: Ex Oriente Lux, 1940, S. 358ff., und G. Bertram, Altes Testament und griechischer Geist = Die Bedeutung der Bibel für den Glauben, 1941, S. 127f.

9 Das Schicksal der von den Sumerern geprägten Akkader verdient auch in dieser Hinsicht untersucht zu werden. Mir scheint, das zur Kulturvergötterung führende Kulturbewußtsein, dem ein eigener Rang des Menschen gegenüber den Göttern entspricht, beruhe auf den Erfahrungen der Sumerer (Sachverhalt dargestellt von F. R. Kraus, Altmesopotamisches Lebensgefühl = JNES 19, 1960, S. 117ff.).

10 Vgl. z. B. Sure 16,93: »(Allah) führt irre, wen er will, und leitet recht, wen er will«; dazu R. Paret, OLZ 58, 1963, Sp. 117ff.

11 In Griechenland setzt sich die Vorstellung eines transzendenten Gottes bekanntlich auf dem Wege über die Philosophie (Xenophanes!), mit voller Wucht erst ab Platon über Aristoteles bis zu hellenistischen und spätantiken Systemen und Götterkulten durch. Die griechischen Götter inhärieren zunächst dem Kosmos und werden außerdem durch ein »Schicksal« begrenzt (zu ersterem vgl. u. a. K. Löwith, Der Weltbegriff der neuzeitlichen Philosophie = SHAW 1960, 4; zu letzterem: D. Müller, Ägypten und die griechischen Isis-Aretalogien = ASAW 53,1, 1961, S. 74ff.).

12 Vgl. die Artikel Mythos und Mythologie II 3d (J. Haekel), [3]RGG IV, 1960, Sp. 1272f., und Urstand I (S. Morenz), ebenda VI, 1962, Sp. 1204f.

13 ÄR, S. 121f.: Zu den dort zitierten ptolemäischen Texten tritt als derzeit ältestes der mir bekannten Zeugnisse eine Stele vom Jahr 6 des Taharqa: M. F. L. Macadam, The Temples of Kawa I. The Inscriptions, 1949, T. 9f. (nach Hinweis von K.-H. Priese). Die Annahme eines Einflusses von außen scheint mir nicht nötig (so jetzt Otto, a. a. O., S. 62f.).

14 Das reicht bis in feinste Ausformungen und bis in die letzte Spätzeit hinein, so im Falle der mythischen Deutung des Antilopenopfers, das demnach Feinde bezwingt und den Naturlauf garantiert: Ph. Derchain, Rites égyptiens I. Le sacrifice de l'oryx, 1962.

15 ÄR, S. 120ff.; die Erstreckung auf die Natur wurde herausgearbeitet von Derchain, Le rôle du roi d'Égypte dans le maintien de l'ordre cosmique = Le Pouvoir et le Sacré, 1961, S. 61ff.

16 Bahnbrechend: S. Schott, Mythe und Mythenbildung im alten Ägypten = Unters. 15, 1945, S. 64ff.

17 Davor warnte mit Recht H. Bonnet in einer Rezension der in dieser Hinsicht etwas rückfälligen, als Materialsammlung aber trefflichen Arbeit von J. G. Griffiths, The Conflict of Horus and Seth from Egyptian and Classical Sources, 1960: OLZ 57, 1962, Sp. 472/4; ähnlich D. Müller, Bibliotheca orientalis 19, 1962, S. 43.

18 P. Kaplony, Orientalia Suecana 7, 1958, S. 54ff. Die dort ebenfalls vorgetragene Lesung des Königs  als *W’ḏ* wurde auf Grund des Prinzips früher Schreibung schon von B. Grdseloff, ASAE 44, 1944, S. 282ff. vorbereitet; die Einwände von J. St. Fare Garnot, MDIK 16, 1958, besonders S. 144ff., scheinen mir durch die gleichzeitigen Ausführungen Kaplonys überholt.

19 Königinnentitel »die den Horus/Seth schaut«: W. M. F. Petrie, Royal Tombs II, 1901, Pl. 27, Nr. 96, 30, Nr. 128 (1. Dynastie); noch von Königin Ahmose gesagt: Urk IV, 224. Ferner direkt: »Horus/Seth« Chasechemui, dazu H. Müller, Die formale Entwicklung der Titulatur der ägyptischen Könige = Äg Fo 7, 1938, S. 26f., und Sir Alan Gardiner, Egypt of the Pharaohs, 1961, S. 416f.; zum Verständnis des Phänomens vgl. S. Schott, a. a. O., S. 67. Vgl. auch Gottheit mit Köpfen von Horus und Seth (»der mit den beiden Gesichtern«) im Grabe Thutmosis' III.

20 Aus der Dissertationsschrift von J. Omlin, Amenemhet I. und Sesostris I. (Heidelberg 1962) gewinne ich den Eindruck, daß das Epitheton erst jetzt geprägt ist und die Herausdifferenzierung der Hohenpriester-Funktion gegenüber der des »Verwaltungs-Königs« kenntlich macht. Die activitas des Gottkönigs hat starke Spuren in die Phraseologie um den König eingeprägt, natürlich besonders im Aspekt des königlichen Kriegers: *ỉrj m ḫpš.f, prj-ꜥ* »der mit seinem Arm handelt«, »dessen Arm herauskommt« usw. (z. B. Sinuhe B 52; vgl. auch Urk IV 809,1 bzw. Urk IV 1325,4 und Urk II 22,12). Es scheint mir bezeichnend, daß in Israel Jahwe als Krieger wie als Schöpfer »mit ausgerecktem Arm« handelt (Ex 6,6. Jer 27,5 u. ö.): Die Attribute der activitas liegen bei ihm.

21 Ein Beispiel: Die Möglichkeiten des Rituals schließen Einflußnahme auf das Wesen der Gottheit ein. Ist es zwiefältig-gegensätzlich, zornig und milde, vermögen Ritualhandlungen die gefürchtete Seite abzuwenden: H. Brunner, ZÄS 80, 1955, S. 5ff.

22 Das sachliche Recht dieser Deutung ist offenkundig, die ausdrückliche Erklärung des Namens als »Ferner« jedoch erst spät bezeugt: H. Junker, Gîza II, 1934, S. 51.
23 Z. 89, dazu W. Westendorf, MIO 2, 1954, S. 167ff., und G. Fecht, Der Habgierige und die Maat in der Lehre des Ptahhotep, 1958, S. 13ff.
24 s. oben bei Anm. 16; in diesem bedeutsamen Fragenkreis förderte D. Müller in bewährter Weise mein Verständnis.
25 Admonitions I 7; der Text läßt einen Parallelismus noch erkennen; zur Sache zuletzt S. Morenz/D. Müller, Untersuchungen zur Rolle des Schicksals in der ägyptischen Religion = ASAW 52,1, 1960, S. 11.
26 W. Helck, Untersuchungen zu Manetho und den ägyptischen Königslisten = Unters. 18, 1956, S. 4/8; dort auch weitere Belege für die Götterzeiten (S. 5).
27 W. Helck, Orientalia 19, 1950, S. 416ff.; vgl. die geläufige Auffassung des Königs als Thronfolger Gebs, z. B. Urk IV, 82 (Thutmosis I.), 180 (Thutmosis III.) usw.
28 H. Ricke/S. Schott, Beiträge zur ägyptischen Bauforschung und Altertumskunde 5, 1950; kurze Wiedergabe bei W. Wolf, Die Kunst Ägyptens, 1957, S. 112ff.
29 Wir müssen uns den Versuch versagen, in unserem Rahmen auf Bedeutung und Wechsel-Geschichte der Beziehungen des Königs einerseits zu Osiris, anderseits zu Re einzugehen oder gar das frühe Verhältnis beider Götter zu beleuchten (zum späteren s. S. 293f. und Anm. 122). Die Beziehungen des Königs zu Re hängen weitgehend von einer Klärung der Frage ab, wann zuerst, in welcher Funktion und ggf. mit welcher Umfunktionierung die sogenannten »Sonnenheiligtümer« anzusetzen sind; vgl. inzwischen H. Goedicke, BIFAO 56, 1957, S. 151ff. (Datierung; dazu auch *Rˁ-nb* = Titel Zosers, H. Müller, Die formale Entwicklung der Titulatur der ägyptischen Könige = Äg Fo 7, 1938, S. 55f.), W. Kaiser, MDIK 14, 1956, S. 104ff., und E. Winter, WZKM 54, 1957, S. 222ff. (Bestand bzw. Funktion).
30 Darüber demnächst H. W. Müller in ZÄS 91, 1964; D. Müller bemerkt mit Recht, es dürfe niemanden überraschen, wenn wir dem *sꜣ-Rˁ*-Titel bereits bei Snofru begegnen sollten. Eine freilich äußerst knappe Ausführung der Sohnschafts-Theologie (besser: Mythologie) findet sich Pyr 1316a/1318b.
31 S. Schott, a. a. O., S. 81ff.
32 W. Schenkel, Direkter und indirekter »Genitiv« = ZÄS 88, 1962, besonders S. 63 und 65.
33 Ich halte das Argument für nennenswert, obwohl der fragliche Titel (*sꜣRˁ*) im direkten Genitiv steht; denn die allgemeine Einschätzung des Vater-Sohn-Verhältnisses bleibt davon unberührt.
34 ÄR, S. 134 bzw. 138f.
35 Z. 90/2; der Sachverhalt wurde entdeckt von Fecht, Der Habgierige und die Maat, besonders S. 15ff; ÄR, S. 135.
36 K. Sethe, Die Totenliteratur der alten Ägypter. Die Geschichte einer Sitte = SPAW 1931, Nr. 18, § 37; ÄR, S. 240.
37 S. Schott, Bemerkungen zum ägyptischen Pyramidenkult = Beiträge zur ägyptischen Bauforschung und Altertumskunde 5, 1950, S. 135ff.
38 Pyr 309bff.
39 Pyr 2029ff.; zum Ganzen vgl. Junker, Pyramidenzeit. Das Wesen der altägyptischen Religion, 1949, S. 80ff. und 91ff. (der dort ins rechte Licht gerückte Sachverhalt hat nicht die gebührende Beachtung gefunden). Auch wo nicht von einem Gericht die Rede ist, macht einerseits die durch eine Serie von Gleichsetzungen angestrebte Vergottung der Glieder des Königs (Pyr 148/149d sowie Spruch 539, vgl. H. Ranke, OLZ 27, 1924, Sp. 558ff.), anderseits die Art seiner Verbindung mit dem Sonnengott etwa als Blume an dessen Nase (Pyr 265a/266b) die Grenze göttlicher Existenz des toten Königs sichtbar. Bezeichnend scheint mir, daß der Sonnengott *sḫm wr* »großer Mächtiger« (bzw. »große Macht«) ge-

nannt wird (Pyr 265a u. ö., vgl. K. Sethe, Übers. u. Komm. z. d. altägyptischen Pyramidentexten I, S. 266f.), der König dagegen vom Gottwesen verächtlich als »Kleiner« bezeichnet werden kann (Pyr 392b, in 603b vielleicht durch theologische Korrektur beseitigt).

40 H. Goedicke, Die Stellung des Königs im Alten Reich = Ägyptologische Abhandlungen 2, 1960; ÄR, S. 38.

41 Herr F. Weller hatte die Güte, mich über den Sachverhalt zu belehren, der mir mit den in Sources Orientales IV: Le Jugement des Morts, 1961, mitgeteilten Sachverhalten und der von J. Hempel in OLZ 57, 1962, Sp. 351/3, treffend gekennzeichneten Quellenlage entgegentrat.

42 ÄR, S. 183ff.

43 E. Hornung, ZÄS 81, 1956, S. 28ff.; für die Nachtfahrt der Sonne jetzt derselbe: Das Amduat (Die Schrift des verborgenen Raumes), hrsg. nach Texten aus den Gräbern des NR II, Übersetzung und Kommentar, 1963. Auf die landschaftliche Grundlage dieser Konzeption wies ich ÄR, S. 180, hin; es verdient erwogen zu werden, ob historische Erfahrungen der Art mitsprachen, wie sie die Lehre für Merikare formulierte (Z. 93): »Er (der elende Asiat) hat seit der Zeit des Horus (mit uns) gekämpft, und er kann nicht siegen, wird aber auch nicht besiegt.«

44 Z. 55.

45 ÄR, S. 162f.; meine Vermutung, daß die Partikel *św* archaistisch sei, gewinnt durch einen Hinweis von K.-H. Priese an Gewicht: In der schon zitierten Stele Taharqas (s. Anm. 13) ist sie für die Äthiopenzeit bezeugt (Zeile 10), was freilich ebenfalls älteres »Zitat« sein kann.

46 Es handelt sich um den Befund der Königsnamen, aus denen Re als Bildungselement schwindet, und um die untere zeitliche Befristung der sogenannten Sonnenheiligtümer, die mit Menkauhor aufhören, vgl. W. Kaiser, MDIK 14, 1956, S. 115.

47 R. Anthes, ZÄS 86, 1961, S. 75ff. (betr. Pyr 24d; 615d; 766d).

48 Z. 545f.; 216f.; 301. – Dazu Morenz/Müller, a. a. O., S. 8/10; im NR scheinen sich Aussagen über die Tragweite eines »gegebenen« Charakters zu widersprechen: Einerseits soll »Charakter« (*bj͗.t*) nicht als Entschuldigung für schlechtes Verhalten gelten (ÄR, S. 144f.), anderseits wird die Wirkensmacht des den Menschen »mitreißenden Charakters« (*i͗tḥ bj͗.t*) gesehen: M. Korostovtsev, RdE 13, 1961, S. 51.

49 Zur Formulierung der absoluten Willkür eines hohen Wesens, das der tote König zu sein beansprucht, vgl. Pyr 412d. Für die weitere Geschichte solcher Vorstellung ist der Umstand bemerkenswert, daß der die Lehre des Ptahhotep enthaltende Pap Prisse wahrscheinlich König Nebcheperre Antef VII. (späte 17. Dynastie) in den Sarg beigegeben wurde, also an der Schwelle zum NR steht: Zuletzt W. C. Hayes, Egypt. From the Death of Ammenemes III to Seqenenre II = The Cambridge Ancient History II 2, 1962, S. 28.

50 A. de Buck, Het religieus Karakter der oudste egyptische Wijsheid = Nieuw Theologisch Tijdschrift 21, 1932, S. 322ff.

51 So jetzt H. Brunner in einem trefflichen Aufsatz in: Les sagesses du Proche-Orient ancien, 1963, S. 103ff.

52 W. Wolf, Die Kunst Ägyptens, 1957, Abb. 145 b. S. 174.

53 Ebenda, Abb. 146 b. S. 175.

54 H. Brunner, Die Lehre vom Königserbe im frühen MR = FS. H. Grapow, 1955, S. 4ff. (vgl. besonders den Sachverhalt der sogenannten Hundestele des Antef Wahanch).

55 ÄR, S. 58; es ist ein Desiderat der Forschung, zeitliche Anfänge, soziale Ansätze und sachlichen Umfang zu erarbeiten (ein Beispiel für den letztgenannten: In der 6. Dynastie gelangen die zunächst dem König vorbehaltenen historischen Szenen in Privatgräber, so die Belagerung einer syrischen Stadt, vgl. W. Helck, Die Beziehungen Ägyptens zu Vorderasien im 3. und 2. Jahrtausend v. Chr. = Ägyptologische Abhandlungen 5, 1962,

S. 19). – Die Verbindung von Osiris mit Abydos unter Phiops I. hat gewiß auch einen politischen Aspekt (so Kees, Götterglaube, S. 333, und H. Stock, Die erste Zwischenzeit Ägyptens, 1949, S. 26f.). Ihre religionsgeschichtlichen Konsequenzen aber sind nur zu begreifen, wenn die »menschliche Bedürftigkeit« des Königs und seiner Untertanen ebenso wie die »relative Menschlichkeit« des Osiris beachtet wird. – Die Anfänge von Tempelstatue und »Statuenkult«, besser: Statuen-Versorgung (für Abydos vgl. Urk I 278/80), sprechen u. a. ebenfalls für das Wachsen göttlicher Macht, die gleich einem Magneten König und Private in ihr Heiligtum zieht.

56 Wir treffen hier eines jener bemerkenswerten Beispiele dafür, daß sich geistige Wandlungen Generationen vor den politisch-gesellschaftlichen vollzogen, die ihnen entsprachen.

57 Admonitions 12,2; ich folge der Übersetzung von E. Otto, Ägypten, Der Weg des Pharaonenreiches^{3}, 1958, S. 108.

58 Merikare, Z. 133f.

59 Admonitions 12,1 und 5f.

60 Es scheint mir bezeichnend zu sein, daß diese Einsicht jedenfalls in der deutschen Ägyptologie erst erkämpft werden mußte, vgl. Otto, Der Vorwurf an Gott, 1951; zur literarischen Behandlung und Nutzung des Stoffes: S. Herrmann, Untersuchungen zur Überlieferungsgestalt mittelägyptischer Literaturwerke, 1957, besonders S. 20ff. und 44f.

61 Z. 130ff.

62 Jetzt gültiger Text: CT VII, 1961, S. 462d/464e; der von mir mit »Totenreich« übersetzte Ausdruck bezeichnet eine jenseitige Wasserlandschaft (ich setze die WB IV, 397,7/8, gegebene Bedeutung dafür an); auch *nṯr.w śp.wt* »Götter der Gaue« (griech. *οἱ ἄλλοι θεοί*) ist möglich (mit WB IV 98,17). Der Übersetzung der Stelle durch E. Brunner-Traut, Ägypten. Studienreiseführer mit Landeskunde, 1962, S. 117, kann ich nicht folgen. Diese Ansichten oder Einsichten der ersten Zwischenzeit gingen nicht wieder verloren, wie »Reminiszenzen« in späten Tempeln zeigen: Otto, Gott und Mensch, S. 38.

63 Der verrückte Caligula hat aus der im Hirtenbild für den Herrscher gegebenen Hoheitsaussage seine Göttlichkeit abgeleitet: Philon, Gesandtschaft an Gajus, § 75/6, VI, S. 170, Cohn-Reiter, ed. mai. Das ist formal ein Beweis aus der Natur der Dinge frei nach Sokrates.

64 D. Müller, ZÄS 6, 1961, S. 126ff., besonders S. 130f.

65 bzw. »als einen, der tut«; der Text ist wohl im Sinne der oben gegebenen Übersetzung zu verbessern.

66 Berlin P. 3029, Z. 6 und 14; Text und Übersetzung bei A. de Buck, The Building Inscription of the Berlin Leather Roll = Studia Aegyptiaca I (Anal. Orient. 17), 1938, S. 48ff.

67 P. Lacau/H. Chevrier, Une chapelle de Sésostris Ier à Karnak, 1956, § 267 (= S. 97); zur Deutung des Heiligtums: Kees, MDIK 16, 1958, S. 194ff. E. Blumenthal macht mich darauf aufmerksam, daß in diesen Karnaktexten, insgesamt fünfmal, immer Atum bzw. Re den Befehl erteilen. Das läßt u. a. den Schluß zu, diese Vorstellung hafte an der heliopolitanischen Konzeption von der Gottessohnschaft des Königs. Es wäre daher möglich, daß sie so alt ist wie der *sꜣ-Rꜥ*-Titel und uns nur infolge der Quellenlage verborgen bleibt.

68 Z. 5f.; Text und Übersetzung bei M. Pieper, Die große Inschrift des Königs Neferhotep in Abydos = MVAeG 32,2, 1929, S. 11ff. und If. In der Götterwelt gründet zur gleichen Zeit die innige Einheit von Urgott und erstem Geschöpf (Atum-Schu) im Gehorsam des letzteren gegen die Befehle des ersteren: CT I 385c (spell 75). Das sollte für die Königsideologie nutzbar gemacht werden.

69 Es ist, wie ich nachträglich sehe, ein Verdienst der obengenannten Dissertation von J. Omlin (s. Anm. 20), gezeigt zu haben, daß der Terminus *mrj* jetzt den Sinn von »erwählen« gewinnt: Der Höhere (Gott) »erwählt« (*mrj*) den Niederen (König) zu seinem Herr-

scheramt. Doch begegnet uns auch jetzt schon die »Erwählung« eines Gottes vor anderen durch den König (*mrj r*): Lacau/Chevrier, a. a. O., § 64; zu deren späterer Rolle vgl. Morenz, Sino-Japonica, FS. A. Wedemeyer, 1956, S. 118ff.

70 Brunner, a. a. O., besonders S. 8f.

71 Auch das »Geben« (des Königtums) tritt im MR bemerkenswert hervor und sollte beschrieben werden. Vorerst halte ich dafür, daß sich das Geben von der Gottheit an den König vom sogenannten Jubliäumsfest (*ḥb-śd*) herschreibt (so wohl schon bei Zoser: Urk I 154, wo mindestens ein geplantes Sedfest vorliegt; später vgl. z. B. Lacau/Chevrier, a. a. O., § 288 = S. 105). – Der König selbst von Gott »gegeben«, z. B. Sinuhe B 70.

72 Dafür findet sich das Prinzip der Vererbung von Vater auf Sohn in der mit Amenemhet I./ Sesostris I. einsetzenden und die 12. Dynastie kennzeichnenden Samtherrschaft des alternden Vaters mit dem herangewachsenen Sohne wirksam. Was hier vorliegt, ist einerseits eine Konsequenz aus bitterer praktischer Erfahrung, die sich über Mythos und Theologie älterer Zeit hinwegsetzen mußte, anderseits ist das Verfahren im Rahmen eines vom transzendenten Gott gegebenen Auftrags nicht illegitim: Den »Horus« oder »Horus, Sohn des Osiris« hätte man nicht verdoppeln können, aber einen Gehilfen zur Erfüllung seines Auftrags kann man sich nehmen. – Bemerkenswert ist das Zeugnis der Königsbildnisse der 12. Dynastie. Obwohl wir wissen, daß der Durchbruch des Neuen sich am Beginn der Dynastie vollzog, wird die gott-unterworfene, zeitgebundene Menschlichkeit des Pharao erst in den Bildnissen Sesostris' III. und Amenemhets III. sichtbar. Dafür sind einerseits Eigengesetzlichkeiten des Stilwandels in der Kunst, anderseits z. T. Eigenheiten der Überlieferung verantwortlich zu machen (traditionelle Bildnisse Sesostris' I. stammen aus seinem Totentempel, hatten also der »Gliedervergottung« zu dienen und bevorzugen wohl deshalb den Aufbau eines Ganzen aus selbständigen Teilen; die aus den Pyr bekannte Gliedervergottung [s. Anm. 39] blieb im MR und später lebendig: A. Klasens, A Magical Statue Base, 1952, S. 103ff.): Wolf, a. a. O., S. 315ff.

73 Belege aus dem NR in ÄR, S. 64; mit dem Befehl der Gottheit in Ägypten wird sich Mohamed Bakr in einer Monografie beschäftigen.

74 So wohnt dem Verbum *wḏ* bisweilen zugleich der Sinn »anbefehlen«, »zuweisen« inne, z. B. in der zweiten zitierten Stelle der Berliner Lederhandschrift. Die Befehle des Königs gelten nach der zeitgenössischen Phraseologie als »trefflich« o. ä.; Sesostris I. ist *mnḫ wḏ.t-mdw* »trefflich an Befehlen« (Sinuhe B 49) usw. Es ist dies eine Form des Zutrauens zum »guten Hirten«.

75 Urk IV 390.

76 Horus als Schöpfer der Menschenrassen: Pfortenbuch II, 4/5; gottgewirkte Sprachtrennung: S. Sauneron, La différenciation des langages d'après la tradition égyptienne = BIFAO 60, 1960, S. 31ff., sowie D. Müller, Ägypten und die griechischen Isis-Aretalogien = ASAW 53,1, 1961, S. 54ff.; Sorge für die Fremdvölker besonders im großen Sonnenhymnus von Amarna: M. Sandman, Texts from the Time of Akhenaten = Bibl. Aegypt. 8, 1938, S. 95, Z. 5.

77 Nach ÄR, S. 44ff., habe ich das Problem in ZDMG 112, 1962, S. 432ff., skizziert: Ohne ihre nationale Bindung je zu verlieren (auch in griechisch-römischer Zeit nicht!), öffnet sich die ägyptische Religion im NR universalen Tendenzen (missioniert aber nicht); zu parallelen Erscheinungen in der zeitgenössischen ägyptischen Kunst vgl. Wolf, Die Kunst Ägyptens, S. 514.

78 Development of Religion and Thought in Ancient Egypt, 1912, S. 344ff. (2. unveränderte Auflage 1959 [mit Geleitwort von J. A. Wilson]).

79 ÄR, S. 108ff., 138ff. Wir sehen einer umfassenden Vorlage des Materials durch J. J. Clère entgegen: zunächst der bisher kaum beachteten Statueninschriften, dann der Stelen.

80 J. Janssen, Fonctionnaires sémites au service de l'Égypte = CdE 26, 1951, S. 50ff. (zur Frage als Hintergrund der Josephserzählung vgl. J. Vergote, Joseph en Égypte, 1959, besonders S. 105ff.).

81 E. Drioton, ZÄS 79, 1954, S. 3ff.; ÄR, S. 112.

82 Selbst private Frömmigkeit lehnt sich gern an Tempel an: ÄR, S. 108ff.

83 ÄR, S. 6ff.

84 Wahrscheinlich würde es die Untersuchung lohnen festzustellen, ob in der späteren Weisheitsliteratur negativ bewertete Typen oder Handlungsweisen anzutreffen sind, die nicht so sehr menschliches Wohlverhalten wie Anerkennung Gottes vermissen lassen. In den untengenannten Aufforderungen Anis und Amenopes, auf Gottes Handeln zu bauen und nicht initiativ zu werden, sehe ich Hinweise auf den Gegentyp, der nicht um Gottes Handeln weiß (s. S. 295f.). Vgl. auch Otto, Gott und Mensch, S. 44f.

85 Ps 14,1.

86 Admonitions 12,5f.

87 G. Fecht weist mich darauf hin, daß im Reisebericht des Unamun weder Amun noch sein Orakel ernst genommen werden; eine solche Haltung setzt Leser mit entsprechender Skepsis voraus.

88 Die religiös positive Wertung der Armut spricht mindestens für eine Offenheit zur Unterschicht hin: H. Brunner, Saeculum 12, 1961, S. 319ff.

89 Wenn von meiner Darstellung der ÄR gesagt worden ist, ich hätte den Höhenweg gewählt (H. Kees, in OLZ 56, 1961, Sp. 588), so ist das richtig. Wie soll man freilich Glauben anders darstellen als so, daß man Gläubige sprechen läßt? Eine bevölkerungsmäßige Generalisierung war damit nicht gemeint, doch hätte ich die mit dem NR gegebene Situation von vornherein klarstellen sollen. Außerdem ist innerhalb der Gläubigen gewiß wie überall und allzeit eine Minderheit von »Gnostikern« und eine Mehrheit von einfachen Frommen zu unterscheiden, die z.B. im Bilderdienst auf verschiedenen Ebenen steht (s. S. 291f.).

90 Vgl. zuletzt W. Wolf, Kulturgeschichte des alten Ägyptens, 1962, S. 313ff. mehrfach.

91 Unter dem Schlagwort »Ein transzendenter Gott braucht eine Kirche« seien zwei bemerkenswerte Tatbestände verzeichnet: Im Zusammenhang mit der Transzendierung Gottes im Alten Reich scheinen sich selbständige Priestertümer herauszubilden: W. Helck, Untersuchungen zu den Beamtentiteln des ägyptischen Alten Reiches = Ägyptologische Forschungen 18, 1954, S. 98, 103, 124. In der griechischen Zeit hat der König Priestertitel angenommen. Obwohl Priester ursprünglich Delegierte des Königs sind, ist ihre (m. E. am transzendenten Gott emporgerankte) Macht so stark geworden, daß der König auf sie zurückzugreifen veranlaßt wird, vgl. Otto, Gott und Mensch, S. 69ff.

92 ÄR, S. 110/2.

93 Die Tätigkeit des Zerstörens wird ihm in Amenope 24,15 ausdrücklich zugesprochen, s. S. 294; geschichtlich gesehen bezeichnet die »Gottes-Unmittelbarkeit« des Staates in der thebanischen Theokratie der 21. Dynastie einen Tiefstand; ihm geht Reichszerfall parallel, es folgen Fremdherrschaften (Wolf, a. a. O., S. 327f.).

94 ÄR, S. 246/8.

95 ÄR, S. 250f.; W. C. Hayes, a. a. O., S. 17; die Verteufelung Seths, der interpretatio Aegyptiaca Baals, und seine Angleichung an Apophis laßt sich aufgrund der kürzlich erschienenen Untersuchung E. Hornungs (s. Anm. 43) bereits in die frühe 18. Dynastie hinaufsetzen und damit etwas zuversichtlicher auf seine Bindung an die Hyksos zurückführen.

96 ÄR, S. 253; vgl. jetzt auch W. Helck, Die Beziehungen Ägyptens zu Vorderasien im 3. und 2. Jahrtausend v. Chr. = Ägyptologische Abhandlungen 5, 1962, S. 482ff. (Helck weist S. 514 auf die ägyptische, nicht syrische Volkszugehörigkeit einer bedeutenden Gruppe von Verehrern syrischer Götter hin: Dêr el-medîne).

97 Morenz, ZDMG 112, 1962, S. 432ff.

98 Damit leugne ich die von Helck, a. a. O., S. 505f., erwogene Möglichkeit nicht, daß auch neue sachliche Notwendigkeiten die Einführung vorderasiatischer Gottheiten befördert haben könnten.

99 ÄR, S. 161; E. Edel, Altägyptische Grammatik I, 1955, S. 69ff.

100 Althochdeutsches Wörterbuch I, 1035, 1040f., vgl. auch 1036, 1037; dazu: Ahd. bilidi = Beiträge zur Geschichte der deutschen Sprache und Literatur 66, 1942, S. 291ff. (nach freundlichem Hinweis von Frau E. Karg-Gasterstädt).

101 ÄR, S. 159f.

102 Text und Übersetzung: G. Daressy, ASAE 18, 1918, 144, jetzt auch bei E. Jelínkowa-Reymond, Les inscriptions de la statue guérisseuse de Djed-Her-le-Sauveur = Bibl. d'étude 23, 1956, S. 93f. Interpretation: Morenz, ZÄS 88, 1962, S. 47 (auch bei perfektischer Übersetzung ändert sich für unser Anliegen nichts).

103 Schabaka-Inschrift, 59f., vgl. ÄR, S. 162f., u. oben Anm. 45.

104 Ani VII 16; Ansätze dazu bereits Merikare, Z. 134f., wohl auch 125f.

105 A. Volten, Studien zum Weisheitsbuch des Anii, 1937, S. 60ff., 116.

106 Amduat, 8. Stunde, vgl. Hornung, a. a. O., S. 146.

107 CT IV 76h/i (spell 312) = Tb 78,17f., vgl. auch ÄR, S. 165f. In diesen Identifikationstexten finden sich manche Ansätze in gleicher Richtung. So folgt aus der im Spruch vorgenommenen Erhöhung des Toten zum »Ba des Schu«, daß er »aus den Gliedern des Urgottes (*nṯr ḫpr ḏś.f*) hervorgegangen« ist, also mit der Urzeugung auch die Gestalt des Schu erhielt; CT I 316b/318b (spell 75) u. ö.

108 Kommentar und Übersetzung zu spell 312: A. de Buck, The Earliest Version of Book of the Dead 78 = JEA 35, 1949 (FS. Gardiner), S. 87ff.; vgl. auch E. Drioton, BiOr 10, 1953, S. 168ff., und H. Brunner, ZDMG 111, 1961, S. 439ff.

109 Immerhin findet man einen Ansatz, wenn man sich (gegen Grapow, Untersuchungen zur ägyptischen Stilistik I, 1952, S. 81) entschließt, den Passus Sinuhe B 213ff. auf den König zu beziehen. Darin heißt der König u. a. *mj.tw Rʿ* »dem Re Gleicher« (B 216), womit eine Bildtheologie zwar nicht ausgesprochen, aber im Ansatz gegeben ist (vgl. WB II 39,12).

110 Urk IV 362: Hatschepsut; neben den Texten ist der archäologische Befund bemerkenswert, der gerade jetzt (freilich mit Nachwirkung) den »König im Falkenkleid« erscheinen läßt, also mit der Abbildlichkeit Ernst macht: (zuletzt) H. Brunner, ZÄS 87, 1962, S. 76f.

111 Eine Untersuchung darüber ist in Arbeit; wie in der zweiten Wirre, so ist in der Ptolemäerzeit die Aussage nicht zum Titel, sondern zum Teil des Namens geworden.

112 Dieser König ist künftigen Geschlechtern nicht ganz bedeutungslos erschienen, wenn es zutrifft, daß wir seinen Namen in der sogenannten Gespenstergeschichte anzusetzen haben (Ostrakon Florent 2616, 3f. = A. H. Gardiner, Late-Egyptian Stories [Bibl. Aeg. 1], 1932, S. 91); eventuell u. a. mit G. Lefebvre, Romans et contes égyptiens, 1949, S. 170f., in Mentuhotep zu korrigieren.

113 W. M. Fl. Petrie, Koptos, 1896, T. XII 3,8; ich danke den Nachweis meiner Schülerin E. Blumenthal. Dagegen hat man einen bisweilen vermuteten Beleg in der Inschrift König Neferhoteps (Z. 15, Pieper, a. a. O., S. 15 und T. II) aus der 13. Dynastie sicher herauszuhalten. Das im fraglichen Text stehende Wort *mśtjw* bedeutet schwerlich Bild, wahrscheinlich einen Verwandtschaftsgrad (es existiert ein Femininum dazu, auch legt das der Kontext mancher Stellen nahe; wir müssen die Sache auf sich ruhen lassen).

114 Bis zuletzt oft als »lebendes Bild« der Gottheit, z. B. Urk IV 362,6: *ḫntj.f ʿnḫ*, betrifft Hatschepsut und Re.

115 Der Gedanke der Gott-Ebenbildlichkeit des Menschen ist bekanntlich bereits in der Lehre für Merikare formuliert: »Seine (sc. des Schöpfergottes) Ebenbilder (*snn*) sind sie

(sc. die Menschen), hervorgegangen aus seinem Leibe« (Z. 132); natürlich liegt hier, wie in der spezifischen Sohnschaft des Königs, eine Bausubstanz der Bild-Theologie, doch handelt es sich in beiden Fällen um völlig verschiedene Anliegen: hier Schöpfung durch Gott, da Abspiegelung Gottes nach Trennung.

116 ÄR, S. 115.

117 M. Sandman, a. a. O., S. 95, Z. 16. Auch die Vorliebe des Königs für das Götterprädikat *ʿnḫ m mꜣʿ.t* »der von der Maat lebt« (vgl. R. Anthes, Die Maat des Echnaton von Amarna = Suppl. to JAOS 143, 1952) weist in diese Richtung, ebenso die Zuschreibung der Formel *šꜣjt dd ʿnḫ* »Schicksal, das Leben gibt« an den König ebenso wie an seinen Gott: Morenz/Müller, a. a. O., S. 18.

118 G. Fecht, ZÄS 85, 1960, S. 91 ff., besonders 103 ff.; ÄR, S. 154 f. Ich danke die Aufforderung zu diesem Abschnitt einer Frage von Herrn Jaspers nach Einordnung der Amarnazeit.

119 W. Wolf, Die Kunst Ägyptens, S. 511, weist auf die krummen Rücken der Untertanen Achanjätis hin, in denen Kunststil und Lebensstil sich addieren; Gegensatz zur Frömmigkeit: ÄR, S. 115.

120 Gegenüber dem MR (s. S. 287 f.) hat die »Göttlichkeit« des Königs nun in der 18. Dynastie insofern neue Akzente bekommen, als durch (komparativische) Formen von »Erwählungsformeln« erstens der einzelne König als Erwählter (*mrj*) der Gottheit aus der Königsreihe herausgehoben wird und er zweitens seinerseits aus dem Pantheon einen Gott »erwählen« kann – letzteres eine Entwicklung, die allerdings (vielleicht infolge der gefährlichen Konsequenzen von Amarna?) mit der Ramessidenzeit abgebrochen zu sein scheint: Morenz, FS. Wedemeyer, 1956, S. 118 ff.

121 Einen ersten Ansatzpunkt sehe ich bereits in Pyr-Spruch 272: Der König durchschreitet das »Tor des Nun« im Gefolge des Sonnengottes.

122 E. Drioton, ASAE 43, 1943, S. 15 ff., besonders S. 43. Vgl. auch Otto, Saeculum 14, 1963, S. 265/7.

123 6. Stunde des Amduat. Ich habe E. Hornung zu danken, daß er mir Einsicht in das Manuskript seiner oben angeführten Arbeit gegeben hat. Ohne rechtzeitige Kenntnis dieser vorzüglichen Untersuchung hätte ich mich nicht zu diesem bisher so spröden Stoff äußern können.

124 Zum Phänomen: J. Kroll, Gott und Hölle. Der Mythos vom Descensuskampfe, 1932; im ägyptischen Christentum ist der Descensus, der christlichen Linie entsprechend, auf die Endlösung umgestellt: J. Zandee, De descensus ad inferos bij de Kopten = Nederlands Theol. Tijdschrift 9, 1954/5, S. 158 ff.

125 ÄR, S. 78 ff.

126 Ich folge der Kennzeichnung der 8. Stunde des Amduat durch Hornung, a. a. O., S. 151.

127 Klare Zeugnisse für Gottes Allwissenheit bietet erst die Ptolemäerzeit: E. Otto, Forschungen und Fortschritte 35, 1961, S. 279; und jetzt derselbe, Gott und Mensch, S. 19 ff. und 141 ff. Doch finden sich vom NR ab Texte genug, die in diese Richtung weisen; die oben S. 277 belegte Transzendenz Gottes über Raum und Zeit schließt die Grundlage für Allwissenheit eines immer und überall gegenwärtigen Gottes ein. Dem nomen ipsum kommen darüber hinaus am nächsten: Pap Chester Beatty IV r 11: »Nichts gibt es, das du (Re) auf Erden nicht kennst« und Pap Louvre 3292 (= Totenbuch der 21. Dynastie; Text bei G. Nagel, BIFAO 29, 1929, S. 90): »Nichts gibt es, das er (Re) nicht kennt in jedem Augenblick (*ꜥ.t*)«, dazu die mancherlei Formeln, es gäbe kein Tun, »ohne daß er (Gott) es weiß« (*m ḫm.t.f*). Ich wähle diese Hinweise aus einer gründlichen Unterrichtung durch J. Assmann aus.

128 Jahwe hat nach Hi 10,21 f. keine Beziehung zum dunklen und ungeordneten (lōʾ sᵉdārīm) Totenreich.

129 Literatur in ÄR, S. 118f.
130 Die Ethisierung und zugleich Individualisierung der Maat sind u. a. von G. Lanczkowski, Altägyptischer Prophetismus, 1960, als solche richtig erkannt, aber im Interesse einer verfehlten These auf eine einzelne Schrift, die sogenannten Klagen der Bauern, eingeengt worden (S. 75ff., vgl. DLZ 83, 1962, Sp. 603). Darstellung demnächst in: Gott und Mensch im alten Ägypten, [Köhler und Amelang] 1964 [[2]1984].
131 Amenope 21,5, Weiteres bei Brunner, Les sagesses du Proche-Orient ancien, 1963, besonders S. 107ff. Zur Sache vgl. Jer 27,5: Jahwe gibt Herrschaft über die Erde dem, der ihm recht ist – in diesem Falle sogar Judas Verderber Nebukadnezar.
132 Ebenda 24, 13/7.
133 H. Gese, Lehre und Wirklichkeit in der alten Weisheit, 1958, S. 17ff.
134 Nur einige Hinweise: Grundsätzlich wird der Wandlung des Verhältnisses von Gottheit und Weltordnung die Wandlung der Maat im Sinne der eben genannten Ethisierung und Individualisierung entsprechen. Einzelheiten: Der archaische Personenname *Mꜣʿ.t-n-ḥr-N.t* »Maat ist im Angesichte der Neith« (wohl: M. steht vor Neith) scheint mir ein Führungsverhältnis beider Größen nicht zu bestimmen. Aus der »Setzung« der Maat (*wdj*) am Aufgangsort der Sonne (stellvertretend durch den König) muß für die ältere Zeit (Pyr 265a/c; 1775b) nicht unbedingt »Herrschaft« Gottes über die Maat gefolgert werden; es kann sich um vollziehende Anerkennung einer Gegebenheit handeln. Der Titel *nb mꜣʿ.t* (ältester Zeuge: Horusname des Snofru) bedeutet u. U. nur »Besitzer von Maat« (etwa im Sinne des Horus, Sohnes der Isis bzw. des Osiris gegenüber Seth). Denn *nb* kann, wie hebr. *baʿal*, einfach bedeuten, daß eine Person an ihrem »Besitz« partizipiert (z. B. *nb mr.wt* »Besitzer von Beliebtheit« = »Beliebter«). – Maat als »Tochter des Re« – also dem alten genealogischen Denken entsprechend: ihm untergeordnet – kennen wir erst seit der 18. Dynastie, was unserer Hauptlinie entspricht (W. Westendorf, MIO 2, 1954, S. 181); doch erscheint Maat, mit Tefnut geglichen, als Tochter des Atum bereits CT II 32b ff. und 35b ff. Spuren eines (dann alt-bewahrten) umgekehrten Verhältnisses lassen sich nicht sicher nachweisen: Die Lesung *mꜣʿ.t mw.t Rʿ* »Maat, Mutter des Re« (W. Budge, The Book of Opening the Mouth II, 1909, S. 113, danach H. Bonnet, RÄRG, 1952, S. 432) hat E. Otto, Das ägyptische Mundöffnungsritual, 1960, Text S. 200 (= 73c), Kommentar S. 165 nicht übernommen; freilich teilt mir Otto mit, er halte die Lesung *mw.t* für diskutierbar (das müßte wohl ein »Hieratiker-Konzil« entscheiden!). Dagegen ist Identität beider Größen in Personennamen bezeugt: *Mꜣʿ.t pw Ptḥ* »Maat ist Ptah« oder *Mꜣʿ.t m Ḏḥwtj* »Maat ist (besteht in) Thoth« (H. Ranke, Die altägyptischen Personennamen, I, 1935, 144,25 bzw. 145,1 und 5). Das bisher nur grammatisch gestellte Problem um die Lesung von *Nj-mꜣʿ.t-Rʿ* hat sicher nicht mehr für das MR, aber prinzipiell, auch eine sachliche Seite: Re kann (in früher Zeit) ebensogut »zur Maat gehören«, wie diese ihm (später zweifellos) zugeordnet ist (dies zu Westendorf, MIO 7, 1960, S. 316ff.); man wird jedenfalls zu fragen haben, ob Zosers Mutter *Nj-Mꜣʿ.t-ḥp* »zugehörig zur Maat ist Apis« oder »zugehörig zu Apis ist Maat« hieß (später ist Apis als »Berichterstatter« [*wḥmw*] großer Götter ein Mittler der Maat, die er »aufsteigen läßt«). Die vielleicht doch alte Beziehung von Maat und Osiris (Westendorf, MIO 2, 1954, S. 165ff.) würde m. E. darin gründen, daß Osiris seiner Natur nach in besonderer Weise zur immanenten Ordnung gehört (freilich ist auch Re einer Ordnung verhaftet, indem er ja als Sonne geboren wird und stirbt; erst im Zuge seiner Transzendierung wird dieser Aspekt zurückgedrängt). Der König wiederum ist Repräsentant der Ordnung, die er als *nb ỉr.t ỉḫ.t* »Herr des Agierens« rituell erhält; es liegt in der Logik des geschichtlichen Laufes, daß er sie schließlich von Gott empfängt, um sie den Göttern zelebrieren und damit in seinem Bereiche verwirklichen zu können (Belege sind zahlreich, z. B. Edfou I

81. »Ich [Amun] habe dir die Maat in dein Herz gegeben, um sie gegen Götter und Göttinnen zu tun (d. h.: daß du sie … tust)«, vgl. auch H. W. Fairman, MDIK 16, 1958, S. 86ff.). Die (mit dem Wesirstitel *ḥm-nṯr mꜣꜥ.t* »Prophet der Maat«) seit der 5. Dynastie wohl zuerst bezeugte Personifizierung der Maat deute ich als Sogkraft der Gottesidee, die die Eigengesetzlichkeit der »Ordnung« auf ihre Ebene zwingt. Versuch einer Rekonstruktion folgt in: Gott und Mensch im alten Ägypten, 1964.

135 Schabaka-Inschrift 57; ÄR, S. 123.

136 Brunner, a. a. O., besonders S. 104 zum Kontext von Pap Prisse 115f.

137 Röm 9,21; dazu ZÄS 84, 1959, S. 79f.

138 Zuletzt E. Drioton, Mélanges Bibliques = FS. A. Robert, 1957, S. 254ff.

139 R. J. Williams, JEA 47, 1961, S. 100ff.; Datierung eines Fragmentes durch J. Černý.

140 Literatur in ÄR, S. 119 mit Anm. 5.

141 Anchšešonq V 5.

142 A. Volten, Das demotische Weisheitsbuch. Studien und Bearbeitung = Anal. Aegypt. II, 1949, S. 147.

143 Philae-Dekret I = Urk II 205 und Rosettana R 5 = Urk II 188.

144 Morenz/Müller, a. a. O., S. 29ff.; vgl. auch Brunner, a. a. O., S. 114ff.

145 Neben der eben genannten Schrift vgl. auch D. Müller, Ägypten und die griechischen Isis-Aretalogien = ASAW 53, 1961, S. 74ff.

146 s. S. 289; ÄR, S. 139f.

147 Morenz, Ägyptologische Beiträge zur Weisheitsliteratur Israels = Les sagesses du Proche-Orient ancien, 1963, S. 70; daß das »Schweigen« als solches kein absoluter Wert ist, zeigt die Zuweisung einer »Zeit« (*tr*) auch für das Reden: Theben Grab 36 (Aba), vgl. J. J. Clère, JEA 35, 1949, S. 40. Anderseits gilt Schweigen sogar in der Götterwelt als geziemend, wenn der mächtigere Gott redet (die Neunheit schweigt, wenn der mit Schu in eins gesetzte Tote redet: CT I 330c).

148 VI 1/12, E. Drioton, L'apologue des deux arbres = ДРЕВНИЙ МИР (FS W. W. Struve), 1962, S. 76ff.

149 H. Grapow, Wie die alten Ägypter sich anredeten etc., [2]1960, S. 60; zwar überwiegt die Anrede mit dem Eigennamen, doch spielt der ja gerade in den Lehren keine Rolle.

150 z. B. 5,15/7, 23,8/11.

151 Brunner, a. a. O., besonders S. 108ff.

152 Ani 8,14/6; 9,7/10 wird Stillehalten aus den alten Nützlichkeits-Erwägungen empfohlen.

153 Der Typ wird im christlichen Ägypten z. B. von Pachom gepriesen. Der ⲣⲙ̄ⲣⲁϣ (herkömmlich = »Milde«) seiner Katechese für einen grollenden Mönch läßt sich durch ein LXX-Zitat (Jes 66,2) als Wiedergabe von *ἡσύχιος* »still(er Mann)« fassen; der ganze Tenor dieser von Zitaten aus der biblischen Weisheitsliteratur durchzogenen Schrift ist auf den Lobpreis des Stilleseins vor Gott eingestimmt (Text: L. Th. Lefort, Œuvres de S. Pachôme et de ses disciples = CSCO 159, besonders S. 2, Z. 21f.). Daß Schweigen weithin als Ausdruck angemessener Demut vor Gott gilt, ist bekannt genug (vgl. Ph. Wolff-Windegg, Symbol und Schweigen = Symbolon 3, 1962, S. 77ff.) – klassisch G. Tersteegen: »Gott ist in der Mitten, alles in uns schweige und sich innigst vor ihm beuge.«

154 Ramses III.; Text und Übersetzung: W. Helck, ZÄS 83, 1958, T. III, Z. 10f. und S. 35; ähnliche Töne klingen bereits in der Anrufung Amuns durch Ramses II. nach dem Kadeschgedicht auf: »Das Werk vieler Menschen ist nichts, Amun ist besser als sie« u. ä.: Erman, Literatur, S. 330 = Kuentz, Bataille de Qadesh, § 119 = S. 252. Zusammen mit dem traditionellen Lobpreis des Königs, der diese Gebetsworte des bedrängten Herrschers im gleichen Text umschließt, wird hier die Dialektik zwischen transzendentem Nothelfergott

und machtvollem Gottkönig spürbar – ägyptische Ausgangsposition und gegenwärtige Situation, die beide zusammen die Wirklichkeit der Ramessiden ausmachen.

155 Ph. Derchain, Le rôle du roi d'Égypte etc., 1961, besonders S. 68f.; ferner z. B. ein Skarabäus Thutmosis III.: »(Th.) ist im Himmel wie der Mond. Der Nil steht ihm zu Diensten. Er öffnet sein Quelloch, um Ägypten Leben zu geben« (E. Drioton, Egyptian Religion 1, 1933, S. 39ff.) u. a. m. Aus dieser Konzeption versteht sich Ez 29,3: »Mein ist der Nil, ich habe ihn gemacht« (dem Pharao in den Mund gelegt und dem Israeliten als wahnsinnige Blasphemie erscheinend).

156 Reiches Material bei Otto, Gott und Mensch, S. 63ff.

157 Macadam, a. a. O., T. 9f., Z. 4f. (sogenannte »Flutstele«); auch diesen Hinweis verdanke ich K.-H. Priese. Zu den Minderungen des Königs in der Ptolemäerzeit vgl. Otto, a. a. O., S. 17 und 65.

158 In ÄR habe ich das Phänomen des Zaubers nicht behandelt (vgl. berechtigte Wünsche besonders von H. Bonnet, ThLZ 86, 1961, Sp. 493ff., H. Kees, OLZ 56, 1961, Sp. 585ff., jetzt auch A. Hermann, Jb. f. Antike und Christentum 4, 1961, S. 100, Anm. 147). Ich sehe mich freilich erst jetzt in der Lage, es angemessen zu bestimmen. Eine Einordnung im Sinne der obigen Sätze wird in meinem Buche »Gott und Mensch im alten Ägypten«, 1964, versucht.

159 Merikare, Z. 136f.; ein Versuch von W. Federn (JNES 19, 1960, S. 256f.), den Passus auf die Könige zu beziehen, scheitert schon daran, daß im ganzen Abschnitt von den Menschen als Partnern Gottes die Rede ist: Auch die dynastischen Herrscher wurden ihnen, wie der »Zauber«, nur »gegeben«. Auch dazu vgl. mein im Druck befindliches Buch.

160 CT I 372b/c, spell 75.

161 Auf eine Plazierung der Ethik in diesem Kräftespiel muß leider verzichtet werden. Einerseits kann Ethik, soweit sie nicht einfach Ergebung in Gottes Willen ist, als menschliche activitas und insofern (horribile dictu) als Schwester des Ritualismus erscheinen; anderseits steht sie als gottgewollte Lebensordnung in Ansprache menschlichen Willens, nicht mechanischer Leistung dem Ritual gegenüber und kann dieses wenn nicht fragwürdig machen, so doch in Grenzen weisen (klassisch bei Merikare, Z. 127/9, vgl. ÄR, S. 104). Vielleicht darf man einstweilen sagen: Seit Ethik relevant geworden ist, kann Zauber suspekt sein. Der Sachverhalt wird ebenfalls in meinem angekündigten Buche behandelt.

162 »In Israel begünstigte die immer schärfere Transzendentalisierung Jahwes das Interesse an konkreten Mittelwesen«: G. von Rad bei G. Kittel, Theol WB z NT I, 1933, S. 77 (s. v. *ἄγγελος*).

163 Daß der König im Laufe der Zeit auch als Heilgott stärker hervortritt, gründet zwar in seiner niemals preisgegebenen göttlichen Potenz, muß aber wenigstens ebenso aus den Erfordernissen der späteren Zeit begriffen werden; Material bei G. Posener, De la divinité du Pharaon, 1960, S. 63ff.

164 Betrifft Amenophis, Sohn des Hapu: Urk IV 1835, Weiteres ÄR, S. 108f., vgl. auch E. Otto, ZÄS 78, 1943, S. 28ff., besonders S. 33/7.

165 z. B. Urk IV 46, letzte Zeile.

166 Otto, a. a. O., S. 30f.; Junker, Gîza VII, 1944, S. 26f. (die dort zitierte Leipziger Scheintür trägt die Inv.-Nr. 3134 und ist leider verloren) und Studi Rosellini, 1955, S. 131ff. Es verdient Beachtung, daß die Ansätze einer »Heroenverehrung« in der 6. Dynastie liegen, also dort, wo Schwächung des Königs und gleichzeitige Transzendierung der Gottheit sichtbar werden.

167 K. Sethe, Imhotep = Unters. 2, 1902, S. 95ff.; J. B. Hurry, Imhotep, the Vizier and Physician of King Zoser, 1926, vgl. auch Otto, a. a. O., S. 29.

168 Pap Oxyrhynchos 1381, vgl. J. Leipoldt, Aus Antike und Orient = FS. W. Schubart, 1950,

S. 56ff.; E. Winter, Imhotep = Leibärzte. Heilmittelwerke-Jahrbuch 1958, S. 10ff., hält über den Zusammenhang Baumeister-Priester-Zauberer-Arzt die Möglichkeit eines »Mediziners Imhotep« offen.

169 ÄR, S. 109.

170 H. Grapow, Grundriß der Medizin der alten Ägypter III, 1956, S. 137ff.; Otto, a. a. O., S. 37f.; vgl. auch H. Wild, MDIK 16, 1958, S. 406ff. (betrifft Amenophis, Sohn des Hapu, als Heilheros bei Augenkrankheit in frühsaitischer Zeit). Daß es dabei nicht ohne Zauberei abging, zeigt kraß der Fall des Teos von Athribis: Otto, a. a. O., S. 34f. (zu dessen Texten vgl. jetzt die Edition von E. Jelínkowa-Reymond (s. oben Anm. 102, S. 3ff.). – Auf die wachsende Rolle der Inkubation sei eben hingewiesen; sie tritt uns nun auch in der sogenannten Bergkapelle von Bâb Kalabsche in Verbindung mit dem Isisdienst noch im 4. Jahrhundert n. Chr. entgegen (nach Untersuchungen von H. Ricke, vgl. inzwischen Neue Zürcher Zeitung v. 13. 10. 1962, B. 6).

171 O. Kaiser, Zs. f. Religions- und Geistesgeschichte 10, 1958, S. 193ff. Die Einbettung dieser Institution ins damalige Rechtsleben stelle ich in »Gott und Mensch im alten Ägypten« dar; vgl. inzwischen Amenope 20,20ff., und G. Posener, ZÄS 90, 1963, S. 98ff. (zu 21,13).

172 Zuletzt J. Černý, Egyptian Oracles, in: R. A. Parker, A Saite Oracle Papyrus in the Brooklyn Museum, 1962, S. 35ff.

173 Von hier aus verstehe ich z. B. die Herkunft der sogenannten Uschebtis; Untersuchung folgt. [Der Aufsatz ›Die Herkunft der Uschebti‹ ist erschienen in: »Gestalt und Geschichte. Festschrift Karl Schefold zu seinem sechzigsten Geburtstag. 4. Beiheft zu *Antike Kunst*, Bern 1967, S. 162–167. Er ist nachgedruckt in dem Aufsatz-Sammelband von Morenz, Religion und Geschichte des alten Ägypten, Weimar 1975, S. 295–303.]

174 Auch der Widerhall des radikal transzendenten Gottes der Gnosis in Ägypten sei vermerkt, vgl. J. Zandee, Numen 11, 1964, besonders S. 213.

175 De la divinité du Pharaon, 1960.

176 Kurze, doch die Standpunkte scharf kennzeichnende Rezension der Schrift Poseners in OLZ 57, 1962, Sp. 476/8.

177 Es scheint mir eine lohnende Aufgabe, den Gehalt an ägyptischer Humanitas auch in den späteren Weisheitslehren unter dem Gesichtspunkt der von uns gezeichneten religionsgeschichtlichen Entwicklung zu erheben (in U. Schweitzers nachgelassenem Aufsatz »Menschseins-Ideale in den orientalischen Kulturen: Alt-Ägypten« = Asiatische Studien 13, 1960, S. 7ff., findet sich diese Fragestellung nicht; F. Daumas, La naissance de l'humanisme dans la littérature de l'Égypte ancienne = Oriens Antiquus I, 1962, S. 155ff., lag mir bei Abschluß des Manuskriptes noch nicht vor). Der bei Ptahhotep erstmals greifbare Begriff eines legitimen *šmś-ib* »dem Herzen folgen«, seine Grundlage, sein Fortleben, aber auch seine Einschränkung in der Spätzeit bieten einen guten Ausgangspunkt dafür, vgl. inzwischen H. Kees, ZÄS 74, 1938, besonders S. 82ff., und ebenda 88, 1962, S. 24ff., sowie E. Otto, Die biographischen Inschriften der ägyptischen Spätzeit, 1954, besonders S. 70ff. Die Übereinstimmung mit Gott betont die Formel »dem Herzen folgen mit Lob = Billigung, *ḥsw. t*) des Amun«: Kees, a. a. O., S. 78f. (*Nb-nṯr.w*, Mitte 9. Jahrhundert). Die kopernikanische Wendung durch hellenistische und christliche Askese wird auf ägyptischem Boden bei Pachom von Esne sichtbar, der ein »dem Wunsch des Herzens Folgen« kategorisch verdammt und Ergebung in Gottes Willen verlangt: Lefort, a. a. O., S. 9, Z. 21f. Ein grandioser Zeuge für die ägyptische Humanitas ist die ägyptische Kunst als Ganzes, in der die Welt als Schöpfung vom nach-schaffenden Menschen ins Wesentliche erhöht und zugleich auf eine besondere Weise geheiligt wird. In den sogenannten Weltkammern des besterhaltenen der »Sonnenheiligtümer«

(des Niuserre) ist die Schöpfung im Wandel der Jahreszeiten dargestellt (und z. T. kurz erläutert: E. Edel, NAWG 1961, Nr. 8, betr. Ziehen von Fischen und Vögeln zu bestimmten Jahreszeiten und ihre Ernährung) und dient so der im menschlichen Medium gestalteten Verkündigung von Gottes Walten im Wechsel der Zeiten. Es ist wahrscheinlich, daß die »Heraufkunft des transzendenten Gottes« in ihrer linearen Historizität die Geschichte der ägyptischen Kunst, besonders die der Architektur mitgeprägt hat und sie daher tiefer verstehen lehrt. Mir scheint z. B., der Abaton-Gedanke (Unbetretbarkeit der Wohnung Gottes im Kultbild) verstärke sich, und die Vorschaltung von Hallen und Höfen (besonders die Errichtung von »Schranken«) sei nicht nur Kultbedürfnis und Prunkliebe. Ich möchte ferner die Transzendenz der Gottheit auch als Stimulans für die Bauform der durch erhöhtes Mittelschiff gekennzeichneten »Basilika« (Festhalle Thutmosis' III., großer Säulensaal in Karnak u. a. m.) ansetzen. Doch muß eine Behandlung dieser Phänomene den dazu berufenen Kunsthistorikern überlassen bleiben. Eine Nutzung der Gedanken von K. Schefold, Römische Kunst als religiöses Phänomen, 1963, wird dafür hilfreich sein. – Auch sei nochmals der oben Anm. 9 zitierte Aufsatz von Kraus genannt, der für das alte Zweistromland Kulturbewußtsein und mit ihm Humanitas im Angesicht der Gottesmacht ins Licht rückt. Es sei hinzugefügt, daß dort sogar historische Schicksale auf die Schuld von Gottheiten zurückgeführt werden und als Sünde von ihnen zu tragen sind. Ein solcher Passus lautet (F. Thureau-Dangin, Sumerische und akkadische Königsinschriften = Vorderasiatische Bibliothek, 1907, S. 58 Rs II 10 – IV 3): »Nachdem der ›Mann‹ von Umma (= Lugalzagesi) Lagasch zerstört hat, hat er eine Sünde gegen Ningirsu begangen, hat gegen ihn Hand angelegt ...; eine Sünde Uru-kaginas, des Königs von Girsu, ist nicht vorhanden. Lugalzagesis, des Stadtfürsten von Umma, Göttin, Nisaba, trage diese Sünde auf ihrem Nacken!«; Hinweis und Übersetzung verdanke ich Herrn A. Falkenstein.

178 Nur wer um die Früchte der Humanitas gerungen hat, kann Gefolgschaft fordern, wenn er für sich der Nichtswürdigkeit des Menschen vor Gott innegeworden zu sein glaubt.

Elke Blumenthal

Immanenz und Transzendenz in der neueren Ägyptologie

Siegfried Morenz' Akademievortrag vom 15. Oktober 1962 »Die Heraufkunft des transzendenten Gottes in Ägypten« ist im Gefolge seines 1960 in Stuttgart publizierten Hauptwerkes »Ägyptische Religion« entstanden, in dem er die Wechselbeziehung zwischen Göttern und Menschen und dabei außer den Zeugnissen des offiziellen Staatskults auch die private Frömmigkeit in den Mittelpunkt gestellt hatte; dem so offensichtlichen Bemühen der Ägypter um ihre individuelle Unsterblichkeit, ihren kosmologischen Vorstellungen und ihren heiligen Schriften widmete er nur jeweils ein Kapitel. Gleichzeitig mit der Druckfassung des Vortrags ist 1964 in Leipzig unter dem Titel »Gott und Mensch im alten Ägypten« ein weiteres Buch über die ägyptische Religion erschienen. Ursprünglich als eine »Volksausgabe« speziell für das vom westdeutschen Büchermarkt abgeschnittene Publikum der DDR gedacht, hatte es sich während des Schreibens zu einer eigenständigen Monographie entwickelt. Morenz beschränkte sich zwar nun ganz auf das Gott-Mensch-Verhältnis, erarbeitete jedoch an diesem, freilich dem wesentlichen Ausschnitt ein Modell, mit dem er die Eigenart der ägyptischen Religion insgesamt erfassen wollte. Als National-, nicht Weltreligion, als Kult-, nicht Buchreligion und als »historisch gewachsene«, nicht »in Offenbarung gestiftete« Religion ist sie zwar mit der Mehrzahl antiker und außereuropäischer Religionen verwandt, aber von den einer europäischen Leserschaft vertrauteren Hochreligionen Judentum, Christentum und Islam strukturell verschieden.

Beide Veröffentlichungen waren insofern wegweisend, als sie explizit mit dem Positivismus brachen, der zwar das einschlägige Quellenmaterial gewissenhaft gesammelt und ausgewertet hatte, aber den Gegenstand rein rationalistisch interpretierte und daher seinen Gehalt verfehlte. Ungeachtet verwandter Ansätze schon in den fünfziger Jahren hat Morenz als erster die deutschsprachige ägyptologische Religionsforschung an die moderne Methodik der allgemeinen Religionswissenschaft angeschlossen.

Neu gegenüber der in beiden Büchern vorherrschenden phänomenologischen Betrachtungsweise und erst recht in seiner eigenen Fachwelt war auch der in dem Akademievortrag unternommene Versuch, geschichtliche Wandlungen in zweitausend Jahren ägyptischer Religionsgeschichte, von ihren Anfängen um 3000 v. Chr. bis zum Ende des Neuen Reiches um 1000 v. Chr., anhand einer zentralen Fragestellung nachzuzeichnen und so Strukturfragen der Religion mit religionshistorischer Analyse zu verbinden. Das von Morenz ausgewählte Verhältnis zwischen Gott und König ist deshalb dafür geeignet, weil nach ägyptischem Verständ-

nis der König einerseits als gottähnlich oder als Gott das Göttliche auf Erden repräsentiert und die Funktionen des Schöpfergottes in der Welt wahrnimmt, andererseits aber die Menschen, d. h. die Ägypter, als Priester und als Empfänger von Gnadengaben vor den Göttern vertritt. Es hatte sich Morenz gezeigt, daß diese Grundpositionen zwar über die Jahrhunderte prinzipiell festgehalten wurden, daß sich aber faktisch das Gewicht der Beziehung zugunsten des göttlichen Partners verschob, so sehr, daß die Untertanen des Königs auch ohne seine Vermittlung direkt mit den Göttern kommunizieren und daß die Götter genuin königliche Aufgaben übernehmen konnten, ja daß mitunter der Reichsgott, nur vertreten durch seine Priester, direkt in die Politik eingriff und mit dem Instrumentarium des Pharao regierte. Obwohl diese Gottheiten meist nicht ausdrücklich über Raum und Zeit hinausgehoben und nicht als das ganz Andere jeder Erfahrung entzogen sind, nannte Morenz sie »transzendent«, weil sie, gemessen an Theorie und Praxis der Kultreligion, als dominant und menschlichem Zutun unverfügbar erscheinen. Mit dem Substantiv »Heraufkunft« im Titel des Vortrags wird auf die historische Dimension dieser Gottesvorstellungen verwiesen.

Hier wie auch in dem gleichzeitig erschienenen Buch über »Gott und Mensch« benutzt Morenz programmatisch, aber fast unkommentiert den Singular »Gott«, obwohl doch Vielzahl und Mannigfaltigkeit der in ihrer tierischen oder tier-menschlichen Gestalt oft befremdlichen Götter zu den auffallendsten Besonderheiten der ägyptischen Religion gehören. Auch die Quellen, die er zitiert, sprechen von namentlich bekannten Göttern, vor allem von Re, dem Sonnengott, von dem Reichs- und Sonnengott Amun bzw. Amun-Re und von dem Schöpfergott Ptah. Je nach Ort, Zeit und Umständen kann ein einzelner von ihnen unabhängig von den anderen, die in ihren traditionellen Rollen verbleiben, in die »Transzendenz« aufsteigen und so auch die herkömmlichen religiösen Vorstellungen transzendieren. Schon die frühere Forschung hat hier »monotheistische Tendenzen« beobachtet; für Morenz zeichnet sich hinter der Fülle polytheistischer Erscheinungen die eine göttliche Wirklichkeit der monotheistischen Religionen ab, zu der er sich in den letzten Sätzen seines Vortrags nachhaltig bekennt.

Mit dieser seiner Sicht hat Morenz nicht nur Zustimmung gefunden. Am deziertesten hat ihm sein Freund Erik Hornung widersprochen, der in einem zuerst 1971 veröffentlichten, seitdem mehrfach wieder aufgelegten und in mehrere Sprachen übersetzten Buch »Der Eine und die Vielen. Ägyptische Gottesvorstellungen« zwar nicht die von Morenz erhobenen Tatbestände, wohl aber ihre Deutung bestritten hat, und das in zweifacher Hinsicht. Zum einen hält er den Polytheismus und die sich in ihm ausdrückende Vielfalt der Zugangsweisen zum Göttlichen für einen unaufgebbaren Wesenszug der ägyptischen Religion, verwurzelt in einem »komplementären«, d. h. Sowohl-Als-auch zulassenden und von dem abendländischen Entweder-Oder wesensverschiedenen Denken. Zum anderen lehnt Hornung jede Transzendenz für Ägypten ab. Vor allem aus der Totenliteratur hat sich ihm ergeben, daß die Überlegenheit einer Gottheit nur graduell sei und daß Götter wie Menschen zu ein und derselben Seinssphäre gehörten, der Schöpfung, die aus dem Nichtsein herausgehoben, aber gleichwohl immer von ihm umschlossen und bedroht sei. Transzendenz wäre daher der Schritt ins Nichts. Dieses komplementäre

Verständnis der Welt, das jeden Absolutheitsanspruch ausschließt, und die Einsicht in ihre permanente Gefährdung haben für HORNUNG ihre Gültigkeit auch heute nicht verloren.

An seiner These über die Komplementarität hat sich eine lebhafte, noch andauernde Fachdiskussion entzündet. Das andere Thema, die Transzendenzfrage, ist vor allem von JAN ASSMANN wiederholt erörtert und mit MORENZ prinzipiell bejaht worden. Dafür beruft er sich auf meist dem Gott Amun von Theben gewidmete Hymnen des Neuen Reiches, in denen dieser Gott (sehr selten sind es auch andere) als umfassender Weltgott über Zeit und Ewigkeit, Kosmos, Geschichte und Geschicke verfügt. Zwar kann er von Menschen im frommen Anruf erreicht werden, ist aber in seinen Entscheidungen souverän, so daß auf ihn alle Anzeichen echter Transzendenz zutreffen. Dazu gehört auch, daß er verborgen und unsichtbar ist, doch verkörpert er sich in den Göttern der erfahrbaren Welt und in den Erscheinungen der belebten und unbelebten Natur, kann also pantheistische Züge annehmen, die in die Immanenz zurückverweisen. Bei alledem ist vom Königtum keine Rede, und auch die Begrenztheit der Schöpfung scheint für diese Gottheit keine Rolle zu spielen. Je nachdem, welche Arten von Quellen befragt werden, verändern sich Welt- und Gottesbilder; die Totentexte setzen andere Schwerpunkte als die zeitgleichen theologischen Hymnen, und fast scheint es, als bestünde das Bedürfnis, sie zu harmonisieren, vorrangig bei den modernen Historikern.

Auch wenn die wissenschaftliche Diskussion in den letzten dreißig Jahren über SIEGFRIED MORENZ hinausgegangen ist, wird sein Vortrag nicht nur aus Gründen der Pietät gegenüber dem Autor erneut abgedruckt, der sie ausgelöst hat und dessen historische Betrachtungsweise der ägyptischen Religion wiederaufgenommen zu werden verdient. Im Kontext eines akademiegeschichtlichen Rückblicks und im Nebeneinander der Einzeldisziplinen zeichnen sich Grenzen und Chancen derjenigen Geisteswissenschaften klarer ab, die sich nicht nur um einigermaßen gesicherte Fakten und Systeme, sondern auch um ihre Bedeutung bemühen. Die hier skizzierte Kontroverse dreier gleichermaßen bedeutender Fachvertreter der Ägyptologie beleuchtet die Bedingtheit der Standpunkte da, wo die Vergangenheit als »glühend Eisen« für unsere Gegenwart erfahrbar gemacht wird. Darüber hinaus aber läßt der Diskurs erkennen, daß die festgefügte, traditionsgebundene ägyptische Religion kein starres System war, vielmehr Sonderentwicklungen und Nebenlinien zuließ; der monotheistische Alleingang des Echnaton von Amarna ist nur ein, obschon das eindeutigste und radikalste Beispiel dafür. Warum sollte nicht auch die Transzendenz einzelner Götter zu den grenzüberschreitenden Möglichkeiten gehört haben, die dieser Religion im Laufe ihrer Geschichte zugewachsen sind?

Kurt Mothes

Zur Problematik der gegenwärtigen Biologie

1966

Es ist ein guter Brauch der Akademien, daß auch bei ihren festlichen Anlässen ein Mitglied aus seinem Arbeitsgebiet berichtet. Das Präsidium äußerte aber den Wunsch, daß ich mich angesichts der zur Zeit rasanten Entwicklung der Biologie in einem umfassenden Sinne äußere, und so wage ich, zur Problematik dieser heutigen Biologie zu Ihnen zu sprechen.

Jeder, der sich gegenüber einer so vielschichtigen akademischen Versammlung mitteilt, wird versuchen müssen, verständlich zu bleiben. Das bedeutet Verzicht auf wissenschaftliche Feinheiten, aber auch Verzicht auf das Reizvollste, das sich bei einer solchen Darstellung aufdrängt, nämlich dem Werden der Ideen nachzuspüren, eine Untersuchung darüber anzustellen, wieweit sie sprunghaft aus dem Ungewissen kommen oder wieweit sie folgerichtige Weiterführungen des Bekannten sind.

Die revolutionäre Entwicklung der Biologie in den letzten Jahrzehnten kann charakterisiert werden durch ein wiederholtes Eingreifen von Außenseitern: Physikern, Physikochemikern, Chemikern, Mathematikern, Philosophen, die oft ohne eigene experimentelle Arbeiten mit neuen Ideen in das Gestrüpp der überkommenen Vorstellungen Schneisen gezogen haben, von denen aus neue Einblicke in die sich rasch häufenden Materialien gewonnen werden konnten.

Diese Rolle der Außenseiter besagt, daß in der Biologie – und das gilt auch für jede andere Wissenschaft – nach einer großen Periode der Tatsachensammlung sich aus Voreingenommenheit und mangelnder Beherrschung der Hilfswissenschaften eine Stagnation in der Theorienbildung ausbreitete, in der unbelastete Forscher, die oftmals kaum ein einziges Lebewesen genauer betrachtet hatten, durch kühne, phantasiereiche, wiewohl nicht phantastische Hypothesen eine fruchtbare Unruhe schufen.

Selbstverständlich beschäftigen sich solche Außenseiter immer nur mit einem Teilgebiet der Biologie, und dieses Teilgebiet kann im Verhältnis zur Fülle der vom Leben aufgeworfenen Probleme sehr bescheiden, in den Augen mancher Wissenschaftler »nicht eigentlich biologisch« sein. Es erhält aber sofort eine besondere Bedeutung, wenn es Grundphänomene des Lebendigen einschließt. Diese Rolle der Außenseiter war natürlich nur möglich, indem sie überhaupt Zugang zu wichtigen Materialien der biologischen Forschung fanden. Solcher Zugang erfolgte nicht selten »zufällig« durch eine Begegnung mit einem Biologen, der vielleicht nur in der Art eines Kaffeehausgespräches von seinen Funden Mitteilung machte, für die der andere zunächst nur spekulative Deutung bereit hatte. Aber dieser andere fand –

durch das von ihm gesehene Neuland angezogen – plötzlich einen späten Weg zur Biologie. So haben einige der gefeiertsten Biologen unserer Zeit niemals in einem offiziellen Sinne Biologie studiert.

Da unsere Fakultäten wegen ihrer Überlastung kaum mehr Orte einer wissenschaftlichen Begegnung sind, ist die Aufgabe der Akademie größer denn je. Im übrigen spricht die Tatsache, daß bei der neuen Entwicklung der Biologie die spekulativ-theoretische Lösung einiger wichtiger Probleme vor der experimentellen steht, dafür, daß auch leicht zuviel experimentiert werden kann und daß wir allen Grund haben, die wissenschaftliche Jugend darauf hinzuweisen, daß eine ruhige Überlegung manches Experiment erspart. Im Grunde sind solche revolutionären Perioden einer Wissenschaft zugleich philosophische. In der Physik war und ist das vielleicht noch deutlicher als in der Biologie.

So neuartig und umwälzend die neuen Erkenntnisse sind, sie sind nicht ohne die Leistung der Vergangenheit denkbar. An der Schwelle der letzten hundert Jahre der Erforschung des Lebens stehen einige Pioniere. Ich nenne Jean Baptiste Lamarck und Charles Darwin einerseits und Gregor Mendel andererseits.

Lamarck und Darwin haben Wege eines Verständnisses dafür aufgezeigt, daß die überwältigende Vielfalt der heutigen und der ausgestorbenen Lebensformen das Ergebnis einer über riesige Zeiträume laufenden Entwicklung ist, in der sich die Organismen verändert haben. Nicht alles überlebt. Das den sich verändernden Lebensbedingungen bestens Angepaßte hat die größten Chancen, das andere vergeht. Aber die Entwicklung des Lebens ist nicht allein aus der Veränderung der Lebensbedingungen zu verstehen. Inwieweit diese nur selektionierend die Mannigfaltigkeit der Organismen einschränken oder dadurch auch auf die Richtung möglicher Entwicklungstendenzen einwirken, ist noch zu wenig bekannt.

Veränderung kann nur auffallen, wenn das Gleichbleibende das Übliche ist. Daß die Nachkommen den Ahnen ähnlich sind oder gleichen, war ebenso geheimnisvoll wie das gelegentliche Abweichen. Wir nennen dieses Phänomen des Wiederholens von Eigenschaften bei Eltern und Nachkommen Vererbung. Gregor Mendel hat dieses ein Chaos des Lebendigen verhindernde konservative Prinzip durch quantitative Untersuchungen in seiner Regelmäßigkeit erfaßt. Seine Arbeiten waren in der Einfachheit der Fragestellung genial wie auch in der Wahl der Versuchsobjekte und in der ersten Anwendung quantitativer Methoden in der experimentellen Morphologie.

Erst heute haben wir die Möglichkeit, den Regeln Mendels von der Konstanz der Lebewesen, vom konservativen Prinzip in der lebenden Natur und den Vorstellungen Darwins von einem progressiv wirkenden Prinzip der Inkonstanz eine exakte wissenschaftliche Basis zu geben.

Dazu bedurfte es u. a. der Mitwirkung der Chemie. Hier muß ich vor allem Emil Fischer nennen, der Anfang dieses Jahrhunderts zeigte, daß die Eiweiße – oder Proteine genannt – aus peptidartig verknüpften Aminosäuren bestehen, die linear angeordnet sind. Sie stellen einen nichtperiodischen Schriftsatz dar, an dem für die biologisch bedeutsamen Proteine 20 Buchstaben, eben 20 Aminosäuren beteiligt sind. Diese Bausteine sind in allen diesen Eiweiß-Schriftsätzen prinzipiell gleich. Jeder Baustein hat mindestens eine positiv geladene (Amino-)Gruppe und eine negativ geladene (Carboxyl-)Gruppe. Die Kettenbildung der zum Schriftsatz zusammengefügten Bausteine erfolgt durch Reaktion der basischen mit den sauren unter Austritt eines Moleküls Wasser. Das so entstehende Dipeptid kann die begonnene Kettenbildung beliebig lang fortsetzen, indem immer wieder am Anfang der Kette eine noch freie Aminogruppe und an ihrem Ende eine freie Säuregruppe steht.

Auch wenn in der langen Kette eines einfachsten Eiweißes jede dieser 20 Aminosäuren nur einmal vorkommt, kann die Anordnung (Sequenz) der Aminosäuren sehr verschieden sein (Abb. 1). Da eine bestimmte Aminosäure einen anderen chemischen Charakter hat, wenn sie an erster oder letzter Stelle der Kette steht, ergeben sich für dieses einfachste Eiweiß, das ein Molekulargewicht von nur 2400 haben würde, $1 \times 2 \times 3 \times 4 \ldots \times 20$, d.h. rund 2,4 Trillionen Varianten, die zwar im Baumaterial gleich, aber dennoch verschieden sein würden. Wir wissen in der Tat, daß die »Sequenz« der Aminosäuren – und damit die sogenannte Primärstruktur – für das physikalische und chemische Verhalten der Eiweiße entscheidend ist.

2 Aminosäuren $^{+}(NH_3)-A_1-(COO)^{-}$ $^{+}(NH_3)-A_2-(COO)^{-}$

Dipeptid $^{+}(NH_3)-A_1-CO$ —— NH —— $A_2-(COO)^{-}$

Polypeptide
$A_1-A_2-A_3-A_4$ – – – – – – – – – – A_{20}
$A_2-A_1-A_3-A_4$ – – – – – – – – – – A_{20}
$A_{18}-A_3-A_5-A_{20}$ – – – – – – – – – – A_{19}

Molekular-Gewicht ca. 2400

Abb. 1: Schema der Bildung von Polypeptid-(Protein-)Ketten aus Aminosäuren

Solche hochmolekularen Verbindungen scheinen einige Eigenschaften des Lebendigen wiederzugeben. Sie sind z.B. gegen Hitze oder Salze ebenso empfindlich wie das Leben selbst. Vor allem aber gestatten sie uns die Vorstellung einer materiellen Basis für die unermeßliche Vielgestaltigkeit der Organismen. Wir müssen heute annehmen, daß in einer im Stoffwechsel einigermaßen autarken Zelle, etwa einer grünen Blattzelle, mehr als 1000 verschiedene Eiweiße vorkommen können und daß ein höherer Organismus wie der des Menschen das Mehrfache davon besitzt. Haben so viele Eiweißarten überhaupt in einer Zelle Platz? Nun, eine Pflanzenzelle enthält je nach ihrer Größe eine Million bis mehrere Milliarden Eiweißmoleküle. Es kann also selbst im schlechtesten Durchschnittsfall jeder Eiweißtyp mindestens tausendmal vertreten sein, ist es aber oft noch viel häufiger.

Allein im Blutserum findet sich eine größere und mit der fortschreitenden Forschung wachsende Zahl von verschiedenen Eiweißen, deren Funktion wir nicht in allen Fällen kennen. Aber wir wissen, daß einige dieser Eiweiße von Mensch zu Mensch variieren können, wie es überhaupt individuelle Eiweißgarnituren gibt. In dieser individuellen Eiweißverschiedenheit liegen die Hauptursachen, daß wir nicht ohne weiteres z. B. eine Niere eines Menschen in einen anderen Menschen verpflanzen können. Das kann offenbar nur bei weitgehender Eiweißgleichheit erfolgen. Deshalb sind die hochentwickelten Methoden des Eiweißvergleichs von größter Bedeutung für die Klinik.

Es könnte tatsächlich jeder Mensch seine eigenen spezifischen Eiweiße haben, denn praktisch sind unbegrenzt viele Eiweiße möglich. Das eben genannte Beispiel eines Eiweißes von 20 verschiedenen, sich nicht wiederholenden Bausteinen mit 2,4 Trillionen möglicher Kombinationen ist nämlich viel zu einfach. Das simpelste bekannte Eiweiß hat ein sechsmal größeres Molekulargewicht. Die 20 verschiedenen Bausteine müssen sich also wiederholen; sie tun das aber nicht im gleichen Verhältnis, sondern sehr verschieden häufig. Da viele lebenswichtige Eiweiße Molekulargewichte von 60000 bis 200000, ja bis zu mehreren Millionen haben, ist klar, daß theoretisch genügend Eiweiße möglich sind, um jeder lebenden Art und vielleicht sogar jedem Individuum eine eigene Eiweißgarnitur zu bieten.

Macht die Natur von dieser verschwenderischen Kompliziertheit wirklich Gebrauch? Das ist keineswegs der Fall. Es gibt Eiweiße, die in verschiedenen Lebewesen gleich sind, und gerade diese Eiweißgleichheit ist ein Ausdruck der Verwandtschaft der Organismen. Die Eiweißverschiedenheit aber ist ein Ausdruck der im großen Entwicklungsgang des Lebens auf der Erde entstandenen und weiter entstehenden Ungleichheiten.

Bis vor kurzem war man nicht in der Lage, strengen Anforderungen genügende Aussagen über die Identität von Eiweißen zu machen. Man mußte sich biologischer Teste bedienen, um über Gleichheit oder Ungleichheit zu entscheiden. Der serologische Test war und ist hier der wichtigste. Spritzt man in die Blutbahn eines Tieres ein körperfremdes Eiweiß, so wirkt es als Antigen. Wenn der Organismus daran nicht zugrunde geht, entwickelt er Antikörper, die das aufgezwungene Eiweiß und später hinzukommendes gleichartiges Eiweiß ausschalten. Wir sprechen von einer Immunisierung. Eine völlige Aufklärung des Wesens eines Antikörpers, seiner adaptiven Synthese und seiner Erhaltung – unter Umständen viele Jahre hindurch – war bisher nicht möglich.

Ein gegen das Eiweißantigen A immunisierter Körper wird auf neue Injektionen von A besondere Erkrankungserscheinungen nicht zeigen, weil er A ausschaltet. Wird ihm aber das andersartige Eiweißantigen B injiziert, so tritt erneut ein toxischer Effekt auf, bis auch dafür spezifische Antikörper gebildet werden. »Serologisch verwandte« Eiweiße zeigen ähnliche, meist quantitativ abgestufte Reaktionen gegenüber einem spezifischen Antikörper. Man hat darauf eine Serodiagnostik der Organismen aufgebaut und gehofft, daß diese Methode eine sichere Überprüfung der Verwandtschaft der Organismen gestattet. Das Ziel war zunächst zu weit gesteckt. Man arbeitete im allgemeinen mit sehr komplexen Eiweißgemischen und kam nicht zu befriedigenden Ergebnissen. Unterdessen hat man gelernt, Proteine rein darzustellen. Was Emil Fischer kaum für möglich gehalten hat, ist Wirklichkeit geworden. Man hat außerdem gelernt, die Folge der Aminosäuren in einem Protein genau zu ermitteln.

Beschäftigen wir uns zunächst wiederum mit einem sehr einfachen Fall, einem proteinähnlichen Stoff, dem Insulin. Das ist das Hormon der Bauchspeicheldrüse, das für die Regulation des Blutzuckerspiegels verantwortlich ist. Sein Ausfall bewirkt die Zuckerkrankheit, den Diabetes mellitus. Es hat ein Molekulargewicht von nur 6000, ist also nur halb so schwer wie das einfachste Eiweißmolekül. Es besitzt in zwei Ketten 51 Aminosäuremoleküle. Sanger und seinen Mitarbeitern ist es gelungen, die Reihenfolge dieser Aminosäuren genau aufzuklären (Abb. 2).

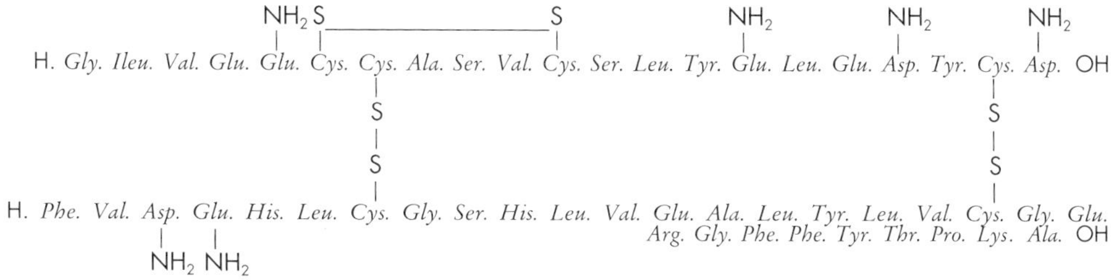

Abb. 2: Aminosäuresequenz (Primärstruktur) des Hormons Insulin (aus P. Karlson, Kurzes Lehrbuch der Biochemie. Stuttgart 1962, S. 34)

Auch hat man mit diesen neuen Methoden das Insulin verschiedener Säugetiere geprüft und verglichen. Man hat gefunden, daß gewisse Unterschiede nur in den Positionen 8–10 bestehen (Abb. 3). Diese Unterschiede sind sehr gering. Nach den bisher vorliegenden, noch sehr bescheidenen Erfahrungen kann man mit Vorbehalt sagen, daß Eiweiße, die eine spezifische und wichtige metabolische Funktion besit-

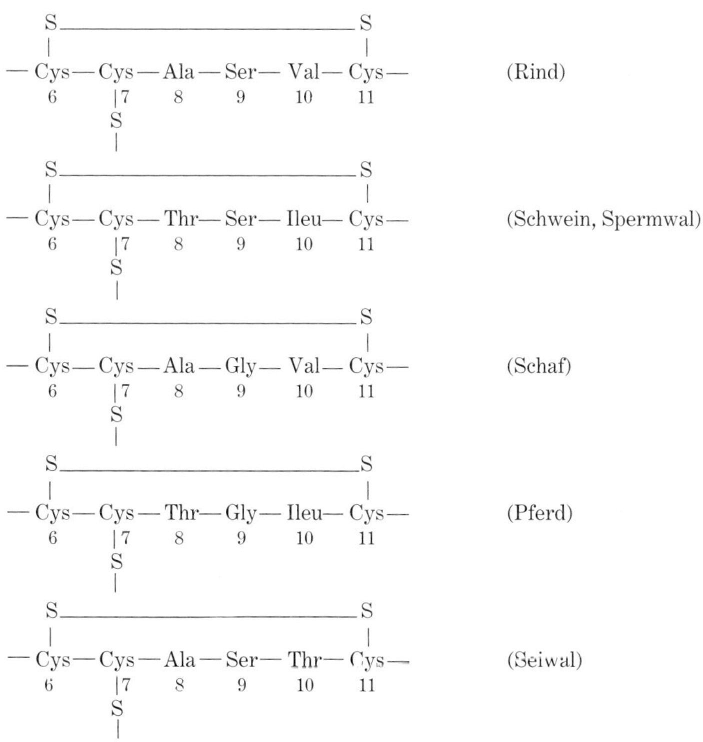

Abb. 3: Spezifische Teilsequenz des Insulins verschiedener Säugetierarten (aus S. M. Rapoport, Medizinische Biochemie. 3. Auflage, Berlin 1965, S. 95)

zen, in den verschiedenen Organismen sehr ähnlich ausgebildet sind. Leider wissen wir über die Funktion und die Struktur der Insuline niederer Organismen noch sehr wenig.

Ich gebe ein zweites Beispiel. Zellatmung bedeutet Oxydation verbrennbarer Materialien unter Mitwirkung von Sauerstoff. Das ist ein sehr komplizierter Prozeß. Zunächst wird Wasserstoff aus dem Brennmaterial herausgeschlagen. Dieser tritt einen stufenweisen Abstieg von Akzeptor zu Akzeptor zu einem immer niederen Reduktionspotential an, bis er dissoziiert in ein positiv geladenes Proton (H) und ein Elektron (e). Dieses wandert weiter im Gefälle des Reduktionspotentials, bis es endlich auf Sauerstoff übertragen wird, der als Sauerstoff-Anion (O) sich mit Wasserstoff-Kation (H) zu Wasser vereinigt (Abb. 4).

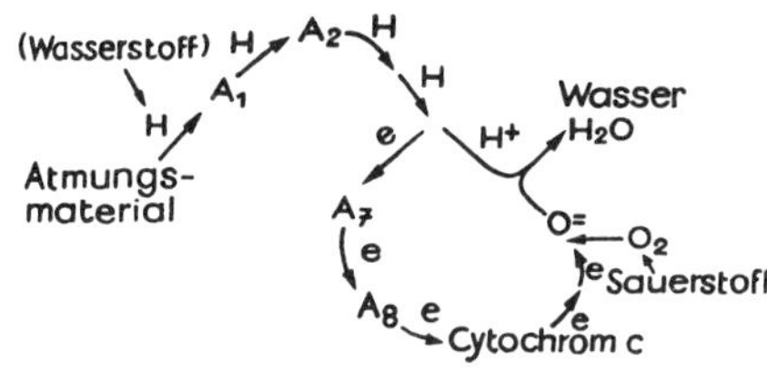

Abb. 4: Schema der Wasserstoff- bzw. Elektronen-Wanderung bei der Atmung

In dieser komplizierten Reaktionskette spielen also Reaktionsvermittler eine große Rolle. Diese haben zum Teil den Charakter von Eiweißen, so z. B. das Cytochrom c, das aus einem dem Häm des Blutfarbstoffes gleichen Bestandteil und einem Polypeptid, also einer eiweißähnlichen Substanz, besteht. Das Häm scheint immer das gleiche zu sein, das Peptid aber nicht; es besteht aus rund hundert Aminosäuremolekülen.

Vergleichen wir die Aminosäuresequenzen dieser Polypeptide bei verschiedenen Organismen, beginnend beim Menschen über die Säugetiere bis zu den Bakterien, dann finden wir folgende interessante Tatsache: Nahe verwandte Organismen haben die gleiche Aminosäuresequenz, z. B. die Menschen untereinander. Andere Lebewesen unterscheiden sich vom Menschen in verschiedenem Maße, der Affe nur in einer Aminosäureposition, das Rind in 10, das Huhn in 11, die Bäckerhefe in 40 Positionen usw. (Abb. 5)

Man kann noch nichts darüber sagen, warum die Peptidketten dieser Cytochrome c so verschieden sein müssen oder können. Wahrscheinlich haben sie nur die Bedeutung, das für den Elektronentransport wichtige Häm in eine wirkungsvolle Position zu bringen und an den inneren Membranen bestimmter Zellorganelle (der Mitochondrien) zu verankern. Für eine solche relativ unspezifische Funktion spricht der Befund, daß das Cytochrom c der Hefe an die Stelle desjenigen der Säugetiere treten kann.

Hier haben wir sehr deutlich eine stoffliche Entwicklung, deren »Sinn« unklar ist. Man kann roh abschätzen, wie viele Millionen Jahre verstrichen sind, um eine neue

Variante des Cytochroms c hervor- und in einer neuen Organisationsform des Lebens zur herrschenden Stellung zu bringen. Noch extremer liegen die Verhältnisse bei einem Eiweiß, das zwar ebenso lebenswichtig ist, aber weniger komplizierte chemische Funktionen innehat. Das ist der rote Blutfarbstoff.

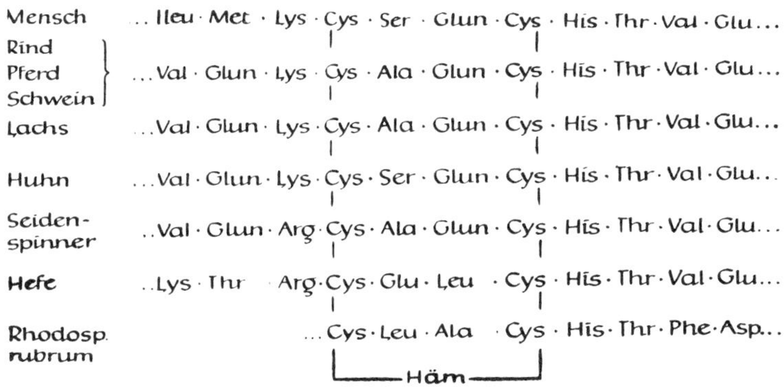

Abb. 5: Vergleich einer homologen Aminosäuresequenz im Cytochrom c verschiedener Herkunft (nach H. Tuppy, Naturwissenschaften **46**, 35, 1959)

Es ist besonders das Verdienst des Münchener Forschers Braunitzer, gezeigt zu haben, wie auch hier lange lineare Aminosäureketten das Eiweiß des Hämoglobins bestimmen. Vier solcher Ketten sind in bestimmter Weise räumlich zusammengefügt, davon sind je zwei Ketten einander gleich. Jede Kette enthält etwa 140 Aminosäuremoleküle.

Perutz hat die räumliche Ordnung dieser vier Ketten und der damit verbundenen vier Häm-Moleküle durch bewunderungswürdige röntgenologische Analysen aufgedeckt (Abb. 6). Er hat gefunden, daß dieses Molekül Blutfarbstoff mit einem Molekulargewicht von 64500 nicht völlig starr ist. Wird Sauerstoff angelagert, weitet sich das Molekül. Man hat förmlich die Vorstellung, es bewegt sich mechanisch wie der Brustkorb. Sind alle Hämoglobine gleich? Nein, das sind sie nicht! Die erste bedeutende Entdeckung war folgende:

Schon lange war eine schwere Erkrankung bekannt, die Sichelzellenanomalie, bei der die roten Blutkörperchen eine sichelförmige Gestalt annehmen. Dies beruht auf einer geringeren Löslichkeit des Hämoglobins bei niedriger Sauerstoff-Tension. Es kommt zu Zusammenballungen der Blutzellen, zu Verstopfungen der Blutbahnen und damit zu einer mangelhaften Sauerstoff-Versorgung, denn die roten Blutzellen sind mit ihrem Farbstoff die Transporteure des Sauerstoffs von den Lungen zu den Geweben. Das Krankheitsbild ist durchaus komplex, und man muß um so überraschter sein, zu erfahren, daß die Ursache allein darin gesehen werden muß, daß in der langen, rund 140 Aminosäuren enthaltenden β-Kette des normalen Hämoglobins nur eine einzige Aminosäure, die Glutaminsäure in Position 6, gegen eine

Abb. 6: Molekulare Gestalt des Hämoglobins, zusammengesetzt aus 2 doppelt vertretenen Polypeptidketten (α-Ketten = weiß; β-Ketten = schwarz. Die runden Scheiben stellen 2 der 4 Häm-Gruppen dar, die den Sauerstoff binden). (Aus: M. F. Perutz [Nobelvortrag], Angew. Chemie **75**, 589, 1963)

andere, nämlich Valin, ausgetauscht zu sein braucht (Abb. 7), um dieses schwere Krankheitsbild hervorzurufen. Eine Krankheit war also auf einen geringfügig erscheinenden Defekt in einem riesigen Molekül zurückzuführen. Ein tieferes Verständnis erblicher Krankheit war gefunden. PAULING begründete damit die Molekularpathologie, einen Zweig der Molekularbiologie. Es blieb nicht bei dieser einen Hämoglobinanomalie.

Position	1	2	3	4	5	6	7	8
β-Kette (normal)	Val ·	His ·	Leu ·	Thr ·	Pro ·	Glu ·	Glu ·	Lys
β-Kette (Sichelzellen)	Val ·	His ·	Leu ·	Thr ·	Pro ·	**Val** ·	Glu ·	Lys

Abb. 7: Homologe Aminosäuresequenz der Positionen 1 bis 8 der β-Kette des Hämoglobins im Normalfall und im Fall der Sichelzellenanomalie

Wenn man aber nun auf Grund dieser Beobachtungen meinen könnte, daß Hämoglobin, um seine Aufgabe vollkommen erfüllen zu können, immer chemisch ähnlich sein müßte, wird man enttäuscht sein von der Feststellung BRAUNITZERS, daß es viele verschiedene Hämoglobin-Eiweiße gibt. Es war eine der eindrucksvollsten Aussagen BRAUNITZERS auf dem Naturforschertag in Wien 1966, daß bei den verschiedensten Tieren enorme Unterschiede in der Aminosäuresequenz wie auch in der Kettenlänge der Hämoglobine existieren. Nur 8 von den 127 bis 156 Aminosäuren einer Kette sind in identischer Position, erscheinen invariant. Und er wagte zu berechnen, daß in der Geschichte des Lebens auf der Erde durchschnittlich alle 10 Millionen Jahre ein neues Hämoglobin entstanden ist, indem eine weitere Aminosäure ausgetauscht wurde.

Es ist aber keineswegs so, daß bis auf diese 8 invarianten Aminosäuren alle übrigen beliebig ausgetauscht werden können. Vielmehr müssen diese Austausche nach der Regel der »isopolaren Substitution« (PERUTZ) vor sich gehen. Die durch die Aminosäuresequenz der Eiweißkette bedingte Gestalt ist die Voraussetzung dafür, daß das eingebaute Häm sich in optimaler Weise mit Sauerstoff beladen kann.

Wir erfahren, daß sehr bescheidene erblich fixierte Anomalien (Mutationen) zu schweren Störungen führen können und daß weitreichende Änderungen die Funktionstüchtigkeit einer molekularen Struktur unbeschadet lassen. Damit gewinnen wir durch ein chemisches Beispiel ein tieferes Verständnis für die DARWINsche Idee von der Entwicklung des Lebens, für das Auftreten neuer chemischer Rassen, die zumindest nicht nachteilig für die Erhaltung der Lebensformen sind, vielleicht sogar vorteilhaft, aber auch für das Auftreten nachteiliger, deren Leistungsmangel nicht unbedingt das völlige Ausmerzen dieser neuen Form zur Folge haben muß. Und wir können uns vorstellen, daß ungezählte Varianten von der Natur erzeugt worden sind, die zu beobachten wir keine Gelegenheit haben, weil der neue Faktor eine Lebensfähigkeit nicht mehr zuließ, ein Letalfaktor war.

Aber wir können diese faszinierenden Entdeckungen der letzten Jahre nur andeuten und eilen weiter zu einer anderen Großtat.

EMIL FISCHER war eine ausgesprochen experimentelle Natur; die theoretische und philosophische Spekulation lag ihm fern. Trotzdem hatte er die Hoffnung, daß es der Wissenschaft gelingen würde, die für das Leben so entscheidenden Eiweißkörper einst darzustellen, wenn man nur wüßte, wie sie genau zusammengefügt sind. Er selbst und sein Schüler ABDERHALDEN in Halle taten erste Schritte, um zu zeigen, daß man Polypeptide wirklich synthetisieren kann. Diese Arbeitsrichtung stagnierte dann längere Zeit. Bestimmend war wohl ein gewisser Pessimismus, daß die Arbeitskraft eines Institutes nicht ausreichen würde, dieses Problem erfolgreich zu vollenden.

Heute haben die Chemiker sich erneut an diese Aufgabe gewagt. Und wir dürfen nun sagen, daß es in diesem Jahr gleich drei Forschergruppen gelungen ist, das erste hochmolekulare, eiweißähnliche Polypeptid von hoher biologischer Wirksamkeit zu synthetisieren.

Einer deutschen Forschergruppe um Professor ZAHN in Aachen, einer kanadisch-amerikanischen um DIXON und KATSOYANNIS und einer starken Gruppe der Chinesischen Volksrepublik gelang es, das Insulin des Schafes, des Menschen und des Rindes auf rein chemischem Wege zu synthetisieren.

Dieser Fortschritt ist von großem praktischen und bald sicherlich auch von wirtschaftlichem Wert. Bei dem steigenden Bedarf an Insulin ist mit Sicherheit damit zu rechnen, daß die animalischen Quellen bald nicht mehr ausreichen, um die Diabetes-Therapie zu sichern. Da es noch andere Hormone von Polypeptidcharakter gibt, ist das aufgezeigte Problem aber noch von viel allgemeinerer Bedeutung.

Noch schwerer scheint mir aber der Einbruch in die Vorstellungen des Menschen von der belebten Natur zu wiegen. Die einst geradezu mystisch erschienene Substanz Eiweiß hat vor den bohrenden Bemühungen des Menschen kapituliert. Eiweiß ist nichts anderes als irgendeine Substanz der organischen Chemie. Man kann ihre Konstitution bis ins feinste Detail aufklären, und man kann sie synthetisieren und damit im strengen Sinne den Konstitutionsbeweis untermauern.

Wir haben also diese Eiweiße im Griff.

Und was bedeutet das?

Die größere Zahl der Eiweiße ist biochemisch hoch aktiv. Daß sie Hormone sein können, haben wir am Beispiel des Insulins gesehen. In der Mehrzahl sind sie Enzyme (Fermente). Das sind jene Katalysatoren, die die chemischen Reaktionen in den Zellen antreiben.

Die Zahl der chemischen Reaktionen ist außerordentlich groß. LIEBIG war noch der Meinung, daß die alkoholische Gärung durch eine Erregung eines Zuckermoleküls zustande kommt, wobei es in Alkohol und Kohlendioxyd zerfällt. Heute wissen wir dank der Arbeiten von NEUBERG, MEYERHOF, EMBDEN, PARNAS und LOHMANN, daß dieser Prozeß aus einer ganzen Kette von Einzelreaktionen besteht, an denen 14 Enzyme, also 14 verschiedene Eiweiße und zahlreiche Kofaktoren beteiligt sind.

Eine solche Kompliziertheit ist bei fast allen Stoffwechselvorgängen gefunden worden. So darf man sagen, daß für die Synthese jeder der 20 am Aufbau der Eiweiße beteiligten Aminosäuren im Durchschnitt mehr als 6 Reaktionsschritte nötig sind, das bedeutet mehr als 6 Enzymeiweiße oder 120 Enzyme für alle 20 Aminosäuren. Es ist sicherlich nicht übertrieben, wenn man annimmt, daß allein zur Aufrechterhaltung des Grundstoffwechsels etwa 1000 verschiedene Enzyme nötig sind. Irgendein Mechanismus muß garantieren, daß diese vielen Eiweißarten immer da sind, in jedem Individuum, wie bei den Eltern, so bei den Nachkommen. Wie geschieht diese Vererbung der Eiweißspezifität?

Wir kommen damit auf MENDELS Regeln zurück, in denen unter anderem folgendes gesagt wird: Wenn zwei reinerbige, durch Generationen ingezüchtete Eltern, die sich in einem Merkmal, z. B. der Blütenfarbe (rot und weiß) unterscheiden, gekreuzt werden, so wird der entstandene Bastard einheitlich aussehen; im einfachsten Falle wird eine Mischfarbe der Blüten zu beobachten sein (rosa) (Abb. 8).

Die durch Inzucht des Bastards erhaltenen Nachkommen spalten aber von Generation zu Generation in der Richtung der beiden Elternmerkmale in einer zahlenmäßig gesetzlichen Weise auf. Das veranlaßte MENDEL anzunehmen, daß die Geschlechtszellen, die von beiden Eltern kommen, je eine Erbanlage für dieses Merkmal mitbringen und daß diese Anlagen konstant und autonom weitergegeben werden. Die befruchtete Eizelle, die aus zwei Geschlechtszellen entsteht, und die daraus sich ableitenden Körperzellen müßten nach MENDEL die Anlage für Blütenfarbe doppelt enthalten, so daß auch eine Mischung von Anlagen für das gleiche Merkmal möglich wäre. Hierzu genügt das folgende Schema für die erste Mendel-Regel, wobei R bedeutet: Anlage für rote Blütenfarbe; r: Anlage für Nichtrot (farb-

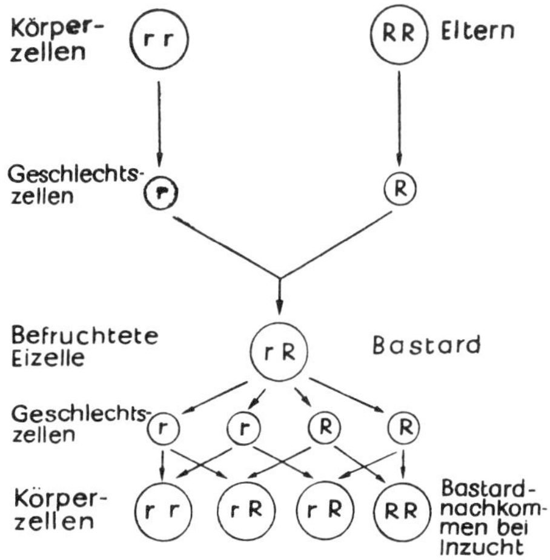

Abb. 8: Einfachster Mendel-Fall der Kreuzung zweier in einem Merkmal (Blütenfarbe) unterschiedener Rassen (rr-Anlage für Nichtrot = Weiß; RR = für Rot; rR bedeutet gemischte Anlage für Weiß und Rot = Rosa)

los). Diese Vorstellung, daß sich Merkmale auf Grund von Erbfaktoren erst im Zuge der Entwicklung ausbilden, war der endgültige Bruch mit der Präformationstheorie, der auch der große Leibniz anhing. Danach sollte die Befruchtung nur ein äußerer Anstoß sein, durch den das in den Samenzellen völlig vorbereitete neue Individuum seine Entfaltung beginnt, während der hallesche Philosoph und Embryologe Caspar Friedrich Wolff vor 200 Jahren die Meinung vertrat, daß die Organe aus undifferenzierten kleinsten Teilchen entstehen. Diese Vorstellung hat man Epigenese genannt. Sie ist durch die moderne Biologie auf das beste bestätigt.

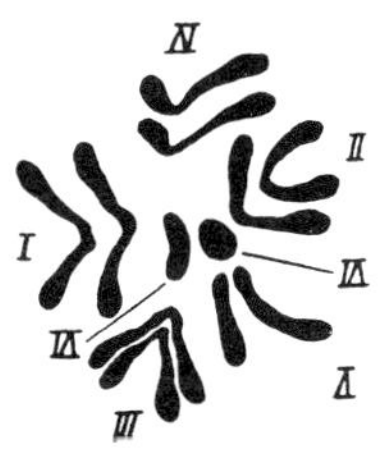

Abb. 9: Chromosomensatz einer diploiden Zelle der Schmeißfliege (nach Keunecke aus A. Kühn, Grundriß der allgemeinen Zoologie. Stuttgart 1961, S. 188)

Später fanden die Zellforscher, daß ganz ähnliche Verhältnisse wie bei der Mendel-Spaltung bei Kernteilungen zu beobachten sind. Gewöhnliche Körperzellen zeigen fast ausschließlich paarig auftretende Kernschleifen oder Chromosomen (diploider Zustand, Abb. 9). In den Geschlechtszellen sind aber diese Paare nicht mehr vorhanden, sondern nur jeweils ein Vertreter eines Paares (haploider Zustand). In den Körperzellen der Nachkommen sind sie wieder paarig (Abb. 10). Dieses und

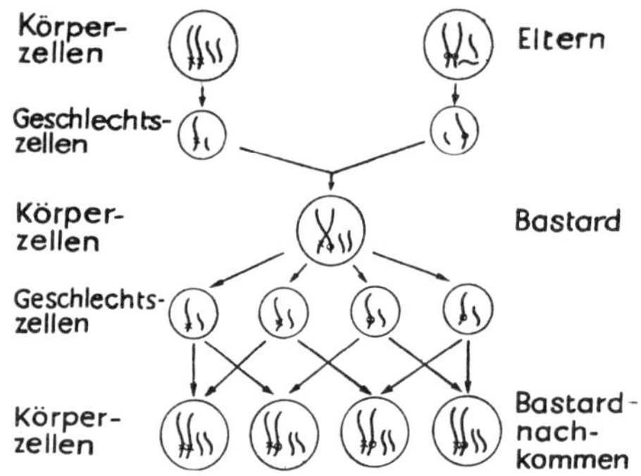

Abb. 10: Schema zum Auftreten der Chromosomen bei Kernteilungen. Angenommen wird der seltene, einfache Fall von nur 2 Chromosomenpaaren. + bedeutet: Auf Grund von Experimenten muß angenommen werden, daß hier z. B. die Anlage für »Nichtrot« der Blüten eine materielle Basis hat; o bedeutet dasselbe für »Rot«. Dieser Unterschied der Anlagen ist derzeit nicht »zu sehen«, sondern nur aus Versuchen zu schließen.

anderes Verhalten der Chromosomen machte wahrscheinlich, daß in den Chromosomen die Erbanlagen substantiell deponiert sein müssen in einer linearen Anordnung. Und eine Reihe geistreicher Experimente verdeutlichte, daß in scheibenförmigen Verdickungen (Abb. 11) dieser Chromosomen die Erbfaktoren liegen müßten, die man unterdessen Gene nannte. Auch fand man, daß diese Genorte durch eine besondere Substanz ausgezeichnet sind: durch die Desoxyribonucleinsäure, DNS.

Der Beweis, daß Gene nichts anderes sind als distinkte Moleküle aus der Stoffgattung der DNS, wurde auf verschiedene Weise geliefert. Ich bringe einen Beweis, der uns zugleich zeigt, daß die Eiweiße selbst nicht Träger des Erbgeschehens sind.

Heute ist allen geläufig, daß es abseits der Bakterien Krankheitserreger gibt, die von subtiler Feinheit sind und die deshalb durch die Poren gewöhnlicher Bakterienfilter hindurchschlüpfen. Man nennt sie Viren.

Die meisten pflanzlichen Viren gehören zu einem sehr einfachen, gestaltarmen Typus. Eine Nukleinsäure wird von Eiweiß umhüllt. Beide Stoffe sind für ein bestimmtes Virus spezifisch. SCHRAMM in Tübingen konnte zeigen, daß der Charakter eines Virus durch das Vorhandensein der spezifischen Nukleinsäure festgelegt ist. Sie ist verantwortlich dafür, daß in einem Tabakblatt nach Infektion mit der Nukleinsäure des Tabakmosaikvirus das Virus selbst vermehrt, also auch sein spezifisches Protein gebildet wird. Diese Untersuchungen wurden zur Grundlage einer wichtigen Arbeitsrichtung der modernen Molekularbiologie.

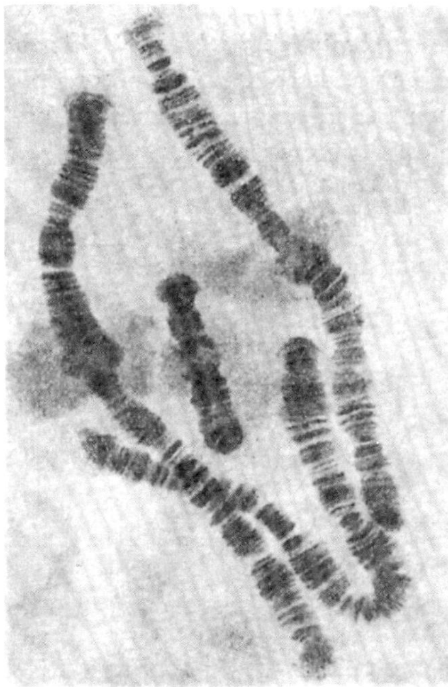

Abb. 11: Riesenchromosom von Chironomus. Die durch spezifische Anfärbung sich dunkel abbildenden Querscheiben (Chromomeren) sind die Gen-Orte. (Original von Prof. W. Beermann, Max-Planck-Institut für Biologie Tübingen)

Sie bediente sich besonders häufig eines anderen komplizierten Typus von Viren, der Bakteriophagen. Das ist vor allem ein Verdienst von DELBRÜCK. Diese befallen Bakterien und führen im allgemeinen zu ihrer Zerstörung. Sie sind aus mehreren Stoffen zusammengesetzt und haben eine distinkte Gestalt. Sie können z. B. aus einem Kopf, einem Stiel und Anhängsel bestehen (Abb. 12). Chemisch gesehen besitzen sie eine Hülle, die zum größten Teil Eiweiß ist und einen fadenartigen Inhalt umschließt. Dieser Inhalt ist DNS.

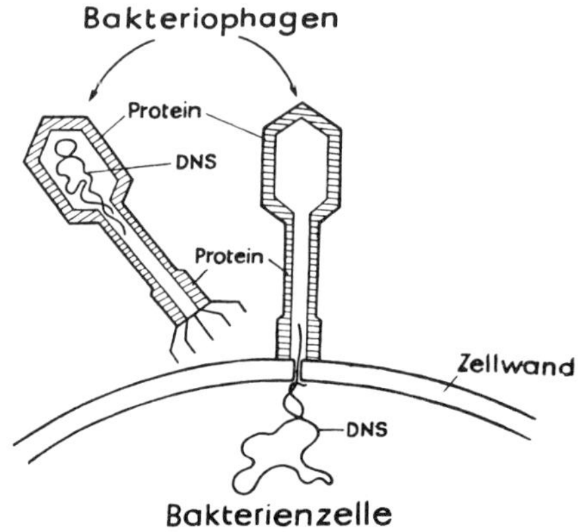

Abb. 12: Links oben: Bakteriophage mit DNS im Inneren des Kopfes; rechts oben: Bakteriophage hat mit Erfolg eine Bakterienzelle befallen und seine DNS, nicht aber sein Protein, in das Innere der Bakterienzelle geschleust.

Wenn ein Phage in eine Bakterienzelle eindringt, dann bleibt die Eiweißhülle draußen, und lediglich die fädige DNS gelangt in das Innere der befallenen Zelle. Dort erscheint binnen kurzem dieser Faden vervielfacht. Die neuen Fäden umgeben sich mit einer spezifischen und gestalteten Eiweißhülle, und so gibt es wieder Bakteriophagen von der gleichen Gestalt, der gleichen Wirtsspezifität und von gleichen serologischen Eigenschaften. Man kann nicht sagen, ein solcher Phage sei ein Organismus, der sich vermehrt, denn er hat keinen Stoffwechsel. Er kopiert sich nicht selbst. Er zwingt den Wirt, neue Bakteriophagen nach einer Vorschrift, nach einer gegebenen Information zu synthetisieren.

Der Träger der Information kann nur das DNS-Molekül sein. Es ist ein komplexer Erbfaktor für das Merkmal »spezifischer Bakteriophage«. Erst durch die Wirkung dieser spezifischen DNS-Moleküle werden die spezifischen Eiweiße des Bakteriophagen gebildet und wird seine Gestalt entwickelt. Die DNS des Bakteriophagen lenkt die Stoffströme von der Synthese der Bakteriensubstanz ab und zwingt sie in neue Bahnen mit dem Ziel der Synthese von Bakteriophagensubstanz. Daran geht das Bakterium zugrunde.

Man kann heute solche DNS-Moleküle im Elektronenmikroskop sichtbar machen (Abb. 14). Man kann nicht nur berechnen, wie groß das DNS-Molekül sein dürfte, man kann es wirklich messen. Bei einem einfachen Virus ist das Nukleinsäurefadenmolekül 50 bis 100 μ lang, bei Bakterien 500 bis 1000 μ, das will sagen, einen Millimeter lang bei äußerster Dünne des Fadens. Bei einer höheren Pflanze

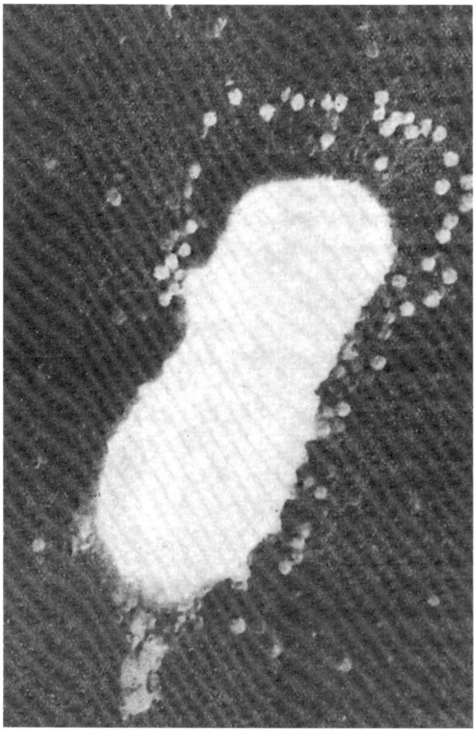

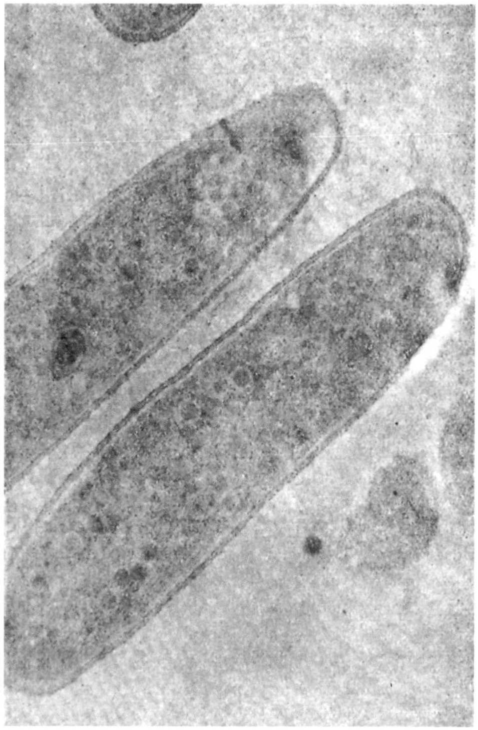

Abb. 13 a) links: An einer keimenden Spore von Streptomyces spec. absorbierte Phagen (Original von Prof. F. Mach, Greifswald)

b) rechts: Zellen von Bacillus subtilis SB 19, befallen vom Phagen SP 50: Die Zelle ist kurz vor ihrer Zerstörung abgebildet. Man sieht die kugeligen Köpfe zahlreicher neugebildeter Phagen.

oder bei Säugetieren sind etliche solche DNS-Fäden vorhanden; sie können zusammen 1 bis 20 cm lang sein.

Auch diese Komplizierung ist ein Spiegel für die Entwicklung der Lebewesen im Laufe eines über Jahrmillionen laufenden Prozesses von einfacheren zu höheren Wesen.

Wenn Lebewesen genau so wie Bakteriophagen durch spezifische Eiweißgarnituren ausgezeichnet sind und wenn sie andererseits durch die Weitergabe einer spezifischen Erbsubstanz über die Geschlechtszellen und den Sexualakt entstehen, wie ist dann der Zusammenhang zwischen der Erbsubstanz und den Eiweißmolekülen? Zur Beantwortung dieser Fragen müssen wir uns ein wenig mit der Natur der DNS beschäftigen.

In diesen zum Teil riesigen Fadenmolekülen sind in linearer Folge vier basische Bestandteile indirekt verkettet, und zwar über einen Zucker und eine Phosphorsäure (Abb. 15). Zucker und Phosphorsäure sind bei allen DNS gleichbleibende und

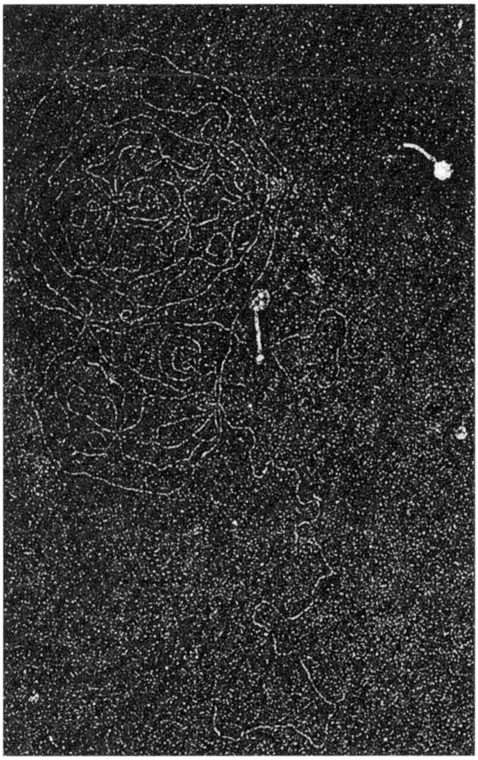

Abb. 14: DNS aus T5-Bakteriophagen. Das unter der Mitte gelegene Rezeptorpartikel hat den DNS-Faden ausgestoßen, links unten intakter Phage (Original von Dr. H. Frank, Max-Planck-Institut für Virusforschung Tübingen).

gleich angeordnete Bestandteile; die vier Basen gestatten aber Unterschiede der Kombination.

Damit haben wir eine neue Art von chemischer »Schrift«. Bei den Eiweißen gab es 20 »Buchstaben; hier gibt es nur 4. Aber wenn man bedenkt, daß alles, was der Mensch schreibt, durch das Morsealphabet wiedergegeben werden kann, das nur 3 Zeichen – Punkt, Strich, Pause – kennt, dann wird eine Zelle mit 4 Buchstaben auch alles mitteilen können, was es Lebensnotwendiges mitzuteilen gibt.

Zunächst aber müssen wir fragen, wie dieses so einfach erscheinende System bei der Vermehrung seiner selbst funktioniert. Denn Vererbung setzt ja voraus, daß Erbanlagen immer wieder identisch reproduziert werden. Die Natur hat hierbei in unübertrefflicher Weise von einer simplen Eigenschaft einiger Moleküle Gebrauch gemacht.

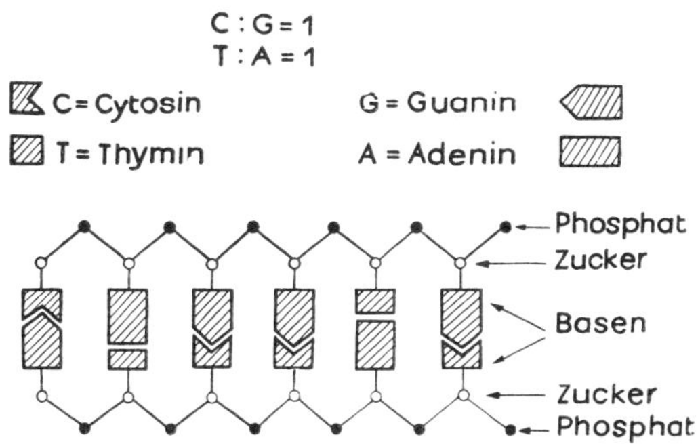

Abb. 15: Schema des Aufbaues eines doppelstrangigen DNS-Moleküls

Man hatte gefunden, daß die Desoxyribonukleinsäuren die Basen

A = Adenin
C = Cytosin
G = Guanin
T = Thymin

enthalten. Diese Basen kommen – wie zu erwarten – bei den verschiedenen DNS vor, aber doch nicht ganz willkürlich, vielmehr ist das Verhältnis:

$$A : T = 1$$
$$\text{und } G : C = 1.$$

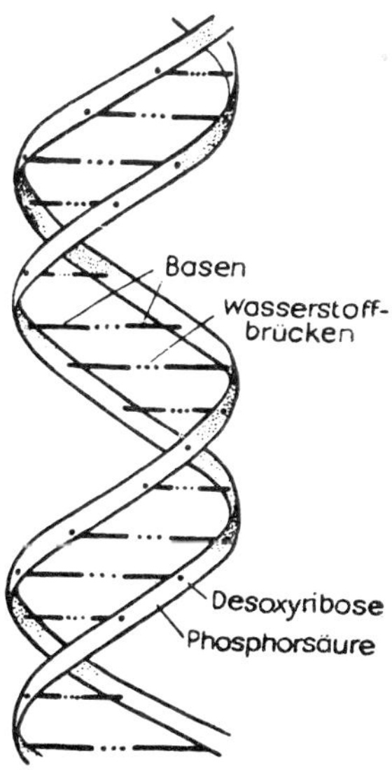

Abb. 16: Doppelspirale einer DNS (nach Watson und Crick)

Das gilt für die meisten Bakterien und für höhere Organismen. Diese von CHARGAFF gefundene allgemeine Regel deuteten WATSON und CRICK in einer ebenso kühnen wie einfachen Weise.

Danach besteht DNS aus zwei Strängen (Abb. 16), die eine gegenläufige Polarität besitzen und in einer Doppelspirale miteinander verbunden sind. Dieser Doppelstrang soll mit Wasserstoff-Brücken zusammengehalten werden, die durch elektrostatische Kräfte der O- oder N-Atome einander gegenüberliegender Basen ermöglicht werden. Dann müßte, um das 1:1-Verhältnis zu garantieren, immer ein A einem T gegenüberliegen oder ein G einem C. Das könnte ohne Berücksichtigung der spiralischen Struktur (Abb. 16) folgendermaßen aussehen: C A A T C G G C A G T
G T T A G C C G T C A

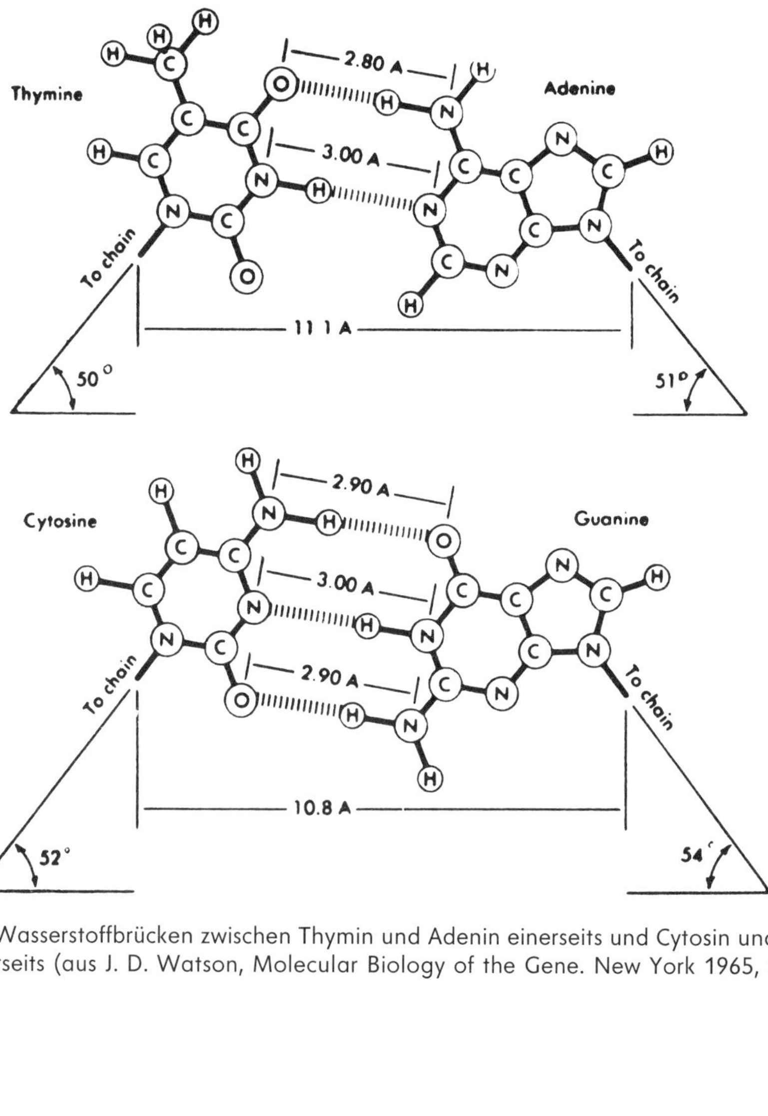

Abb. 17: Wasserstoffbrücken zwischen Thymin und Adenin einerseits und Cytosin und Adenin andererseits (aus J. D. Watson, Molecular Biology of the Gene. New York 1965, S. 132)

und sie begründeten das durch die Gestalt und die elektrischen Ladungen dieser Moleküle. Sie konnten wahrscheinlich machen, daß ein so gleichmäßiger Abstand der brückenbildenden Atome der beiden Basenpaare gegeben ist, daß ein wirklich guter Zusammenhalt der langen, spiralig gewundenen DNS-Doppelketten gewährleistet ist (Abb. 17).

Das war wieder eine bloße Theorie, die der Beobachtung weit vorauseilte. Aber diese Theorie war so gut, daß Delbrück sagte, als er davon hörte, er müsse sich wundern, wenn die Natur nicht von einer ebenso großartigen wie einfachen Idee Gebrauch gemacht habe. In der Tat wurde diese Idee durch nun einsetzende Untersuchungen auf das beste bestätigt.

Dieses Schema der molekularen Gestalt der DNS, die die Materialisierung der bis dahin nur durch ihre Wirkung erkannten Gene bedeutete, gestattet auch eine einfache Erklärung der identischen Reproduktion dieser Gene.

Man hat allen Grund, sich vorzustellen, daß die Doppelspirale unter bestimmten Bedingungen von einem Ende oder einer bevorzugten Stelle aus unter teilweiser oder völliger Entspiralisierung auseinanderweicht. Dann besteht die Möglichkeit, daß auf Grund der elektrischen Kräfte an die freien Plätze erneut komplimentäre Basen in ganz spezifischer Weise angelagert werden unter Bildung der Paare (Abb. 18), die dann nur seitlich indirekt miteinander verbunden werden müssen. Das ist das molekulare Grundphänomen der Vererbung. Eine fundamentale Struktur wird identisch reproduziert und kann von Zelle zu Zelle und von Eltern an die Nachkommen weitergegeben werden.

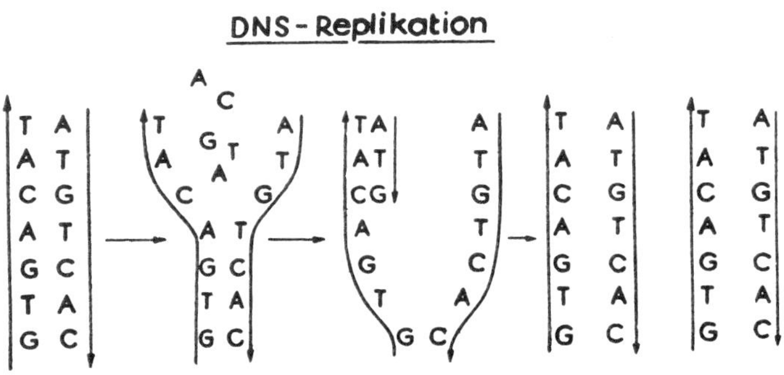

Abb. 18: Identische Reproduktion eines DNS-Doppelstranges (Schema nach C. Bresch, Klassische und molekulare Genetik. Berlin 1965, S. 142)

Wir sehen, daß die Eiweiße aus ihrer Vormachtstellung durch Nukleinsäuren verdrängt sind. Aber ohne Eiweiße kein Leben, und ohne Eiweiße keine Ausbildung der leicht wahrnehmbaren Merkmale wie Haarfarbe oder Blütenfarbe. Wir wissen heute sehr genau, daß das Unterbleiben der Rotfärbung einer Blüte auf dem Ausfall eines Enzym-Eiweißes beruht.

Wenn spezifische Eiweiße unmittelbar die Bildung der wahrnehmbaren spezifischen Merkmale bedingen, wenn andererseits diese Merkmale den Regeln der Erblehre unterliegen, die Erbsubstanz aber – die Gene – DNS-Moleküle sind, muß offenbar noch eine Verbindung zwischen diesen und den Eiweißen hergestellt werden.

Sorgfältige und sehr mühevolle Untersuchungen über die erbliche Bedingtheit einzelner biochemischer Reaktionen haben zu der Feststellung geführt, daß eine chemische Reaktion im allgemeinen durch ein Enzymprotein gesteuert wird, für dessen Bildung ein Gen verantwortlich ist. Es gilt also folgende Theorie:

ein Gen ----- ein Enzym ----- ein Reaktionsschritt.

Das ist eine fundamentale Erkenntnis der chemischen Genetik. Die Pioniere auf diesem Gebiet sind A. KÜHN und BUTENANDT. Die Amerikaner LEDERBERG, TATUM, BEADLE haben diese Theorie an Mikroorganismen großartig ausgebaut.

Offenbar sind Gene Mittel der Information, die von Zelle zu Zelle, von Eltern zu Nachkommen im allgemeinen fehlerfrei weitergegeben werden. Diese Information bedeutet zugleich einen Auftrag, ein spezifisches Enzymprotein zu bilden. Wie kann die Spezifität eines Nukleinsäuremoleküls, das aus Basen besteht, in die Spezifität eines Eiweißmoleküls übersetzt werden? Beide Molekülarten haben zunächst nur gemeinsam, daß sie einer Schrift gleich auf einer linearen Anordnung von Buchstaben beruhen. Auch in dieser schwierigen Frage haben theoretische Erwägungen vor den Experimenten gestanden. Die Experimente wurden erst nach der Theorie angestellt, um die kühn und äußerst spekulativ erscheinenden Hypothesen zu überprüfen.

Die Gen-Nukleinsäure ist eine Schrift aus 4 Buchstaben, die offenbar die Information für die 20 Buchstaben der Eiweißschrift abgeben müssen. Wie ist ein Code aus 4 Zeichen als eine Geheimschrift für 20 Zeichen zu denken? Wenn nur eine Base einer Aminosäure entspräche, könnten nur 4 Aminosäuren codiert werden. Wenn jeweils 2 Basen von den möglichen 4 zusammentreten, so gibt es nur $4^2 = 16$ Kombinationen. Das ist ebenfalls zuwenig, denn wir brauchen 20. Wenn jeweils 3 Buchstaben zusammentreten, erreichen wir $4^3 = 64$ Kombinationen. Das ist zwar zuviel; aber zuviel ist sicher besser als zuwenig. Man hat also an spezifische Tripletts von Basen als Kodonen für je eine Aminosäure gedacht. Und genau so ist es auch. Um diese bedeutsamen Ergebnisse haben sich in erster Linie MATTHAEI, NIRENBERG und OCHOA verdient gemacht.

Ich schildere nun diese Ergebnisse als etwas schon völlig Feststehendes, auch wenn noch einige Lücken in der Beweiskette vorhanden sind. Man hat aber mit den hier zu schildernden Mitteln die ersten Schritte zu einer Synthese von spezifischem Eiweiß ohne lebende Zelle, also in vitro, getan. Das ist eine unerhörte Sache, wenn man bedenkt, um wieviel komplizierter ein großes Eiweißmolekül im Vergleich zum Insulin sein muß.

Die Übersetzung der DNS-Schrift in die Eiweißschrift erfolgt unter Vermittlung einer neuen Nukleinsäure, die man m-RNS nennt, das soll heißen messenger- oder Boten-RNS[1]. Warum dieser umständlich erscheinende Weg nötig ist, soll hier im einzelnen nicht diskutiert werden. Nur soviel muß gesagt sein: Für die (Enzym-)Eiweiße, die im Grundplasma liegen, ist der Syntheseort auch im Grundplasma, wennschon an distinkte Partikel gebunden. Es muß eine Distanz überwunden werden von dem Ort der DNS (Zellkern) zu dem Ort der Eiweißsynthese. Die m-RNS übernimmt also nicht nur eine Information, indem die DNS-Schrift in die m-RNS umgewandelt wird (Transkription, Abb. 19), sondern sie trägt in sich diese Information durch den Raum der Zelle, indem sie – im Kern an der DNS gebildet – diesen durch Poren der Kernmembran verläßt (Abb. 20).

Die Bildung der m-RNS erfolgt nach einer Auflockerung und Abwicklung der DNS-Doppelspirale, wobei nun analog der Replikation der DNS an einem Einzelstrang der DNS wiederum im Sinne eines polaren Gegenstückes eine komplementäre m-RNS entsteht, in der T durch U ausgetauscht ist (Abb. 19).

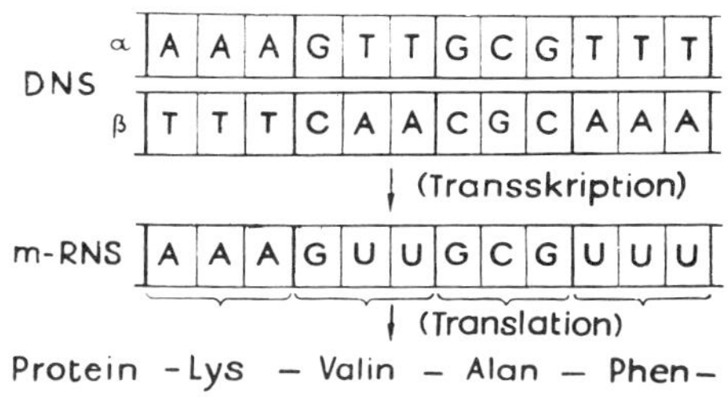

Abb. 19: Schema: Umschreibung einer DNS-Schrift in eine m-RNS-Schrift unter Ersatz von T(hymin) durch U(razil) und Übersetzung von 4 Basen-Tripletts in die Aminosäuren Lysin, Valin, Alanin und Phenylalanin

Diese Entspiralisierung und Abwicklung der DNS-Doppelspirale geht enorm schnell vor sich. Man muß in der Sekunde mit 150 Umdrehungen rechnen. Auch hier hat die Natur Vorkehrungen getroffen, die verhindern, daß bei diesen Manipulatio-

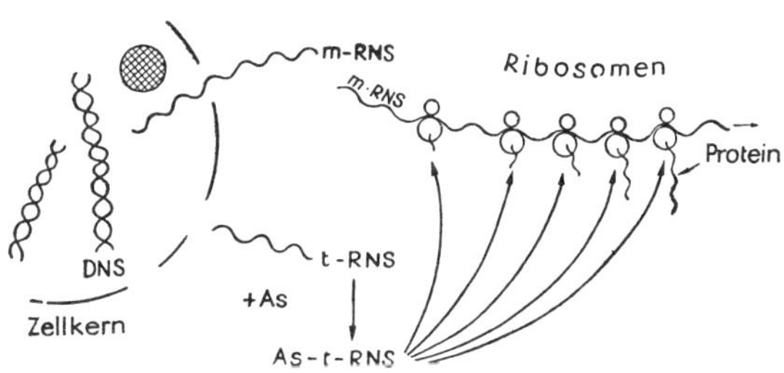

Abb. 20: Schema: Auswanderung von m-RNS und t-RNS, Bildung des Aminosäure-t-RNS-Komplexes und schrittweise Eiweißsynthese an Ribosomen unter Bestimmung der Aminosequenz durch die Triplett-Sequenzen einer m-RNS

nen der äußerst dünne und lange DNS-Faden reißt. Diese langfädigen m-RNS, die einen Triplett-Raster der Aminosäurekodonen darstellt, verläßt nun den Zellkern und begibt sich zu den Ribosomen; das sind kleine Doppelkügelchen, die auf einem feinen endoplasmatischen Membransystem aufgereiht sind (Abb. 20).

Dorthin begibt sich auch eine andere und kurzfädige Sorte von Nukleinsäuren, die t-RNS, das will heißen Transport- oder transfer-RNS, die ebenfalls im Zellkern entsteht. Es gibt mindestens so viele spezifische t-RNS, wie es Aminosäuren gibt, also rund 20. Jede dieser t-RNS trägt die zugehörige Aminosäure und versetzt sie in einen reaktionsfähigen Zustand (Abb. 20). Sie trägt aber außerdem ein Antikodon-Triplett, das heißt, eine spezifische Basenfolge, die komplementär zu dem entsprechenden Kodon auf der m-RNS ist (Abb. 21).

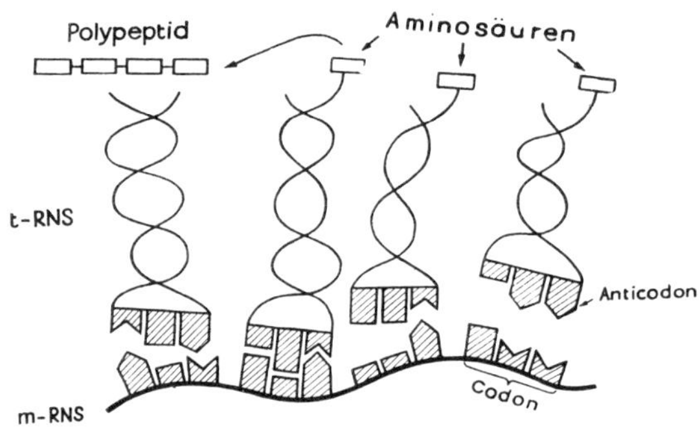

Abb. 21: So wie einer jeden Base eines DNS-Stranges eine komplementäre Base der einstrangigen m-RNS entspricht, nähert sich ein t-RNS-Molekül nach dem anderen der langfädigen m-RNS und lagert sich dort an, wo das Antikodon (ein für die zu transportierende Aminosäure spezifisches Basentriplett) sein komplementäres Kodon findet. Dabei wird die Aminosäure an die schon begonnene Peptidkette angeheftet. Bei der Wiederablösung der t-RNS verbleibt diese Aminosäure an der Polypeptidkette und verlängert diese.

Mit diesem Antikodon hängt sich diese t-RNS an das komplementäre Kodon der m-RNS. Dann kommt eine t-RNS nach der anderen. Sie lösen sich in derselben Reihe wieder ab und lassen dabei die Aminosäuren zurück, die in der gleichen Reihenfolge wie die Kodonen-Tripletts auf der m-RNS liegen und zu langfädigen Proteinmolekülen schrittweise zusammengeschlossen werden (Abb. 21).

So wird wie in einer Dechiffrierungsmaschine die strenge Geheimschrift eines spezifischen Gens unter Vermittlung eines Informationsbotens, der m-RNS, in die ebenso strenge Buchstabenfolge eines spezifischen Eiweißes übersetzt. Man spricht von der Translation einer m-RNS in ein Protein (Abb. 19).

Aus diesen wissenschaftlichen Erkenntnissen ergeben sich Konsequenzen von unübersehbarer Tragweite für die Medizin, für die Tier- und Pflanzenzüchtung. Wir verstehen jetzt die Erbkrankheiten in ihrer tiefen Verankerung in eingetretenen Anomalien der Basenfolge einer DNS. Man wird sich darum bemühen, unerwünschte Erbsubstanzen oder ihre Folgeprodukte auszuschließen und gezielt zu ersetzen.

Zweifellos wird zur Zeit über diese ernsten Fragen in erster Linie spekuliert. Die Zeitungen sind voller erregender Nachrichten, z. B. über die Änderung der Erbstruktur von Enten durch geschickte Applikation körperfremder DNS. Aber diese Versuche konnten vom Autor nicht wiederholt und von anderen nicht bestätigt werden. Warum sind solche Versuche sehr schwierig? Die Nukleinsäuren sind geschützt vor übertriebenen Spielereien der Natur selbst und auch der Menschen. Es gibt Enzyme, die von außen verabreichte Nukleinsäuren spontan abbauen. Die DNS ist außerdem in schützende Hüllen eingebaut. Vielleicht müßte man durch Mikroinjektion direkt in die Chromosomen DNS injizieren. Das ist noch nicht gelungen. Zweifellos werden solche Versuche eines Tages erfolgreich sein. Bei Bakterien ist es wiederholt z. T. unter Mithilfe von Viren gelungen, Erbfaktoren von einem Zelltyp auf einen anderen zu übertragen. Für höhere Organismen ist ein solches Gelingen nur eine Frage der Zeit, wahrscheinlich kurzer Zeit.

Im Augenblick ist das Bemühen, gespeicherte Daten von Tier auf Tier zu übertragen, ernster zu nehmen. Man hat Tiere dressiert, durch bestimmte Reaktionen auf gegebene Reize oder Befehle zu antworten und danach RNS aus dem Zentralnervensystem dieser dressierten Tiere anderen Tieren, die nichts Entsprechendes gelernt haben, in geeigneter Weise appliziert. Diese Tiere benahmen sich dann so, als hätten sie selbst Gelegenheit zu lernen gehabt. Diese Ergebnisse sind nicht unbestritten.

Es ist klar, daß Gedächtnis eine Speicherung von Eindrücken ist. Eine der verschiedenen Gedächtnistheorien besagt, daß die Speicherung in der Gestalt großer Moleküle erfolgt. Das könnten Proteine oder eben Nukleinsäuren sein. Wir wissen nur, daß solche Speicherelemente im Gehirn in hundert- bis millionenfach größerer Zahl als im besten Computer der Welt – bezogen auf Rauminhalt – vorhanden sein müssen.

So wie wir gelernt haben, das Vorbild der natürlichen Fasern für die Produktion künstlicher Fasern auszuwerten, so darf man aus den neuen biologischen Erkenntnissen auch für verschiedene Gebiete der Technik entscheidende Impulse erhoffen. Man spricht bei dieser Art Beziehungen zwischen Biologie und Technik von Bionik, ein nicht eben sprachschöner Ausdruck für eine wichtige Sache.

Ich deute damit Richtungen für durchaus mögliche, weittragende Entwicklungen an, wenn auch nachdrücklichst davor gewarnt werden muß, jeden sensationell aufgemachten Forschungsbericht in der populären Literatur ernst zu nehmen.

Wir haben gesehen, daß in einem höheren Organismus einige tausend Eiweiße vorhanden sind und daß diesen ebenso viele Gene, also DNS-Moleküle, entsprechen. Zweifellos gibt es aber bedeutend mehr Gene als Enzymeiweiße. Das beruht darauf, daß im gleichen Zeitpunkt nur ein geringer Teil der für die Enzymproduktion unmittelbar verantwortlichen Gene (Strukturgene) aktiv ist und daß es außer diesen Genen noch andere gibt (Regulatorgene), die u. a. für die Aktivierung der Strukturgene zur rechten Zeit und am rechten Ort zu sorgen haben. In der Tat ist es gar nicht vorstellbar, daß zur gleichen Zeit und in der gleichen Zelle alle Gene aktiv sind. Dann müßte überall dasselbe geschehen. Wir beobachten aber bereits in den frühesten Stadien der Entwicklung eines höheren Organismus, daß aus einer bestimmten Zellgruppe ein bestimmtes Organ mit bestimmten Leistungen und aus einer anderen ein anderes mit anderen Leistungen heranwächst. Man hat geglaubt, daß im Zuge dieser Differenzierung eines Organismus Gene definitiv ausgeschaltet werden. Aber das kann höchstens in einem sehr beschränkten Maße der Fall sein.

Wenn wir z. B. aus einem grünen Blatt eine Zelle isolieren und auf einem geeigneten Nährboden zum Wachstum bringen, dann entsteht zunächst ein ziemlich gestaltloser Zellhaufen. Durch Behandlung mit Hormonen kann man aber diesen Zellhaufen veranlassen, Wurzeln und Sprosse zu differenzieren, das heißt, ganze Pflanzen hervorzubringen. Also muß diese Omnipotenz in der einen Blattzelle verborgen gewesen sein. Es müssen alle Gene gegenwärtig sein, und es müssen auch regulatorische Prinzipien hinzukommen, die hier diese Gene und dort andere Gene zur Arbeit veranlassen, damit hier Wurzeln und dort Sprosse mit Blättern und Blüten entstehen. Dieses Phänomen der Regulation ist für alles Leben von zentraler Bedeutung, und wir wissen, daß es ganz verschiedene Mechanismen der Steuerung gibt.

Eine solche Steuerung kann bei den Enzymen selbst ansetzen. Wenn z. B. das Produkt einer Reaktion angehäuft wird, kann es zur Ursache der Hemmung der Reaktion werden. Das ist nicht im üblichen Sinne des Massenwirkungsgesetzes zu denken. Offenbar bestehen molekulare Affinitäten zwischen dem Endprodukt und dem die Reaktionskette einleitenden Enzym 1. Wird dieses Enzym 1 durch das Endprodukt blockiert, vermag es nicht mehr mit dem Substrat zu reagieren, die gesamte

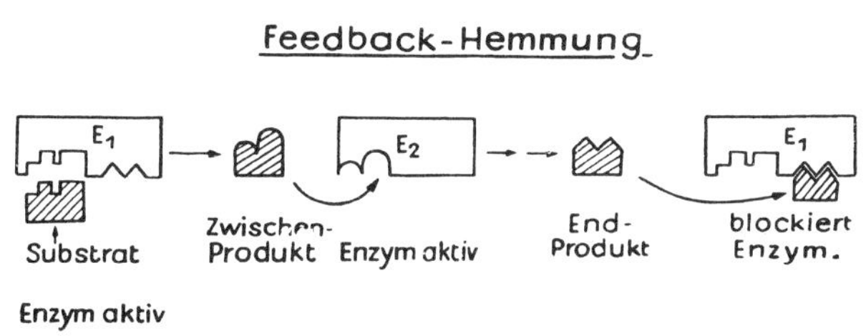

Abb. 22: Feedback-Hemmung einer Reaktionskette, indem das letzte Produkt, wenn es angereichert wird, das 1. Enzym blockiert und damit unfähig macht, das Substrat zu binden.

Kettenreaktion steht still (Abb. 22). Wird das Endprodukt aber entfernt, indem es z. B. in eine weitere Synthese eingeht, läuft die Gesamtreaktion wieder an.

Ein solcher Feedback-Hemmungsmechanismus kann an gelösten Enzymen des Grundplasmas erfolgen. Immer mehr zeigt sich aber, daß die Enzymproteine nicht beliebig über die Zelle, sondern auf bestimmte Kompartimente verteilt sind. Die auffälligsten, ziemlich großen, deshalb schon seit langer Zeit bekannten chemischen Werkstätten sind die Mitochondrien als Orte der Zellatmung und die Chloroplasten, die Orte der Photosynthese, also jenes Prozesses, bei dem Lichtenergie in chemische Energie überführt wird. Von diesem Prozeß, der mit einem Energiegewinn des lebenden Systems verbunden ist, hängt der größte Teil des Lebens auf der Erde ab.

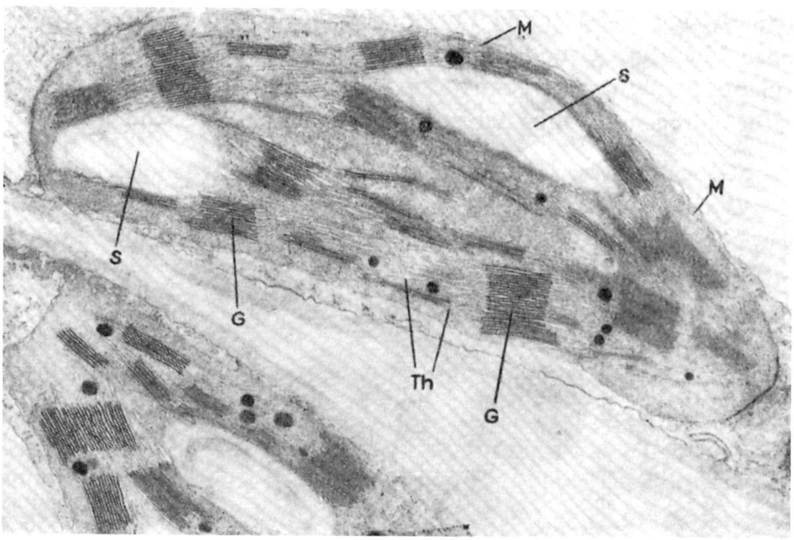

Abb. 23: Elektronenmikroskopisches Bild eines Chloroplasten aus dem Wiesenklee (Trifolium pratense)(Original von Prof. Perner, Hannover). M = dreischichtige Außenmembran, Th = Thylakoide, G = Grana, S = Stärkekörner

Ein solcher Chloroplast (Abb. 23), selbst aus verschiedenen Kompartimenten aufgebaut, ist mit einer dreischichtigen Membran gegen das Grundplasma abgegrenzt. Diese verbreiteten »unit membranes« sind verantwortlich für die Abschirmung des Inneren gegen unerwünschte Stoffe des Milieus. Sie lassen nur bestimmte Stoffe herein und gestatten sogar ihre Akkumulierung (Transport gegen ein Konzentrationsgefälle); sie lassen auch nur bestimmte Stoffe heraus. Aber auch im Inneren des Chloroplasten gibt es Membransysteme, die schlauchartig das Stroma durchsetzen (Thylakoide nach MENKE) und in engster Verbindung stehen mit vielschichtigen Membranstapeln (Grana). Dort befinden sich auch in der Hauptsache die für die Photosynthese notwendigen Farbstoffe (Chlorophylle). Diesen Membranen ist eine körnig erscheinende Struktur aufgelegt, in der wir Aggregate von Enzymen und vielleicht auch von Pigmenten sehen müssen.

Diese kleineren Aggregate, sicherlich nicht die letzten strukturellen Einheiten, dürfen wir wahrscheinlich mit den Multienzymsystemen vergleichen. Ihr Darstellung mit dem Elektronenmikroskop und die Aufklärung ihrer funktionellen Bedeutung verdanken wir vor allem FERNÁNDEZ-MORÁN und LYNEN.

Danach sind selbst solche Enzym-Eiweißmoleküle, die in der wäßrigen Phase des Grundplasmas frei gelöst erschienen, zu übermolekularen Strukturen gesetzmäßig zusammengefügt. So stellt die Pyruvatdehydrogenase einen Enzymkomplex aus drei verschiedenen Enzymeiweißen dar, die im zahlenmäßigen Verhältnis 12:48:6 zu einem Multienzymsystem vereinigt sind, dessen schematisierte Darstellung auf Grund elektronenmikroskopischer Aufnahmen Abb. 24 zeigt.

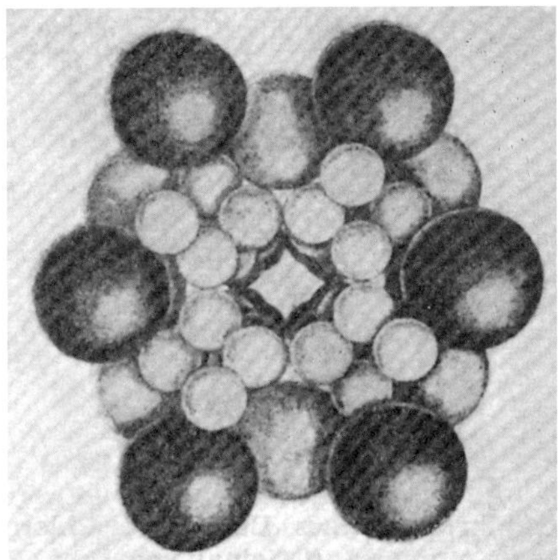

Abb. 24: Der Multienzymkomplex »Pyruvatdehydrogenase« besteht aus 3 verschiedenen Enzymeiweißen, die wahrscheinlich gesetzmäßig im Verhältnis 12:48:6 angeordnet sind (Schema). Aus L. J. Rees und D. J. Cox, Ann. Rev. of Biochem., **35**, (I), 64, 1966 (nach Willms et al).

Die Aggregierung von Enzymen und Strukturierung ist von größter ökonomischer Bedeutung, indem die Zwischenprodukte einer Reaktionskette nicht mehr im üblichen Sinne frei werden, sondern von Enzym zu Enzym weitergereicht werden, und indem Energie etwa in der Form gehobener Elektronen wie in einem Kristall auf gemeinsamen Elektronenbahnen verlustarm transportiert werden kann. Darüber hinaus ist Kompartimentierung und Strukturierung eines der wesentlichen Mittel, um ein Chaos der Reaktion zu verhindern. Deshalb hat jede Strukturstörung einen Freilauf von Enzymen zur Folge. Tod bedeutet nicht chemische Ruhe, sondern chemische Abläufe unter Aufhebung der Harmonie der Prozesse.

Durch diese Bemerkungen wird deutlich, welche Bedeutung der Feinstrukturforschung im Rahmen der Molekularbiologie zukommt. Sind die Moleküle selbst schon gestaltet und notwendiger Gegenstand einer Morphologie, so sind es auch ihre Aggregationen. Wahrscheinlich liegt bereits in der Gestalt und im Ladungsmuster des Moleküls die Möglichkeit zu einer höheren und komplexen Struktur verborgen. Die Biologen profitieren deshalb von der Verfeinerung der Elektronenmikroskopie und von der Bereitstellung anderer Methoden der Strukturforschung. Wahrscheinlich wird man schon in naher Zukunft nicht nur Riesenmoleküle, sondern auch kleine Moleküle abbilden können. Auch wird deutlich, daß die chemischen Reaktionen an strukturierten Oberflächen zu Problemen einer Festkörperphysik organischer Großmoleküle werden.

Wie kommt ein solches Multienzymsystem zustande? Man hat beobachtet, daß die freien Enzyme sich in vitro spontan zu einer solchen Struktur zusammenschließen können. Es ist außerdem vor allem am System der Histidin-Synthese gefunden worden, daß die Bildung der 10 notwendigen Enzyme durch Gene erfolgt, die auf einem Chromosom benachbart liegen (wenn auch in einer anderen Reihenfolge, als die Enzyme selbst zur Aktion kommen) (Abb. 25). Hier treffen wir uns mit wichti-

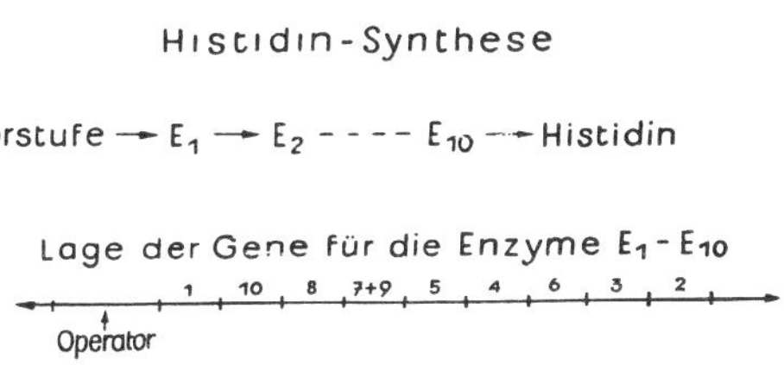

Abb. 25: Reaktionsfolge der 10 Enzyme der Histidin-Synthese und Anordnung der dazugehörigen Gene auf einem Bakterienchromosom (nach Ames und Hartmann)

gen Vorstellungen von Jacob und Monod. Es ist wahrscheinlich, daß alle diese Gene eine Aktionseinheit bilden, ein *Operon* aus etwa 1300 Basen und daß dieses Operon einer einzigen sehr großen m-RNS entspricht. Diese Einheit von 10 Genen unterliegt verschiedenen Regulationsmechanismen (Ames und Hartmann). Zunächst kann das Endprodukt der Reaktionskette Histidin im Sinne eines echten Feedback-Mechanismus die Tätigkeit des ersten Enzyms blockieren und damit die Gesamtsynthese stillegen. Histidin kann aber auch, verbunden mit einer RNS, die *Synthese* der Enzyme unterbinden. Es wirkt damit als ein *Repressor* im Sinne von Jacob und Monod. Diese haben für einige Systeme wahrscheinlich gemacht, daß ein Operon von einem *Operator* beherrscht wird. Nur wenn dieser den Start für die Gen-Aktivität freigibt, kann die Synthese der m-RNS und der Enzyme anlaufen. Dieser Operator ist normalerweise blockiert durch einen Repressor (Abb. 26), der selbst durch die Tätigkeit eines *Regulator-Gens* (= Repressor-Gen) entsteht. Solche Repressoren sind in einigen Fällen offenbar basische Eiweiße (Histone).

Die Aktivität der Strukturgene setzt also die Ausschaltung des Repressors voraus. Das kann durch verschiedene Mechanismen erfolgen. So kann ein Induktor im Spiele sein, der spezifisch den ebenfalls spezifischen Repressor so blockiert, daß er sich nicht mehr wirkungsvoll mit dem Operator verbinden kann (Abb. 26). Es ist nun von hohem allgemeinbiologischen Interesse, daß Hormone im Sinne von Induktoren in diesen verwickelten Mechanismus eingreifen können.

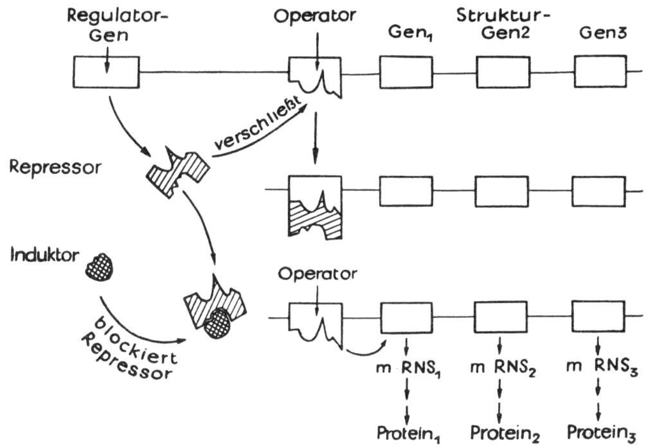

Abb. 26: Schema für Regulation der Genaktivität bei der Bildung der Enzymproteine durch Operatoren und Repressoren nach Jacob und Monod. Die Synthese der Enzymproteine ist normalerweise gestoppt, weil der Operator durch einen Repressor blockiert ist (mittlere Reihe). Wird aber der Repressor selbst durch einen Induktor (z.B. ein Hormon) blockiert, kann das Operatorgen die Tätigkeit der Strukturgene anlaufen lassen (3. Reihe). Es entstehen Enzymproteine.

Herr GERSCH hat in der öffentlichen Sitzung unserer Akademie 1963 einen eindrucksvollen Bericht darüber gegeben, wie bei den Wirbellosen – speziell bei Insekten – ein enger Zusammenhang zwischen der Tätigkeit des Gehirns und der Ausschüttung von Häutungshormonen aus dazu bestimmten Drüsen besteht. Solche Insektenhormone sind vor allem im Laboratorium BUTENANDTS chemisch aufgeklärt und als vorzügliche Akteure im Regulationsmechanismus klar beschrieben worden, ein schönes Beispiel dafür, wie die Erforschung von Tieren, die zunächst etwas abseits zu liegen schien, zu fundamentalen Erkenntnissen führen kann, die auch für das Verständnis des menschlichen Organismus von großer Bedeutung sind. So wie die Bakterien und Bakteriophagen-Genetik zu Erkenntnissen geführt hat, die auch für die Genetik höherer Organismen verbindlich sind, so sind auch die Hormonstudien an den Wirbellosen von allgemeinster Bedeutung.

So konnte KARLSON im Falle des Insekten-Häutungshormons Ecdyson nachweisen, daß es unmittelbar in die Synthese eines Enzyms eingreift, der Dopa-Decarboxylase, die für den chemischen Mechanismus der Häutung unentbehrlich ist (Abb. 26). In diesem Falle konnte gezeigt werden, daß das Hormon ganz spezifisch in den Eiweißsynthese-Mechanismus eingreift. Es blockiert einen spezifischen Repressor und veranlaßt die Aktivierung ganz spezifischer Gene.

Natürlich müssen wir uns auch hier vor verfrühten Verallgemeinerungen hüten. Es ist durchaus möglich, daß andere Hormone an einer anderen Schaltung der Enzymbildungsreaktion angreifen. Aber man darf andererseits nicht übersehen, daß in immer mehr Fällen beobachtet wird, daß Hormone tatsächlich die Synthese von Eiweißen fördern. Das gilt z. B. auch für das heute mehrfach genannte Insulin.

Während das höhere Tier zur Regulation der Arbeit der sehr verschiedenen Organe und Gewebe einer großen Zahl von Hormonen bedarf, kommt die Pflanze offensichtlich bei ihrer geringeren Differenzierung mit einer geringeren Zahl von Regulatoren aus. Die bisher genauer bekannten gehören zur Gruppe der Wachstumshormone (Auxin, Gibberelline, Kinine). Ich gebe ein Beispiel aus unserem Laboratorium.

Es ist bekannt, daß Blätter eine beschränkte Lebensdauer haben. Sie altern meist unter Vergilbungserscheinungen und sterben ab. Besonders schnell geht dieses Altern merkwürdigerweise in einem isolierten Blatt vor sich. Man kann das aber verhindern, wenn man ein Blatt künstlich zur Bewurzelung bringt. Unter dem Einfluß eines von der Wurzel gebildeten Stoffes wird der gesamte Stoffwechsel der Blattzellen umgestimmt, so daß das Blatt verjüngt wird. Diese Stoffe nennt man Kinine oder – um Verwechslungen mit den tierischen Kininen zu vermeiden – Cytokinine.

Eine Pflanze ist ein offenes System, das prinzipiell unbegrenzt fortwachsen kann, indem neue Organe gebildet werden, während gleichzeitig alte absterben. Eine Pflanze kann wachsen, auch wenn sie keine Baustoffe von außen erhält. Die sich neu bildenden oder weiter entwickelnden jungen Teile reißen Baustoffe aus den älteren Teilen an sich. Dadurch verarmen diese bis zur Lebensunfähigkeit. Es besteht eine Konkurrenz um die Baustoffe. Die jungen Teile verfügen über eine stärkere attraktive Kraft. Sie verfügen aber auch über eine stärkere Retention, d. h., sie vermögen die in ihren Zellen vorhandenen und im ständigen Stoffumtrieb immer wieder anfallenden niedermolekularen, löslichen Baustoffe festzuhalten. Diese können dadurch immer wieder in die Synthese eingeschleust werden. Die Retentionskraft der alten Organe ist demgegenüber gering. In dieses fundamentale Verhältnis von Attraktion und Akkumulation einerseits und Retention andererseits greifen die Kinine regulierend ein. Ich mache das mit Hilfe einiger isolierter, gleichalter Blätter der Saubohne (Vicia faba) deutlich (Abb. 27).

Wir applizierten auf eine Blattfieder eine radioaktiv gemachte Aminosäure (^{14}C-Glycin), deren Wanderung wir mit Hilfe ihrer Radioaktivität verfolgen, indem wir auf das Blatt einen Röntgenfilm legen. Ort und Intensität der Schwärzung sind Hinweise für die Ausbreitung der an die Aminosäure gebundenen Radioaktivität (Abb. 27). In einem normalen Blatt (a), das im isolierten Zustand schnell altert, breitet sich die Aminosäure zunächst über die behandelte Fieder aus, wandert dann bevorzugt in den Blattstiel und über die Nervatur langsam in die andere Fieder. Geben

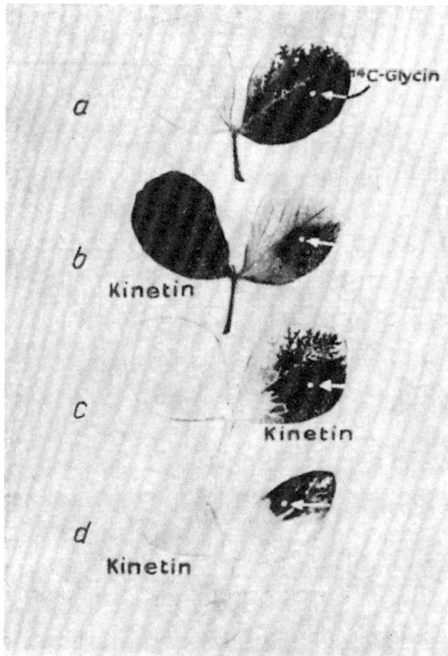

Abb. 27: Radioautogramm (Röntgenfilm) von isolierten Blättern von Vicia faba, die in allen Fällen auf der rechten Fieder an einer distinkten Stelle Radio-Glycin erhalten haben. Im Falle b, c und d haben sie außerdem auf einer Fieder Kinetin erhalten. Das Blatt d ist bewurzelt (s. Text).

wir der anderen Fieder über die ganze Spreitenoberfläche Kinetin[2] (b), so wandert die Aminosäure bevorzugt in die andere Fieder. Diese ist durch das Hormon Kinetin verjüngt und entwickelt eine hohe attraktive Kraft. Geben wir aber Kinetin zur gleichen Fieder (c), die auch Aminosäure erhalten hat, so breitet sich diese nur schwer aus, praktisch gar nicht in den Stiel und in die andere Fieder. Kinetin hat die Retention des Blattes wesentlich erhöht. Im letzten Bild ist die Reaktionsweise eines bewurzelten Blattes dargestellt (d). Wir geben Kinetin wieder auf die linke Fieder wie bei b). Trotzdem bleibt die Radioaktivität auf die rechte Fieder beschränkt, ähnlich wie bei c). Die Erklärung dafür ist, daß die Wurzel ein natürliches Kinin bildet, das in die Blattspreiten wandert und dort die Retention noch stärker erhöht, als es das künstliche Kinetin vermag.

Kinin benimmt sich in diesem Versuch wie ein »Verjüngungshormon«. Es erhöht die Fähigkeit der Zellen zur Attraktion und Retention der Baustoffe. Molekularbiologisch gesehen fördert es die Synthese der Nukleinsäure (RNS) und der Eiweiße. Welche Eiweiße im einzelnen davon primär betroffen sind, wissen wir noch nicht.

Die neuen molekularbiologischen Erkenntnisse vermitteln auch ein Verständnis für den Vorgang der Mutation als einen grundlegenden Mechanismus der Artbildung. Eine Mutation hat eine Änderung der Erbstruktur zur Voraussetzung und kann spontan aus nicht näher kontrollierbaren Gründen erfolgen oder induziert werden. Dabei sind chemische Mittel erfolgreich verwendet worden, die an verschiedenen Basen der DNS angreifen können und damit sehr massiven Effekt erzielen. Es wird auch mit aggressiven, ionisierenden Strahlen gearbeitet. Diese führen zu Punktmutationen, weil ein Lichtquant oder ein ionisierendes Teilchen im allgemeinen nur eine Reaktion am Orte der Absorption hervorrufen kann. Typischer Effekt des ultravioletten Lichtes ist z. B. die Bildung von Dimeren einzelner Basen, wodurch entweder unter benachbarten Basen der linearen DNS oder im Gegenüber zweier DNS-Ketten unnatürliche Verkettungen entstehen, die den normalen Ablauf der Replikation des ganzen DNS-Moleküls unmöglich machen. Auch können Wasserstoffbrücken gelöst und die Bindung zwischen Zucker und Phosphorsäure unterbrochen werden.

Die großen Fortschritte in der gegenwärtigen Biologie, die hier nur sehr eingeschränkt zur Darstellung kommen konnten, erfüllen einen Wunsch, den in den letzten hundert Jahren die bedeutendsten Biologen geäußert haben: die Schaffung einer *Allgemeinen Biologie*. Das ist in doppeltem Sinne gemeint. Durch die Möglichkeit, die verschiedensten Phänomene des Lebens auf molekulare Strukturen zurückzuführen, die allen Organismen in prinzipiell gleicher Weise zukommen, verwischen sich die Grenzen der Organismenreiche; Tier, Pflanze und Mikrobe rücken einander näher. Andererseits begegnen die verschiedensten Teildisziplinen der Biologie einander. Die Grenzen zwischen Genetik, Phylogenetik, Entwicklungsphysiologie, Erregungsphysiologie, Biochemie, Ultraanatomie und Kybernetik werden undeutlich. Die Furcht, die rapide Spezialisierung der Wissenschaft müsse zu einer Entfremdung der Spezialisten und zu einer Auflösung der Biologie führen, hat sich geradezu ins Gegenteil verkehrt. Kaum je gab es so viel Zusammenarbeit über die Disziplingrenzen hinaus. Der Unterricht wird davon den größten Nutzen haben. In dieser glücklichen Situation, da sich die Biologie zu einer exakten Wissenschaft entwickelt, sollte man gerade die junge Forschergeneration nachdrücklichst darauf aufmerksam machen, daß die großen Fortschritte von jenen erzielt worden sind, die sich in der Wahl der Objekte und des Problems sehr beschränkt haben. Nur die Bereitschaft zur extremen Spezialisierung hat das Allgemeinere gefördert.

Man kann die grundlegenden Lebenserscheinungen an allen Organismen studieren. Man bedient sich heute in besonderem Maße der Mikroorganismen, die leicht zu beherrschen sind, in sehr großer Zahl in die Experimente eingehen und statistisch gesicherte Ergebnisse liefern. So wird die Mikrobiologie zu einer zentralen Disziplin, ganz abgesehen von ihrer zunehmenden praktischen Bedeutung.

Diese Einheitlichkeit aller Organismen erstreckt sich keineswegs nur auf die Grundvorgänge der Vererbung und der Eiweißsynthese, die hier im Vordergrund unserer Betrachtungen standen. Vielmehr wird der gesamte Grundstoffwechsel aller Organismen durch gleiche Enzymtypen und gleiche dazugehörige Kofaktoren beherrscht.

Ein Bakterium atmet wie eine Zelle des Menschen. Es bildet in übereinstimmender Weise nicht nur die Proteine, sondern auch die Hämine, die in den Atmungs-Cytochromen und im Blutfarbstoff enthalten sind, die Chlorophylle, die in Bakterien ebenso wie in höheren grünen Pflanzen das wichtigste Prinzip der Photosynthese sind. Es gibt nur eine Art Leben auf unserem Planeten; dieses Leben ist mit seiner Vielgestalt an Organismen eine Einheit. Zu dem gleichen Ergebnis kommt man auf ganz verschiedenen Wegen. So ergeben sich elektronenmikroskopisch Übereinstimmungen der Feinstruktur in den wichtigsten Organellen der Zellen auf allen Stufen der Entwicklung der Organismen, wenngleich zweifellos eine Strukturvereinfachung bei den Bakterien und Blaualgen festzustellen ist. Es gibt keinerlei Anhaltspunkte dafür, daß die Entwicklung des Lebens mit einer Entwicklung der Nukleinsäuren und der Eiweiße in dem Sinne zusammenhinge, daß höhere Lebewesen »höhere« Nukleinsäuren und »höhere« Proteine besitzen. Der zunehmenden Komplikation entspricht nur eine größere Zahl von Genen und Proteinen, aber nicht etwa eine prinzipiell andere Qualität.

Das schließt keineswegs aus, sondern macht es vielmehr möglich, daß den komplizierter werdenden funktionellen Zusammenhängen auch mehr und andersartige und besser angepaßte Proteine entsprechen.

Da alle bekannten Lebensphänomene, auch die geistige Struktur des Menschen, speziell gleichen Erbmechanismen unterliegen, ist nicht anzunehmen, daß die gesamten stofflichen Grundlagen des menschlichen Lebens grundsätzlich anderer Art sind als die der Bakterien. Andererseits gibt es heute keine Art von Organismen, die wesentlich einfacher als die Bakterien sind. Es bleibt unklar, wie das erste Leben aussah.

Die Vorstellungen über die Entstehung des Lebens auf der Erde, wie sie maßgeblich von OPARIN entwickelt worden sind, haben für sich (um mit VON WEIZSÄCKER zu reden), daß sie die einzige bestehende wissenschaftliche Hypothese darstellen. Trotzdem darf man nicht übersehen, daß einige wichtige Prämissen unklar sind, so z. B. die Zusammensetzung der Uratmosphäre. Zweifellos bedarf es großer Beachtung, daß unter erdgeschichtlich möglichen Bedingungen solche organischen Moleküle gebildet und angereichert werden können, von denen hier als einer stofflichen Voraussetzung des Lebens gesprochen worden ist: proteinogene Aminosäuren, Basen der Nukleinsäuren, Kohlenhydrate. Wie aus diesen organischen Molekülen eines Urozeans organisierte, sich selbst steuernde und sich selbst reproduzierende, offene Systeme entstanden sind, ist derzeit wissenschaftlich noch völlig unbekannt. Die Geschichte des Lebens auf der Erde umfaßt immer größere Zeiträume. Man kommt jetzt bereits auf etwa 3 Milliarden Jahre.

Wenn aber alles Leben so einheitlich organisiert ist, wie ich es geschildert habe, muß es eine Erklärung dafür geben. Sie kann in zweierlei Richtungen gesehen werden.

Entweder ist das Leben nur einmal und in einer Form entstanden, so daß alles, was sich daraus entwickelt hat, verwandt sein muß! Oder die Urzeugung hat wiederholt oder sogar enorm häufig stattgefunden! Dann müßte die Gleichartigkeit des Lebens in einer Gesetzmäßigkeit der Materie selbst liegen und in der großen selektiven Kraft einiger Erfindungen, die alle heute untersuchbaren Lebewesen auszeichnet. Sie repräsentieren den überlebenden, weil lebenskräftigsten Typ. Alle anderen Formen des Lebens hätten sich auf die Dauer als unzweckmäßig erwiesen.

Kann es unter anderen Bedingungen eine ganz andere Art von Leben geben? Das bleibt so lange unklar, solange nicht auf einem fernen Planeten Leben entdeckt worden ist. Daß Planeten mit Lebensbedingungen, wie sie auf der Erde sind, auch außerhalb unseres Sonnensystems existieren, ist wahrscheinlich, aber nach Rechnungen der Astronomen selten. Selbst in bezug auf die Häufigkeit von Planeten in anderen Fixsternsystemen kann man nur Vermutungen äußern.

Zweifellos haben alle diese neuen Entdeckungen Licht in Gebiete der Biologie gebracht, die bislang allein der Spekulation zugänglich waren. Große Geheimnisse der belebten Natur sind entschleiert. Aber man kann nicht sagen, daß das Leben etwas von seiner Größe verloren habe, die jedem denkenden Menschen Ehrfurcht gebietet. Es sind neue Probleme aufgetaucht, die nicht minder schwierig erscheinen. Es ist nicht so sehr die Frage nach den chemischen Mechanismen als die nach den Ordnungsprinzipien, die für alles Lebendige entscheidend sind. Wie weit sind die übermolekularen Strukturen einfache Folgerungen der molekularen Struktur? Und wie haben sich die kompliziert erscheinenden Regulationen entwickelt, ohne die das Leben chaotisch wäre, also unmöglich?

Große Denkschwierigkeiten ergeben sich aus dem thermodynamischen Charakter der lebenden Systeme. Während einfache physikalische Systeme auf wahrscheinlichere Zustände unter Zunahme der Entropie zustreben, gilt das für lebende Systeme nicht. Ihre Entwicklung im Einzelwesen wie in ihrer Gesamtheit bedeutet eine Zunahme an Unwahrscheinlichkeit. Die freie, arbeitsfähige Energie nimmt zu, das bedeutet Verlust an Entropie. Wir brauchen keine nichtphysikalische Theorie des Lebens, sondern ein physikalisches Verständnis der offenen Systeme mit ihren Fließgleichgewichten und ihren regulativen Mechanismen. Wahrscheinlich wird uns hier die Kybernetik neue Gesichtspunkte vermitteln.

Es ist ein Irrtum, wenn man glaubt, daß die Molekularbiologie das Problem des Lebens gelöst habe. Vielmehr zwingt sie uns zum gründlichen Durchdenken der oft zu oberflächlich formulierten Eigenheiten des Lebendigen. Wir dürfen hoffen, daß der Einbruch mathematischer Methoden und Erfahrungen der Regeltechnik Licht in dunkle Bezirke bringt.

Was sind die praktischen Konsequenzen?

Die Bedeutung für die Weiterentwicklung der Therapie, für die Gesunderhaltung und Leistungssteigerung von Pflanze, Tier und Mensch ist sicher enorm und noch nicht abzuschätzen. Hervorragende, ernst zu nehmende Wissenschaftler entwickeln die kühnsten Perspektiven. Man muß sich über folgendes klar sein: Wenn wir heute wissen, daß die Sichelzellenanomalie auf einem Fehler in der Aminosäurekette des Hämoglobins beruht und daß dieser Fehler seine Ursache in einer Mutation der zugehörigen DNS hat, weil dort die Information für die Aminosäure Glutaminsäure in eine solche für Valin ausgetauscht worden ist, so ist damit noch keineswegs ein Weg der Überwindung dieser Erbkrankheit gegeben. Aber die Chance, einen solchen Weg zu finden, ist größer, wenn wir wissen, um was es sich handelt.

Das gilt auch für die Anwendung der Antibiotika. Für viele dieser Stoffe kennen wir heute ihren primären Angriffspunkt im molekularbiologischen Geschehen. Das ist von großer Bedeutung besonders bei der Therapie der Virusinfektionen und des Krebses. Wir werden in diesen Bereichen zunehmend gezielt arbeiten. Wir stehen in offenen Türen, ähnlich wie zur Zeit der Entdeckung und Aufklärung der Sulfonamid Therapie durch DOMAGK und WOOD.

Alle wirklich erkannten Mechanismen und Stoffe werden dem Griff des Menschen zugänglich; das ist immer nur eine Frage der Zeit. Zunächst wird man sich auf die künstliche und die biochemische in-vitro-Synthese von Peptiden, Eiweißen und Nukleinsäuren konzentrieren. Was das bedeutet, habe ich am Beispiel des Insulins aufgezeigt. Man wird aber zweifellos auch Gene in vitro reproduzieren und synthetisieren!

Damit komme ich zur Bedeutung der neuen Erkenntnisse für die angewandte Genetik, für die Pflanzen- und Tierzüchtung. Man wird sich darauf konzentrieren, Gene in ihnen fremde Zellen zu bringen. Man wird das Erbgut von Zellen verschiedener Individuen kombinieren mit Methoden der Gewebekultur und mit Methoden, die bei der Erbgutübertragung bei Bakterien durch Phagen angedeutet worden sind.

Dahinter steht natürlich auch die große Aufgabe der Steigerung der landwirtschaftlichen Produktion, um auf die Dauer der Bevölkerungszunahme durch ein zunehmendes Angebot von Nahrungsmitteln begegnen zu können. Hierbei spielen nicht nur genetische (züchterische) Maßnahmen eine Rolle, sondern auch physiologische: Hormone, Aktivatoren, Inhibitoren.

Bei diesen Möglichkeiten neuer Entwicklungen richtet sich der Blick unabweisbar auch auf die Beeinflussung des Menschen selbst. »Der Gott im Menschen greift nach der Schöpfung!« Man wird über diesen Gedanken erschauern und hinter dem Positiven der großen Fortschritte Unheil wittern. Wie die Erkenntnis der Kernreaktion nicht nur zu neuen Kraftwerken geführt hat, sondern auch zur Atombombe, wird auch das, was zum Segen der Menschheit im Bereich der Biologie erdacht und erreicht worden ist, zum Fluche werden können. Aber man wird den Drang nach Erkenntnis nicht stillzulegen vermögen. Forschen ist ein unstillbarer Trieb des Menschen. Nur eine starke moralische Kraft wird dem Mißbrauch der neuen Möglichkeiten auf dem Gebiete der Lenkung des Erbgutes entgegenarbeiten können. Es wird die entscheidende Frage an die Gelehrten selbst gestellt sein, ob sie in der Lage sind, die notwendige sittliche Verantwortung gegenüber der Anwendung ihrer eigenen Forschungsergebnisse zu entwickeln.

Anmerkungen

1 Der chemische Unterschied gegenüber einer DNS beruht auf dem Ersatz des Thymins durch Urazil(U) und der Desoxyribose durch Ribose.

2 Kinetin ist eine den natürlichen Kininen verwandte halbkünstliche Substanz.

Literaturhinweise

Anfinsen, Ch. B., The molekular basis of evolution, New York 1961, 228 S.
Bresch, C., Klassische und molekulare Genetik, Berlin 1965, 319 S.
Dubinin, N. P., Molekulargenetik, Jena 1965, 168 S.
Geißler, E., Bakteriophagen – Objekte der modernen Genetik, Berlin 1962, 138 S.
Weidel, W., Virus und Molekularbiologie, Berlin-Heidelberg, 2. Auflage, 1964, 158 S.

Alle Zeichnungen sind von der Graphikerin Irene Hein, Botanisches Institut der Universität Halle, angefertigt.

KLAUS RICHTER

Perspektiven der Biologie am Beginn ihrer molekularen Revolution in der Sicht von Kurt Mothes

Die Entwicklung der Naturwissenschaften erfolgt nicht kontinuierlich, sondern in Sprüngen. In der Geschichte der Biologie traten diese Sprünge im Erkenntniszuwachs immer dann ein, wenn durch Ergebnisse aus Physik, Chemie und Mathematik oder durch technische Innovationen neue Anregungen für experimentelle Klärungen bisher nicht zu lösender Fragen und Probleme und der technische Zugang für Lösungswege dazu gegeben waren.

Eine solche Situation trat in der Mitte unseres Jahrhunderts ein, als JAMES D. WATSON und FRANCIS CRICK (1952) die helikale Struktur der Desoxyribonukleinsäure (DNS) entdeckten, der Substanz, in deren chemischer Struktur bei allen Lebewesen die Erbinformationen verschlüsselt vorliegen. Damit eröffnete sich das auch bis heute noch lange nicht zur Sättigung gekommene und das Antlitz der modernen Biologie so grundlegend prägende Forschungsfeld der Molekularbiologie. War man mit den Möglichkeiten des Lichtmikroskopes seinerzeit bis auf die Ebene der Zellorganellen vorgedrungen und hatte die Leistungsfähigkeit des Elektronenmikroskopes die Grenzen molekularer Auflösung erreicht, war es nun mit den sich in dieser Zeit explosionsartig entwickelnden neuen physikalischen, chemischen und technischen Methoden möglich geworden, die in den lebenden Organismen wirksamen Moleküle zu analysieren und künstlich zu synthetisieren. Das betraf im wesentlichen die Eiweiße und die Nukleinsäuren, deren Wechselverhältnis bei der enzymatischen Kontrolle der zellulären Syntheseleistungen nun aufgeklärt werden konnte.

Die Faszination eines solchen Innovationsschubes fordert aber auch zur Besinnung heraus. Bei der Begeisterung des einsetzenden Experimentierens zur Bestätigung des durch Hypothesen oder, wie MOTHES es formuliert, »spekulativ-theoretische Lösungen« gewiesenen Weges der Forschung darf das Wesentliche des Lebens, nämlich das gesamtorganismische Funktionsgefüge, das Gewordensein des Lebendigen und seine Entwicklung, vor allem aber seine Zukunft nicht aus dem Auge verloren werden. Besonders in diesen Phasen einer Wissenschaftsentwicklung sind Übersichten über den Wissensstand im Sinne von Standortbestimmungen der Wissenschaft, Rechenschaftslegungen über den Erkenntnisweg und programmatische oder perspektivische Überlegungen aus erfahrenem Munde und aus geschulter Feder wichtig.

KURT MOTHES gehörte zu den herausragenden Wissenschaftlern, die über die dazu erforderlichen Fähigkeiten des Generalisierens und des Integrierens verfügten. Die Gabe, komplizierte naturwissenschaftliche Zusammenhänge auch für den Fach-

fremden verständlich zu machen und ihn an seiner eigenen Begeisterung über die neuen Erkenntnisse teilhaben zu lassen, beherrschte MOTHES in hervorragender Weise.

Sein wissenschaftlicher Werdegang fußte in der Traditionslinie der Leipziger Pflanzenphysiologie mit WILHELM PFEFFER und WILHELM RUHLAND. Die wissenschaftlichen Arbeiten von MOTHES erstreckten sich auf pflanzenphysiologische Fragestellungen, die er hauptsächlich mit chemischen Methoden zu lösen versuchte. Demzufolge ist der Grundtenor seiner Sicht der Problematik der gegenwärtigen Biologie auch durch die Chemie bestimmt. Er steht noch deutlich unter dem Eindruck der 12 Jahre zuvor durch SANGER gelungenen Analyse der Aminosäuresequenz des Insulins. Was damals in mühevoller Handarbeit und mit großem Zeitaufwand bewältigt wurde, führen heute, 40 Jahre später, speziell dafür entwickelte Geräte routinemäßig aus.

Die sich 1966 gerade erst in groben Umrissen abzeichnenden komplizierten und vielschichtigen Zusammenhänge zwischen genetisch kodierter Information und Biosynthese von Eiweißen sowie der dazu notwendigen Steuermechanismen umreißt MOTHES mit bewundernswerter Klarheit. Dabei spannt er den Bogen außerordentlich weit, bis hin zu den ihm fernerliegenden Neurohormonen wirbelloser Tiere. In buchstäblich weiser Voraussicht prophezeit er, was uns heute längst selbstverständliches Wissen geworden ist: Man wird Gene synthetisieren können; man wird sie in Organismen einschleusen und damit deren Erbgut gezielt verändern können; die Auswirkungen auf Tier- und Pflanzenzüchtung und auf die Behandlung bestimmter Krankheiten sind unabsehbar.

MOTHES' Sicht der Probleme mag teilweise einseitig sein: Die mit der Molekularbiologie entstandenen Tendenzen in der Entwicklungsphysiologie und in der Neurobiologie läßt er unerwähnt, sie liegen zu weit abseits seines eigenen Betätigungsfeldes. Immunologische Gesichtspunkte, die er anführt, wirken aus heutiger Sicht antiquiert. Hier war die durch die Molekularbiologie induzierte Entwicklung erst am Beginn.

Als eine phantasievolle, weitsichtige und zupackende Forscherpersönlichkeit orientierte MOTHES den wissenschaftlichen Fortschritt am deduktiven Vorgehen. Tore zu Wegen in wissenschaftliches Neuland werden durch Ideen aufgestoßen, die dann durch experimentelle Daten zu breiten Straßen des Wissens auszubauen sind. Dazu mahnt er: »Da unsere Fakultäten wegen ihrer Überlastung kaum mehr Orte einer wissenschaftlichen Begegnung sind, ist die Aufgabe der Akademie größer denn je. Im übrigen spricht die Tatsache, daß bei der neuen Entwicklung der Biologie die spekulativ-theoretische Lösung einiger wichtiger Probleme vor der experimentellen steht, dafür, daß auch leicht zuviel experimentiert werden kann und daß wir allen Grund haben, die wissenschaftliche Jugend darauf hinzuweisen, daß eine ruhige Überlegung manches Experiment erspart. Im Grunde sind solche revolutionären Perioden einer Wissenschaft zugleich philosophische.« Daran hat sich auch nach 30 Jahren nichts geändert. Damit weist er auf Probleme hin, die sich im Entwicklungsgang der Wissenschaften immer von neuem auftun, und er läßt zugleich notwendige wissenschaftspolitische und -strategische Änderungen für die Perspektive der Forschung anklingen. Heute leidet die Kreativität in der Forschung nicht weniger als damals unter der relativen Vereinzelung des Wissenschaftlers, unter Mangel an Kooperativität, unter den Zwängen der Mittelbeschaffung, und die Universitäten sind noch immer keine Orte interdisziplinärer Zusammenarbeit und Stimulierung. Was heute gern mit abwertender Akzentuierung als Wissenschaftspositivismus bezeichnet wird, ist bei MOTHES der unbeirrbare Optimismus, der zu den grundlegenden menschlichen Voraussetzungen für kreative Forschung gehört.

Sein Vortragstitel enthält bemerkenswerterweise das Programm-Objekt »Problematik«, nicht »Probleme«. Zielte MOTHES tatsächlich über eine Review zu Problemstellungen der zeitgenössischen Molekularbiologie hinaus? Hatte er dabei auch die Situation, in die die Biologie im zweiten Drittel dieses Jahrhunderts geraten war, im Visier? Die »wissenschaftlich anspruchsvolle Persönlichkeit von geistiger Disziplin und sittlicher Strenge«, als die MOTHES in einem Nachruf im Jahrbuch 1981/82 der Sächsischen Akademie der Wissenschaften zu Leipzig charakterisiert wurde, konnte das Ethische der Wissenschaft nicht ausklammern, wenngleich der Platz im Rahmen dieses Vortrags, auch in seiner erweiterten Druckfassung, sehr begrenzt war. Wieder klingt seine Wissenschaftsbegeisterung an: »Große Geheimnisse der belebten Natur sind entschleiert. Aber man kann nicht sagen, daß das Leben etwas von seiner Größe verloren habe, die jedem denkenden Menschen Ehrfurcht gebietet.«

Daß der Gott im Menschen wirkt, wenn er die Geheimnisse des Lebens aufzuklären sich bemüht, kann danach aber wohl nur als Metapher gemeint sein. Das Zerstörerische gegenüber allem außer ihm Lebendigen, das den Menschen ebenso wie das Göttliche auszeichnet, kann beileibe nicht mit einem konstruktiven göttlichen Prinzip verglichen werden. Die Biologie war in den sechziger Jahren in eine Situation geraten, die in ihrer moralischen Dimension der der Physik vergleichbar wurde. MOTHES mahnt am Ende seines Vortrags, daß die aktuellen Erkenntnisse der Biologie auch zum Fluch der Menschheit werden können. Diese wenigen Sätze, die er dieser Kernfrage der Problematik der gegenwärtigen Biologie widmet, sind zu lapidar, als daß sie uns heute noch genügen könnten, und man darf wohl sicher sein, heute sähe es MOTHES ebenso. Unsere Erfahrungen nicht nur mit dem Göttlichen, sondern vor allem auch mit dem Diabolischen im Menschen sind inzwischen noch präziser und umfangreicher geworden angesichts weltweiter gesellschaftlicher Destruktion.

Administrative Restriktionen für den Umgang mit gentechnisch manipulierten Organismen waren die naheliegenden Konsequenzen aus der Konfrontation der moralischen Verpflichtung der Wissenschaftler mit den Gefahren der Gentechnologie. Der Appell an das Verantwortungsbewußtsein der Gelehrten im Umgang mit ihren Forschungsergebnissen, den MOTHES an das Ende seines Vortrags stellt, ist als ein Bekenntnis aufzufassen. Er hat selbst in schwierigsten Zeiten der Wissenschaft in der DDR, insbesondere als Präsident der Leopoldina, moralische Integrität und verantwortungsvolle Umsicht mit vorbildhafter Würde gezeigt.

Heute, 30 Jahre später, ist die Problematik der Biologie bedeutend umfänglicher geworden. Über die mit dem Erkenntnisgewinn verbundenen ethischen Fragen hinaus ist der Biologie eine unmittelbare Zuständigkeit für die Bewahrung des Lebens auf der Erde zugekommen. Sie hat künftig die Wege zu finden und die Verhal-

tensweisen einzufordern, die die Existenz des Lebens einschließlich der des Menschen überhaupt zu erhalten ermöglichen. Der mahnende Imperativ von HANS JONAS: *»Handle so, daß die Wirkungen deiner Handlungen verträglich sind mit der Permanenz menschlichen Lebens auf Erden«, hätte eigentlich aus dem Munde eines Biologen kommen sollen.* KURT MOTHES *wäre dazu die Persönlichkeit gewesen.*

Kurt Schwabe

Analytische Probleme des Umweltschutzes

1973

1. Einleitung

Der Mensch gestaltet seine Umwelt selbst, soweit sie nicht durch klimatische Bedingungen und ihre biologischen Folgen seit Jahrtausenden vorgegeben ist. Wenn wir heute von Umweltschutz oder Umweltgestaltung sprechen, dann meinen wir diese natürlichen Bedingungen nur insofern, als wir uns bemühen, sie wiederherzustellen, sie aber nicht zu verändern. Man könnte nun erwarten, daß der Mensch als vernunftbegabtes Wesen immer nur bestrebt war und ist, die Umwelt, wenn überhaupt, so zu verändern, daß sein Leben weniger gefährdet und angenehmer wird. Tatsächlich ist das nie völlig systematisch und konsequent angestrebt worden. Mit dem Wachstum der menschlichen Siedlungen zu Städten haben zwar immer mehr Menschen Schutz vor den Unbilden der Witterung erhalten, aber gleichzeitig hat der konzentrierte, nicht gesteuerte Anfall von Abprodukten zur sehr lästigen Vermehrung von Schädlingen und zur Ausbreitung von Seuchen geführt. Heute bietet die rapide Urbanisierung in allen Staaten der Erde vielen Menschen zwar angenehmere Arbeitsbedingungen, aber ihre Gesundheit wird durch Luft- und Wasserverunreinigungen, durch Geräuschbelästigungen und Verkehrsunfälle ungleich viel stärker gefährdet als bei einem Leben auf dem Lande. Da spätestens im Jahre 2000 der Anteil der Stadtbevölkerung in der Welt den der Landbevölkerung überwiegen wird, während heute noch etwa 60% mehr Menschen auf dem Lande leben, werden über 3000 Millionen Menschen diesen ungünstigeren Lebensbedingungen ausgesetzt sein. Die Entwicklung der industriellen Technik der letzten hundert Jahre hat dazu geführt, daß wir auf Jahre hinaus damit beschäftigt sein werden, die in Luft und Gewässer emittierten Schadstoffe zu ermitteln und von Mensch, Tier und Pflanze fernzuhalten. Gleichzeitig darf man die durch frühere Generationen geschaffenen Umweltprobleme nicht außer acht lassen. Eine Umweltgestaltung, die von vornherein alle Belastungen unserer Biosphäre vermeidet und unsere Lebensbedingungen optimiert, kann angesichts der bereits geschaffenen Situation nur ein Fernziel sein, dem eine im friedlichen Wettstreit vereinte Menschheit mit all ihrer Vernunft und schöpferischen Aktivität zustrebt.

2. Schadstoffemissionen der Zivilisation

Wir verändern unsere Umwelt natürlich auch, indem wir ihr lebensnotwendige Stoffe ständig entziehen, z. B. Sauerstoff aus der Luft oder die verschiedenen Rohstoffe aus dem Erdboden. Obwohl dadurch mindestens in Zukunft die Existenz der Menschheit ebenso gefährdet werden kann wie durch Emissionen, soll hier nur von der Schadstoffemission und ihrer analytischen Erfassung die Rede sein, nicht von ihrer Beseitigung.

Um festzustellen, welche Stoffe in Atmosphäre, Wasser und Boden für die belebte Welt und damit auch für den Menschen schädlich sind, müssen wir ihren Gehalt in diesen Bereichen unserer Umwelt kennen, d. h., wir brauchen qualitative Nachweis- und quantitative Analysenmethoden für die Schadstoffe. Der Umfang dieser analytischen Aufgaben wird natürlich dadurch bestimmt, welche Produkte menschlicher, nicht nur industrieller Tätigkeit emittiert werden und inwieweit sie schädlich sind. Selbst diesen Umfang festzustellen, stößt schon auf große Schwierigkeiten, die bereits zum Teil von ungelösten analytischen Problemen herrühren. Einerseits ist nicht bekannt, welche Stoffe emittiert werden, weil noch keine Methoden für ihre Spurenbestimmung zur Verfügung stehen oder niemand mit ihrer Emission und Umweltschädigung rechnet. Andererseits sind die Konzentrationen nicht genügend genau bekannt, die bei einer Kurzzeitbelastung und erst recht bei Dauerbelastung zu Schädigungen der Gesundheit oder des Pflanzenwachstums führen. Dabei können auch wieder analytische Probleme die Ursache der Unkenntnis sein, z. B. wenn es bisher keine Methode gibt, die die Bestimmung der betreffenden Stoffe oder ihrer Umwandlungsprodukte in kleinsten Mengen im Organismus gestattet. Man kann geradezu sagen, daß die Schadwirkung der Stoffe am besten untersucht ist, wenn dafür die genauesten Methoden zur Spurenbestimmung erarbeitet worden sind.

Daß die Unkenntnis über die Emission eines gefährlichen Stoffes andere, harmlosere und für unsere Gesundheit und Ernährung wichtige Stoffe in Mißkredit bringen kann, hat kürzlich JENSEN [1] für ein Produkt (Polychlorbiphenyl PCB) gezeigt, das in der elektrotechnischen Industrie eingesetzt wird. Es ist sehr toxisch, chemisch und biologisch äußerst resistent und anlytisch schwer zu bestimmen und von DDT zu unterscheiden. Das DDT ist natürlich, wenn es sehr oft inkorporiert wird, auch nicht unschädlich. Es wird aber sehr rasch abgebaut, und wenn es nur in den zur Schädlingsbekämpfung erforderlichen Mindestmengen angewendet wird, scheinen lebensbedrohende Inkorporationen fast ausgeschlossen, andererseits hat es bereits viele Millionen Menschen vor der Malaria bewahrt und trug wesentlich dazu bei, die riesigen Lebensmittelverluste durch Schadinsekten erheblich herabzusetzen. Ob es gelingt, rasch einen völlig harmlosen Ersatz zu vertretbaren Herstellungskosten zu finden, erscheint fraglich.

Die Festlegung maximal zulässiger Konzentrationen der Stoffe in der Luft oder in den Gewässern erfordert langwierige, sehr schwierige biologische und medizinische Untersuchungen. Die Speicherung der Stoffe im Organismus und die erst nach einer bestimmten Anreicherung auftretenden Schädigungen erschweren die Untersuchungsbedingungen. Für einen großen Teil der emittierten Stoffe ist noch nicht bekannt, ob sie Mutationen oder genetische Schäden hervorrufen. Von manchen Biologen wird die Auffassung vertreten, daß es eine exakte untere Grenze der verträglichen Menge eines Schadstoffes prinzipiell nicht gibt, wobei auch die enorm großen individuellen Unterschiede in der Verträglichkeit diese Auffassung unterstützen. Hinzu kommt, daß Akkumulationen von Schadstoffen in Pflanzen und Tieren stattfinden können. Wenn diese Pflanzen oder Tiere zur menschlichen Ernährung dienen, so inkorporiert man unter Umständen Mengen dieser Schadstoffe, die weit über der direkten Immissionskonzentration liegen. So sind in Japan schwere Erkrankungen dadurch aufgetreten, daß Fische Quecksilber aus den Abwässern von Fabriken, die quecksilberhaltige Fungizide herstellen, angereichert haben. Nach Genuß der Fische mit einem hohen Gehalt an Alkylquecksilberverbindungen sind zahlreiche schwere Erkrankungen, z. T. mit tödlichem Ausgang, zu verzeichnen. Das Quecksilber reichert sich schon in den Algen an, die dann von den Fischen verzehrt werden. Besonders stark ist die Anreicherung von langlebigen Radionukliden (Sr 90) in Algen, wobei ein Anreicherungsfaktor von $3{,}0 \cdot 10^5$ erreicht werden kann. In Eiern von Wildenten ist sogar ein Faktor von ca. $1{,}5 \cdot 10^6$ möglich. Wenn in Zukunft die Kernenergieerzeugung und die Anwendung von Radionukliden stark zunimmt, so können dadurch auch bei einer Entseuchung der Abwässer unter die zulässige Radioaktivitätsgrenze gesundheitsschädigende Inkorporationen von gefährlichen Radionukliden auftreten.

Natürlich kann man aber nicht verlangen und erreichen, daß der Schadstoffgehalt in der Luft und den Gewässern Null ist, zumal andererseits auch der Gewöhnung Beachtung zu schenken ist. Daher sind für eine Reihe von weitverbreiteten und gut untersuchten Schadstoffen maximal zulässige Konzentrationen bei Dauerbelastung und bei Kurzzeitemission z. T. schon international festgelegt worden. Sowohl die Werte für Dauerimmission (Mik_b-Werte) wie die für Kurzzeitimmission (Mik_k-Werte), die bisher vorgeschlagen bzw. festgelegt worden sind, können aber

Tabelle 1: Grenzwerte für Abwasserinhaltsstoffe

Inhaltsstoffe Bezeichnung	Einheit	Grenzwerte für Abwasserinhaltsstoffe in Oberflächengewässern für die Güteklassen		
		I	II	III
Ammonium NH_4^+	mg/*l*	< 0,1	< 3,0	< 10,0
Zink Zn^{++}	mg/*l*	< 0,01	< 0,1	< 3,0
Cadmium Cd^{++}	mg/*l*	< 0,005	< 0,03	< 0,2
Kupfer Cu^{++}	mg/*l*	< 0,01	< 0,1	< 0,3
Nickel Ni^{++}	mg/*l*	< 0,01	< 0,1	< 0,2
Quecksilber $Hg^{+/++}$	mg/*l*	< 0,005	< 0,01	< 0,02
Chromat Cr(VI)	mg/*l*	< 0,05	< 0,1	< 0,1
Cyanid CN^-	mg/*l*	< 0,01	< 0,02	< 0,1
aktives Chlor Cl_2 oder andere Oxydationsmittel	mg/*l*	0,00	< 0,01	< 0,05
Sulfit SO_3^{--}	mg/*l*	0,00	< 0,01	< 0,05

nicht dogmatisch angesehen werden, sondern müssen immer dem jeweiligen Stand der biologischen und medizinischen Kenntnis der Schadwirkung angepaßt werden. Diese Korrektur wird im allgemeinen zu einer Herabsetzung der Toleranzgrenzen führen. In den Tabellen 1 und 2 sind einige solcher Grenzwerte aufgeführt.

Der Vollständigkeit halber müssen als sehr störende Faktoren für vernünftige Umweltbedingungen der Schall, die Vibration und die Strahlung radioaktiver Substanzen genannt werden. Gegenwärtig beeinträchtigt der Lärm als nichtmaterieller Einfluß in zunehmendem Maße das Wohlbefinden der Menschen. Die auftretenden Gehörschäden resultieren einmal aus kurzzeitigen, sehr hohen Schalldruckspitzen (Explosionen u. a.) und führen zu irreversiblen Vertäubungen und zum anderen aus langzeitigen Lärmbelästigungen, die Nervenschäden im Innenohr zur Folge haben. Außer diesen Gehörschäden können auch schon bei niedrigen, langzeitigen Geräuschpegeln Gesundheitsschäden anderer Organe auftreten, die im wesentlichen noch unbekannt sind bzw. keinen eindeutigen Zusammenhang mit Lärmbelästigungen erkennen lassen.

Die objektive Messung bleibt daher als einzige Möglichkeit, die Lärmbelastung zu erfassen und daraus Maßnahmen zur Lärmbekämpfung abzuleiten.

In den weiteren Ausführungen bleiben die Umweltfaktoren Schall, Vibration und Strahlung unberücksichtigt.

Tabelle 2: Grenzwerte für Luftverunreinigungen

Bezeichnung der Schadstoffe	Kurzzeitgrenzwerte MIK_K [mg/m³]	Dauergrenzwerte MIK_D [mg/m³]
Acrolein	0,02	0,01
Ammoniak	0,3	0,1
Anilin	0,05	0,03
Benzin (aus Erdöl mit geringem S-Gehalt), berechnet als C	5,0	1,5
Blei und seine Verbindungen, berechnet als Pb	Werte liegen nicht vor	0,0007
Chlorwasserstoff	0,050	0,015
Cyanwasserstoff	0,015	0,005
Gasförmige Fluorverbindungen (HF, SIF_4)	0,020	0,005 1,0
Kohlenmonoxid	3,0	0,005
Nitrobenzol	0,010	
Phenol	0,03	0,01
Quecksilber	–	0,0003
Schwefelkohlenstoff	0,030	0,003
Schwefeldioxid	0,50	0,15
Schwefelwasserstoff	0,015	0,008
Stickoxide, berechnet als NO_2	0,10	0,04
Tetrachlorkohlenstoff	4,0	2,0

3. Anforderungen an die Analysenmethoden

Die Bestimmung der Emissionen aus Produktionsanlagen ist insofern unproblematisch, als im allgemeinen bekannt sein wird, mit welchen Stoffen in einem Betrieb zu rechnen ist, und die Konzentration in einem analytisch noch gut erfaßbaren Bereich liegen werden. Erst durch die Verdünnung mit Luft oder Wasser sinken die Konzentrationen auf Werte, die mit den meisten konventionellen Methoden nicht mehr direkt bestimmbar sind. Emissionen aus Haushalten, z.B. den Öfen oder den Spülwässern, sind natürlich einzeln nicht mehr zu kontrollieren, sondern nur global nach Verdünnung, z.B. in der Luft über einer Großstadt oder im Vorfluter. Diese Emissionen tragen erheblich zur Umweltverschmutzung bei; sie vergrößern die Immisionen.

Wie die *Mik*-Werte deutlich machen, sind damit hohe Anforderungen an die Empfindlichkeit der analytischen Methoden zur Bestimmung der Immision gestellt. Dazu kommt, daß sie möglichst spezifisch sein sollen, um nur die Stoffe zu erfassen, deren Immisionskonzentration bestimmt werden soll. Wenn sie nicht nur Augenblickswerte liefern, sondern über beliebig lange Zeiten an bestimmten Stellen die Immisionsbelastung erfassen sollen, müssen sich die analytischen Methoden zur Registrierung der Meßwerte und Einspeisung in Computer zur automatischen Auswertung eignen. Unterliegen die Immissionswerte großen lokalen Schwankungen, so müssen sehr viele Meßstellen eingerichtet werden, um ein genaues Bild über die Verteilung der Verunreinigungen, vor allem der Luft, zu erhalten. Es ist daher aus ökonomischen Gründen wünschenswert, wenn der Meßplatz nicht sehr kostspielig ist. Die Wirtschaftlichkeit läßt sich auch dadurch verbessern, daß das Analysengerät mehrere Schadstoffe zu bestimmen gestattet. Wenn die lokalen Schwankungen nicht zu groß sind, wohl aber die zeitlichen, dann sind Geräte vorteilhaft, die Mittelwerte über größere Bereiche erfassen. Wichtig ist in jedem Fall, daß die Geräte möglichst zuverlässig und wartungsfrei arbeiten, da Arbeitskräfte für solche »unproduktive« Aufgaben nur in sehr beschränktem Umfang zur Verfügung stehen. Andererseits hat durch die Umweltüberwachung die meßtechnische Industrie lohnende Aufgaben erhalten. Allein in den USA sind 1970 solche Geräte im Werte von 500 Millionen Dollar produziert worden.

4. Ausgewählte Meßverfahren

4.1. Anreicherungsverfahren

Da, wie wir gesehen haben, die *Mik*-Werte zum Teil die Bestimmung von Konzentrationen fordern, für die z. Z. keine analytischen Methoden bekannt sind, muß man in solchen Fällen Anreicherungsverfahren anwenden. Dazu stehen genügend sorgfältig ausgearbeitete Methoden zur Verfügung. Hierzu gehören die Adsorption und Extraktion, die z. B. in der Form der Chromatographie bereits in der Analytik des Umweltschutzes ausgedehnte Anwendung finden. Der Vorteil der chromatographischen Methoden besteht darin, daß man mehrere Stoffe gleichzeitig anreichern und bestimmen kann. Häufig kombiniert man den Gaschromatographen mit einem

Massenspektrometer, um die angereicherten Schadstoffe identifizieren zu können. Die Verfahren lassen sich auch zur laufenden Überwachung der Luftverunreinigung verwenden.

Ein anderes Anreicherungsverfahren sei noch erwähnt, das sich vor allem für die Bestimmung von toxischen Metallionen in Gewässern eignet. Auch Metalldämpfe oder -stäube können dadurch angereichert werden, daß man sie in wäßrigen Lösungen unter Umwandlung in die entsprechenden Salze absorbiert. Man scheidet das Metall an einem Quecksilbertropfen katodisch ab und erhält dadurch eine Anreicherung um mehrere Größenordnungen. Die Bestimmung erfolgt durch die Elektrizitätsmenge (Ladungsmenge), die zur anodischen Auflösung benötigt wird (anodic stripping coulometrie). Man kann auf diese Weise noch 10^{-9} bis 10^{-10} g Blei, Cadmium usw. bestimmen.

4.2. Prinzipien der Analysenverfahren

Zur kontinuierlichen Bestimmung von Schadstoffen eignen sich in erster Linie physikalisch-chemische Analysenverfahren, bei denen sich leicht die Information in eine elektrische Meßgröße umwandeln läßt. Diese Größe kann je nach Art der Auswertung beliebig weiterverarbeitet werden.

4.2.1. Optische Verfahren

Für die Bestimmung von Schadstoffen in der Luft, aber auch im Wasser, werden in großem Umfang optische Methoden eingesetzt. In erster Linie bedient man sich der Absorption infraroter oder auch ultravioletter Strahlung durch die Schadstoffe, weil sie durch die für jede Molekülart verschiedenen Absorptionsmaxima gut identifiziert werden können. Die hohe Selektivität spektralphotometrischer Verfahren wird wohl von keiner anderen Methode übertroffen. Sie sind allerdings recht aufwendig, weil auch die Umwandlung des optischen Signals in ein elektrisches nicht einfach ist. Die Empfindlichkeit ist dann ausreichend, wenn genügend leistungsfähige Strahlendetektoren zur Verfügung stehen, ein Problem, das mindestens für den ultravioletten Bereich noch nicht befriedigend gelöst ist.

Die Bestimmung von feinsten festen oder flüssigen in der Luft dispergierten Teilchen (Aerosole) läßt sich auf verschiedene Weise durchführen, z. B. durch Filtration und anschließende Analyse der abgeschiedenen Stoffe. Eine grobe Information ergibt schon die Lichtschwächung. Die Analyse der Aerosole soll hier nicht näher behandelt werden. Ihre besondere Gefährlichkeit soll nur durch die sogenannte »smog«-Katastrophe in London belegt werden. Im Dezember 1952 starben an dem dichten Nebel Londons, eben dem Smog, 4000 Menschen und in den nächsten drei Monaten 8000. Inzwischen sind in England energische Maßnahmen zur Reinhaltung der Luft eingeleitet worden. Immerhin starben im Dezember 1962 nochmals 750 Menschen an dem Londoner Smog.

Sehr niedrige Konzentrationen in der Luft, aber auch in Wasser, können auch mit Interferometern bei einem genügend langen Lichtweg in Luft (z. B. 1 km in einer 9-m-Zelle) bis 10^{-9} (ppb) bestimmt werden. Die Interferenzspektroskopie mit einem

Michelsoninterferometer liefert zwar sehr viel rascher Meßwerte als die normale Spektralphotometrie, aber der Aufwand ist sehr hoch und eine kontinuierliche Registrierung des Gehaltes an den betreffenden Verunreinigungen schwierig.

4.2.2. Elektrochemische Verfahren

Für eine Reihe von Verunreinigungen in Wasser und Luft lassen sich auch elektrochemische Methoden anwenden. Sie sind nicht so selektiv wie die optischen Methoden, liefern aber direkt elektrische Größen, die sich ohne Umwandlung leicht verarbeiten lassen. Um nur die gesuchte Verunreinigung zu erfassen, kann man alle anderen störenden Substanzen durch geeignete Adsorptionsmittel oder chemische Umsetzung von der elektrochemischen Meßzelle fernhalten und so die geringere Selektivität kompensieren.

4.2.2.1. Potentiometrie

Wenn die Verunreinigung an einem Elektrodengleichgewicht beteiligt ist, z. B. $H^+ + e^- = 1/2H_2$, dann kann man die Potentialdifferenz der betreffenden Elektrode gegen eine Bezugselektrode mit konstantem Potential zur direkten Anzeige der betreffenden Verunreinigung verwenden. Da die Potentialdifferenz dem Logarithmus der Konzentration proportional ist (Proportionalitätsfaktor 59 mV/ $\Delta C = 10/1$), so eignet sich die potentiometrische Methode für sehr kleine Konzentrationen, wenn keine hohe Genauigkeit verlangt wird. Für die Lebensbedingungen in Flußläufen und anderen Gewässern ist ihre Azidität, gemessen durch den pH-Wert, das ist der negative dekadische Logarithmus der Wasserstoffionenaktivität, entscheidend. Dieser Wert wird seit Jahren potentiometrisch mit Glaselektroden, die Wasserstoffionen im Bereich von 10^{-14} bis 1 Val/*l* indizieren, gemessen, registriert und in Abwässern geregelt [2]. Heute stehen zwar außer den pH-Elektroden sehr viele ionensensitive Elektroden zur Verfügung (z. B. für Cl^-, S^{--}, NO_3^-). Ihre Selektivität ist aber im allgemeinen nicht ausreichend, und Linearität zwischen Spannung und lg *c* besteht nur bis etwa -10^{-5} Mol/*l*. Abb. 1 zeigt das Prinzip einer potentiometrischen Meßanordnung.

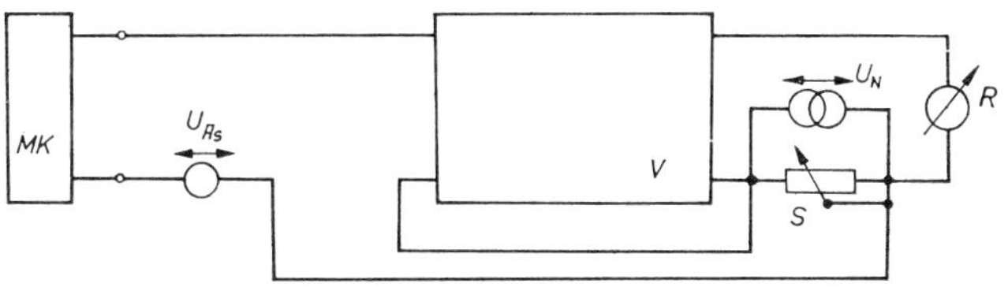

Abb. 1: Prinzipschaltung einer pH-Meßanordnung

V	– Modulationsverstärker integrierter Operationsverstärker	U_N	– Nullpunkteinstellung
MK	– pH-Meßkette	*S*	– Korrektur der Steilheit
U_{As}	– Asymmetriepotentialkorrektur	*R*	– Registriereinrichtung

4.2.2.2. Bestimmung der Leitfähigkeit

Durch Dissoziation von Säuren, Laugen und den meisten Salzen in Ionen entstehen leitende Lösungen. Je höher die Ionenkonzentration, um so besser ist die Leitfähigkeit. Daher ist diese Aussage eine nichtspezifische Information. Die Leitfähigkeitsmessung wird u. a. bei entsprechenden Vorselektionsmaßnahmen zur Bestimmung des SO_2-Gehaltes der Luft herangezogen, wobei das Schwefeldioxid vorher zu Schwefelsäure oxidiert und deren Leitfähigkeit zur Messung der SO_2-Konzentration in der Luft dient [3].

4.2.2.3. Coulometrie

Die zur elektrochemischen Oxydation oder Reduktion eines Schadstoffes benötigte Ladungsmenge ist ein sehr genaues Maß der Konzentration; für ein Äquivalent eines Stoffes werden fast 10^5 Amperesekunden (As) benötigt. Theoretisch kann man mit der Coulometrie ohne weiteres 10^{-12} Äquivalente bestimmen.

Wenn man die elektrochemische Reaktion des zu bestimmenden Stoffes bei konstantem Potential durchführt (potentiostatische Coulometrie), so kann das Verfahren verhältnismäßig selektiv gestaltet werden. Es läßt sich damit der Schadstoffgehalt von Luft und Wasser registrieren. Das resultierende elektrische Signal läßt sich wie bei allen anderen Methoden während definierter Zeitabstände zu Mittelwerten zusammenfassen. Zur Bestimmung von Schadstoffen in der Luft wird ein konstanter Luftstrom durch eine coulometrische Meßzelle geleitet. In der darin enthaltenen Elektrolytlösung wird der Schadstoff absorbiert und durch ein elektrolytisch erzeugtes Reagenz (z. B. Brom) oder direkt an der betreffenden Elektrode oxydiert oder reduziert. Die verbrauchte Ladungsmenge dient zur Bestimmung der Schadstoffe.

Abb. 2 zeigt das Prinzip der potentiostatischen Coulometrie zur Bestimmung von gasförmigen Schadstoffen in der Luft. Die Meßzelle hat zwei Gasanschlüsse für Ein- und Auslaß, zwei Elektrodenpaare, ein Indikator- und ein Generatorelektrodenpaar und eine innere Meßzelle mit einem Gasverteiler. Die innere Meßzelle steht durch einen unteren Frittenboden mit der äußeren Vorratsflüssigkeit und durch die obere Öffnung mit dem Gasauslaß in Verbindung. In der Meßzelle befindet sich ein geringer Überschuß an Titrationsmittel (Br_2 bei Messung von SO_2), dessen Gehalt durch die Platinindikatorelektrode I+ gegen die äußere Silber-Silberchlorid-Bezugselektrode I− potentiometrisch gemessen werden kann. Enthält das durchströmende Gas SO_2, so wird dieses momentan und vollständig durch das vorhandene Brom titriert. Dabei verringert sich die Bromkonzentration, die ein Maß für das umgesetzte SO_2 ist. Die abnehmende Spannung der Indikatormeßkette und die gegenpolig geschaltete Sollspannungsquelle (im Bild als Stromquelle dargestellt) ergeben eine Differenzspannung, die an der Verstärkereinheit *V*1, *V*2 liegt. Der Verstärker *V*3, dessen Ausgangsklemmen phasenrichtig mit der Generatoranode *G*+ in der inneren Meßzelle und der Generatorkatode *G*− in der äußeren Zelle verbunden sind, läßt entsprechend der Differenzspannung einen Strom *Im* durch die Zelle fließen, der an der Anode das fehlende, freie Brom erzeugt, um wieder die ursprüngliche Konzen-

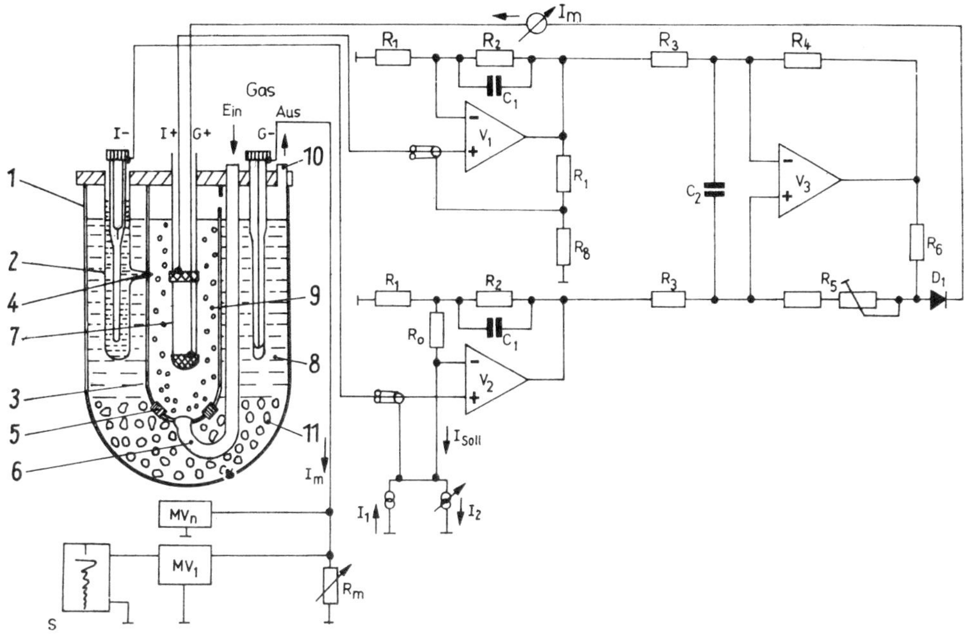

Abb. 2: Potentiostatische Meßanordnung mit Vierelektrodenmeßzelle für coulometrische Messungen

1 – Glasglocke
2 – Elektrolytvorratsgefäß für Bezugselektrode I–
3 – innere Meßzelle
4 – Diaphragma
5 – Fritte
6 – Gasverteiler mit Gaseintritt
7 – Doppelplatinelektrode (I+: Indikatorelektrode) (G+: Generatorelektrode)
8 – Generatorelektrode G–
9 – Reaktionsraum
10 – Gasaustritt
11 – Aktivkohle

tration zu erreichen. Der am Meßwiderstand Rm entstehende Spannungsabfall erlaubt die Registrierung und Weiterverarbeitung des Meßwertes.

4.2.2.4. Amperometrie

Wird der Schadstoff elektrochemisch reduziert oder oxydiert, so ist unter bestimmten Bedingungen (z. B. konstante Strömungsgeschwindigkeit, konstantes Potential) die Stromstärke seiner Konzentration direkt proportional, wenn der Schadstoff nur durch Diffusion an die Elektrode gelangt, an der er umgesetzt wird. Man kann also dann den Schadstoffgehalt mit Hilfe dieser Diffusionsstromstärke registrieren. Die Amperometrie eignet sich vor allem für die Kontrolle der Emission von Schadstoffen in Abwässern.

Abb. 3 zeigt eine amperometrische Meßanordnung. Die Zelle besteht prinzipiell aus einer polarisierbaren Meßelektrode und einer unpolarisierbaren Gegenelektrode. Das Potential der Meßelektrode gegen die Gegenelektrode wird mittels der Meßpotentialeinstellung so festgelegt, daß es im Grenzstromgebiet der Stromstärke-Potentialkurve liegt. Störeinflüsse von Fremdionen können durch geeignete

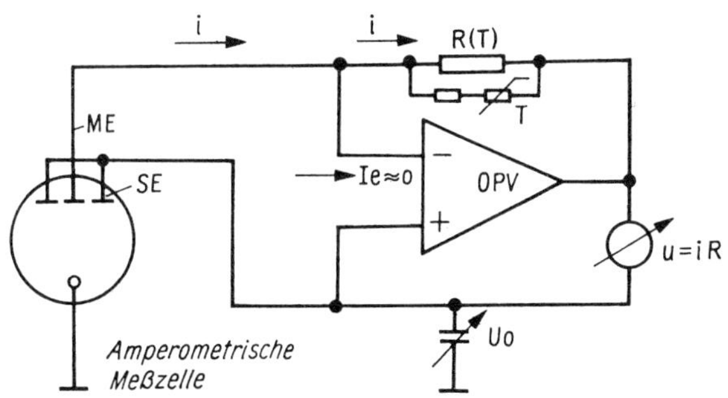

Abb. 3: Einfache amperometrische Meßanordnung mit Schutzringelektrode und konstanter Zellspannung

OPV – hochohmiger Operationsverstärker
+ nicht invertierender Eingang
− invertierender Eingang
U_0 – einstellbare, konstant gehaltene Zellspannung
ME – Meßelektrode
SE – Schutzringelektrode
i – amperometrischer Grenzstrom
R(T) – Meßwiderstand mit Temperaturkompensationsnetzwerk

Wahl des Meßpotentials unterdrückt werden. Die Größe der Diffusionsstromänderung ist vom pH-Wert des Grundelektrolyten, von der Temperatur und vom Aufbau der Meßzelle abhängig. Für den als elektrischen Strom meßbaren Schadstoffdiffusionsstrom gilt unter stationären Bedingungen:

$$i_D = i_{\mathrm{Rest}} + K \cdot c_x$$

i_{Rest} ist ein auch ohne Schadstoffkomponente fließender Reststrom. In die Konstante K gehen die Meßelektrodenoberfläche und diffusionsbestimmende Faktoren (z. B. Geometrie und Permeationskoeffizient der Membran, Temperatur) ein. c_x ist die Konzentration des Schadstoffes.
Die Schutzringelektrode ist ringförmig um die Meßelektrode angeordnet. Sie reduziert in der bekannten Funktion eines Schutzringes den außerhalb des Meßkatodenbereiches vagabundierenden Sauerstoff und verringert die Einstellzeit der Zelle.

4.2.2.5. Kolorimetrische und elektrometrische Meßverfahren mit Hilfsreaktion

Um gerade bei Immissionsmessungen auf die erforderlich hohe Empfindlichkeit und Selektivität der Meßmethode zu kommen, nutzt man oft eine spezifische Reaktion der gesuchten Komponente mit einem flüssigen, farbigen Reagens aus. Die durch die Reaktion eintretende Farbänderung ist ein Maß für die Konzentration der Schadstoffkomponente und wird kolorimetrisch ausgewertet. So kann z. B. der chemische Sauerstoffbedarf (*CSB*) ermittelt werden, indem der organische Stoff mit Kaliumbichromat in stark schwefelsaurer Lösung oxidiert und der Bichromatüberschuß kolorimetrisch gemessen wird. Ähnliche Verfahren können prinzipiell auch zur Kationen- und Anionenbestimmung angewendet werden. Ebenfalls kann durch entsprechende Wahl der Hilfsreaktion ein Nachweis anderer Schadstoffe, wie Chromat, Cyanid, Nitrit, Phosphat, vorgenommen werden.

Elektrometrisch kann die *CSB*-Bestimmung auch vorgenommen werden, indem der für den organisch gebundenen Kohlenstoff zur vollständigen, katalytischen Oxydation verbrauchte Sauerstoff potentiometrisch gemessen wird. Dabei wird in einer Zirkonoxidzelle bei ca. 800°C der Kohlenstoff verbrannt und die an der Meßelektrode abgenommene Spannung mit einer Bezugsspannung, die der ursprünglichen O_2-Konzentration des Brenngases vor der Verbrennung entspricht, verglichen. Aus der Differenzspannung wird mittels eines Spannung-Strom-Umsetzers ein Strom abgeleitet, der in einer zweiten Zirkonoxidzelle, die die Umkehrung des O_2-Meßprinzipes erlaubt, einen Sauerstofffluß erzeugt. Erst bei einer gegen Null gehenden Differenzspannung ist das Sauerstoffdefizit abgebaut. Die dazu notwendige Ladungsmenge ist ein Maß für den Sauerstoffbedarf der Probe [4].

5. Geräte zur elektrochemischen Schadstoffbestimmung

Nach diesen allgemeinen Ausführungen werden einige Geräte für die elektrochemische Schadstoffbestimmung, die im Forschungsinstitut Meinsberg entwickelt worden sind, beschrieben.

5.1. Geräte zur Registrierung und Regelung des pH-Wertes

Die Bestimmung der Wasserstoffionenkonzentration in Abwässern und Oberflächengewässern ist eine der wenigen Analysenmethoden, die direkt durch Potentialmessungen durchgeführt werden können. Die vorwiegend dafür eingesetzten Glaselektroden zeigen über einen großen Konzentrationsbereich ($c_{H^+} = 10^0$ bis 10^{-13} Mol/*l*) eine streng lineare Änderung des Potentials mit dem pH-Wert (59mV/pH bei 25°C); der für die belebte Welt der Gewässer verträgliche pH-Bereich liegt zwischen 6 und 7,5. Er ist daher nicht nur leicht meßbar, sondern auch schon durch sehr geringe Verunreinigungen an sauren oder basischen Abwässern veränderlich. Daher kann die bekannte Glaselektrodenkette nicht nur zur konti-

Abb. 4: Schwimmerelektrode
Bestehend aus: Schwimmkörper aus PVC, Elektrodenaufnahme, Elektrode und Ableitung

nuierlichen pH-Messung und –Regelung der emittierten Abwässer, sondern auch zur Messung der Immission von pH-verändernden Stoffen in Flüssen dienen.

Eine »Schwimmerelektrode«, die direkt im Fluß den pH-Wert registriert, zeigt Abb. 4. Natürlich ist damit nicht feststellbar, welche Säure oder Base die pH-Veränderung herbeiführt. Es muß in diesem Zusammenhang darauf hingewiesen werden, daß man potentiometrisch nicht die Konzentration, sondern die Aktivität der Wasserstoffionen mißt. Bei niedrigen Ionenstärken ist der Unterschied zu vernachlässigen, weil der Aktivitätskoeffizient sehr nahe bei 1 liegt. Bei hohen Salzkonzentrationen kann er aber Werte von 0,1 bis 10 annehmen, und damit ist der pH-Wert von $-\log c_{H^+}$ beträchtlich verschieden.

Andere potentiometrische Bestimmungen, etwa von Cl^-, F^-, NO_3^-, mit ionensensitiven Elektroden sind wegen deren unterer Meßbereichsgrenze (10^{-5} Mol/*l*) und der unzureichenden Spezifität für Immissionsmessungen in Oberflächenwasser kaum brauchbar.

5.2. Amperometrische Chromat- und Cyanid-Bestimmung in Abwässern

Wenn ein gelöster Stoff an einer Elektrode einer schnellen Redoxreaktion unterliegt:

$$Ox + ne^- \gtrless Red$$

so kann er, wenn er in der oxydierten Form vorliegt, durch Reduktion an einer Katode oder, wenn er in der reduzierten Form vorliegt, durch Oxydation an einer Anode bestimmt werden. Wenn er keine Ladung trägt oder die Lösung so viel eines anderen Elektrolyten (Leitelektrolyt) enthält, daß praktisch nur dieser den Stromtransport übernimmt, dann wird er nur durch Diffusion an die Elektrodenoberfläche gelangen. Wenn er dort so rasch reduziert bzw. oxydiert wird, daß die Oberflächenkonzentration c_0 Null ist, dann bestimmt die durch Diffusion antransportierte Stoffmenge die Stromstärke, d. h., sie ist nach dem 1. FICKschen Gesetz der Konzentration in der Lösung c proportional

$$i_d = (n \cdot F \cdot S \cdot D_0 \cdot \delta^{-1}) \cdot c = K_d \cdot c.$$

Der Diffusionsstrom, den man bei einem Potential, wo $c_0 = 0$ ist, erhält, ist aber nur dann konstant, wenn die in K_d enthaltenenen Größen, d. h. die Oberfläche S, der Diffusionskoeffizient D_0 und δ, die Dicke der Diffusionsschicht, konstant sind (für die FARADAY-Konstante F und die Elektronenzahl n ist das gesichert). Wenn sich die Oberfläche nicht mit schlecht leitenden Produkten belegt, kann S als konstant angesehen werden. D_0 wird konstant bleiben, wenn sich die Zusammensetzung der Lösung nicht wesentlich ändert. δ ist dagegen stark von den hydrodynamischen Bedingungen an der Elektrode abhängig. Neben der für die laufende Kontrolle wenig geeigneten Hg-Tropfelektrode liefert die rotierende Scheibenelektrode, deren hydrodynamische Bedingungen von LEVICH [5] theoretisch genau untersucht und streng reproduziert sind, eine konstante Diffusionsschichtdicke. Die dazu notwendige hohe und sehr konstante Drehzahl der rotierenden Scheibenelektrode macht aber ihren Einsatz im Dauerbetrieb, auch wegen der Stromzuführung, schwierig. Eine günstigere Möglichkeit besteht darin, die Arbeitselektrode als Kapillarrohr auszubilden, das von der zu untersuchenden Flüssigkeit mit konstanter Geschwindigkeit durchströmt wird. Dabei kommt es auch auf die stabile Anordnung der Gegenelektrode und der Potentialsonde an, die bei Anwendung eines Potentiostaten zur Gewährleistung eines konstanten Potentials der Arbeitselektrode benötigt wird [6, 7].

Eine andere Methode zur Herstellung einer konstanten Diffusionsschicht, die unabhängig von der Strömung und Konvektion der Meßlösung ist, bedient sich einer der Arbeitselektrode fest anliegenden Membran, die für den zu bestimmenden Stoff durchlässig ist und gewissermaßen die Diffusionsschicht bildet. Wenn die Konzentrationsänderung in der Meßlösung nicht zu rasch stattfindet, ist dies ein durchaus brauchbares Verfahren zur kontinuierlichen potentiostatischen Amperometrie, das sich z. B. zur Bestimmung von Hydrazin in Brennstoffzellen bewährt hat [8].

Da sich die Potentialbereiche für die Diffusionsströme verschiedener Elektrodenprozesse erheblich unterscheiden können, kann man bei Anwendung eines Potentiostaten gleichzeitig mehrere elektrochemisch aktive Stoffe bestimmen. In Meinsberg wurde ein Gerät entwickelt, das sowohl CrO_4^{--} durch katodische Reduktion wie CN^- durch anodische Oxydation an einer Goldelektrode zu bestimmen gestattet. Ein Programmgeber schaltet die Arbeitselektrode alternierend auf das gewünschte Potential um, und außerdem wird kurzzeitig ein Potential eingeschaltet, das die Arbeitselektrode durch katodische Gasentwicklung von etwa gebildeten störenden Schichten befreit. Für die Bestimmung der beiden Ionen sind verschiedene pH-Bereiche erforderlich (CrO_4^{--}, pH $\leqq 2{,}5$; CN^-, pH $\geqq 12$), die in der Meßflüssigkeit durch einen pH-Regler eingestellt werden [8].

Das Gerät zur kontinuierlichen amperometrischen Ermittlung von CrO_4^{--} und CN^- gestattet Konzentrationen von 0,1 bis 250 mg/l CrO_4^{--} und CN^- mit einem maximalen Fehler von 5% zu bestimmen. Die Stromstärke ist im Bereich von 1 bis 2500 μA der Konzentration proportional. Es hat sich bei der Kontrolle galvanischer Abwässer bewährt. Die für die Emission zugelassenen Konzentrationen von CrO_4^{--} bzw. CN^- liegen im Meßbereich des Gerätes. Für die Immissionen in Oberflächengewässern reicht es allerdings nicht aus. Im Prinzip eignen sich solche Geräte auch zur Bestimmung von Luftverunreinigungen, z. B. von HCN. Dann wird das Gas in einer geeigneten Flüssigkeit absorbiert und, gesteuert mit einem Programmgeber, nach einer bestimmten Zeit, z. B. einer halben Stunde, der Meßzelle zugeführt. Der Meßwert liefert dann den Mittelwert über die betreffende Zeit.

5.3. Amperometrische Messung des Sauerstoffgehaltes in großen Meerestiefen

Der Sauerstoffmeßwandler ist ein amperometrisches Meßgerät zur kontinuierlichen Bestimmung des in Gewässern aller Art physikalisch gelösten Sauerstoffs, insbesondere in Seewasser und in großen Meerestiefen. Für die Konstruktion der Meßzelle wurde eine Anordnung nach CLARK [9] gewählt. Danach trennt eine sauerstoffdurchlässige Membran mit bekannter und weitgehend konstanter Dicke das Elektrodensystem einschließlich Elektrolyt von dem Meßmedium ab. Die amperometrische Sauerstoffmessung erfolgt durch katodische Reduktion des gelösten Sauerstoffs, der durch Diffusion an eine Platinmeßkatode gelangt. Diese Katode berührt direkt die Membran und ist entsprechend der 1. Sauerstoffstufe mit −0,8 V gegen eine 0,65-M-Ag/AgCl-Elektrode polarisiert. Der Sauerstoffdiffusionsstrom ist dann mittels des fließenden elektrischen Stromes auswertbar.

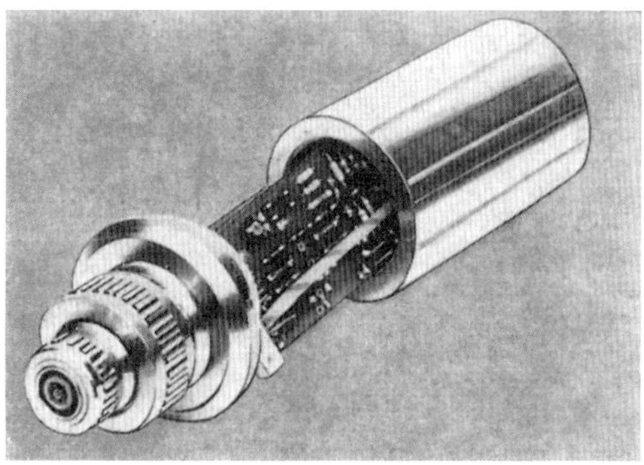

Abb. 5: Sauerstoffmeßwandler
Meßkatode mit Schutzringkatode sichtbar, Elektronikteil geöffnet

Den Sauerstoffmeßwandler, der mit einem Druckausgleich versehen ist und ein der Sauerstoffkonzentration proportionales Ausgangssignal in Form einer Sinusfrequenz liefert, zeigt Abb. 5.

5.4. Coulometrische Bestimmung von Luftverunreinigungen, insbesondere für Schwefeldioxid

Das im Forschungsinstitut Meinsberg (DDR) entwickelte SO_2-Immissionsmeßgerät arbeitet nach dem coulometrischen Prinzip. Ein konstanter Luftstrom mit Schwefeldioxid durchströmt eine mit KBr und H_2SO_4 gefüllte Meßzelle. Das anodisch erzeugte Br_2 oxydiert das SO_2. Der Überschuß von Br_2 wird durch Indikatorelektroden angezeigt und zur Steuerung des Generatorstromes benutzt, der dem SO_2-Gehalt proportional ist. Das Gerät ist mit einer elektronischen Integrationseinrichtung ausgerüstet, um gleichzeitig zum Momentanwert auch den Mittelwert, z. B. über 15 Minuten, anzeigen zu können.

Abb. 6 zeigt das SO_2-Meßgerät, das aus dem Analysenteil, dem Elektronikteil und den beiden Schreibern besteht.

Um den störenden Einfluß des temperaturabhängigen Nullstromes (= Aufnahme von Titrationsmittel durch den Gasstrom, der keine Meßkomponente ent-

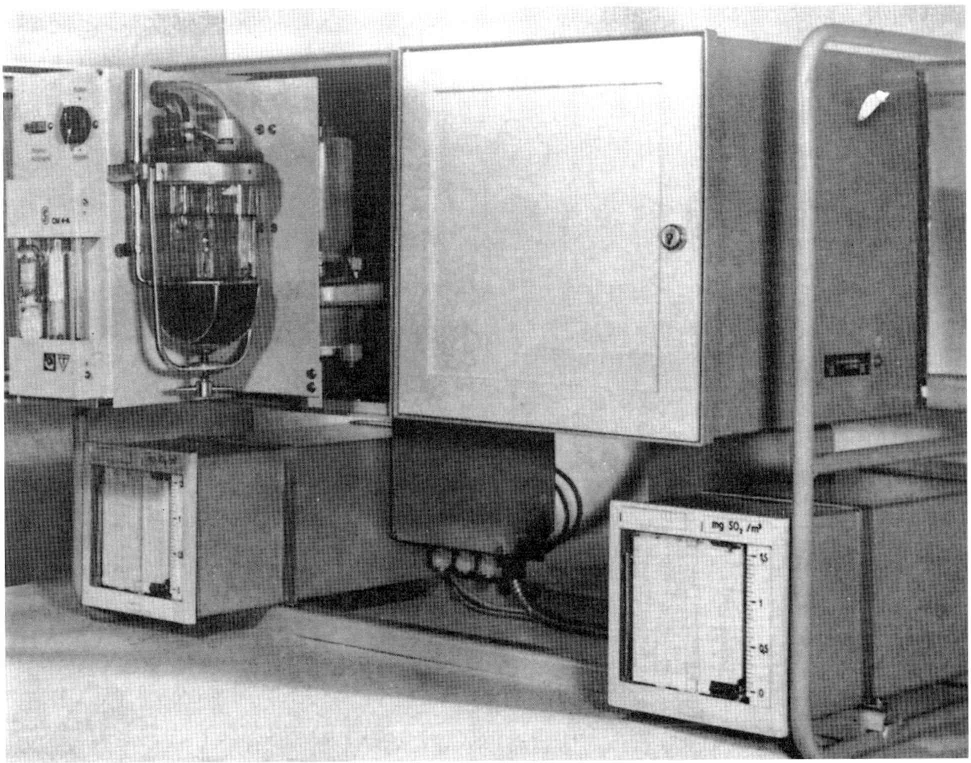

Abb. 6: SO_2-Immissionsmeßgerät
Oben links: Analysatorteil; oben rechts: Elektronikteil; darunter: Schreiber für Momentan- und Mittelwertanzeige

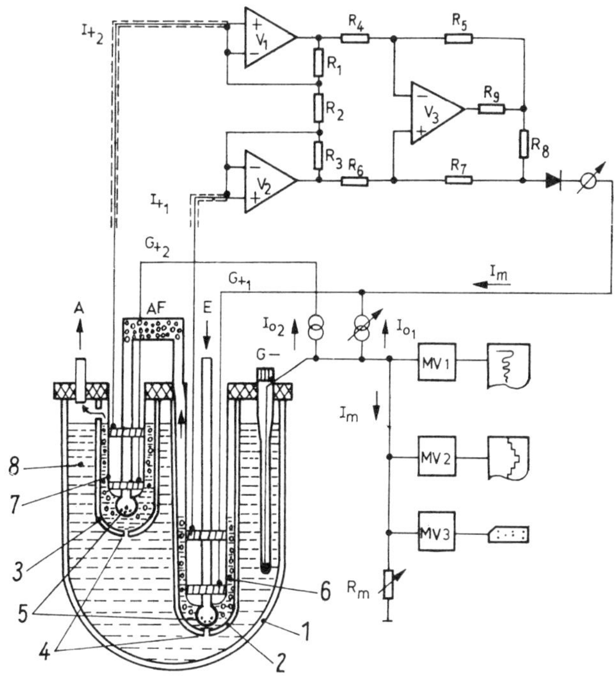

Abb. 7: Vierelektrodendifferenzmeßzelle in potentiostatischer Meßanordnung für coulometrische Messungen

Differenzmeßzelle

1 – äußerer Meßzellenbecher
2 – innere Meßzelle
3 – innere Vergleichszelle
4 – Verbindungsöffnungen
5 – Gasverteiler
6 – Doppelelektrode der Meßzelle mit $I+_1$-Indikatorelektrode $G+_1$-Generatorelektrode (Anode)
7 – Doppelelektrode der Vergleichszelle mit $I+_2$-Indikatorelektrode $G+_2$-Generatorelektrode (Anode)
8 – Vorrat an Meßzellenflüssigkeit
E – Gaseintritt
A – Gasaustritt
AF – Aktivkohlefilter

Meßanordnung

V_1, V_2 – hochohmige Differenzverstärker in gekoppelter Elektrometerschaltung
V_3 – Differenzverstärker im Spannungs-Stromumsetzer
Im – eingeprägter Meßstrom
I_{01}, I_{02} – konstante Nullstromeinspeisung für Meß- und Vergleichszelle
G− – gemeinsame Generatorelektrode (Katode)
*MV*1,2,3 – Meßwertverarbeitungsanordnungen für Momentan- und Mittelwert sowie Drukkerausgabe

hält) auszuschalten, muß entweder eine im Temperaturgang genau gegenläufige Nullstromkompensation vorgenommen oder die Meßzelle muß mitsamt der Meßflüssigkeit temperiert werden. Eine weitere Möglichkeit zur Ausschaltung des Temperaturganges bietet die vom Forschungsinstitut Meinsberg entwickelte Differenzmeßzelle (DDR-Patent angemeldet), bei der der Gasstrom nacheinander zwei völlig symmetrische, innere Zellen, zuerst die eigentliche Meßzelle und dann die Vergleichszelle, durchströmt. Durch die beiden Zellen wird ein konstanter Nullstrom hindurchgeschickt, in diesem Falle ist also die Nullkonzentration temperaturabhängig. Die Vergleichszelle wird nur von reiner Luft durchströmt, was durch ein zusätzliches Filter garantiert wird. Das Indikatorelektrodenpotential spiegelt den Temperatureinfluß wider, der sich in der Meßzelle ebenso bemerkbar macht. Die beiden Indikatorelektrodenpotentiale werden nun auf die beiden Eingänge einer Differenzverstärkeranordnung gegeben. Das Differenzsignal enthält dann in 1. Näherung nur noch die zum Aussteuern des Elektrolysestromes notwendige Regelabweichung,

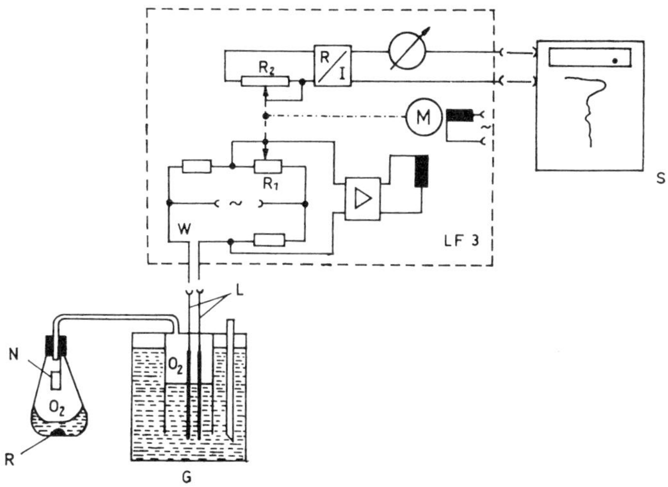

Abb. 8: Prinzip der BSB-Meßeinrichtung
Niveauveränderungen im Gasometer, die durch Verbrauch von O_2 im Reaktionsgefäß verursacht werden, dienen zur Leitfähigkeitsänderung zwischen den Elektroden; dies wird mit dem Leitfähigkeitsmeßgerät gemessen und durch den Schreiber registriert.

R – Reaktionsgefäß mit Magnetrührer und Probe
N – Natronkalk-CO_2-Adsorber
G – O_2-Gasometer
L – Leitfähigkeitselektroden
LF3 – Leitfähigkeitsmeßgerät
W – Wheatstone Brücke
M – Stellmotor
R_1 – Abgleichpotentiometer
R_2 – mit R_1 gekoppelt
S – Schreiber

aber keinen temperaturbedingten Nulleffekt mehr. Die Differenzanordnung gestattet daher, in der Vergleichszelle den Nulleffekt nach eben dem Mechanismus nachzubilden, wie er auch in der eigentlichen Meßzelle auftritt, und damit für eine vollständige Kompensation bei allen Temperaturen auszunutzen. Außer der Temperaturunabhängigkeit hat die Differenzmeßzelle als weitere Vorteile ein konstantes und stabiles Nullverhalten, was zur Erhöhung der Ansprechschwelle führt, ein verbessertes Einlaufverhalten und erlaubt den Wegfall der Bezugselektrode und der Sollspannung. Abb. 7 zeigt die Vierelektrodendifferenzmeßzelle in potentiostatischer Meßanordnung für coulometrische Messungen.

5.5 Gerät zur Messung des biologischen Sauerstoffbedarfs in Gewässern und Abwässern

Das Gerät arbeitet nach dem Leitfähigkeitsprinzip. Der von der Probe, die in einem Meßgefäß magnetisch gerührt wird, aufgenommene Sauerstoff vermindert das Volumen eines Luftraumes. Die aufgetretene Niveauänderung wird mittels einer Leitfähigkeitsmessung bestimmt. Damit kann nicht nur der Gesamtbedarf der Probe gemessen werden, sondern auch die Geschwindigkeit der Aufnahme des Sauerstoffs registriert werden.

Abb. 8 und 9 zeigen das Prinzip und das Gerät für die *BSB*-Bestimmung.

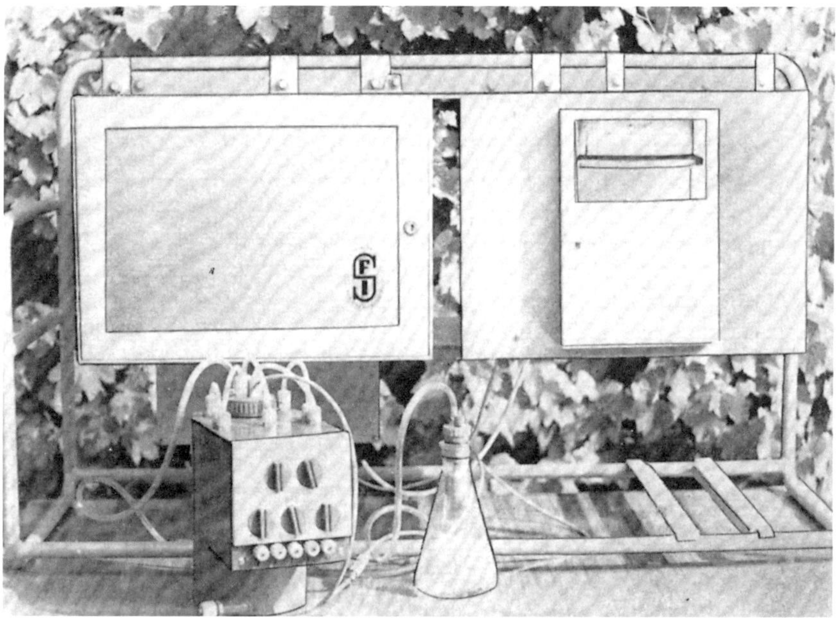

Abb. 9: BSB-Meßgerät
Oben links: Leitfähigkeitsmeßgerät LF 3; oben rechts: Schreiber; vorn rechts: Reaktionsgefäß mit Probe; vorn links: O_2-Gasometer mit Meßbereichsumschaltern

6. Schlußfolgerungen

Elektrochemische Methoden, die keine Universalität der Identifizierung bezüglich organischer Noxen darstellen, können nur mit dem gleichzeitigen Einsatz von optischen Methoden ein einigermaßen komplettes Programm der Schadstofferkennung gewährleisten. Bei den optischen Methoden spielt die Anwendung von Laser eine hervorragende Bedeutung. Da gerade in der DDR eine gute optische Industrie mit großer Tradition beheimatet ist, kann von unserem Land ein wertvoller Beitrag zur Analytik des Umweltschutzes geleistet werden. Das Forschungsinstitut Meinsberg bemüht sich um die Anwendung elektrochemischer Verfahren zur Schadstofferkennung.

An die Identifikation der Schadstoffe muß sich logischerweise deren Beseitigung oder Reduzierung anschließen. Dies ist mit einem sehr hohen Kostenaufwand verbunden und verlangt gleichzeitig internationales Vorgehen. Es genügt also nicht, wenn ein Land sehr kostspielige Maßnahmen ergreift und ein anderes hingegen Luft und Wasserläufe aus ökonomischen Gründen beliebig belastet.

Die Zukunft unserer Welt wird nur dann positiv sein, wenn alle Menschen ihre Ethik darauf ausrichten, durch Rücksichtnahme und Beschränkung ihrer Ansprüche das Leben für alle Menschen erträglich zu machen.

Wir können nur dann optimistisch sein, wenn die Philosophie und die Staatsform sich undoktrinär und weltweit durchsetzt, die das Miteinander und Füreinander als oberstes Prinzip unnachgiebig verfolgt.

Literatur

[1] Jensen, S.: »The PCB story«, Ambio **1** (1972), 4, S. 123–131.
[2] Schwabe, K.: »pH-Meßtechnik«, Steinkopff-Verlag, Dresden 1963.
[3] Engelhardt, H.: »Automatische Analysengeräte für die Immissionsmessung«, Elektro-Anzeiger **25** (1972) 10, S. 185–188.
[4] – »Elektrische Meßgeräte für den Umweltschutz«, ZVEI, Frankfurt/Main 1973.
[5] Levich, W. G.: »Physikalisch-chemische Hydrodynamik«, Staatlicher Verlag der physikalisch-mathematischen Literatur, Moskau 1959.
[6] Fritze, U.: »Polarographische Betriebsanalysengeräte mit Diffusionsmembran-Elektrode«, Chemie-Ingenieur-Technik **44** (1972) 21, S. 1210–1215.
[7] Schubert, Chr.: »Beiträge zur Entwicklung einer Hydrazin-Luft-Batterie«, Dissertation, TU Dresden, Sektion Chemie 1972.
[8] Ebock, V.: »Amperometrische Cyanid- und Chromatmessungen in Abwässern«, Vortrag, gehalten auf der »IMEKO«, Dresden 1973.
[9] Clark, L. C., Gollan, F., Gupta, V.: Science **111** (1950) 85.

Ansgar Müller

Kurt Schwabe und die Umweltforschung in der DDR während der siebziger Jahre

Im Jahre 1973, ein Jahr nach dem Erscheinen des die westliche Welt aufrüttelnden Berichts des Club of Rome »Grenzen des Wachstums« (1972), wurden globale Umweltprobleme in der DDR noch verharmlost. Energiekrise und gravierende Umweltschäden wurden in der Öffentlichkeit als Probleme vorwiegend der westlichen Welt dargestellt. Man verstieg sich zum Teil so weit, die offensichtlich nicht beherrschbaren Umweltprobleme als Hinterlassenschaften des Kapitalismus *anzusehen, die mit der fortschreitenden Ausgestaltung des gesellschaftlichen Systems des Sozialismus nach und nach überwunden werden könnten. Diese Haltung war mitverantwortlich dafür, daß sich auch der praktische Umweltschutz in der DDR nur verzögert entwikkeln konnte. In dieser Situation hielt der Präsident der Sächsischen Akademie der Wissenschaften zu Leipzig und Vizepräsident der Akademie der Wissenschaften der DDR, Kurt Schwabe, am 18. Juni 1973 vor dem Plenum der Sächsischen Akademie einen Vortrag, in dem er meßtechnisch-meßmethodische Arbeiten nachdrücklich in den Dienst des Umweltschutzes stellte. Damit setzte er, der schon 1971 innerhalb der Sächsischen Akademie eine* Kommission für spezielle Umweltprobleme *gegründet hatte, einen weiteren Akzent seines Wirkens, das darauf gerichtet war, der Umweltforschung den vorrangigen Platz zuzuweisen, der ihr nach seiner Erkenntnis zukam. Zugleich überging er die Argumente engstirnig-doktrinärer Unterbewertung der Umweltprobleme mit Schweigen. Sie waren für ihn keiner Erörterung wert.*

»Der Mensch gestaltet seine Umwelt selbst ...« Mit dieser zunächst wertfreien Feststellung, die verlockende Möglichkeiten, dahinter aber den erhobenen Zeigefinger auferlegter Verantwortung erahnen läßt, beginnt Kurt Schwabe. In diesem Satz wird zugleich Unausweichlichkeit sichtbar. Der Indikativ des Präsens meint hier einen Vorgang, in den jeder Einzelmensch – besonders in der Industriegesellschaft – zwanghaft und dabei doch aktiv, handelnd, einbezogen ist.

Naturwissenschaftler durch und durch, hält sich Kurt Schwabe an »Fakten«, Zustände, an materielle Manifestationen der die Umwelt betreffenden Handlungen und Vorgänge. Das Vortragsthema ist naturwissenschaftlich-technisch ausgerichtet. Der Akademiepräsident hält einen Spezialvortrag. So ist es verständlich, daß psychologische und ethische Bezüge, die geeignet sind, die Ursachen der Umweltschädigungen durch den Menschen aufzuzeigen, nur in Einleitung und Schlußwort erscheinen. Als Grundmotiv für die Gestaltung der Umwelt in Vergangenheit und Gegenwart wird schlicht das Bemühen des Menschen genannt, »daß sein Leben weniger gefährdet und angenehmer wird«. Davon ausgehend, benennt Schwabe Urbanisierung und Entwicklung der industriellen Technik *als unmittelbare Ursachen* der zunehmenden Umweltschädigungen durch den Menschen. Diese Betrachtungsweise ist nicht einer marxistischen Sicht, von der Schwabe weitgehend unberührt geblieben ist, sondern dem seit der Aufklärung waltenden und durch Naturwissenschaftler wie Haeckel, Ostwald und andere tradierten materialistisch-positivistischen Herangehen an die Umwelt zuzuschreiben. Als eine wohl notwendige Minimalkonzession an die staatsideologisch verordnete, zweckoptimistische Betrachtung der selbstverursachten Umweltveränderungen muß dagegen angesehen werden, daß Schwabe in seiner Einleitung den Ernst der Gefährdung der Natur und der Menschen durch Umweltzerstörung zunächst übergeht, wenn er von der Notwendigkeit einer langfristigen Beschäftigung mit Ermittlung und Eliminierung von Schadstoffen spricht und die Vermeidung von Umweltschäden als Fernziel friedlichen Wettstreits darstellt. Verharmlosung war in der DDR nicht nur 1973, sondern bis in die achtziger Jahre hinein Arbeitsprinzip angesichts der im Westen frei diskutierten Umweltgefährdung und der dieser Diskussion stets immanenten Kritik einer marxistischen Umweltbetrachtung. So wagt Schwabe erst im weiteren Vortragstext – sozusagen versteckt – die Bemerkung, daß durch Emissionen und Entzug von Stoffen »in Zukunft die Existenz der Menschheit ... gefährdet sein kann«. Hier kollidiert jeder Umweltforscher mit dem Grund-Paradoxon der pseudomarxistischen Umweltbetrachtung: Umwelteinwirkung – zumindest in Vergangenheit und Gegenwart – bedeutet stets Umweltschädigung, Umweltbelastung; sie erscheint niemals als die prinzipiell postulierte positive, erwünschte, den Urzustand verbessernde Gestaltung. Umweltgestaltung im letztgenannten Sinn und nach zweckoptimistischem DDR-marxistischem Verständnis muß deshalb Fiktion, Utopie, bestenfalls Hoffnung bleiben.

Es geht dem Chemiker Kurt Schwabe – wie der Vortragstitel besagt – nicht nur um Umweltforschung, sondern um Umweltschutz. Schadstoffe für Mensch, Tier und Pflanze will er nicht nur nachweisen, sondern eliminieren und fernhalten. Immer ist der pragmatische Hintergrund sichtbar. Entsprechende Tendenzen der DDR-Forschung, die sie sich stets dem Westen gegenüber zu Unrecht als Vorzug zugute hielt, blieben vielfach Theorie und Absicht, so daß die Bemühungen Schwabes keineswegs unnötig waren. Beispiele für die Praxisbezogenheit der Umweltforschung liefert Schwabe im Kapitel Schadstoffemissionen der Zivilisation. Umweltforschung ist, so verstanden, notwendigerweise interdisziplinär; sie berücksichtigt Atmosphäre, Biosphäre, Hydrosphäre, Lithosphäre, bedient sich unterschiedlicher naturwissenschaftlicher Disziplinen und technischer Verfahren; sie bezieht, vor allem mit Produktion und Konsumtion, nahezu alle menschlichen Handlungsabläufe in ihrer regionalen und historischen Verteilung ein. Im Vortrag genannte Beispiele belegen dies. Nicht expressis verbis, sondern nur indirekt kommt dagegen der globale Charakter der Umweltforschung zum Ausdruck. Die Selbstisolierung der DDR, die Abschottung ihrer Einwohner gegenüber dem Westen verzögerte die Behandlung globaler Probleme und die globale Sicht der Umweltprobleme während der siebziger Jahre. Diese Tendenz konnte Schwabe nicht aufheben. Er versuchte aber, ihr, wenigstens vom Grundsatz her, entgegenzuwirken. Die Schlußworte des Vortrages belegen dies.

Wer KURT SCHWABE *gerecht werden will, muß berücksichtigen, daß er bei aller Einbindung in das wissenschaftliche Management immer Spezialist war und bleiben wollte; Spezialist für umweltanalytische – speziell elektrochemische – Meßmethoden und Meßtechniken. Der Hauptteil des Vortrags ist ihnen gewidmet. Man könnte versucht sein, dies bei einem Mann, der in der wissenschaftlichen Öffentlichkeit eine herausragende Rolle spielte, als* Flucht ins Spezialistentum *zu deuten. Dies trifft indes nicht zu. Resignation kannte* KURT SCHWABE *nicht. Die Faszination des meßtechnischen Detailproblems war es vielmehr, die auf ihn eine nie nachlassende Anziehungskraft ausübte. Dennoch hat er, würdig eines Akademiepräsidenten, die sein Arbeitsgebiet berührenden Menschheitsprobleme nie ausgeklammert. In seinen* Schlußfolgerungen *wagte er versteckt Kritik am Staat und wohl zugleich an allen real existierenden Staaten, wenn er äußert: »Wir können nur dann optimistisch sein, wenn d i e Philosophie und d i e Staatsform sich undoktrinär und weltweit durchsetzt, die das Miteinander und Füreinander als oberstes Prinzip unnachgiebig verfolgt.« Dieser Satz wurde allerdings von einem Regime nicht als Kritik aufgefaßt, dessen Vertreter von sich selbst überzeugt waren, den genannten Forderungen voll und ganz zu genügen. Im Gegenteil, dieser Satz konnte als Bekenntnis für die sozialistische Staatsform gelten. Wenn wir davon ausgehen, daß* SCHWABE *dies so nicht beabsichtigt hat, dann deshalb, weil gerade er gesehen haben muß, daß der realsozialistische Staat zur Lösung der Umweltprobleme weniger in der Lage war als westliche, marktwirtschaftlich orientierte Länder. So scheint dieser Satz vielmehr die Hoffnung* SCHWABES *auf ein bisher nicht verwirklichtes, »drittes« Staatsprinzip auszudrücken, das heute noch weithin als utopisch betrachtet wird. An dieser Stelle muß angemerkt werden, daß derartige allgemein gehaltene Hinweise auf anzustrebende gesellschaftsbestimmende Normen, wie sie oben zitiert wurden, die einzige Möglichkeit öffentlicher, wenn auch versteckt vorgetragener Kritik an Einzelelementen der herrschenden Staatsdoktrin waren.*

Die Beschäftigung mit Fragen der Umweltanalytik hatte in der DDR von den gegebenen Bedingungen her positive wie negative Aspekte. Richtwerte und Grenzwerte für Konzentrationen schädlicher Stoffe in Umweltmedien konnten sich im internationalen Vergleich sehen lassen, genügten strengen Anforderungen und wurden ständig verbessert. So existierte stets Nachfrage nach besserer und verfeinerter Umweltanalytik, war Forschungsbedarf jederzeit gut begründbar. Die Umweltanalytik blieb zwar, bedingt durch den allgemeinen Technologierückstand, qualitativ und quantitativ hinter der westlichen Meßtechnik relativ zurück, machte aber absolut Fortschritte, an denen KURT SCHWABE *und seine Mitarbeiter maßgeblich beteiligt waren. Bei zahlreichen sich bietenden Gelegenheiten hat* SCHWABE *auf die Grenzen und Mängel der umweltanalytischen Möglichkeiten in der DDR hingewiesen und Verbesserungen der Bedingungen eingefordert. In diese Richtung zielt sein im Kapitel* Anforderungen an die Analysenmethoden *ausgesprochener Hinweis darauf, daß »allein in den USA … 1970 solche Geräte im Werte von 500 Millionen Dollar produziert worden« sind. War es schon riskant, vorhandene Rückstände in der Öffentlichkeit klar zu benennen, so erwuchsen dem Umweltanalytiker weitere Schwierigkeiten und Nachteile aus der Beschäftigung mit den in der DDR verbreiteten, gewaltigen Umweltbelastungen und hohen Schadstoffkonzentrationen da-*

durch, daß umweltanalytische Meßwerte in diesen Fällen einer überaus strengen Geheimhaltung unterlagen. Dadurch sollte der Rückstand der DDR auf dem Gebiet der Umweltschutztechnik und das Ausmaß der weiterhin betriebenen Umweltzerstörung verschleiert werden. So kam es, daß vielfach die Spezialisten nur ihre eigenen Ergebnisse, nicht aber die der benachbarten Forschungsinstitutionen und Disziplinen kannten. Diesen Beschränkungen unterlag auch Schwabe, so daß er sich beim Zitieren von Beispielen katastrophaler Kontaminationen auf weltweit lehrbuchhaft bekannte Ereignisse (Quecksilberkontamination in Japan, Smog in London) beschränken mußte und die entsprechenden, nicht unbedeutenden Schadstoffbelastungen in der DDR nicht einmal erwähnen konnte. Die entsprechenden Werte wären für ihn persönlich mit Sicherheit zugänglich gewesen, aber auch er hätte sie nicht publizieren dürfen. In der Meßmethodik und Meßtechnik jedoch bestanden diese Einschränkungen nicht. Schwabe konnte die in seinem Institut, dem Forschungsinstitut Meinsberg, erzielten Ergebnisse, die in erster Linie in der Entwicklung elektrochemischer Meßverfahren und Meßsonden für die Ermittlung hydrophysikalischer und hydrochemischer Parameter bestanden, zur Anwendung umsetzen und publizieren. Die Schwabesche Schule, ob in Meinsberg oder den von Schwabe geleiteten Instituten an der Technischen Hochschule Dresden, war auf dem Gebiet der Elektrochemie bereits zu einer Zeit führend, als die Meßtechnik mit elektrochemisch arbeitenden Sonden im Entstehen begriffen war. Im Kapitel Ausgewählte Meßverfahren versteht es Schwabe meisterhaft, die verschiedenen optischen und elektrochemischen Meßverfahren auch einem Nichtspezialisten zu erläutern. Im Kapitel Geräte zur elektrochemischen Schadstoffbestimmung stellt er eine Auswahl der zahlreichen unter seiner Leitung entwickelten Geräte vor. Diese Geräte fanden in der DDR überall Anwendung, wo Umweltforschung getrieben wurde.

Infolge seiner wissenschaftlichen Leistungen, seines Profils als Hochschullehrer und -rektor und einer Vielzahl von Charaktereigenschaften, die ihn zur Übernahme von Verantwortung prädestinierten, entwickelte sich Kurt Schwabe zum »führenden DDR-Wissenschaftler«, um im plakativen Stil jener Zeit zu bleiben. Durch seine Verdienste, die vielfältig Anerkennung fanden, durch die auf ihn gekommene Führungsrolle und zahlreiche Kontakte zu hochgestellten DDR-Persönlichkeiten geriet er, wie manch anderer, in ein Dilemma: Er, der ursprünglich ein klarer Gegner des DDR-Regimes war, identifizierte sich zunehmend nicht nur mit der DDR-Wissenschaft, sondern mehr und mehr auch mit der DDR insgesamt. In dem Maße, wie er in führende Positionen gelangte, vertrat er dort – zumindest nach außen – den Staat. Er gehört zu denen, die sich auf das unter den gegebenen Bedingungen »Machbare« einstellten und die Herausforderung, sich in Einschränkungen zu bewähren, annahmen. So äußert er abschließend über die von ihm maßgeblich entwickelten optischen Meßmethoden: »Da gerade in der DDR eine gute optische Industrie mit großer Tradition beheimatet ist, kann von unserem Land ein wertvoller Beitrag zur Analytik des Umweltschutzes geleistet werden.« Durch seinen Tod im Jahre 1983 ist es Kurt Schwabe erspart geblieben, den endgültigen, sich vergrößernden und nicht einzuholenden wirtschaftlich-technologischen Rückstand der DDR mitzuverfolgen. Vom Stand der Jahre 1973/74 aus betrachtet, kann der zitierte Satz aus ehrlicher Überzeugung gesprochen sein. Die darin zum Ausdruck ge-

brachte Sicht ist repräsentativ für Führungspersönlichkeiten der DDR-Wissenschaft. In diesem Sinne beinhaltet der Vortrag von KURT SCHWABE *nicht nur ein Stück Wissenschafts- und Technologiegeschichte, sondern einen Ausschnitt der DDR-Geschichte, betrachtet aus dem Blickwinkel eines stets den wissenschaftlich-technischen Fortschritt anstrebenden Pragmatikers, der sich um achtenswerter Ziele willen weitgehend in das DDR-System integrieren ließ. Man wird das einerseits bedauern, die Sächsische Akademie der Wissenschaften aber verdankt diesem Mann ihre relative Selbständigkeit in schwieriger Zeit, ja ihr Fortbestehen überhaupt, und wird sein Andenken nicht nur wegen seiner richtungsweisenden Arbeiten und großen fachlichen Leistungen, sondern auch wegen dieser Verdienste stets in Ehren halten.*

Ernst Neef

Der Verlust der Anschaulichkeit in der Geographie und das Problem der Kulturlandschaft

1980

1. Einleitung

1.1. Einführung in das Problem

Die Anregung für das Thema, das mich schon lange Zeit beschäftigt, verdanke ich dem Vortrag von Herrn Keller, gehalten im Dezember 1978, über Anschaulichkeit in der Mathematik. Er sagte: »In der Mathematik hat sich, wie in vielen anderen Wissenschaften, in der Mitte dieses Jahrhunderts ein *Stilwandel* vollzogen. Er ging *vom Anschaulichen zum Formalen, vom Schönen zum Brauchbaren und Beherrschbaren* [Hervorhebungen von E. Neef].« Für mich war es besonders interessant, daß ein Mathematiker über den Verlust an Anschaulichkeit klagt, da wir Geographen leicht geneigt sind, gerade in der Mathematisierung der Wissenschaften eine der wesentlichen Wurzeln dieser Entwicklung zu sehen. Der Verlust an Anschaulichkeit muß daher wohl ein viel allgemeinerer Trend in Leben und Wissenschaft sein. Besonders bedeutsam wird er in den beschreibenden Wissenschaften, speziell in der Geographie und hier wiederum besonders problematisch bei den hochintegrierten Komplexen der Kulturlandschaft. Kulturlandschaftsforschung ist »außer Mode«, und damit ist einer der anregendsten Forschungsgegenstände der Geographie weitgehend entwertet.

Ohne an die besonderen Erscheinungen in der Geographie zu denken, hat Herr Keller eine treffende Charakteristik gegeben: vom Anschaulichen zum Formalen, vom Schönen zum Brauchbaren. Denn die Anschaulichkeit der Darstellung eines geographischen Gegenstandes ist in der Geographie von jeher von besonderer Bedeutung gewesen. Aber Anschaulichkeit ist immer stark von subjektiven Elementen bestimmt: Sie ist auch nicht formalisierbar. Soweit Formalisierung Voraussetzung für die Anwendung quantitativer Methoden ist, muß die anschauliche Darstellung notwendigerweise durch andere Mittel der Sachinformation ersetzt werden. Der zweite Teil der Kellerschen Charakteristik gilt für die Geographie in besonderem Maße. Das Landschaftsbild mit seinen Sinnenreizen hat immer ästhetische Gesichtspunkte herausgefordert. Die Schönheit der Landschaft ist nicht nur Gegenstand künstlerischer Gestaltung in der Landschaftsmalerei und Landschaftsarchitektur. Sie ist schon in der Mitte des vorigen Jahrhunderts als »Ästhetische Geographie« zum Aufgabenbereich der Geographie gerechnet worden. In der Medizin ist der therapeutischen Rolle der Landschaft besonders von seiten der Kurortwissenschaften große Bedeutung zuerkannt worden (Jordan 1979). Gegenwärtig werden landschaftliche

Reize weltweit für den Wirtschaftszweig Fremdenverkehr und Touristik in ökonomische Werte umgesetzt, wofür nun die Werbung wieder »anschauliche« Mittel entwickelt, während gleichzeitig in der geographischen Literatur Anschaulichkeit oftmals bewußt gemieden wird. Es besteht also offensichtlich eine paradoxe Situation, die das allgemeine Problem unseres Themas gut beleuchtet.

1.2. Anschauung – Anschaulichkeit

Vorerst sollen einige klärende Bemerkungen zum Wortgebrauch vorausgeschickt werden.

Ein geographisches Objekt ist sinnlich wahrnehmbar. Die Sinne vermitteln Anschauung; diese wird also mittels Sinneswahrnehmungen direkt gewonnen. Bewußte sinnliche Wahrnehmung nennen wir Beobachtung. Ein alter Leitsatz der Geographie, von keinem Geringeren als Albrecht Penck herausgehoben, heißt: »Beobachtung ist die Grundlage der Geographie.« Dieser Leitsatz bringt zum Ausdruck, daß der Geograph Anschauung von seinem Untersuchungsgegenstand benötigt, die durch zusätzliche Methoden, z. B. durch instrumentelle Messungen, ergänzt und präzisiert werden kann. Wenn jemand (wie G. Hard, 1973, S. 49ff.) leugnet, daß Beobachtung die (oder eine) Grundlage der Geographie ist, dann behauptet er zugleich, daß der Geograph die Anschauung seines Forschungsobjektes entbehren könne. Die Vorstellung der Dinge, die die Welt um uns ausmachen, würde dann bedeutungslos. Jedoch: Aus der Anschauung der Dinge und den dadurch vermittelten Vorstellungen erwachsen die Fragestellungen der Wissenschaft, von den Grundhypothesen bis zur Terminologie. Anschaulichkeit ist im Unterschied von der direkten Anschauung der Objekte der indirekte Weg, durch Beschreibung oder andere Darstellungsformen des Objektes Vorstellungen zu erzeugen. Ohne diesen indirekten Weg der Vermittlung von Vorstellungen könnte die geographische Wissenschaft nur auf die Erfahrung aus unmittelbarer Beobachtung zurückgreifen. Anschaulichkeit ist keine Eigenschaft der Dinge, sie ist auch keine Methode, sondern ein Darstellungsprinzip, das als didaktische Forderung im Prozeß geistiger Kommunikation Geltung hat. Der Sinn dieses Prinzips liegt in der Erzeugung möglichst klarer Vorstellungen von dem jeweiligen Forschungsgegenstand. Die Erleichterung und Beschleunigung dieses geistigen Prozesses gilt als Maßstab für die Anschaulichkeit einer Darstellung.

In dieser Studie geht es um die unmittelbar anschauliche Darstellung geographischer Objekte insbesondere der komplexen, hochintegrierten landschaftlichen Einheiten. Die durch Beobachtung gewonnenen Einzelerfahrungen an geographischen Individuen werden durch geographischen Vergleich in einer ersten Abstraktionsstufe zu Typen zusammengefaßt, für die neue Begriffe geschaffen werden, soweit solche Typenbenennungen nicht bereits in der Umgangssprache vorgebildet sind und übernommen werden. Trotz eines gewissen Abstraktionsgrades, der die Einmaligkeit des individuellen Falles überwindet, bleibt die Anschaulichkeit gewahrt, und das ist auch bei der Bildung weiterer Stufen der typologischen Ordnung meist der Fall. J. Schmithüsen hat speziell bezüglich des Landschaftsbegriffes von einer »anschaulichen Abstraktion« gesprochen.[1]

1.3. Gliederung der Studie

Überschaut man kursorisch das Phänomen »Verlust der Anschaulichkeit«, so ergeben sich mehrere Gesichtspunkte, die der weiteren Erörterung wert sind.

Erstens erweist sich: Die Minderung der Anschaulichkeit durch fortschreitende Abstraktion ist ein allgemeiner und wohl auch unvermeidbarer Trend in den Wissenschaften, der mit dem Fortschritt der Wissenschaft eng verbunden ist.

Zweitens stellt sich die Frage, warum, wodurch und wann dieser wissenschaftliche Trend zu Fehlentwicklungen Anlaß geben kann und als Hemmnis sowohl innerhalb einer einzelnen Wissenschaft als insbesondere auch bei der Vermittlung wissenschaftlicher Erkenntnisse an andere Disziplinen, also in der interdisziplinären Arbeit, wirken kann.

Drittens wird die Frage der sogenannten »verständlichen Wissenschaft« angeschnitten, die in der populärwissenschaftlichen Publizistik einen hohen Rang einnimmt.

Abschließend sollte die Frage gestellt werden, ob es nicht eine Aufgabe der multidisziplinär aufgebauten Akademien der Wissenschaft wäre, sich mit solchen allgemeinen, jedoch konsequenzenreichen Entwicklungstrends sine ira et studio zu beschäftigen.

2. Zur Wissenschaftsentwicklung

2.1. Fortschreitende Abstraktion – notwendiger Wissenschaftstrend

Jede Wissenschaft hat einige grundlegende Aufgaben zu erfüllen.

1. Sie muß ihre Befunde ordnen, systematisieren und klassifizieren. Ohne eine solche Ordnung blieben die meisten von ihr zu bewältigenden Aufgaben ohne feste Grundlage.

2. Sie hat Begriffe zu schaffen, die Sachverhalte eindeutig kennzeichnen, Identitäten feststellen, Unterschiedliches klarlegen lassen, Verwechslungen und Vermischungen ausschließen. Dadurch entsteht eine eigene Wissenschaftssprache, die zugleich eine gewisse Normung des Sprachgewandes mit sich bringt.

3. Sie erarbeitet Regelhaftigkeiten, Gesetzmäßigkeiten und im günstigen Falle auch strengere Gesetze. Deren Formulierung muß in einer eindeutigen und strengen Form erfolgen, am besten in Form einer mathematischen Abbildung des Zusammenhanges. Um die hohe Stufe der Gesetzmäßigkeiten zu erreichen, ist es unerläßlich, eine mehr oder weniger weitgehende Abstraktion vorzunehmen, das heißt, Zufälligkeiten und Randbedingungen, die differenzierend und modifizierend wirken und dadurch stören, zu eliminieren. Ohne eine solche Isolierung des Kernproblems ist keine Analyse möglich, die das gesetzmäßig Faßbare herausarbeitet. Mit welchen Methoden und mit welcher Zielrichtung dieser Vorgang der »Erfassung des wissenschaftlichen Objekts« und die damit verbundene Begriffsbildung und Systematisierung erfolgt, ist nicht nur eine Frage der Einzelwissenschaften, sondern auch Hauptgegenstand der Wissenschaftstheorie und der Wissenschaftsgeschichte.

Dabei werden oft zeitgebundene Fragestellungen in den Vordergrund gerückt, bestimmte Lösungswege bevorzugt, andere zurückgedrängt. Solche »modenhafte« Erscheinungen führen zu Einseitigkeiten und Übertreibungen, die man als »Allgemeingültigkeitssyndrome« bezeichnen könnte.

Man kann also, ohne einen großen Fehler zu begehen, den Fortschritt der Wissenschaft mit der Entwicklung des analytischen Denkens und Arbeitens verbinden und dieses wiederum mit einem zunehmenden Abstraktionsvermögen. Denn nur das Abstreifen des Zufälligen und die Konzentration auf den Kern eines Phänomens gestatten es, Regelhaftigkeiten und Gesetzmäßigkeiten genau zu erfassen. Die Gewinnung einer tieferen Einsicht in das Wesentliche eines Phänomens durch eine immer feiner werdende Analysentechnik ist jedoch zugleich mit einer Einengung der Gültigkeitsgrenzen der gewonnenen wissenschaftlichen Aussage verbunden. Das bedeutet meist auch eine Einengung des realen Untersuchungsgegenstandes; denn die Analyse rückt notwendigerweise von der Wirklichkeit des geographischen Komplexes und der in ihm herrschenden Mannigfaltigkeit etwas ab, und zwar um so mehr, je komplizierter dieser aufgebaut ist.

2.2. Begründung der entstehenden Probleme

Wenn nun aber Abstraktion, Eliminierung von randlichen Erscheinungen und Herausschälen eines engeren Problems als Kernproblem ein legitimes Recht, ja notwendige Voraussetzung für eine wissenschaftliche Analyse sind – warum wird diese Wissenschaftshaltung auf einzelnen Gebieten zum Hemmnis für die Gewinnung weiterer Erkenntnis? Dabei muß der Verlust an Anschaulichkeit nur als Symptom von Vorgängen in der Wissenschaft angesehen werden, die die eigentliche Ursache darstellen.

Es gibt viele Äußerungen, sowohl Klagen als auch Forderungen, über die Wissenschaftsentwicklung. Die am meisten zu hörende und auch kaum unwidersprochene Feststellung betrifft die »Atomisierung« der Wissenschaft als Folge der Spezialisierung, da das Zusammenführen der reichen Ergebnisse, die Synthese, fehle und ohne theoretisches Fundament bleibe. Tatsächlich fehlen wirksame Methoden für eine »Synthetik« weitgehend. Damit haben wir einen Anhaltspunkt für einen Eingang zum Problem, vielleicht sogar einen Ausgangspunkt für weitere nützliche Gedanken. Es müssen also einige Bemerkungen zum Problem »Analyse und Synthese« gemacht werden (s. Abschnitt 2.3.).

Unzulänglichkeiten, wie sie in der schwindenden Anschaulichkeit wissenschaftlicher Ausdrucksformen sichtbar werden, treten oft auf, wenn die Grenzen einer vorgegebenen Ordnung überschritten oder mißachtet werden. Das berührt die Frage, ob für die Wissenschaft, für ihre Arbeitsmethoden, ihre Ausdrucksformen und selbst für das Verhalten der Wissenschaftler bestimmte Regeln existieren, die bei Nichtbeachtung zu Fehlorientierungen und Fehlverhalten Anlaß geben können.

Wissenschaft ist eine sehr wichtige Funktion innerhalb der arbeitsteiligen Gesellschaft. Aus der Arbeitsteilung ergeben sich ihre Stellung, ihre speziellen Aufgaben, ihre Arbeits- und auch ihre Aussageformen. Aus dem gesellschaftlichen Auftrag resultieren ihre Besonderheiten, und daher können allein aus diesem Auftrag Maßstäbe für die Überprüfung von Verhaltensweisen abgeleitet werden, die einer Korrektur oder Kompensation bedürfen. Der allgemeine Auftrag der Gesellschaft an die Wissenschaft aber kann nur sein, die Kenntnis unserer Lebenszusammenhänge und Lebensbedingungen zu erweitern und zu vertiefen, um die Fragen besser beantworten zu können, die in der Gesellschaft zur Lösung verschiedenartiger Lebensprobleme ständig gestellt werden. Jede Isolierung, jede Vernachlässigung der Kontakte zur Gesellschaft und ihren Einrichtungen sowie alle Aussageformen, die dem Nichtwissenschaftler unverständlich bleiben müssen, rufen Widersprüche zur ursprünglichen Einordnung der wissenschaftlichen Arbeit hervor. Gerade in diesem Zusammenhang ist die Anschaulichkeit wissenschaftlicher Aussagen von besonderer Bedeutung. Ist der Zusammenhang zwischen Analyse und Synthese in erster Linie oder ausschließlich eine innere Entwicklungsfrage jeder einzelnen Wissenschaft, so rührt der zweite Widerspruch an die Kontaktpflichten und damit an die Kommunikationsaufgaben, die der Wissenschaft aus dem allgemeinen gesellschaftlichen Auftrag auferlegt worden sind.

2.3. Das gestörte Verhältnis Analyse – Synthese

Wir wollen tiefere Einsicht in eine Erscheinung gewinnen, die wir nach äußeren Merkmalen beschreiben können, die wir benennen, mit anderen ähnlichen Erscheinungen vergleichen, auch hinsichtlich ihrer Nützlichkeit oder Schädlichkeit für unser menschliches Dasein beurteilen. Warum ein Objekt in unserer Umgebung so ist, warum sich eine Person oder Personengruppe so und nicht anders verhält, warum und in welcher Weise sich ein Gegenstand verändert, das alles und vieles andere veranlaßt zu Fragen, die hinter die äußere Erscheinung führen. Damit kommt es zur Heraushebung der bestimmenden Faktoren und Komponenten, der vermutbaren Ursachen und Kräfte, das aber heißt: zur Analyse. Diese erfordert immer eine Auflösung der großen Gesamtkomplexe, damit notwendigerweise eine Minderung der Anschaulichkeit, da die Wirklichkeitsnähe der analytischen Vorstellungen zum Gesamtkomplex ja ebenfalls geringer geworden ist.

Analyse ist eine Vereinzelung der Komponenten und Faktoren, die die Realität des geographischen Komplexes als anschauliche Form, als Gestalt aufhebt. Analyse führt also von der Realität weg, mehr ins Abstrakte, wenn auch, um im gesellschaftlichen Auftrag eben diese Realität besser verstehen zu können. Das ist von grundsätzlicher Bedeutung. Denn die Ergebnisse der Analyse sollten auftragsgemäß in die Erklärung des realen Untersuchungsobjektes zurückgeführt werden, für die sie angestellt wurden. Soweit erforderlich, sollte hierbei dem Gesichtspunkt der Anschaulichkeit Rechnung getragen werden. Das bedeutet: Nichtverständliche Ergebnisse der analytischen Untersuchungen müssen in den primären Zusammenhang der Fragestellung in anschaulicher Form, in der Regel also in sprachlich verständlicher Weise, eingefügt werden. *Diese Rückführung der analytischen Aussagen in den Primärzusammenhang aber unterbleibt vielfach.* Der Kreis der Erkenntnisgewinnung ist nicht geschlossen. Die Arbeitsergebnisse der Analysen üben nicht mehr die vorgesehene Funktion aus und bleiben als zusätzliche Erkenntnismöglichkeit für kompliziertere geographische Komplexe ungenutzt. Die Analyse macht sich selbständig, wird zum selbständigen Wissensgebiet, das Werkzeug zur Gewinnung vertiefter Einsichten wird zum eigentlichen Wissenschaftsziel. Die Einheit von Analyse und Synthese geht verloren. Dabei wird die ursprüngliche Fragestellung ihrer zentralen Bedeutung beraubt, des wissenschaftlichen Interesses entkleidet. Sie verschwindet schließlich aus dem Blickfeld der Wissenschaft.

Diese Nebenwirkung des Fortschrittes der Analytik zwingt dazu, die Konsequenzen zu durchdenken. Es geht nicht darum, die Analytik einzuschränken, sondern darum, daß der Erkenntniskreis der Einheit von Analyse und Synthese wieder geschlossen, wieder funktionsfähig wird, daß die analytischen Erfahrungen wieder für das Verständnis hochintegrierter Komplexe genutzt werden. Dazu ist die Entwicklung entsprechender synthetischer Methoden, eine *Synthetik*, erforderlich.

Die Notwendigkeit eines gewissen Gleichgewichtes zwischen Analyse und Synthese ergibt sich auch aus der Feststellung, daß sich das analytische Denken und Arbeiten nicht nur verselbständigt hat, daß das Hilfsmittel, Instrument oder Werkzeug zum Selbstzweck geworden ist, sondern darüber hinaus die peinliche Tendenz zeigt, sich zum Maßstab für Wissenschaftlichkeit überhaupt zu machen. Der Fortschritt der Analytik wird zum eigentlichen Fortschritt der Wissenschaft erklärt. Die Arbeitsformen der Analytik werden zur Norm. So wird zum Beispiel immer wieder die geringe Genauigkeit geographischer Aussagen gerügt, die Überlegenheit der geographischen Spezialwissenschaften hervorgehoben. Der Untersuchungsgegenstand, der in der Geographie meist ein hochkompliziertes Gebilde ist und schon wegen seines hohen Integrationsgrades besonderen Verfahrensregeln unterliegt, bleibt dann angesichts so strenger, wenn auch abwegiger Maßstäbe außerhalb der Arbeitsmöglichkeiten der heutigen Wissenschaft. Ganze lebenswichtige Problemkreise sind wissenschaftlicher Durchforschung nicht zugänglich. Es fehlt bereits an den tragenden Basistheorien für solche hochkomplizierten Erscheinungen, wie sie sich um die Kulturlandschaft und ihre Beherrschung ranken. Daß die Umweltproblematik so lange unbeachtet blieb, beruht unter anderem zu einem nicht unbedeutenden Teil auch auf ihrem komplizierten Charakter, der analytisch so schwer faßbaren Eigenart der Vielstoffsysteme.

Das aktuelle Problem ist und bleibt die Entwicklung tragfähiger Denk- und Aussageformen für die synthetischen Wissenschaftszweige. Eine besondere Schwierigkeit besteht darin, daß die heutige Wissenschaftssprache fast ausschließlich von der analytisch denkenden Wissenschaft aufgebaut worden ist. Der Gebrauch solcher Termini in synthetischen Zusammenhängen muß aber verwirrend wirken, da dadurch immer wieder analytische Denkmuster reproduziert werden. Aus den bisherigen Erfahrungen der Umweltforschung als eines synthetisch geprägten Wissenschaftsbereiches läßt sich ableiten, daß die Grundbegriffe für die wissenschaftliche Synthese anschaulichen Charakter besitzen werden, wahrscheinlich sogar besitzen müssen, um integrierte Komplexe mit einfachen Worten kennzeichnen zu können. Darüber ist später noch etwas zu sagen.

Eine besondere Note und Verschärfung erfuhr der Verlust an Anschaulichkeit mit der Einführung quantitativer Verfahren und mathematischer Methoden in der Geographie. Da die meist verbal beschriebenen geographischen Merkmale ohne Formalisierung nicht rechenbar sind, erst in eine entsprechende Form umgegossen werden müssen, erfolgen die Sachinformationen in einer zunächst ungewohnten Form. Dabei werden von der Geographie geschaffene anschauliche Kennzeichnungen bereits komplexen Charakters vielfach wieder in Einzelkomponenten aufgelöst, was einer primitiveren Stufe der Synthese entspricht. Die Merkmale werden zu Variablen, wobei die leicht meßbaren und leicht erreichbaren Daten bevorzugt in die erarbeiteten Algorithmen eingearbeitet werden, die nicht meßbaren oder schwer und unvollständig erreichbaren unberücksichtigt bleiben müssen (sie sind nach KELLER nicht beherrschbar!). Das Berechenbare ist begrenzt, und bereits aus diesem Grunde kann sich das erreichbare Rechenergebnis nicht mit der geographischen Wirklichkeit decken. In den meisten Fällen wird überdies eine ausreichende Interpretation der Rechenergebnisse hinsichtlich ihrer Deckung mit der Wirklichkeit oder der Bestimmung der Abweichung nicht vorgenommen.

Viele der Wissenschaftler, die der Quantifizierung durchaus zugewandt sind, mußten feststellen, daß die Grenzen, die die mathematischen Möglichkeiten heute der mathematischen Behandlung von Vielstoffsystemen setzen, sich unangenehm auswirken. Probleme, die die mathematischen Möglichkeiten überfordern, werden nämlich von der Forschung ausgespart. Das Werkzeug Mathematik bestimmt also, was für die wissenschaftliche Forschung interessant, weil machbar ist. So kommt es zu einer Bevorzugung der elementaren oder niedrigkomplexen Probleme der Teilglieder hochkomplexer Phänomene. Da gleichzeitig die Versuche einer ganzheitlichen Beurteilung durch eine verbale Charakteristik abgelehnt werden, weil diese sich der modernen Möglichkeiten der speziellen Analyse nicht bediene, entsteht eine Lücke, die insofern peinlich ist, als dadurch Fragen, die von großer allgemeiner Bedeutung für das Leben der Gesellschaft und der einzelnen Menschen sind, aus den Forschungsprogrammen verschwinden, die Probleme selber als gar nicht existent erscheinen können. Im Falle der Geographie kommt – wie bereits oben bemerkt – hinzu, daß die sehr begrenzte Möglichkeit, verbale Charakteristiken mit sehr exakten Daten auszustatten, zu dem Urteil geführt hat, daß die speziellen Geowissenschaften, die ihren Untersuchungsgegenstand aus dem Gefüge des Gesamtkomplexes herauslösen dürfen, bessere wissenschaftlich begründete Aussagen erbrächten als die komplex arbeitende Geographie, die dem Fortschritt nicht mehr folgen könne. Hier werden zwei völlig verschiedene, ja fast gegensätzlich orientierte Arbeits- und Betrachtungsweisen im Rangvergleich nebeneinandergestellt, die nicht vergleichbar sind. Sie müßten – im Sinne der Auffassung von NIELS BOHR – als komplementär bezeichnet werden. Da man diese Komplementarität nicht erkannt hat oder nicht anerkennt, entsteht eine theoretisch völlig ungeklärte Situation in der Geographie.

Wir können damit, daß wir die *Komplementarität* der Betrachtungsweisen heranziehen, den grundsätzlichen Unterschied zwischen der komplex arbeitenden Geographie und den speziellen Geowissenschaften, aber auch zwischen verschiedenen Zweigen der Geographie, deutlich machen. Aus geschichtlichen Gründen jedoch sind beide Arbeitsrichtungen institutionell an den Universitäten vereinigt, was ihrer klaren Unterscheidung wenig dienlich ist. Das Problem Mutterwissenschaft und Tochterwissenschaft erfährt vom Gesichtspunkt der Komplementarität her eine sehr aufschlußreiche Beleuchtung. Von der Komplementarität der Betrachtungsrichtungen ausgehend, wird die Frage der Arbeitsteilung in der Geographie, die Entwicklung der Methodik und der Terminologie in den synthetischen Zweigen neu durchdacht werden müssen.[2]

2.4. Einordnungs- und Kontaktfragen

Als *Grenzüberschreitungen* sollen alle wissenschaftlichen Verhaltensweisen bezeichnet werden, die bestehende Ordnungen mißachten und daher vorgegebene Gültigkeitsgrenzen überschreiten. Diese sind zu beachten bei allen Aussagen, die unter bestimmten Voraussetzungen (Versuchsanordnungen, hypothetischen Prämissen usw.) gewonnen worden sind. Dazu gehören auch alle Aktionen im Territorium, die eine historisch begründete Nutzung vorfinden, welche der Freiheit des Handelns Grenzen setzt. Bedeutungsvoll können aber auch Unterschiede im gesellschaftlichen Verhalten werden, die meist sehr schwer definierbare konventionelle Grenzen entstehen lassen. Eine solche besteht auch zwischen Wissenschaftlern und Nichtwissenschaftlern. Oft werden diese Grenzen durch die den einzelnen Gruppen eigene Ausdrucksweise, also durch die Sprache, erkennbar.

Auch wenn die Wissenschaft eigene Verhaltensweisen und einen eigenen Sprachstil entwickelt hat, so ist sie doch ihrem gesellschaftlichen Auftrag gemäß nicht isoliert. Aus gemeinsamen Anliegen entstehen Kontakte, die dazu zwingen, wissenschaftliche Erkenntnisse an andere Institutionen weiterzugeben. Die Übergabe wissenschaftlicher Ergebnisse und Erfahrungen an Interessenten und Nutzer macht es erforderlich, die in der Wissenschaftssprache formulierten Ergebnisse in die allgemeinverständliche Umgangssprache zu übersetzen. Das ist ein unbedingt notwendiger, mithin also legaler Vorgang, für den eine ganze Reihe von Regeln zu beachten ist. Als »Dolmetscher« fungieren entweder Wissenschaftler, die die erarbeiteten Verfahren und Methoden in die Betriebe überführen und dafür allgemeinverständliche (umgangssprachlich »idiotensichere«!) Gebrauchsanweisungen geben, oder einzelne Mitarbeiter in den Betrieben beherrschen die wissenschaftliche Problematik und die damit verbundene Wissenschaftssprache so weit, daß sie die Übernahme von neuen wissenschaftlichen Erkenntnissen von sich aus lenken und leiten können. Allgemein handelt es sich in verschiedener Form um das gleiche, um das, was man gemeinhin als *verständliche Wissenschaft* und als populärwissenschaftliche Literatur bezeichnet. Verständlichkeit heißt, die nicht bekannten Fachtermini zu erläutern, wofür mit Nutzen die Formulierung der Begriffsinhalte selber herangezogen werden kann. Oft müssen historische Abschnitte der Problementwicklung, weil sie zum Verständnis unentbehrlich sind, dargeboten werden, während ihre Kenntnis in der Fachliteratur vorausgesetzt werden kann. Veranschaulichung durch graphische Darstellungen oder Abbildungen gehören ebenfalls zu den wichtigen Hilfsmitteln. Die populärwissenschaftliche Arbeit erfordert gegenüber der reinen Fachdarstellung zusätzliche Überlegungen und kritische Überprüfung oder auch Neuformulierung des Textes. Im Gegensatz zu dem geforderten Mehraufwand an Arbeit wird die populärwissenschaftliche Publikation meist weit geringer eingeschätzt als eine Facharbeit.

Zur Erzeugung von Vorstellungen werden häufig *Vergleiche* verwendet. Damit können allerdings leicht wissenschaftlich falsche Vorstellungen provoziert werden. Das bekannteste Beispiel ist der biologische Vergleich, also der Vergleich mit Organismen bzw. Lebensvorgängen und Lebensstadien. Er zieht vielfach menschliche Verhaltens- und Urteilsweisen heran. Die moderne Form des unzulässigen und schiefen Vergleichs sind die aus der Soziologie entlehnten Vergleiche. Das Sprachgewand – und nicht nur das populärwissenschaftliche – bedient sich soziologischer Formeln, insbesondere aus der Verhaltensforschung. Der behavioristische Zugang zur Landschaft stellt die wahrgenommene, nicht die reale Landschaft in den Mittelpunkt der Forschung. Unvermittelt stehen beide Betrachtungsweisen, die naturwissenschaftliche und die soziologisch-behavioristische, nebeneinander.

Es fällt leider auf, daß die verständliche Wissenschaft gegenüber der reinen Wissenschaft durchweg einen minderen Rang zugewiesen erhält. Die Folge ist, daß trotz aller hochschuldidaktischen Versuche der verständlichen Wissenschaft keine ausgebildete Theorie, also keine ausgefeilte Didaktik zur Verfügung steht. Eine solche würde der Frage der Anschaulichkeit eine zentrale Stellung einräumen müssen, da nur damit ein richtiges Verständnis und wissenschaftlich einwandfreie Vorstellungen erzeugt werden können. Das ist Aufgabe der populärwissenschaftlichen Literatur. Daß eine gute und anschauliche verbale Formulierung Probleme und Ergebnisse auch in der wissenschaftlichen Forschung wesentlich fördern kann, sollte besser genutzt werden.

Diese wenigen Bemerkungen sollen sichtbar machen, daß die populärwissenschaftliche Arbeit einen bedeutsamen Übergang von wissenschaftlichen zu außerwissenschaftlichen Bereichen darstellt und damit ein echtes Problem der Wissenschaftslehre ist, dessen Vernachlässigung einen pseudowissenschaftlichen Stil begünstigt.

Pseudowissenschaftlichen Charakter haben gewisse Erscheinungen, die man auch als »Verwissenschaftlichung« bezeichnet hat, aber besser als pseudowissenschaftlich kennzeichnen sollte. Es handelt sich um die äußerliche Übernahme von Wörtern aus der Wissenschaftssprache, meist Fremdwörtern, in die Umgangssprache. Sie greift in viele Lebensbereiche ein, nicht immer ohne Störungen des Verständnisses. Sie schafft im Unterschied zur Wissenschaft selbst keine neuen Erkenntnisse und damit auch keine neuen Lebensqualitäten. Sie ändert ohne inneren Zusammenhang nur Sprachformeln, wenn auch zuweilen als Fortschritt deklariert. Für das Problem »Anschaulichkeit« bedeutet sie, daß die bunte und ausdrucksstarke Umgangssprache durch einzelne der Wissenschaft entlehnte Wörter und genormte Begriffe ersetzt wird, die zudem oft nicht richtig verstanden werden und ohne den eigentlichen wissenschaftlichen Kontext auch völlig überflüssig sind. »Verwissenschaftlichung« der Sprache in diesem äußerlichen Sinn ist eine Modeerscheinung, vergleichbar der Übernahme von einzelnen Floskeln aus anderen Sprachen; aber das ist zur Zeit eben »in«. Hier liegt in erster Linie eine Aufgabe der Sprachpflege; denn diese Mode ist dadurch bedenklich, daß sie das Sprachgefühl abstumpft und das Sprachgut der Muttersprache aushagern läßt.

Insgesamt zeigt dieser allgemeine Überblick, daß in der Entwicklung der Wissenschaften Disproportionen auftreten können, die in besonderem Maße für die vorwiegend synthetisch arbeitenden Wissenschaftszweige hemmend wirken und dringend der Klärung bedürfen. Der Verlust der Anschaulichkeit ist ein Symptom für eine kritische Entwicklungsphase. Wie kompliziert dabei verschiedenartige Einflüsse zusammenwirken, soll an einem Beispiel, der Kulturlandschaftsforschung, gezeigt werden.

3. Das Beispiel Kulturlandschaft

3.1. Kulturlandschaft ist anschauliche Realität

Die Kulturlandschaftsforschung bietet ein hervorragendes Beispiel für die Vielzahl der Einflüsse, denen die Bedeutung eines wissenschaftlichen Arbeitsfeldes im Laufe von wenigen Jahrzehnten maßgeblich unterliegt. Vor dreißig Jahren habe ich meine Erfahrung aus mehreren Jahren intensiver Arbeit in Planungsorganen in einer Studie zusammengefaßt (NEEF, 1950, 1980), die unter dem Leitwort »Kulturlandschaftsforschung« stand. Heute findet man die Bevorzugung des Wortes Kulturlandschaft nicht mehr, vielfach wird es vermieden oder durch mehr oder weniger passende Umschreibungen ersetzt (z. B. RICHTER/KUGLER 1972: landeskultureller Zustand des Territoriums) oder gar als Ausdruck einer überholten bürgerlichen Geographie strikt abgelehnt. Ganz gleich, wie die Gründe für diese Ablehnung formuliert sein mögen, es erhebt sich die Frage, welchen Bedeutungswandel und welchen Wertverlust dieser Begriff seit 1950 in der geographischen Wissenschaft erfahren hat; denn in anderen Wissenschaften ist »Kulturlandschaft« ein durchaus gängiger Begriff geblieben.

Das Wort Kulturlandschaft entstammt ohne Zweifel einer Zeit, in der, besonders in der Geographie, das physiognomisch Ansprechende in einer anschaulichen Beschreibung vorrangige Bedeutung hatte. Man denke daran, daß bedeutsame Gelehrte (z. B. FRIEDRICH RATZEL) über Naturschilderungen geschrieben haben. Man vergesse auch nicht, daß die klassischen Beschreibungen tropischer Länder durch ALEXANDER VON HUMBOLDT nicht nur Maßstäbe für einen neuen Beschreibungsstil gesetzt haben, sondern selber unmittelbarer Ausgangspunkt wissenschaftlicher Fragestellungen (z. B. Physiognomie der Gewächse) geworden sind. Diese verbale Anschaulichkeit, über Generationen hinweg wegen der teuren Abbildungen eine Notwendigkeit, ist, wie alle Ausdrucksformen in gepflegter Sprache überhaupt, heute weitgehend durch die abstrakte wissenschaftliche Begriffssprache und durch ausgefeilte Nomenklaturen ersetzt worden. Da dies als Wissenschaftsfortschritt deklariert wird und da diese Form der Mitteilung (heute generell als Information bezeichnet) in wissenschaftlichen Dingen vorteilhaft und bequem ist und außerdem weitgehend dem immer weiter um sich greifenden Wissenschaftsbetrieb in organisierten Normen entspricht, ist diese sprachliche Verarmung eine allgemeine Erscheinung. Was allein die drei Wörter System, Modell und Information an ausdrucksstarkem Wortgut verdrängt haben, läßt sich kaum abschätzen. Doch ist und bleibt die Kulturlandschaft sichtbare Realität. Die sprachliche Seite kann daher nur Symptom sein, die Gründe für die Verdrängung des Forschungsobjektes Kulturlandschaft müssen tiefer liegen.

3.2. Die Entwertung des Physiognomischen

Daß die Anschaulichkeit für die Geographie eine besondere Bedeutung hat, ist leicht einzusehen, wird aber oft übersehen. Doch rührt in diesem Fachgebiet die Ablehnung des Physiognomischen, des äußeren Erscheinungsbildes (leider ist der Begriff des Phänotypus nie in die Geographie übernommen worden) an Existenzfragen. Daß eine Beschreibung physiognomischer Sachverhalte unwissenschaftlich sei oder ihr die für die Wissenschaft verbindliche Exaktheit und Eindeutigkeit fehle, kann nur jemand äußern, der die Funktion der Beschreibung als wichtiges Mittel der Datengewinnung mangels ausreichender eigener Erfahrung nicht kennt.

Selbstverständlich ist die Beschreibung eines Landschaftsbildes nicht das letzte Ziel der Geographie oder auch nur der akademischen Ausbildung. Aber das äußere Abbild liefert einen Zugang zum jeweiligen Sachproblem, und die physiognomischen Studien, die meist erst bei einer subtilen Beschreibung voll zur Geltung kommen, führen zu interessanten, manchmal auch zu sehr wichtigen Fragestellungen. Sie haben heuristische Bedeutung.[3]

Geschulte kritische Beobachtung ist daher eine der unersetzlichen Grundlagen geographischer Komplexforschung. Die Präzisierung von Beobachtungen durch Messungen ist ein regulärer Bestandteil der Beobachtungen, und es ist unzulässig, diese Form der Datengewinnung von der Beobachtung zu trennen. Ebensowenig dürfen die Zusammenfassung von räumlichen Befunden in Karten, Kartenskizzen sowie bereits generalisierte Darstellungen von der Beobachtung getrennt werden. Die kartographische Fixierung von Beobachtungen mit Maßstabverkürzung ist ein wichtiges Mittel, zu weit Verstreutes und schwer Überschaubares zusammenzuraffen und damit auf die Ebene der visuellen und meßtechnischen Auswertung zu heben.

Auch die so aktuell gewordene Fernerkundung, die die primitive und unzuverlässige Beobachtung weitgehend ersetzen soll, ist nichts anderes als eine Sonderform der Beobachtung mit weiteren technischen Hilfsmitteln. Selbst wenn mit Falschfarben gearbeitet wird, die jeder geläufigen Anschauung widersprechen, beruht die Aufgabenstellung primär doch auf der Vorstellung räumlicher Differenzierung. Wie unerläßlich übrigens die Feldbeobachtung bleibt, geht daraus hervor, daß zur Auswertung der falschfarbigen Fernaufnahmen spezielle Geländeerkundungen über den Zustand der land- und forstwirtschaftlichen Nutzflächen angestellt werden (Geogr. Berichte, Heft 87, 1978).

Die Kulturlandschaft als Objekt mit einer reichen Erscheinungsfülle bedarf der ordnenden Übersicht. Je früher im Forschungsgang, umso besser. Der Vorgang kritischer Beobachtung verbindet die Wahrnehmung mit einer ersten Auswahl des wichtig Erscheinenden; es kommt zu einer Art Rangordnung der Gegenstände, auch wenn diese zunächst sehr subjektiv sein dürfte. Vor allem aber ergeben sich aus einer solchen ordnenden Beobachtung unmittelbar verschiedene Aspekte der Kulturlandschaft. So wird das historische Element durch die historischen Bauten demonstriert. Die Beobachtung lehrt aber auch soziale Unterschiede, die sich in der Physiognomie von Wohnvierteln der Städte und Dörfer abbilden. Immer wieder weist die Beobachtung auf aktuelle Funktionen hin, die eine Stadt für die eigenen wie für die Bewohner des Umlandes zu erfüllen hat.

Von ordnender Bedeutung ist die Erkenntnis, daß viele Objekte die Zeit überdauert haben, in der sie entstanden sind und funktionstüchtig waren. Das führt zur Vorstellung des Beharrungsvermögens, der *Persistenz*, die zu einem eminent wichtigen Grundbegriff der Kulturgeographie geworden ist. Allenthalben schließen sich an die Beobachtungen Fragestellungen an und in deren Rahmen gezielte Arbeitsprogramme aufgrund von Arbeitshypothesen. Oftmals müssen, wenn die Untersuchung ins Stocken kommt, erneut Beobachtungen im Untersuchungsgebiet angestellt werden.

Sie betreffen vor allem regionale und lokale Differenzierungen, da hierfür die statistischen Unterlagen oft nicht ausreichen. In einer jüngeren Studie über die Nebenwirkungen gesellschaftlicher Aktivitäten im Naturraum (Neef u. a., 1979) habe ich darauf hingewiesen, daß die für eine größere Anzahl von Fällen erarbeiteten Modelle zur Erreichung der erforderlichen Wirklichkeitstreue noch präzisierender Ergänzung durch induktive Arbeitsschritte bedürfen. Diese Kombination dürfte für die geographische Arbeitsweise typisch und verbindlich sein. Die konkrete Anschauung des Untersuchungsobjekts wirkt also in mehrfacher Hinsicht förderlich.

3.3. Der Abbau des ästhetischen Aspekts

Mit der physiognomischen Betrachtungsweise eng verbunden ist die ästhetische Würdigung der Landschaft. Die Schönheit einer Landschaft ist, unabhängig vom speziellen Inhalt, an das Sehen, an die Anschauung gebunden. Die ästhetische Würdigung hat von jeher eine besondere Rolle gespielt, was dazu verleitet hat (Hard, 1973), die gesamte Landschaftsvorstellung der Geographie von der Landschaftsmalerei herzuleiten. Daß die Darstellung eines naturnahen Hintergrundes für biblische Darstellungen mit Landschaft bezeichnet wurde, ist wohl Beleg dafür, daß die Malerei im 15. Jahrhundert den Namen Landschaft als gebräuchliche Bezeichnung für das Erscheinungsbild eines Landstrichs vorgefunden und nicht neu erfunden hat.

Ohne Zweifel belebt die Hervorhebung der Landschaftsreize, der Schönheit der ursprünglichen wie der Kulturlandschaft, die Bildung geographischer Vorstellungen, wenn auch eine einseitige Bevorzugung der bemerkenswerten Lokalitäten damit verbunden zu sein pflegt. Die ungezielte Schwärmerei von landschaftlicher Schönheit, die vor Jahrzehnten einmal vorherrschend gewesen sein mag, und die Weitschweifigkeit solcher Darstellungen, die vor mehr als hundert Jahren üblich und beliebt war, sind durch konkrete Motivationen des Landschaftsgenusses ersetzt worden.

Heute, im Zeitalter internationaler Touristik, ist die reizvolle Landschaft zu einem wirtschaftlichen Faktor von großem Gewicht geworden. Ganze Wirtschaftszweige bauen darauf auf, und es gibt nicht wenige Staaten, die ihre Staatsfinanzen nur mit Hilfe des Fremdenverkehrs im Gleichgewicht halten. Hier wird Landschaftsschönheit regulär »vermarktet«.

Allgemeiner, wenn auch statistisch weniger gut erfaßbar, sind Landschaftsreize eine Quelle der Erholung. An die Stelle der ästhetischen Werte sind zum Teil medizinisch begründete Motivationen für die Erholungswerte der Landschaft getreten.

Doch ist die Verwandtschaft zwischen alter und neuer Beschreibungsform, auch hinsichtlich des durchaus subjektiven Charakters möglicher Entscheidungen, nicht zu verkennen. Ein überwiegender Teil der Erholungswerte geht von sinnlichen Wahrnehmungen aus. Was das Auge bei verschiedenen Witterungs- und Beleuchtungszuständen empfängt, was an Geräuschen (Rauschen der Bäume, des Meeres) oder auch an Gerüchen und Temperaturreizen (Wind, Wasser) auf den Menschen einwirkt, ist nicht nur in allgemein beschreibenden Worten, sondern gewissermaßen genau spezifiziert im Rekreationspotential (E. und V. NEEF, 1977) und auch in der Werbung für den Fremdenverkehr wiederzufinden. Auch hier ist das Allgemeine der ästhetischen Landschaftswahrnehmung nur noch Hintergrund für die einzelnen Aussagen, die sich dem heutigen Denken anpassen. Von jeher spielte die ästhetische Würdigung von Landschaften oder Landschaftsausschnitten eine durchaus randliche Rolle für die Erkenntnis geographischer Zusammenhänge, aber sie wurde auch nicht übersehen. ALFRED HETTNER widmet in seinem Alterswerk (HETTNER, 1927) dem ästhetischen Wert der Landschaft einen eigenen Abschnitt. Er weist auf den subjektiven Charakter solcher Darstellungen hin, bei denen die Grenze zur Kunst oft recht unscharf erscheint. Gewiß ist jedoch, daß dieses Verhältnis zur Kunst mit der Zeit einem starken gesellschaftlichen Wandel unterliegt.[4]

In dem Maße, in dem die Geographie abstrakter wird, nehmen sich andere Fachgebiete der »schönen« Landschaften an; Landschaftsgestaltung, Landschaftsarchitektur und Landschaftspflege haben einen beachtlichen Aufschwung genommen. Für sie stehen Aussehen und Gestalt, also ästhetische Fragen, eindeutig im Vordergrund. Sie sind allgemeine Richtschnur für die Lösung der Einzelprobleme. Die Geographie entfernt sich von der Anschaulichkeit. Damit werden die Brücken des gegenseitigen Verständnisses und die Möglichkeiten der Begegnung am Problem geringer. Die Anschaulichkeit ist eine Voraussetzung für die gemeinsame Arbeit an Problemen der Landschaftsentwicklung. Der Verzicht auf die Anschaulichkeit und auf die Problematik der Kulturlandschaft ist daher ein Anlaß zur Isolierung der Geographie, solange sie zu diesen öffentlich interessierenden Fragen nichts sagen kann oder nichts sagen will.[5]

Abschließend soll zu den beiden Punkten Physiognomie und Ästhetik der Landschaft noch eine Bemerkung gemacht werden. Es fällt auf, daß in den Publikationen der letzten Jahrzehnte, die diese traditionellen geographischen Arbeitsweisen als unwissenschaftlich und überholt bezeichnen, die Belegstellen zu einem sehr großen Teil aus der älteren, mehr als fünfzig Jahre zurückliegenden Literatur entnommen sind. Es wird daher übersehen, daß die eben gekennzeichnete Konkretisierung der Fragestellungen eine wesentliche Differenzierung der Gesichtspunkte mit sich gebracht hat, daß nicht mehr das Primärphänomen, sondern seine spontanen oder Nachfolgewirkungen zur Hypothesenbildung geführt haben. Diese jüngere Hypothesenbildung war aber nur möglich, weil eine auf Anschaulichkeit beruhende Darstellung eine tragfähige Basis bildete. Heute werden die Hypothesen offensichtlich künstlich ernährt; an die Stelle der Feldstudien sind Ableitungen, vorwiegend aus statistisch verarbeiteten Unterlagen, getreten.

3.4. Die Aufspaltung der Geographie

Ein hervorstechender Zug philosophischer und methodologischer Erörterungen der letzten Jahrzehnte war die Auflösung der Einheit der Geographie. Sie machte sich institutionell auch dadurch bemerkbar, daß für die einzelnen Zweige der ehemals einheitlichen Geographie eigene Lehrstühle bzw. Institute geschaffen wurden. Durch diese Institutionalisierung ist eine Fixierung der Auffassungen eingetreten. Was das bedeutet, geht aus der Frage hervor, ob man zur Lösung eines mehrschichtigen Problems die bestehenden Institute zusammenrufen sollte oder besser diejenigen Persönlichkeiten oder Arbeitsgruppen, die unmittelbar etwas zum Problem aussagen können. Die Beantwortung der Frage ergibt sich meist aus der Tatsache, daß die finanziellen Mittel für die Forschung in der Regel an die Institute vergeben werden.

Für den speziellen Fall der Kulturlandschaftsforschung bedeutet das, daß bei einer solchen strengen institutionalisierten Teilung der Geographie weder die Physische Geographie noch die Politische und Ökonomische Geographie sich für die Untersuchung kulturlandschaftlicher Probleme zuständig fühlen. So bleiben sie unbearbeitet.

Wenn auch 1960 durch W. A. Anutschin diese zur Sterilität der Forschung führende Spaltung der Geographie als eine Übertreibung bzw. als ein Mißverständnis von Grundsätzen der marxistischen Philosophie zu Beginn der fünfziger Jahre charakterisiert worden ist und wenn auch seither die Forderung nach wissenschaftlicher Durchdringung der Beziehungen zwischen Gesellschaft und Natur wiederholt erhoben wurde, so blieb doch die institutionelle Selbständigkeit der Teilgeographien bestehen. Nun ist die Kulturlandschaft, mag man die Aspekte setzen, wie man will, ohne Zweifel geographische Realität. Sie müßte daher auch Gegenstand der geographischen Forschung sein. In den westlichen Ländern steht eine solche Forschung unter dem vorherrschenden Einfluß soziologischer Vorstellungen und Methoden, soweit es um gegenwärtige Strukturen geht, unter der Obhut der Geschichte, speziell der Landesgeschichte, soweit es sich um die kulturgeschichtliche Seite der Erscheinungen handelt. Sie wird als wissenschaftlich unbegründet von denen abgelehnt, die sich den Formalismen der philosophy of science verschrieben haben. Das Ergebnis ist in jedem Falle ein Erkenntnisrückstand gerade in einem Lebensbereich, der für die Sicherung der Umweltqualitäten zunehmend an Bedeutung gewinnt. Selbst die anschauliche Darlegung der Probleme leidet unter dieser Aufspaltung.[6]

3.5. Die Rolle des Systemaspekts

Die systemtheoretische Betrachtungsweise ist sicher ein beachtlicher Fortschritt, denn sie bietet ein vielfältig anwendbares Instrumentarium an analytischen Möglichkeiten, aber auch für die Synthese wichtige Gesichtspunkte, so z. B. spezielle Charakteristika für mehr oder weniger umfangreiche geographische Komplexe. Sie ist ein unentbehrliches Hilfsmittel für die Integrationsproblematik. Doch werden gerade diese Vorteile wenig ausgenutzt.[7]

Im Hinblick auf die anschauliche Darstellung der Kulturlandschaft überwiegen sogar die Nachteile. Denn leider wird »System« als ein immer passendes Wort für geographische Erscheinungen aller Dimensionen verwendet. Da sich durch den hierarchischen Aufbau der Systeme auch immer ein umfassenderes Gebilde wieder als ein aus Teilsystemen aufgebautes höheres System bezeichnen läßt, gibt es keine obere Grenze für die Anwendung des Systembegriffs. So kann man rein formal auch die Kulturlandschaft als System bezeichnen (zuletzt bei H. Leser, 1980). Aber weiter als die Feststellung, daß sich dieses »Groß«-System Kulturlandschaft in Teilsysteme aufgliedern läßt, reicht die Systemcharakteristik nicht. Diese Teilsysteme sind verschiedenen Kausalitätsformen unterworfen. Da der Argumentationsapparat an die Gesetze und Gesetzmäßigkeiten der einzelnen Seinsbereiche gebunden ist, sind solche hybriden[8] Systeme nicht unmittelbar analysierbar. Der Systembegriff wird also leer und taugt nicht mehr zur Gewinnung neuer Erkenntnisse.

Es wird ferner völlig übersehen, daß sich wohl Funktionssysteme des gegenwärtigen gesellschaftlichen Daseins in der Einheit des Territoriums miteinander verbinden lassen, nicht aber in gleicher Weise das historische Element einfügbar ist. Seine Stellung in der Kulturlandschaft hat einen ganz anderen Rang. So führt die Kennzeichnung der Kulturlandschaft als System an der klaren Erkenntnis ihres historischen Charakters vorbei.

Um das verständlich zu machen, muß ein zweiter Mangel der Systemanalyse in der Geographie betrachtet werden. Geographische Systeme aller Komplexitätsgrade sind – soweit es sich nicht um unselbständige Elementarstufen handelt – integrierte Systeme, die meist einem ständigen Wandel unterworfen sind, weshalb sie auch gern – formal – als dynamische Systeme bezeichnet werden. Integration beruht immer auf Prozessen, die durch bestimmte regelmäßig wiederkehrende Impulse ausgelöst werden. Daher muß man für jedes System die tragenden Prozesse bzw. die Prozeßgruppe feststellen, deren Wirkung zur Einheit des Systems durch Integration führt. Ich habe die entscheidende Prozeßgruppe, um eine kurze Bezeichnung zu haben, »Integrator« genannt. Über abiotische, rein naturgesetzliche Bindungen kommt es zu Physiosystemen, über physiologische (biologische) Integration entstehen Ökosysteme, die die abiotischen Faktoren der Physiosysteme mit einschließen. Die Territorialsysteme schließlich (regional systems), die auf der Leistung gesellschaftlicher Arbeit beruhen und die belebten und unbelebten Teilsysteme mit einschließen, könnte man als Systeme mit dreifacher Integration bezeichnen. Geographische Systembetrachtungen ohne die Bezugsebene der Integratoren sind meines Erachtens ohne Erkenntniswert.

Fragt man nach dem »Integrator«, der Kulturlandschaft als integrative Einheit entstehen läßt, der also verschiedenartige Elemente durch aktive Prozesse zum System Kulturlandschaft zusammenschließt, so kann die Antwort nur negativ sein! Daher kann Kulturlandschaft kein System sein und auch nicht als System beschrieben werden.

In meiner theoretischen Grundlagenarbeit (Neef, 1967) habe ich für diese hochrangigen Formen der geographischen Realität den Ausdruck »compositum geographicum« gebraucht, was besagen soll, daß infolge der Überlagerung und Kombination von Objekten und Prozessen aus allen Seinsbereichen mit verschiedenen Kausalitätsformen kein einheitlicher analytischer Weg gegeben ist. Ein solcher besteht nur für definierte Teilsysteme. Das bedeutet natürlich nicht, daß die Kulturlandschaft nicht geographische Realität wäre. Das ist sie durchaus, sie ist nur kein System oder Geosystem.

Als Schlußfolgerung ergibt sich auf jeden Fall: Wird die Geographie als Wissenschaft dadurch definiert, daß sie das bearbeitet, was als System faßbar ist, und werden danach ihre Grenzen bestimmt, dann bleiben Kulturlandschaft und Kulturlandschaftsforschung außerhalb der Geographie. Ursache für diese Selbstbeschränkung und für den Verzicht auf Forschungsbereiche, die früher eindeutig zur Geographie gerechnet und teilweise sogar als ihr Kernstück angesehen wurden, ist einzig und allein die Definitionsschranke. Damit aber ist ein Arbeitsbereich, der in ganz besonderem Maße die Anschaulichkeit gepflegt hat und ebenso zur Würdigung des Schönen neigte, verlassen worden. Die Fragestellungen, die von der Kulturlandschaftsforschung ausgingen und den geographischen Charakter hervorhoben, fehlen, und so entsteht zusätzlich Raum für spezielle Aspekte (z. B. soziologischer oder ökonomischer Herkunft) und für eine verstärkte Beschäftigung mit quantitativen Methoden, die wiederum ganz wesentlich das Handwerkliche und Instrumentelle in den Vordergrund rücken. Daher ist noch ein Blick auf die Mathematisierung der Forschung erforderlich.

3.6. Der Einfluß der mathematischen Methoden auf den Verlust der Anschaulichkeit

Mit Maß und Zahl zu arbeiten, ist schon seit Jahrhunderten ein Anliegen der Geographie. Der Aufbruch zu neuen Erkundungsweisen der Natur war in ganz erheblichem Maße mit der Möglichkeit verbunden, Messungen von Naturgrößen durchzuführen. Schon vor Alexander von Humboldt haben Saussure und andere barometrische Höhenmessungen durchgeführt. Die Entwicklung der Landesvermessung stellte alsbald für große Teile der Erde genaue Darstellungen des Reliefs zur Verfügung. Die meteorologischen Dienste und andere geophysikalische Zentren sorgten für entsprechende Daten. Wieweit diese für die Geographie ausreichten, ist allerdings immer eine offene Frage geblieben. Verdichtungen der Meßnetze und ein Ausbau der Meßprogramme blieben (vergleichbar der Statistik) in der Regel Wunschvorstellungen, da der finanzielle und personelle Aufwand zu groß war.

Daraus ergab sich für die Geographie, unterstützt durch die traditionellen Arbeitsweisen, eine Darstellungsform, die auf die anschauliche Beschreibung der geographischen Erscheinungen einer Region gerichtet war und durch einzelne Meßdaten oder deren Auswertungen gestützt wurde. Die Allgemeinverständlichkeit war in der Regel gewährleistet. Welche Genauigkeit von den Zahldaten gefordert wurde, hing zunächst von der Zielstellung der geographischen Untersuchung ab. Eine durchgehende mathematische Auswertung war für einzelne meteorologische Elemente möglich. Dort, unter geophysikalischem Aspekt, wurde eine hohe Genauigkeit angestrebt, und dementsprechend wurden auch die Bearbeitungsmethoden ausgefeilt. Die Frage, ob in komplizierten geographischen Vielstoffsystemen eine solche Genauigkeit überhaupt aussagekräftig und notwendig ist, wurde kaum gestellt. Da das Hauptinteresse auf die Beziehungen zwischen den Geoelementen gerichtet war und die regelhaft wiederkehrenden Formen ihrer Verknüpfung im Vordergrund standen, spielte die mathematische Behandlung ohnedies nur eine Nebenrolle. Das wurde erst anders, als sich die Datenmengen immer mehr steigerten und die Mathematik neue Verfahren der Analyse zur Verfügung stellte. Die Quantifizierung zog in die Geographie ein. Neue Werkzeuge wurden wirksam. Aber eben Werkzeuge, mit denen bereits bekannte und neu zu gewinnende Daten bearbeitet werden konnten. Vieles, was früher ohne Rechentechnik nicht zu bewältigen war, konnte nunmehr in die Forschungsprogramme eingehen; doch vieles, was wünschenswert war, überstieg die gegebenen Möglichkeiten. Das heißt aber, daß die Leistungsfähigkeit des neuen Instrumentariums vorwiegend mathematischer und technischer Art Grenzen für neue Erkenntnisse setzte. Die Mathematik ist zur Zeit auch nicht in der Lage, Vielstoffsysteme (und dazu gehören sehr viele geographische, insbesondere auch die kulturlandschaftlichen) zu bewältigen.[9] Daher bleiben die hochintegrierten geographischen Komplexe zunächst für die mathematische Behandlung unzugänglich. Da für die Synthese noch keine allgemein anerkannten Regeln erarbeitet vorlagen und die überlieferten beschreibenden Methoden von vielen, vor allem jüngeren Geographen abgelehnt wurden, entstand eine Forschungslücke. Die Kulturlandschaftsforschung blieb auf der Strecke bzw. wurde auf Teilprobleme reduziert. Damit aber wurden vor allem bereits bekannte Zusammenhänge beziehungswissenschaftlicher Art mit einer neuen Methode behandelt; der Erkenntnisgewinn blieb minimal.

Die errechneten Ergebnisse der neuen Arbeitsverfahren bereiten bei der Interpretation manchmal erhebliche Schwierigkeiten. Es wollte nicht gelingen, die Ergebnisse in verbaler Form zum Ausdruck zu bringen: Oftmals bezeugte die Rückübersetzung in die allgemeinverständliche Umgangssprache, daß das mathematisch gewonnene Ergebnis bereits bekannt war. Die anschauliche Darstellung der Ergebnisse mathematischer Verfahren ist also zur Kontrolle des Erkenntniszuwachses unbedingt erforderlich. Denn die mathematischen Verfahren liefern zunächst ein mathematisches Ergebnis. Ob das auch ein geographisch relevantes ist, muß erst noch festgestellt werden.

Das sei am Beispiel der multivariaten *Faktorenanalyse* gezeigt.

Dieses viel angewandte Verfahren führt eine größere Anzahl von Eigenschaften (Merkmalen, Variablen) aufgrund der Korrelationen auf eine geringe Anzahl von »Faktoren« zurück, die zu einem meist sehr hohen Prozentsatz den gegebenen Sachverhalt erklären. Die Faktoren sind jedoch keine Merkmale oder Eigenschaften, sondern errechnete Größen, die als komplex bezeichnet werden, weil sie sich aufgrund der errechneten Korrelationen aus mehreren Merkmalen zusammensetzen (Ladungen). Dazu ist festzustellen, daß diese »komplexen« Faktoren nicht mit der Komplexität geographischer Systeme identisch sind. Es ist also auch keine Komplexanalyse, wie sie u. a. E. Neef (1965) gefordert hat. Die Faktoren selber sind nicht identisch mit den Faktoren des geographischen Wirkungsgefüges. Sie lassen sich, da sie nicht gegenständliche Eigenschaften, sondern Rechenergebnisse sind, auch nicht anschaulich beschreiben, sondern nur durch die Angabe erläutern, welche Merkmale als Variable zu ihrer Ladung beitragen. Die anschaulichen geographischen Eigenschaften werden durch eine geringere Anzahl neuer Faktoren ersetzt. Es erfolgt also ein Umbau der geographischen Struktur, was den Vorteil hat, im weiteren Rechengang mit weniger Größen auszukommen. Ob die Kombination der Variablen, die in einem solchen Faktor vereinigt sind, einem landschaftsdynamischen Prozeß zuzuordnen ist, wird in der Regel nicht erörtert. Das gehört nicht zur mathematischen Aufgabe. Unbehagen muß sich auch einstellen, wenn man aus alter Erfahrung weiß, daß die *Korrelationen* in integrierten Komplexen ihre Tücken haben. So weisen zwei Merkmale, die miteinander nichts zu tun haben, aber in gleicher oder ähnlicher Weise von einem dritten abhängen, auch untereinander eine hohe Korrelation auf. Eine weitere Eigenart komplizierter Landschaftseinheiten ist die Austauschbarkeit von Geofaktoren, die zu eigenartigen *Konvergenzen* führen. Bei der mathematischen Berechnung von Zusammenhängen in Vielstoffsystemen scheint also nicht nur die Anschaulichkeit, sondern auch die Zuverlässigkeit reduziert.

Einige Belege sollen diese Behauptung unterbauen.

H. BLUME hat in seiner Länderkunde der USA die Gliederung des Landes in »multivariate kulturgeographische Regionen« mit Hilfe der Rechentechnik auf 13 Merkmalsgruppen mit insgesamt 90 Binärvariablen aufgebaut. Die 14 Regionen, von denen nur 11 in geschlossenem Gebietszusammenhang stehen, hätten sich ohne die riesige Rechenarbeit aus der langjährigen reichen geographischen Literatur überzeugend ableiten lassen. Um EDV anwenden zu können, werden die Variablen in einem Quadratgitter, Seitenlänge 50 Meilen, erfaßt. Durch unglückliche Lage des Rasters kann eine wichtige geographische Einheit so in Quadrate aufgelöst werden, daß keines der Rastergevierte die notwendigen Schwellenwerte erreicht. So wäre z. B. die Großstadt Miami in Florida ein Opfer der Methode geworden, wenn der Verfasser sie nicht aus eigener Anschauung und Beobachtung hätte berücksichtigen können. Daß die sogenannten Rentnerstädte, die sich in jüngster Zeit in Florida entwickelt haben, heute ein ganz charakteristisches Element dieser Region darstellen, zeigt jeder Blick in das Land oder in die Statistik. Die mathematische Methode bestätigt mit Hilfe der Faktorenanalyse dieses Merkmal als eindeutig mit einer Ladung von 0,92. Niemand hat daran gezweifelt, die Bestätigung war überflüssig, und niemand kann sich eine Vorstellung machen, wie diese Region aussähe, wenn die Rechnung nur eine Ladung von 0,82 oder 0,72 ergeben hätte. Wie die Kenntnis des Landes es gestattet, aus zielgerichteter Beobachtung den Fall der Großstadt Miami zu korrigieren, so ist das gut lesbare Buch in allen wesentlichen Teilen aus der Anschauung geschrieben, die direkt gewonnen und indirekt durch Literatur, Statistik, Luftbildmaterial u. ä. ergänzt worden ist. Die eingeflochtenen Rechenergebnisse quantitativer Bemühungen stehen wie Fremdkörper inmitten der sonst anschaulichen Darstellung, ein Beweis dafür, daß die modernen Analysetechniken in erster Linie nur dem Ausbau und in manchen Fällen auch der Absicherung der gewonnenen Erfahrungen dienen. Sie sind der synthetischen Darstellung des Landes untergeordnet. Dieses Beispiel unter vielen möglichen zeigt abermals nur, daß das gestörte Verhältnis von Analyse und Synthese zu einem zentralen Problem der Wissenschaftstheorie geworden ist.

Wie gegensätzlich im Sinne der Komplementarität analytische und synthetische Verfahren sind, zeigt sich darin, daß die Teilkomplexe, die als Ergebnis der landschaftsökologischen Erkundung erarbeitet worden sind und auch als wesentlicher Fortschritt angesehen werden, durch die Faktorenanalyse wieder der Auflösung verfallen. H. NEUMEISTER (1978), der offen von einem Umbau spricht, kann anschauliche Begriffe wie Gebirgsverwitterungsböden oder Gefilderegion nicht in die Faktorenanalyse einbringen. Sie müssen erst in ihre Elemente zerlegt werden. Der errechnete Hauptfaktor (Faktor 1), den er als »komplexen vertikalen landschaftlichen Faktor« bezeichnet, stellt sich dann als komplexe Größe aus Klima der Vorzeit (Bildungsbedingung für Verwitterung und Reliefbildung), Grobsand und Feinsand

(Verwitterungsprodukte des Granits), Hangneigung (Gebirgsrelief) und Niederschlagsmengen über das Jahr und den Sommer dar, die wohl für Wasserreichtum und Auslaugung der Böden stehen sollen. So klare Aussagen wie Luvlage des westlichen Erzgebirges bleiben ungenannt. Im Flachland Nordwestsachsens ist das Charakteristikum Löß nicht rechenbar und muß in die Variablen Grobschluff und Feinschluff aufgelöst werden, während die Fruchtbarkeit der Böden durch *V*-Wert und p_H-Wert angedeutet wird. Allenthalben findet sich eine Reduzierung der Synthese-Ebene, z. T. bis zu den primitivsten, aber verfügbaren Elementen des geographischen Zusammenhangs in Partialkomplexen.

Das Versagen quantitativer Methoden in der gezeigten Form lehrt, daß diese Methoden an falscher Stelle angesetzt worden sind. Das aber konnte wiederum nur geschehen, weil der komplementäre Charakter der analytischen und der synthetischen Problemstellungen nicht berücksichtigt werden konnte.

3.7. Nichtgeographische Aspekte der Kulturlandschaft

Die geographische Realität ist ein historisches Ergebnis, am deutlichsten wohl in der Kulturlandschaft sichtbar. Daher wird in der historischen Landeskunde bzw. der historischen Landschaftskunde der Begriff der Kulturlandschaft, in der sich natürliche und kulturelle Elemente in einem historischen Prozeß miteinander verbunden haben, als unentbehrlich angesehen. Kulturlandschaft ist dort ein *historisch-geographischer* Begriff. Seine Einheit beruht auf historischen Prozessen. Der geschichtliche Ablauf steht vor dem aktuellen funktionellen Gefüge.

Kulturlandschaft ist aber ebenso vom Menschen *gestaltete Landschaft* und unterliegt auch in der Gegenwart ständigen Umbildungsprozessen. Die Prinzipien, die der Gestaltung zugrunde liegen, sind verschiedener Art und haben im Laufe der Geschichte gewechselt. Kultur im ursprünglichen Sinne ist Sicherung der Lebensbedürfnisse durch geeignete Werkzeuge und Arbeitsformen. Von primitiven Anfängen an entwickeln sich über eine immer stärker ausgebaute Arbeitsteilung die für das gesellschaftliche Leben erforderlichen Funktionen und die dafür benötigten materiellen Einrichtungen, die in der Landschaft vor allem in den Bauwerken und den Nutzungsformen des Landes sichtbar werden. Neben dieser Zweckbestimmung spielen auch immaterielle Anliegen eine Rolle, vor allem das Bedürfnis nach Schönheit. Die ästhetisch befriedigende Gestaltung der vom menschlichen Leben erfüllten geographischen Räume ist daher einer der nicht zu vernachlässigenden Aspekte der Kulturlandschaftsproblematik.

Der Begriff Kulturlandschaft umreißt die Einheit von naturgegebener Materie, funktionalem Ausbau und ästhetischer Gestaltung.

In diesem Sinne bleibt der Begriff der Kulturlandschaft lebendig. Er ist eine Grundorientierung für die Arbeit der Städtebauer, Landschaftsplaner, Architekten und Landschaftsarchitekten, nicht zuletzt auch für die Denkmalpflege. Mehr und mehr wird er soziologisch interessant. Unlängst hat E. Wirth die Kulturlandschaft als persistente Rahmenbedingung für menschliches Handeln bezeichnet.

Alle diese Aspekte und die entsprechenden Begriffsinhalte gelten jedoch nur einer geographischen Wirklichkeit, die sich damit als Gegenstand interdisziplinärer

Zusammenarbeit dokumentiert. Kulturlandschaften bilden nicht Systeme, sondern übergeordnete geographische Einheiten, die wir als »Ensemble« bezeichnen.

4. Die Anschaulichkeit in der Synthese

4.1. Besonderheiten des geographischen »Ensembles«

Die sogenannten Groß- oder Supersysteme zeigen einige Besonderheiten, die dem Systemcharakter widersprechen. Um nicht der allgemeinen Verwässerung der Systembetrachtungen durch die Feststellung, daß alle geographischen Einheiten als Systeme aufgefaßt werden könnten, zu folgen, wird vorgeschlagen, dafür einen eigenen Begriff zu verwenden, das »Ensemble«. Das Wort ist aus der Musik und Schauspielkunst hinreichend bekannt und in allen Sprachen in geeigneter Form zur Verfügung. Vergleiche mit dem Ensemble von Künstlern an einer Opernbühne mögen ganz interessante Parallelen ergeben, können aber hier nicht erörtert werden. Vielmehr sollen einige wesentliche Unterschiede zum Systembegriff klargelegt werden.

1. Ein *System* ist definiert durch eine Menge von Elementen, die durch eine Menge von Relationen miteinander verbunden sind: $S = \mathcal{M}E \cdot \mathcal{M}R$. Ein Ensemble enthält darüber hinaus noch Elemente, die nicht durch Relationen in das System eingebunden sind. Man könnte sie als *unabhängige, akzessorische* oder *exemte* Glieder des Ensembles bezeichnen.

2. Wenn ein System Elemente enthält, die nicht durch die systemeigenen Relationen eingebunden sind, so gibt es zwei sich verschieden verhaltende Klassen von Elementen: die in das Wirkungsgefüge eingebundenen und in bestimmbaren Kausalverflechtungen fixierten Elemente, die man als *synergetisch* bezeichnet, und freie, unabhängige Elemente, die als *synchor* zu bezeichnen wären (NEEF, 1967).

3. Es ist auffällig, daß einzelne Elemente zeitweise synchoren Charakter haben, zeitweise aber in synergetische Beziehungen eintreten können, an Jahreszeiten oder auch zeitlich nicht festlegbare, zufällige Ereignisse gebunden.

4. In entsprechender Weise zeigen sich zeitweilig einzelne Relationen, gestaltende Kräfte, die für das Ensemble prägenden Charakter haben können. Neben den im jahreszeitlichen Rhythmus auftretenden geographischen Erscheinungen spielen die vereinzelt auch aperiodisch geschehenden Ereignisse eine Rolle. In ihnen verkörpert sich das historische Prinzip, das in der Landschaft, speziell in der Kulturlandschaft, wirksam ist.

5. Funktionale Beziehungen gelten nur für die Teile oder Teilsysteme, die streng durch Relationen bestimmt werden. Für alle Beziehungen gemeinsam aber gilt: Die Relationen in einem Ensemble sind auf die räumliche Ordnung, auf Lage und Lagebeziehungen reduziert. Sind für Teilsysteme die funktionellen Bindungen entscheidend, die zugleich den Systemcharakter im engeren Sinne bewirken, so sind für kulturlandschaftliche Ensembles diese räumlichen Beziehungen vorherrschend; sie lassen räumliche Gruppen und Gruppierungen entstehen, die sich z. B. im Charakter der Stadtteile oder in der Wald-Offenland-Verteilung abbilden und in sehr unter-

schiedlicher Weise mit den Funktionalsystemen gegenwärtig oder historisch verbunden sind. Der meist komplizierte Vorgang der Gestaltung der Kulturlandschaft durch historische Prozesse bildet sich in ihrem äußeren Erscheinungsbild am unmittelbarsten ab.

6. Ein wesentlicher Unterschied zu strengen Systemen besteht in der *Austauschbarkeit* von Faktoren. Das gibt häufig zu *Konvergenzen* Anlaß. Ein berühmtes Beispiel ist durch die klimatische und edaphische Trockenheit belegt, die um 1903 zur Kontroverse zwischen A. Hettner und E. Obst über die Gründe der eigenartigen Verwitterungsformen in der Sächsischen Schweiz Anlaß gab. Auch wird der Funktionswandel dadurch erleichtert, daß sich bei eintretenden Veränderungen mehrere Möglichkeiten sinnvoller Weiternutzung von persistenter Landschaftssubstanz anbieten. Diese Eigenschaft wird besonders aktuell für die Landschaftsplanung, da schon frühzeitig die Nachfolgelandschaft (bedeutsamstes Beispiel ein Braunkohlentagebau) vorbereitet werden kann.

Auch in den Methoden der Beschreibung spielt die Anschaulichkeit eine große Rolle. So kann eine Distanz auf reine Entfernung in Metern, durch den notwendigen Zeitaufwand, Geldaufwand, Kraftstoffaufwand zur Überwindung der Strecke angegeben werden, wodurch sich zugleich für den jeweiligen Aspekt eine zweckmäßige Aussageform wählen läßt.

7. Die Rolle des Historischen ist von ganz besonderer Bedeutung. Es wirkt durch das Beharrungsvermögen von Schöpfungen einer bestimmten Epoche, die den damaligen gesellschaftlichen Bedingungen entsprachen, aus diesen hervorgegangen sind, aber nach deren Ende zu einem großen Teil weiterbestehen bleiben, obwohl die ursprünglich tragende Funktion erloschen oder durch andere ersetzt worden ist. Die meisten historischen Bauwerke, von denen heute viele unter Denkmalschutz stehen, sind im feudalen Lebensbereich entstanden; heute bergen sie Museen, Sonderschulen, Behörden oder auch Wohnungen. Ohne die »Persistenz« dieser historischen Formen wäre weder die heutige Gestalt, noch der Werdegang des Ensembles verständlich. Wie sich dieses persistente Erbe (in Siedlung und Flur) mit den heutigen aktuellen gesellschaftlichen Anforderungen zu einer lebenerfüllten Raumeinheit verbindet, ist Gegenstand von Überlegungen, die von einem einzelnen Fachgebiet her nicht entwickelt werden können. Sie wurzeln nicht in definierten Systemen, sondern haben übergreifenden Charakter. Sie sind Merkmal des »Ensembles«, und das belegt, daß das Studium solcher Ensembles eine unverzichtbare Notwendigkeit ist.

8. »Ensembles« sind in erster Linie als Gestaltkomplexe erfaßbar. Die wissenschaftliche Beschreibung ist mit verschiedenen Methoden möglich. Doch eine Analyse und insbesondere eine immer weiter ins Spezielle eindringende Analyse zerstört das Ensemble. Um es zu beschrieben, muß die Frage beantwortet werden, was denn eigentlich für ein bestimmtes Ensemble »charakteristisch« ist. Man sollte daher die beschreibende Form, gleich welche Mittel sie anwendet, als *Charakteristik* und nicht als Analyse bezeichnen. Für diese Charakteristiken müssen methodische Richtlinien erarbeitet werden, worüber in dem hier gegebenen Zusammenhang nicht gesprochen werden kann. Auf jeden Fall aber lassen sich innerhalb des Ensembles als Gestaltkomplex mannigfache funktionelle Zusammenhänge erkennen,

die sich zu Systemen ordnen (Funktionssysteme) oder in räumliche Teileinheiten (vielleicht als »Quartiere« zu bezeichnen?) untergliedern lassen. Das Ensemble schließt also mehrere Untergliederungen ein, die jedoch meist einen hohen Rang im System der Funktionen haben, z. B. Funktionskreise, die den gesellschaftlichen Grundfunktionen zugeordnet sind. Darauf beruht die Tatsache, daß Ensembles sehr unterschiedliche Aspekte der wissenschaftlichen Erforschung nicht nur möglich, sondern notwendig machen.

9. Die forschungsbedingte Auflösung des kulturgeographischen Ensembles, genannt Kulturlandschaft, in einzelne Teile, die von einzelnen Fach- und Geowissenschaften systemorientiert untersucht werden, könnte darauf hindeuten, daß die Kulturlandschaftsforschung damit in neue Formen überführt und in der alten Form nicht weiter aktuell sei. Aber diese häufig zu hörende Meinung ist falsch! Sie beruht zu wesentlichen Teilen auf dem oben beschriebenen Zusammenbruch der Einheit von Analyse und Synthese. Denn die fortschreitende Arbeitsteilung und die damit verbundene Spezialisierung hebt das wissenschaftliche Grundanliegen nicht auf. Im Gegenteil sollen dadurch bessere Argumente und tiefere Einsichten in den Problemzusammenhang gewonnen werden, was besonders bei den komplizierten »Groß- oder Supersystemen« erhebliche Schwierigkeiten bereitet. Gerade diese Synthesemängel, die wir heute in der Theorie festzustellen haben, zwingen dazu, die Erforschung der Ensembles und ihrer Besonderheiten mit einem gewissen Vorrang zu betreiben.

4.2. Mängel des Begriffsapparates

Eine Folge der Vorherrschaft analytischen Denkens zeigt sich darin, daß der in den einzelnen Wissenschaften entwickelte Begriffsapparat vorwiegend analytischen Charakter hat, so daß für die Charakteristik von Ensembles geeignete Begriffe fehlen.

Es ist eine alte Erfahrung, daß es sehr schwierig ist, für komplexe Sachverhalte eine passende Terminologie aufzubauen. Gegenüber der Schärfe der Begriffsbestimmung im analytischen Bereich erweist sich hier die Weite der Begriffsinhalte als äußerst unangenehm. Anstelle einer Begriffsdefinition, die dem Inhalt und seiner Abgrenzung eindeutig entspricht, ist bei Ensembles im allgemeinen nur eine pauschale Kennzeichnung möglich, da die Teilkomplexe sich meist nicht scharf abgrenzen lassen und damit die Eindeutigkeit der analytischen Aussage fehlt.

Die Umgangssprache hat, da notwendig, eine große Anzahl von Bezeichnungen für geographische Erscheinungen im Gebrauch. Diese betreffen vielfach Typen komplexen Charakters, die für eine synthetische Begriffssprache geeignet sind. Dazu gehören Wörter wie Landschaft, Gebirge, Börde, Löß, Verwitterung, Gelände und vieles andere mehr.

Die Frage bei Ensembles heißt nicht »Was ist?«, sondern »Was ist charakteristisch?« Die Weite und Unbestimmtheit ist unmittelbar mit dem Gegenstand und seiner Kompliziertheit selbst gegeben. Es ist daher kein Grund vorhanden, diese »Ungenauigkeit« oder Unschärfe als wissenschaftlichen Mangel zu bezeichnen. Der Mangel besteht vielmehr darin, daß eine der Synthetik angepaßte Terminologie noch kaum ausgearbeitet ist. Denn diese für Vielstoffsysteme heterogenen Charakters charakteristische Unschärfe zu bewältigen, heißt nichts anderes, als die Grundzüge einer Syntheseterminologie zu entwickeln. Einige für die Ensembles kennzeichnende Eigenschaften sind bereits benannt worden. Eine kurze Gegenüberstellung einiger Begriffe für die Untersuchung von Systemen und Ensembles, die gleichlautende Bezeichnungen mit verschiedener Bedeutung vermeiden sollen, sei angefügt:

Systeme	*Ensembles*
Analytik	Synthetik
Analyse	Charakteristik
Elemente	Komplexe (Teilkomplexe)
synergetisch	synchor
Aktuelles	Historisches
Teilsysteme	Teilaspekte

Die Charakteristik von geographischen Ensembles muß die Landschaftsgenese und die landeskulturelle Überprägung beachten. Für die aktuellen Funktionssysteme ist das nicht ohne weiteres erforderlich. Wohl aber müssen die Teilaspekte eines Ensembles, die in der Systemanalyse selbständige Forschungsgegenstände werden, in der Charakteristik eines Ensembles umrissen werden: der ökologische, der gestalterische, der ästhetische, der historische, der geographische und andere Aspekte.

4.3. Die Anschaulichkeit als spezielles Erfordernis

Die besondere Schwierigkeit der Ensembleforschung liegt in der schwer überschaubaren Fülle von umfassenden Erscheinungen, die wegen ihres Allgemeinheitsgrades durch eine sprachlich einwandfreie Kennzeichnung bewältigt werden müssen. Gerade weil in dieser Größenordnung scharfe Definitionen nicht möglich sind, müssen die sprachlichen Ausdrucksformen entsprechende Hilfe leisten. Das aber ist durch die *Anschaulichkeit* der in der Charakteristik verwendeten Begriffe gewährleistet. Sie kompensiert gewissermaßen die Unmöglichkeit, durch enge Begriffe der Mannigfaltigkeit der Realität gerecht zu werden. Die üblichen Fachausdrücke, auf zu umfassende und komplexe Forschungsgegenstände angewendet, sind gefährlich. Sie sind glatt und undurchsichtig. Sie verdecken Unklarheiten, überspielen Ungenauigkeiten des Denkens und verschleiern das anstehende Problem mehr, als daß sie es aufhellen. Eine exakte verbale Form der Aussage, die Anschaulichkeit einschließt, ist eine hervorragende Kontrolle des eigenen Denkens und der eingesetzten Methoden. Darum muß die Forderung erhoben werden, daß jedes Ergebnis, auch das aus Berechnung hervorgehende, in die verbale Aussageform überführt wird. Gelingt das nicht, dann ist das Ergebnis entweder der Problemstellung nicht angemessen, oder es geht an der eigentlichen Fragestellung vorbei, oder es bringt nur Teillösungen, oftmals sogar leere, keinerlei Erkenntnisfortschritt enthaltende Aussagen.

Die Orientierung an den zentralen Lebensproblemen bietet eine wichtige Stütze. Denn die großen Ensembles sind fast ohne Ausnahme unmittelbar mit den großen, wissenschaftlich attraktiven gesellschaftlichen Problemen verbunden, etwa: Umweltprobleme verschiedenen Charakters, Landeskulturfragen, Denkmalpflegeaufgaben zur Wahrung des historischen kulturellen Erbes, medizinische Fragen der allgemeinen Gesundheitspflege und vieles andere mehr. Da sich an diesen Problemen das allgemeine Interesse und die wissenschaftliche Aussage begegnen, muß auch die wissenschaftliche Aussage einen allgemeinverständlichen Charakter haben; und da innerhalb der Wissenschaft die Weitergabe von Teilerkennntnissen, die in die zentralen Probleme einmünden sollen, möglichst reibungslos und ohne einzuschaltende Interpretationsstufen vor sich gehen sollte, ist in allen Stufen der Forschung die Anschaulichkeit nützlich und dem Auftrag der Wissenschaft entsprechend notwendig.

Große Lebensprobleme waren bisher kaum Inhalt der strengeren wissenschaftlichen Forschung. Erst die Umweltproblematik der letzten Jahrzehnte hat mit aller Deutlichkeit gezeigt, daß zur Lösung dieser entscheidenden gesellschaftlichen Probleme bisher nur unzureichende wissenschaftliche Vorarbeit geleistet worden ist und daß herrschende Strömungen in der wissenschaftlichen Entwicklung gerade diesen zukunftswichtigen Arbeitsgebieten zu wenig Aufmerksamkeit geschenkt haben. Mit der Begegnung am Problem wird die Verständigungsmöglichkeit von zentraler Bedeutung. Diese aber setzt Anschaulichkeit voraus. Der Verlust an Anschaulichkeit ist daher eine Erscheinung, die unbedingt der Kompensation bedarf und der Förderung übergreifender Arbeitsgebiete, die der Wiedergewinnung der Einheit von Analyse und Synthese ihre ungeteilte Aufmerksamkeit widmen.

Anmerkungen

1 In der Diskussion hat Professor Jordan darauf hingewiesen, daß bei einer früheren Erörterung ähnlicher Fragen zwischen der unmittelbaren »ikonischen« Anschaulichkeit und der daraus durch Abstraktion abgeleiteten »semantischen« Anschaulichkeit unterschieden worden sei. Dieser Übergang zur semantischen Anschaulichkeit ist für die Herausbildung einer anschaulichen Wissenschaftssprache von besonderer Bedeutung. Ein großer Teil der hier angeschnittenen Fragen beziehe sich offensichtlich auf diese Abstraktionsstrecke. Das ist für einfache Strukturen sicher zutreffend. Die tieferen Probleme aber liegen bei den hochintegrierten landschaftlichen Komplexen.

2 In der Mathematisch-naturwissenschaftlichen Klasse der Sächsischen Akademie der Wissenschaften zu Leipzig sind auf Anregung von Herrn Buchheim mehrere Diskussionen zum Begriff der Komplementarität durchgeführt worden. Sie haben sich, zunächst unerwartet, auch für die Geographie als sehr anregend erwiesen.

3 Ein wesentlicher Teil der studentischen Erziehung ist aber dem Auffinden von Problemen und der konkreten Formulierung von wissenschaftlichen Fragestellungen und Hypothesen gewidmet. Ein Verzicht auf die Beschreibung des Physiognomischen wäre zugleich ein Ver-

zicht auf einen Teil der heuristischen Werte und müßte daher als Rückschritt der Ausbildung bezeichnet werden, der wohl noch schwerer wiegt als der Verlust an Anschaulichkeit, weil dieser in erster Linie die geographisch interessierte Laienwelt, weniger die zur Forschungsarbeit berufene jüngere Generation betrifft.

4 Das Verhältnis von Wissenschaft und Kunst faßt V. Weisskopf als komplementär (im Sinne von N. Bohr) auf. Beide sind auf Erkenntnis und Darstellung der realen Umwelt ausgerichtet. Daß sich in der Geographie beide komplementären Ausdrucksformen so eng berühren können, ergibt einen interessanten Hinweis auf die Grenzsituation der Geographie.

5 Daß der heutige Weg der Geographie vom Anschaulichen zum Formalen notwendig ist, steht außer Zweifel. Ob aber die Ausschließlichkeit dieses Weges in eine Sackgasse führt, ist eine durchaus aktuelle theoretische Frage.

6 Daß das überlieferte System der Wissenschaften allgemein, das der geographischen Wissenschaften im besonderen, überholt ist, den heutigen Problemstellungen vielfach nicht mehr entspricht und unnütze Schwierigkeiten hervorruft, kann hier nur erwähnt werden. Es fehlt der Geographie die einigende theoretische Klammer, eine »Theoretische Geographie«, vergleichbar der Allgmeinen Biologie in der ebenso stark aufgesplitterten Biologie.

7 In dieser Unentschiedenheit zeigt sich offenbar die alte Einstellung vieler Geographen zur Systemtheorie. Sie berufen sich darauf, daß die Geographie die Systemvorstellungen mit ihrem schon lange gebräuchlichen Wort »Wirkungsgefüge« vorweggenommen habe. Das ist an sich richtig. In C. Trolls Schriften läßt sich – ebenso bei anderen Autoren – das Wort Wirkungsgefüge fast immer durch das Wort System ersetzen. Aber das »Wirkungsgefüge« blieb eine allgemeine, meist sogar sehr unverbindliche Feststellung eines inneren Systemzusammenhanges, der oft auch als Landschaftszusammenhang bezeichnet worden ist. Eine Präzisierung des Wirkungsgefüges gab es nicht, und diese unklare Haltung wurde auch beibehalten, als sich das Wort System einbürgerte.

8 Als hybride Systeme werden solche bezeichnet, in denen Elemente aus mehreren Seinsbereichen mit verschiedenen Kausalitätsformen vereinigt sind.

9 Nach einem Vortrag von Professor Pietzsch, Jena, vor der Leopoldina Februar 1978 in Halle.

Literatur

Hard, G.: Die Geographie. Eine wissenschaftstheoretische Einführung. Sammlung Göschen 9001, Berlin 1973.

Hettner, A.: Die Geographie – Ihre Geschichte, ihr Wesen und ihre Methoden. Breslau 1927.

Jordan, H.: Die Stellung der Kurorttherapie im Mensch-Umwelt-Konzept. Z. f. Physiotherapie 1979. Mit weiterer Literatur.

Keller, O.-H.: Anschaulichkeit und Eleganz beim Alexanderschen Dualitätssatz. Sitzungsber. Sächs. Ak. Wiss., Math.-nat. Klasse, 114/3, Berlin 1980.

Kugler, H., und Jänckel, R.: Zur geographischen Interpretation der Multispektralaufnahme »Süßer See«. Geogr. Ber. **87** (1978), S. 99–111.

Leser, H.: Geographie. Das Geographische Seminar. Braunschweig 1980.

Neef, E.: Landesplanung und geographische Forschung. Ber. z. Dt. Landeskunde **7** (1950), S. 310–332.

Neef, E.: Elementaranalyse und Komplexanalyse in der Geographie. Mitt. Österr. Geogr. Ges. **107** (1965).

Neef, E.: Die theoretischen Grundlagen der Landschaftslehre. Gotha 1967.
Neef, E.: Zur Problemgeschichte der Kulturlandschaft. In: Festschrift für Walter Rossow. Manuskriptdruck Stuttgart 1980, S. 42–46.
Neef, E. und V.: Sozialistische Landeskultur. Brockhaus-Handbuch, 1977, Stichwort Rekreationspotential, S. 548.
Neef, E., u. a.: Analyse und Prognose von Nebenwirkungen gesellschaftlicher Aktivitäten im Naturraum. Abh. Sächs. Ak. Wiss., Math.-nat. Klasse, Bd. 54/Heft 1, Berlin 1979.
Neumeister, H.: Raumtypisierung und Faktorenanalyse. Wiss. Abh. Geogr. Ges. DDR **9** (1972), S. 243–256.
Penck, A.: Beobachtung als Grundlage der Geographie. 1906.
Richter, H., und Kugler, H.: Landeskultur und landeskultureller Zustand des Territoriums. Abh. Geogr. Ges. DDR **9** (1972), S. 35–46.
Schmithüsen, J.: Geschichte der geographischen Wissenschaft von den Anfängen bis zum Ende des 18. Jahrhunderts. Mannheim 1970.
Weisskopf, V. F.: Kunst und Wissenschaft. In: Raum und Zeit. Festgabe zur Jahresversammlung 1979/80. Acta Historica Leopoldina **14** (1980), S. 53–74.
Wirth, E.: Theoretische Geographie. Grundzüge einer theoretischen Kulturgeographie. Stuttgart 1979.

Günter Haase

Kulturlandschaft – Wege zu ihrer Erkundung und Darstellung

Für Ernst Neef war, wie er selbst einmal formulierte, die Mitarbeit in der Sächsischen Akademie der Wissenschaften zu Leipzig von zentraler Bedeutung für seine wissenschaftliche Entwicklung, vor allem, weil sie »interdisziplinäres Denken verlangte und damit über die Grenzen des Fachgebietes hinaus auch das eigene Wissen einzuordnen zwang.«[1] Es war für Ernst Neef überhaupt kennzeichnend, daß er immer wieder versuchte, über das traditionelle Fachgebiet der Geographie hinaus neue, sich entwickelnde Strömungen und Strukturen aufzudecken, vor allem in den Geowissenschaften, den benachbarten Biowissenschaften, aber auch in den sozioökonomischen Disziplinen. Das hat er in bezug auf die in den sechziger Jahren aufkommende Umweltforschung getan, wovon seine Beiträge in Petermanns Geographischen Mitteilungen *in der Rubrik »Zur Diskussion gestellt«[2] beredtes Zeugnis ablegen.*

Dabei erscheint das im Titel des hier abgedruckten Vortrags wiedergegebene Problem des Verlustes der Anschaulichkeit in der Geographie als ein Anlaß, sich mit den Fragen der integrativen Methoden, der Synthese eines in seiner Komplexität außerordentlichen Gegenstandsbereiches auseinanderzusetzen. Die Anschaulichkeit in der Geographie ist ein notwendiger Ansatzpunkt für alle makroskopischen Betrachtungen in der Geosphäre, deren Mannigfaltigkeit nur durch bildhafte Beschreibungen sicher zu erfassen ist. Der Ansatz dafür war schon zu Beginn geographischer Forschungen im 19. Jahrhundert bei Carl Ritter und Alexander von Humboldt gegeben. Einen wichtigen Meilenstein auf dem Wege der wissenschaftlichen Beschreibung komplizierter geographischer Objekte stellten die Arbeiten des Mitgliedes der Sächsischen Akademie der Wissenschaften Friedrich Ratzel dar. Auch in der heutigen Zeit sind Fragen der anschaulichen Beschreibung von Natur- und Kulturobjekten in der Landschaft nach wie vor von Bedeutung. Hier sei nur an den Grundsatz im Bundesnaturschutzgesetz erinnert, in dem »Vielfalt, Eigenart und Schönheit von Natur und Landschaft« als notwendige Eigenschaften beschrieben sind, die es zu schützen und zu erhalten gilt. Auch unter dem Einsatz modernster Mittel in der Geofernerkundung der Erde ist die Anschaulichkeit ihrer Kennzeichnung ein wesentlicher Ausgangspunkt für die Interpretation und letztlich für ihre Nutzung und Gestaltung.

Im Grunde geht es Ernst Neef nicht nur um einen deutlich zu erkennenden und zu beklagenden »Verlust der Anschaulichkeit« im Sinne der Physiognomie der Landschaft, sondern vielmehr um die Möglichkeiten der Erfassung der »Reallandschaft« als des eigentlichen Gegenstandsbereiches der Geowissenschaften, insbesondere der Geographie. Dabei nimmt der Begriff »Kulturlandschaft« für ihn eine zentrale Stellung ein als Ausdruck der »reell existierenden Landschaft«. Er weist darauf hin, daß bei modernen geowissenschaftlichen Untersuchungen diese Erscheinung vielfach wenig berücksichtigt wird, da ihre Mannigfaltigkeit der system- und modellgebundenen Arbeitsweise gewiß Schwierigkeiten bereitet. An die Stelle der »Reallandschaft« treten dann Abstraktionen, Landschaftstypen oder gar singuläre Erscheinungen, die die Ganzheit der »Reallandschaft« nur begrenzt widerzuspiegeln vermögen.

ERNST NEEF hat seit dem Beginn seiner wissenschaftlichen Tätigkeit nach dem zweiten Weltkrieg als junger Professor an der Leipziger Universität der Kulturlandschaftsforschung besondere Aufmerksamkeit gewidmet. In Aufsätzen hat er bereits um 1950 deutlich herausgestellt, daß es sich hierbei um eine Forschungsrichtung handelt, in der naturwissenschaftliche, vor allem geo- und biowissenschaftliche, aber auch soziologische sowie ökonomisch-technische Ansätze eng miteinander verflochten sind. Insofern hat NEEF außerordentlich bedauert und sich ständig dagegen gewandt, daß unter dem Einfluß der marxistisch-leninistischen Doktrin im Osten Deutschlands eine Aufteilung der Geographie in einen naturwissenschaftlichen und einen gesellschaftswissenschaftlichen Zweig erfolgte. Seine Einwände dagegen, die in den »Geographischen Berichten« *in den Jahren 1957 und 1958 veröffentlicht waren, haben ihn in Gegensatz zu manchem marxistischen Geographen gebracht. Die im vorliegenden Vortrag zur Anschaulichkeit in der Geographie dargelegte Auffassung, daß die Spaltung der Geographie zu einer Sterilität der Forschung führen wird, stützt er aus taktischen Gründen mit Bemerkungen des Ökonomgeographen W. A. ANUTSCHIN zur sowjetischen Geographie.*

Die disziplinäre Trennung der Geographie hat ERNST NEEF in seinen theoretischen und praktischen Arbeiten niemals akzeptiert, auch wenn seine besonderen Leistungen in der Landschaftsökologie und ihrer Entwicklung in der damaligen DDR vorwiegend auf dem Sektor der naturwissenschaftlichen Geographie lagen. Bereits seine Versuche, die Überleitung physiogeographischer in sozioökonomische Aussagen vorzubereiten und methodisch abzusichern – das von ihm so genannte »Transformationsproblem« –, zeigen, daß er eine Spaltung der Geographie nicht mitgetragen hat. Für ihn stand stets die Ganzheit der geographischen Objekte im Mittelpunkt aller Untersuchungen.

In seiner Arbeit »Die theoretischen Grundlagen der Landschaftslehre«[3] bezeichnete er die Landschaft als ein »Compositum geographicum«, dem, bei isolierten Details, Charakter und Ganzheit zuzuschreiben seien. Er ersetzte für die Geographie »das Ganze« durch dieses von ihm glücklich gewählte Wort »Compositum«, denn die physikalisch-chemisch faßbaren »Ganzheiten« sowohl der Mikrophysik, der Biologie oder der Psychologie sind jeweils andere als die »schaubaren Ganzheiten in der Geographie«, wie sich WOLFGANG BUCHHEIM[4] ausdrückte. Schließlich bereicherte NEEF die geographische Terminologie um den Begriff »Ensemble«, den er als Gesamtheit zusammengehörender Dinge verstanden wissen wollte, die in auf den irdischen Rahmen bezogenen Wechselwirkungen miteinander verbunden sind. Er versuchte auf diese Weise, den schon von CARL TROLL und JOSEPH SCHMITHÜSEN verwendeten Begriff »Wirkungsgefüge« etwas zu präzisieren.

Mit dieser Interpretation des geographischen Begriffs »Ganzheit« ist NEEFS Verständnis der Kulturlandschaft am besten gekennzeichnet. Das Wort »Ensemble« schließt dabei jene nicht von der Systemtheorie oder von der mathematischen Modellbildung her erfaßbaren Zusammenhänge ein, die aber durch das »Wirkungsgefüge« von Kausalität ganz unterschiedlicher Genese in einem bestimmten Ort zusammengeführt werden. Geographische Realität ist deshalb weiter gefaßt, und regionale Komplexe sind mannigfaltiger als mathematisch definierbare Systeme. Eine Systembindung der Kulturlandschaft widerspricht also der Realität und fälscht durch diese Reduktion das zur Zeit Faßbare der Problemstellung. NEEF betont immer wieder, daß nach Aussage von Mathematikern Probleme mit zahlreichen Parametern, wie sie die »hybriden« Systeme der Kulturlandschaft darstellen, heute noch nicht mathematisch auflösbar sind. Es müssen also andere Methoden für die Untersuchung der integrativen Eigenschaften von Kulturlandschaften gefunden werden, die deren Charakter als Ganzheit auch zum Ausdruck bringen können.

ERNST NEEF versuchte in den Publikationen der achtziger Jahre, dazu einige wesentliche Ansätze zu formulieren. Er wies darauf hin, daß Vorstellungen für die Erkenntnis der komplexen Realität in ihrer ganzheitlichen Struktur oft nur dadurch gefunden werden, daß, entsprechend den vorhandenen wissenschaftlichen Kenntnissen und Erfahrungen sowie der einzusetzenden Forschungstechnik, eingeschränkte, abgegrenzte Teile – Kompartimente – dieser Realität Kulturlandschaft untersucht werden. Dabei ist auch zu berücksichtigen, daß schon die unterschiedlichen Wissenschaftssprachen es oft erschweren, übergreifende, auf die Ganzheit des Objektbereiches orientierende Forschung zu betreiben. Es bleiben dann oft nur einzelne Aspekte zur Erkennung der Ganzheiten übrig, die wohl vielfach eine bedeutende Vertiefung im einzelnen, aber eine stets unzureichende Erfassung des Ganzen bewirken. Diesen Zusammenhang versuchte NEEF mit dem Begriff des »Ensembles« von Erscheinungen deutlicher herauszustellen.

In Vorträgen bei der Deutschen Akademie der Naturforscher Leopoldina hat ERNST NEEF bereits seit den sechziger Jahren auf einige der aus diesen Überlegungen folgenden Konsequenzen für die Methodologie der Geographie aufmerksam gemacht. Er stellte fest, daß unter dem Einfluß der raschen Entwicklung der naturwissenschaftlichen Analytik – vor allem zum Ende des 19. Jahrhunderts – den kausalen Beziehungen zwischen einzelnen oder einer kleinen Menge von Erscheinungen in der Erdhülle, darunter auch in Kulturlandschaften und Regionen, besondere Aufmerksamkeit geschenkt wurde. So führten geomorphologische, klimatologische, geochemische, biologische Analysen auf der einen und soziologische, demographische, ethnologische oder ökonomisch-technische Untersuchungen auf der anderen Seite zu einem ständig weiter vertieften Verständnis des geographischen Wirkungsgefüges im Rahmen einzelner Kompartimente. Auf diese Form der Elementaranalyse hat NEEF wiederholt hingewiesen, ebenso wie er deutlich machte, welche Schwierigkeiten sich für ein solches Herangehen aus der Mannigfaltigkeit der Erscheinungen und Wechselwirkungen des untersuchten Objektbereiches ergeben. Er hat deshalb – als ein wichtiges methodisches Mittel für den Erkenntnisgewinn bei der Untersuchung hochkomplexer landschaftlicher Erscheinungen – dieser Elementaranalyse die Komplexanalyse gegenübergestellt. Ausgangspunkt dafür ist die sich aus Beobachtungen und analytischen Untersuchungen der Realität ergebende, makroskopisch erfahrbare komplexe und komplizierte Struktur bzw. Gestalt bestimmter Erscheinungen, wie etwa der geosynergetisch-ökologischen Wirkungszusammenhänge eines Standortes (Ökotops) oder das Zusammenspiel von natürlichen, wirtschaftlichen und sozialen Einflüssen in Siedlungen, Städten und ganzen Kulturlandschaften.

Durch die Erfassung von komplexen Wirkungsgefügen mit modernen Analyseverfahren wird eine weitaus höhere Anlehnung der Erkenntnisse an die gegebene Realität erreicht. Die Komplexanalyse verlangt dabei vor allem eine typologische Arbeitsweise auf mehreren Integrationsebenen, auf die NEEF vor allem in seinen Vorträgen in der Leopoldina mit Nachdruck hinwies. Trotz dieser Fortschritte in der geographischen Methodologie wird aber deutlich, daß auch mit Hilfe einer komplexen Analyse nicht alle Fragen befriedigend zu lösen sind, die bei der Erforschung von Kulturlandschaften gestellt werden. Die Komplexe der überschaubar geordneten Wirkungszusammenhänge haben stets den Charakter des Kompartiments im Vergleich zur mannigfaltig gestalteten Realität, erfassen also nicht das gesamte »Ensemble« geographischer Erscheinungen im Sinne von NEEF.

Gibt es in dieser Situation einen Ausweg? Einen sehr interessanten Weg hat die Diskussion um das Prinzip der Komplementarität und dessen Anwendung in der Geographie gewiesen, die durch wissenschaftliche Rundtischgespräche in der Sächsischen Akademie der Wissenschaften ausgelöst worden ist.[5] Der Begriff »Komplementarität« bzw. »komplementäre Erscheinung« ist in den zwanziger Jahren unseres Jahrhunderts durch NIELS BOHR in die Physik, speziell in die Atomphysik, eingeführt worden. BOHR hielt es aber für möglich, daß dieser einen allgemeingültigen, fundamentalen Zusammenhang in den Wissenschaften kennzeichnet, insbesondere in solchen Disziplinen, die sich mit komplexen und zugleich hochkomplizierten Gegenständen auseinanderzusetzen haben. Der Begriff »Komplementarität«, angewendet auf die Geographie, beschreibt die immer wieder festzustellende Erfahrung, daß Aussagen über geographische Objekte mit verschiedenartigen Aussagebereichen, oft gewonnen aus unterschiedlichen Quellen und mit verschiedenen Methoden, unabhängig voneinander getroffen werden müssen, wobei die Erkenntnis des Wesens dieser Objekte – ihre ganzheitliche Charakteristik – aus der Verschmelzung der verschiedenen Kennzeichnungen erwächst. Die einzelnen Forschungslinien und die einzelnen Merkmalskombinationen ergeben ein wohl jeweils spezifisches, aber unvollständiges Abbild geographischer Objekte. Daraus folgt, daß eine den »Ensemblecharakter« der Kulturlandschaft von vornherein beachtende Untersuchungsform von dem Prinzip der Komplementarität ausgehen muß. Mit dieser Überlegung hat ERNST NEEF einen fundamentalen Tatbestand der Kulturlandschaftsanalyse oder, wie er gesagt hat, des »Compositum geographicum« dargestellt. Die geographische Forschung hat bereits manches Beispiel für die – unbewußte – Anwendung von Untersuchungsverfahren nach dem Prinzip der Komplementarität hervorgebracht.

Der Vortrag »Der Verlust der Anschaulichkeit in der Geographie und das Problem der Kulturlandschaft« ist ein bezeichnendes Beispiel für den Rang, den ERNST NEEF in der Methodenlehre der Geographie der zweiten Hälfte unseres Jahrhun-

derts einnimmt. Viele seiner darin enthaltenen Gedanken sind in der Gegenwart noch nicht voll ausgeschöpft und werden die Geowissenschaften, insbesondere die Geographie und die Kulturlandschaftsforschung, noch in das nächste Jahrhundert hinein befruchten.

Anmerkungen

1 *E. Neef, Ausgewählte Schriften, hrsg. von H. Barthel, Gotha 1983, S. 219.*

2 *»Vom Fachgebiet Geographie zum Erkenntnisbereich Geographie«, Petermanns Geogr. Mitteilungen 114, H. 2, 1970, S. 132–135. »Geographie und Umweltwissenschaft«, Petermanns Geogr. Mitteilungen 116, 1972, H. 2, S. 81–88. »Arbeitsteilung als Ordnungsprinzip der geographischen Wissenschaft«, Petermanns Geogr. Mitteilungen 126, H. 2, 1982, S. 119–124.*

3 *Die theoretischen Grundlagen der Landschaftslehre, Gotha 1967.*

4 *W. Buchheim, »Anschaulichkeit in der Geographie – Schau der Landschaften«, Petermanns Geogr. Mitteilungen 133, H. 2, S. 79.*

5 *Beiträge zur Komplementarität, hrsg. von W. Buchheim. Abhandlungen der Sächsischen Akademie der Wissenschaften zu Leipzig, Math.-nat. Klasse, Band 55, H. 5, Berlin 1983. W. Buchheim: Komplementarität nach Niels Bohr - physikgeschichtliche Episode oder universale Kategorie von Ergänzung? Sitzungsberichte der Sächsischen Akademie der Wissenschaften zu Leipzig, Math.-nat. Klasse, Bd. 117, H. 6, Berlin 1984.*

Wolfgang Buchheim

Der Farbenlehrestreit Goethes mit Newton in wissenschaftsgeschichtlicher Sicht

1986

Von den zahlreichen naturwissenschaftlichen Einzelthemen, die Goethe über lange Zeiträume hinweg immer wieder beschäftigt haben und ihren Niederschlag auch in seiner Dichtung gefunden haben, nimmt seine Farbenlehre [2] wohl den breitesten Raum ein. Ihre Entstehung, die mit zahlreichen eigenen optischen Versuchen, die er genauestens beschrieben hat, Hand in Hand ging, erstreckt sich über zwei Jahrzehnte, von 1791 bis 1810, und umfaßt im Druck ohne Kommentare über tausend Seiten. Der Widerspruch, auf den er sich zu Newtons längst allgemein anerkanntem Werk »Optics, or a Treatise of the Reflections, Refractions, Inflections and Colours of Light« [1] von 1704 festgelegt hatte, ließ ihm keine Ruhe, wohl weil er unbewußt fühlte, daß dieser Widerspruch erfolglos war und einen vergeblich gewordenen Protest gegen eine andere Intention bedeutete, die der seinen entgegenlief, sich aber in den Naturwissenschaften auch auf dem Gebiet der Farbenlehre als maßgebend durchgesetzt hatte. Deswegen ist es verfehlt, von Irrtümern oder »Fehlern«, wenn auch von »fruchtbaren«, zu sprechen wie J. Teller [14]. Besser wäre, von Goethes Mißverständnissen der physikalischen Farbenoptik zu sprechen, die ihn zu Fehlern im Nachvollziehen der Newtonschen Grundversuche verführt haben.

Heute sehen wir, daß die »Farbenlehre« bei Goethe eine *Zielrichtung* bedeutet und nichts mit »richtig« und »falsch« zu tun hat. Erst die spätere Physik hat herausgefunden, was an Goethes »Chromatik« aus heutiger Sicht »Gültiges« geblieben ist.

Farbenlehre ist nach heutigem Verständnis ein Sammelbegriff für die Beiträge vieler Disziplinen zum Farbenphänomen und seinen Wahrnehmungsbedingungen innerhalb wie außerhalb des Auges. Die physikalische Farbenlehre ist also nur ein – nämlich das zur Optik gehörende – Teilgebiet. Es gab, da es sich beim Sehen um ein sehr wichtiges Wahrnehmungsvermögen von Mensch und Tier handelt, von jeher eine Anzahl verschiedener Aspekte, unter denen das Phänomen Farbigkeit bzw. Buntheit erscheint: den *poetischen,* den *malerisch-künstlerischen*, den *färbereitechnischen,* den *farbenoptischen* (seit Newton) und den *farbenchemischen* (besonders seit Ostwald). Dem entspricht auch die Mehrdeutigkeit des Wortes »Farbe«. Farben heißen einerseits die *Materialien* (Pigmente), die Träger von Farbigkeit sind. Mit ihnen kann man als greifbaren Stoffen hantieren (Anstriche und Färbemittel aller Art). Andererseits nennen wir die *Reize* gewisser bunter Lichtarten beim Sehen gleichermaßen »Farben«.

Den aufgeführten Aspekten von Farbe als Eigenschaft von Lichtstrahlung mit Reizwirkung fügte das Jahrhundert nach Goethe neue hinzu. Inzwischen stellten sich nämlich die physiologisch orientierten Theorien des Mehrfarbensehens von Th. Young, H. v. Helmholtz, J. Cl. Maxwell und schließlich von E. Hering ein, bei denen Mathematik nach dem Vorgange von Newton nicht die entscheidende Rolle mehr spielte.

Was waren die Gründe dafür, daß Goethe seine konträre Konzeption mit einer an ihm ganz ungewohnten Unnachgiebigkeit und Härte verteidigte? Er verstieg sich hierbei zu Verbalinjurien gegen Newton, der sich, schon 1727 verstorben, in diesem Streit selbst nicht mehr verteidigen konnte. Die Mehrzahl seiner Schüler in aller Welt fühlte sich durch Newtons Autorität so gesichert, daß sie glaubte, Goethes Farbenlehre nicht ernst nehmen zu brauchen und sie kurzerhand teilweise sogar ins Reich des Dilettantismus abschieben zu können. Seine »Chromatik«, wie Goethe seine Optik selbst besser bezeichnet hat, fand zwar zunächst etwas Verständnis auch bei einigen Physikern, denen Goethe in seinem Amtsbereich hin und wieder begegnete. Am meisten trifft das wohl noch auf G. Chr. Lichtenberg zu, der sich aber später von Goethe zurückzog. Goethe hielt an seinem Ziele fest, wie aus seinen zahllosen Notizen zu eigenen Beobachtungen und Versuchen [2], die er mit großer Genauigkeit und Ausdauer anstellte, hervorgeht, indem er sich schließlich selbst auf das Experimentierfeld seines Gegners Newton begab, um hinter seine »Taschenspielereien«, wie er es nannte, zu kommen.

Wie aber gelangte er zu der fast beängstigenden Selbstgewißheit, die aus der bekannten Äußerung gegenüber Eckermann von 1829 spricht: »... Da ich aber in meinem Jahrhundert in der schwierigen Wissenschaft der Farbenlehre der einzige bin, der *das Rechte* weiß, tue ich mir etwas zugute.« Bei dem Worte »das Rechte« liegt wohl der Kern seiner ganzen Polemik. Wir kommen auf diesen entscheidenden Punkt am Ende zurück. Was aber war für Goethe in dieser Sache »das Rechte«? Dürfen wir es gleichsetzen mit dem »Richtigen«? Dann hätte schon Goethe selbst den Schlüssel für die Behebung des Widerspruchs im Sinne heutiger Physik in den Händen gehabt.

Die Anerkennung, die Goethe auf anderen Gebieten der Naturforschung, vor allem der *Biologie* (insbesondere der Morphologie), *Geologie, Mineralogie*, aber auch innerhalb der Farbenlehre selbst, nämlich der Physiologie und Psychologie des *Farbsehens* [12] fand, wirkten mildernd auf die Beurteilung seiner schockierenden Exponierung im »Farbenlehrestreit«. Man nahm diese offenbar um so weniger tragisch, je weniger man im Laufe des vorigen Jahrhunderts die Newtonsche Physik als das verbindliche »klassische« Ideal von Naturwissenschaft überhaupt verstand. Dies tat in Wirklichkeit wohl aber nur eine kleine Gruppe von mathematisch eingestellten Physikern und Astronomen. In diesem Kreise wurde im Anschluß an Newton ignoriert, daß für Goethe das *Auge* als *Organ* und das *Sehen* als *Tätigkeit* die Hauptsache war.

Goethe suchte nun, sein eigenes Farbenlehrekonzept, das die Mittel Newtons ablehnte, mit dessen Physik durchzuführen. Diese Mittel *physikalischer* Art paßten aber zu seinen *phänomenologischen* Begriffen nicht. Widersprüche und Wirrnis waren schließlich die Folgen.

Wir sehen, daß sich bei Goethe mit seinem radikal-phänomenologischen Verständnis im Sinne heutiger Physik des Farbphänomens eine *komplementäre* Auffassung [13] in heutiger Ausdrucksweise zur herkömmlich-physikalischen schon andeutete und er nach dieser auch praktisch verfuhr. Es zeigte sich hier nämlich eine »Komplementarität« von meßbarem *Effekt* und nur mit Worten beschreibbarem *Erlebnis*, wie H. Hönl [11], der Physiker, erklärte. In der Farbenlehre Goethes bedeutet ein »Farbton« nämlich einen »Gemütswert« mit »Forderungen«, wie Goethe sagte, bei Newton dagegen einen Eingriff in die Intensitätsverteilung im Spektrum des natürlichen Lichts. Die Farbauffassung Goethes führte zur erstgenannten Kennzeichnung von Farben, die Newtons zur zweiten. Der von Newton neubelebte Begriff der »Lichtkorpuskel«, der schon in der Antike auftauchte und den die heutige Physik etwa mit dem Photon identifiziert, versetzte also um die Jahrhundertwende Goethes Polemik gegen die Newtonsche physikalische »Chromatik« in die Ebene von Bohrs Komplementarität. Nach ihr richten sich die Wahrnehmungsbedingungen. Jegliches Auftreten von farbigem Licht bedeutet eine von »Weiß« (als Normalverteilung) abweichende Häufigkeitsverteilung der Photonen verschiedenener Energie auf das Spektrum. Das kann durch Lichtbrechung (chromatische Dispersion), Interferenz (Farben dünner Blättchen) oder selektive Streuung (Farbigkeit »trüber Medien«) gleichermaßen geschehen. Das sind nach Goethes Auffassung *Urphänomene* im Bereich des Farbigen, ausgedrückt in der Sprache der physikalischen *Optik*. Unter dem Photonengeschehen von Absorption, Emission und Streuung könnte man dann die »Taten und Leiden des Lichts« in Goethes Sprache verstehen. Es wurde damit gewissermaßen eine Übersetzung aus der *phänomenologisch-poetischen* Sprache Goethes in die *physikalische* von Newton und seinen Nachfolgern möglich, nachdem die Physik bis zu den »Elementarakten« des Quantengeschehens vorgedrungen war. Das Bedeutsame, Erstaunliche, Lehrreiche an dieser Tatsache ist, daß eine solche Übersetzung überhaupt vollziehbar wurde! Das liegt letzten Endes doch wohl daran, daß mit »Farbe«, »Farbwert«, »Farbton«, »Buntheit« vom lebenden Auge wie von der heutigen Quantenphysik das gleiche Urphänomen erfaßt wird. Hier reichen sich also schließlich, zu Beginn unseres Jahrhunderts, Planck und Goethe im Geiste die Hand. Newton war von diesem Brückenschlag noch weit entfernt. Für uns Heutige sind Newtons »Lichtkörperchen« zwar eine intuitive *Vorwegnahme* der Photonen, aber für ihn waren sie noch nichts experimentell Aufzeigbares, also eine Hypothese, die seine Optik belastet hätte. Er hatte bekanntlich zu seinem Prinzip erklärt: »Hypotheses non fingo.« Auch er hatte damit, wie Goethe später auf der anderen Seite, einen fundamentalen Verzicht an der Basis der Farbenlehre geleistet, der heute, nach der Entdeckung des Wirkungsquantums, unnötig geworden ist. Die Photonen (Lichtquanten) und alles, was mit ihnen zusammenhängt, sind heute zur »physikalischen Realität« geworden, und das eben eröffnete auch für die Farbenlehre völlig neue Perspektiven.

Die unerquickliche Farbenlehre-Polemik Goethes gegen Newton wurde mit dem Beginn unseres Jahrhunderts durchschaut und im Lichte der Quantenphysik schließlich gegenstandslos. [7] Sie stellte sich aber keineswegs als so »verfehlt« oder »abwegig« heraus, wie sie den Physikern zu Goethes Zeiten und noch lange danach erschienen war. Sie war damals nur »falsch verbucht« worden. Freilich hatte sie zu einigen Fehleinschätzungen und falschen Prognosen des alten Goethe Anlaß gegeben. [14] Während er die Farbenlehre Newtons als ein »unbewohnbar gewordenes

Gebäude« ansah, stand eine optische Geräteentwicklung gerade in Deutschland »vor der Tür«, ausgerechnet sogar »vor seiner Haustür«, nämlich seit 1846 in Jena bei Carl Zeiss. Der Kern der inzwischen eingetretenen Wende war aber, daß die Physik aufgrund der Entdeckung des Wirkungsquantums 1900 durch Planck ihre *klassisch* verhärtete Erkenntnisposition *revidierte*. Dabei stellte sich heraus, daß eine strenge *Trennung* von Objekt und Beobachtung auch in der Physik *undurchführbar* bleibt. Mit »dem Rechten«, von dem Goethe zu Eckermann gesprochen hatte, meinte er lediglich die Notwendigkeit, das Organ des Sehens, das Auge, nicht aus der Farbenlehre weglassen zu dürfen. Die physikalische Optik tat es aber, gemäß der Newtonschen Konzeption von Physik, also gewissermaßen per definitionem. Aber diese Physik war weit noch entfernt von der Grenze, an der die Trennung von Objekt und Beobachter aufhört. Es bedurfte freilich fast eines ganzen Jahrhunderts fortschreitender Naturwissenschaft im Bunde mit einer tiefgehenden Befruchtung der sogenannten »beschreibenden«, besonders der biologisch-medizinischen Disziplinen gerade aus Goethes universaler und weitreichender Naturschau, um das Mißverständnis bemerken zu können, das seiner Polemik zugrunde lag. Diese Polemik liegt zutiefst im *Doppelcharakter* des Sehens als Wahrnehmung begründet. Goethes Farbkonzept beruhte nämlich methodologisch, wie gesagt, auf einem Verzicht, auf einer wichtigen, für Goethe charakteristischen »Abstinenz«, die die physikalische Farbentheorie Newtons gerade nicht vollziehen kann. Für Goethe war aber dieser Verzicht die Voraussetzung für seine *Schau* der Phänomene unserer Umwelt wie der Kern seiner ganzen Natur- und Lebensauffassung überhaupt. Er trennte hier noch nicht Wissenschaft und Leben so weit, wie es schon das 17. und 18. Jahrhundert vorbereitet und das 20. dann auf einen gefährlichen Höhepunkt getrieben hat. Er hatte sich den sicheren Instinkt für die Gefährlichkeit dieser Trennung bewahrt, die uns in unserem Jahrhundert vor schreckliche Abgründe geführt hat. Ein tragisch anmutender Umstand war hierbei auch der, daß Goethe im Zeitalter zunehmend mathematischer Einkleidung der Naturwissenschaft, die seit Newton in erster Linie die Physik und Astronomie betroffen hatte, keinen ebenbürtigen und zugleich verständnisvollen Gesprächspartner zur Farbenlehre mehr fand. Auch keiner der großen Mathematiker zu Goethes Zeiten, wie Gauß, Euler, Lagrange und Laplace, hat mit Goethe je gesprochen! Das Gespräch mit dem ihm – nicht von der Person, sondern von der Sache her – verhaßten Newton war nicht mehr möglich. So blieb er auf dieser das nun anbrechende Zeitalter zunehmend bestimmenden »Strecke«, der stets Belehrungswillige und unerhört Aufnahmefreudige, unbelehrt, wenn auch bewundernd, immer mehr zurück.

Eine gerechtere Einschätzung von Goethes Bedeutung für die Farbenlehre trat erst ein, als mit dem Studium der sogenannten »physiologischen Farben« die *Mitwirkung des Auges* am Resultat des Sehens auch physikalisch nicht zu leugnen war. Goethe hatte das aber von vornherein betont! Eine gewisse Rehabilitation von ihm als Forscher setzte nun ein. Sie ging besonders von anerkannten, bedeutenden Naturforschern und Ärzten aus, wie Carus, v. Helmholtz und Virchow. Gegen Ende des Jahrhunderts, als die Physik sich immer mehr »klassisch verhärtet« hatte, trat noch einmal ein Rückschlag ein. Dubois-Reymond fällte 1882 ein krasses und absprechendes Urteil über Goethe als Wissenschaftler. Dieser Rückschlag war aber von kurzer Dauer: Die Physik trat mit der Entdeckung des Wirkungsquantums durch Max Planck 1900 selbst in eine Revision ihrer klassisch gewordenen Lehrmeinungen ein, die auch die Goetheschen Auffassungen in ein ganz neues Licht setzten – und Goethe recht gaben. Die fundamentale Einsicht, die die Quantentheorie brachte, war nämlich die von Goethe eh und je betonte, daß *Wahrnehmung*, wie das Wort ja ausdrückt, ein *Vorgang* ist, bei dem sich Objekt und Subjekt nicht trennen lassen, sondern sich *begegnen*.

In dieser Sicht sagte Goethe in der Farbenlehre durchaus »Richtiges« aus, ebenso wie Newton. Goethe nannte dieses »Richtige« aber »das Rechte«, weil seine Wahrnehmungseinstellung künstliche (physikalische) Hilfsmittel ausschloß, Newton aber diese entscheidend brauchte. Goethe schaute mit »unbewaffnetem« Auge die Landschaft im Scheine der untergehenden Sonne. Newton analysierte künstlich präparierte Lichtstrahlen, in heutiger Sprache ausgedrückt, auf ihre Lichtquantenverteilung hin. Bei der Goetheschen Schau erscheinen die Farben des Himmels als Folge einer Trübung der Atmosphäre im Lichte der untergehenden Sonne, bei der Newtonschen Analyse als Folge einer künstlichen Zerlegung von ausgeblendeten Lichtstrahlen aufgrund unterschiedlicher Refraktion zu einem »Spektrum« aufgefächert. Die Goethesche Schau des Sonnenuntergangs in der freien Landschaft hat mit der spektroskopischen Betrachtung bunter Gegenstände im Grunde gar nichts zu tun: Nur wird »Farbe« als Wort gleichermaßen gebraucht. Das Landschaftsbild aber erscheint in seiner Schönheit und Geschlossenheit nur dann erst, wenn wir gerade darauf *verzichten*, die Farben dieses Bildes physikalisch charakterisieren zu wollen. Farben »sprechen« als Lebensmächte nur zu uns, wenn wir bunte Dinge unmittelbar »ansehen«. Dann nämlich bekommt unsere Umwelt erst jenes »Aussehen«, das uns als Menschen wirklich etwas sagt. Jeder Maler weiß das. Daher die Mißerfolge physikalisch-quantitativ begründeter »Farbenlehren« bei Künstlern, die sich durch »Farbatlanten«, z.B. nach W. Ostwald, ihrer künstlerischen Freiheit beraubt fühlen. Hier tritt der fundamentale Gegensatz von *Freiheit* und *Gesetz* auf dem Gebiete des Umgangs mit Farben in Erscheinung.

Als die sogenannten exakten Naturwissenschaften in die große Revision ihrer Wahrnehmungsgrundlage eingetreten waren, was mit Max Planck im Jahre 1900 geschehen war, sagte dieser 1919 in einem Vortrag vor der Kaiser-Wilhelm-Gesellschaft:

»Daß eine scharfe Trennung des objektiven (objektivierten) Lichtstrahls von der sinnlichen Lichtempfindung überhaupt vollständig durchgeführt werden kann, ist keineswegs von vornherein selbstverständlich, und daß sie im Grunde genommen eine sehr schwierige Gedankenoperation bedingt, beweist nichts besser als der Umstand, daß noch vor hundert Jahren ein gerade auch naturwissenschaftlich so reich veranlagter, aber der analysierenden Betrachtungsweise weniger geneigter Geist, wie Goethe es war, der das Einzelne nie ohne das Ganze sehen wollte, es zeitlebens abgelehnt hat, jene Scheidung anzuerkennen. Und in der Tat: Welche Behauptung könnte für den Unbefangenen einleuchtendere Gewißheit besitzen als die, daß Licht ohne ein empfindendes Auge undenkbar, ein Nonsens ist? Aber was in diesem Satze unter Licht zu verstehen ist, um ihm einen unanfechtbaren Inhalt zu geben, ist etwas ganz anderes als der Lichtstrahl des Physikers.«

Mit diesem »Lichtstrahl« hatte es Newton immer zu tun gehabt, aber er kommt in Goethes Schau der Umwelt gerade nicht vor, ebensowenig wie das Auge als »farbbeschaffendes« tätiges Organ in der Newtonschen Optik!

Im Gefolge von Planck hat sich bezeichnenderweise eine ganze Reihe von Physikern, die an der Ausarbeitung einer neuen, das Wirkungsquantum a priori berücksichtigenden »Quantenphysik« beteiligt waren, wieder für die Farbenlehre, insbesondere aber für Goethes Rolle in ihr interessiert. Es waren dies zunächst W. Ostwald (ab 1916) [4] als Farbenchemiker, E. Schrödinger (1922) [5], W. Heisenberg (1941) [7], E. Buchwald (1954) [8] und schließlich H. Hönl [11] und M. Born (1963) [10] als Physiker.

Heisenberg und Born insbesondere griffen Goethes Farbenlehre aufgrund der neuen Erkenntnisrevision in der Physik im oben angeführten Sinne auf, allerdings ohne den neuen *Schlüsselbegriff*, den Niels Bohr inzwischen eingeführt hatte, die »Komplementarität« [13], mit dem Farbenlehrestreit Goethes in Verbindung zu bringen. Born [10] schloß seine »Betrachtungen zur Farbenlehre« von 1963 mit den folgenden Sätzen:

»Unsere naturwissenschaftlich-technische Zivilisation ist aufgesplittert in zahllose Gebiete, jedes mit großartigen Mitteln und vorzüglichen Experten, von denen aber kaum einer über die Grenzen seiner Spezialität hinausschaut. So ist das Ganze ein sinnloses Chaos geworden. Die größten und erhebendsten Entdeckungen werden zu Zwecken genutzt, die nichts Großes und Erhebendes an sich haben, ja die die Menschheit an den Rand der Selbstvernichtung gebracht haben. Wir sollten an Goethe anknüpfen und an die, welche seine Gedankenwelt pflegen und fortführen. Wir sollten sie bitten, unsere Kritik anzunehmen, wo uns ihre Gedanken zu wenig gesichert erscheinen; wir sollten aber auch von ihnen lernen, über den fesselnden Einzelheiten den *Sinn des Ganzen* nicht zu vergessen.«

Es berührt heute, 28 Jahre nach dem Erscheinen der obengenannten Arbeiten, erstaunlich, daß keiner der Autoren das Farbenlehreproblem bei Goethe mit dem Komplementaritätsprinzip nach Niels Bohr explizite in Verbindung gebracht hat. Der Gedanke, Komplementarität nach Bohr [13] könne auch *jenseits der Grenzen der Mikrophysik* einen Sinn haben, erschien offenbar gerade denen, die von der Atomphysik her am engsten mit ihr vertraut waren, damals »wissenschaftlich« noch nicht recht legitim. Hier zeigt sich, daß Farbenlehre eigentlich auch heute noch sich gar nicht wissenschaftlich, sondern nur *philosophisch* [3, 6] behandeln läßt. Aber dieses wollten die Genannten vielleicht gerade bewußt vermeiden.

In diesem hier vorgelegten Versuch einer wissenschaftsgeschichtlichen Behandlung von Goethes Farbenlehre und seiner leidenschaftlichen Auseinandersetzung mit Newton möge als leitendes Anliegen verstanden werden, Goethe Gerechtigkeit widerfahren zu lassen. Denn auch in der Farbenlehre, die eine Art Schmerzenskind von ihm war, ist er, trotz aller Irrwege, wie in so vielen anderen Dingen sich letzten Endes »des rechten Weges wohl bewußt« geblieben. Ihn leitete die *Idee des Rechten auch als Forscher*. Sollte hieran nicht auch heutige Naturwissenschaft noch immer lernen können?

Literatur

[1] Newton, I.: Optics, or a Treatise of the Reflections, Refractions, Inflections and Colours of Light. Smith, Benjamin, Walford 1704.

[2] Goethe, J. W. v.: Farbenlehre. Cottasche Verlagsbuchhandlung, Tübingen 1810.

[3] Schopenhauer, A.: Über das Sehn und die Farben. Schriften zur Erkenntnislehre II. 1815. Sämtl. Werke Bd. I. 1816.

[4] Ostwald, W.: Zur Farbenlehre. Abh. d. Königl. Sächs. Ges. d. Wiss., Math.-phys. Kl. 34 (1917), S. 365–572.

[5] Schrödinger, E.: Farbmetrik. Z. Physik 4 (1920), S. 459–466.

[6] Richter, M.: Das Schrifttum über Goethes Farbenlehre mit besonderer Berücksichtigung der naturwissenschaftlichen Probleme (458 Titel). Dissertation, eingereicht 1936 bei der Technischen Hochschule Dresden.

[7] Heisenberg, W.: Die Goethesche und die Newtonsche Farbenlehre im Lichte der modernen Physik. Geist der Zeit 5 (1941), S. 261–275.

[8] Buchwald, E.: Farbenlehre als Geistesgeschichte. In: Goethe. Neue Folge des Jahrbuchs der Goethe-Gesellschaft: Sechzehnter Band 1954, S. 1–13. Hermann Böhlaus Nachf., Weimar 1954.

[9] Heimendahl, E. v.: Licht und Farbe. Mit einem Vorwort von C. F. von Weizsäcker. Walter de Gruyter, Berlin 1961.

[10] Born, M.: Betrachtungen zur Farbenlehre. Die Naturwissenschaften 50 (1963), S. 29–39.

[11] Hönl, H.: Nachwort zu J. W. Goethe: Schriften zur Farbenlehre. Poetische Werke und Schriften Bd. 22. J. G. Cottasche Buchhandlung Nachf., Stuttgart 1963.

[12] Kanajew, J. I.: Goethes Arbeiten zum Problem der Physiologie des Farbsehens. Goethe-Jahrbuch 94 (1977), S. 113–126.

[13] Buchheim, W.: Die Komplementarität nach Niels Bohr: Physikgeschichtliche Episode oder universelles Wahrnehmungsprinzip? Nova Acta Leopoldina 31 (1985), S. 181–194.

[14] Teller, J.: Der Fehler in den Grundlagen von Goethes Farbenlehre und seine Fruchtbarkeit. Hist. ophthal. intern. 1 (1978), S. 181–191.

Für die Anregung zu der vorliegenden Abhandlung bin ich Herrn Studienrat a. D. Hellmut Döring und Herrn Tierarzt a. D. Helmut Bähr, beide in Freiberg und Goetheforscher, zu großem Dank verpflichtet. Ohne eine sich über Jahre hinwegziehende Diskussion mit beiden über Farbenlehre wäre die vorliegende Abhandlung nicht zustande gekommen. Auch der Kustodin der Ostwald-Gedenkstätte Großbothen, Frau Gretel Brauer, danke ich für ihre bereichernde Hilfe mittels des Wilhelm-Ostwald-Archivs.

Quellenverzeichnis

Gustav Theodor Fechner
Die mathematische Behandlung organischer Gestalten und Processe

Vortrag, gehalten in der öffentlichen Sitzung der Königlich Sächsischen Gesellschaft der Wissenschaften zu Leipzig am 18. Mai 1849.
Text nach: Berichte über die Verhandlungen der Königlich Sächsischen Gesellschaft der Wissenschaften zu Leipzig. Mathematisch-physische Classe, Jahrgang 1849. Weidmannsche Buchhandlung. Leipzig.

Wilhelm Ostwald
Chemische Theorie der Willensfreiheit

Vortrag, gehalten in der Sitzung der Mathematisch-physischen Classe der Königlich Sächsischen Gesellschaft der Wissenschaften zu Leipzig am 3. Dezember 1894.
Text nach: Berichte über die Verhandlungen der Königlich Sächsischen Gesellschaft der Wissenschaften zu Leipzig. Mathematisch-physische Classe, 46. Band. 1894. Leipzig, bei S. Hirzel.

Karl Lamprecht
Zur universalgeschichtlichen Methodenbildung

Angekündigt für die Berichte am 11. Juli 1908 (Manuskript eingegangen am 22. 7. 1908, druckfertig erklärt am 4. 9. 1908).
Text nach: Abhandlungen der Philologisch-historischen Klasse der Königlich Sächsischen Gesellschaft der Wissenschaften. 27. Band. Leipzig, bei B. G. Teubner, 1909.

Walther von Wartburg
Das Ineinandergreifen von deskriptiver und historischer Sprachwissenschaft

Vorgelegt für die Berichte am 17. Januar 1931 (Manuskript eingeliefert am 17. Februar 1931, druckfertig erklärt am 17. März 1931).
Text nach: Berichte über die Verhandlungen der Sächsischen Akademie der Wissenschaften zu Leipzig. Philologisch-historische Klasse, 83. Band. 1931. 1. Heft. Verlag von S. Hirzel in Leipzig 1931.

Werner Heisenberg
Zur Geschichte der physikalischen Naturerklärung

Vortrag, gehalten in der öffentlichen Sitzung der Sächsischen Akademie der Wissenschaften zu Leipzig am 19. November 1932.
Text nach: Berichte über die Verhandlungen der Sächsischen Akademie der Wissenschaften zu Leipzig. Mathematisch-physische Klasse. 85. Band. 1933. Heft 1. S. Hirzel, Leipzig 1933.

Albrecht Alt
Die Ursprünge des israelitischen Rechts

Vorgetragen für die Berichte in der Sitzung der Philologisch-historischen Klasse der Sächsischen Akademie der Wissenschaften zu Leipzig am 18. Februar 1933 (Manuskript eingeliefert am 30. April 1934, druckfertig erklärt am 2. Juni 1934).
Text nach: Berichte über die Verhandlungen der Sächsischen Akademie der Wissenschaften zu Leipzig. Philologisch-historische Klasse. 86. Band. 1. Heft. Verlag von S. Hirzel in Leipzig 1934.

Theodor Litt
Das Allgemeine im Aufbau der geisteswissenschaftlichen Erkenntnis

Vorgelegt für die Berichte am 18. Januar 1941 in der Sitzung der Philologisch-historischen Klasse, in der Litt einen Vortrag gleichen Titels hielt (Manuskript eingeliefert am 22. Januar 1941, druckfertig erklärt am 26. Februar 1941).
Text nach: Berichte über die Verhandlungen der Sächsischen Akademie der Wissenschaften zu Leipzig. Philologisch-historische Klasse. 93. Band. 1941. 1. Heft. Verlag von S. Hirzel in Leipzig 1941.

Hans-Georg Gadamer
Zur Vorgeschichte der Metaphysik

Studie von 1950 nach einem Vortrag, gehalten in der Sitzung der Philologisch-historischen Klasse der Sächsischen Akademie der Wissenschaften zu Leipzig am 15. November 1941 unter dem Titel »Zum Seinsbegriff der griechischen Philosophie«.
Text nach: Wege der Forschung, Bd. IX: Um die Begriffswelt der Vorsokratiker. Hrsg. v. H.-G. Gadamer. Wissenschaftliche Buchgesellschaft. Darmstadt 1968, S. 364–390. Mit freundlicher Genehmigung des Verlages Vittorio Klostermann.

Theodor Frings
Antike und Christentum an der Wiege der deutschen Sprache

Rede, in Auszügen gehalten in der öffentlichen Sitzung anläßlich der Wiedereröffnung der Sächsischen Akademie der Wissenschaften zu Leipzig am 8. Dezember 1948.
Text nach: Berichte über die Verhandlungen der Sächsischen Akademie der Wissenschaften zu Leipzig. Philologisch-historische Klasse. 97. Band. 1. Heft. Adademie-Verlag. Berlin 1949.

Heinrich Bredt
Über den Tod. Eine naturwissenschaftliche Betrachtung

Vorgetragen in der öffentlichen Sitzung der Sächsischen Akademie der Wissenschaften zu Leipzig am 16. November 1957 (Manuskript eingeliefert am 8. Januar 1958, druckfertig erklärt am 14. April 1958).
Text nach: Berichte über die Verhandlungen der Sächsischen Akademie der Wissenschaften

zu Leipzig. Mathematisch-naturwissenschaftliche Klasse. Band 103. Heft 2. Akademie-Verlag. Berlin 1958.

Siegfried Morenz
Die Heraufkunft des transzendenten Gottes in Ägypten

Vorgetragen in der Sitzung der Sächsischen Akademie der Wissenschaften zu Leipzig am 15. Oktober 1962 (Manuskript eingeliefert am 11. Januar 1963, druckfertig erklärt am 17. Mai 1964).
Text nach: Sitzungsberichte der Sächsischen Akademie der Wissenschaften zu Leipzig. Philologisch-historische Klasse. Band 109. Heft 2. Akademie-Verlag. Berlin 1964.
Abbildungen: Brooklyn-Museum, New York (Acc. no. 39 120 und 39 121).

Kurt Mothes
Zur Problematik der gegenwärtigen Biologie

Vortrag, gehalten in der öffentlichen Sitzung der Sächsischen Akademie der Wissenschaften zu Leipzig am 12. November 1966.
Text nach der Erstveröffentlichung in: Leipziger Universitätsreden. Neue Folge Heft 32. Verlag Johann Ambrosius Barth. Leipzig 1967.

Kurt Schwabe
Analytische Probleme des Umweltschutzes

Vorgetragen in der Sitzung der Sächsischen Akademie der Wissenschaften zu Leipzig am 18. Juni 1973 (Manuskript eingeliefert am 14. Juni 1974, druckfertig erklärt am 18. Dezember 1974).
Text nach: Sitzungsberichte der Sächsischen Akademie der Wissenschaften zu Leipzig. Mathematisch-naturwissenschaftliche Klasse. Band 111. Heft 4. Akademie-Verlag. Berlin 1975.

Ernst Neef
Der Verlust der Anschaulichkeit in der Geographie und das Problem der Kulturlandschaft

Vorgetragen in gekürzter Form in der Sitzung der Sächsischen Akademie der Wissenschaften zu Leipzig am 16. Mai 1980 (Manuskript eingereicht am 16. Januar 1981, druckfertig erklärt am 12. August 1981).
Text nach: Sitzungsberichte der Sächsischen Akademie der Wissenschaften zu Leipzig. Mathematisch-naturwissenschaftliche Klasse. Band 115. Heft 6. Akademie-Verlag. Berlin 1981.

Wolfgang Buchheim
Der Farbenlehrestreit Goethes mit Newton in wissenschaftsgeschichtlicher Sicht

Vorgetragen in der Sitzung der Sächsischen Akademie der Wissenschaften zu Leipzig am 7. März 1986 (Manuskript eingereicht am 19. April 1990, druckfertig erklärt am 28. Februar 1991).

Text nach: Sitzungsberichte der Sächsischen Akademie der Wissenschaften zu Leipzig. Mathematisch-naturwissenschaftliche Klasse. Band 123. Heft 1. Akademie-Verlag. Berlin 1991. S. 1–7 (Auf den Abdruck des Anhangs wird in dem vorliegenden Band verzichtet.).

Alle hier nicht aufgeführten Beiträge wurden eigens für diese Publikation verfaßt.

Zu den Autoren

Gustav Theodor Fechner (1801–1887), Mediziner, Naturwissenschaftler und Philosoph, zugewählt 1846, von 1848 bis 1850 Stellv. Sekretar

Joachim-Hermann Scharf (Jahrgang 1921), em. o. Professor für Anatomie, Histologie und Embryologie an der Martin-Luther-Universität Halle-Wittenberg, zugewählt 1981

Wilhelm Ostwald (1853–1932), Chemiker, zugewählt 1887

Lebrecht Weichsel (Jahrgang 1920), Physikochemiker, von 1974 bis 1985 Leiter der Poggendorff-Redaktion

Karl Lamprecht (1856–1915), Historiker, zugewählt 1892

Karlheinz Blaschke (Jahrgang 1927), o. Professor für Sächsische Landesgeschichte und Geschichte der frühen Neuzeit an der Technischen Universität Dresden, Honorarprofessor an der Philipps-Universität Marburg, zugewählt 1991

Walther von Wartburg (1888–1971), Romanist, zugewählt 1930

Anita Steube (Jahrgang 1939), o. Professorin für Allgemeine Sprachwissenschaft an der Universität Leipzig, zugewählt 1991, seit 1994 Stellv. Sekretar der Philologisch-historischen Klasse

Werner Heisenberg (1901–1976), Physiker, zugewählt 1930, von 1937 bis 1940 Stellv. Sekretär der Mathematisch-physischen Klasse, 1940 bis 1942 Sekretar der Mathematisch-naturwissenschaftlichen Klasse

Ernst Schmutzer (Jahrgang 1930), em. o. Professor für Theoretische Physik an der Friedrich-Schiller-Universität Jena, zugewählt 1991

Albrecht Alt (1883–1956), Altorientalist und Alttestamentler, zugewählt 1932

Joachim Oelsner (Jahrgang 1932), o. Professor für Altorientalistik an der Friedrich-Schiller-Universität Jena, zugewählt 1993

Theodor Litt (1880–1962), Philosoph und Pädagoge, zugewählt 1926, 1942 aus der Akademie ausgetreten, 1945 wieder eingetreten

Kurt Rudolph (Jahrgang 1929), em. o. Professor für Religionsgeschichte an der Philipps-Universität Marburg, zugewählt 1974 (nicht als Mitglied geführt von 1984 bis 1990)

Hans-Georg Gadamer (Jahrgang 1900), em. o. Professor für Philosophie an der Ruprecht-Karl-Universität Heidelberg, zugewählt 1940

Kurt Nowak (Jahrgang 1942), o. Professor für Kirchengeschichte an der Universität Leipzig, zugewählt 1991, seit 1994 Sekretar der Philologisch-historischen Klasse

THEODOR FRINGS (1886–1968), Germanist, zugewählt 1930, von 1932 bis 1937 Sekretar, von 1945(1948) bis 1965 Präsident

GOTTHARD LERCHNER (Jahrgang 1935), o. Professor für Geschichte der deutschen Sprache an der Universität Leipzig, zugewählt 1984, seit 1994 Vizepräsident

HEINRICH BREDT (1906–1989), Pathologe, zugewählt 1951, von 1957 bis 1958 Stellv. Sekretar der Mathematisch-naturwissenschaftlichen Klasse, von 1958 bis 1959 Vizepräsident

GOTTFRIED GEILER (Jahrgang 1927), o. Professor für Allgemeine und Spezielle Pathologie an der Universität Leipzig, zugewählt 1991

SIEGFRIED MORENZ (1914–1970), Ägyptologe, zugewählt 1955, von 1958 bis 1961 Stellv. Sekretar der Philologisch-historischen Klasse, von 1965 bis 1970 Vizepräsident

ELKE BLUMENTHAL (Jahrgang 1938), o. Professorin für Ägyptologie an der Universität Leipzig, zugewählt 1991

KURT MOTHES (1900–1983), Biologe, zugewählt 1954

KLAUS RICHTER (Jahrgang 1936), seit 1982 Leiter der Arbeitsstelle »Untersuchungen über die Wirkungsmechanismen von Neurohormonen«, Honorarprofessor an der Friedrich-Schiller-Universität Jena

KURT SCHWABE (1905–1983), Chemiker, zugewählt 1950, von 1965 bis 1981 Präsident

ANSGAR MÜLLER (Jahrgang 1936), Geologe, seit 1989 Leiter der Arbeitsstelle »Schadstoffdynamik in Einzugsgebieten«

ERNST NEEF (1908–1984), Geograph, zugewählt 1956, von 1959 bis 1960 Stellv. Sekretar der Mathematisch-naturwissenschaftlichen Klasse, von 1965 bis 1971 Vizepräsident, von 1960 bis 1965 und 1971 bis 1980 Sekretar der Mathematisch-naturwissenschaftlichen Klasse

GÜNTER HAASE (Jahrgang 1932), o. Professor für Physiogeographie an der Universität Leipzig, zugewählt 1985, seit 1991 Präsident

WOLFGANG BUCHHEIM (1909–1995), Physiker, zugewählt 1959